Oracle 10g
Administration

CHEZ LE MÊME ÉDITEUR

Dans la collection *Les guides de formation Tsoft*

R. Bizoï. – **Oracle9i : SQL et PL/SQL**.
N°11351, 2003, 400 pages.

J.-F. Bouchaudy, G. Goubet. – **Linux Administration**.
N°11505, 4ᵉ édition, 2004, 936 pages.

J.-F. Bouchaudy. – **TCP/IP sous Linux**.
Administrer réseaux et serveurs Internet/intranet sous Linux.
N°11369, 2003, 920 pages.

J.-F. Bouchaudy, G. Goubet. – **Unix Administration**.
N°11053, 2ᵉ édition, 2002, 580 pages.

A. Berlat, J.-F. Bouchaudy, G. Goubet. – **Unix Shell**.
N°11147, 2ᵉ édition, 2002, 412 pages.

X. Pichot. – **Windows XP Professionnel : administration et support**.
N°11144, 2002, 384 pages.

A. Ounsy. – **Exchange Server 2003 – Tome 1. Configuration et déploiement**.
N°11623, 2005, 480 pages.

A. Ounsy. – **Exchange Server 2003 – Tome 2. Administration et support**.
N°11737, 2005, 680 pages.

J.-F. Rouquié. – **Lotus Domino 6 Administration**.
N°11387, 2003, 876 pages.

J.-F. Rouquié. – **Lotus Domino Designer 6**. *Les bases du développement.*
N°11396, 2004, 864 pages.

P. Morié, Y. Picot. – **Access 2003**.
N°11490, 2004, 400 pages.

J. Bougeault. – **Java : la maîtrise**.
N°11352, 2003, 620 pages.

Autres ouvrages

G. Briard. – **Oracle10g sous Windows**.
N°11220, 2003, 1040 pages + 1 DVD-Rom.

G. Briard. – **Oracle9i sous Windows**.
N°11220, 2003, 1040 pages + 1 DVD-Rom.

C. Soutou, O. Teste. – **SQL pour Oracle**.
N°11697, 2ᵉ édition 2005, 480 pages + DVD-Rom.

C. Soutou. – **De UML à SQL**. *Conception de bases de données.*
N°11098, mai 2002, 450 pages.

M. Kofler. – **MySQL 5**. *Guide de l'administrateur et du développeur.*
N°11633, 2005, 672 pages.

M. Israel. – **SQL Server 2000**.
N°11027, 2000, 1100 pages + CD-Rom PC.

Minasi. – **Windows Server 2003**.
N°11326, 2004, 1296 pages.

P. Shields, R. Crump, M. Weiss. – **Windows 2000 Server**. *Guide de l'administrateur.*
N°11181, 2000, 594 pages.

Oracle 10g
Administration

Razvan Bizoï

EYROLLES

ÉDITIONS EYROLLES
61, bd Saint-Germain
75240 Paris Cedex 05
www.editions-eyrolles.com

TSOFT
10, rue du Colisée
75008 Paris
www.tsoft.fr

DANGER – LE PHOTOCOPILLAGE TUE LE LIVRE

Le code de la propriété intellectuelle du 1er juillet 1992 interdit en effet expressément la photocopie à usage collectif sans autorisation des ayants droit. Or, cette pratique s'est généralisée notamment dans les établissements d'enseignement, provoquant une baisse brutale des achats de livres, au point que la possibilité même pour les auteurs de créer des œuvres nouvelles et de les faire éditer correctement est aujourd'hui menacée.

En application de la loi du 11 mars 1957, il est interdit de reproduire intégralement ou partiellement le présent ouvrage, sur quelque support que ce soit, sans autorisation de l'éditeur ou du Centre Français d'Exploitation du Droit de Copie, 20, rue des Grands-Augustins, 75006 Paris.

© Tsoft et Groupe Eyrolles, 2006, ISBN : 2-212-11747-7

À Isabelle, Ioana et Luca,
mes trois étoiles, qui m'aident à tenir le cap

Remerciements

Merci également à mon ami Pierre qui m'a aidé à concrétiser ce projet. Sans lui ce guide n'aurait sûrement jamais vu le jour.

Avant-propos

Oracle est le système de base de données le plus utilisé au monde. Il fonctionne de façon relativement identique sur tout type d'ordinateur. Ce qui fait que les connaissances acquises sur une plate-forme sont utilisables sur une autre et que les utilisateurs et développeurs Oracle expérimentés constituent une ressource très demandée.

Pour une bonne compréhension de l'ouvrage, il est souhaitable que le lecteur ait une connaissance suffisante du modèle relationnel et qu'il maîtrise les langages de programmation SQL et PL/SQL.

Conçu sous forme d'un guide de formation, il vous permettra d'acquérir des connaissances solides sur les tâches fondamentales liées à l'administration des bases de données : concevoir, créer et gérer une base de données Oracle10g.

Cet ouvrage vise également à vous préparer aux examens de certification Oracle :

- 1Z0-041 Oracle Database 10g DBA Assessment
- 1Z0-042 Oracle Database 10g Administration I

Ce guide de formation vise surtout à être plus clair et plus agréable à lire que les documentations techniques, exhaustives et nécessaires mais ingrates, dans lesquelles vous pourrez toujours vous plonger ultérieurement. Par ailleurs, l'auteur a aussi voulu éviter de ne fournir qu'une collection supplémentaire de "trucs et astuces", mais plutôt expliquer les concepts et les mécanismes avant d'indiquer les procédures pratiques.

Dans la mesure où l'on dispose du matériel informatique nécessaire, il est important de réaliser les travaux pratiques, qui sont indispensables à l'acquisition d'une compétence réelle, et qui permettent de comprendre réellement la manière dont le système fonctionne.

Les ateliers de fin de chapitre contiennent des QCM dont les corrigés sont disponibles en téléchargement sur le site de l'éditeur www.editions-eyrolles.com. Il suffit, pour accéder à ces corrigés, de taper le code ????? dans le champ <Recherche> de la page d'accueil du site.

Bon courage !

Table des matières

AVANT-PROPOS	
PREAMBULE	**P-1**
Progression pédagogique	P-2
Les sujets complémentaires	P-7
Conventions utilisées dans l'ouvrage	P-8
MODULE 1 : L'ARCHITECTURE D'ORACLE	**1-1**
Les méthodes de connexion	1-2
La connexion à une base de données	1-4
La base de données	1-6
Structure du stockage des données	1-9
L'instance	1-11
Shared Pool	1-13
Buffer Cache	1-16
L'exécution d'une interrogation	1-19
La zone mémoire du programme	1-22
Buffer redo log	1-24
Les autres composants	1-25
Atelier 1	1-26
MODULE 2 : LES TRANSACTIONS	**2-1**
Les transactions	2-2
Début et fin de transaction	2-4
Structuration de la transaction	2-5
L'isolation	2-8

DIRTY READ 2-9
FUZZY READ 2-10
PHANTOM READ 2-11
Les niveaux d'isolation 2-12
Le verrouillage 2-14
Le segment UNDO 2-17
L'exécution d'un ordre LMD 2-19
La validation de la transaction 2-22
Atelier 2 2-24

MODULE 3 : LES PROCESSUS D'ARRIERE-PLAN 3-1
DBWn 3-2
LGWR 3-3
CKPT 3-5
ARCn 3-6
SMON 3-7
PMON 3-8
Atelier 3 3-9

MODULE 4 : LES OUTILS D'ADMINISTRATION 4-1
Les outils d'administration 4-2
Qu'est-ce que SQL*Plus ? 4-5
Environnement SQL*Plus 4-7
Environnement SQL*Plus (Suite) 4-8
Commandes SQL*Plus 4-9
Commandes SQL*Plus (Suite) 4-13
Commandes SQL*Plus (Suite) 4-17
Commandes SQL*Plus (Suite) 4-19
Variables 4-21
SQL*Plus Worksheet 4-25
iSQL*Plus 4-27
iSQL*Plus (suite) 4-28
Variables et iSQL*Plus 4-30
Atelier 4 4-32

MODULE 5 : L'ARCHITECTURE ORACLE NET 5-1
L'architecture client-serveur 5-2
Le modèle OSI 5-4
Le modèle de réseau Oracle 5-6
L'architecture JDBC thick 5-8

L'architecture JDBC thin	5-9
La connexion au serveur d'application	5-10
Le processus de connexion	5-11
La configuration du LISTENER	5-16
La configuration du LISTENER (suite)	5-17
L'utilitaire LSNRCTL	5-23
La configuration du client	5-28
Assistant de configuration Oracle Net	5-32
Atelier 5	5-37

MODULE 6 : ORACLE ENTERPRISE MANAGER 6-1

Oracle Enterprise Manager	6-2
L'architecture d'OEM	6-4
L'architecture d'OEM (suite)	6-5
Le niveau 2	6-9
Le niveau 3	6-10
Console Java	6-11
Gestion des instances	6-13
Schéma Management	6-15
Security Manager	6-18
Storage Management	6-20
Oracle Net Manager	6-22
OEM Database Control	6-24
Console HTTP	6-27
Base de données Administration	6-29
Base de données Maintenance	6-31
Atelier 6	6-32

MODULE 7 : L'INSTALLATION D'ORACLE 10G 7-1

La démarche	7-2
La préparation de l'installation	7-3
Liste de pré-requis	7-4
Le plan d'installation	7-6
Un utilisateur pour l'installation	7-7
L'architecture OFA	7-10
Liste des composants à installer	7-15
Le paramétrage du système	7-22
L'installation d'Oracle 10g	7-29
Les tâches post-installation	7-38
Atelier 7	7-41

MODULE 8 : LA GESTION D'UNE INSTANCE 8-1
La notion d'instance 8-2
Les utilisateurs SYS et SYSTEM 8-3
Les méthodes d'authentification 8-4
L'authentification Windows 8-5
Le fichier de mot de passe 8-8
Le fichier paramètre 8-10
Le fichier paramètre (suite) 8-14
SPFILE 8-16
Utilisation d'OEM 8-22
Le démarrage et l'arrêt 8-24
La commande STARTUP 8-26
La commande ALTER DATABASE 8-29
Le démarrage du serveur 8-32
L'arrêt du serveur 8-35
L'arrêt du serveur (suite) 8-39
Les vues dynamiques 8-41
Les fichiers de trace 8-51
Atelier 8 8-54

MODULE 9 : LA CREATION D'UNE BASE DE DONNEES 9-1
La base de données 9-2
La création manuelle 9-3
La création de la base 9-8
La création du dictionnaire de données 9-13
La sauvegarde 9-16
L'assistant DBCA 9-19
Modèles 9-20
Options de gestion 9-21
Options de stockage 9-22
Emplacements des fichiers 9-24
Configuration de la récupération 9-26
Contenu de la base de données 9-27
Paramètres de mémoire 9-29
Mode de connexion 9-31
Stockage 9-32
Options de création 9-33
Atelier 9 9-35

MODULE 10 : DICTIONNAIRE DE DONNEES 10-1
Le dictionnaire de données 10-2
Les vues du dictionnaire de données 10-3
Le guide du dictionnaire 10-5
Les objets utilisateur 10-11
La structure de stockage 10-18
Les utilisateurs et privilèges 10-19
Les audits 10-21
Atelier 10 10-22

MODULE 11 : LE FICHIER DE CONTROLE 11-1
La base de données 11-2
Le contenu du fichier de contrôle 11-3
La taille du fichier de contrôle 11-4
L'information du fichier de contrôle 11-7
Le multiplexage 11-9
Atelier 11 11-14

MODULE 12 : LES FICHIERS JOURNAUX 12-1
La validation de la transaction 12-2
Les fichiers journaux 12-3
Les groupes de fichiers journaux 12-4
Les entrées-sorties disques 12-7
NOARCHIVELOG 12-10
L'archivage 12-11
ARCHIVELOG 12-14
La création d'un groupe 12-17
La création d'un membre 12-21
La suppression d'un groupe 12-23
La suppression d'un membre 12-27
Les points de contrôle 12-29
Atelier 12 12-31

MODULE 13 : LES ESPACES DE DISQUE LOGIQUES 13-1
La structure du stockage 13-2
Le tablespace 13-4
Les types de tablespaces 13-6
La création d'un tablespace 13-8
Le tablespace BIGFILE 13-15
La taille du bloc 13-17

Le tablespace temporaire 13-19
Le tablespace undo 13-22
L'agrandissement d'un tablespace 13-25
L'extension d'un fichier 13-28
Le tablespace OFFLINE 13-30
Le tablespace READ ONLY 13-34
Le déplacement d'un tablespace 13-35
La suppression d'un tablespace 13-40
Les informations sur les tablespaces 13-42
Les informations sur les fichiers 13-45
Atelier 13 13-48

MODULE 14 : LA GESTION AUTOMATIQUE DES FICHIERS 14-1

Les fichiers de la base 14-2
La configuration de la base 14-4
La gestion des tablespaces 14-6
L'agrandissement d'un tablespace 14-10
La suppression d'un tablespace 14-12
La création d'un groupe 14-14
La suppression d'un groupe 14-16
La création de la base 14-17
Atelier 14 14-21

MODULE 15 : LA GESTION DU STOCKAGE 15-1

La structure du stockage 15-2
Les types de segments 15-3
Les paramètres de stockage 15-5
Les informations sur le stockage 15-6
La gestion dans le dictionnaire de données 15-9
La gestion locale 15-13
L'allocation et la libération d'extents 15-17
Le bloc de données 15-18
La configuration des freelists 15-20
La gestion automatique de l'espace 15-22
La gestion automatique des blocs 15-23
Atelier 15 15-24

MODULE 16 : LES SEGMENTS UNDO 16-1

Le segment UNDO 16-2
L'utilisation des segments UNDO 16-3

La lecture cohérente 16-4
L'annulation d'une transaction 16-5
La gestion du tablespace UNDO 16-6
La suppression d'un tablespace UNDO 16-10
La conservation des blocs 16-11
Flashback 16-12
DBMS_FLASHBACK 16-13
Fonctions de conversion 16-16
Interrogation FLASHBACK 16-17
Interrogation des versions 16-19
Atelier 16 16-23

MODULE 17 : LES TYPES DE DONNEES 17-1
Objets de la base de données 17-2
Définition de données 17-7
Types de données 17-8
Types chaîne de caractères 17-9
Types numériques 17-11
Types date 17-13
Types ROWID 17-17
Grand objets 17-19
Types de données composés 17-20
Méthodes des types d'objets 17-25
Atelier 17 17-27

MODULE 18 : LA CREATION DES TABLES 18-1
Création d'une table 18-2
Stockage des données LOB 18-7
Stockage d'un type objet 18-11
Table objet 18-16
Table organisée en index 18-19
Table temporaire 18-21
Création d'une table comme 18-23
Atelier 18 18-25

MODULE 19 : LA GESTION DES TABLES 19-1
Définition de contraintes 19-2
NOT NULL 19-5
CHECK 19-7
PRIMARY KEY 19-9

UNIQUE.. 19-13
REFERENCES.. 19-15
Ajouter une nouvelle colonne.. 19-23
Modification d'une colonne... 19-25
Supprimer une colonne.. 19-27
Modification d'une table.. 19-32
Modification d'une contrainte... 19-35
Suppression d'une table 19-40
Suppression des lignes 19-41
Atelier 19.. 19-43

MODULE 20 : LES INDEX... 20-1

Les types d'index 20-2
Création d'un index.. 20-3
Index B-tree.. 20-11
Avantages et inconvénients 20-15
Index Bitmap.. 20-19
Suppression d'index 20-21
Atelier 20.. 20-23

MODULE 21 : LES VUES ET AUTRES OBJETS 21-1

Création d'une vue... 21-2
Mise à jour dans une vue... 21-4
Contrôle d'intégrité dans une vue 21-6
Gestion d'une vue... 21-8
Les séquences... 21-9
Création d'un synonyme 21-11
Liens de base de données 21-12

MODULE 22 : LES PROFILS 22-1

Gestion des mots de passe... 22-2
Paramètres de mots de passe 22-3
Composition et complexité.. 22-5
Création d'un profil... 22-9
Gestion des ressources 22-11
Création d'un profil... 22-13
Atelier 21.. 22-17

MODULE 23 : LES UTILISATEURS 23-1

Les utilisateurs... 23-2
Création d'un utilisateur... 23-3

Gestion d'un utilisateur 23-8
Suppression d'un utilisateur 23-11
Informations sur les utilisateurs 23-12
Atelier 22 23-15

MODULE 24 : LES PRIVILEGES 24-1
Les privilèges 24-2
Privilèges de niveau système 24-4
SYSDBA et SYSOPER privilèges 24-6
Les privilèges 24-7
Octroyer des privilèges système 24-9
Octroyer des privilèges objet 24-13
Révoquer des privilèges objet 24-19
Les informations sur les privilèges 24-21
Création d'un rôle 24-24
Gestion d'un rôle 24-27
Les rôles par défaut 24-28
Activation d'un rôle 24-30
Les rôles standard 24-31
Les informations sur les rôles 24-33
Atelier 23 24-35

INDEX I-1

Préambule

Ce guide de formation a pour but de vous permettre d'acquérir des connaissances solides sur les tâches fondamentales liées à l'administration des bases de données. Vous apprendrez à concevoir, créer et gérer une base de données Oracle10g.

L'ouvrage a aussi été conçu aussi pour vous préparer aux tests de certification Oracle :

- 1Z0-041 Oracle Database 10g DBA Assessment
- 1Z0-042 Oracle Database 10g Administration I

Support de formation

Ce guide de formation est idéal pour être utilisé comme support élève dans une formation se déroulant avec un animateur dans une salle de formation, car il permet à l'élève de suivre la progression pédagogique de l'animateur sans avoir à prendre beaucoup de notes. L'animateur, quant à lui, appuie ses explications sur les images figurant sur chaque page de l'ouvrage.

Cet ouvrage peut aussi servir de manuel d'autoformation car il est rédigé à la façon d'un livre, il est complet comme un livre, il va beaucoup plus loin qu'un simple support de cours. De plus, il inclut une quantité d'ateliers conçus pour vous faire acquérir une bonne pratique d'administration de la base de données.

Les certifications Oracle

Le Programme de Certification Oracle commence avec le niveau Associé. A ce niveau, les certifiés associés disposent des connaissances fondamentales qui leur permettront de travailler comme membre junior d'une équipe d'administrateurs de base de données et de développeurs d'application.

Pour obtenir votre certificat Oracle 10g Database Certified Associate et être ainsi certifié au niveau Associé, vous devez passer les deux examens suivants :

- 1Z0-041 Oracle Database 10g DBA Assessment
- 1Z0-042 Oracle Database 10g Administration I

Ce manuel de formation vous prépare à ces deux examens. Vous trouverez sur le site *oracle.fr* la présentation détaillée des programmes de toutes les certifications.

Progression pédagogique

Ce cours comprend 24 modules, il est prévu pour durer huit à dix jours avec un animateur pour des personnes ayant des connaissances préalables de SQL et PL/SQL ou des connaissances équivalentes.

Suivant l'expérience des stagiaires et le but poursuivi, l'instructeur passera plus ou moins de temps sur chaque module.

Attention : l'apprentissage « par cœur » des modules n'est pas suffisant pour passer les examens. Une bonne pratique et beaucoup de réflexion seront réellement utiles ainsi que la lecture des aides en ligne.

L'architecture d'Oracle

Le premier module vous propose une prise en main de l'architecture Oracle 10g, vous allez découvrir la notion de base de données et d'instance ainsi que les principaux composants mémoire.

Vous allez voir également les composants logiques et physiques de la base de données, la gestion de la mémoire, de l'instance ainsi que le mode de gestion des requêtes par Oracle.

Il est important de bien comprendre ces éléments, car ils interviennent dans les opérations d'amélioration des performances.

Les transactions

Dans ce module vous pouvez découvrir la gestion des transactions. Toute base de données a pour objectif de fournir aux utilisateurs un accès simultané aux données.

La notion de concurrence d'accès et de verrouillage des données intervient lorsque plusieurs utilisateurs essaient d'accéder simultanément aux mêmes données. Le concept de transaction est différent mais il n'en reste pas moins à la base de la gestion des accès concurrents : les données modifiées lui sont réservées jusqu'à sa fin.

Les processus d'arrière-plan

Les processus d'arrière-plan correspondent aux différents processus qu'Oracle met en œuvre pour assurer la gestion d'une base de données.

Ce module présente les processus et décrit en détail le fonctionnement des processus obligatoires et des processus les plus importants.

Les outils d'administration

Pour administrer la base de données vous avez besoin des outils pour les tâches administratives. Oracle fournit un certain nombre d'outils standards qui ont évolué et maturé suivant les versions. Puissants et performants, ces outils se retrouvent sur toutes les plateformes quelle que soit la version.

Préambule

L'architecture Oracle Net

Oracle Net facilite le partage de données entre plusieurs bases, même si ces dernières sont hébergées sur des serveurs différents qui exécutent des systèmes d'exploitation et des protocoles de communication différents. Il permet aussi la mise en œuvre d'applications trois tiers ; le serveur gère principalement les E/S de la base de données tandis que l'application est hébergée sur un serveur d'applications intermédiaire et que les exigences de présentation des données de l'application sont supportées par les clients.

Dans ce module, vous allez découvrir comment configurer et administrer Oracle Net et Oracle Net Services.

Oracle Enterprise Manager

Oracle Enterprise Manager est un ensemble d'outils qui utilisent une interface graphique et simplifient la gestion des différents objets de la base de données. Il permet de centraliser l'administration de plusieurs bases de données installées sur des serveurs différents implantés dans des environnements d'exploitation différents (Unix, Windows...).

À partir de la version Oracle 10g vous pouvez utiliser **O**racle **E**nterprise **M**anager **D**atabase **C**ontrol, une application installée en local sur chaque serveur de base de données qui fournit une interface Web centralisée qui permet de gérer tout l'environnement Oracle de l'entreprise.

L'installation d'Oracle 10g

Nous allons traiter dans ce module de l'installation d'Oracle 10g, tâche qui revient à l'administrateur de base de données.

Pendant l'installation du serveur, ainsi que pour les tâches de sauvegarde et d'optimisation du système, vous avez besoin de connaissances en administration des systèmes d'exploitation.

Le module présente les étapes d'installation et le détail des pré-requis en ressources système nécessaires pour l'installation dans deux environnements : Windows et Linux.

Nous allons découvrir ensemble l'architecture OFA (Optimal Flexible Architecture) qui propose une méthode simplifiant l'administration Oracle.

La gestion d'une Instance

Pour comprendre l'architecture d'Oracle, deux concepts essentiels doivent être maîtrisés : la base de données et l'instance.

Une instance est l'ensemble des processus d'arrière-plan et des zones mémoire qui sont alloués pour permettre l'exploitation de la base de données. Vous pouvez remarquer que l'ensemble des ses composants sont stockés essentiellement en mémoire.

Les caractéristiques de l'instance sont contenues dans un fichier de paramètres associé. Une instance correspond à une base de données et une seule. Par contre, une base de données peut utiliser plusieurs instances.

Dans ce module, nous allons étudier plus en détail le fonctionnement de l'instance.

La création d'une base de données

La base de données est l'ensemble des trois types de fichiers obligatoires : les fichiers de contrôles, les fichiers de données et les fichiers de journaux.

La création d'une base de données est une tâche consistant à préparer plusieurs fichiers du système d'exploitation, qu'il n'est nécessaire d'effectuer qu'une fois pour une base de données, quel que soit le nombre de fichiers de données de la base. Il s'agit d'une tâche très importante, l'administrateur de la base de données devant déterminer des paramètres de la base, tels que le nom de la base ou la taille du bloc, qui ne peuvent plus être modifiés après la création.

Le dictionnaire de données

Le dictionnaire est un ensemble de tables et de vues qui contient toutes les informations concernant la structure de stockage et tous les objets de la base. Toute information concernant la base de données se retrouve dans le dictionnaire de données.

Le dictionnaire de données Oracle stocke toutes les informations utilisées pour gérer les objets de la base. Ce dictionnaire est généralement exploité par l'administrateur de base de données, mais c'est aussi une source d'information utile pour les développeurs et les utilisateurs.

Ce module présente les mécanismes d'accès à ces informations à travers les vues du dictionnaire de données.

Le fichier de contrôle

Puisqu'une base de données Oracle est un ensemble de fichiers physiques qui collaborent, il faut une méthode pour les synchroniser et les contrôler. Pour cela, il existe un fichier spécial, appelé fichier de contrôle. Chaque base possède un tel fichier qui recense des informations sur tous les autres fichiers essentiels de la base.

Ce module vous permet de vous familiariser avec l'administration de ce fichier.

Les fichiers journaux

Les fichiers journaux sont des fichiers qui conservent toutes les modifications successives de votre base de données. L'activité des sessions qui interagissent avec Oracle est consignée en détail dans les fichiers journaux. Il s'agit en quelque sorte des journaux de transactions de la base de données.

Ils sont utiles lors d'une restauration à la suite d'un problème. Cette restauration consiste à reconstruire le contenu des fichiers des données à partir de l'information stockée dans les fichiers journaux.

La gestion des fichiers journaux est un point crucial de l'administration et l'optimisation d'une base de données Oracle.

Les espaces de disque logiques

Une base de données Oracle est un ensemble de données permettant de stocker des données dans un format relationnel ou des structures orientées objet telles que des types abstraits de données et des méthodes.

Le tablespace est un concept fondamental du stockage des données dans une base Oracle. Une table ou un index appartient obligatoirement à un tablespace. À chaque tablespace sont associés un ou plusieurs fichiers. Tout objet (table, index) est placé dans un tablespace, sans précision du fichier de destination, le tablespace effectuant ce lien. Ce module présente la création et la gestion des tablespaces de la base de données.

La gestion automatique des fichiers

Pour chaque fichier de la base de données, que ce soit les fichiers de contrôle, les fichiers journaux ou les fichiers de données, à la création, vous devez préciser l'emplacement et le nom du fichier physique du système d'exploitation.

Une telle description est très dépendante du système d'exploitation ; les scripts de création des fichiers doivent être personnalisés pour chaque système d'exploitation.

Préambule

A partir de la version Oracle9i, il est possible d'utiliser **OMF** (**O**racle **M**anaged **F**iles) pour disposer de la gestion automatique des fichiers physiques de la base de données.

OMF (**O**racle **M**anaged **F**iles) a pour but de simplifier l'administration d'une base de données prenant en compte la gestion des fichiers physiques. Oracle utilise son interface avec le système de fichiers pour gérer la création, la modification, ou l'effacement des fichiers nécessaires pour les tablespaces, les groupes des fichiers journaux et les fichiers de contrôle.

La gestion du stockage

Comme avec la plupart des systèmes de gestion de base de données, Oracle sépare les structures de stockage logiquement et physiquement. Cette opération facilite l'administration et évite de connaître tous les détails pour chaque exécution physique.

Ce module est consacré à la gestion de la structure logique de la base de données.

Les segments UNDO

Chaque base de données abrite un ou plusieurs segments UNDO qui contiennent les anciennes valeurs des enregistrements en cours de modification dans les transactions, qui sont utilisées pour assurer une lecture consistante des données, pour annuler des transactions et en cas de restauration.

Les types de données

Les tables représentent le mécanisme de stockage des données dans une base Oracle. Une table contient un ensemble fixe de colonnes, chaque colonne possède un nom ainsi que des caractéristiques spécifiques.

Une colonne se voit attribuer un type de données et une longueur. Le type de données définit le format de stockage, les restrictions d'utilisation de la variable, et les valeurs qu'elle peut prendre.

Depuis Oracle8i, vous avez la possibilité de définir vos propres types de données, pour standardiser le traitement des données dans vos applications. Vous pouvez utiliser les types abstraits pour les définitions de colonnes.

Ce module détaille les différents types de données classiques et les types de données abstraits.

La création des tables

Les tables contiennent un ensemble fixe de colonnes, chaque colonne possède un nom ainsi que des caractéristiques spécifiques.

Une table d'objets est une table dont toutes les lignes sont des types de données abstraits possédant chacun un identifiant d'objet (OID, Object ID).

La gestion des tables

Les tables sont mises en relation via les colonnes qu'elles ont en commun. Vous pouvez faire en sorte que la base de données applique ces relations au moyen de l'intégrité référentielle.

L'intérêt d'employer des contraintes est qu'Oracle assure en grande partie l'intégrité des données. Par conséquent, plus vous ajoutez de contraintes à une définition de table, moins vous aurez de travail pour la maintenance des données.

Les index

L'index est une structure de base de données utilisée par le serveur pour localiser rapidement une ligne dans une table.

Dans ce module, nous allons détailler l'index de table de type B-Tree classique et l'index de type bitmap conçu pour supporter des requêtes sur des tables volumineuses dont les colonnes contiennent peu de valeurs distinctes.

Les vues et autres objets

Ce module concerne les autres objets de la base de données comme le lien de base de données qui permet de se connecter à une base et d'accéder à partir de là à des objets situés dans une autre base de façon transparente, c'est-à-dire comme s'ils se trouvaient dans la base à laquelle vous êtes directement connecté.

Les profils

Depuis Oracle8, les administrateurs de bases de données disposent de différentes fonctionnalités qui sont essentielles pour assurer la sécurité des mots de passe.

Pour améliorer le contrôle de la sécurité de la base de données, la gestion de mot de passe d'Oracle est contrôlée par des administrateurs de base de données avec des profils.

Le profil d'un utilisateur limite l'utilisation de la base de données et les ressources d'instance conformément à sa définition. Vous pouvez affecter un profil à chaque utilisateur et un profil par défaut à tous les utilisateurs ne disposant pas d'un profil spécifique.

Les utilisateurs

Lorsqu'on parle d'utilisateurs de base de données, il est généralement question de trois types d'entités :

Les utilisateurs finaux sont des utilisateurs qui se connectent à la base Oracle pour interagir avec les données qui y sont stockées et les maintenir

Les applications qui sont écrites pour aider les utilisateurs finaux à exécuter plus facilement et plus rapidement leurs tâches.

Les administrateurs de bases de données surveillent et maintiennent la base elle-même; ils ont donc besoin du plus haut niveau de privilèges.

Les privilèges

En tant qu'administrateur de bases de données, vous êtes chargé d'octroyer et de révoquer des privilèges d'accès aux utilisateurs de la base. Vous pouvez employer des rôles pour faciliter l'administration de privilèges, et des vues pour limiter l'accès des utilisateurs à certaines données.

Ce module décrit comment utiliser et gérer les privilèges de niveaux système et objet, les rôles et les vues afin d'assurer la sécurité des données de la base et garantir leur intégrité.

Les sujets complémentaires

Un deuxième tome, à paraître ultérieurement chez le même éditeur, traitera des sujets suivants :

- Serveur partagé Oracle
- Utiliser la prise en charge de la globalisation
- Configurer Recovery Manager
- Utiliser Recovery Manager
- Sources de diagnostic
- Récupérer des pertes non critiques
- Récupération d'une base de données
- Flashback database
- Récupérer les erreurs de l'utilisateur
- Remédier à une corruption de la base de données
- Gestion automatique de la base de données
- Surveiller et gérer le stockage
- Automatic Storage Management (ASM)
- Surveiller et gérer la mémoire
- Gérer les ressources

Conventions utilisées dans l'ouvrage

« MAJUSCULES »	Les ordres SQL ou tout identifiant ou mot clé. Utilisé pour les mots clé, les noms des tables, les noms des champs, les noms des blocs, etc.
[ ]	L'information qui se trouve entre les crochets est facultative.
[,...]	L'argument précédent peut être répété plusieurs fois.
{ }	Liste de choix exclusive.
|	Séparateur dans une liste de choix.
...	La suite est non significative pour le sujet traité.

 La définition suivante est valable uniquement dans la version Oracle8i.

 La définition est valable pour la version Oracle 9i mais également dans les versions suivantes.

 La définition est valable à partir de la version Oracle 10g.

 La définition est uniquement valable pour l'environnement de travail UNIX/Linux.

 La définition est uniquement valable pour l'environnement de travail Windows.

 Ce sigle introduit un exemple de code avec la description complète telle qu'elle est présente à l'écran dans l'outil de commande.

 Une note qui présente des informations intéressantes en rapport avec le sujet traité.

 Un encadré. Attention met en évidence les problèmes potentiels et vous aide à les éviter. Il peut être également une mise en garde ou une définition critique.

 Une Astuce, apporte une suggestion ou propose une méthode plus simple pour effectuer une action donnée.

 Un Conseil, une démarche impérative à suivre pour pouvoir résoudre le problème.

- *La base de données*
- *L'instance*
- *La SGA et la PGA*
- *L'interrogation SQL*

L'architecture d'Oracle

Objectifs

A la fin de ce module, vous serez à même d'effectuer les tâches suivantes :
- Décrire la connexion d'un utilisateur à un serveur Oracle.
- Décrire la structure du stockage des données.
- Décrire les composants de la base de données et de l'instance.
- Décrire les étapes du traitement d'une requête SQL d'interrogation.
- Décrire les composants et le fonctionnement du Shared Pool.
- Décrire le fonctionnement du Buffer Cache.

Contenu

Les méthodes de connexion	1-2	Buffer Cache	1-16
La connexion à une base de données	1-4	L'exécution d'une interrogation	1-19
La base de données	1-6	La zone mémoire du programme	1-22
Structure du stockage des données	1-9	Buffer redo log	1-24
L'instance	1-11	Les autres composants	1-25
Shared Pool	1-13	Atelier 1	1-26

Les méthodes de connexion

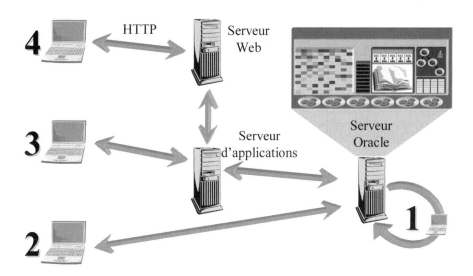

L'architecture fonctionnelle décrite dans ce module, permet d'examiner les structures nécessaires à l'établissement d'une connexion à un serveur Oracle.

Il s'agit de présenter succinctement les processus, la mémoire et les fichiers associés à un serveur Oracle. Les différents composants présentés seront détaillés dans d'autres modules du cours.

Les utilisateurs d'une base de données Oracle peuvent se connecter de quatre manières :

– Se connecter directement au serveur Oracle ; il s'agit de la plus simple configuration : l'application et le serveur Oracle sont situés sur la même machine. Par exemple, un utilisateur se connecte à une machine Unix via une émulation de type Telnet et utilise Sql*Plus pour accéder à la base de données.

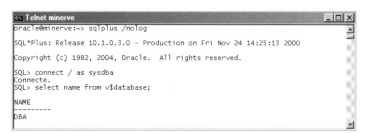

– Se connecter en mode client-serveur ; il s'agit d'une connexion entre le programme client situé sur une machine indépendante et la base de données sur le serveur. Le lien entre ces deux programmes est assuré par le middleware comprenant Oracle Net et le protocole de communication, généralement TCP/IP. Cette architecture offre une grande souplesse, des programmes fonctionnant sous des OS différents peuvent accéder à des données situées dans une même base. Pour plus d'informations concernant le paramétrage et la connexion voir le module 5, « L'architecture Oracle Net ».

Module 1 : L'architecture d'Oracle

- La troisième possibilité de connexion est une méthode dérivée de la précédente. La souplesse de l'architecture client-serveur vous permet de répartir les applications comme bon vous semble, ainsi une partie de l'application cliente se retrouve exécutée sur le serveur d'applications. Cette méthode offre beaucoup plus de possibilités que l'architecture client-serveur traditionnelle ; le protocole de communication entre le client et le serveur d'applications peut être différent de celui utilisé entre ce dernier et le serveur de base de données. La répartition de la charge de travail entre ces trois entités varie considérablement selon les applications. Les performances et la fiabilité de ces entités, que ce soit sur le plan individuel ou au niveau réseau, influent sur le fonctionnement de l'application.

- Le dernier cas présenté est une des configurations possibles pour une base de données orientée Web. Le client est un ordinateur qui dispose d'un accès à l'Internet et qui exécute un navigateur qui communique avec le serveur web via le protocole HTTP. Ce dernier demande l'exécution des commandes du client au serveur d'applications. Le serveur d'applications est lui même client pour la base de données, formate les résultats en HTML, et les retourne au client. Dans cette configuration, le serveur d'applications assure des services d'authentification (pour vérifier que le client est autorisé à émettre des requêtes), de connexion à la base de données, et de traitement des données.

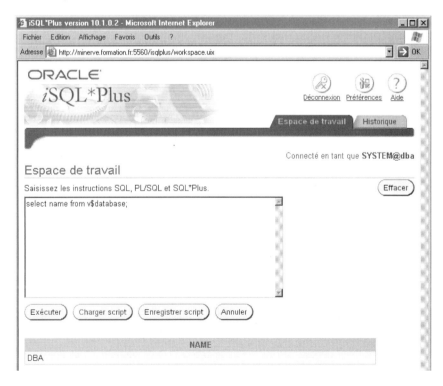

La connexion à une base de données

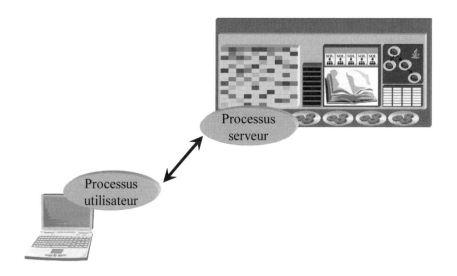

L'utilisateur qui désire accéder aux données gérées par un serveur Oracle doit tout d'abord établir une connexion à la base de données.

La procédure est la suivante :

1. L'utilisateur démarre un outil comme SQL*Plus générant ainsi sur le poste de travail client un processus utilisateur.
2. Lorsque l'utilisateur se connecte ensuite au serveur Oracle en spécifiant un nom d'utilisateur et un mot de passe valide, un processus est créé sur le poste où réside le serveur Oracle. Il s'agit d'un processus serveur.

La connexion est un canal de communication entre un processus utilisateur et un processus serveur.

La connexion d'un utilisateur particulier à un serveur Oracle correspond à ***une session***, elle débute lorsque l'utilisateur a été authentifié par le serveur Oracle et elle se termine lorsque l'utilisateur se déconnecte ou en cas de fin anormale du processus utilisateur.

Le processus utilisateur

C'est le processus le plus méconnu, dans la mesure où il est intégralement géré par la base Oracle et par l'outil ou l'application cliente.

Il s'exécute sur la machine du client, il est démarré lorsque l'outil démarre et se termine lorsque l'utilisateur quitte ou est obligé d'interrompre la session en cours.

Lorsque le processus utilisateur et le processus serveur s'exécutent sur la même machine, le canal de communication utilise le mécanisme d'IPC (interprocessus communication) livré avec le système d'exploitation de cette machine.

Le processus serveur

Le processus serveur sert principalement à charger en mémoire les données du disque pour permettre à l'utilisateur de les traiter. Il existe deux sortes de processus serveurs : les serveurs dédiés et les serveurs partagés.

Dans le cas des serveurs dédiés, à chaque fois qu'un utilisateur se connecte, il est pris en charge par un processus serveur. Si 100 utilisateurs se connectent, 100 processus serveurs sont ainsi créés, et chacun prend en charge spécialement les commandes du seul et même processus utilisateur tout le temps de sa session. L'intérêt de cette architecture est qu'une commande SQL est immédiatement et directement prise en compte par un processus serveur. Par contre, chaque processus serveur occupe une zone mémoire et utilise la CPU.

Dans la configuration des serveurs partagés, c'est un petit groupe de processus serveurs qui s'occupent d'un grand nombre de processus utilisateurs. Oracle utilise pour cette organisation un processus réseau, le DISPATCHER. Les processus utilisateurs sont alloués à un processus dispatcher. Celui-ci met les requêtes des utilisateurs dans une file d'attente, et le processus serveur partagé exécute toutes les requêtes, une par une. Cette configuration permet de réduire la charge de la CPU et utilise moins de mémoire. Par contre, lors de fortes utilisations de la base de données, il risque d'y avoir des temps d'attente dans l'exécution des requêtes des utilisateurs par les serveurs partagés.

La base de données

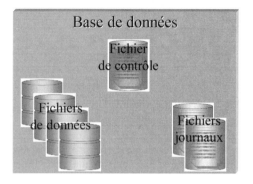

Dans ce chapitre nous découvrirons ensemble les fichiers qui composent la base de données.

Une base de données Oracle est l'ensemble des trois types de fichiers suivants : les fichiers de contrôles, les fichiers de données et les fichiers des journaux.

Les fichiers de la base de données sont des fichiers binaires et ils ne peuvent pas être lu ou écrits directement.

Les fichiers de données

Les fichiers de données contiennent toutes les informations de votre base dans un format spécifique à Oracle. Il n'est pas possible d'en visualiser le contenu avec un éditeur de texte.

Le seul et unique moyen pour accéder et manipuler des données stockées dans Oracle est d'utiliser le langage SQL. Vous ne pourrez jamais y accéder en manipulant les fichiers.

Les fichiers de données sont les plus volumineux de votre base ; leur dimension dépend de la quantité d'informations à stocker. Pour répondre à ces besoins, le nombre, la taille et l'emplacement des fichiers de données seront adaptés ; il est fréquent qu'un administrateur Oracle intervienne sur ces fichiers.

Les fichiers de contrôle

Les fichiers de contrôle sont de fichiers binaires contenant des informations sur tous les autres fichiers constitutifs d'Oracle. Ils décrivent leur nom, leur emplacement et leur taille.

Ils sont principalement utilisés à chaque démarrage de la base de données, contiennent des informations sur l'état de la base de données et sur sa cohérence, et sont mis à jour automatiquement par Oracle. Pour des raisons de sécurité, on peut créer plusieurs fichiers de contrôle, mais ceux-ci sont tous identiques.

Les fichiers de contrôle indiquent si la base de données a été correctement fermée et si une restauration est nécessaire. Il est impossible de les visualiser pour en exploiter le contenu.

Les fichiers journaux

Les fichiers journaux (fichiers redo-log) sont des fichiers qui conservent toutes les modifications successives de votre base de données. L'activité des sessions qui interagissent avec Oracle est consignée en détail dans les fichiers journaux (fichiers redo-log). Il s'agit en quelque sorte des journaux de transactions de la base, une transaction étant une unité de travail qui est soumise au système pour traitement.

Ils sont utiles lors d'une restauration à la suite d'un problème. Cette restauration consiste à reconstruire le contenu des fichiers des données à partir de l'information stockée dans les fichiers journaux (fichiers redo-log).

La base de données requiert au moins deux fichiers journaux (fichiers redo-log).

Le contenu des fichiers de données est reconstruit a partir de l'information stockée dans les fichiers journaux (fichiers redo-log).

En résumé, si l'un des fichiers de données est perdu, on récupère la dernière sauvegarde du fichier et on le reconstruit grâce aux fichiers journaux (fichiers redo-log).

Les fichiers journaux archivés

Lorsque le fichier journaux (fichier redo-log) est rempli, Oracle poursuit le remplissage du suivant et ainsi de suite jusqu'au dernier. Quand celui-ci est plein. Oracle réutilise le premier, puis le second, etc. L'utilisation des fichiers est donc circulaire.

Les fichiers journaux archivés (fichiers redo-log archivés) sont des copies des fichiers journaux pour une sauvegarde des fichier journaux (fichier redo-log) avant la perte de l'information pour cause d'utilisation circulaire des fichiers.

Le fichier de paramètres

Ce fichier contient les paramètres de démarrage de la base et d'autres valeurs qui déterminent l'environnement dans lequel elle s'exécute. Lorsque la base est démarrée, le fichier des paramètres est lu et plusieurs structures mémoire sont allouées en fonction de son contenu.

Le fichier mot de passe

Le fichier de mot de passe est utilisé pour établir l'authenticité des utilisateurs privilégiés de la base de données.

L'utilisation et la description complète des fichiers de la base de données fait l'objet des chapitres suivants.

Module 1 : L'architecture d'Oracle

> **Note**
>
> Une base de données Oracle est désignée par le nom de la base de données, un paramètre, « **DB_NAME** ».
>
> Le nom de la base de données est attribué à la création de la base de données et il n'est pas possible de le modifier après.

Oracle nous donne la possibilité de visualiser les paramètres de la base à l'aide de la commande **SQL*Plus** suivante :

SHOW PARAMETER NOM_PARAMETRE

Comme c'est une commande SQL*Plus, il n'y a pas besoin de point-virgule.

```
SQL> SHOW PARAMETER DB_NAME

NAME                                 TYPE        VALUE
------------------------------------ ----------- --------------
db_name                              string      dba
```

Structure du stockage des données

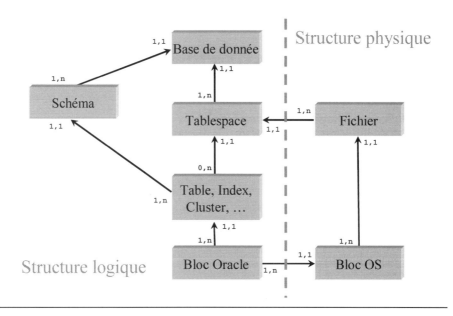

Une base de données Oracle est un ensemble de données permettant de stocker des données dans un format relationnel ou des structures orientées objet telles que des types de données et des méthodes abstraits.

Quelles que soient les structures utilisées, relationnelles ou orientées objet, les données d'une base Oracle sont stockées dans des fichiers. En interne, il existe des structures qui permettent d'associer logiquement des données à des fichiers, autorisant le stockage séparé de types de données différents. Ces divisions logiques sont appelées tablespaces (espace de disque logique).

Le tablespace (espace de disque logique)

Le tablespace est un concept fondamental du stockage des données dans une base Oracle. Une table ou un index appartiennent obligatoirement à un tablespace. À chaque tablespace sont associés un ou plusieurs fichiers. Tout objet (table, index) est placé dans un tablespace, sans précision du fichier de destination, le tablespace effectuant ce lien.

Lorsqu'un tablespace est créé, des fichiers de données sont également créés pour contenir ses données. Ces fichiers allouent immédiatement l'espace spécifié durant leur création. Chacun d'eux ne peut appartenir qu'à un seul tablespace.

Une base de données peut supporter plusieurs utilisateurs, chacun d'eux possédant un schéma, ensemble d'objets logiques de base de données appartenant à chaque utilisateur (incluant des tables et des index) qui se réfèrent à des structures de données physiques stockées dans des tablespaces. Les objets appartenant au schéma d'un utilisateur peuvent être stockés dans plusieurs tablespaces, et un seul tablespace peut contenir les objets de plusieurs schémas.

Lorsqu'un objet de base de données (comme une table ou un index) est créé, il est assigné à un tablespace via les paramètres de stockage par défaut de l'utilisateur ou des instructions spécifiques.

Le bloc Oracle

Le bloc Oracle est une unité d'échange entre les fichiers, la mémoire et les processus. Sa taille est un multiple de la taille des blocs manipulés par votre système d'exploitation.

La taille d'un bloc Oracle est précisée lors de la création de la base de données.

Le paramètre définissant la taille du bloc Oracle est le paramètre « **DB_BLOCK_SIZE** ».

Une fois la base de données créée, la valeur du paramètre « **DB_BLOCK_SIZE** », ne peut plus être modifiée.

Attribuer au « **DB_BLOCK_SIZE** » une taille importante permet de limiter les accès disques.

A partir de la version Oracle 9i, il est possible d'avoir plusieurs tailles de bloc de données de stockage : une taille de bloc de données par défaut spécifié à l'aide du paramètre « **DB_BLOCK_SIZE** » et maximum quatre tailles de bloc de données non standard.

Les valeurs du bloc standard ou non standard doivent être choisies parmi la liste suivante : 2Ko, 4Ko, 8Ko, 16Ko et 32Ko.

```
SQL> show parameter DB_BLOCK_SIZE

NAME                                 TYPE        VALUE
------------------------------------ ----------- -------
db_block_size                        integer     8192
```

L'instance

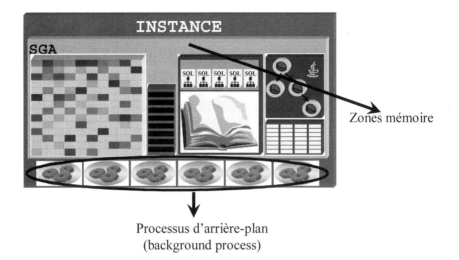

Zones mémoire

Processus d'arrière-plan
(background process)

Une instance est l'ensemble des processus d'arrière-plan et des zones mémoire qui sont alloués pour permettre l'exploitation de la base de données.

Une instance Oracle est désignée par le nom de l'instance, un paramètre, **« INSTANCE_NAME »**.

Le nom de la base de donnée, comme on l'a vu précédemment, est attribué à la création de la base de données et in n'est pas possible de le modifier après.

Par contre l'instance est « un programme », un ensemble de processus et de zones mémoires, et son nom peut être modifie.

Généralement le nom de l'instance et le nom de la base de données sont identiques mais il faut bien tenir compte du fait qu'il y a deux noms, un pour l'instance et un autre pour la base de données, et qu'ils peuvent êtres différents.

```
SQL> SHOW PARAMETER INSTANCE_NAME

NAME                                 TYPE        VALUE
------------------------------------ ----------- -------------
instance_name                        string      dba
```

Lorsqu'on interroge la base, les données stockées dans des fichiers physiques sur disque sont chargées en mémoire. Oracle utilise des zones mémoire pour améliorer les performances et gérer le partage des données entre plusieurs utilisateurs. La zone mémoire principale employée pour le fonctionnement d'une base de données est la zone globale système ou **SGA (System Global Area)**.

Le paramètre définissant la taille globale du SGA est **« SGA_MAX_SIZE »**. Il est le paramètre qui détermine la taille englobante pour l'ensemble des zones mémoires de la base.

```
SQL> SHOW PARAMETER SGA_MAX_SIZE

NAME                                 TYPE        VALUE
------------------------------------ ----------- ------
sga_max_size                         big integer 160M
```

Oracle utilise une unité d'allocation pour les zones mémoires appelée « GRANULE ». Elle représente une quantité continue de mémoire vive et dépend de la valeur du paramètre « SGA_MAX_SIZE ».

La taille de la « GRANULE » est de 4Mb si la taille de « SGA_MAX_SIZE » est inférieure à 128Mb. Autrement la « GRANULE » est de 16Mb.

La taille de la « GRANULE » est de 4Mb si la taille de « SGA_MAX_SIZE » est inférieure à 1Gb. Autrement la « GRANULE » est de 8Mb pour les plateformes Windows 32bits et de 16Mb pour les autres.

Les processus d'arrière-plan correspondent aux différents processus qu'Oracle met en œuvre pour assurer la gestion d'une base de données. Sur le serveur de la base, il faut distinguer deux types de processus :

- le processus serveur, qui prend en charge les requêtes des processus utilisateurs provenant de connections à la base de données à l'aide d'outils tels que SQL*PLUS, Pro*C et autres outils de développement ou d'administration,
- les processus d'arrière-plan qui ont chacun une tâche déterminée pour la gestion des données : écriture des données sur disque, gestion de la mémoire...

Les caractéristiques du serveur de base de données, telles que la taille de la **SGA** ou le nombre de processus d'arrière-plan, contenues dans un fichier de paramètres associé sont prises en compte lors du démarrage. Une instance correspond à une base de données et à une seule. Par contre, une base de données peut être accédée par plusieurs instances (option Real Application Clusters).

Note

Dans la suite de cet ouvrage, sauf indication explicite, le terme de base de données Oracle se rapporte en même temps à l'instance et aux fichiers physiques de la base.

Shared Pool

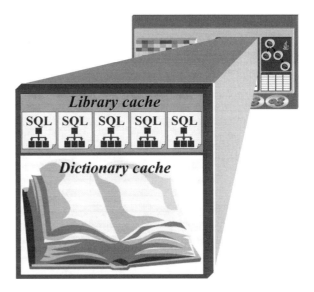

Le pool partagé (Shared Pool) est un secteur dans le SGA (System Global Area) utilisée pendant la phase d'analyse.

Il y a deux composants principaux à l'intérieur de la zone partagée :

- Le cache du dictionnaire de données (Dictionary Cache)
- Le cache de bibliothèque (Library Cache)

La taille du pool partagé (Shared Pool) est définie à l'aide du paramètre « **SHARED_POOL_SIZE** » ; la distribution de cette zone mémoire entre le cache du dictionnaire de données (Dictionary Cache) et le cache de bibliothèque (Library Cache) est gérée automatiquement en interne par le serveur.

La valeur « **SHARED_POOL_SIZE** » est exprimée en octets, unité par défaut, mais vous pouvez pour simplifier utiliser le suffixe **K** pour désigner des kilooctets ou le suffixe **M** pour les mégaoctets.

Le paramètre « **SHARED_POOL_SIZE** » est un paramètre qui peut être modifié dynamiquement, alors que l'instance est en cours de fonctionnement, par un ordre SQL :

ALTER SYSTEM SET SHARED_POOL_SIZE = 78M ;

Le paramètre « **SHARED_POOL_SIZE** » peut être modifié dynamiquement dans la limite de l'espace alloué pour SGA par le paramètre « **SGA_MAX_SIZE** ». Toutefois si la limite fixée par ce paramètre est atteinte, il faut diminuer la taille d'autres zones mémoires afin de libérer l'espace nécessaire pour agrandir le pool partagé (Shared Pool).

Module 1 : L'architecture d'Oracle

L'ensemble des zones mémoire de la SGA fonctionne de la même manière pour ce qui concerne leur dimensionnement dynamique.

```
SQL> SHOW PARAMETER SHARED_POOL_SIZE

NAME                                 TYPE         VALUE
------------------------------------ ------------ ----------
shared_pool_size                     big integer  48M
SQL> SHOW PARAMETER SGA_MAX_SIZE

NAME                                 TYPE         VALUE
------------------------------------ ------------ ----------
sga_max_size                         big integer  160M
SQL> ALTER SYSTEM SET SHARED_POOL_SIZE=56M;

Système modifié.

SQL> SHOW PARAMETER SHARED_POOL_SIZE

NAME                                 TYPE         VALUE
------------------------------------ ------------ ----------
shared_pool_size                     big integer  56M
```

Le cache du dictionnaire de données (Dictionary Cache)

Les informations relatives aux objets de base de données sont stockées dans les tables du dictionnaire de données. Ces informations incluent, entre autres, les données de comptes utilisateur, les noms des fichiers de données, les descriptions des tables et les privilèges. Lorsque la base a besoin de ces informations (par exemple pour contrôler si un utilisateur est autorisé à exécuter une requête sur une table), elle lit les tables du dictionnaire et place les données extraites dans le cache du dictionnaire de la zone SGA.

Ce cache est géré au moyen d'un algorithme appelé **LRU** (**L**east **R**ecently **U**sed), et sa taille est gérée en interne par la base de données comme une composante du pool partagé (Shared Pool).

> **Astuce**

Le fonctionnement de l'algorithme **LRU** (**L**east **R**ecently **U**sed) est une stratégie de la préservation des informations dans laquelle la place occupée par des données non utilisées depuis longtemps est libérée pour être attribuée à de nouvelles informations (voir l'image suivante).

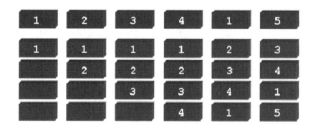

L'opération commence par le remplissage de la pile avec les valeurs de 1 à 4 ; vous pouvez remarquer que les valeurs sont empilées a la fin de la pile : la réutilisation de la valeur 1 donne lieu a une réorganisation de la pile (la valeur 1 est la valeur la plus récemment utilisée et il ne faut pas quelle sorte en premier).

Les valeurs qui sortent en premier sont celles du haut de la pile ; ainsi la valeur 2 sort pour laisser la place à la valeur 5.

Lorsque le cache du dictionnaire est trop petit, la base de données doit régulièrement accéder aux tables du dictionnaire pour obtenir les informations dont elle a besoin pour son fonctionnement.

Le cache de bibliothèque (Library cache)

Le cache de bibliothèque (Library Cache) maintient des informations sur les instructions exécutées dans la base de données pour autoriser le partage d'instructions SQL souvent utilisées.

Ce pool contient le plan d'exécution et la représentation analysée des instructions SQL qui ont été exécutées. La deuxième fois qu'une instruction SQL identique est émise (par n'importe quel utilisateur), les informations analysées du pool sont exploitées pour accélérer son exécution.

Ce pool est géré au moyen de l'algorithme **LRU** (**L**east **R**ecently **U**sed). Au fur et à mesure qu'il se remplit, les chemins d'exécution et les instructions analysées qui sont le moins souvent utilisés sont supprimés du cache de bibliothèque pour faire place à de nouvelles entrées. Si la taille de ce pool est trop petite, les instructions seront sans cesse rechargées dans le cache de bibliothèque, ce qui affectera les performances.

Buffer Cache

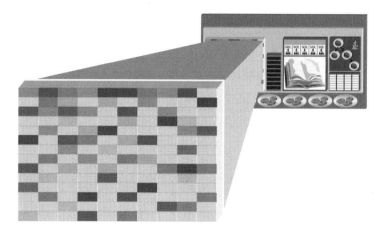

Le buffer cache (cache de tampon) est une zone mémoire dans le SGA qui contient des blocs de données pour tous les processus concernant l'utilisateur et le système.

Le bloc Oracle est une unité d'échange entre les fichiers, la mémoire et les processus.

Chaque fois que vous interrogez la base de données pour retrouver un ensemble d'enregistrements d'une ou plusieurs tables, vous chargez dans le buffer cache (cache de tampon) les blocs ou sont stockés ces enregistrements. Les blocs chargés dans le buffer cache (cache de tampon) peuvent contenir également d'autres enregistrements qui sont chargés automatiquement dans le buffer cache (cache de tampon).

Attention

Chaque fois que vous interrogez la base, vous chargez en mémoire les blocs dans lesquels se trouvent les données et pas uniquement ces seules données.

Tous les blocs contenant les enregistrements demandés pour la lecture ou modification doivent d'abord résider dans cette zone mémoire.

Le buffer cache (cache de tampon) est une zone partagée utilisée par l'ensemble des sessions. Ainsi, des processus multiples peuvent lire le même bloc de données de cette zone mémoire sans devoir relire les données sur le disque physique à chaque fois.

Note

La gestion des blocs dans le buffer cache (cache de tampon) est géré au moyen d'un algorithme **LRU** (**L**east **R**ecently **U**sed).

Cette méthode de gestion du buffer cache (cache de tampon) utilise dans son fonctionnement une liste communément appelle liste LRU (la liste des blocs récemment utilisés).

Lorsqu'un bloc est écrit en mémoire, le processus serveur qui lit les données sur le disque les copies dans le buffer cache (cache de tampon) et ajoute les adresses des blocs dans la liste LRU (la liste des blocs récemment utilisés).

Module 1 : L'architecture d'Oracle

La définition d'une taille appropriée pour ce cache représente un aspect important des processus de gestion et d'optimisation de la base.

Etant donné que la taille de ce cache est fixe et qu'elle est habituellement inférieure à l'espace utilisé par vos tables, celui-ci ne peut pas contenir toutes les données de la base en même temps. Généralement, ce cache représente entre 1 et 2 % de la taille de la base.

L'initialisation de la taille du buffer cache (cache de tampon) est effectué différemment suivant la version d'Oracle.

Dans les versions Oracle 8i et antérieures, toutes les zones mémoires ne peuvent pas être modifiées dynamiquement ; ainsi leur initialisation s'effectue par l'intermédiaire du fichier des paramètres au démarrage de la base de données.

La taille du buffer cache (cache de tampon), exprimée sous forme du nombre de blocs de données, est déterminée au moyen du paramètre « **DB_BLOCK_BUFFERS** ». La taille des blocs de données de la base est définie au moyen du paramètre « **DB_BLOCK_SIZE** » lors de la création de la base.

Ainsi, pour calculer la taille de la mémoire assignée pour le buffer cache (cache de tampon) exprimée en octets, vous multipliez le nombre des blocs par la taille du bloc, comme suit :

DB_BLOCK_BUFFERS x DB_BLOCK_SIZE

Attention

Le paramètre « **DB_BLOCK_BUFFERS** » existe aussi dans les versions ultérieures de la base de données, à savoir Oracle 9i et Oracle 10g, mais il est ignoré : il est gardé uniquement pour des raisons de compatibilité ascendante du produit.

Ainsi, si vous initialisez ce paramètre il est ignoré et la mémoire assignée pour le buffer cache (cache de tampon) est uniquement la taille par défaut, a savoir 48 Mo.

Dans les versions Oracle 9i et ultérieures, la taille du buffer cache (cache de tampon), exprimée cette fois ci directement en octets, est déterminée au moyen du paramètre « **DB_CACHE_SIZE** ».

Le paramètre « **DB_CACHE_SIZE** » est exprimé en octets, l'unité par défaut, mais vous pouvez pour simplifier utiliser le suffixe « **K** » pour désigner des kilooctets ou le suffixe « **M** » pour les mégaoctets. Le paramètre est initialisé au démarrage de la base de données dans le fichier de paramètres, mais il peut être modifié dynamiquement, alors que l'instance est en cours de fonctionnement, par un ordre SQL :

ALTER SYSTEM SET DB_CACHE_SIZE = 78M ;

La valeur par défaut pour ce paramètre est de 48 Mo, et il faut lui assigner une taille au minimum de 16 Mo.

Il est également possible de configurer votre buffer cache (cache de tampon) en zones séparées. Cela permet de garder les données en place ou de libérer les données après leur utilisation. Vous pouvez vouloir garder des tables, autant que possible, dans le buffer cache (cache de tampon) parce qu'elles sont lues assez fréquemment.

Il est possible d'utiliser deux zones complémentaires pour faciliter les échanges avec le buffer cache (cache de tampon) ; ces zones sont :

- KEEP. Les blocs de données dans cette zone sont maintenus en mémoire même après leur utilisation. La taille de cette zone est définie à l'aide du paramètre « **DB_KEEP_CACHE_SIZE** ».

- RECYCLE. Les blocs de données dans cette zone sont disponibles immédiatement après leur utilisation. La taille de cette zone est définie à l'aide du paramètre « **DB_RECYCLE_CACHE_SIZE** ».

A partir de la version Oracle 9i, il est possible d'avoir plusieurs tailles de bloc de données de stockage : une taille de bloc de données par défaut spécifiée à l'aide du paramètre « **DB_BLOCK_SIZE** » et au maximum quatre tailles de bloc de données non standard.

L'unité d'échange à l'intérieur du serveur Oracle pour les lectures et les modifications de données, ainsi que pour tous les transferts entre les processus et la mémoire, est le bloc de données. Alors il faut réserver au niveau du buffer cache (cache de tampon) des zones mémoire afin de stocker les blocs non standard pour les échanges de lecture écriture.

```
SQL> SHOW PARAMETER DB_BLOCK_SIZE

NAME                                 TYPE        VALUE
------------------------------------ ----------- -----------
db_block_size                        integer     8192

SQL> SHOW PARAMETER DB_BLOCK_BUFFERS

NAME                                 TYPE        VALUE
------------------------------------ ----------- -----------
db_block_buffers                     integer     0

SQL> SHOW PARAMETER DB_CACHE_SIZE

NAME                                 TYPE        VALUE
------------------------------------ ----------- -----------
db_cache_size                        big integer 88M

SQL> ALTER SYSTEM SET DB_CACHE_SIZE=96M;

Système modifié.

SQL> SHOW PARAMETER DB_CACHE_SIZE

NAME                                 TYPE        VALUE
------------------------------------ ----------- -----------
db_cache_size                        big integer 96M
```

L'exécution d'une interrogation

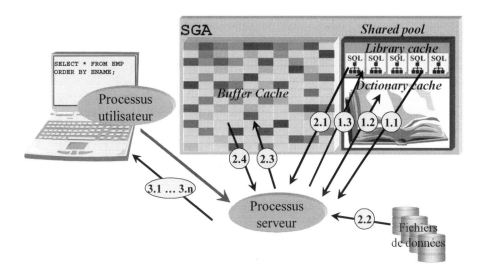

Chaque fois qu'un utilisateur ou un programme se connecte à une instance Oracle et exécute une commande SQL ou PL/SQL, le processus serveur traite cette demande.

La requête d'interrogation est exécuté en trois phases : PARSE (l'analyse), EXECUTE (l'exécution) et FETCH (la récupération ou la lecture).

PARSE

Au cours de cette phase, le processus serveur vérifie la syntaxe de l'instruction SQL. Il réalise la résolution d'objets et les contrôles de sécurité pour l'exécution du code. Ensuite, il construit l'arbre d'analyse et développe le plan d'exécution pour l'instruction SQL ; ainsi construits, les deux composants, l'arbre d'analyse et le plan d'exécution, sont stockés dans le cache de bibliothèque (Library Cache).

Etape 1.1

Le processus serveur cherche s'il existe déjà une instruction correspondant à celle en cours de traitement dans le cache de bibliothèque (Library Cache).

S'il n'en trouve pas, il réserve un espace dans le cache de bibliothèque (Library Cache) pour stocker le curseur et il continue l'analyse de la requête.

Dans le cas ou le processus serveur trouve l'instruction, il peut utiliser l'arbre d'analyse ainsi que le plan d'exécution générée lors d'une exécution précédente de la même instruction, sans alors avoir besoin de l'analyser et de le reconstruire.

> **Note**

Toute requête retrouvée dans le cache de bibliothèque (Library Cache) n'a plus besoin d'être analysée et son plan d'exécution d'être construit. Ainsi, on économise la phase «PARSE» du traitement de la requête, la durée de cette phase étant approximativement de quelques dixièmes de seconde.

Pour une exécution de cette requête ce n'est pas long ; mais imaginez une centaine d'utilisateurs exécutant régulièrement la même requête.

Module 1 : L'architecture d'Oracle

Etape 1.2

Le processus serveur commence l'analyse de la requête par un contrôle syntactique afin de déterminer si la requête respecte la syntaxe SQL ou PL/SQL.

En suite le processus serveur effectue une analyse sémantique afin de valider l'existence des objets (tables, vues, synonymes…), ainsi que leur composants utilisés dan la requête (champs, objets …), les droits de l'utilisateur, et de déterminer quels sont les objets nécessaires pour construire l'arbre d'analyse.

Pendant la phase d'analyse sémantique, le processus serveur recherche les informations dans le cache du dictionnaire de données (Dictionary Cache). Si nécessaire, le processus serveur démarre le chargement de ces informations à partir des fichiers de données.

Conseil

La base de données comporte un dictionnaire de données qui contient l'ensemble des informations concernant la structure logique et la structure physique de la base. Ce dictionnaire est un ensemble d'objets relationnels (tables, index, vues …) qui sont gérés directement par Oracle à l'aide des transactions (requêtes SQL).

Chaque requête est analysée de la même façon, qu'elle soit exécutée par un utilisateur quelconque ou par le serveur Oracle.

Pour l'analyse sémantique, toutes les requêtes ont besoin des informations stockées dans le dictionnaire de données.

Le dictionnaire de données doit se trouver intégralement dans le cache du dictionnaire de données (Dictionary Cache) pour éviter les chargements à partir des fichiers de données.

Le processus serveur construit le plan d'exécution à l'aide de l'arbre d'analyse et stocke l'arbre d'analyse et le plan d'exécution dans le cache de bibliothèque (Library Cache). Ainsi le curseur peut être réutilisé par d'autres utilisateurs.

Note

L'arbre d'analyse et le plan d'exécution ne prennent pas en compte la gestion des ordres de tris. Aussi est-il possible de partager l'arbre d'analyse et le plan d'exécution pour des requêtes qui retournent les mêmes informations mais ordonnées différemment.

Les informations concernant les ordres de tris sont stockées dans une autre zone mémoire spécifique a chaque utilisateur. (Voir chapitre suivant)

EXECUTE

La phase d'exécution du traitement d'une instruction SQL revient à appliquer le plan d'exécution aux données.

Etape 2.1

Le processus serveur utilise le plan d'exécution afin de retrouver les blocs devant être chargés à partir fichiers des données.

Le plan d'exécution définit les modalités de lecture des objets nécessaires (utiliser les index, effectuer un chargement complet de la table …) pour minimiser le volume des blocs récupérés.

Etape 2.2 et 2.3

Les blocs nécessaires pour la requête sont chargés et stockés dans le buffer cache (cache de tampon). Les blocs qui se trouvent déjà dans la mémoire ne sont pas chargés.

Etape 2.4

Les données qui sont renvoyées par la requête sont mises en forme. Il ne faut pas oublier que l'on a chargé dans le buffer cache (cache de tampon) les blocs contenant les enregistrements complets de ou des tables qui composent la requête. En somme il faut sélectionner uniquement les champs et les enregistrements demandés.

La mise en forme des données du buffer cache (cache de tampon) est appelé « Result Set ».

FETCH

Le processus serveur renvoie des lignes sélectionnées et mises en forme au processus utilisateur. Il s'agit de la dernière étape du traitement d'une instruction SQL.

La zone mémoire du programme

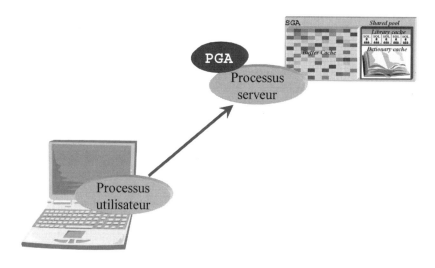

Comme on a pu le voir précédemment, le processus utilisateur est un processus qui établit une connexion, ouvre une session, avec une base de données Oracle. Par exemple, un utilisateur de l'application SQL*Plus se connecte à l'instance de la base de données et ouvre ainsi une session pendant laquelle il pourra envoyer au moteur d'Oracle des commandes SQL. La session durera jusqu'à la fin de la connexion.

Le processus serveur sert principalement à charger en mémoire les données du disque pour permettre à l'utilisateur de les traiter. Il existe deux sortes de processus serveurs : les serveurs dédiés et les serveurs partagés.

Dans le cas des serveurs dédiés, à chaque fois qu'un utilisateur se connecte, il est pris en charge par un processus serveur unique. Chaque processus serveur réserve une zone mémoire distincte.

Dans la configuration des serveurs partagés, c'est un petit groupe de processus serveurs qui s'occupent d'un grand nombre de processus utilisateurs. Plusieurs processus utilisateurs partagent le même processus serveur qui exécute toutes les requêtes une par une. Cette configuration permet de réduire la charge de la CPU et utilise moins de mémoire.

La zone mémoire allouée pour le fonctionnement de chaque processus utilisateur au niveau du serveur s'appelle la zone mémoire du programme (**P**rogram **G**lobal **A**rea).

Cette seconde composante de la mémoire sert à stocker les informations des processus, qu'ils soient des processus serveurs ou des processus d'arrière-plan. Quand un utilisateur se connecte à la base de données Oracle, la zone mémoire du programme (**P**rogram **G**lobal **A**rea) est allouée au processus utilisateur.

La zone mémoire du programme (**P**rogram **G**lobal **A**rea) contient :

- Une zone mémoire dans laquelle s'effectue le tri de vos requêtes. Comme cela a été évoqué précédemment, les ordres de tris sont spécifiques à chaque utilisateur.

- Une zone mémoire où sont stockées des informations sur la session telles que les privilèges de l'utilisateur.

- Une zone mémoire qui géré les informations sur la gestion des curseurs actuellement utilisés par la session. Cette zone est utilisée pour l'avancement de la récupération des données dans la phase **«FETCH»** du traitement de la requête.
- Une zone mémoire où sont stockées les informations concernant les variables utilisées par la session.

Suivant que le processus serveur est partagé par plusieurs processus utilisateurs ou dédié à un seul processus utilisateur, les informations relatives aux ordres de tris et à la session seront stockées dans le pool partagé (Shared Pool) ou dans la zone mémoire du programme (**P**rogram **G**lobal **A**rea).

Les informations relatives aux ordres de tris et à la session forment une zone mémoire appelé **UGA** (**U**ser **G**lobal **A**rea) ; cette zone mémoire, comme il a été précisé auparavant, est déplacée dans le pool partagé (Shared Pool) si vous utilisez l'option de serveur partagé.

Buffer redo log

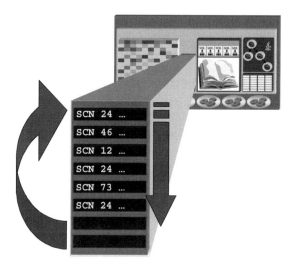

Afin d'assurer la fiabilité, chaque système de base de données doit veiller à ce qu'une transaction validée le demeure, même en cas d'échec du système. La capacité de recréer des transactions est l'objectif premier du tampon des journaux de reprise (Buffer redo log) d'Oracle.

Le tampon des journaux de reprise (Buffer redo log) est la première étape d'enregistrement des changements de données dans la base. Il est généralement le plus petit des caches de la SGA. Sa taille est fixe et déterminée par le paramètre « **LOG_BUFFER** » exprimé en octets. La valeur par défaut est de 512Ko mais elle dépend du système d'exploitation.

Note

Le tampon des journaux de reprise (Buffer redo log) est généralement utilisé par tous les processus serveur qui modifient les données ou la structure d'une ou plusieurs tables. Ces processus écrivent ainsi dans le tampon des journaux de reprise (Buffer redo log) l'image des lignes avant les modifications (les blocs UNDO), l'image qui suit la transaction (les blocs modifiés), ainsi que l'identificateur de transaction (**SCN**).

Oracle assigne à chaque transaction un numéro, le **SCN** (**S**ystem **C**hange **N**umber).

Le tampon des journaux de reprise (Buffer redo log) est utilisé de manière séquentielle et circulaire ; les modifications des différentes transactions sont stockées au fur et à mesure qu'elles arrivent. Ainsi les modifications exécutées par les différents utilisateurs s'empilent séquentiellement suivant l'ordre d'arrivée.

Les autres composants

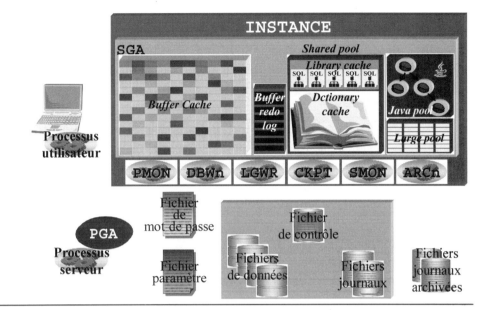

Dans ce module nous avons décrit la zone mémoire **SGA** (System Global Area) comme étant une zone de travail d'Oracle formée de différents segments de mémoire partagée, dans laquelle sont exécutées pratiquement toutes les opérations.

Trois autres zones mémoire sont intéressantes à ce niveau du sujet, à savoir :

Pool Java (Java pool)

Comme son nom l'indique, le pool Java stocke les commandes Java analysées. Sa taille est définie en octets au moyen du paramètre d'initialisation « **JAVA_POOL_SIZE** » introduit dans Oracle8i. Le fonctionnement de cette zone mémoire est semblable à celui du pool partagé (Shared Pool).

L'installation du moteur Java dans la base de données Oracle est facultative, mais dès lors qu'il est installé, le Pool Java est obligatoire.

Grand pool (large pool)

Le grand pool est une structure mémoire optionnelle. Si vous utilisez l'option de serveur partagé ou si vous réalisez souvent des opérations de sauvegarde et restauration, vous pourrez obtenir de meilleures performances en créant un grand pool. Cette zone mémoire sert aussi à la mise en tampon de messages lors du traitement parallèle de requêtes. Sa taille est définie en octets au moyen du paramètre d'initialisation « **LARGE_POOL_SIZE** ».

Streams pool

Le streams pool est une structure mémoire optionnelle, elle est utilisée pour assurer le fonctionnement des files de messages pour Oracle Advanced Queuing. Sa taille est définie en octets au moyen du paramètre d'initialisation « **STREAMS_POOL_SIZE** ».

Atelier 1

- Lancement du SQL*Plus
- Connexion et Déconnexion après lancement
- Utilisation de SQL*Plus

 Durée : 5 minutes

Questions

1-1 Quelle est l'unité d'échange entre les fichiers, la mémoire et les processus ?
   A. DB_BLOCK_BUFFERS
   B. DB_KEEP_CACHE_SIZE
   C. DB_RECYCLE_CACHE_SIZE
   D. DB_BLOCK_SIZE

1-2 Quelles sont les tailles possibles pour le bloc de données ?
   A. 1K
   B. 2K
   C. 4K
   D. 6K
   E. 8K
   F. 10K
   G. 14K
   H. 16K
   I. 32K

1-3 Quels sont les composants de la base de données ?

1-4 Peut-on modifier le nom de la base de données ?

1-5 Peut-on modifier le nom d'instance ?

1-6 La taille du bloc de données par défaut peut-elle être changée ?

1-7 Vous travaillez avec Oracle 10g dans un environnement Windows32bits et votre instance occupe un espace mémoire, « **SGA_MAX_SIZE** », de 2Gb. Quelle est la taille minimale pour une unité d'allocation, « **GRANULE** » ?

   A. 4M

   B. 6M

   C. 8M

   D. 16M

1-8 Si votre un environnement est Unix/Linux, quelle est la taille minimale pour une unité d'allocation, « **GRANULE** » ?

   A. 4M

   B. 6M

   C. 8M

   D. 16M

1-9 Quelle est la méthode de rafraichissement des blocs dans le buffer cache (cache de tampon) ?

   A. OPT

   B. LRU

   C. FIFO

Exercice n°1

Affichez le nom de la base de données et le nom de l'instance.

Exercice n°2

Affichez la taille du bloc par défaut de la base de données, la taille du buffer cache, la taille du pool partagé, la taille du buffer redo log et la taille maximale du SGA.

- *La transaction*
- *SAVEPOINT*
- *Le verrouillage*
- *COMMIT*

2

Les transactions

Objectifs

A la fin de ce module, vous serez à même d'effectuer les tâches suivantes :
- Décrire les concepts d'une transaction.
- Structurer une transaction en plusieurs parties.
- Décrire les composants de la base de données et de l'instance.
- Décrire les niveaux d'isolation d'Oracle.
- Décrire le verrouillage des ressources en Oracle.
- Décrire le traitement de validation ou de rejet de la transaction.

Contenu

Les transactions	2-2	LES NIVEAUX D'ISOLATION	2-12
Début et fin de transaction	2-4	Le verrouillage	2-14
Structuration de la transaction	2-5	Le segment UNDO	2-17
L'isolation	2-8	L'exécution d'un ordre LMD	2-19
DIRTY READ	2-9	La validation de la transaction	2-22
FUZZY READ	2-10	Atelier 2	2-24
PHANTOM READ	2-11		

Les transactions

Atomicité

Cohérence

Isolation

Durabilité

La création d'une base de données ne supportant qu'un utilisateur simple n'est pas très utile. Le contrôle de multiples utilisateurs mettant à jour les mêmes données et en même temps est crucial ; il est lié à l'uniformité et à la simultanéité des données. La simultanéité des données signifie que de nombreuses personnes peuvent accéder aux mêmes données en même temps, alors que l'uniformité des données signifie que les résultats visualisés par une personne sont cohérents à l'intérieur d'une ou plusieurs transactions courantes.

Une transaction est un ensemble d'ordres SQL qui ont pour objectif de faire passer la base de données, en une seule étape, d'un état cohérent à un autre état cohérent.

Une transaction qui réussit, modifie la base de données dans un nouvel état cohérent. Si elle échoue (volontairement ou involontairement), les modifications déjà effectuées dans la base sont annulées, de sorte qu'elle retrouve l'état cohérent antérieur au début de la transaction. C'est Oracle qui se charge entièrement de toute cette gestion.

Les transactions devraient être aussi petites que possible, avec toutes les opérations adaptées pour le changement simple des données. Afin qu'une série d'opérations soit considérée comme une transaction, elle doit présenter les propriétés :

Atomicité Une transaction doit être une unité atomique de travail ; elle ne peut réussir que si toutes ses opérations réussissent.

Cohérence Quand une transaction est terminée, elle doit laisser les données dans un état cohérent incluant toutes les règles d'intégrité de données.

Isolation Les transactions doivent être isolées des changements effectués par d'autres transactions, soit avant que la transaction ne démarre, soit avant le démarrage de chaque opération dans la transaction. Ce niveau d'isolation est configurable par l'application.

Durabilité   Une transaction doit être récupérable aussitôt qu'elle est terminée. Même si un échec du système se produit après la fin de la transaction, les effets de la transaction sont permanents dans le système.

Attention

Bien que de nombreuses personnes considèrent que les transactions sont des groupes d'instructions SQL, chaque instruction SQL est une transaction.

Si, pendant l'exécution d'une simple instruction SQL, une erreur se produit, le travail effectué par cette instruction est annulé comme s'il ne s'était jamais produit, c'est le niveau d'instruction uniforme.

Pour être sûr de l'uniformité des données quand on développe des applications, il suffit de grouper logiquement plusieurs instructions SQL dans une transaction simple. Celle-ci peut alors être traitée comme unité simple de travail en utilisant les ordres de contrôle des transactions.

Début et fin de transaction

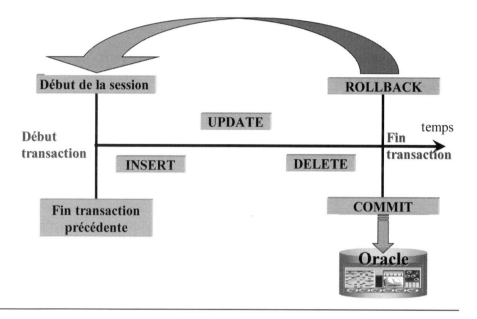

Une transaction commence à l'ouverture de la session ou à la fin de la précédente transaction. La toute première transaction débute au lancement du programme. Il n'existe pas d'ordre implicite de début de transaction.

La fin d'une transaction peut être définie explicitement par l'un des ordres **COMMIT** ou **ROLLBACK** :

- **COMMIT** termine une transaction par la validation des données. Il rend définitives et accessibles aux autres utilisateurs toutes les modifications effectuées pendant la transaction en les sauvegardant dans la base de données et annule tous les verrous positionnés pendant la transaction (voir Mécanismes de verrouillage);
- **ROLLBACK** termine une transaction en annulant toutes les modifications de données effectuées et annule tous les verrous positionnés pendant la transaction.

La fin d'une transaction peut aussi être implicite et correspondre à l'un des événements suivants :

- l'exécution d'un ordre de définition d'objet (**CREATE**, **DROP**, **ALTER**, **GRANT**, **REVOKE**, **TRUNCATE**, etc.) se solde par la validation de la transaction en cours;
- l'arrêt normal d'une session par **EXIT** se solde par la validation de la transaction en cours;
- l'arrêt anormal d'une session par annulation de la transaction en cours.

Dans le cas d'arrêt brutal de la machine qui héberge la base de données, Oracle garantit que toutes les transactions déjà validées par un **COMMIT** ou un **ROLLBACK** seront assurées. Au redémarrage de l'instance, Oracle efface toutes les transactions en cours qui n'étaient ni validées, ni supprimées. Ce mécanisme d'annulation automatique ne nécessite aucune intervention de l'administrateur Oracle.

Structuration de la transaction

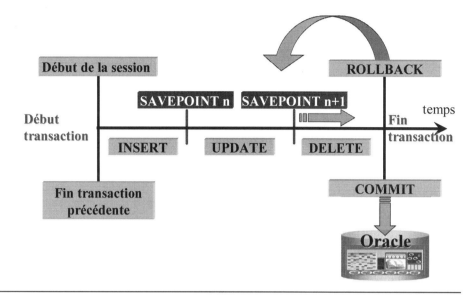

Il est possible de subdiviser une transaction en plusieurs étapes en sauvegardant les informations modifiées à la fin de chaque étape, tout en gardant la possibilité soit de valider l'ensemble des mises à jour, soit d'annuler tout ou partie des mises à jour à la fin de la transaction.

Le découpage de la transaction en plusieurs parties se fait en insérant des points de repère, ou **SAVEPOINT**.

Les points de repère (**SAVEPOINT**) sont des points de contrôle utilisés dans les transactions pour annuler partiellement l'une d'elles. Dans ce cas, un savepoint est défini par un identifiant et peut être référencé dans la clause **ROLLBACK**.

La notion de **SAVEPOINT** est très utile dans la conception de programmes batch.

L'annulation des mises à jour effectuées depuis un point de repère (**SAVEPOINT**) de la transaction conserve les mises à jours antérieures, les points de repère (**SAVEPOINT**) inclus, et rejette les modifications postérieures, les points de repère (**SAVEPOINT**) inclus.

Si le nom du point de repère (**SAVEPOINT**) existe déjà dans la même transaction le nouveau point de repère (**SAVEPOINT**) créé efface l'ancien.

```
SQL> INSERT INTO CATEGORIES
  2  ( CODE_CATEGORIE, NOM_CATEGORIE, DESCRIPTION )
  3  VALUES ( 9,'Légumes et fruits','Légumes et fruits frais');

1 ligne créée.

SQL> SAVEPOINT POINT_REPERE_1;

Point de sauvegarde (SAVEPOINT) créé.
```

Module 2 : Les transactions

```
SQL> INSERT INTO FOURNISSEURS (NO_FOURNISSEUR, SOCIETE, ADRESSE,
  2                            VILLE, CODE_POSTAL, PAYS, TELEPHONE, FAX)
  3  VALUES ( 30, 'Légumes de Strasbourg', '104, rue Mélanie',
  4  'Strasbourg',67200,'France','03.88.83.00.68','03.88.83.00.62');

1 ligne créée.

SQL> SAVEPOINT POINT_REPERE_2;

Point de sauvegarde (SAVEPOINT) créé.

SQL> UPDATE PRODUITS SET CODE_CATEGORIE = 9
  2  WHERE  CODE_CATEGORIE = 2;

12 ligne(s) mise(s) à jour.

SQL> SAVEPOINT POINT_REPERE_3;

Point de sauvegarde (SAVEPOINT) créé.

SQL> UPDATE PRODUITS SET NO_FOURNISSEUR = 30
  2  WHERE  NO_FOURNISSEUR = 2;

4 ligne(s) mise(s) à jour.

SQL> SELECT NOM_PRODUIT, NO_FOURNISSEUR, CODE_CATEGORIE
  2  FROM PRODUITS
  3  WHERE NO_FOURNISSEUR = 30 AND
  4        CODE_CATEGORIE = 9;

NOM_PRODUIT                      NO_FOURNISSEUR CODE_CATEGORIE
-------------------------------- -------------- --------------
Chef Anton's Cajun Seasoning                 30              9
Chef Anton's Gumbo Mix                       30              9
Louisiana Fiery Hot Pepper Sauce             30              9
Louisiana Hot Spiced Okra                    30              9

SQL> ROLLBACK TO POINT_REPERE_2;

Annulation (ROLLBACK) effectuée.

SQL> SELECT NOM_PRODUIT, NO_FOURNISSEUR, CODE_CATEGORIE
  2  FROM PRODUITS
  3  WHERE NO_FOURNISSEUR = 2 AND
  4        CODE_CATEGORIE = 9;

NOM_PRODUIT                      NO_FOURNISSEUR CODE_CATEGORIE
-------------------------------- -------------- --------------
Chef Anton's Cajun Seasoning                  2              2
Chef Anton's Gumbo Mix                        2              2
Louisiana Fiery Hot Pepper Sauce              2              2
Louisiana Hot Spiced Okra                     2              2

SQL> ROLLBACK TO POINT_REPERE_3;
ROLLBACK TO POINT_REPERE_3
```

```
*
ERREUR à la ligne 1 :
ORA-01086: le point de sauvegarde 'POINT_REPERE_3' n'a jamais été
établi
```

L'exemple précèdent illustre l'utilisation du **SAVEPOINT** pour la structuration d'une transaction. La transaction insère un enregistrement dans la table **CATEGORIES** et un autre dans la table **FOURNISSEURS** ; après chaque insertion on sauvegarde les modifications avec les « **points de repère** » **POINT_REPERE_1** et **POINT_REPERE_2**. La suite de la transaction continue avec la modification de la table **PRODUITS,** on attribue tous les produits fournis par le fournisseur numéro 2 au nouveau fournisseur et on modifie la catégorie des ces produits par la nouvelle catégorie crée.

Annulation des mises à jour effectuées depuis le « **point de repère** » **POINT_REPERE_2** en conservant les mises à jours effectués avant lui. Le **POINT_REPERE_3** est ultérieur au **POINT_REPERE_2** et n'est plus, alors, reconnu par le système.

L'isolation

Niveau d'isolation	Lecture incohérente	Lecture non répétitive	Lecture fantôme
READ UNCOMMITED	✓	✓	✓
READ COMMITED	✗	✓	✓
REPEATABLE READ	✗	✗	✓
SERIALIZABLE	✗	✗	✗

Une transaction peut s'isoler des autres transactions. C'est obligatoire dans les systèmes de base de données à utilisateurs multiples pour maintenir l'uniformité de données. La norme SQL-92 définit quatre niveaux d'isolation pour les transactions, s'étendant d'une uniformité très faible des données à une uniformité très forte. Pourquoi n'emploierait-on pas le niveau le plus fort pour toutes les transactions ? C'est une question de ressource. Plus le niveau d'isolation est fort, plus le verrouillage des ressources est intense. De plus, cela réduit le nombre d'utilisateurs pouvant accéder aux données simultanément. Comme vous pourrez le voir plus loin, le réglage du juste niveau est un compromis entre l'uniformité et la simultanéité.

Chacun de ces niveaux d'isolation peut produire certains effets secondaires connus sous le nom de **DIRTY READ** (lecture incohérente), **FUZZY READ** (lecture non répétitive) et **PHANTOM READ** (lecture fantôme). Seules les transactions avec un niveau d'isolation de type SERIALIZABLE sont immunisées.

DIRTY READ

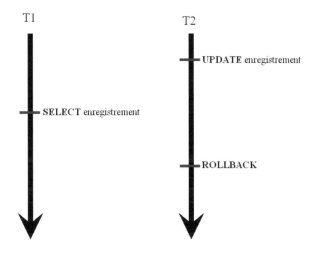

Diagramme temporel de lecture incohérente

La transaction T2 met à jour un enregistrement sans poser de verrous, celui-ci est disponible directement pour les autres transactions (exemple T1). Cette lecture peut être erronée, particulièrement si la transaction T1 annule l'effet de sa modification avec la commande ROLLBACK.

La lecture faite par la transaction T1 est fausse, on la nomme **DIRTY READ** (lecture incohérente).

FUZZY READ

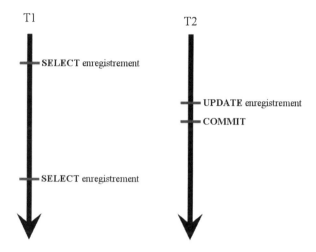

Diagramme temporel de lecture non répétitive

La transaction T1 consulte un enregistrement, (pour contrôler sa disponibilité par exemple) et dans la suite de la transaction le consulte à nouveau (pour le mettre à jour). Si une seconde transaction T2 modifie l'enregistrement entre les deux lectures, la transaction T1 va lire deux fois le même enregistrement, mais obtenir des valeurs différentes.

La lecture faite par la transaction est une lecture non répétitive.

PHANTOM READ

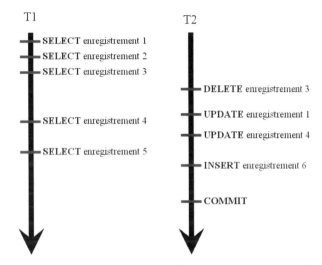

Diagramme temporel de lecture non répétitive

La transaction T1 lit un ensemble d'enregistrements répondant à un critère donné à des fins de décompte ou d'inventaire. Parallèlement, la transaction T2 modifie les données. Au départ, il y a cinq enregistrements satisfaisant le critère. La transaction T1 lira en fin de compte quatre enregistrements, de façon tout à fait incohérente, puisque l'enregistrement 3 est supprimé, les enregistrements 4 et 1 sont modifiés et un nouvel enregistrement 6 apparaît.

Les niveaux d'isolation

- **READ UNCOMMITED**
- **READ COMMITED**
- **REPEATABLE READ**
- **SERIALIZABLE**

Le niveau d'isolation indique le comportement de la transaction par rapport aux autres transactions concurrentes. Plus le niveau d'isolation est faible, plus les autres transactions peuvent agir sur les données concernées par la première.

READ UNCOMMITED

Le plus faible niveau restrictif permet à une transaction de lire des données qui ont été changées, mais pas encore validées.

READ COMMITED

C'est le paramètre par défaut pour Oracle. Il assure que chaque requête dans une transaction lit seulement les données validées.

REPEATABLE READ

Ce niveau permet à une transaction de lire les mêmes données plusieurs fois avec la garantie qu'elle recevra les mêmes résultats à chaque fois. Vous pouvez le réaliser en plaçant des verrous sur les données qui sont lues, pour vous assurer qu'aucune autre transaction ne les modifiera pendant la durée de la transaction considérée.

SERIALIZABLE

Avec ce niveau le plus restrictif, une transaction ne prend en compte que les données validées avant le démarrage de la transaction, ainsi que les changements effectués par la transaction.

Le choix du niveau correct pour vos transactions est important. Bien que les transactions avec un niveau d'isolation de type SERIALIZABLE assurent une protection complète, elles affectent également la simultanéité en raison de la nature des verrous placés sur les données. C'est la nature de votre application qui détermine le meilleur niveau.

LES NIVEAUX D'ISOLATION D'ORACLE

Oracle choisit de supporter les niveaux d'isolation de transaction **READ COMMITED** et **SERIALIZABLE** avec un autre niveau appelé **READ-ONLY** (lecture seule). Le niveau **READ-ONLY** est semblable à **REPEATABLE READ**, car on ne peut voir que les changements validés au démarrage de la transaction ; cependant, comme son nom le suggère, il est en lecture seule et ne permet aucun changement par l'utilisation des instructions **INSERT**, **UPDATE** ou **DELETE**. Ce niveau fournit une excellente simultanéité pour des longues transactions qui ne mettent à jour aucune donnée.

READ COMMITED est le niveau d'isolation par défaut d'Oracle. Bien qu'il permette les lectures non répétitives et les lectures fantôme, vous pouvez l'employer efficacement dans vos applications.

READ COMMITED fournit un débit plus élevé que les transactions **REPEATABLE READ** et **SERIALIZABLE**, et c'est un bon choix pour les applications où peu de transactions sont susceptibles d'entrer en conflit.

La valeur par défaut peut être adéquate, mais vous aurez peut-être besoin de la changer pour supporter votre application. Oracle vous permet de paramétrer l'isolation au niveau de la transaction ou de la session selon vos besoins. Pour définir le niveau d'isolation d'une transaction, employez l'instruction SET TRANSACTION au démarrage de votre transaction.

```
SET TRANSACTION ISOLATION LEVEL READ COMMITTED;
SET TRANSACTION ISOLATION LEVEL SERIALIZABLE;
SET TRANSACTION READ ONLY;
```

Si votre application (ou une partie de votre application) a besoin d'être exécutée à un niveau différent d'isolation, vous pouvez également le changer en employant la commande **ALTER SESSION**. Cette commande applique alors le niveau d'isolation spécifié à toutes les transactions dans la session.

```
ALTER SESSION SET ISOLATION_LEVEL = READ COMMITTED;
ALTER SESSION SET ISOLATION_LEVEL = SERIALIZABLE;
```

Le verrouillage

- **Les verrous de type LMD**
- **Les verrous de type LDD**

Comme nous avons pu le remarquer précédemment, le réglage du niveau d'isolation pour une transaction est directement lié aux verrous qui sont placés sur les tables dans votre requête. Le verrouillage est une partie importante de n'importe quel système de base de données parce qu'il contrôle (lecture, écriture et mise à jour) les données dans la base de données.

Le verrouillage fourni par Oracle peut être implicite ou explicite. Dans les deux cas, le verrouillage implicite est le plus adéquat.

Oracle supporte le verrouillage des ressources en deux modes :

- **SHARED MODE** (le mode partagé) permet aux utilisateurs multiples de placer un verrou sur la ressource en même temps. Les utilisateurs qui lisent l'information peuvent partager les données, mais ne peuvent mettre à jour l'information parce que ce processus exige un verrou exclusif.
- **EXCLUSIVE MODE** (le mode exclusif) verrouille la ressource pour un usage exclusif, l'empêchant d'être partagée ou employée par d'autres transactions.

Il y a plusieurs types de verrous dans Oracle. Voici les deux plus courants : les verrous LMD et LDD.

Les verrous LMD

Les verrous LMD (également connus sous le nom de verrous de données) sont les plus courants. Ils contrôlent quand une transaction peut accéder à des données dans une table. Toutes les fois qu'une transaction exécute une instruction pour modifier des données par l'intermédiaire de **INSERT**, **UPDATE**, **DELETE** ou **SELECT FOR UPDATE**, Oracle place automatiquement un verrou de niveau ligne exclusif sur chaque ligne affectée par l'instruction. Ainsi, aucune autre transaction ne pourra modifier l'information dans les lignes, jusqu'à ce que la transaction originale valide les changements ou les annule. Une transaction peut contenir tout nombre de verrous de niveau ligne ; Oracle n'élève pas ces verrous à un niveau plus grand. Toutes les fois qu'un verrou de niveau ligne est obtenu, Oracle acquiert également un verrou de table

Module 2 : Les transactions

afin d'assurer l'accès à la table et pour empêcher que des opérations incompatibles aient lieu.

Il y a quatre types de verrous de niveau table.

Le verrou LMD ROW SHARE

C'est un verrou de niveau table qui permet un accès simultané à la table, mais interdit aux utilisateurs d'acquérir un verrou exclusif de table. Il fonctionne quand une transaction emploie SELECT FOR UPDATE pour une mise à jour de lignes dans la table. C'est le mode de verrouillage le moins restrictif et celui qui fournit la plus grande simultanéité.

Le verrou LMD ROW EXCLUSIVE

Ce verrou est placé sur la table toutes les fois qu'une instruction INSERT, UPDATE ou DELETE met à jour une ou plusieurs lignes dans la table. Il permet à des transactions multiples de mettre à jour la table, aussi longtemps qu'elles ne mettent pas à jour les mêmes lignes. Il est identique à un verrou partagé de lignes, mais il interdit d'acquérir un verrou partagé sur la table.

Le verrou LMD SHARE

Ce verrou permet des transactions multiples lors de l'interrogation d'une table, mais seule une transaction avec ce verrou partagé peut mettre à jour toutes les lignes. Un verrou partagé ne peut être acquis qu'en employant l'instruction explicite LOCK TABLE.

Le verrou LMD SHARE ROW EXCLUSIVE

Il est identique à un verrou partagé, mais il interdit à d'autres utilisateurs d'acquérir un verrou partagé ou de mettre à jour des lignes. Un verrou exclusif de ligne partagé ne peut être acquis qu'en employant l'instruction explicite LOCK TABLE.

Le verrou LMD EXCLUSIVE

Il permet aux autres utilisateurs d'interroger des lignes dans la table, mais interdit n'importe quelle autre activité de mise à jour. Un verrou exclusif ne peut être acquis qu'en employant l'instruction explicite LOCK TABLE.

Alors qu'Oracle verrouille automatiquement les lignes et les tables en votre nom, vous pouvez avoir besoin de verrouiller explicitement une table pour assurer l'uniformité. Les verrous SHARE, SHARE ROW EXCLUSIVE et EXCLUSIVE, peuvent être acquis explicitement en employant l'instruction **LOCK TABLE**.

```
LOCK TABLE table_name IN ROW SHARE MODE;
LOCK TABLE table_name IN ROW EXCLUSIVE MODE;
LOCK TABLE table_name IN SHARE MODE;
LOCK TABLE table_name IN SHARE ROW EXCLUSIVE MODE;
LOOK TABLE table_name IN EXCLUSIVE MODE;
```

Note

Seules les tables peuvent être verrouillées explicitement. Il n'y a aucune option pour verrouiller explicitement des lignes dans une table.

Comme toujours, vous devez faire attention en verrouillant explicitement les tables, parce que cela peut causer des résultats inattendus. D'autres utilisateurs risquent de ne pas pouvoir accéder aux tables que vous avez fermées.

De la même manière que les verrous implicites, les verrous explicites sont libérés toutes les fois que la transaction qui a verrouillé la table est validée ou annulée.

En utilisant l'instruction **LOCK TABLE**, vous pouvez spécifier le paramètre **NOWAIT**. Celui-ci demande à Oracle de renvoyer un message d'erreur si la table ne peut pas être verrouillée immédiatement. Sans ce paramètre, Oracle attend que toutes les autres transactions soient terminées, puis acquiert le verrou de table indiqué.

Les verrous LDD

Un autre type commun de verrou est un verrou **L**angage **D**éfinition de **D**onnées (**LDD**), également connu sous le nom de verrou dictionnaire. Ces verrous sont acquis sur le dictionnaire des données, toutes les fois que vous essayez de modifier la définition d'un objet de base de données. Il y a trois types de verrous LDD, EXCLUSIVE, SHARED et BREAKABLE PARSE.

Le verrou LDD EXCLUSIVE

La plupart des opérations LDD imposent un verrou exclusif chaque fois que vous voulez changer la définition d'un objet. N'importe quelle transaction qui possède n'importe quel type de verrou sur une table empêche l'utilisateur d'acquérir un verrou exclusif sur cette table. Ce n'est pas une mauvaise chose que d'empêcher le changement de la structure d'une table quand une requête met à jour une information.

Le verrou LDD SHARED

Alors que vous avez besoin d'un verrou exclusif DDL pour changer un objet, Oracle place des verrous DDL partagés sur les objets que vous référencez dans les vues, les procédures stockées, les triggers, etc. Par exemple, toutes les tables qui sont consultées dans une procédure stockée possèdent des verrous DDL pendant l'exécution du code. Ceci permet à des transactions multiples de mettre en référence les tables de base. Cependant, les verrous partagés empêchent l'acquisition d'un verrou exclusif et le changement des objets référencés.

Le verrou LDD BREAKABLE PARSE

Ce type de verrou est obtenu pendant la phase d'analyse d'une instruction SQL, aussi longtemps que l'instruction demeure dans le cache de bibliothèque (Library Cache). Comme son nom l'indique, ce type de verrou peut être cassé, toutes les fois qu'un objet référencé par une requête dans le cache de bibliothèque (Library Cache) est changé ou abandonné. Cela signale à Oracle que l'instruction peut ne plus être valide et que vous devez la recompiler.

Le segment UNDO

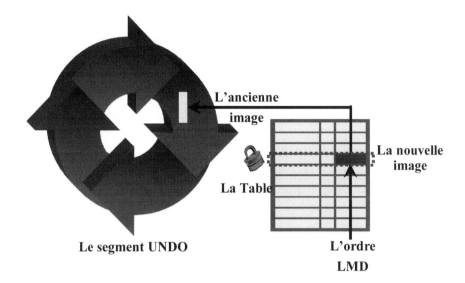

Le segment UNDO   L'ordre LMD

Chaque base de données abrite un ou plusieurs segments UNDO. Il contient les anciennes valeurs des enregistrements en cours de modification dans les transactions, qui sont utilisées pour assurer une lecture consistante des données, pour annuler des transactions et en cas de restauration.

> **Attention**

Ni les utilisateurs ni l'administrateur ne peuvent accéder ou lire le contenu d'un segment d'annulation ; seul le logiciel Oracle peut l'atteindre.

Les segments d'annulation sont des zones de stockage gérés automatiquement par Oracle. Ils sont stockés dans un tablespace de type UNDO.

Pour lire et écrire dans les segments d'annulations le processus serveur utilise, l'unité d'échange entre les fichiers, la mémoire et les processus, à savoir le bloc Oracle.

Ainsi chaque fois qu'ont lit ou modifie l'information dans les blocs du segment d'annulation ils sont chargés dans le buffer cache (cache de tampon), pour effectuer les traitements, comme tous les autres blocs.

Pour gérer à la fois les lectures et les mises à jour, Oracle conserve les deux informations :

- Les données mises à jour sont écrites dans les segments de données de la base.
- Les anciennes valeurs sont consignées dans les segments UNDO.

Ainsi, l'utilisateur de la transaction qui modifie les valeurs lira les données modifiées et tous les autres liront les données non modifiées.

Chaque fois qu'une instruction **INSERT**, **UPDATE** ou **DELETE** met à jour une ou plusieurs lignes dans la table, un verrou LMD ROW EXCLUSIVE est placé. Il permet à des transactions multiples de mettre à jour la table, aussi longtemps qu'elles ne mettent pas à jour les mêmes lignes.

La lecture cohérente

Une des caractéristiques d'Oracle est sa capacité à gérer l'accès concurrent aux données, c'est-à-dire l'accès simultané de plusieurs utilisateurs à la même donnée.

La lecture consistante, telle qu'elle est prévue par Oracle assure que :

- Les données interrogées ou manipulées, dans un ordre SQL, ne changeront pas de valeur entre le début et la fin. Tout se passe comme si un **SNAPSHOT** (un cliché) était effectué sur la totalité de la base au début de l'ordre et que seul ce **SNAPSHOT** (un cliché) soit utilisé tout au long de son exécution.
- Les lectures ne seront pas bloquées par des utilisateurs effectuant des modifications sur les mêmes données.
- Les modifications ne seront pas bloquées par des utilisateurs effectuant des lectures sur ces données.
- Un utilisateur ne peut lire les données modifiées par un autre, si elles n'ont pas été validées.
- Il faut attendre la fin des modifications en cours dans une autre transaction afin de pouvoir modifier les mêmes données.

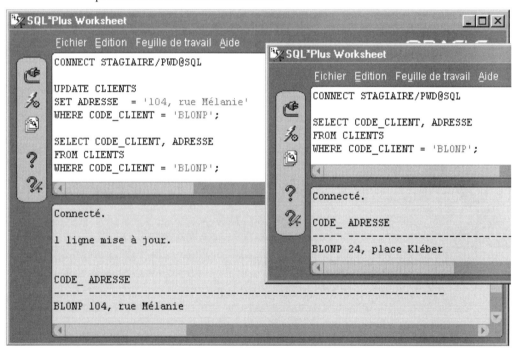

La fenêtre de gauche continent une transaction en cours d'exécution, la modification d'un enregistrement de la table CLIENTS est visible à l'intérieur de cette transaction. Dans la fenêtre de droite le même utilisateur mais dans une transaction distincte bénéficie d'une lecture cohérente des données validées.

L'exécution d'un ordre LMD

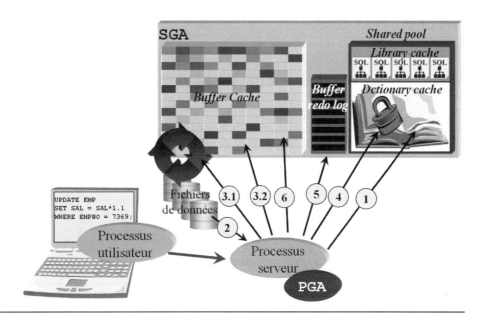

Nous savons déjà que lors de l'exécution d'une interrogation, le processus serveur traite cette demande en trois phases : Parse (l'analyse), Execute (l'exécution) et Fetch (la récupération ou la lecture).

L'exécution d'un ordre SQL de type LMD (**L**angage de **M**anipulation de **D**onnées) comporte seulement les deux premières phases ; la phase Fetch s'applique uniquement aux requêtes d'interrogation.

Etape 1

Cette étape correspond à la phase Parse (l'analyse).

Au cours de cette phase, le processus serveur vérifie la syntaxe de l'instruction SQL. Il réalise la résolution d'objets et les contrôles de sécurité pour l'exécution du code. Ensuite, il construit l'arbre d'analyse et développe le plan d'exécution pour l'instruction SQL ; ainsi construits les deux composants, l'arbre d'analyse et le plan d'exécution, sont stockés dans le cache de bibliothèque (Library Cache).

Etape 2

Le processus serveur identifie les blocs nécessaires pour la requête utilisant le plan d'exécution et les informations contenus dans le dictionnaire de données.

Il charge uniquement les blocs qui ne se retrouvnt pas dans le buffer cache (cache de tampon).

Etape 3.1

Lorsqu'un utilisateur supprime (DELETE) ou met à jour des données (UPDATE), Oracle conserve une image de ces données telles qu'elles étaient avant l'opération dans les segments UNDO.

La modification des informations dans le segment UNDO, qui est une zone de stockage dans le tablespace de type UNDO, s'effectue par modification des blocs dans le buffer cache (cache de tampon).

Etape 3.2

Les blocs nécessaires pour la requête sont stockés dans le buffer cache (cache de tampon).

Etape 4

Chaque fois qu'une instruction **INSERT**, **UPDATE** ou **DELETE** met à jour une ou plusieurs lignes dans la table, elle donne lieu à la mise en place d'un verrou LMD ROW EXCLUSIVE. Celui-ci permet à des transactions multiples de mettre à jour la table, aussi longtemps qu'elles ne mettent pas à jour les mêmes lignes.

Le verrou LMD ROW EXCLUSIVE est positionné aussi bien pour les blocs de données que pour les blocs UNDO afin d'empêcher toute modification.

Note

Chaque fois qu'une instruction **INSERT** est exécutée, Oracle contrôle que des blocs de données des objets correspondants se trouvent dans le tampon des journaux de reprise (Buffer redo log). Ainsi, si l'espace de stockage est suffisant, le processus serveur insère les enregistrements dans les blocs déjà en mémoire.

Cela veut dire qu'un enregistrement inséré dans une table est placé à un endroit arbitraire. C'est que vous avez déjà pu observer dans les traitements SQL.

Les blocs modifiés sont traités exactement comme décrit préalablement.

Etape 5

Afin d'assurer la fiabilité, chaque système de base de données doit veiller à ce qu'une transaction validée le demeure, même en cas d'échec du système.

Une nouvelle zone mémoire appelé le tampon des journaux de reprise (Buffer redo log) est utilisée à cet effet.

Le processus serveur stocke dans le tampon des journaux de reprise (Buffer redo log) les informations de modifications pour les blocs UNDO et les blocs de données. Ainsi il stocke toute l'information nécessaire pour la reconstruction si nécessaire.

Note

Comme vous pouvez le remarquer, Oracle écrit d'abord les informations dans le tampon des journaux de reprise (Buffer redo log) avant même la modification effective des blocs de données dans le buffer cache (cache de tampon). Ainsi il n'existe aucune modification des données qui n'ait été effectuée.

« Oracle dit ce qu'il fait avant de faire ce qu'il dit. »

Vous avez pu observer que l'information est stockée dans le tampon des journaux de reprise (Buffer redo log), mais celui-ci est un emplacement en mémoire susceptible d'être perdu en cas d'arrêt brutal de la machine. Pour l'instant il faut savoir que le tampon des journaux de reprise (Buffer redo log) est écrit dans les fichiers journaux (fichiers redo-log) a chaque ordre COMMIT exécuté par n'emporte quel utilisateur.

Etape 6

Les blocs de données de la transaction sont modifiées effectivement dans le buffer cache (cache de tampon).

> **Conseil**

Vous avez pu remarquer que lors de chaque modification Oracle copie les anciennes images dans le segment UNDO et positionne les nouvelles valeurs directement dans la base. Par ce mécanisme, Oracle dispose de tous les éléments pour effectuer l'annulation d'une transaction ; il copie les blocs de données à partir du segment UNDO vers son ancien emplacement.

Il faut remarquer que le traitement transactionnel d'Oracle est optimisé pour une validation de la transaction en cours.

Il faut autant que possible finaliser les traitements que vous réalisez par une validation des vos transactions pour ne pas amoindrir les performances de la base de données.

La gestion du buffer cache (cache de tampon) est effectuée à l'aide de la liste LRU (liste des blocs récemment utilisés) ; en cas de besoin d'espace dans la mémoire, un certain nombre des blocs sont effacés pour faire de la place aux nouveaux blocs nécessaires.

Si l'on modifie les blocs des données stockées en mémoire, il n'est plus possible de gérer le buffer cache (cache de tampon) uniquement avec la lite LRU.

Dès lors que le contenu d'un bloc dans la mémoire est changé, Oracle interdit à toute nouvelle donnée de prendre cette place, tant que ce contenu n'a pas été écrit sur disque.

> **Note**

Pour gérer ce fonctionnement, Oracle utilise une nouvelle liste appelée la dirty list (liste des blocs modifiées) et répertoriant les zones dont le contenu a été modifié.

Le mécanisme est le suivant : chaque fois qu'un bloc de données stockée dans le buffer cache (cache de tampon) est modifié, il est effacé de la liste LRU (liste des blocs récemment utilisés) et inséré dans la dirty list (liste des blocs modifiées) ; ainsi il n'est plus libéré par l'algorithme LRU.

Lorsqu'Oracle écrit les blocs sur disque, ceux-ci sont à nouveau introduits dans la liste LRU (liste des blocs récemment utilisés), puisqu'ils ne sont plus "dirty". C'est ainsi qu'un bloc peut être disponible soit dans la dirty list (liste des blocs modifiées), soit dans la liste LRU (liste des blocs récemment utilisés) pour être réutilisé.

Module 2 : Les transactions

La validation de la transaction

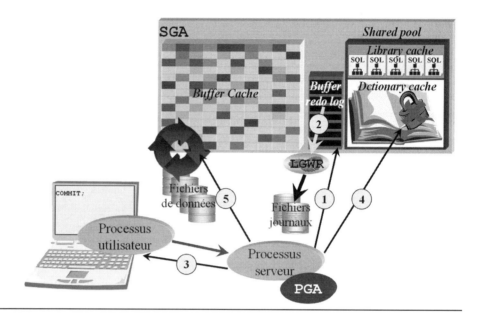

Oracle utilise un mécanisme de validation rapide qui garantit la restauration de modifications validées en cas de défaillance du système.

Les étapes du traitement des opérations COMMIT sont :

Etape 1

Le processus serveur place l'ordre de validation de la transaction dans le tampon des journaux de reprise (Buffer redo log).

Etape 2

Le processus **LGWR** écrit immédiatement les données modifiées depuis le tampon des journaux de reprise (Buffer redo log) dans les fichiers journaux (fichiers redo-log), puis il est suivi de l'ordre de validation ou d'annulation. Ainsi, toute modification validée ou annulée est immédiatement écrite sur le disque, puis le tampon des journaux de reprise (Buffer redo log) occupé est libéré.

Etape 3

L'utilisateur est informé de la fin de l'ordre de validation de la transaction.

Bien que l'utilisateur reçoive la confirmation de la fin de l'ordre de validation de la transaction, les seules informations écrites pour l'instant dans les fichiers de la base de données sont les informations contenues dans le tampon des journaux de reprise (Buffer redo log).

Malgré ce fonctionnement, Oracle garantit la restauration des modifications de données grâce aux informations contenues dans les fichiers journaux (fichiers redo-log).

Module 2 : Les transactions

Etape 4

Le processus serveur supprime les verrous sur les ressources.

Rappelez-vous que le verrou LMD ROW EXCLUSIVE a été positionné aussi bien pour les blocs de données que pour les blocs UNDO pour empêcher toute modification.

Etape 5

Le processus serveur libère l'espace réservé pour cette transaction dans le segment UNDO.

Dans le cas d'annulation de la transaction (ROLLBACK), le traitement comporte les mêmes étapes de 1 à 4.

Par contre, l'étape 5 récupère d'abord les enregistrements du segment UNDO, rétablit l'état initial de la base de données et ensuite libère l'espace réservé par cette transaction dans le segment UNDO.

Les étapes du traitement de validation rapide ont les avantages suivants :

– Les écritures séquentielles sur les fichiers journaux (fichiers redo-log) sont plus rapides que l'écriture sur des blocs différents du fichier de données.

– Le minimum d'informations nécessaires à l'enregistrement de modifications est écrit sur les fichiers journaux (fichiers redo-log) alors que l'écriture dans des fichiers de données exige l'écriture de blocs entiers de données.

– Les opérations COMMIT regroupées de la base de données journalisent dans une seule écriture les enregistrements provenant de transactions multiples demandant simultanément une validation.

– Sauf dans le cas où le tampon des journaux de reprise (Buffer redo log) est particulièrement rempli, une seule écriture synchrone est requise par transaction.

– La taille de la transaction n'influe pas sur le temps nécessaire à l'opération COMMIT elle-même.

Module 2 : Les transactions

Atelier 2

- **Les transactions**
- **Début et fin de transaction**
- **Structuration de la transaction**

Durée : 5 minutes

Questions

2-1 Est-ce que l'administrateur de la base de données peut voir les données en train d'être modifiées dans une transaction par les utilisateurs de la base ?

2-2 Peut-on annuler partiellement une transaction ?

2-3 Quel est le mode de verrouillage par défaut dans Oracle ?

    A. Enregistrement

    B. Table

    C. Segment

    D. Page des données

2-4 Vous avez ouvert deux sessions avec le même utilisateur. Dans la première session, vous modifiez un enregistrement d'une table. Est-ce que dans la deuxième session, connectée avec le même utilisateur, vous pouvez voir la modification effectuée dans l'autre session ?

2-5 Quelles sont les commandes SQL qui peuvent être annulées dans une transaction ?

    A. INSERT

    B. ALTER

    C. CREATE

    D. DROP

    E. TRUNCATE

    F. DELETE

    G. UPDATE

2-6 Quelles sont les commandes SQL qui valident automatiquement une transaction ?

A. INSERT
B. ALTER
C. CREATE
D. DROP
E. TRUNCATE
F. DELETE
G. UPDATE

2-7 Quelle doit être la valeur de la colonne « **SALARY** » après l'exécution du script suivant ?

```
SQL> SELECT FIRST_NAME, LAST_NAME, SALARY
  2  FROM HR.EMPLOYEES
  3  WHERE EMPLOYEE_ID = 200;

FIRST_NAME           LAST_NAME                   SALARY
-------------------- ------------------------- ----------
Jennifer             Whalen                        4400

SQL> UPDATE HR.EMPLOYEES SET SALARY=6000
  2  WHERE EMPLOYEE_ID = 200;

1 ligne mise à jour.

SQL> DROP TABLE SCOTT.EMP;

Table supprimée.

SQL> ROLLBACK;

Annulation (rollback) effectuée.

SQL> SELECT FIRST_NAME, LAST_NAME, SALARY
  2  FROM HR.EMPLOYEES
  3  WHERE EMPLOYEE_ID = 200;

FIRST_NAME           LAST_NAME                   SALARY
-------------------- ------------------------- ----------
Jennifer             Whalen                          ?
```

2-8 Quelle doit être la valeur de la colonne « **SALARY** » après l'exécution du script suivant ?

```
SQL> SELECT FIRST_NAME, LAST_NAME, SALARY
  2  FROM HR.EMPLOYEES
  3  WHERE EMPLOYEE_ID = 200;

FIRST_NAME           LAST_NAME                   SALARY
-------------------- ------------------------- ----------
Jennifer             Whalen                        6000
```

```
SQL> UPDATE HR.EMPLOYEES SET SALARY=8000
  2  WHERE EMPLOYEE_ID = 200;

1 ligne mise à jour.

SQL> TRUNCATE TABLE SCOTT.EMP;
TRUNCATE TABLE SCOTT.EMP
                *
ERREUR à la ligne 1 :
ORA-00942: Table ou vue inexistante

SQL> ROLLBACK;

Annulation (rollback) effectuée.

SQL> SELECT FIRST_NAME, LAST_NAME, SALARY
  2  FROM HR.EMPLOYEES
  3  WHERE EMPLOYEE_ID = 200;

FIRST_NAME           LAST_NAME                 SALARY
-------------------- ------------------------- ----------
Jennifer             Whalen                         ?
```

2-9 Quelle doit être la valeur de la colonne « **SALARY** » après l'exécution du script suivant ?

```
SQL> UPDATE HR.EMPLOYEES SET SALARY=5000
  2  WHERE EMPLOYEE_ID = 200;

1 ligne mise à jour.

SQL> SAVEPOINT SP1;

Savepoint créé.

SQL> UPDATE HR.EMPLOYEES SET SALARY=6000
  2  WHERE EMPLOYEE_ID = 200;

1 ligne mise à jour.

SQL> ROLLBACK TO SAVEPOINT SP1;

Annulation (rollback) effectuée.

SQL> SELECT FIRST_NAME, LAST_NAME, SALARY
  2  FROM HR.EMPLOYEES
  3  WHERE EMPLOYEE_ID = 200;

FIRST_NAME           LAST_NAME                 SALARY
-------------------- ------------------------- ----------
Jennifer             Whalen                         ?
```

- *DBWn*
- *LGWR*
- *CKPT*
- *ARCn*

Les processus d'arrière-plan

Objectifs

A la fin de ce module, vous serez à même d'effectuer les tâches suivantes :
- Décrire la connexion d'un utilisateur à un serveur Oracle.
- Décrire les étapes du traitement d'une requête SQL et d'une transaction.
- Décrire les composants de la base de données et de l'instance.
- Décrire les mises à jour dans les fichiers de la base de données.
- Décrire le traitement de validation ou de rejet de la transaction.

Contenu

DBWn	3-2	SMON	3-7
LGWR	3-3	PMON	3-8
CKPT	3-5	Atelier 3	3-9
ARCn	3-6		

DBWn

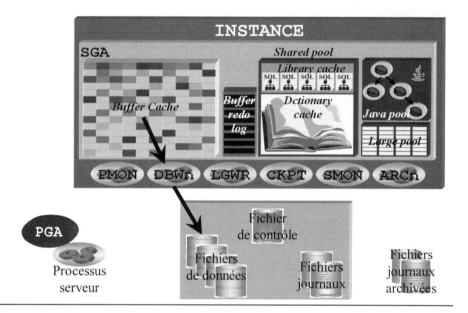

Le processus **DBWn** d'écriture dans la base de données est un processus obligatoire ; il gère le contenu du buffer cache (cache de tampon) en réalisant des opérations d'écriture par lots des blocs de données modifiés vers les fichiers de données.

DBWn copie des blocs modifiés des tables, les index, les segments d'annulation et les segments temporaires à chaque occurrence de quatre événements :

− Toutes les trois secondes.

− Dès que la longueur de la dirty list (liste des blocs modifiés) dépasse un seuil défini en interne.

− Chaque fois qu'un autre processus consulte la liste des blocs récemment utilisés (LRU list) et ne peut trouver un emplacement libre après un nombre prédéterminé en interne de recherches de blocs.

− Lors de chaque Checkpoint (Voir le processus **CKPT**).

− Chaque fois que la base de données est arrêtée normalement.

− Chaque fois qu'une table est effacée ou tronquée.

− Chaque fois qu'un tablespace est mise en mode hors-ligne ou lecture seule ainsi que s'il fait partie d'une sauvegarde en ligne. (Voir le chapitre sur le fonctionnement des Tablespaces).

Plusieurs processus **DBWn** (numérotés **DBW0, DBW1, DBW2, DBW3, DBW4**, etc.) peuvent s'exécuter simultanément selon la plate-forme et le système d'exploitation, ce qui limite les risques de contention lors d'importantes opérations portant sur plusieurs fichiers de données. Le nombre de ces processus est défini à l'aide du paramètre « **DB_WRITER_PROCESSES** ». Si votre système ne supporte pas les opérations d'E/S asynchrones, vous avez la possibilité de créer un seul processus **DBWn** avec plusieurs esclaves d'E/S **DBWn**. Le nombre d'esclaves est spécifié au moyen du paramètre d'initialisation « **DBWR_IO_SLAVES** ».

LGWR

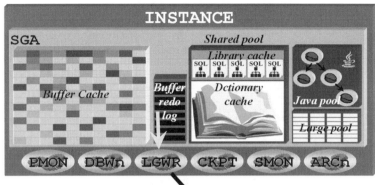

Le processus **LGWR,** est un processus obligatoire, il gère l'écriture par lots des entrées du tampon des journaux de reprise (Buffer redo log) dans les fichiers journaux (fichiers redo-log).

Ce processus est le seul à écrire dans les fichiers journaux (fichiers redo-log) et à lire directement dans le tampon des journaux de reprise (Buffer redo log) durant le fonctionnement normal de la base. Il écrit dans ces fichiers de façon séquentielle, par opposition aux accès relativement aléatoires du processus **DBWn** dans les fichiers de données.

> **Attention**
>
> Le processus **LGWR** maintient toujours l'état le plus à jour de la base, puisque le processus **DBWn** peut attendre avant de consigner les blocs de données modifiés dans les fichiers de données.
>
> L'écriture du tampon des journaux de reprise (Buffer redo log) doit être terminée physiquement avant que le contrôle ne soit rendu au processus serveur demandant la validation.

LGWR écrit le tampon des journaux de reprise (Buffer redo log) dans les fichiers journaux (fichiers redo-log), sous cinq conditions :

– Toutes les trois secondes (indépendamment de **DBWn**).

– Lors d'une validation d'une des transactions en cours « `COMMIT` ». N'oubliez pas que l'écriture du tampon des journaux de reprise (Buffer redo log) doit être terminée physiquement avant que le contrôle ne soit rendu au programme demandant la validation.

– Chaque fois que le tampon des journaux de reprise (Buffer redo log) est rempli d'un volume de données égal à un tiers de la taille de ce cache.

– Lors de chaque Checkpoint (Voir le processus **CKPT**).

– Lorsqu'il est déclenché par le processus **DBWn**.

> **Note**
>
> Bien que le processus **DBWn** soit activé toutes les trois secondes, le processus **LGWR** est activé également toutes les trois secondes, et cela à chaque écriture du **DBWn**, pour s'assurer que les informations de reprise associées aux « dirty blocks » soient effectivement écrites dans les fichiers journaux.
>
> Cela est nécessaire pour éviter une incohérence de la base de données en cas de panne d'instance. Les informations de reprise des « dirty blocks » doivent être écrites sur le fichier de reprise avant que les « dirty blocks » eux-mêmes ne soient écrits dans les fichiers de données.

Quelques informations complémentaires à propos de **DBWn** et de **LGWR** sont nécessaires. Ces deux processus sont de véritables "bêtes de somme" et donc sujets à des goulets d'étranglement. Naturellement, dès qu'il s'agit de processus d'entrées-sorties, il faut veiller à éviter et à prévenir des contentions entre eux.

CKPT

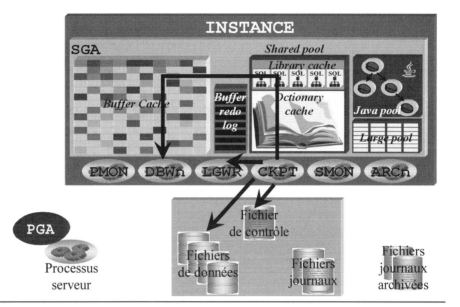

Les points de contrôle (checkpoints) créent et enregistrent des points de synchronisation dans la base de données, de manière à faciliter sa récupération en cas de défaillance d'une instance ou d'un média.

Le processus **CKPT** exécute des points de contrôle (checkpoints), met à jour l'en-tête des fichiers de données ; lui-même n'écrit pas les données modifiées sur disque, c'est le processus **DBWn** qui s'en charge.

Ce processus s'exécute naturellement à chaque basculement des fichiers journaux (fichiers redo-log) ou peut être exécuté manuellement par un DBA.

Il s'agit d'un processus obligatoire à partir de la version Oracle8.

Attention

Rappelez-vous que le lancement du processus **DBWn** entraîne automatiquement auparavant le lancement du processus bloquant **LGWR**.

En effet le lancement du processus **CKPT** exécute l'écriture des en-têtes des fichiers de données et il lance le processus **DBWn** qui lui-même lance d'abord le processus **LGWR**.

Vous comprenez donc que le volume d'activité peut être très important lors d'un checkpoint, et que la configuration des fichiers de données et des fichiers journaux (fichiers redo-log) sur le même périphérique physique peut entraîner des attentes d'entrées-sorties pendant les checkpoints si le périphérique ne dispose pas d'une capacité de traitement des entrées-sorties suffisante.

ARCn

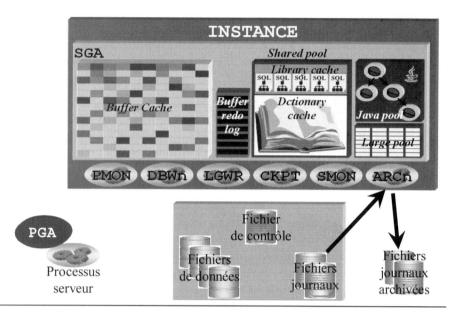

Le processus **LGWR** écrit dans chacun des fichiers journaux (fichiers redo-log) à tour de rôle. Lorsque le premier est plein, il écrit dans le deuxième, et ainsi de suite. Une fois le dernier fichier rempli il écrase le contenu du premier.

Lorsque la base opère dans le mode **ARCHIVELOG,** elle réalise une copie de chaque fichier journal (fichiers redo-log) ; lorsqu'ils sont pleins ; ces fichiers archivés sont généralement enregistrés sur le disque.

La fonction d'archivage, c'est-à-dire la copie de chaque fichier journal plein, est assurée par le processus **ARCn**.

Note

Le processus ARCn n'est pas un processus obligatoire ; il est activé uniquement si la base de données fonctionne dans le mode **ARCHIVELOG**.

Si la base de données fonctionne dans le mode **NOARCHIVELOG**, les fichiers journaux (fichiers redo-log) seront écrasés régulièrement ce qui réduit les chances de reconstruction des fichiers de données à partir des fichiers journaux (fichiers redo-log).

SMON

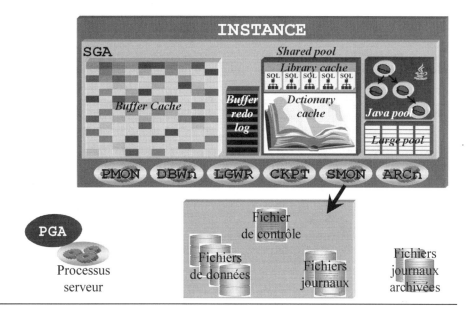

Le processus de surveillance **SMON** (System Monitor) est un processus obligatoire qui s'apparente à un observateur du système. Ce moniteur système est essentiel au démarrage de l'instance d'Oracle et est impliqué dans tout rétablissement qui s'avère nécessaire. Il nettoie également les segments temporaires et inutilisés, efface les vieux processus, et fusionne même l'espace libre dans de plus grands blocs contigus.

Le fonctionnement du processus de surveillance **SMON** (System Monitor) est automatique, aucune action de l'administrateur de la base de données n'étant requise. C'est l'un des points forts d'Oracle.

PMON

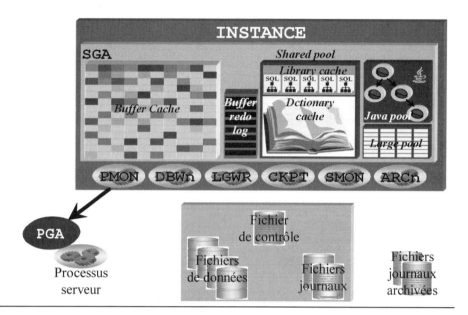

Le processus de surveillance **PMON** est un processus obligatoire qui est affecté à la récupération des processus utilisateur défaillants. Il libère le cache de blocs de données ainsi que les ressources qui étaient exploitées par l'utilisateur, telles que les verrous, afin de les mettre à disposition d'autres utilisateurs.

A l'instar du processus de surveillance **SMON** (System Monitor), le processus de surveillance **PMON** s'active régulièrement pour se rendre compte si on a besoin de ses services.

Le rôle de PMON est très important si vous utilisez un système comportant de nombreux utilisateurs ou encore si vous effectuez des requêtes lourdes. Chaque connexion à une base Oracle consomme quelques méga-octets de mémoire et du temps processeur. Si un utilisateur arrête brutalement sa machine ou si la connexion réseau est perdue au cours d'une longue requête SQL, un ensemble de ressources peut ainsi être bloqué inutilement si **PMON** ne détecte pas et ne nettoie pas les transactions anormalement interrompues.

Atelier 3

- DBWn
- ARCn
- LGWR
- SMON
- CKPT
- PMON

 Durée : 5 minutes

Questions

3-1 Quand le processus « **DBWn** » écrit-il les données dans les fichiers de données ?

    A. Après chaque validation de la transaction

    B. Avant valider la transaction

    C. Après le processus « LGWR »

    D. Avant ou après la validation de la transaction

3-2 Quel est le processus qui n'est pas démarré par défaut dans une instance Oracle?

    A. DBWn

    B. CKPT

    C. LGWR

    D. ARCn

3-3 Quels sont les processus démarrés par « **CKPT** » ?

    A. DBWn

    B. SMON

    C. PMON

    D. LGWR

    E. ARCn

Module 3 : Les processus d'arrière-plan

3-4 Quel est le processus démarré par « **DBWn** » ?

   A. CKPT
   B. SMON
   C. PMON
   D. LGWR
   E. ARCn

3-5 Une erreur réseau est survenue et l'utilisateur a été déconnecté. Quel est l'opération qui s'exécute après la déconnexion forcée de l'utilisateur ?

   A. CKPT
   B. LGWR
   C. SMON
   D. PMON

3-6 Quels sont les fichiers mis à jour par le processus « **DBWn** » pour écrire les blocs modifiés ?

   A. Les fichiers de données
   B. Les fichiers de données et les fichiers de contrôles
   C. Les fichiers de données et les fichiers journaux
   D. Les fichiers journaux et les fichiers de contrôles

3-7 Qu'est-ce qui nous permet de récupérer les données qui n'ont pas été mises à jour dans les fichiers de données suite à l'arrêt brutal du serveur ?

   A. Les fichiers journaux
   B. Les segments UNDO
   C. Le tablespace « SYSTEM »

- *Outils d'administration*
- *SQL*Plus*
- *SQL*Plus Worksheet*
- *iSQL*Plus*

Les outils d'administration

Objectifs

A la fin de ce module, vous serez à même d'effectuer les tâches suivantes :

- Décrire les outils d'administration du serveur Oracle.
- •Décrire les interfaces de base de données mise à la disposition d'administrateurs SQL et PL/SQL.
- Utiliser l'environnement **SQL*Plus**.
- Utiliser l'environnement **SQL*Plus Worksheet**.
- Utiliser l'environnement **iSQL*Plus**.

Contenu

Les outils d'administration	4-2	Commandes SQL*Plus (Suite)	4-19
Qu'est-ce que SQL*Plus ?	4-5	Variables	4-21
Environnement SQL*Plus	4-7	SQL*Plus Worksheet	4-25
Environnement SQL*Plus (Suite)	4-8	iSQL*Plus	4-27
Commandes SQL*Plus	4-9	Variables et iSQL*Plus	4-30
Commandes SQL*Plus (Suite)	4-13	Atelier 4	4-32
Commandes SQL*Plus (Suite)	4-17		

Les outils d'administration

- Oracle Net
- SQL*Plus
- Oracle Enterprise Manager
- Oracle Universal Installer
- Utilitaires d'export et d'import
- SQL*Loader
- Utilitaire de fichier de mot de passe
- RMAN
- ...

Oracle fournit un certain nombre d'outils standards qui ont évolué et maturé suivant les versions. Puissants et performants, ces outils se retrouvent sur toutes les plateformes quel qu'il soit la version.

Ces outils peuvent être classifiés en deux catégories suivant leur mode de fonctionnement :

− Les outils en mode de commande.

− Les outils graphiques.

> Note

A partir de la version 8i, Oracle a réécrit l'ensemble des outils d'administration graphiques de la base de données en java. Ainsi l'exécution des ces outils s'est affranchi, du point de vue de la présentation, du système d'exploitation.

La présentation graphique des ces outils est complètement identique qu'il s'agisse d'une plateforme Windows, Unix (Sun Sparc Solaris, Aix ...) ou Linux.

Les outils qui seront mentionnés ici ne représentent qu'une partie des utilitaires livrés par Oracle.

Avant de les étudier, dans ce module ou dans les suivants, ou les utiliser séparément allons découvrir quels sont ces outils.

Oracle Net

Oracle Net Services offre des solutions de connectivité à l'échelle de l'entreprise dans des environnements informatiques hétérogènes répartis. Il facilite la configuration et la gestion de réseau, optimise les performances et améliore les fonctions de diagnostic de réseau.

Oracle Net, un composant d'Oracle Net Services, permet d'établir une session réseau depuis une application client vers un serveur de base de données Oracle. Une fois cette session établie, Oracle Net joue le rôle de coursier de données pour l'application client et le serveur de base de données. Il est responsable de l'établissement et de la gestion de la connexion entre l'application client et le serveur de base de données, ainsi que de l'échange des messages entre ces derniers. Oracle Net est en mesure d'effectuer ces tâches, car il réside sur chaque ordinateur du réseau.

Note

Afin de vous connecter à un serveur de base de données Oracle, vous devez indiquer au client l'emplacement du serveur de base de données et comment communiquer avec lui.

Le nom du service pour la connexion **Oracle Net**, utilise un nom de service réseau, c'est-à-dire un alias pour indiquer au client l'emplacement du serveur de base de données et comment communiquer avec lui.

Les utilisateurs lancent une demande de connexion en transmettant un nom utilisateur et un mot de passe accompagnés d'un nom de service réseau dans une chaîne de connexion pour le service auquel ils souhaitent se connecter :

```
CONNECT username/password@net_service_name
```

Le composant Oracle Net est décrit dans le Module 5 « L'architecture Oracle Net ».

SQL*Plus

C'est l'outil de prédilection de l'administrateur ; il permet de manipuler les données de la base de données et aussi d'effectuer les tâches d'administration de la base. C'est un outil en ligne de commande très utile pour les taches répétitive d'exécution des scripts et batch.

Oracle Enterprise Manager

Oracle Enterprise Manager (OEM) est une console d'administration qui propose une interface graphique pour administrer de manière centralisée les différents produits de l'environnement Oracle (base de données, mais aussi serveur d'applications, etc).

La console Oracle Enterprise Manager peut être utilisée de deux manières :

– En mode autonome.

– Connectée à un référentiel appelé Oracle Management Server.

Oracle Universal Installer

Oracle Universal Installer (OUI) est un outil qui permet l'installer les produits Oracle sur différentes plateformes. Cet outil permet d'installer tous les produits livrés par Oracle, comme la base de données, les outils clients de base de données, les outils de développement, le serveur d'application Oracle …

Il peut être utilisé en mode graphique interactive mais aussi en mode batch (non interactive). Cet outil est détaillé dans le module l'installation du serveur de base de données.

Utilitaires d'export et d'import

Les utilitaires d'export et d'import fonctionnent ensemble ; le premier permet d'exporter **les données** d'une partie ou de la totalité du contenu d'une base Oracle, et le second importe la partie **des données** exportée dans une base de données Oracle.

Ces outils sont principalement utilisés lors de sauvegardes des données, de réorganisations et de déplacements du contenu d'une base Oracle de machine à machine. Il se connecte à la base en mode client serveur ce qui permet d'échanger des données entre deux base de données implantées sur des systèmes différents.

Oracle Data Pump est une nouvelle technologie dans Oracle10g sur laquelle s'appuient les deux nouveaux utilitaires **DP Export (expdp)** et **DP Import (impdp)**.

Data Pump permet de déplacer une partie ou la totalité des données et métadonnées, représente les données de définition des objets, c'est-à-dire les informations de catalogue, d'une base de données au moyen de filtres qui sont implémentés par ces utilitaires. DP Export peut extraire des données de tables, des métadonnées et des informations de contrôle d'une base pour les enregistrer dans un ou plusieurs fichiers de transfert, ou fichiers dump, dont le format propriétaire ne peut être lu que par DP Import.

Ces utilitaires offrent des performances bien supérieures et peuvent pour cela utiliser le traitement parallèle. Nous vous recommandons vivement de privilégier leur emploi à celui des anciens utilitaires, qui ne peuvent tirer parti des nouvelles fonctionnalités d'Oracle10g.

Ces outils feront l'objet d'un module suivant.

SQL*Loader

C'est un utilitaire de chargement des données dans la base à partir de fichiers, généralement des informations en transfert d'un autre type de base de données. A partir de la version Oracle9i, il fait partie intégrante du moteur de la base de données, ainsi on peut attacher des fichiers externes dans la base de données qui sont traités comme des tables en lecture seule.

Utilitaire de fichier de mot de passe

Il s'agit d'un outil pour la création d'un fichier de mot de passe, nécessaire pour l'authentification avec des privilèges étendus au niveau de l'instance. Il est abordé dans le module gestion de l'instance.

RMAN

L'outil RMAN (Recovery Manager) existe depuis Oracle8i et a bénéficié d'améliorations continues avec chaque nouvelle version du moteur de base de données. Il gère la sauvegarde, la copie, la restauration et la récupération des fichiers de données, du fichier de contrôle et des archives. Il est intégré au serveur Oracle, et les fonctions de sauvegarde et de récupération d'Oracle Enterprise Manager (OEM) s'appuient sur lui.

Cet outil fait l'objet d'un module suivant.

Qu'est-ce que SQL*Plus ?

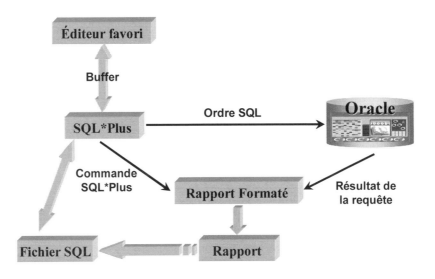

SQL*Plus est une interface interactive en mode caractère qui permet de manipuler la base de données au moyen de commandes simples se basant sur le langage SQL.

L'outil SQL*Plus vous permet de réaliser les fonctions suivantes au sein d'ORACLE :

- Entrer, éditer, sauvegarder et exécuter des commandes SQL et des blocs PL/SQL.
- Sauvegarder, effectuer des calculs et mettre en forme le résultat des requêtes.
- Lister les définitions des colonnes de chaque table.
- Exécuter des requêtes interactives.

Vous pouvez écrire des rapports tout en travaillant de manière interactive avec SQL*Plus. Cela veut dire que si vous saisissez vos commandes de définition de titres de pages, de titres de colonnes, de mise en forme de texte, de sauts de pages, de totaux, etc., et si vous exécutez ensuite une requête SQL, SQL*Plus produit immédiatement le rapport formaté selon vos indications.

Malheureusement, lorsque vous quittez cet outil, il ne conserve aucune des instructions que vous lui avez données. Si vous deviez l'employer uniquement de façon interactive, vous auriez à recréer un rapport chaque fois que vous en auriez besoin.

La solution est très simple. Il suffit de saisir les commandes dans un fichier. SQL*Plus peut ensuite lire le fichier comme s'il s'agissait d'un script, et exécuter vos commandes comme si vous les saisissiez. Pour créer ce fichier, utilisez n'importe quel éditeur disponible. Vous pouvez travailler avec l'éditeur et SQL*Plus en parallèle. Lorsque vous êtes dans SQL*Plus, basculez dans l'éditeur pour créer ou modifier votre programme de génération de rapport, puis retournez dans SQL*Plus à l'endroit où vous l'avez laissé et exécutez le fichier.

SQL*Plus est un outil généraliste, livré depuis des années avec toutes les versions d'Oracle. Il a l'avantage d'exister sur toutes les plates-formes où Oracle est porté. Il présente l'inconvénient d'une ergonomie en mode caractère qui peut faire préférer pour certains usages des outils graphiques parfois moins performants mais plus agréables d'utilisation.

L'outil en mode caractère est indispensable à l'automatisation d'exécution des fichiers scripts de commande pour l'administration du serveur **ORACLE**.

En conclusion, **SQL*Plus** est un outil **ORACLE** qui reconnaît le langage **SQL** et soumet les instructions **SQL** au Serveur **ORACLE** pour l'exécution. Cet outil comporte son propre langage de commande.

Comparaison entre les instructions **SQL** et les commandes de **SQL*Plus** :

SQL	SQL*Plus
Un langage	Un environnement
Conforme au standard ANSI	Propriétaire d'ORACLE
Les mots clés ne peuvent pas être abrégés	Les mots clés peuvent être abrégés
Les instructions manipulent des données et des définitions de tables dans la base de données	Les commandes ne peuvent pas manipuler les données dans la base de données
Les instructions sont entrées dans le tampon mémoire sur une ou plusieurs lignes	Les instructions sont entrées sur une ligne à la fois ; elles ne sont pas stockées dans le tampon mémoire

Environnement SQL*Plus

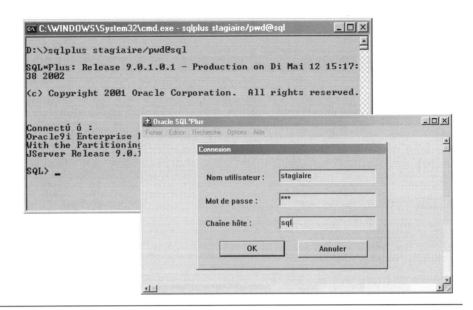

SQL*Plus peut être utilisé en mode ligne de commande ou en environnement mode caractère dans une fenêtre Windows, les deux environnements étant identiques du point de vue de leur utilisation. Avant de pouvoir émettre des instructions SQL dans SQL*Plus, vous devez tout d'abord établir une connexion avec le serveur.

Deux autres environnements sont utilisés à partir de la version Oracle9i : **SQL*Plus Worksheet** et **iSQL*Plus**.

Connexion SQL*Plus en mode Windows

A partir du menu Démarrer, sélectionnez Programmes, ORACLE-Formation, Application Development, SQL Plus. Une boîte de dialogue apparaît pour recueillir « un nom », « un mot de passe » et « une chaîne de connexion ».

> **Attention**
>
> Etant donné que nous utilisons un répertoire d'accueil **ORACLE_HOME** nommé **Formation**, l'option du menu Programmes est **ORACLE-Formation**. Elle est différente sur votre système.
>
> Pour plus d'informations sur ORACLE_HOME voir le module traitant de l'installation du serveur de base de données

Connexion SQL*Plus en mode ligne de commande

A partir d'une fenêtre utilisez la commande suivante pour lancer SQL*Plus :

```
SQLPLUS « nom »/« mot de passe »@« chaîne de connexion »
```

La syntaxe exacte de commande **SQL*Plus** est décrite plus loin dans ce module.

Environnement SQL*Plus (Suite)

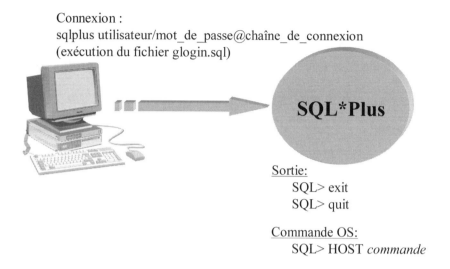

Connexion :
sqlplus utilisateur/mot_de_passe@chaîne_de_connexion
(exécution du fichier glogin.sql)

Sortie:
SQL> exit
SQL> quit

Commande OS:
SQL> HOST *commande*

Les grandes caractéristiques des interactions entre **SQL*Plus** et son environnement sont :

- lors du lancement de **SQL*Plus**, un nom d'utilisateur, son mot de passe et la base de donnée cible vous sont demandés;

- lors de la connexion à la base Oracle, le fichier glogin.sql est exécuté. Ce fichier, situé dans le répertoire « ORACLE_HOME\SQLPLUS\ADMIN » sur la machine qui héberge le code exécutable de SQL*Plus, peut contenir toutes sortes d'ordres **SQL** et **SQL*Plus** ;

- par défaut, l'invite d'une session **SQL*Plus** est **SQL>** ;

- à partir de la session **SQL*Plus**, vous pouvez lancer des commandes du système d'exploitation, par la commande **HOST**. Celle-ci ne termine pas votre session **SQL*Plus** qui peut être, au choix, bloquée ou active en attendant la fin de l'exécution de la commande OS ;

- vous pouvez vous déconnecter de la base Oracle cible tout en restant dans **SQL*Plus** au moyen de la commande **DISC** (**DISCONNECT**) ;

- pour se connecter à un autre compte Oracle ou à une autre base de données, utilisez la commande **CONNECT**;

- pour se déconnecter et terminer une session **SQL*Plus**, utilisez **EXIT** ou **QUIT**.

Commandes SQL*Plus

- SQLPLUS
- CONNECT
- DISCONNECT
- EXIT
- RUN

SQL*Plus possède également ses propres commandes et règles :

- Les instructions sont entrées une ligne à la fois et elles ne sont pas stockées dans le tampon mémoire.
- Le - est un caractère de continuation pour saisir une commande sur plusieurs lignes
- Les mots clés peuvent être abrégés
- Ne nécessite pas de caractère de terminaison, les commandes sont exécutées immédiatement

SQLPLUS

Lors de la connexion, il est possible de spécifier le nom d'utilisateur, le mot de passe, et le nom d'une base de données ainsi que lancer un fichier de commande spécifié.

```
SQLPLUS [logon][@chaîne] @fichier[.ext] [arg]
```

logon « utilisateur »[/« mot_de_passe »]
Si le nom d'utilisateur et/ou le mot_de_passe ne sont pas saisis, **ORACLE** les demande après le lancement.

@chaîne le nom du service pour la connexion Oracle **Net**. Si aucun nom de base n'est spécifié, c'est la base par défaut qui est prise en compte.

@fichier[.ext] un fichier de commande contenant des ordres **SQL**, des commandes **SQL*Plus** et **PL/SQL**. L'extension .SQL est facultative. On peut lancer **SQLPLUS @fichier** a condition que la première ligne de ce fichier corresponde à un nom d'utilisateur suivi d'un '/' et du mot de passe.

[arg...] les arguments

Pour accéder à l'aide décrivant l'ensemble des syntaxes accessibles lors du lancement de **SQL*Plus** il faut exécuter « **SQLPLUS -** ».

Module 4 : Les outils d'administration

```
C:\>sqlplus -

SQL*Plus: Release 10.1.0.2.0 - Production

Syntaxe : SQLPLUS [<option>] [logon] [<start>] ]
 <option> ::= -H | -V | [ [-C <v>] [-L] [-M <o>] [-R <n>] [-S] ]
 <logon>  ::=
<nomutilisateur>[/<motdepasse>][@<identificateur_connexion>]
      <start>  ::= @<URL>|<nomfichier>[.<ext>] [<paramètre> ...]
         "-H" affiche le numéro de version de SQL*Plus et la syntaxe
         "-V" affiche le numéro de version de SQL*Plus
         "-C" définit la version de compatibilité SQL*Plus <v>
         "-L" tente de se connecter une seule fois
         "-M <o>" utilise les options de balisage HTML <o>
         "-R <n>" utilise le mode restreint <n>
         "-S" utilise le mode silencieux
```

> **Note**
>
> Notez la différence entre les deux exemples suivants :
>
> – Se connecter à la base de donnée cible.
>
> SQLPLUS utilisateur/mot_de_password@base_cible
>
> – Exécuter automatiquement le fichier de commande cité sur la base par défaut.
>
> SQLPLUS utilisateur/mot_de_password @fichier.sql

Une autre modalité de travail avec **SQL*Plus** consiste à ouvrir l'application sans aucune connexion à la base, et suivant les besoins, à effectuer les connexions par la suite.

SQLPLUS /NOLOG

CONNECT

L'instruction **CONNECT** vous permet de réaliser une nouvelle connexion après le lancement de **SQL*Plus**.

CONN[ECT]   « utilisateur »[/« mot_de_passe »][@chaîne]

Si le mot de passe n'est pas fourni, Oracle effectue une demande de saisie.

```
C:\>sqlplus /nolog

SQL*Plus: Release 10.1.0.2.0 - Production on Mer. Mai 11 00:37:…

Copyright (c) 1982, 2004, Oracle. All rights reserved.
SQL> connect scott/tiger
Connected.
SQL> connect scott/tiger@dba
Connected.
SQL> connect scott
Enter password:
Connected.
```

Comme on l'a vu précédemment, on peut ouvrir SQL*Plus et ne pas ce connecter une base de données. La connexion peut être réalisée par la suite. En même temps on peut ouvrir SQL*Plus et lancer un fichier de commande qui lui-même effectue la connexion, exécute une ou plusieurs opérations et il quitte l'application.

```
C:\>type select_cat.sql
connect scott/tiger@dba
select * from cat;
exit;

C:\>sqlplus /nolog @select_cat.sql

SQL*Plus: Release 10.1.0.2.0 - Production on Mer. Mai 11 00:52:

Copyright (c) 1982, 2004, Oracle.  All rights reserved.

Connecté.

TABLE_NAME                     TABLE_TYPE
------------------------------ -----------
DEPT                           TABLE
EMP                            TABLE
BONUS                          TABLE
SALGRADE                       TABLE

Déconnecté de Oracle Database 10g Enterprise Edition Release 10
With the Partitioning, OLAP and Data Mining options

C:\>
```

Une autre manière de travailler est de renvoyer à **SQL*Plus** une série des commandes ; il est préférable d'utiliser cette option pour des traitements ponctuels.

```
SQL> oracle@napoca:~> sqlplus /nolog<<EOF
> connect scott/tiger@dba
> select * from cat;
> exit;
> EOF

SQL*Plus: Release 10.1.0.3.0 - Production on Wed May 11 01:13:

Copyright (c) 1982, 2004, Oracle.  All rights reserved.

SQL> Connected.
SQL>
TABLE_NAME                     TABLE_TYPE
------------------------------ -----------
CREATE$JAVA$LOB$TABLE          TABLE
JAVA$OPTIONS                   TABLE

SQL> Disconnected from Oracle Database 10g Enterprise Edition
With the Partitioning, OLAP and Data Mining options
oracle@napoca:~>
```

DISCONNECT

L'instruction **DISCONNECT** permet à l'utilisateur de se déconnecter de la base de données.

```
DISC[ONNECT]
```

Après cette instruction l'utilisateur ne peut plus exécuter de commandes **SQL** ou **PL/SQL**.

EXIT

L'instruction **EXIT ou QUIT** permet à l'utilisateur de quitter l'outil **SQL*Plus** et de se déconnecter de la base de données.

EXIT[SUCCESS | FAILURE | WARNING][COMMIT | ROLLBACK]

Cette instruction permet de communiquer au système d'exploitation un code de retour sur l'exécution de la session.

Attention

L'instruction **EXIT** valide la transaction (**COMMIT**), par laquelle on se déconnecte et quitte l'outil **SQL*Plus**.

Il est très dangereux d'utiliser **EXIT** à la fin des scripts qui utilisent des instructions de type **LMD**. Il faudrait de préférence utiliser **EXIT ROLLBACK** et prendre soin de valider les modifications faisant suite aux transactions.

RUN

La commande **RUN** ou « / » affiche le contenu du tampon mémoire et exécute l'instruction stockée dans le tampon mémoire

R[UN] ou « / »

```
C:\>sqlplus /nolog

SQL*Plus: Release 10.1.0.2.0 - Production on Mer. Mai 11 01:28:

Copyright (c) 1982, 2004, Oracle.  All rights reserved.

SQL> host type select_cat.sql
connect scott/tiger@dba
select * from cat;
exit;

SQL> @select_cat.sql
ConnectÚ.

TABLE_NAME                     TABLE_TYPE
------------------------------ -----------
DEPT                           TABLE
EMP                            TABLE
BONUS                          TABLE
SALGRADE                       TABLE

DÚconnectÚ de Oracle Database 10g Enterprise Edition Release 10
With the Partitioning, OLAP and Data Mining options

C:\>
```

Commandes SQL*Plus (Suite)

- START
- EDIT
- SAVE
- GET
- SPOOL
- HOST

START

Indique à **SQL*Plus** d'exécuter les instructions enregistrées dans un fichier.

STA[RT] fichier[.ext] [arg ...]

L'extension « **.SQL** » est facultative.

La commande @ : est équivalente à **START**

@ fichier[.ext] [arg ...]

EDIT

La commande **EDIT** est utilisée pour ouvrir un fichier de nom fichier.sql sous l'éditeur associé.

ED[IT] fichier[.ext]

SAVE

La commande **SAVE** mémorise le contenu du tampon dans un fichier. L'extension « **.SQL** » est ajoutée automatiquement au nom du fichier.

SAV[E] fichier[.ext] [CREATE | REPLACE | APPEND]

GET

La commande **GET** est utilisée pour faire l'opération inverse, c'est-à-dire copier le contenu d'un fichier dans le tampon :

GET fichier[.ext] [LIST | NOLIST]

Le contenu du fichier est alors copié dans le tampon et affiché à l'écran, mais il n'est pas exécuté. L'exécution du contenu du tampon se fait par la commande **RUN**.

SPOOL

La commande **SPOOL** est utilisée pour stocker le résultat d'une requête dans un fichier. Par défaut le résultat de toute requête est affiché à l'écran et il ne reste aucune trace de ce résultat. La commande **SPOOL** suivie par le nom du fichier récepteur mémorise ce résultat.

SPO[OL] fichier[.ext] [OFF | OUT]

A partir du moment où cette commande est exécutée, tout ce qui apparaît à l'écran est mémorisé dans le fichier jusqu'à l'exécution d'une autre commande **SPOOL** avec l'option **OFF** ou **OUT**.

L'option **OUT** permet d'imprimer le contenu du fichier.

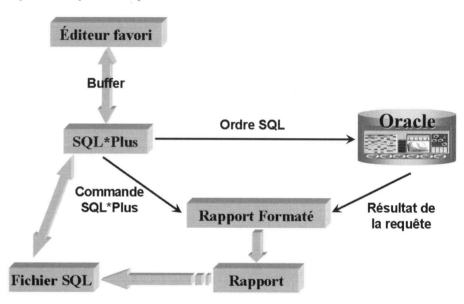

Rappelez vous une ou plusieurs commandes SQL peuvent être exécutées ; leur résultat est formaté et enregistré dans un fichier. Ainsi **SQL*Plus** peut exécuter ce fichier résultat comme un fichier script.

```
C:\>sqlplus scott/tiger@dba

SQL*Plus: Release 10.1.0.2.0 - Production on Mer. Mai 11 02:27

Copyright (c) 1982, 2004, Oracle.  All rights reserved.


Connecté à :
Oracle Database 10g Enterprise Edition Release 10.1.0.2.0
With the Partitioning, OLAP and Data Mining options

SQL> spool c:\count_lines_tables.sql
SQL> select 'select count(*) from '||table_name||' ;'
  2                       "--Chaîne formaté" from cat;


--Chaîne formaté
----------------------------------------------------
select count(*) from DEPT ;
select count(*) from EMP ;
select count(*) from BONUS ;
```

```
              select count(*) from SALGRADE ;

SQL> spool off
SQL> @c:\count_lines_tables.sql
SP2-0734: commande inconnue au début de "SQL> selec..." - le reste
de la ligne est ignoré.

  COUNT(*)
----------
         4


  COUNT(*)
----------
        12


  COUNT(*)
----------
         0


  COUNT(*)
----------
         5

SP2-0734: commande inconnue au début de "SQL> spool..." - le reste
de la ligne est ignoré.
SQL> host type c:\count_lines_tables.sql
SQL> select 'select count(*) from '||table_name||' ;'
  2                        "--Chaîne formaté" from cat;

--Chaîne formaté
-------------------------------------------------------
select count(*) from DEPT ;
select count(*) from EMP ;
select count(*) from BONUS ;
select count(*) from SALGRADE ;

SQL> spool off
```

Dans cet exemple on commence par l'ouverture du SQL*Plus avec une connexion à la base de données « dba » comme l'utilisateur « scott ». En suite on démarre l'enregistrement dans le fichier spool de l'ensemble des commandes et leurs résultats.

La commande SQL suivante formate les interrogations résultat, qui seront stockées dans le fichier « c:\count_lines_tables.sql ».

```
SQL> select 'select count(*) from '||table_name||' ;'
  2                        "--Chaîne formaté" from cat;
```

Le fichier ainsi obtenu est exécuté. Il y a pourtant des erreurs dues au comportement du spool qui enregistre dans le fichier toutes les informations apparues à l'écran, même les échos des commandes comme vous pouvez le voir dans le listing du fichier.

HOST

Envoie toute commande au système d'exploitation hôte.

HO[ST] [commande]

Un premier exemple est une demande d'afficher le répertoire courant et de lister les fichiers de ce répertoire, dans en environnement linux.

```
oracle@napoca:~> ls -al

SQL*Plus: Release 10.1.0.3.0 - Production on Wed May 11 01:13

Copyright (c) 1982, 2004, Oracle.  All rights reserved.

SQL> host pwd
/home/oracle

SQL> HOST ls -al
total 36
drwxr-xr-x   4 oracle   root          280 2005-05-02 21:53 .
drwxr-xr-x   4 root     root           96 2005-03-13 23:49 ..
-rw-------   1 oracle   oinstall     1483 2005-05-09 17:48 .bash_history
-rw-r--r--   1 oracle   oinstall      764 2005-04-05 14:04 .bash_profile
-rw-r--r--   1 oracle   oinstall    11075 2005-05-02 21:53 env_all
drwxrwxr-x   8 oracle   oinstall      320 2005-03-14 04:00 oraInventory
-rwxr-xr-x   1 oracle   oinstall      449 2005-04-05 19:16 start_all
-rw-------   1 oracle   oinstall     4594 2005-05-02 14:23 .viminfo
drwx------   2 oracle   oinstall      128 2005-03-14 00:51 .vnc
-rw-------   1 oracle   oinstall      100 2005-03-14 00:46 .Xauthority
```

Le deuxième exemple liste le contenu d'un fichier script, dans un environnement Windows.

```
C:\>sqlplus /nolog

SQL*Plus: Release 10.1.0.2.0 - Production on Mer. Mai 11 01:33

Copyright (c) 1982, 2004, Oracle.  All rights reserved.

SQL> host type select_cat.sql
connect scott/tiger@dba
select * from cat;
exit;

SQL>
```

Module 4 : Les outils d'administration

Commandes SQL*Plus (Suite)

- DESCRIBE
- REMARK
- USER

DESCRIBE

La commande **DESCRIBE** est utilisée pour connaître la structure d'une table, d'une vue ou d'un synonyme.

```
DESC[RIBE] {[schema.]object [@connect_identifier]}
```

[@connect_identifier] indique un lien de base de données distante.

Name Indique le nom de la colonne.

Null ? Indique si la colonne doit contenir des données. **NOT NULL** rend obligatoire la présence de données.

Type Affiche le type de données d'une colonne.

```
SQL> DESC CATEGORIES
Nom                                        NULL ?   Type
------------------------------------------ -------- --------------
CODE_CATEGORIE                             NOT NULL NUMBER(6)
NOM_CATEGORIE                              NOT NULL VARCHAR2(25)
DESCRIPTION                                NOT NULL VARCHAR2(100)
```

Cette instruction peut être utilisée avec d'autres objets :

```
DESC[RIBE]    nom_table | nom_vue | nom_synonyme
    nom_procedure | nom_fonction | nom_package
    nom_type_objet
```

REMARK

Indique à **SQL*Plus** que les mots qui suivent doivent être traités comme étant un commentaire.

```
REM[ARK]
```

--

Marque le début d'un commentaire en ligne dans une entrée **SQL**. Traite tout ce qui suit cette marque jusqu'à la fin de la ligne comme étant un commentaire. Analogue à **REMARK**.

/*...*/

Marque le début et la fin d'un commentaire dans une entrée **SQL**. Analogue à **REMARK**.

USER

La commande **SHOW USER** affiche l'utilisateur connecté.

```
SHO[W] USER
```

```
SQL> SHOW USER
USER is "SYS"

SQL> SELECT USER FROM DUAL;

USER
------------------------------
SYS
```

Commandes SQL*Plus (Suite)

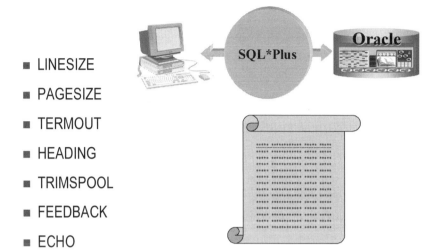

- LINESIZE
- PAGESIZE
- TERMOUT
- HEADING
- TRIMSPOOL
- FEEDBACK
- ECHO

LINESIZE

La commande **SET LINESIZE** définit le nombre maximal de caractères autorisés dans chaque ligne.

SET LINESIZE VALEUR

```
SQL> SET LINESIZE 50

SQL> SELECT DESCRIPTION FROM CATEGORIES
  2  WHERE CODE_CATEGORIE = 1

DESCRIPTION
--------------------------------------------------
Boissons, cafés, thés, bières

SQL> SET LINESIZE 10
SQL> SELECT DESCRIPTION FROM CATEGORIES
  2  WHERE CODE_CATEGORIE = 1

DESCRIPTIO
----------
Boissons,
cafés, thé
s, bières
```

PAGESIZE

La commande **SET PAGESIZE** définit le nombre maximal de lignes dans chaque page ; le calcul est effectué en tenant compte des lignes d'en-tête et bas de page. Lorsque vous créez un fichier de données, vous pouvez configurer la variable **PAGESIZE** avec la valeur 0.

```
            SET PAGESIZE VALEUR
SQL> SET PAGESIZE 10
SQL> SELECT NOM, PRENOM FROM EMPLOYES

NOM                      PRENOM
------------------------ ----------
Callahan                 Laura
Buchanan                 Steven
Peacock                  Margaret
Leverling                Janet
Davolio                  Nancy
Dodsworth                Anne
King                     Robert

NOM                      PRENOM
------------------------ ----------
Suyama                   Michael
Fuller                   Andrew
9 ligne(s) sélectionnée(s).
```

TERMOUT

Lorsqu'une instruction **SQL** retourne de nombreuses lignes de données, il peut être utile de désactiver leur affichage à l'écran. Pour cela, utilisez la commande **SET TERMOUT OFF**. A l'issue de l'instruction, n'oubliez pas de rétablir l'affichage des résultats au moyen de la commande **SET TERMOUT ON**.

```
SET TERMOUT {ON | OFF}
```

HEADING

Désactive ou active l'affichage des en-têtes de colonnes, ce qui peut être utile lors de la création d'un fichier de données.

```
SET HEADING {ON | OFF}
```

TRIMSPOOL

Supprime ou non les blancs situés à la fin des lignes envoyées vers un fichier.

```
SET TRIMSPOOL {ON | OFF}
```

FEEDBACK

Affiche ou non le nombre de lignes extraites.

```
SET FEEDBACK {ON | OFF}
```

ECHO

Affiche ou non l'instruction lorsqu'elle est exécutée.

```
SET ECHO {ON | OFF}
```

Variables

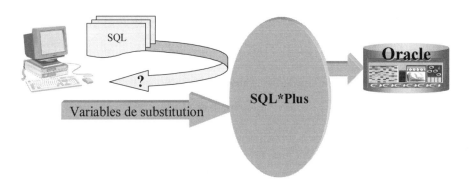

SQL*Plus prévoit les variables de substitution qui vous seront utiles pour recevoir les entrées utilisateur et stocker des informations à travers plusieurs exécutions successives.

Variables de substitution

Dans une instruction **SQL**, les variables de substitution sont introduites par le caractère « **&** » (si vous le souhaitez, vous changerez ce caractère en vous servant de la commande **SET DEFINE**). Avant l'envoi de l'instruction **SQL** au serveur, **SQL*Plus** effectuera une substitution textuelle complète de la variable.

Il est à remarquer qu'aucune mémoire n'est effectivement allouée aux variables de substitution.

La procédure de remplacement de la variable de substitution par la valeur entrée est accomplie par **SQL*Plus** avant l'envoi du bloc pour exécution à la base de données.

La définition des variables de substitution peut-être réalisée de trois manières :

– en préfixant une variable par un simple « **&** »

– en préfixant une variable par un double « **&&** »

– en utilisant les commandes **DEFINE** et **ACCEPT**

L'utilisation des variables de substitution & et &&

Il existe deux types de variables :

– « **&** »: pour une variable temporaire, doit être introduite à chaque utilisation.

– « **&&** »: pour une variable permanente, n'est introduite que lors de la première utilisation.

```
SQL> SELECT NOM_PRODUIT, NO_FOURNISSEUR, CODE_CATEGORIE
  2  FROM PRODUITS
  3  WHERE NO_FOURNISSEUR = &var_no_fournisseur and
  4        CODE_CATEGORIE = &&var_code_categorie;
```

```
Entrez une valeur pour var_no_fournisseur : 1
ancien    3 : WHERE NO_FOURNISSEUR = &var_no_fournisseur and
nouveau   3 : WHERE NO_FOURNISSEUR = 1 and
Entrez une valeur pour var_code_categorie : 1
ancien    4 :         CODE_CATEGORIE = &&var_code_categorie
nouveau   4 :         CODE_CATEGORIE = 1

NOM_PRODUIT                                  NO_FOURNISSEUR CODE_CATEGORIE
-------------------------------------------- -------------- --------------
Chai                                                      1              1
Chang                                                     1              1

SQL> SELECT NOM_PRODUIT, NO_FOURNISSEUR, CODE_CATEGORIE
  2  FROM PRODUITS
  3  WHERE NO_FOURNISSEUR = &var_no_fournisseur and
  4         CODE_CATEGORIE = &&var_code_categorie;
Entrez une valeur pour var_no_fournisseur : 7
ancien    3 : WHERE NO_FOURNISSEUR = &var_no_fournisseur and
nouveau   3 : WHERE NO_FOURNISSEUR = 7 and
ancien    4 :         CODE_CATEGORIE = &&var_code_categorie
nouveau   4 :         CODE_CATEGORIE = 1

NOM_PRODUIT                                  NO_FOURNISSEUR CODE_CATEGORIE
-------------------------------------------- -------------- --------------
Outback Lager                                             7              1
```

Dans l'exemple précédent la variable temporaire **&var_no_fournisseur** doit être renseignée à chaque utilisation ; par contre la variable permanente **&&var_code_categorie** n'est renseigné que lors de la première utilisation.

```
SQL> SELECT NOM_PRODUIT, NO_FOURNISSEUR, CODE_CATEGORIE
  2  FROM PRODUITS
  3  &var_substitution;
Entrez une valeur pour var_substitution : WHERE NO_FOURNISSEUR = 1
ancien    3 : &var_substitution
nouveau   3 : WHERE NO_FOURNISSEUR = 1

NOM_PRODUIT                                  NO_FOURNISSEUR CODE_CATEGORIE
-------------------------------------------- -------------- --------------
Chai                                                      1              1
Chang                                                     1              1
Aniseed Syrup                                             1              2
```

Dans l'exemple précédent vous pouvez remarquer que la variable de substitution, porte bien son nom ; elle peut remplacer toute une partie de l'ordre **SQL**.

Pour éviter l'affichage de vérification de substitution, l'utilisateur peut activer ou désactiver cette option par la commande suivante :

```
SET VERIFY [ON | OFF]
```
```
SQL> SET VERIFY OFF
SQL>  SELECT NOM_PRODUIT, NO_FOURNISSEUR, CODE_CATEGORIE FROM
PRODUITS
  2    WHERE NO_FOURNISSEUR = &var_no_fournisseur and
  3          CODE_CATEGORIE = &var_code_categorie;
Entrez une valeur pour var_no_fournisseur : 1
Entrez une valeur pour var_code_categorie : 2
```

```
NOM_PRODUIT                              NO_FOURNISSEUR CODE_CATEGORIE
---------------------------------------- -------------- --------------
Aniseed Syrup                                         1              2
```

La définition des variables de substitution avec ACCEPT

La commande **ACCEPT** permet de lire une valeur entrée par un utilisateur et de stocker la valeur saisie dans une variable à l'aide la syntaxe suivante :

```
ACC[EPT] nom_variable {NUM[BER] | CHAR | DATE}
         [PROMPT "Invite :" [HIDE]]
```

- **nom_variable** Nom de la variable dans laquelle vous voulez stocker une valeur.
- **NUM[BER]** Le type de variable de substitution est un numérique
- **CHAR** Le type de variable de substitution est une chaîne de caractères. Longueur maximale 240 bytes.
- **DATE** Le type de variable de substitution est une date.
- **PROMPT** Texte affiché à l'écran avant de saisir la valeur de la variable.
- **HIDE** L'option permet de supprimer la visualisation sur l'écran quand l'utilisateur tape sur son clavier ; elle est généralement utilisée pour saisir un mot de passe.

```
SQL> SET VERIFY OFF
SQL> ACCEPT var_no_four NUMBER PROMPT "Numéro du fournisseur :"
Numéro du fournisseur :1
SQL> ACC    var_code_cat NUM    PROMPT "Numéro de la catégorie :"
Numéro de la catégorie :2
SQL> SELECT NOM_PRODUIT, NO_FOURNISSEUR, CODE_CATEGORIE
  2  FROM PRODUITS
  3  WHERE NO_FOURNISSEUR = &var_no_four and
  4        CODE_CATEGORIE = &var_code_cat;

NOM_PRODUIT                              NO_FOURNISSEUR CODE_CATEGORIE
---------------------------------------- -------------- --------------
Aniseed Syrup                                         1              2
```

Sont initialisées d'abord dans l'exemple précédent, les variables **var_no_four** et **var_code_cat** à l'aide la commande **SQL*Plus ACCEPT**. A l'exécution de la requête, les variables sont déjà renseignées et sont remplacées automatiquement.

La définition des variables de substitution avec DEFINE

La création d'une variable à l'aide de la commande DEFINE s'effectue à l'aide de la syntaxe suivante :

```
DEF[INE] nom_variable = "valeur_texte"
```

- **nom_variable** Nom de la variable dans laquelle vous souhaitez stocker une valeur.
- **valeur_texte** Valeur de type **CHAR** affectée à la variable. La variable créée est obligatoirement de type texte.

Pour annuler la déclaration d'une variable, vous pouvez quitter **SQL*Plus** ou utiliser la commande **UNDEFINE** avec la syntaxe :

```
DEF[INE] nom_variable = "valeur_texte"
```

```
SQL> SET VERIFY OFF
SQL> DEFINE var_no_fournisseur=1
SQL> DEFINE var_code_categorie=1
SQL> SELECT NOM_PRODUIT, NO_FOURNISSEUR, CODE_CATEGORIE
  2  FROM PRODUITS
  3  WHERE NO_FOURNISSEUR = &var_no_fournisseur and
  4        CODE_CATEGORIE = &var_code_categorie;

NOM_PRODUIT                              NO_FOURNISSEUR CODE_CATEGORIE
---------------------------------------- -------------- --------------
Chai                                                  1              1
Chang                                                 1              1

SQL> UNDEFINE var_no_fournisseur
SQL>
SQL> SELECT NOM_PRODUIT, NO_FOURNISSEUR, CODE_CATEGORIE
  2  FROM PRODUITS
  3  WHERE NO_FOURNISSEUR = &var_no_fournisseur and
  4        CODE_CATEGORIE = &var_code_categorie;
Entrez une valeur pour var_no_fournisseur : 2

aucune ligne sélectionnée
```

Sont initialisées d'abord dans l'exemple précédent, les variables **var_no_fournisseur** et **var_code_categorie** à l'aide la commande **SQL*Plus DEFINE**. A l'exécution de la première requête, les variables sont déjà renseignées et sont remplacées automatiquement ; par contre dans la deuxième requête, après la suppression de la variable **var_no_fournisseur,** SQL*Plus demande la valeur pour cette variable.

Remarque : pour définir une variable valide à chaque ouverture de session, insérer sa définition dans le fichier **LOGIN.SQL** ou **GLOGIN.SQL** (valable pour toutes les sessions)**.**

SQL*Plus Worksheet

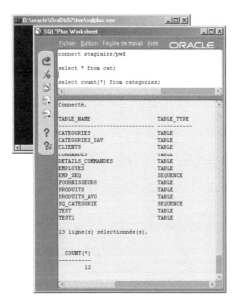

Cet outil d'administration est une version améliorée de SQL*Plus, permettant d'utiliser les commandes d'administration. Techniquement, il s'agit d'une interface graphique écrite en Java, qui s'interface avec **SQL*Plus** ; toutes les commandes de **SQL*Plus**, notamment celles d'administration, sont disponibles dans cet outil.

SQL*Plus Worksheet est un environnement asynchrone de travail. Il envoie les commandes **SQL** ou **PL/SQL** a un outil **SQL*Plus** en ligne de commande ouvert automatiquement au démarrage. Il reçoit en retour les données, les formate et les affiche dans la fenêtre résultats.

Il ne faut pas fermer la fenêtre **SQL*Plus** en ligne de commande, sa fermeture entraînant la fermeture de **SQL*Plus Worksheet**.

Le fonctionnement en mode asynchrone empêche l'utilisation des variables de substitution.

La feuille de travail **SQL*Plus Worksheet** est composée de deux cadres : celui du haut permet de saisir des commandes SQL, celui du bas de voir le résultat de l'exécution de la commande.

Cet outil permet de créer des scripts de commandes SQL, de les sauvegarder et de les exécuter. Dans la figure illustrative, vous pouvez observer une série des trois commandes exécutées séquentiellement.

Il garde en mémoire l'historique des commandes SQL, ce qui permet de charger une ancienne commande pour l'exécuter de nouveau.

Cet utilitaire offre quelques fonctionnalités qui ne sont pas disponibles avec l'interface **SQL*Plus** classique comme :

Combinaison	Description
F5	Exécute la commande figurant dans la fenêtre de saisie.
Ctrl+H	Affiche un historique par l'intermédiaire duquel vous pouvez rappeler une commande en la sélectionnant et en appuyant sur

Module 4 : Les outils d'administration

	Entrée.
Ctrl+N	Provoque un défilement avant de l'historique des commandes.
Ctrl+P	Provoque un défilement arrière de l'historique des commandes.
Ctrl+O	Affiche la boîte de dialogue d'ouverture de fichier de script pour importer un programme SQL*Plus dans l'interface.

iSQL*Plus

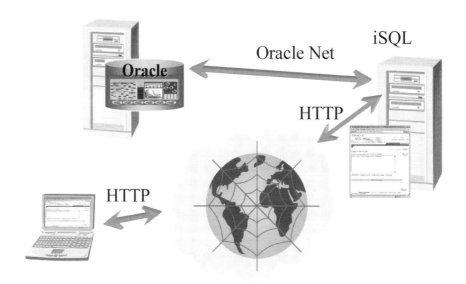

Cet outil d'administration est une version client léger de SQL*Plus permettant d'utiliser des commandes d'administration et de gérer complètement la base de données. Techniquement, il s'agit d'une application web qui s'exécute sur un serveur Apache.

L'application prend en charge l'interface graphique pour la gestion des saisies utilisateur, la récupération des données et la mise en forme HTML des résultats.

L'intérêt de **iSQL*Plus** est que l'on peut administrer la base de données à l'aide du seul navigateur web.

Comme vous pouvez le remarquer sur le schéma en figure, c'est l'application **iSQL*Plus** qui s'est connectée directement à la base de données ; dès que le serveur est paramétré, tous les utilisateurs peuvent se connecter en utilisant ce paramétrage.

Une tel application permet d'économiser l'installation des clients et facilite l'accès à distance pour l'administration.

On va retrouver le même fonctionnement pour la console d'administration d'Oracle Enterprise Manager.

Module 4 : Les outils d'administration

iSQL*Plus (suite)

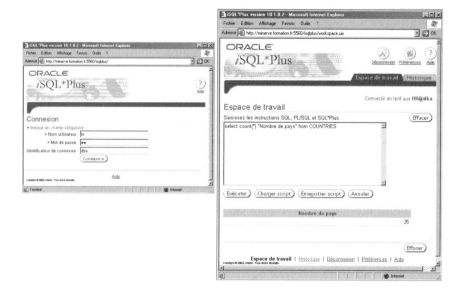

Pour effectuer une connexion à iSQL*Plus vous avez besoin d'un navigateur internet, d'URL pour accéder au serveur iSQL*Plus, et des informations nécessaires pour vous connecter à la base de données (nom d'utilisateur, mot de passe et chaîne de connexion).

> Note

Une **URL** (**U**niform **R**esource **L**ocator) est un format de dénomination universel pour désigner une ressource sur Internet. Il s'agit d'une chaîne de caractères **ASCII** imprimables qui se décompose en cinq parties:

- **Le nom du protocole** : c'est-à-dire en quelque sorte le langage utilisé pour communiquer sur le réseau. Le protocole le plus largement utilisé est le protocole HTTP (HyperText Transfer Protocol), le protocole permettant d'échanger des pages Web au format HTML.

- **Identifiant et mot de passe** : permet de spécifier les paramètres d'accès à un serveur sécurisé. Cette option est déconseillée car le mot de passe est visible dans l'URL

- **Le nom du serveur** : Il s'agit d'un nom de domaine de l'ordinateur hébergeant la ressource demandée.

- **Le numéro de port** : il s'agit d'un numéro associé à un service permettant au serveur de savoir quel type de ressource est demandé.

- **Le chemin d'accès à la ressource** : Cette dernière partie permet au serveur de connaître l'emplacement auquel la ressource est située, c'est-à-dire, de manière générale, l'emplacement (répertoire) et le nom du fichier demandé

L'exemple présent dans la figure est le suivant :

```
  1 3      4      5
http://minerve.formation.fr:5560/isqlplus/
```

Une fois que l'URL à été saisie dans le navigateur Internet vous obtenez la page de connexion comme suit :

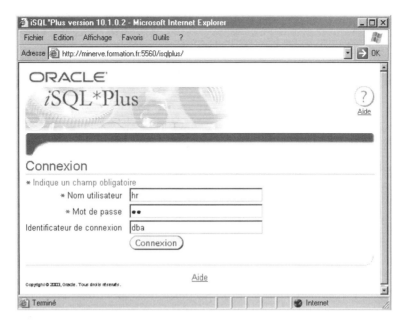

Une fois connecté, l'outil **iSQL*Plus** nous propose une fenêtre pour la saisie des commandes SQL, et les résultats de l'exécution de la commande sont formatés et affichés dans la même page.

Cet outil permet de créer des scripts de commandes SQL, de les sauvegarder et de les exécuter. Ainsi chaque requête retourne les informations sur une page distincte.

Les commandes de mise en page, **PAGESIZE**, **LINESIZE** ..., de **SQL*Plus** sont valables également dans **iSQL*Plus**.

Cet outil garde en mémoire l'historique des commandes SQL, ce qui permet de charger une ancienne commande pour l'exécuter de nouveau.

Vous pouvez également comme dans **SQL*Plus Worksheet** importer un fichier de script dans l'interface

Module 4 : Les outils d'administration

Variables et iSQL*Plus

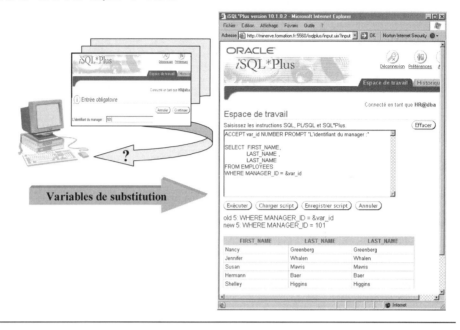

Variables de substitution

Comme dans **SQL*Plus**, les variables de substitution peuvent être utilisées pour recevoir les entrées utilisateur et stocker des informations à travers plusieurs exécutions successives.

Dans une instruction **SQL**, les variables de substitution sont introduites par le caractère « **&** » (si vous le souhaitez, vous changerez ce caractère en vous servant de la commande **SET DEFINE**). Avant l'envoi de l'instruction **SQL** au serveur, **iSQL*Plus** effectuera une substitution textuelle complète de la variable.

Il est à remarquer qu'aucune mémoire n'est effectivement allouée aux variables de substitution.

La procédure de remplacement de la variable de substitution par la valeur entrée est accomplie par **iSQL*Plus** avant l'envoi du bloc pour exécution à la base de données, à l'aide d'une fenêtre dynamique de saisie.

Lorsque vous avez saisi les variables de substitution, les commandes **SQL** sont exécutées et les résultats de l'exécution sont formatés et affichés dans la fenêtre résultat.

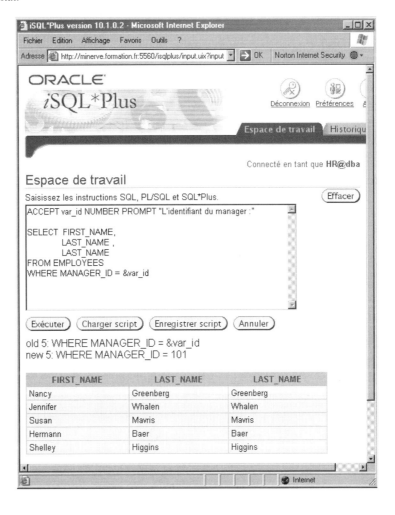

Module 4 : Les outils d'administration

Atelier 4

- Qu'est-ce que SQL*Plus ?
- Environnement SQL*Plus

 Durée : 15 minutes

Questions

4-1 Quel est l'outil que vous retrouvez sur chaque serveur de base de données installée ?

  A - SQL*Plus.
  B - iSQL*Plus.
  C - SQL*Plus Worksheet
  D - Oracle Enterprise Manager.

4-2 SQL*Plus est-il un langage ou en environnement ?

4-3 Pour utiliser iSQL*Plus, sur une machine distante, avez-vous besoin d'installer le client Oracle ?

Exercice n°1

Connectez-vous à SQL*Plus, redirigez les sorties vers le fichier « `AFFICHAGE_SQLPLUS.LST` » et exécutez les commandes suivantes :

- Interrogez la vue « `DBA_USERS` » en utilisant les colonnes « `USERNAME` », « `DEFAULT_TABLESPACE` », « `ACCOUNT_STATUS` »;
- Déconnectez-vous de la base de données sans sortir de SQL*Plus ;
- Connectez-vous ;
- Affichez l'utilisateur courant ;
- Arrêtez la redirection des sorties vers le fichier ;
- Éditez le fichier que vous venez de créer.

Exercice n°2

Connectez vous à SQL*Plus et exécutez les commandes suivantes :

- Interrogez la vue « `DBA_SYNONYMS` » en utilisant les colonnes « `OWNER` », « `SYNONYM_NAME` », « `TABLE_NAME` » ;

- Formatez la requête précédente comme suit et redirigez les sorties vers le fichier « `LIST_TABLE.SQL` »

```
SELECT 'DESC '||SYNONYM_NAME FROM DBA_SYNONYMS
```

- Maintenant vous pouvez arrêter la redirection des sorties vers le fichier et exécuter le script ainsi conçu.

- *Oracle Net*
- *Module d'écoute*
- *listener.ora*
- *tnsname.ora*

5

L'architecture Oracle Net

Objectifs

A la fin de ce module, vous serez à même d'effectuer les tâches suivantes :
- Décrire les méthodes de connexion au serveur Oracle.
- Décrire l'architecture réseau Oracle Net.
- Décrire les protocoles réseau que Oracle 10g utilise.
- Configurer un serveur Oracle pour être accessible en réseau.
- Configurer une machine client pour se connecter au serveur Oracle.
- Configurer les paramètres réseau après une installation du serveur Oracle à l'aide de l'assistant de configuration Oracle Net.

Contenu

L'architecture client-serveur	5-2	La configuration du LISTENER	5-16
Le modèle OSI	5-4	La configuration du LISTENER	5-17
Le modèle de réseau Oracle	5-6	L'utilitaire LSNRCTL	5-23
L'architecture JDBC thick	5-8	La configuration du client	5-28
L'architecture JDBC thin	5-9	Assistant de configuration Oracle Net	5-32
La connexion au serveur d'application	5-10	Atelier 5	5-37
Le processus de connexion	5-11		

L'architecture client-serveur

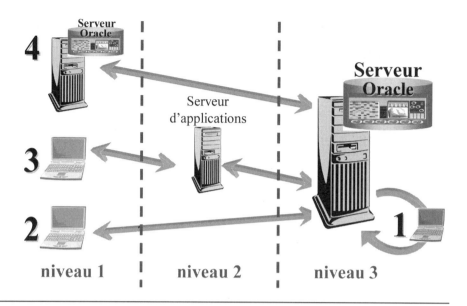

Initialement appelé **SQL*Net**, renommé **Net8**, et maintenant connu sous le nom d'**Oracle Net**, l'ensemble d'outils de réseau d'Oracle peut être utilisé pour se connecter à des bases de données distribuées.

Oracle Net facilite le partage de données entre plusieurs bases, même si ces dernières sont hébergées sur des serveurs différents qui exécutent des systèmes d'exploitation et des protocoles de communication différents. Il permet aussi la mise en œuvre d'applications trois tiers ; le serveur gère principalement les E/S de la base de données tandis que l'application est hébergée sur un serveur d'applications intermédiaire et que les exigences de présentation des données de l'application sont supportées par les clients.

Dans ce chapitre, vous allez découvrir comment configurer et administrer Oracle Net et Oracle Net Services.

En matière de compatibilité avec l'existant, Oracle Net et Net8 supportent Oracle7, Oracle8.0, Oracle8i, Oracle9i et Oracle10g.

Il y a plusieurs types de connexions possibles entre le client et le serveur.

Application basée serveur

L'emploi d'Oracle Net permet de distribuer la charge de travail associée aux applications de base de données. De nombreuses requêtes de base de données sont exécutées via des applications. Lorsqu'elles sont basées serveur, elles obligent donc ce dernier à supporter à la fois leurs propres exigences processeur et celles d'E/S de la base (voir Figure le cas 1).

Application client-serveur deux niveaux

Dans une architecture deux niveaux, la charge est répartie entre deux machines. La première, appelée le client, supporte l'application qui initie des requêtes vers la base de données (niveau 1). La machine d'arrière-plan qui héberge la base est appelée le serveur (niveau 3). Le client est chargé de la présentation des données, le serveur de base de données est dédié au support des requêtes, et non des applications (voir Figure le cas 2).

Dans cette configuration client-serveur, la logique applicative hébergée sur le client nécessite des stations de travail assez robustes, d'où le nom d'architecture avec client lourd (fat client).

Application client-serveur trois niveaux

L'architecture la plus courante et rentable utilisée avec Oracle Net est celle de client léger aussi appelée architecture trois tiers.

Le code de l'application est maintenu et exécuté au moyen de scripts Java sur un serveur séparé de celui de base de données. Le client se connecte au serveur d'applications. Une fois que le code de gestion de l'affichage a été validé, il est téléchargé sur le client sous la forme d'applets Java. Une requête de données est ensuite envoyée par le client au serveur de base de données via le serveur d'applications. Le serveur de base de données reçoit et exécute l'instruction SQL qui lui est transmise, puis renvoie les résultats et les conditions d'erreur rencontrées au client par le serveur d'applications.

L'importante diminution des exigences des clients en termes de ressources s'accompagne d'une baisse importante du coût (voir Figure le cas 3).

Dans certaines versions de cette architecture, le serveur d'applications peut être lui aussi distribué sur plusieurs serveurs qui effectuent chacun une partie du traitement.

Application serveur-serveur

En plus des implémentations client-serveur et client léger, des configurations serveur-serveur sont souvent nécessaires. Dans ce type d'environnement, les bases de données situées sur des serveurs séparés se partagent les données. Vous pouvez donc isoler physiquement chaque serveur sans avoir besoin de le faire logiquement. Une implémentation de ce type implique des serveurs situés au siège de l'entreprise qui communiquent avec des serveurs de départements situés à différents endroits. Chaque serveur supporte les applications client, mais peut également communiquer avec les autres serveurs sur le réseau (voir Figure le cas 4).

Le modèle OSI

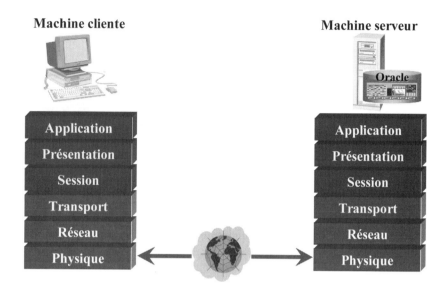

L'avantage d'une base de données partagée est l'accès à une même information par de nombreux utilisateurs. Ce partage des ressources conduit l'organisation du client-serveur à diviser les tâches entre les machines et à les partager dans un environnement de travail.

Avant de parler des réseaux et de leurs accès, il est important de les définir. Le réseau permet à un ordinateur client de communiquer avec un serveur de base de données. Le client peut être un poste de travail exécutant une application ou une autre base de données. Dans les deux cas, le mécanisme est le même.

Pour comprendre les trois autres types de protocole, vous devez savoir que

Les communications réseau dépendent de plusieurs couches de services ; un standard connu sous le nom de modèle OSI (Open System Interconnection) met en œuvre un modèle à sept couches.

Voyons les différentes couches réseau et leurs objectifs :

- **Application.** L'application effectue une demande d'information au serveur. Cela peut être une demande de connexion ou une demande de résultats.

- **Présentation.** La couche présentation définit la syntaxe et la sémantique des informations transportées. Ainsi elle assure le transport de données dans un format homogène entre applications hétérogènes.

- **Session.** La couche session maintient la session entre le client et le serveur, et assure que l'information est passée vers le bon processus.

- **Transport.** La couche transport groupe l'information dans des paquets réseau spécifiques, prêts à être envoyés à travers le réseau.

- **Réseau.** Le réseau est un ensemble de routeurs et de commutateurs nécessaires pour l'échange d'informations entre client et serveur.

- **Physique.** Ceci se rapporte aux composants physiques qui composent un réseau, tel que les câbles ou les fibres qui relient les deux machines.

Le client et le serveur contiennent les mêmes composants. Lorsqu'une requête est empaquetée et envoyée d'un côté, l'autre côté doit pouvoir la lire et la déchiffrer. La seule manière d'effectuer cette opération consiste à renverser le processus. Chaque couche dans un modèle de communication possède ses propres normes et protocoles, spécifiques à chaque réseau particulier.

Si les développeurs devaient se préoccuper de chaque exécution ou variation possible de ce modèle, il serait impossible d'écrire des applications client-serveur. Ainsi Oracle a développé des composants réseau pour isoler le développeur (et l'utilisateur de l'application) des complexités de communication réseau. En employant ces composants, Oracle Net cache l'exécution et permet aux développeurs d'établir une application simple qui peut s'exécuter à travers tous les réseaux.

En employant les interfaces standards fournies par ces bibliothèques, un développeur peut être exempt de réalisations physiques.

Les deux dernières couches, réseau et physique sont très peu intéressantes du point de vue configuration et paramétrage Oracle, elles relèvent de la partie infrastructure et ne seront plus représentées dans les figures.

Le modèle de réseau Oracle

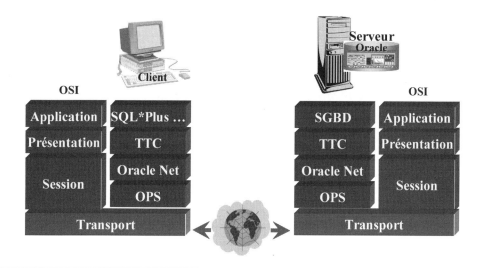

Le modèle du réseau d'Oracle utilise un système en couches semblable au modèle OSI (Open System Interconnection).

Les composants de l'architecture client-server sont :

Application (Oracle Call Interface)

Comme on l'a vu précédemment l'application effectue une demande d'information au serveur. Les clients comme SQL*Plus, Forms, etc..., utilisent l'**OCI** (**O**racle **C**all **I**nterface) pour communiquer avec le serveur.

Dans ce cas, l'application se connecte et demande des informations au serveur de base de données. Ces demandes sont transmises à la couche d'interface, qui est ici l'**OCI** (**O**racle **C**all **I**nterface). Elle initialise la communication entre les machines client et serveur. Elle analyse les instructions SQL, ouvre des curseurs et relie des variables serveur dans la préparation des résultats à partir du serveur.

Présentation (Two-Task Common)

TTC (**T**wo-**T**ask **C**ommon) est la couche de présentation utilisée dans les environnements client-serveur. La couche de présentation se charge de la conversion des jeux de caractères et des types de données entre deux plates-formes.

Session

Une connexion est un chemin de communication entre un processus utilisateur et le serveur Oracle. Lorsqu'une connexion est soudainement interrompue, la transaction en cours est annulée et l'utilisateur doit établir une nouvelle session, une session étant la connexion d'un utilisateur spécifique à l'instance Oracle via un processus utilisateur.

La couche Oracle Net Foundation se charge d'établir et de maintenir les connexions au serveur de base de données. Pour cela, elle s'appuie sur la technologie TNS (**T**ransparent **N**etwork **S**ubstrate) qui offre une interface commune pour tous les protocoles standards de l'industrie. La couche OPS (**O**racle **P**rotocol **S**upport) associe la fonctionnalité **TNS** aux protocoles standards utilisés dans les connexions.

Oracle Net (couches Oracle Net Foundation et Oracle Protocol Support) correspond à la couche Session.

Transport

La couche transport groupe l'information dans des paquets réseau spécifiques, prêts à être envoyés à travers le réseau.

Oracle supporte de nombreux protocoles de réseau standards pour transporter les données entre les systèmes distants et le système de base de données.

Protocole	*Description*
TCP/IP	Représente la norme dans les environnements de réseau client-serveur.
TCP/IP avec SSL	Assure le chiffrement de l'authentification au moyen de certificats et de clés privées. Nécessite l'option Oracle Advanced Security.
SDP	Protocole très rapide utilisé conjointement avec la technologie InfiniBand. Celle-ci libère le processeur de la charge de messagerie en la reportant sur le matériel de réseau. Elle réduit la surcharge de service associée à TCP/IP, augmentant de ce fait la bande passante.
Canaux nommés (Named Pipes)	Supporte la communication interprocessus entre les systèmes distants et le serveur de base de données au moyen de canaux (pipes). Un canal est ouvert à une extrémité à la fois et des informations sont envoyées dessus pour accomplir des opérations d'E/S entre les systèmes.
HTTP	Principalement utilisé entre les clients et les serveurs d'applications. Oracle ; peut aussi démarrer un listener HTTP pour pouvoir passer directement des requêtes à ce protocole.
FTP	Méthode standard de transfert de fichiers entre différentes plate-formes à travers Internet. Un serveur capable de gérer des connexions FTP est qualifié de serveur ou site FTP.
WebDAV	Supporte le développement Web collaboratif à travers Internet. Ses avantages incluent, entre autres, des mécanismes de verrouillage, des extensions au protocole HTTP, le support de XML, le contrôle de versions, et des listes de contrôle d'accès (ACL, Access Control List).

Les nouveaux protocoles intégrés : SDP, HTTP, FTP et WebDAV ; Oracle 10g améliore les performances du réseau et offre aux utilisateurs une plus grande souplesse pour manipuler les données.

L'architecture JDBC thick

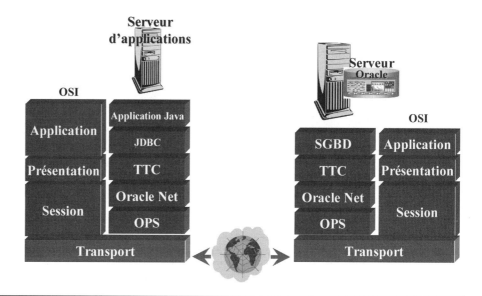

Dans le cas d'une architecture client-serveur à trois niveaux, les utilisateurs accèdent au système à partir du niveau client, par exemple au moyen d'une interface frontale d'application client-serveur ou d'un navigateur Web.

La communication avec la base de données passe par un niveau intermédiaire au moyen de divers protocoles réseau. Le niveau intermédiaire, contient des modules fonctionnels qui permettent de prendre en charge les requêtes et les données. Oracle Application Server 10g propose différents produits qui permettent d'accéder à la base de données, parmi lesquels on trouve Oracle Portal, Oracle Forms, Oracle Reports et Oracle Discoverer. Le dernier tiers est le serveur qui héberge la base de données ainsi que ses processus pour permettre la réception et l'envoi de messages.

JDBC (**J**ava **D**ata**B**ase **C**onnectivity) est une interface de programmation, ou API (Application Programming Interface), qui permet d'accéder à la base et à SQL depuis Java. Il existe une API standard, mais chaque éditeur de base de données fournit aussi des pilotes additionnels offrant des fonctionnalités spécifiques à son produit. Oracle supporte trois types de pilotes **JDBC**.

Pilote JDBC thick

Un pilote **JDBC** thick (OCI, Oracle Call Interface, driver lourd) requiert un code Oracle spécifique côté client. En l'occurrence, les services Oracle Net doivent être installés sur le client ou sur le niveau intermédiaire. Ces services passent par le pilote pour accéder à la base. Ce pilote n'est pas utilisable avec des applets. Lorsqu'il est inclus dans du code Java, il permet de tirer parti des fonctionnalités Oracle Net telles que les pools de connexions. Il nécessite davantage de ressources qu'un pilote JDBC thin (driver léger) mais est plus performant.

L'architecture JDBC thin

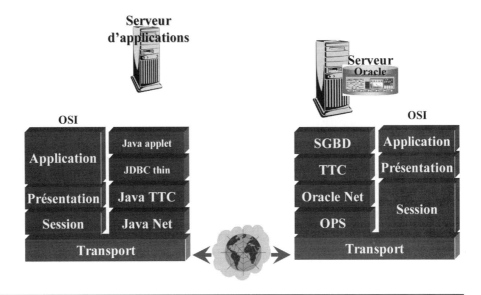

Les applets sont des applications Java côté client qui s'exécutent à l'intérieur de la JVM associée à un navigateur Web. Un fichier HTML peut contenir une instruction de chargement d'une applet locale ou située sur un serveur d'applications. Les applets fonctionnent mieux pour les applications exécutées sur un intranet derrière un système pare-feu. Un fichier de plug-in Java et un fichier de règles de sécurité peuvent être requis pour que l'applet puisse s'exécuter correctement.

Lorsque des programmes Java sont utilisés, un pilote JDBC (Java Database Connectivity) thick ou thin communique avec Oracle Net pour traiter les requêtes. Dans le cas d'un pilote JDBC thick, ou OCI (Oracle Call Interface), Oracle Net doit être présent sur le système distant et sur le serveur de base de données.

Pilote JDBC thin

Un pilote JDBC thin est écrit entièrement en Java. Pour cette raison, il est indépendant de la plate-forme et ne requiert donc aucun code Oracle additionnel côté client. Il est chargé dynamiquement lors de l'exécution, emploie TCP/IP, et fonctionne bien avec des applications autonomes et des pare-feu sur un intranet.

Pilote JDBC côté serveur

Les programmes Java qui s'exécutent dans le serveur de base de données utilisent un pilote JDBC côté serveur. Ils peuvent ainsi accéder directement aux données Oracle sans avoir à passer par le réseau. Étant donné qu'ils résident dans l'espace du noyau Oracle, cela contribue à améliorer les performances lorsqu'ils doivent manipuler d'importantes quantités de données.

Le type de pilote JDBC à utiliser doit être défini lors de la connexion à la base de données. Les applications Java qui s'exécutent côté client peuvent employer un pilote thin ou thick. Les pilotes thick sont placés sur le niveau intermédiaire lorsqu'il existe des serveurs d'applications. Un pilote côté serveur peut uniquement s'exécuter dans la base Oracle.

La connexion au serveur d'application

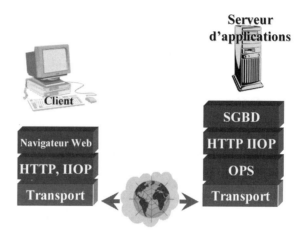

Dans une configuration à trois niveaux, HTTP s'exécute au-dessus du protocole de réseau entre le serveur d'applications et le système client (navigateur), et Oracle Net s'exécute entre le serveur d'applications et le serveur Oracle.

IIOP (Internet Inter-ORB) est un protocole Internet ouvert pour la communication entre les objets et les applications. Il repose sur CORBA (**C**ommon **O**bject **R**equest **B**roker **A**rchitecture), un standard objet ouvert et multi-plate-formes utilisé actuellement par les développeurs dans des milliers d'entreprise, pour la création d'applications distribuées et pour l'intégration de systèmes informatiques utilisant des systèmes d'exploitation hétérogènes.

Il représente le protocole standard pour ce type de communication et permet au navigateur et au serveur d'applications d'échanger des structures de données et des objets complexes. Ses services diffèrent de ceux de HTTP qui ne supportent que la transmission de données textuelles.

Oracle 10g étend les fonctionnalités du serveur de base de données pour offrir un support plus avancé des standards de l'industrie, des applications J2EE, des services Web, des XML et des architectures multi-niveaux. Voici quelques-uns des principaux produits Oracle qui utilisent ou offrent des fonctionnalités Java :

- Oracle Database 10g
- Oracle Application Server 10g
- Oracle JDeveloper
- Oracle Developer Suite 10g
- JPublisher
- loadjava, dropjava et ojvmjava

Le processus de connexion

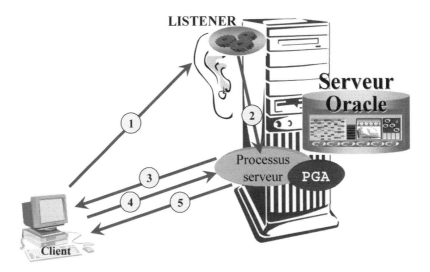

Dans une configuration à deux, on va voir en détail le processus de connexion.

Un utilisateur qui veut se connecter à une base de données Oracle à travers le réseau doit utiliser un identifiant, un mot de passe et une chaîne de connexion à la base de données.

La connexion est établie en cinq étapes :

Etape 1

Les sessions réseau sont établies via un processus d'écoute **LISTENER**, qui est un processus séparé résidant sur le serveur de base de données. Le module d'écoute reçoit les demandes de connexion client entrantes et gère leur acheminement vers le serveur.

L'étape 1 consiste en l'envoi d'une chaîne de connexion à travers le réseau au processus **LISTENER**.

La chaîne de connexion comporte :

- le nom d'utilisateur,
- le mot de passe,
- le descripteur de connexion (connect descriptor).

Note

Le descripteur de connexion (connect descriptor) est, comme son nom l'indique, l'information nécessaire pour faire connaître au client l'emplacement du serveur de base de données et comment communiquer avec lui.

Le descripteur de connexion (connect descriptor) spécifie :

- Le protocole de communication
- Le nom du serveur

– Le service de destination qui est identifié à l'aide d'un nom de service pour les bases de données Oracle 10g, 9i et 8i ou d'un identificateur système (**SID**) Oracle pour les bases de données Oracle 8 ou 7

Identification de la base de données par un nom de service

Une base de données est désormais identifiée par son nom de service. Celui-ci est indiqué par le paramètre **SERVICE_NAMES** dans le fichier de paramètres d'initialisation. Le paramètre **SERVICE_NAMES** prend par défaut le nom global de base de données, c'est-à-dire un nom composé du nom de la base de données et du nom du domaine.

Identification de la base de données par SID

Nom identifiant une instance particulière d'une base de données Oracle active antérieure à Oracle8i. A chaque base de données correspond au moins une instance faisant référence à la base de données. Pour les bases de données antérieures à Oracle8i, le SID servait à identifier la base.

Les instances de base de données sont identifiées par un nom d'instance via le paramètre **INSTANCE_NAME** dans le fichier de paramètres d'initialisation. Le paramètre **INSTANCE_NAME** correspond au **SID** de l'instance.

Un premier exemple qui utilise le protocole **TCP/IP** spécifie une connexion à une instance nommée « DBA » sur le serveur « **minerve.formation.fr** » et 1521 en tant que port de connexion au processus **LISTENER** de cet hôte.

Les mots clés employés sont spécifiques au protocole TCP/IP :

```
( DESCRIPTION =
        ( ADDRESS =
            ( PROTOCOL = TCP )
            ( HOST = minerve.formation.fr )
            ( PORT = 1521 ))
        ( CONNECT_DATA =
            ( SID = dba )))
```

Le descripteur de connexion peut être utilisé directement dans la syntaxe de connexion pour résoudre le nom de base de données.

```
SQL> connect system/sys@(DESCRIPTION=
                    (ADDRESS =
                        (PROTOCOL = TCP)
                        (HOST = minerve.formation.fr)
                        (PORT = 1521))
                    (CONNECT_DATA =
                        (SID = dba)))
Connecté.

SQL> SHOW PARAMETER SERVICE_NAMES

NAME                                 TYPE        VALUE
-----------------------------------  ----------  ----------------
service_names                        string      dba.formation.fr

SQL> SHOW PARAMETER INSTANCE_NAME
```

```
NAME                                 TYPE        VALUE
------------------------------------ ----------- -----
instance_name                        string      dba
```

Le deuxième exemple consiste a modifier la syntaxe pour les versions Oracle 8i, 9i, et 10g. Les informations de connexion sont : le protocole **TCP/IP** ; une connexion à un nom de service « **dba.formation.fr** » sur le serveur « **hermes.formation.fr** » et « **1521** » en tant que port de connexion au processus **LISTENER** de cet hôte.

```
(DESCRIPTION =
    (ADDRESS =
        ( PROTOCOL = TCP)
        (HOST = hermes.formation.fr)
        (PORT = 1521))
    (CONNECT_DATA =
        (SERVICE_NAME = OEMREP.formation.fr)))
```

Cette fois-ci on commence par la connexion à la base de données « dba.formation.fr » mais avec la même configuration que dans l'exemple précédent.

```
SQL> connect system/sys@(DESCRIPTION=
                         (ADDRESS =
                                (PROTOCOL = TCP)
                                (HOST = minerve.formation.fr)
                                (PORT = 1521))
                         (CONNECT_DATA =
                                (SID = dba)))
Connecté.

SQL> SHOW PARAMETER SERVICE_NAMES

NAME                                 TYPE        VALUE
------------------------------------ ----------- ----------------
service_names                        string      dba.formation.fr

SQL> SHOW PARAMETER INSTANCE_NAME

NAME                                 TYPE        VALUE
------------------------------------ ----------- -----
instance_name                        string      dba

SQL> connect system/sys@(DESCRIPTION=
                         (ADDRESS =
                                (PROTOCOL = TCP)
                                (HOST = minerve.formation.fr)
                                (PORT = 1521))
                         (CONNECT_DATA =
                                (SERVICE_NAME = dba)))
ERROR:
ORA-12514: TNS : le module d'écoute (listener) n'a pas pu résoudre le
SERVICE_NAME figurant dans le descripteur de connexion
```

```
Avertissement : vous n'êtes plus connecté à ORACLE.

SQL> connect system/sys@(DESCRIPTION=
                        (ADDRESS =
                            (PROTOCOL = TCP)
                            (HOST = minerve.formation.fr)
                            (PORT = 1521))
                        (CONNECT_DATA =
                            (SERVICE_NAME = dba.formation.fr)))
Connecté.
```

Vous avez pu observer dans cet exemple que le **SERVICE_NAMES** de cette base est égal à « `dba.formation.fr` » et que si on ne le marque pas explicitement on ne peut pas ce connecter à Oracle.

Pour plus d'informations sur le descripteur de connexion voir le paramétrage du « `tnsname.ora` ».

Etape 2

Le module d'écoute (**LISTENER**) prend en charge la demande du client en la transmettant au serveur. Chaque fois qu'un client demande une session réseau au serveur, un module d'écoute reçoit la demande. Si les informations du client correspondent à celles du module d'écoute, ce dernier autorise une connexion au serveur.

Note

Pour chaque base de données desservie par le module d'écoute on retrouve sur le serveur une description semblable à celle du descripteur de connexion (connect descriptor).

Cette description est utilisée pour contrôler les informations que l'utilisateur envoie à travers la requête de connexion. (Pour plus d'informations voir plus loin le paramétrage du « `listener.ora` »)

Le module d'écoute (**LISTENER**) peut refuser la connexion, soit parce que le processus client demande une connexion à une base de données qui n'est pas desservie par ce module, soit parce que les informations d'authentification ne sont pas valides ou que la base de données Oracle n'est pas ouverte.

Quand la connexion est allouée, le module d'écoute (**LISTENER**), suivant l'architecture de la base de données, va affecter le processus client à un processus **DISPATCHER** en cas de serveur partagé, et à un processus serveur dans le cas de serveur dédié.

La zone mémoire allouée pour le fonctionnement de chaque processus utilisateur au niveau du serveur s'appelle la zone mémoire du programme (**P**rogram **G**lobal **A**rea).

Etape 3

Le processus serveur dédié redemande au client le renvoi de la chaîne de connexion.

La demande s'accompagne de l'adresse à laquelle le processus utilisateur doit envoyer la chaîne de connexion. Ainsi le dialogue se fait dorénavant entre le processus utilisateur et le processus serveur.

Etape 4

Le processus serveur valide ou rejette la demande de connexion.

Etape 5

Le processus serveur notifie soit la connexion soit l'abandon de la session.

Comme vous avez pu le remarquer, toutes les connexions à une base de données sont d'abord traitées par le processus **LISTENER**. Si le processus **LISTENER** est arrêté, on ne peut pas avoir de nouvelle connexion.

Toutefois toutes les connexions existantes continuent leurs traitements comme si de rien n'était.

La configuration du LISTENER

Le processus **LISTENER** Oracle Net écoute les requêtes entrantes sur un port de réseau. Lorsqu'il reçoit une requête, il la transmet à un gestionnaire de service, c'est-à-dire à un processus serveur qui s'exécute sur le même système que le serveur Oracle. Il peut s'agir d'un processus serveur dédié ou d'un dispatcher, ce dernier collaborant avec des processus serveur partagés.

A la réception d'une requête, le processus **LISTENER** génère un processus serveur dédié et la PGA correspondant à la session, et il transmet la requête du client. Après avoir transmis la requête, le processus **LISTENER** a fini le traitement pour cette session utilisateur ; il recommence à écouter pour satisfaire les demandes de connexion d'autres clients.

Attention

Une application client peut contourner le processus **LISTENER** si elle s'exécute sur le même serveur que la base de données. Alors il est possible de se connecter à la base de données même si le processus n'est pas actif.

Il ne faut pas arrêter le processus **LISTENER** pensant que tous les utilisateurs vont être déconnectés. Rappelez-vous qu'après la connexion le processus **LISTENER** n'intervient plus dans le traitement.

Le fichier de paramétrage du processus **LISTENER** est « `listener.ora` ». Chaque serveur de base de données sur le réseau doit posséder un fichier « `listener.ora` ». Ce fichier liste les noms et les adresses de tous les processus **LISTENER** sur la machine ainsi que les instances qu'ils supportent. Ces processus gèrent les connexions de clients Oracle Net et Net8.

La configuration du LISTENER (suite)

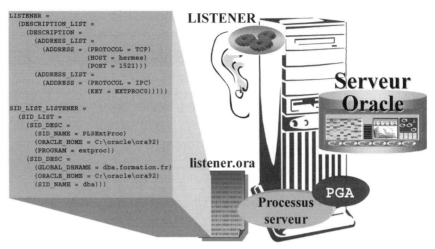

```
%ORACLE_HOME%\network\admin\listener.ora
$ORACLE_HOME/network/admin/listener.ora
```

Le processus **LISTENER** Oracle Net est configuré à l'aide du fichier « `listener.ora` ». Chaque serveur de base de données sur le réseau doit posséder un fichier « `listener.ora` ».

La variable **ORACLE_HOME** représente le répertoire d'installation de votre produit Oracle.

Sur une machine physique one peut avoir plusieurs installations mais une seule valeur pour la variable **ORACLE_HOME**. (Voir le Module Oracle Universal Installer)

Le fichier « `listener.ora` » se trouve dans le répertoire :

- **$ORACLE_HOME/network/admin** est le répertoire où on peut trouver pour le fichier pour l'environnement UNIX et LINUX.
- **%ORACLE_HOME%\network\admin** pour les systèmes d'exploitation Windows. Attention, dans Windows la définition ORACLE_HOME peut ne pas être une variable d'environnement, mais initialise dans le registre de votre système.

Un fichier « `listener.ora` » comprend :

- une liste d'adresses de protocoles,
- une liste des définitions d'instances.

La liste d'adresses de protocoles

La section d'en-tête contient la description de configuration des différents processus **LISTENER** nécessaires sur le serveur. Elle contient une liste d'adresses de protocoles, pour chaque module **LISTENER**. Cette liste précise quelles sont les protocoles acceptés par chaque module **LISTENER.**

Module 5 : L'architecture Oracle Net

> **Attention**
>
> Un module **LISTENER** par défaut (nommé module **LISTENER**) est configuré lors de l'installation d'Oracle. Une adresse de protocole **ICP** additionnelle est également définie pour les routes externes.
>
> Alors la définition **LISTENER** que vous trouverez dans chaque fichier « listener.ora » n'est autre que le nom du module **LISTENER** par défaut. Ce nom **LISTENER** n'est donc pas obligatoire, et vous pouvez le changer, notamment en cas de besoin de plusieurs processus **LISTENER**.

La définition du paramètre de configurations d'un module **LISTENER** contient plusieurs attributs :

− **DESCRIPTION** Définit un descripteur de connexion. Dans la déclaration du descripteur on ne précise pas le nom de l'instance ou le nom du service ; ils sont décrits séparément.

− **DESCRIPTION_LIST** Définit une liste de descripteurs de connexion.

− **LISTENER** Définit un alias pour le module **LISTENER**.

− **ADDRESS** Définit l'adresse de protocole du module **LISTENER**.

− **ADDRESS_LIST** Définit une liste d'adresses de protocole.

Comme on a pu le voir précédemment, Oracle supporte de nombreux protocoles de réseau standard pour transporter les données entre les systèmes distants et le système de base de données.

La définition d'un protocole, dans l'attribut **ADDRESS**, comporte plusieurs éléments :

− **PROTOCOL** La définition du protocole.
− **HOST** Le nom d'hôte, la machine qui exécute le processus.
− **PORT** Le numéro du port d'écoute.
− **SERVER** Le nom du serveur pour le protocole « canaux nommés »
− **KEY** Le nom du service pour le protocole « canaux nommés »
− **PIPE** Le nom de canal pour le protocole « canaux nommés »

Voici quelques exemples de définition de protocole pour un module **LISTENER** :

```
TCP             (PROTOCOL=tcp)  (host   =serv1) (PORT=1521)
TCP/IP SSL      (PROTOCOL=tcps) (host   =serv1) (PORT=2484)
IPC             (PROTOCOL=ipc)  (KEY    =ventes)
Canaux nommés   (PROTOCOL=nmp)  (SERVER=serv1)  (PIPE=canal1 )
SDP             (PROTOCOL=sdp)  (host   =serv1) (PORT=1521 )
```

L'exemple suivant représente la description d'un processus **LISTENER,** nommé **LISTENER.** Ce processus écoute les connexions au service identifié par deux protocoles, le premier **TCP/IP** et le deuxième **IPC**.

```
LISTENER =
  (DESCRIPTION_LIST =
    (DESCRIPTION =
      (ADDRESS_LIST =
        (ADDRESS = (PROTOCOL = TCP)
                   (HOST = hermes.formation.fr)
                   (PORT = 1521)
```

```
              )
            )
          (ADDRESS_LIST =
            (ADDRESS = (PROTOCOL = IPC)
                      (KEY = EXTPROC0)
            )
          )
        )
      )
```

L'intérêt du protocole IPC, **Interprocess Communication**, se trouve dans l'utilisation du client et du serveur sur la même machine.

Listeners multiples

Plusieurs modules **LISTENER** peuvent être définis pour un service, ce qui présente certains avantages dans les environnements complexes, parmi lesquels :

− reprise de fonction transparente d'un module **LISTENER** défaillant ;
− équilibrage de charge.

Voici un exemple du fichier configuré pour démarrer deux modules, un par défaut appelé LISTENER et le deuxième appelé LISTENER02 :

```
LISTENER =
  (DESCRIPTION_LIST =
    (DESCRIPTION =
      (ADDRESS_LIST =
        (ADDRESS = (PROTOCOL = TCP)
                  (HOST = hermes.formation.fr)
                  (PORT = 1521)))
      (ADDRESS_LIST =
        (ADDRESS = (PROTOCOL = IPC)
                  (KEY = EXTPROC0)))))

LISTENER02 =
  (DESCRIPTION_LIST =
    (DESCRIPTION =
      (ADDRESS_LIST =
        (ADDRESS = (PROTOCOL = TCP)
                  (HOST = hermes.formation.fr)
                  (PORT = 1526)))
      (ADDRESS_LIST =
        (ADDRESS = (PROTOCOL = IPC)
                  (KEY = EXTPROC2)))))
```

Ainsi, comme vous pouvez le remarquer dans l'exemple suivant pour une connexion qui précise l'accès utilisant les deux modules LISTENER, la connexion est effectuée même si un des module n'est pas actif.

```
SQL> connect system/sys@ (DESCRIPTION=
                            (ADDRESS_LIST=
                                (ADDRESS=
                                    (PROTOCOL=TCP)
                                    (HOST=hermes)
                                    (PORT=1521))
                                (ADDRESS=
                                    (PROTOCOL=TCP)
                                    (HOST=hermes)
                                    (PORT=1526)))
                            (CONNECT_DATA=
                                (SERVER=DEDICATED)
                                (SERVICE_NAME=dba)))
Connecté.
```

La liste des définitions d'instances

La seconde section, qui commence avec la clause **SID_LIST_LISTENER**, identifie les services de base de données écoutés par le ou les modules **LISTENER**.

Pour que le processus d'écoute puisse accepter des demandes de connexion client à une base de données Oracle, vous devez entrer des informations sur la base de données dans le fichier « `listener.ora` ».

La définition du paramètre d'une configuration statique d'informations sur le service de base de données contient plusieurs attributs :

- **SID_DESC**   Définit une description d'une base de données.
- **SID_LIST**   Définit une liste de descriptions de base de données.
- **SID_NAME**   Le nom de l'instance.
- **GLOBAL_DBNAME**   Nom global de base de données.
- **ORACLE_HOME**   L'emplacement du répertoire d'origine.
- **PROGRAM**   Définit une liste d'adresses de protocole.

Le nom global de base de données est le nom de service par défaut de la base de données, tel qu'indiqué par le paramètre **SERVICE_NAMES** dans le fichier de paramètres d'initialisation.

Les instances de base de données sont identifiées par un nom d'instance via le paramètre **INSTANCE_NAME** dans le fichier de paramètres d'initialisation.

Dans l'exemple suivant, vous pouvez observer la description d'un fichier « listener.ora » pour une seule base de données, appelé « `dba` ».

```
SID_LIST_LISTENER =
  (SID_LIST =
    (SID_DESC =
        (SID_NAME = PLSExtProc)
        (ORACLE_HOME = C:\oracle\ora92)
        (PROGRAM = extproc)
    )
    (SID_DESC =
        (GLOBAL_DBNAME = dba.formation.fr)
```

```
            (ORACLE_HOME = C:\oracle\ora92)
            (SID_NAME = dba)
        )
    )
```

> **Attention**

Chaque module d'écoute **LISTENER** défini dans le fichier « `listener.ora` » a sa propre liste de base de données.

Ainsi le nom **SID_LIST_LISTENER** n'est pas un paramètre mais un nom composé comme suit :

```
SID_LIST_« NOM_LISTENER »
```

Voici l'exemple d'un fichier « listener.ora » complet qui démarre deux modules d'écoute LISTENER :

```
LISTENER =
  (DESCRIPTION_LIST =
    (DESCRIPTION =
      (ADDRESS_LIST =
        (ADDRESS = (PROTOCOL = TCP)
                   (HOST = hermes)
                   (PORT = 1521)))
      (ADDRESS_LIST =
        (ADDRESS = (PROTOCOL = IPC)
                   (KEY = EXTPROC0))))
  )
LISTENER02 =
  (DESCRIPTION_LIST =
    (DESCRIPTION =
      (ADDRESS_LIST =
        (ADDRESS = (PROTOCOL = TCP)
                   (HOST = hermes)
                   (PORT = 1526)))
      (ADDRESS_LIST =
        (ADDRESS = (PROTOCOL = IPC)
                   (KEY = EXTPROC2))))
  )

SID_LIST_LISTENER =
  (SID_LIST =
    (SID_DESC =
      (SID_NAME = PLSExtProc)
```

```
          (ORACLE_HOME = C:\oracle\ora92)
          (PROGRAM = extproc))
        (SID_DESC =
          (GLOBAL_DBNAME = dba.formation.fr)
          (ORACLE_HOME = C:\oracle\ora92)
          (SID_NAME = dba))
        (SID_DESC =
          (GLOBAL_DBNAME = oemrep.formation.fr)
          (ORACLE_HOME = C:\oracle\ora92)
          (SID_NAME = oemrep))
    )

SID_LIST_LISTENER02 =
  (SID_LIST =
    (SID_DESC =
      (SID_NAME = PLSExtProc)
      (ORACLE_HOME = C:\oracle\ora92)
      (PROGRAM = extproc))
    (SID_DESC =
      (GLOBAL_DBNAME = dba.formation.fr)
      (ORACLE_HOME = C:\oracle\ora92)
      (SID_NAME = dba))
    (SID_DESC =
      (GLOBAL_DBNAME = oemrep.formation.fr)
      (ORACLE_HOME = C:\oracle\ora92)
      (SID_NAME = oemrep))
  )
```

Astuce

La liste des définitions d'instances est conservée à des fins d'enregistrement statique de bases de données, de compatibilité avec les anciennes versions, et pour être utilisé par Oracle Enterprise Manager.

Dans Oracle8i, Oracle9i et Oracle 10g, les bases de données s'enregistrent dynamiquement auprès du processus **LISTENER** lorsqu'elles démarrent.

L'utilitaire LSNRCTL

START

STOP

STATUS

```
%ORACLE_HOME%\network\admin\listener.ora
$ORACLE_HOME/network/admin/listener.ora
```

Le processus **LISTENER** Oracle Net est configuré à l'aide du fichier « listener.ora ». Toute fois le module d'écoute ne prend pas en compte dynamiquement les modifications effectuées dans le fichier « listener.ora ».

Pour administrer le processus, **LISTENER** Oracle fournit utilitaire **LSNRCTL**. C'est un utilitaire en ligne de commande

L'utilitaire **LSNRCTL** (Listener Control) sert à démarrer et à arrêter des processus **LISTENER**, à contrôler leur état, et à exécuter des opérations de trace et d'autres tâches de gestion.

```
lsnrctl commande [nom LISTENER]
```

Le nom du **LISTENER** correspond à celui qui est contenu dans le fichier « `listener.ora` ». Le nom par défaut **LISTENER** peut être utilisé à la place, auquel cas il n'est pas nécessaire de le spécifier.

Au démarrage le processus lit le fichier « `listener.ora` » et prend en compte la dernière configuration d'Oracle Net côté serveur.

Le processus **LISTENER** ne prend pas en compte dynamiquement les modifications effectuées dans le fichier « `listener.ora` » ; il faut explicitement l'arrêter et le redémarrer ensuite.

La commande **START** permet de démarrer le processus **LISTENER**.

```
C:\>lsnrctl start
Lancement de tnslsnr: Veuillez patienter...

TNSLSNR for 32-bit Windows: Version 10.1.0.2.0 - Production
Le fichier de paramètres système est C:\oracle\OraDb10g\network\admin\listener.ora
Messages de journalisation écrits dans C:\oracle\OraDb10g\network\log\listener.log
Ecoute sur : (DESCRIPTION=(ADDRESS=(PROTOCOL=tcp)(HOST=hera.formation.fr)(PORT=1521)))
Ecoute sur : (DESCRIPTION=(ADDRESS=(PROTOCOL=ipc)(PIPENAME=\\.\pipe\EXTPROCipc)))
Connexion à (DESCRIPTION=(ADDRESS=(PROTOCOL=TCP)(HOST=hera.formation.fr)(PORT=1521)))
```

```
STATUT du PROCESSUS D'ECOUTE
------------------------
Alias                     LISTENER
Version                   TNSLSNR for 32-bit Windows: Version 10.1.0.2.0 - Production
Date de départ                       13-MAI -2005 18:12:49
Durée d'activité                  0 jours 0 heures 0 min. 2 sec
Niveau de trace           off
Sécurité                  ON: Local OS Authentication
SNMP                      OFF
Fichier de paramètres du processus d'écoute
             C:\oracle\OraDb10g\network\admin\listener.ora
Fichier journal du processus d'écoute
             C:\oracle\OraDb10g\network\log\listener.log
Récapitulatif d'écoute des points d'extrémité...
  (DESCRIPTION=(ADDRESS=(PROTOCOL=tcp)(HOST=hera.formation.fr)(PORT=1521)))
  (DESCRIPTION=(ADDRESS=(PROTOCOL=ipc)(PIPENAME=\\.\pipe\EXTPROCipc)))
Récapitulatif services...
Le service "PLSExtProc" comporte 1 instance(s).
L'instance "PLSExtProc", statut UNKNOWN, comporte 1 gestionnaire(s) pour ce service
La commande a réussi
```

La commande « **STOP** » permet d'arrêter le processus.

```
C:\>lsnrctl stop

Connexion à (DESCRIPTION=(ADDRESS=(PROTOCOL=TCP)(HOST=hera.formation.fr)(PORT=1521)))

La commande a réussi
```

La commande « **STATUS** » affiche des informations détaillées sur l'état du processus **LISTENER**. Vous pouvez l'utiliser pour connaître, par exemple, son heure de démarrage ainsi que l'emplacement de ses fichiers de journalisation ainsi que le fichier de configuration « `listener.ora` ».

```
C:\>lsnrctl status LISTENER02

Connexion ó (DESCRIPTION=(ADDRESS=(PROTOCOL=TCP)(HOST=hermes)(PORT=1526)))
STATUT du MODULE D'ECOUTE
------------------------
Alias                     LISTENER02
Version                   TNSLSNR for 32-bit Windows: Version 9.2.0.1.0 - Production
Date de départ                       13-MAI-2005 16:11:37
Durée d'activité                  0 jours 2 heures 40 min. 13 sec
Niveau de trace           off
Sécurité                  OFF
SNMP                      OFF
Fichier de paramètres du module d'écoute (listener)
             C:\oracle\ora92\network\admin\listener.ora
Fichier journal du module d'écoute (listener)
             C:\oracle\ora92\network\log\listener02.log
Récapitulatif d'écoute des points d'extrémité...
  (DESCRIPTION=(ADDRESS=(PROTOCOL=tcp)(HOST=hermes.formation.fr)(PORT=1526)))
  (DESCRIPTION=(ADDRESS=(PROTOCOL=ipc)(PIPENAME=\\.\pipe\EXTPROC2ipc)))
Récapitulatif services...
Le service "OEMREP.formation.fr" comporte 1 instance(s).
  L'instance "OEMREP", statut UNKNOWN, comporte 1 gestionnaire(s) pour ce service...
Le service "PLSExtProc" comporte 1 instance(s).
  L'instance "PLSExtProc", statut UNKNOWN, comporte 1 gestionnaire(s) pour ce service
...
Le service "dba" comporte 1 instance(s).
  L'instance "dba", statut UNKNOWN, comporte 1 gestionnaire(s) pour ce service...
La commande a réussi
```

Module 5 : L'architecture Oracle Net

Le processus d'écoute **LISTENER** doit posséder un mot de passe pour être correctement protégé. La commande « **CHANGE_PASSWORD** » est utilisée pour définir ou modifier ce mot de passe.

En l'absence de cette sécurité, quelqu'un pourrait accidentellement arrêter le processus d'écoute **LISTENER**, affectant la disponibilité de la base de données puisque, sans lui, aucune nouvelle session ne peut être établie.

```
C:\>lsnrctl change_password

Old password:
New password:
Reenter new password:
Connexion 0 (DESCRIPTION=(ADDRESS=(PROTOCOL=TCP)(HOST=hermes)(PORT=1521)))
```

La gestion des processus **LISTENER** présentée jusqu'ici est complètement identique que vous travailliez dans l'environnement Windows ou Unix/Linux.

Dans l'environnement Windows chaque processus **LISTENER** est un service qui peut être démarré ou arrêté par les outils Windows.

Lorsque vous démarrez l'outil de gestion de services Windows, vous remarquez qu'il y a tout un ensemble de services dont la dénomination commence par « Oracle ».

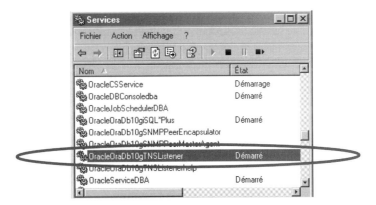

Le service qui nous intéresse est celui qui se termine par TNSListener (comme la technologie TNS, **T**ransparent **N**etwork **S**ubstrate).

Il peut y avoir plusieurs processus LISTENER su une même machine comme l'on a pu s'en apercevoir dans un exemple auparavant.

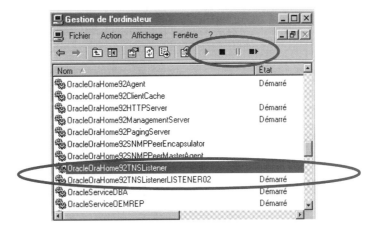

Vous pouvez démarrer ou arrêter le processus par les icônes du menu. Dans la figure précédente le processus **LISTENER** par défaut ne fonctionne pas ; par contre le processus d'écoute **LISTENER02** est en état de marche.

Dans cet environnement, le processus **LISTENER**, parce qu'il est un service Windows, peut être démarré automatiquement après chaque redémarrage du serveur, comme cela apparaît dans la figure suivante ;

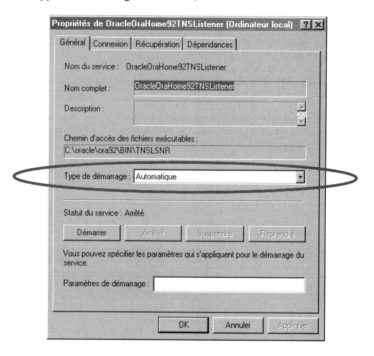

Dans l'environnement Windows, vous bénéficiez de deux méthodes pour arrêter et redémarrer les processus **LISTENER**.

Vous pouvez utiliser soit les outils Oracle, soit les outils mis à disposition par le système d'exploitation.

Lorsqu'il fonctionne, le processus **LISTENER** est identifié au niveau de Linux par le processus « `tnslsnr` », ce qui peut être vérifié par la commande suivante :

```
napoca:/home/razvan # ps -ef | grep tnslsnt
oracle    5289     1  0 May09 ?        00:00:11
                         /ora10g/app/oracle/Ora10g_INF/bin/tnslsnr LISTENER
-inherit
napoca:/home/razvan # su - oracle
oracle@napoca:~> lsnrctl status
Connecting to

(DESCRIPTION=(ADDRESS=(PROTOCOL=TCP)(HOST=napoca.etelia.fr)(PORT=1521)))
STATUS of the LISTENER
------------------------
Alias                     LISTENER
Version                   TNSLSNR for Linux: Version 10.1.0.3.0 - Production
Start Date                09-MAY-2005 15:23:29
Uptime                    4 days 4 hr. 47 min. 52 sec
```

```
Trace Level              off
Security                 ON: Local OS Authentication
SNMP                     OFF
Listener Parameter File
/ora10g/app/oracle/Ora10g_INF/network/admin/listener.ora
Listener Log File
/ora10g/app/oracle/Ora10g_INF/network/log/listener.log
Listening Endpoints Summary...
  (DESCRIPTION=(ADDRESS=(PROTOCOL=tcp)(HOST=napoca.etelia.fr)(PORT=1521)))
  (DESCRIPTION=(ADDRESS=(PROTOCOL=ipc)(KEY=EXTPROC)))
  (DESCRIPTION=(ADDRESS=(PROTOCOL=tcp)(HOST=napoca.etelia.fr)(PORT=8080))
                                    (Presentation=HTTP)(Session=RAW))
  (DESCRIPTION=(ADDRESS=(PROTOCOL=tcp)(HOST=napoca.etelia.fr)(PORT=2100))
                                    (Presentation=FTP)(Session=RAW))
Services Summary...
Service "INFRA.ETELIA.FR" has 2 instance(s).
  Instance "INFRA", status UNKNOWN, has 1 handler(s) for this service...
  Instance "infra", status READY, has 3 handler(s) for this service...
Service "PLSExtProc" has 1 instance(s).
  Instance "PLSExtProc", status UNKNOWN, has 1 handler(s) for this
service...
The command completed successfully
```

Dans la deuxième partie de l'exemple, la commande « **STATUS** », de l'utilitaire **LSNRCTL,** affiche des informations détaillées sur l'état du processus **LISTENER**.

Attention

Dans l'environnement Unix/Linux, après chaque redémarrage du serveur, il faut lancer manuellement les processus **LISTENER** à l'aide de l'utilitaire **LSNRCTL** car il ne démarre pas automatiquement.

La configuration du client

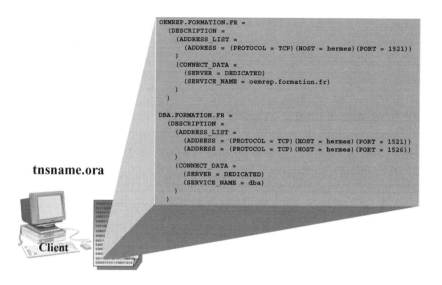

tnsname.ora

Client

Oracle Net se fonde sur la technologie **TNS** (**T**ransparent **N**etwork **S**ubstrate) pour assurer la connectivité de niveau serveur, et s'appuie sur les fichiers de configuration du client et du serveur pour gérer la connectivité de la base.

Comme on l'a déjà vu dans Oracle Net, les parties serveur et instance du nom global d'un objet sont identifiées au moyen d'un descripteur de connexion (connect descriptor).

L'exemple suivant représente un descripteur de connexion ; le protocole utilisé est **TCP/IP**.

```
(DESCRIPTION =
   (ADDRESS_LIST =
      (ADDRESS = (PROTOCOL = TCP)
                 (HOST = hermes.formation.fr)
                 (PORT = 1521))
   (CONNECT_DATA =
      (SERVER = DEDICATED)
      (SERVICE_NAME = dba.formation.fr)))
```

Ce descripteur spécifie le protocole de communication, le nom de serveur et le nom d'instance à utiliser pour exécuter une requête.

La liste d'adresses de protocoles respecte la même syntaxe que celle définie pour la description du module **LISTENER** dans le fichier « listener.ora ».

Le paramètre **CONNECT_DATA** respecte la même syntaxe que le paramètre **SID_DESC** du module **LISTENER.**

Le descripteur de connexion peut être utilisé directement dans la syntaxe de connexion pour résoudre le nom de base de données.

```
SQL> connect system/sys@(DESCRIPTION=
                  (ADDRESS =
```

```
                                    (PROTOCOL = TCP)
                                    (HOST = hermes.formation.fr)
                                    (PORT = 1521))
                              (CONNECT_DATA =
                                    (SID = dba.formation.fr)))
Connecté.
```

> **Astuce**
>
> Les utilisateurs ne sont pas supposés saisir un descripteur de connexion chaque fois qu'ils souhaitent accéder à des données distantes. A la place, les administrateurs peuvent définir **des noms de services** (alias des descripteurs de connexion) qui se réfèrent à ces descripteurs.
>
> Ces noms de services sont stockés dans un fichier appelé « `tnsnames.ora` », qui devrait être copié sur tous les serveurs du réseau. Chaque client et serveur d'applications devraient disposer d'une copie de ce fichier.

Le fichier « `tnsnames.ora` » se trouve dans le répertoire :

- `$ORACLE_HOME/network/admin` est le répertoire où on peut trouver pour le fichier pour l'environnement UNIX et LINUX.
- `%ORACLE_HOME%\network\admin` pour les systèmes d'exploitation Windows.

La syntaxe d'un **des noms de services** (alias des descripteurs de connexion) qui est positionnés dans le fichier « `tnsnames.ora` » est la suivante :

```
DBA =
  (DESCRIPTION =
    (ADDRESS_LIST =
      (ADDRESS = (PROTOCOL = TCP)
                 (HOST = hera.formation.fr)
                 (PORT = 1521))
    )
    (CONNECT_DATA =
      (SERVER = DEDICATED)
      (SERVICE_NAME = dba)
    )
  )
```

Un utilisateur qui souhaite se connecter à l'instance « `dba` » sur le serveur « `hera.formation.fr` » peut maintenant utiliser le nom de service « `dba` », comme suit :

`sqlplus system/sys@dba`

Le signe @ indique qu'il convient d'utiliser le nom de service qui suit, afin de déterminer à quelle base de données se connecter. Si le nom d'utilisateur et le mot de passe sont corrects pour la base, une session y est ouverte, et l'utilisateur peut commencer à exploiter ses données.

Testez toutes les entrées avant de les employer, pour vous assurer que les informations fournies sont correctes. Vous pouvez tester les entrées au moment de la création du nom de service, Oracle fournit également un utilitaire appelé **TNSPING**.

La syntaxe est la suivante :

```
TNSPING nom_du_service
```

Attention

Le fichier « `listener.ora` » est un fichier qui est pris en compte uniquement au démarrage du processus **LISTENER**.

Par contre, le fichier « `tnsname.ora` » il est lu à chaque fois qu'un utilisateur accède à la connexion. Ainsi, si vous modifiez le fichier « `tnsnames.ora` », les modifications effectuées sont prise en compte dès qu'elles sont effectuées.

```
C:\>sqlplus /nolog

SQL> host type %ORACLE_HOME%\network\admin\tnsnames.ora
DBA =
  (DESCRIPTION =
    (ADDRESS = (PROTOCOL = TCP)
              (HOST = hera.formation.fr)
              (PORT = 1521))
    (CONNECT_DATA =
      (SERVER = DEDICATED)
      (SERVICE_NAME = dba)
    )
  )

EXTPROC_CONNECTION_DATA =
  (DESCRIPTION =
    (ADDRESS_LIST =
      (ADDRESS = (PROTOCOL = IPC)(KEY = EXTPROC))
    )
    (CONNECT_DATA =
      (SID = PLSExtProc)
      (PRESENTATION = RO)
    )
  )

SQL> host tnsping dba

Fichiers de paramètres utilisés :
C:\oracle\OraDb10g\network\admin\sqlnet.ora

Adaptateur TNSNAMES utilisé pour la résolution de l'alias
Attempting to contact (DESCRIPTION = (ADDRESS =
                      (PROTOCOL = TCP)
                      (HOST = hera.formation.fr)
                      (PORT = 1521))
                      (CONNECT_DATA = (SERVER = DEDICATED)
```

```
                                        (SERVICE_NAME = dba)))
OK (280 msec)

SQL> connect system/sys@dba
Connecté.
```

> **Note**
>
> Etant donné que les noms de services créent des alias pour les descripteurs de connexion, il n'est pas nécessaire d'utiliser le même nom pour le service et l'instance.
>
> Par exemple, vous pourriez attribuer à l'instance « **dba** » les noms de services « **prod** » ou « **dev** », en fonction de son utilisation dans votre environnement.

Assistant de configuration Oracle Net

netca

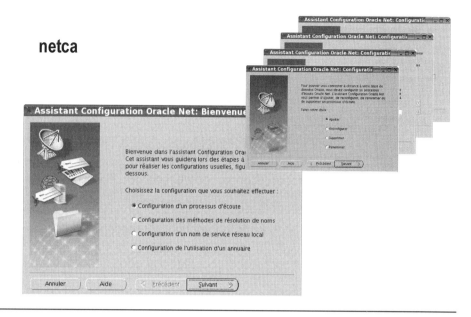

L'assistant de configuration Oracle Net exécute les étapes de configuration initiales du réseau après l'installation d'Oracle et crée automatiquement les fichiers de configuration de base, par défaut.

Il dispose d'une interface utilisateur graphique pour la configuration des éléments suivants :

- Le processus d'écoute **LISTENER**
- Les méthodes de résolution de noms
- Le nom de service de réseau local
- L'utilisation d'un annuaire

Création d'un module d'écoute LISTENER

L'assistant Configuration Oracle Net permet de configurer facilement et rapidement un module d'écoute **LISTENER**. Il est lancé à la fin de l'installation d'Oracle afin de configurer les fichiers de paramétrage réseau.

Dans l'environnement Windows, on peut démarrer l'assistant de configuration Oracle Net utilisant l'arborescence de menus de votre l'installation.

Dans l'environnement Unix/Linux il peut être lancé par la commande :

```
netca
```

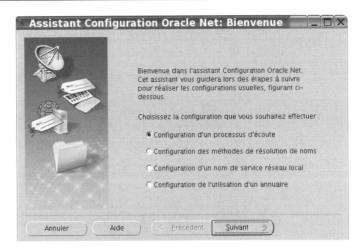

Lorsque vous choisissez l'option Configuration d'un module d'écoute **LISTENER**, vous avez ensuite la possibilité d'ajouter, de reconfigurer, de supprimer ou de renommer un module d'écoute **LISTENER**.

Après avoir sélectionné l'option Ajouter, votre première étape consiste à donner un nom au module d'écoute **LISTENER**. Le nom par défaut est **LISTENER**.

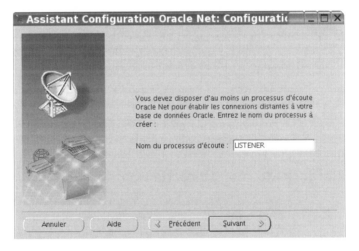

Vous devez ensuite choisir un protocole, celui par défaut est TCP/IP.

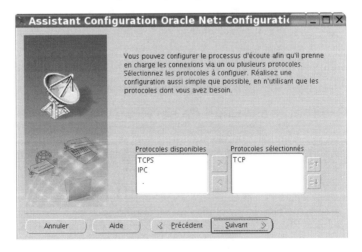

Une fois le protocole sélectionné, vous devez spécifier un numéro de port au niveau duquel le module d'écoute **LISTENER** écoutera. Celui par défaut est 1521 mais vous pouvez en indiquer un autre si celui-ci ne convient pas.

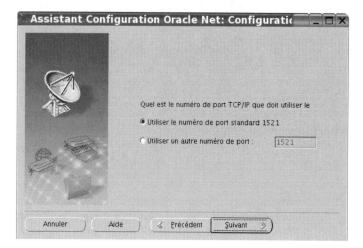

Attention

Dans l'environnement Unix/Linux, le numéro du port qui est attribué au module ainsi créé doit être mentionné dans le fichier « `/etc/services` » en rajoutant la ligne suivante.

```
listener        1521/tcp #réserve pour le module LISTENER
```

La configuration du module LISTENER est terminée ; tout fois il faut continuer l'assistant avec ses confirmations en cascade.

Méthode de résolution de noms

Méthode permettant à une application client de convertir un nom en une adresse de réseau lorsque cette application tente de se connecter à un service de base de données. Oracle Net prend en charge quatre méthodes de résolution de noms :

- Résolution de noms locaux
- Résolution de noms d'annuaire
- Résolution de noms Easy Connect ou résolution de noms d'hôte
- Résolution de noms externes

Création des noms de services

L'option Configuration d'un nom de service réseau local de l'assistant Configuration Oracle Net permet de gérer des noms de services de réseau. Plusieurs options sont proposées comme : ajouter, reconfigurer, supprimer, renommer et tester.

Nous analyserons uniquement l'option « Ajouter ».

Le premier écran de l'assistant nous propose d'indiquer le nom de service global, ou SID. Après la validation de cette valeur vous devez spécifier le protocole utilisé comme dans la figure suivante.

Module 5 : L'architecture Oracle Net

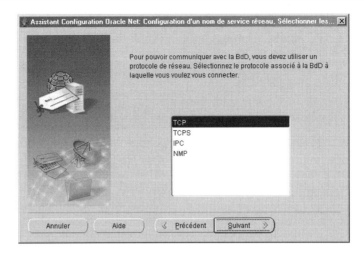

Sélectionnez les protocoles pour lequel le processus d'écoute est configuré (ces protocoles doivent être aussi installés sur les clients).

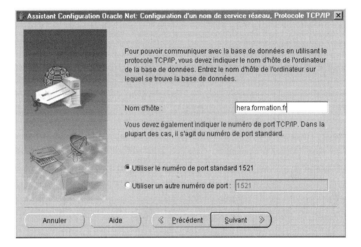

Vous devez préciser le nom de la machine hôte et un port du module LISTENER pour le protocole **TCP/IP** choisi auparavant.

L'écran suivant permet de vérifier que la base de données Oracle indiquée est accessible. Vous pouvez choisir d'effectuer ou non le test de connexion.

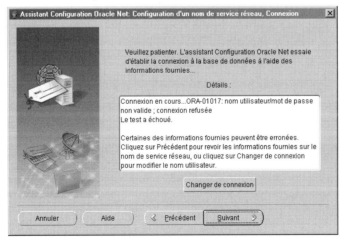

Vous pouvez remarquer l'erreur de connexion, elle est due au fait que l'assistant essaie automatiquement une connexion utilisant comme nom d'utilisateur et mot de passe « system/manager », ce qui échoue évidemment. Pour contrôler réellement la connexion il faut changer de mot de passe « system » ou changer l'utilisateur et son mot de passe.

Il vous est ensuite demandé d'indiquer un nom pour le nouveau service réseau. Le dernier écran vous confirme la création du nom de service et vous demande si vous souhaitez créer un autre nom.

Un deuxième assistant de gestion d'Oracle Net est **netmgr** (Oracle Net Manager) ; il est beaucoup plus complet et plus ergonomique, et sera traité dans le module suivant.

Atelier 5

- La configuration du LISTENER
- L'utilitaire LSNRCTL
- La configuration du client

 Durée : 20 minutes

Questions

5-1   Laquelle de ces affirmations est vraie ?

   A. OracleNet réside uniquement sur les applications client.

   B. OracleNet réside uniquement sur le serveur.

   C. OracleNet réside aussi bien sur les applications client que sur le serveur de base de données.

5-2   L'architecture d'OracleNet est basée sur laquelle des architectures suivantes ?

   A. OCI

   B. OSI

   C. TCP/IP

   D. SNMP

5-3   Pour configurer le client vous utilisez lequel de ces fichiers ?

   A. init.ora

   B. sqlnet.ora

   C. listener.ora

   D. tnsnames.ora

5-4   Quel est le répertoire où trouver les fichiers de configuration ?

   A. %ORACLE_HOME%\admin\network

   B. %ORACLE_HOME%\network\admin

   C. %ORACLE_HOME%\net90\admin

Exercice n°1

Créez un deuxième processus d'écoute « **LISTENER_BIS** » et paramétrez le client de sorte que si un des processus est activé, la connexion est accessible.

La démarche est la suivante :

1. Éditez le fichier listener.ora est ajoutez la description du nouveau processus d'écoute. N'oubliez pas la liste des définitions d'instances « **SID_LIST_LISTENER_BIS** » pour votre instance.

2. Démarrez le nouveau processus d'écoute « **LISTENER_BIS** ».

3. Éditez le fichier « **tnsnames.ora** » et ajoutez une nouvelle adresse qui décrit le nouveau processus d'écoute « **LISTENER_BIS** ».

4. Vérifiez la connexion à la base de données avec les deux processus d'écoute.

5. Arrêtez le processus d'écoute « **LISTENER** » et connectez-vous de nouveau à la base de données.

6. Arrêtez le processus d'écoute « **LISTENER** », démarrez le processus d'écoute « **LISTENER_BIS** » et connectez-vous de nouveau à la base de données.

- *OEM Console Java*
- *OEM Console HTTP*
- *OEM Database Control*
- *Oracle Net Manager*

Oracle Enterprise Manager

Objectifs

A la fin de ce module, vous serez à même d'effectuer les tâches suivantes :
- Décrire l'architecture d'Oracle Enterprise Manager.
- Décrire Oracle Management Server.
- Utiliser la console en mode client-serveur classique ou Web.
- Enumérer les applications qui peuvent être appelées à travers la console.
- Administrer Oracle Enterprise Manager Database Control.

Contenu

Oracle Enterprise Manager	6-2	Storage Management	6-20
L'architecture d'OEM	6-4	Oracle Net Manager	6-21
Le niveau 2	6-9	OEM Database Control	6-24
Le niveau 3	6-10	Console HTTP	6-27
Console Java	6-11	Base de données Administration	6-29
Gestion des instances	6-13	Base de données Maintenance	6-31
Schéma Management	6-15	Atelier 6	6-32
Security Manager	6-18		

Oracle Enterprise Manager

- Une architecture centralisée pour la gestion des plusieurs bases de données.
- Un ensemble d'outils graphiques intégrés pour automatiser les tâches administratives.
- Une série de services, pour la remontée d'événements.
- Les outils d'administration gèrent aussi bien les bases de données que les serveurs WEB et le réseau.
- Un ensemble d'outils graphiques pour diagnostiquer et optimiser les bases de données.
- Un ensemble d'outils graphiques pour administrer la réplication.

Oracle Enterprise Manager est un ensemble d'outils qui utilisent une interface graphique et simplifient la gestion des différents objets de la base de données. Il permet de centraliser l'administration de plusieurs bases de données installées sur des serveurs différents implantés dans des environnements d'exploitation différents (Unix, Windows...).

Le produit Oracle Enterprise Manager permet la création d'un serveur Oracle Management Server pour gérer des bases de données et administrer des travaux, des événements et des groupes. Toutefois il n'est pas nécessaire pour pouvoir gérer plusieurs bases de données à l'aide d'un même outil.

Outils et utilitaires de gestion de bases de données

Oracle Enterprise Manager facilite l'automatisation des tâches quotidiennes d'administration de bases de données d'un DBA tout en les simplifiant :

- Les fonctionnalités d'administration centralisée des bases de données pour la gestion des bases de données Oracle locales et distantes.
- La simplification des tâches du DBA grâce à une interface graphique intuitive.
- L'exécution de tâches sans saisie manuelle de la syntaxe **SQL**, **PL/SQL** ou **RMAN**.
- La gestion des instances et des sessions de base de données Oracle.
- La gestion des objets de schéma, comme les index, les tables, les partitions, les vues et les procédures stockées.
- La gestion des utilisateurs de base de données et de leurs privilèges, profils et rôles.
- La gestion des exigences de la base de données en matière d'espace physique et d'espace logique, notamment la gestion des fichiers de contrôle, des espaces disque logiques et des fichiers de journalisation.
- L'entrée et l'extraction de données dans les bases de données à l'aide des assistants de gestion des données.

- L'impression et l'enregistrement des informations récapitulatives relatives à la base de données, comme l'ensemble des utilisateurs de base de données.
- La création et la programmation des travaux de sauvegarde via les assistants de gestion des sauvegardes (disponibles si connectée à Oracle Management Server).
- La visualisation des dépendances pour les objets de la base de données.
- La visualisation et la modification des données accessibles par l'intermédiaire des tables, des vues et des synonymes.
- La suppression rapide et facile de colonnes de table.
- L'analyse des objets de base de données à l'aide d'assistants.
- La mise à disposition de plusieurs états prédéfinis qui permettent aux DBA de personnaliser, de programmer et de publier ces états pour vérifier la santé de la base de données (disponibles si connectée à Oracle Management Server).

L'architecture d'OEM

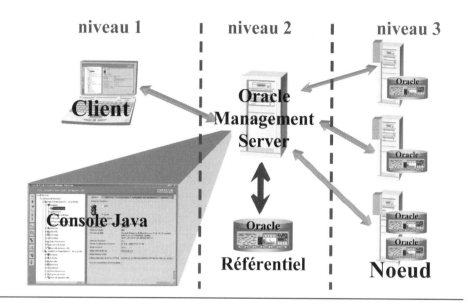

OEM (**O**racle **E**nterprise **M**anager) dispose d'une architecture sur trois niveaux :

- **Premier niveau**, le client, est doté d'une console Java, d'outils intégrés ou simplement d'un navigateur Web.
- **Second niveau**, le serveur Management Server ou le groupe de serveurs Management Server défini offre des fonctions d'intelligence centralisée et de contrôle distribué entre les clients et les cibles.
- **Troisième niveau,** avec différentes cibles, telles que les bases de données, les noeuds ou d'autres services gérés ; Intelligent Agent est installé sur chaque noeud, en surveille les services pour les événements inscrits (occurrences d'erreur potentielle), et exécute les travaux que la console envoie via les serveurs Oracle Management Server.

Module 6 : Oracle Enterprise Manager

L'architecture d'OEM (suite)

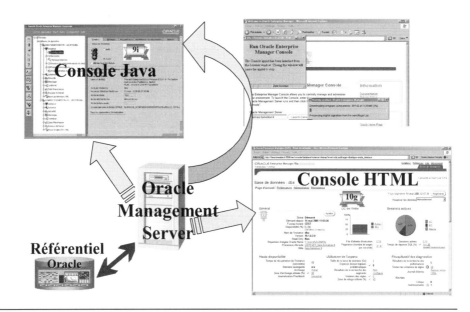

Comme vous pouvez le constater sur la figure précédente, il y a deux présentations pour la console d'Oracle Enterprise Manger. La première que l'on va appeler « console java » est valable pour Oracle 9i, et une seconde « console HTML » à partir de la version Oracle 10g.

Console Java

La console est l'interface principale utilisée pour toutes les opérations Oracle Enterprise Manager. Elle fournit des menus, des barres d'outils, une aide en ligne et un Navigateur. Ces éléments vous permettent d'accéder aux services Management Server, aux outils Oracle, ainsi qu'à d'autres fonctions intégrées.

Pour accéder aux fonctions d'Enterprise Manager telles que les événements, les travaux, les coupures de notification, les groupes, la notification améliorée et le partage de données administratives, vous devez vous connecter à un serveur Oracle Management Server.

Cependant vous pouvez utiliser la console en mode autonome, une structure à deux niveaux qui se connecte directement aux bases de données, pour effectuer des tâches d'administration de base qui ne requièrent pas le système Travail, Evénement ou Groupe.

Pour lancer la console sous Windows, sélectionnez-la dans le groupe de programmes Oracle Enterprise Manager :

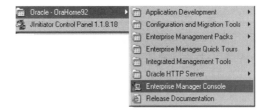

Module 6 : Oracle Enterprise Manager

La console peut être lancée via la ligne de commande avec la syntaxe suivante :

```
oemapp console
```

Cette chaîne de commande respecte les majuscules et les minuscules, et doit être entrée en minuscules.

C'est au démarrage de la console Oracle Enterprise Manager que vous précisez si vous travaillez en mode autonome ou pas.

Vous pouvez lancer la console java dans un navigateur Web, tel qu'Internet Explorer ou Netscape Navigator. Le navigateur télécharge ensuite le code nécessaire à l'exécution de l'outil de base de données.

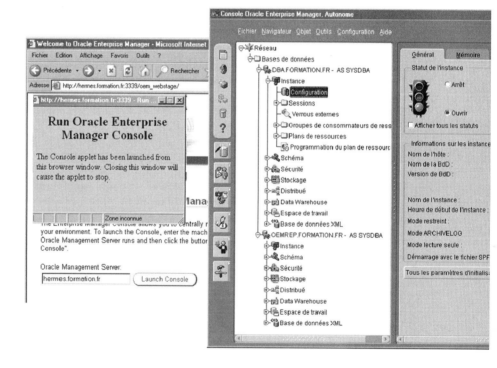

Note

La console autonome, une structure à deux niveaux, passe outre à Oracle Management Server et se connecte directement aux bases de données.

La console autonome permet à un client d'utiliser des applications sans passer par un serveur Oracle Management Server ni par un agent Intelligent Agent.

La console autonome ne peut pas fonctionner dans un navigateur Web.

Module 6 : Oracle Enterprise Manager

> **Note**
>
> Pour la première connexion a'Oracle Management Server il faut utiliser le nom d'utilisateur « sysman » et le mot de passe « oem_temp » le système vous demande de changer automatiquement le mot de passe.
>
> Par la suite les connexions sont effectuées avec les informations suivantes :
>
> « sysman » / « oem_temp »

Le Navigateur est le composant de navigation principal de la console. Il permet d'accéder facilement à toutes les cibles gérées et à leurs fonctions via des vues maîtresses et des vues de détails : si vous sélectionnez un objet dans le Navigateur, les informations correspondantes ou la fonction d'interface graphique appropriée pour cet objet apparaissent dans le panneau (affichage) droit de la console.

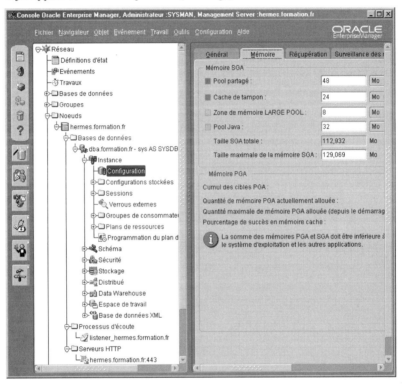

Une description des outils fournis et des fonctionnalités de la console est faite plus loin dans ce module.

Console HTTP

Dans la version Oracle 10g, la **« console java »** n'existe plus ; elle est remplacée par une **« console HTTP »**. Comme pour la **« console java »,** vous avez la possibilité de travailler directement avec la base de données ou de vous connecter au serveur d'application d'Oracle Enterprise Manager.

Chaque fois que vous installez le produit Oracle serveur de base de données, **O**racle **U**niversal **I**nstaller vous donne la possibilité d'installer ou non **O**racle **E**nterprise **M**anager **Database Control**, l'application qui fournit la **« console HTTP »**.

OEM Database Control est une application installée en local sur chaque serveur de base de données qui fournit la **« console HTTP »** vous permettant d'administrer votre serveur en mode local.

Module 6 : Oracle Enterprise Manager

La « **console HTTP** » d'**O**racle **E**nterprise **M**anager est une interface Web centralisée qui permet de gérer tout l'environnement Oracle de l'entreprise. Elle offre beaucoup plus de fonctionnalités que l'interface standard fournit par **OEM Database Control**.

Avant d'installer la version complète d'**O**racle **E**nterprise **M**anager comprenant le serveur d'applications Oracle, le cache Web et les trois composants que nous venons de voir, consultez les exigences matérielles et logicielles associées.

Vous pouvez accéder à la « **console HTTP** » ; **à cet effet,** vous devez saisir dans votre navigateur Web une URL avec la syntaxe suivante :

```
http://nom_hôte.nom_domaine:num_port/em
```

ou

```
https://nom_hôte.nom_domaine:num_port/em.
```

Cette console requiert le composant Oracle Management Service, à moins que le composant **OEM Database Control** n'ait été installé séparément.

Le type de connexion à l' **OEM Database Control** ou **O**racle **M**anagement **S**ervice est définit par l'URL que vous écrivez dans votre navigateur.

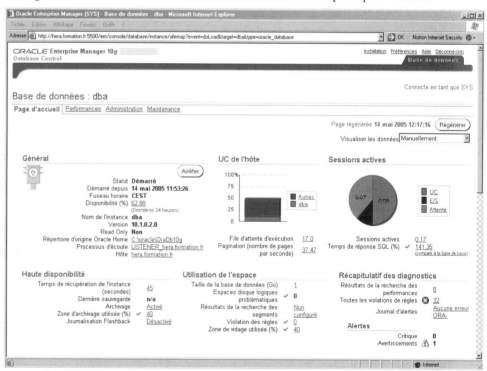

Pour la connexion à la « **console HTTP** » en mode local, vous avez besoin de renseigner le nom d'utilisateur de la base de données et le mot de passe pour celui-ci.

On va revenir plus loin dans ce module sur l'administration et l'utilisation d'**OEM Database Control** et de la « **console HTTP** ».

Le niveau 2

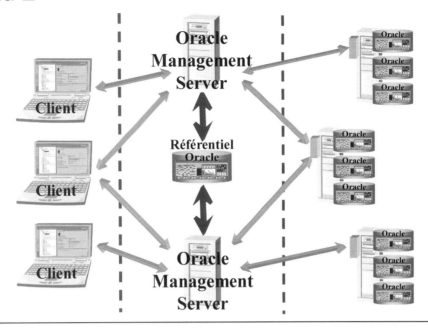

Le deuxième niveau de l'architecture Oracle Enterprise Manager est constitué d'un ou plusieurs serveurs Oracle Management Server et d'un Référentiel unique pour cette architecture.

Le référentiel d'Enterprise Manager

Le référentiel est un jeu de tables situées dans une base de données. Le Management Server utilise ce référentiel pour conserver toutes ses données de configuration, d'envoi et de remontées d'informations des différents nœuds. Le référentiel est créé lorsque vous configurez un serveur Oracle Management Server dans Oracle Enterprise Manager. Vous pouvez installer les tables du référentiel dans n'importe quelle base de données accessible via le serveur Oracle Management Server. A chaque serveur Management Server est associé un référentiel unique.

Le Management Server

Le Management Server est un exécutable auquel se connecte la console. Il dialogue avec le référentiel et y conserve toutes les informations concernant à la fois Oracle Enterprise Manager et l'état des noeuds qu'il administre. Seuls des utilisateurs déclarés au niveau du Management Server peuvent utiliser la console dans cette configuration. Les connexions aux serveurs et bases distantes sont conservées dans le dictionnaire OEM. Elles sont directement accessibles depuis la console, la sécurité étant assurée en amont par la connexion au Management Server.

Pour accéder aux fonctions d'Enterprise Manager telles que les événements, les travaux, les coupures de notification, les groupes, la notification améliorée et le partage de données administratives, vous devez vous connecter à un serveur Oracle Management Server.

Le niveau 3

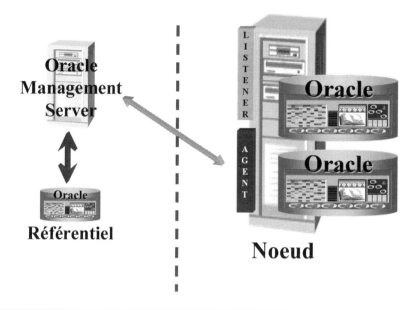

Le dernier niveau de l'architecture Oracle Enterprise Manager est constitué des noeuds administrés : leurs modules d'écoute **LISTENER**, bases, agents intelligents, ainsi que d'autres services tel que le module d'écoute HTTP Apache livré par Oracle. Oracle utilise le terme de module d'écoute également pour le serveur Apache ; en effet, il écoute les demandes HTTP des clients.

> **Note**

Les noeuds sont les serveurs de base des données ou les serveurs d'applications administrées par Oracle Enterprise Manager.

Un noeud possède généralement une ou plusieurs bases de données et un ou plusieurs modules d'écoute LISTENER Oracle Net.

La présence de l'Intelligent Agent, un processus qui oeuvre sur la machine serveur, est obligatoire à partir de la version Oracle9i.

Les agents intelligents

Pour effectuer une analyse automatique ou lancer des jobs et des évents sur des machines distantes, Oracle utilise des agents de communication. Ils doivent être présents et lancés sur toutes les machines distantes.

Le Management Server envoie les ordres aux agents distants responsables de l'exécution des travaux et de la surveillance des événements demandés. L'agent est, de plus, chargé de remonter vers le Management Server toutes les informations sur le déroulement des travaux et des évents.

> **Note**

L'agent intelligent est indispensable dans plusieurs cas, dont la phase de découverte des machines. Après la découverte, vous pouvez décider d'arrêter les agents intelligents sur certaines machines. Elles seront accessibles depuis la console connectée par le Management Server mais ne pourront pas profiter de l'ensemble des fonctionnalités.

Console Java

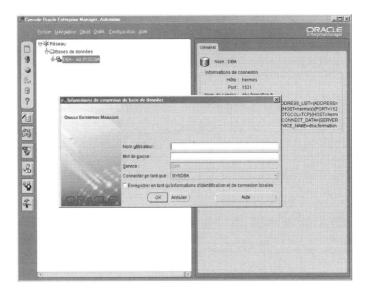

On va voir en premier temps les outils de la « **console java** » en mode autonome.

Une demande d'ajouter une base de données à l'arborescence apparaît automatiquement lorsque vous démarrez la console autonome pour la première fois. En effet, pour travailler avec la console, il faut d'abord identifier les bases de données que vous voulez administrer.

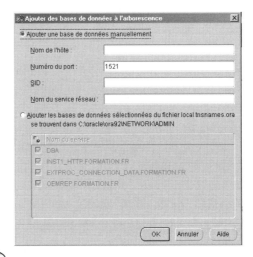

Attention

Pour ajouter une base, il faut saisir les informations correspondantes ou choisir un nom de service du fichier « **tnsnames.ora** ».

Les renseignements fournis pour connecter une nouvelle base de données seront automatiquement écrits dans le fichier « **tnsnames.ora** » comme un nouveau nom de service.

Une fois renseignée la base apparaît dans le navigateur de la console. Pour pouvoir administrer cette base de données, il faut bien sûr se connecter.

Dans le menu navigateur, vous trouvez les outils de gestion des bases de données qui peuvent être administrés ainsi que la possibilité de vous connecter à la base sélectionnée.

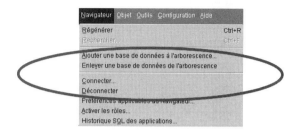

La connexion étant effectuée, vous pouvez accéder à un ensemble d'outils d'administration :

– Gestion des instances

– Schéma Management

– Security Manager

– Storage Management

Gestion des instances

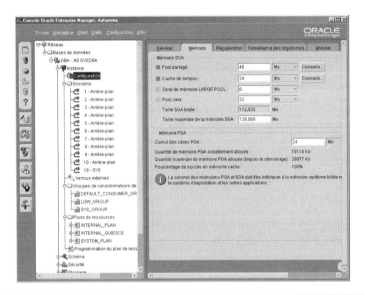

Oracle Instance Management vous aide à gérer les instances et sessions d'une base de données dans l'environnement Oracle.

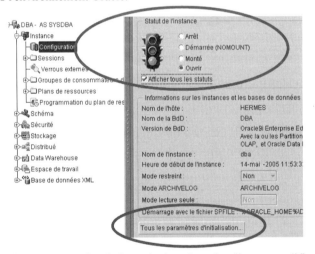

Vous pouvez démarrer et arrêter la base de données, visualiser et modifier les valeurs des paramètres d'initialisation.

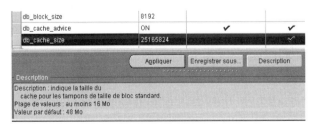

Oracle Instance Management permet de modifier dynamiquement les paramètres de la **SGA** et **PGA**. Ainsi on peut également avoir des conseils relatifs à la taille de SHARED_POOL_SIZE, BUFFER_CACHE_SIZE et PGA.

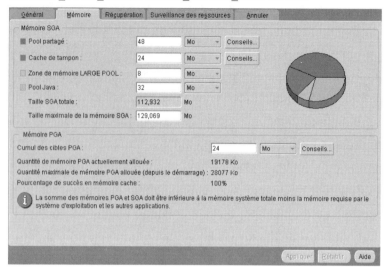

Vous pouvez gérer les sessions utilisateur et les verrous externes, et surveiller les opérations longues (avec Oracle8i ou une version ultérieure).

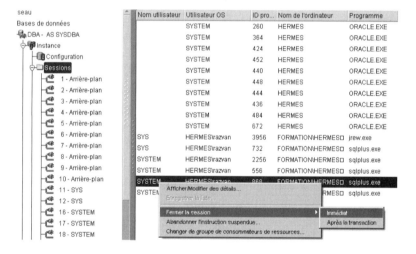

Module 6 : Oracle Enterprise Manager

Schéma Management

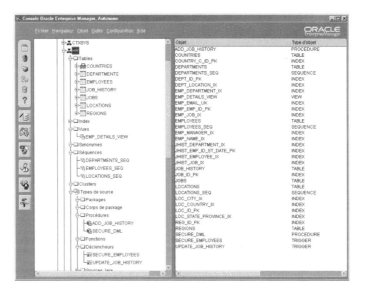

L'application Schéma vous permet de créer, de modifier et d'examiner des objets de schéma.

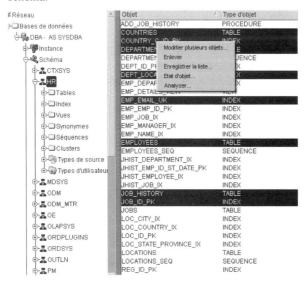

Le menu Objet fournit des fonctions propres à l'objet sélectionné dans le Navigateur de la console. Bien que les options de menu dépendent de l'objet sélectionné, cinq options de base apparaissent systématiquement :

- **Créer** : permet de créer des objets de Navigateur, tels que des travaux, des événements, des objets de base de données et des définitions d'état.

- **Créer comme** : permet de créer un objet sur la base des paramètres d'un objet existant.

- **Afficher/Modifier des détails** : permet de modifier les paramètres de l'objet sélectionné.

Module 6 : Oracle Enterprise Manager

- **Afficher la description DDL :** affiche le script SQL qui définit l'objet ; il est possible de recréer la structure de l'objet à partir de ce script.
- **Supprimer** : supprime l'objet sélectionné du Navigateur.
- **Visualiser les états publiés** : affiche la page d'accueil de la génération d'états d'Enterprise Manager.

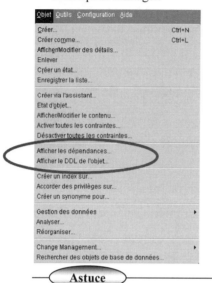

L'option afficher le DDL, une requête SQL qui peut récréer l'objet dans son état actuel, est très utile.

L'ensemble des opérations effectuées à travers les assistants ou à travers les fenêtres de propriétés d'objets sont en fin compte des ordres **SQL** exécutés dans la base de données. Ainsi vous pouvez utiliser la console pour visualiser les ordres SQL résultant de vos opérations.

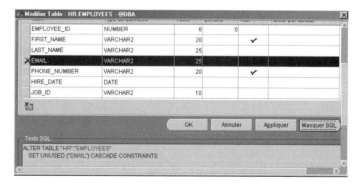

Il est possible, pour des objets, de visualiser ou modifier le contenu.

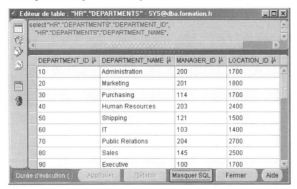

La présentation des objets dans le navigateur peut être paramétrée ; vous trouverez l'option Préférence applicable au Navigateur dans le menu Navigation.

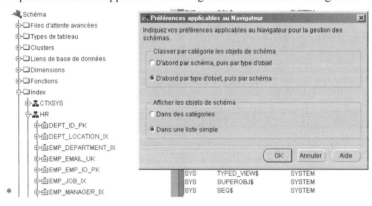

Security Manager

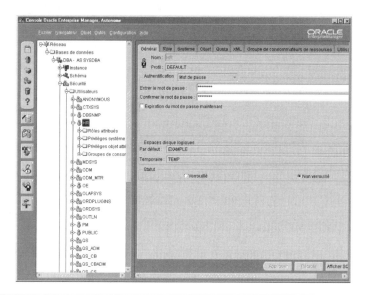

Sur un réseau étendu, les paramètres de sécurité des objets, des administrateurs et des utilisateurs sont constamment modifiés. Oracle Security Manager permet à l'administrateur d'apporter rapidement et efficacement les modifications nécessaires.

Oracle Security Manager vous permet de gérer les utilisateurs, les droits d'accès et les rôles utilisateur.

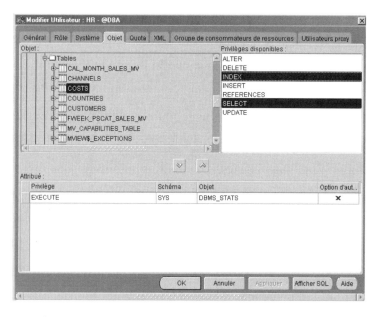

Il permet également de gérer les rôles et les profils utilisateurs. Les rôles sont des moyens d'attribuer des privilèges à plusieurs utilisateurs. Les profils sont des moyens de limiter l'utilisation des ressources système.

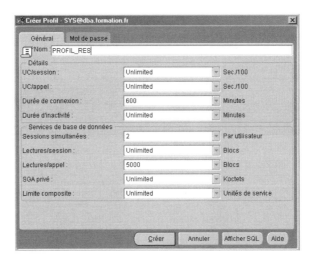

Il donne aussi la possibilité d'afficher facilement les dépendances et les objets dépendants des utilisateurs.

Storage Management

Oracle Storage Management permet d'effectuer les tâches administratives associées à la gestion du stockage de base de données.

Ces tâches comprennent la gestion des espaces disque logiques et des segments d'annulation, l'ajout de fichiers de données et l'attribution d'un nouveau nom à ces fichiers.

Vous pouvez retrouver également les dépendances entre le tablespace et les objets stockés dans ce tablespace.

Vous pouvez également lancer d'autres outils et utilitaires de base de données depuis cette application. Ainsi vous pouvez voir le contenu des tablespace avec la carte de description de stockage.

Module 6 : Oracle Enterprise Manager

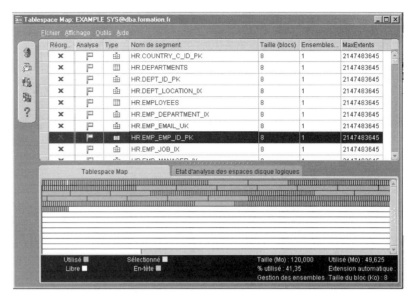

Vous avez également la possibilité de sauvegarder le tablespace ou le réorganiser.

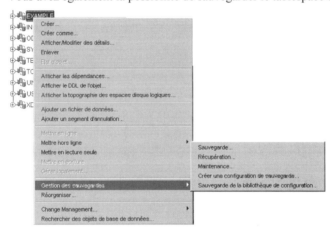

Oracle Net Manager

Un autre produit intégré cette fois à Oracle Enterprise Manager, est **Oracle Net Manager**, il allie des fonctions de configuration et de gestion des composants pour offrir un environnement intégré de configuration et de gestion d'Oracle Net.

Oracle Net Manager est lancé via la ligne de commande avec la syntaxe suivante :

`netmgr`

Oracle Net Manager est un outil conçu pour vous aider à configurer et à gérer l'environnement réseau Oracle, et plus particulièrement les fonctions et composants Oracle Net suivants :

Résolution de noms de service

Vous pouvez créer ou modifier des descriptions de réseau pour des services de base de données dans un fichier « **tnsnames.ora** » ou un serveur d'annuaire. Les descriptions de réseau, appelées descripteurs de connexion, sont associées à des identificateurs de connexion que les clients utilisent dans leurs chaînes de connexion lors d'une connexion à une base de données.

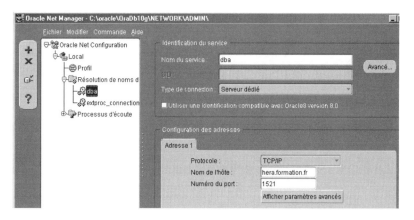

Processus d'écoute LISTENER

Vous pouvez créer ou modifier un processus d'écoute, c'est-à-dire un processus du serveur qui reçoit les demandes de connexion client pour un service de base de données, et y répond.

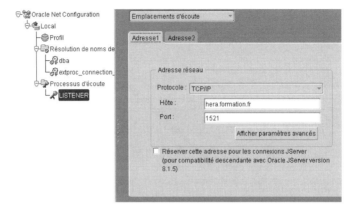

Profil

Vous pouvez créer ou modifier un profil, c'est-à-dire un ensemble de paramètres qui déterminent la façon dont un client se connecte au réseau Oracle. Vous pouvez configurer les paramètres client pour les méthodes de résolution de noms, la journalisation, la trace et la résolution de noms externes, ainsi qu'Oracle Advanced Security

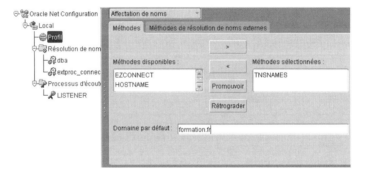

OEM Database Control

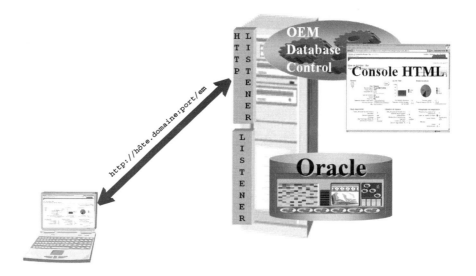

Chaque fois que vous installez le produit Oracle serveur de base de données, **O**racle **U**niversal **I**nstaller vous donne la possibilité d'installer ou non **O**racle **E**nterprise **M**anager **Database Control**, l'application qui fournit la « **console HTTP** ».

OEM Database Control est un serveur d'applications dédié à l'administration de la base de données. Son rôle est de fournir une interface utilisateur, la « **console HTTP** », et à travers cette interface un ensemble d'applications qui vous aident dans vos tâches administratives.

Un serveur d'applications est un serveur hébergeant les applications destinées à être utilisées dans un réseau distribué. Alors que le serveur de fichiers abrite les données destinées à être téléchargées et traitées par le poste client, le serveur d'applications assume une partie du traitement.

Le produit peut être géré à l'aide de l'outil « **emctl** », un outil en ligne de commande qui est identique pour l'environnement Windows et Unix/Linux. C'est l'outil de gestion de tout Oracle Menegement Server. A ce stade, nous observerons les options du produit **OEM Database Control.**

La syntaxe d'utilisation de « **emctl** » est :

```
emctl start| stop| status dbconsole
```

```
C:\>emctl status dbconsole

http://hera.formation.fr:5500/em/console/aboutApplication
Oracle Enterprise Manager 10g is running.
------------------------------------------------------------------
Logs are generated in directory
C:\oracle\OraDb10g\hera.formation.fr_dba\sysman\log
```

Module 6 : Oracle Enterprise Manager

> **Astuce**

Dans l'exemple précèdent vous pouvez remarquer que la demande d'informations lancée envoie l'URL de connexion à l'application **OEM Database Control**.

Ainsi, chaque fois que vous ne saurez pas comment connecter **OEM Database Cotrol** vous exécuterez la commande suivante :

```
emctl status dbconsole
```

Vous pouvez trouver facilement l'URL ; elle est structurée de la sorte :

```
http://hôte.domaine:port/em
```

> **Attention**

Le port par défaut est **5500,** mais attention, s'il y a plusieurs installations sur la même machine le port change pour chacune d'elles.

Une installation du serveur peut contenir plusieurs ports réservés pour des applications installées.

Pour retrouver la valeur d'un des ports de l'installation du serveur il faut chercher le fichier « portslist.ini » dans le répertoire :

- **$ORACLE_HOME/install** est le répertoire pour UNIX et LINUX.
- **%ORACLE_HOME%\install** pour les systèmes d'exploitation Windows.

Dans l'environnement Windows le produit **OEM Database Control** est un service qui peut être démarré ou arrêté par les outils Windows. Les propriétés de ce service vous permettent de définir s'il va être démarré automatiquement ou non.

Vous pouvez démarrer l'outil de gestion de services Windows ; le service qui gère **OEM Database Control** s'appelle « **OracleDBConsole+NomBase** ».

Module 6 : Oracle Enterprise Manager

Attention

Dans l'environnement Unix/Linux, après chaque redémarrage du serveur, il faut lancer manuellement **OEM Database Control** à l'aide de l'utilitaire « **emctl** » car il ne démarre pas automatiquement.

```
emctl start dbconsole
```

```
C:\>emctl start dbconsole
http://hera.formation.fr:5500/em/console/aboutApplication
Starting Oracle Enterprise Manager 10g Database Control ...
Le service OracleDBConsoledba démarre.......................
Le service OracleDBConsoledba a démarré.

C:\>emctl status dbconsole

http://hera.formation.fr:5500/em/console/aboutApplication
Oracle Enterprise Manager 10g is running.
--------------------------------------------------------------
Logs are generated in directory
C:\oracle\OraDb10g/hera.formation.fr_dba/sysman/log

C:\>emctl stop dbconsole
http://hera.formation.fr:5500/em/console/aboutApplication
Le service OracleDBConsoledba s'arrête.......................
Le service OracleDBConsoledba a été arrêté.
```

Console HTTP

La page d'accueil de la « **console HTTP** » vous permet de visualiser l'état en cours de la base de données en affichant une série de mesures qui rendent compte de l'état général de la base de données.

Cette page fournit un point de départ pour le statut de la base de données, et pour l'administration et la configuration de l'environnement de base de données.

La section Général fournit un aperçu rapide du statut de la base de données, ainsi que des informations de base sur celle-ci, y compris les mesures suivantes.

Le graphique Sessions actives contient une grande quantité de données et constitue le point central de la surveillance des performances Oracle. Pour que l'instance Oracle fonctionne correctement, les performances de l'hôte doivent être optimales (puissance d'UC, espace mémoire, réponse réseau et performances d'E/S). La réponse réseau et les performances d'E/S sont signalées directement par les statistiques Oracle.

La section Haute disponibilité affiche l'heure de la dernière sauvegarde (pour les bases de données antérieures à Oracle10g), ou affiche l'heure de la dernière sauvegarde et signale si la sauvegarde a réussi (pour les bases de données Oracle 10g). Elle indique également l'estimation du temps de récupération de l'instance et le pourcentage de zone d'archivage utilisé, et précise si la journalisation Flashback a été activée.

Configuration de la surveillance permet d'activer plusieurs mesures et rapports, de sélectionner le niveau de surveillance à utiliser pour la base de données, de désigner les valeurs correspondant au chemin d'accès du répertoire d'origine Oracle Home, au nom utilisateur, au mot de passe et aux autres valeurs élémentaires de base de données.

Vous trouverez dans la partie inférieure de la page d'accueil plusieurs listes d'alertes et d'analyses de performances.

Le tableau Alertes fournit des informations sur les alertes ayant été émises, ainsi que sur le niveau de gravité de chacune d'elles. Lorsqu'une alerte est déclenchée, le nom de la mesure pour laquelle l'alerte a été déclenchée est affiché dans la colonne Nom. L'icône de gravité pour l'alerte (Avertissement ou Critique) est affichée avec l'heure à

Module 6 : Oracle Enterprise Manager

laquelle l'alerte a été déclenchée, la valeur de l'alerte et l'heure à laquelle la valeur de la mesure a été vérifiée pour la dernière fois.

Le tableau Alertes associées fournit des informations sur les alertes des cibles associées, comme le processus d'écoute et l'hôte, et contient des détails sur le message, l'heure du déclenchement de l'alerte, la valeur et l'heure de vérification de l'alerte.

Base de données Administration

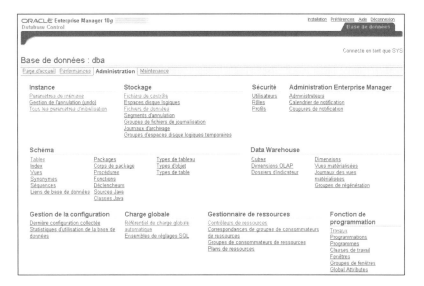

La page Administration vous permet de configurer et de régler les aspects de la base de données pour effectuer les tâches suivantes :

− Création et ouverture de la base de données.

− Gestion de la sécurité du système à l'aide d'utilisateurs et de rôles.

− Gestion des ressources de la base de données.

− Mise en oeuvre de la conception de la base de données grâce à la gestion d'objets de schéma et de types de source.

− Gestion des configurations de base de données.

− Configuration de bases de données Data Warehouse avec des vues matérialisées et des métadonnées OLAP.

Vous pouvez comme dans Oracle Instance Management modifier dynamiquement les paramètres de la **SGA** et **PGA**. On peut ainsi également disposer de conseils se rapportant à la taille de SHARED_POOL_SIZE, BUFFER_CACHE_SIZE et PGA.

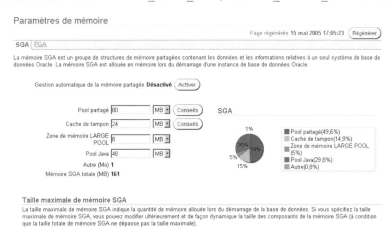

Module 6 : Oracle Enterprise Manager

A partir de la console centrale d'Enterprise Manager, vous pouvez créer et gérer des comptes utilisateurs, chaque compte comprenant ses propres informations de connexion, ainsi qu'un ensemble de rôles et de privilèges qui lui sont attribués.

> **Astuce**

Chaque fois que vous naviguez dans l'arborescence du produit, vous avez en haut à gauche les niveaux explorés. Vous pouvez vous en servir pour retourner plus rapidement à l'un de ces niveaux.

Toutefois si vous souhaitez arriver sur la page d'accueil, vous devez cliquez sur l'onglet Base de données.

Evitez autant que possible le retour sur la page précédente du navigateur, vous vous épargnerez ainsi bien des désagréments.

La dernière configuration collectée affiche des informations de configuration générales (instance et base de données) pour la base de données. Ces informations font partie des informations de configuration de base de données collectées par Enterprise Manager.

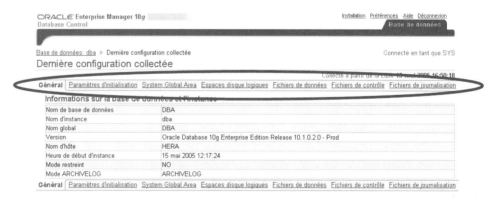

Base de données Maintenance

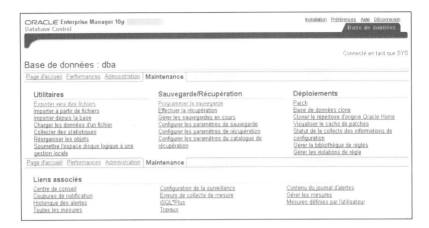

La page Maintenance de la base de données effectue des tâches telles que l'export et l'import de données à partir de fichiers et vers des fichiers, le chargement de données dans une base de données Oracle à partir d'un fichier, et la collecte, l'estimation et la suppression de statistiques tout en améliorant les performances des interrogations SQL sur les objets de base de données.

Le groupe Liens associés que vous pouvez remarquer en bas de la page est pressent sur toutes les pages de la console. Il contient une série d'outils comme :

– iSQL*Plus qui vous permet d'utiliser un navigateur Web pour vous connecter à Oracle10g et y effectuer les mêmes opérations que celles que vous réaliseriez à l'aide de la version ligne de commande de SQL*Plus.

– Un graphique illustrant l'historique des alertes de la base de données en cours selon les segments temporels indiqués.

– Les 100 000 derniers octets du journal d'alertes.

– La liste de toutes les activités de travail de la base de données en cours.

– La liste des coupures de notification actuellement programmées ou en cours pour la base de données concernée.

– La liste des fonctions de conseil que vous pouvez utiliser pour améliorer les performances de votre base de données.

Voilà qui clôt cette introduction à OEM. C'est un outil puissant qui offre un large panel de fonctions d'administration. Son interface permet de réaliser pratiquement toutes les tâches utiles à l'administrateur d'une base de données Oracle. Nous n'avons fait qu'un rapide survol de quelques-unes de ses possibilités pour vous donner un aperçu de l'utilité qu'il peut présenter pour le DBA. Son point fort est de proposer une interface graphique qui permet d'élaborer à l'aide de la souris des instructions en langage SQL, lequel est normalement le seul moyen de communiquer avec la base de données.

Atelier 6

- OEM Database Control
- Console HTTP

Durée : 5 minutes

Questions

6-1 Quel est l'URL par défaut qui vous permet de vous connecter à la console d'administration de la base de données ?

    A. http://hôte.domaine:5500/dbcontrol

    B. http://hôte.domaine:5500/em

    C. http://hôte.domaine:5600/em

    D. http://hôte.domaine:5500/emctl

6-2 Vous êtes dans l'environnement UNIX/LINUX et vous avez redémarré votre serveur, la console d'administration est-elle démarrée ?

6-3 Pour administrer la base de données à travers la console, a-t'on besoin du ServerManager ?

Exercice n°1

Afficher l'état de la console d'administration de la base de données, si la console n'est pas démarrée, faîtes en sorte qu'elle soit accessible.

Exercice n°2

Arrêtez la console d'administration de la base de données.

- *OFA (Optimal Flexible Architecture)*
- *OUI (Oracle Universal Installer)*
- *SYSDBA et SYSOPER*

L'installation d'Oracle 10g

Objectifs

A la fin de ce module, vous serez à même d'effectuer les tâches suivantes :
- Décrire les étapes nécessaires pour l'installation.
- Décrire les types d'installation et la configuration minimale nécessaire.
- Effectuer les opérations de configuration d'un serveur.
- Décrire l'architecture **OFA** (**O**ptimal **F**lexible Architecture).
- Utiliser **OUI** (**O**racle **U**niversal **I**nstaller) pour effectuer l'installation et les tâches de configuration du serveur.
- Effectuer les opérations poste-installation.

Contenu

La démarche	7-2	Liste des composants à installer	7-15
La préparation de l'installation	7-3	Le paramétrage du système	7-22
Liste de pré-requis	7-4	L'installation d'Oracle 10g	7-29
Le plan d'installation	7-6	Les tâches post-installation	7-38
Un utilisateur pour l'installation	7-7	Atelier 7	7-41
L'architecture OFA	7-10		

La démarche

1. **Préparez votre installation**
2. **Adaptez votre système au pré-requis**
3. **Installez les options et les composants choisis**
4. **Effectuez les tâches post-installation**

Nous allons traiter dans ce chapitre de l'installation d'Oracle 10g, qui est une tâche qui revient a l'administrateur de base de données.

Pendant l'installation du serveur, ainsi que pour les tâches de sauvegarde et optimisation du système vous avez besoin de connaissances en l'administration des systèmes d'exploitation.

Le processus d'installation est composé de quatre étapes :

1. La préparation de l'installation.
2. Le paramétrage du système au pré-requis nécessaire pour installer Oracle 10g.
3. L'installation du serveur de base de données avec les options choisies.
4. Les tâches post-installation.

On va détailler chacune de ces étapes pour obtenir la démarche complète de l'installation d'Oracle 10g.

La préparation de l'installation

- **Revoir la documentation**
- **Trouvez les pré-requis du système**
- **Planifiez l'installation**

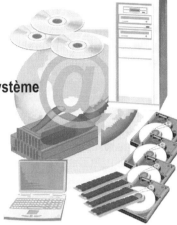

Avant d'installer Oracle, prenez une minute pour étudier les questions relatives aux conditions spécifiques de travail de votre futur serveur de base de données.

Quelle version d'Oracle devez-vous installer ?

Quel système d'exploitation votre serveur de base de données va-t-il exploiter ?

Quel sont les ressources disponibles pour cette installation ?

Quel est l'architecture réseau utilisée ?

Quels sont les autres produits installés et comment est-ce que ils vont interférer ?

Connaître les réponses à ces questions facilite grandement le processus d'installation.

Avant l'installation, il faut revoir la documentation d'installation, pour prendre en compte les dernières modifications.

Pour retrouver la documentation nécessaire, il y a lieu d'utiliser la version exacte du produit Oracle que vous souhaitez installer (exemple : Oracle 10g Release 1 (10.1.0.3)), ainsi que du système d'exploitation sa version et sa release (exemple : SuSE Linux Enterprise Server 9 release 2.6.5-7.97).

Dans la documentation vous retrouvez les versions exactes des produits certifiés. Toute installation sur un système d'exploitation non certifié est hasardeuse et ne bénéficie pas du support Oracle.

Exemple : SuSE Linux Enterprise Server 9 : 2.6.5-7.97

Tous ces documents vous les trouvez sur le site Oracle Technology Network, a l'adresse http://www.oracle.com/technology/index.html ou OracleMetaLink http://metalink.oracle.com.

Diverses autres documentations sont également disponibles. Avis aux amateurs!

Module 7 : L'installation d'Oracle 10g

Liste de pré-requis

- **Mémoire physique de 512Mo.**
- **Mémoire virtuelle de 1Gb**
- **Espace de travail temporaire de 400Mo.**
- **Espace de stockage disque :**
  - Produit Oracle10g 1,5Gb
  - Une base de données 1,2Gb

La documentation ainsi retrouvée vous permet d'identifier la liste de pré-requis :

- Le système d'opération dispose de la bonne version certifiée.
- La quantité de mémoire est suffisante pour effectuer l'installation et faire tourner l'instance.
- Les paramètres serveur concernant les ressources CPU pour exécuter l'installation et l'instance.
- La place disque nécessaire et la structure de stockage envisagées, nombres d'axes, systèmes de résolution de pannes, clusters, etc.

Les recommandations minimale d'installation pour Oracle 10g sont :

- Mémoire physique de 512MB.
- Mémoire virtuelle de 1GB ou deux fois la taille de la mémoire physique.
- Espace de travail temporaire de 400MB.
- Espace de stockage disque de 1,5GB minimum pour l'installation du serveur Oracle et 1Go pour la création d'une base de données.

Attention

Les valeurs précisées plus haut sont des valeurs **minimales** ; il ne faut pas confondre les valeurs minimales et les valeurs habituelles d'un serveur de production.

Le dimensionnement d'un serveur de production tient compte du volume des données stockées, du nombre d'utilisateurs, du volume de données traitées, du type de traitements, etc. En effet toutes ces informations font que chaque serveur est différent et il faut l'analyser en tenant compte de son mode fonctionnement et de ses caractéristiques.

Les traitements de pré-requis sont spécifiques à chaque système d'exploitation ; nous allons découvrir dans la deuxième étape de l'installation deux préparations du système d'exploitation : une pour **SuSE Linux Enterprise Server 9** et une autre pour **Windows**.

OUI (**O**racle **U**niversal **I**nstaller) est une application Java destinée à l'installation des logiciels Oracle ; en effet, cette application est utilisée pour l'installation des toutes les produits Oracle, serveur d'applications, outils de développement, LDAP (Oracle Internet Director) etc.

OUI (**O**racle **U**niversal **I**nstaller) offre les fonctionnalités suivantes pour répondre aux exigences de la gestion et de la distribution de logiciels :

- Installation de composants avec la résolution automatique des dépendances et gestion des logiques complexes d'installations des produits distribués.

- Désinstallation de composants logiciels ; **OUI** peut répertorier tous les produits installés précédemment à l'aide d'un autre programme d'installation, mais il ne peut pas les désinstaller.

- Prise en charge de plusieurs répertoires d'origine pour les installations.

- Prise en charge de **NLS** (**N**ational **L**anguage **S**upport) et de l'internationalisation.

- Installations sans invite et sans intervention à l'aide des fichiers de réponses. Un fichier de réponses contient les réponses aux boîtes de dialogue qui seraient fournies par l'utilisateur dans une session d'installation interactive.

Avant toute installation, **OUI** (**O**racle **U**niversal **I**nstaller) vérifie que l'environnement répond à la configuration requise pour la réussite de l'installation. Plus les problèmes de configuration système sont détectés tôt, moins l'utilisateur rencontrera de problèmes pendant l'installation.

Un deuxième niveau de vérifications des pré-requis, facultatives cette fois ci, est effectué pendant l'installation. Une fois la vérification des pré-requis terminée, le vérificateur affiche le récapitulatif des statuts, qui indique le nombre de vérifications ayant échoué et le nombre de celles qui doivent être contrôlées.

Vous pouvez continuer l'installation sans tenir compte des erreurs affichées, mais cela est fortement déconseillé.

Le plan d'installation

- Un utilisateur pour l'installation
- OFA (Oracle Flexible Architecture)
- Les variables d'environnement
- Liste des composants à installer

Les pré-requis sont de deux sortes :

- d'une part les paramètres du système d'exploitation pour fournir un environnement correctement dimensionné afin de se prémunir des erreurs d'installation dû au manque de ressources,
- d'autre part les paramètres du système d'exploitation agissant sur la standardisation de l'installation, les performances et la sécurité du serveur Oracle.

Le plan d'installation consiste à déterminer :

- Quel est l'utilisateur qui installe le produit.
- Où le produit sera installé.
- Quel sont les variables d'environnement Oracle nécessaires.
- Quel sont les composants qui seront installés.

Un utilisateur pour l'installation

- **SYSDBA**
- **SYSOPER**

L'installation d'Oracle est effectuée par un utilisateur qui est doit avoir des droits pour pouvoir créer un répertoire temporaire d'installation et l'arborescence des répertoires du produit Oracle. Ainsi il est propriétaire de ces répertoires.

Il faut créer un utilisateur dédié aux tâches d'administration d'Oracle et qui a les droits nécessaires au niveau du système d'exploitation.

Attention

Nous avons déjà vu dans le module « L'architecture d'Oracle » que le serveur Oracle est composé d'une base de données, de l'ensemble des fichiers contenant les données et de l'instance, constituée de l'ensemble des processus d'arrière plan et des structures mémoires.

L'instance est l'unique moyen de travailler avec la base de données. Pour travailler avec la base de données, les utilisateurs se connectent, à travers l'instance, au près de la base de données, avec un nom d'utilisateur et un mot de passe. Le mot de passe est contrôlé dans le dictionnaire de données, dictionnaire qui est lui-même stocké dans la base.

En résumé, pour travailler avec la base de données on a besoin de l'instance, et l'utilisateur doit s'identifier grâce au dictionnaire de données qui se trouve dans la base.

Mais comment fait-on pour démarrer l'instance ?

Il faut en effet pouvoir s'authentifier autrement qu'avec le mot de passe qui se trouve dans la base inaccessible.

La solution est une authentification par le système d'exploitation. Il y a une autre méthode d'authentification, par un fichier de mot de passe ; elle est abordée dans le module suivant « La gestion d'une Instance ».

L'utilisateur ainsi approuvé par le système d'exploitation reçoit les privilèges d'administrateur de l'instance.

Pour administrer une instance il faut avoir un des privilèges suivant :

- **SYSDBA** offre tous les privilèges sur l'instance mais également sur la base de données. Pour plus d'informations, voir module suivant « La gestion d'une Instance ».

- **SYSOPER** hérite de tous les privilèges de **SYSDBA** sauf la possibilité de créer une base de données.

Pour bénéficier des privilèges **SYSDBA** ou **SYSOPER**, l'utilisateur il doit faire partie d'un group spécifique du système d'exploitation.

 Attention

Les privilèges d'administration les plus étendus qu'on peut accorder sont, dans ce cas, gérés au niveau du système d'exploitation.

Tout utilisateur qui est approuvé par le système d'exploitation - en occurrence il est membre du groupe administratif - est un administrateur de l'instance et de la base de données.

Il a totale liberté aussi bien au niveau de la base de données qu'au niveau de l'instance.

Il existe deux groupes pour gérer ces privilèges, un pour **SYSDBA** et un autre pour **SYSOPER**. Le groupe de **SYSDBA** est obligatoire ; il est présent dans tout système d'exploitation et pour chaque installation.

Ainsi l'utilisateur que vous devez créer pour l'installation et l'administration du serveur de base de données Oracle doit appartenir au groupe qui accorde les privilèges **SYSDBA**.

Le nom des groupes diffère suivant le système d'exploitation.

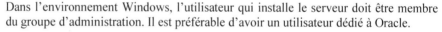

Dans l'environnement Windows, l'utilisateur qui installe le serveur doit être membre du groupe d'administration. Il est préférable d'avoir un utilisateur dédié à Oracle.

Les groupes qui accordent à leurs membres les privilèges **SYSDBA** et **SYSOPER**, s'appellent **ORA_DBA** et **ORA_OPER.**

Le groupe **ORA_DBA** est créé automatiquement par **OUI** (**O**racle **U**niversal **I**nstaller) pendant la première installation ; ainsi l'utilisateur qui effectue l'installation est automatiquement membre de ce groupe.

Le deuxième groupe, **ORA_OPER**, doit être créé manuellement.

Comme vous pouvez l'observer dans la figure précédente, l'utilisateur « **Razvan BIZOÏ** » est membre du groupe « **Administrateurs** » et du groupe **ORA_DBA,** ce qui signifie que le serveur Oracle a déjà été installé sur cette machine.

Le programme d'installation at également besoin d'un répertoire pour stocker les informations d'installation, l'inventaire des éléments à installer, et les fichiers de traces de l'installation ; par défaut il est stocké :

```
SYSTEM_DRIVE:\Program Files\Oracle\Inventory
```

Dans l'environnement **Unix/Linux,** il faut créer aussi un utilisateur qui installe le produit et l'administre. Le nom de l'utilisateur dédié à cette tâche est habituellement « **oracle** ».

Les noms des deux groupe qui accordent à leurs membres les privilèges **SYSDBA** et **SYSOPER** ne sont pas prédéfinis ; c'est a vous de choisir, habituellement le nom « **dba** » pour le groupe correspondant aux privilèges **SYSDBA** et « **oper** » pour **SYSOPER.**

La création du groupe « **dba** » et de l'utilisateur « **oracle** » est une des tâches pré-requise.

Le programme d'installation a également besoin d'un répertoire pour stocker les informations d'installation. Au démarrage, vous devez spécifier le répertoire où **OUI** (**O**racle **U**niversal **I**nstaller) placera les fichiers et les répertoires de l'inventaire, ainsi que le groupe auquel va appartenir le répertoire de l'inventaire Oracle (groupe de l'inventaire Oracle).

Habituellement ce groupe est nommé « **oinstall** ».

Attention

Le répertoire d'inventaire appartenant au groupe « **oinstall** » est précisé la première fois que vous lancez **OUI** (**O**racle **U**niversal **I**nstaller) sur votre serveur.

Les informations concernant le nom du groupe d'installation et le répertoire où sont stockées les informations d'inventaire, sont conservées dans un fichier « /var/opt/oracle/oraInst.loc » ou « /etc/oraInst.loc », fonction de votre système d'exploitation.

Les informations ont la structure suivante :

inventory_loc=/u01/app/oracle/oraInventory

inst_group=oinstal

Ainsi ces paramètres sont déjà initialisés pour les mises à jour de l'installation ou pour une nouvelle installation Oracle.

```
razvan@minerve:~> su
Password:
minerve:/home/razvan # grep oinstall /etc/group
minerve:/home/razvan # grep dba /etc/group
minerve:/home/razvan # groupadd oinstall
minerve:/home/razvan # groupadd dba
minerve:/home/razvan # grep dba /etc/group
dba:!:1001:
minerve:/home/razvan # grep oinstall /etc/group
oinstall:!:1000:
minerve:/home/razvan # useradd -m -g oinstall -G dba oracle
minerve:/home/razvan # id oracle
uid=1001(oracle) gid=1000(oinstall) groupes=1000(oinstall),1001(dba)
minerve:/home/razvan # passwd oracle
```

L'exemple précédent montre la création des deux groupes « **dba** » et « **oinstall** », ainsi que l'utilisateur « **oracle** ». Pour ces créations, on pend l'identité de « root ». N'oubliez pas de contrôler les créations et de modifier le mot de passe de l'utilisateur « oracle ».

L'architecture OFA

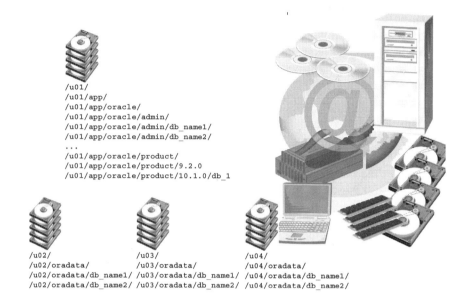

```
/u01/
/u01/app/
/u01/app/oracle/
/u01/app/oracle/admin/
/u01/app/oracle/admin/db_name1/
/u01/app/oracle/admin/db_name2/
...
/u01/app/oracle/product/
/u01/app/oracle/product/9.2.0
/u01/app/oracle/product/10.1.0/db_1
```

```
/u02/                        /u03/                        /u04/
/u02/oradata/                /u03/oradata/                /u04/oradata/
/u02/oradata/db_name1/       /u03/oradata/db_name1/       /u04/oradata/db_name1/
/u02/oradata/db_name2/       /u03/oradata/db_name2/       /u04/oradata/db_name2/
```

L'architecture **OFA** (**O**ptimal **F**lexible Architecture), que l'on pourrait traduire par meilleure architecture évolutive, est un ensemble de convention de nommage et de répartition de fichiers sur les différents axes du serveur.

Bien qu'elle ne soit pas indispensable à la création d'une base, elle offre des avantages non négligeables :

- Convention de nommage pour les fichiers de données ; on peut ainsi identifier les fichiers plus facilement

- Facilité de maintenance des bases de données à travers une organisation de fichiers standardisée.

- Davantage de garanties face aux problèmes de disques : en répartissant les fichiers sur plusieurs disques, on minimise autant que possible la perte de données en cas de problèmes.

- Performance accrue par des réductions de conflits d'entrée/sortie sur les disques.

Noms des répertoires

L'arborescence des répertoires de l'architecture **OFA** (**O**ptimal **F**lexible Architecture) est conçue pour pouvoir accueillir plusieurs installations des produits Oracle.

ORACLE_BASE

Il y a un répertoire de base qui accueillera toutes les installations des produits effectuées par un seul utilisateur. Ce répertoire est représenté par une variable d'environnement appelée **ORACLE_BASE**.

La règle pour nommer les répertoires de base **ORACLE_BASE** en **Unix/Linux** est la suivante :

pm/h/u

Variable	Déscription
pm	Un point de montage. Ou p est une constante et m un numérique d'une précision de deux chiffres. Par exemple : u01, u02, disk01, disk02 …
h	Un nom de répertoire standardise
u	Nom du propriétaire, celui qui exécute

Par exemple « /u01/app/oracle » est un répertoire de base pour l'utilisateur « oracle » et « /u01/app/applmgr » est le répertoire de base pour l'utilisateur « applmgr ». La variable **ORACLE_BASE** étant utilisée par **OUI** (**O**racle **U**niversal **I**nstaller) pendant l'installation, doit avoir été initialisée auparavant.

ORACLE_HOME

Les produits Oracle sont installés chacun dans un répertoire spécifique, répertoire identifié par une variable d'environnement appelée **ORACLE_HOME**. On utilise généralement le terme d'**ORACLE_HOME**, pour définir une installation d'Oracle.

La règle pour nommer les répertoires d'installation **ORACLE_HOME** en **Unix/Linux** est la suivante :

/pm/h/u/product/v/type_[n]

ou

$ORACLE_BASE/u/product/v/type_[n]

Variable	Déscription
pm	Un point de montage
h	Un nom de répertoire standardisé
u	Nom du propriétaire, celui qui exécute
v	La version du produit installé ; n'oubliez pas le détail des releases
type	Le type d'installation que vous réalisez : base de données (db), client (client), produit compagnon (companion), CRS (Oracle Cluster Ready Services) (crs) ou oracle applications (applmgr)
n	Si vous souhaitez installer plusieurs fois le même produit de la même version et même release, vous pouvez utiliser un compteur pour les identifier

Par exemple « /u01/app/oracle/product/10.1.0.3/db_1 » est un **ORACLE_HOME** pour une base de donnes de la version 10.1.0.3.0 installé par l'utilisateur oracle.

La variable **ORACLE_HOME** étant utilisée directement par **OUI** (**O**racle **U**niversal **I**nstaller) pendant l'installation, doit avoir été initialisée avant.

Le répertoire d'administration

Pour chaque base de données installée il y a un répertoire d'administration structuré de la sorte :

`/pm/h/admin/d/a`

ou

`$ORACLE_BASE/admin/d/a`

Variable	Description
pm	Un point de montage
h	Un nom de répertoire standardisé
d	Le nom de la base de données, le paramètre **DB_NAME**
a	Un répertoire pour structurer les différents fichiers d'administration
adhoc	Les scripts SQL d'administration
arch	Le répertoire de stockage des fichiers de journaux archivés
adump	Le répertoire destiné aux fichiers d'audit de la base de données
bdump	Le répertoire du fichier d'alertes et des fichiers d'erreurs des processus d'arrière-plan ; voir Module suivant « La gestion d'une Instance »
cdump	Le répertoire des fichiers d'erreurs des processus système ; voir Module suivant « La gestion d'une Instance »
create	Les scripts de création de la base de données
exp	Les fichiers d'export des données de la base
logbook	Les fichiers de log des différents traitements d'administration de la base de données
pfile	L'emplacement pour le fichier de paramètres
udump	Le répertoire des fichiers traces utilisateurs ; voir Module suivant « La gestion d'une Instance »

Par exemple « `/u01/app/oracle/admin/dba/adhoc/` » est un répertoire pour stocker les fichiers d'administration SQL de la base dba installé par l'utilisateur oracle.

Les fichiers de la base de données

La convention pour les noms de fichiers de la base de données est la suivante :

```
Fichier de contrôle :    /pm/q/d/control.ctl
Fichier de journal  :    /pm/q/d/redon.log
Fichier de données  :    /pm/q/d/tn.dbf
```

Variable	Description
pm	Un point de montage
q	Un nom de répertoire standardisé, généralement « **oradata** »
d	Le nom de la base de données, le paramètre **DB_NAME**
t	Nom du tablespace
n	Le numéro d'ordre d'une précision de deux chiffres

Ne stockez pas d'autres fichiers dans les répertoires de la base de données. Utilisez autant que possible plusieurs axes pour positionner vos fichiers des données, journaux et contrôles.

Par exemple :

« /disk02/oradata/dba/control.ctl »

« /disk03/oradata/dba/control.ctl »

Vous pouvez observer deux fichiers de contrôle positionnes sur deux axes différentes, matérialisés par deux points de montage disk02 et disk03. Ces fichiers appartiennent à la base de données « **dba** ». Ce type de traitement s'appelle le multiplexage de fichier de contrôle. Oracle écrit l'identique dans les deux fichiers en même temps pour assurer une sauvegarde en cas de perte d'un des deux disques. (voir Module suivant « La gestion d'une Instance »)

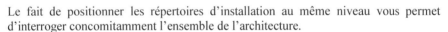
Conseil

Le fait de positionner les répertoires d'installation au même niveau vous permet d'interroger concomitamment l'ensemble de l'architecture.

Par exemple pour lister rapidement les produits oracle installés par un quelconque utilisateur sur le serveur, vous pouvez utiliser la chaîne suivante :

/*/app/*/product/*/

Votre arborescence de répertoires ressemblera a celle-ci :

/u[0-9][0-9]

/*/home/*

/*/app/*

/*/app/applmgr

/*/app/oracle/product

/*/app/oracle/product/10.1.0

/*/app/oracle/product/10.1.0/db*

/*/app/oracle/admin/dba

/*/app/oracle/admin/dba/arch/*

/*/oradata Oracle data directories

/*/oradata/dba/*

/*/oradata/dba/*.log

On a vu jusqu'à présent la structure des répertoires pour un système d'exploitation de type Unix/Linux ; dans le tableau suivant vous trouverez une comparaison entre Windows et Unix/Linux.

Unix/Linux	*Windows*
$ORACLE_BASE /u01/app/oracle	**%ORACLE_BASE%** d:\oracle
$ORACLE_HOME /u01/app/oracle/product/10.1.0.3	**%ORACLE_HOME%** d:\oracle\ora10103
/u01/app/oracle/admin/dba	d:\oracle\admin\dba
/u01/app/oradata/dba	d:\oracle\oradata\dba

Liste des composants à installer

- Enterprise Edition
- Standard Edition
- Personal Edition
- Personnalisé

L'installation d'Oracle peut être de plusieurs types suivant le système d'exploitation.

Enterprise Edition

C'est l'offre globale de serveur de base de données Oracle qui est prévue pour les applications de niveau entreprise. Ce niveau convient pour le traitement des transactions en ligne (OLTP) critiques, nécessitant une haute sécurité, et pour les environnements de Data Warehouse.

Avec ce type d'installation, toutes les options Enterprise Edition (voir tableau des Options d'installation disponibles dans Oracle) à licence séparée sont installées.

Standard Edition

C'est le niveau suivant d'installation fourni par Oracle. Ce produit contient tous les dispositifs élémentaires que vous pouvez attendre dans une base de données relationnelle.

Il offre toutes les options et services sauf les options Enterprise Edition (voir le tableau suivant).

Personal Edition

Une installation sur des systèmes d'exploitation Windows uniquement

Avec ce type d'installation le même logiciel est installé qu'avec l'option Enterprise Edition ; mais ce type d'installation ne prend en charge qu'un environnement de développement et de déploiement mono-utilisateur qui exige une compatibilité complète avec Enterprise Edition et Standard Edition. Oracle Real Application Clusters n'est pas installé avec Personal Edition.

Personnalisé

Ce type d'installation vous permet de choisir les composants que vous souhaitez installer à partir de la liste des composants disponibles, ou d'ajouter des produits à une installation existante. Pour installer des options ou produits particuliers comme Oracle Label Security, Oracle OLAP ou Oracle Transparent Gateways, vous devez choisir ce type d'installation.

> **Note**
>
> C'est le type d'installation que vous effectuez le plus souvent.

Vous avez la possibilité de créer une base de données au cours de l'installation ; l'installeur exécute la version complète des assistants « Configuration de réseau » et « Configuration de base de données ». Ces assistants fournissent des options avancées permettant de configurer une base de données Oracle et le logiciel réseau.

Les composants que vous pouvez installez sont détaillés dans le tableau suivant ; ils sont structurés dans l'ordre où vous les trouvez dans l'arborescence d'installation du **OUI** (**O**racle **U**niversal **I**nstaller).

Oracle Database 10g	
Oracle Universal Installer	Permet d'installer les composants développés via Oracle Software Packager.
Database Configuration Assistant	Automatise les processus de création, de modification et de suppression d'une base de données Oracle.
Database Upgrade Assistant	Migre les bases de données Oracle7, Oracle9 et Oracle8 existantes vers Oracle Database 10g et met à niveau la base suivant les nouvelles relises.
Oracle Remote Configuration Agent	Offre trois fonctions : le multiplexage ou la concentration, le contrôle de l'accès au réseau (également appelé Firewall) et la prise en charge de plusieurs protocoles.
Generic Connectivity Using ODBC	Permet aux systèmes autres qu'Oracle de se connecter à ODBC
XML	Assure la prise en compte native du XML dans la base et des fichiers XML
XML Parser for Oracle JVM	Permet la validation d'un document XML à partir de son schéma (et non plus uniquement à partir de son DTD).
Oracle Starter Database	Comprend les fichiers nécessaires à la création rapide d'une base de données de départ préconfigurée
Oracle Ultra Search Server	Puissant système de gestion de base de données relationnelle objet (ORDBMS), portable et évolutif, avec le produit Ultra Search, moteur de recherche d'entreprise qui collecte et indexe des documents dans un environnement.

Advanced Replication	Offre des fonctionnalités permettant de gérer les bases de données Oracle distribuées qui sont identiques ou qui contiennent des sous ensembles de données, et assurer la synchronisation entre elles.
Oracle Text	Offre des fonctions d'extraction de texte et des fonctions linguistiques évoluées applicables au texte stocké dans une base de données Oracle. Prend en charge le stockage, l'interrogation et l'affichage de texte à l'aide des langages.
Oracle Data Mining	Fournit une interface graphique et une interface de ligne de commande permettant d'effectuer toutes les tâches d'exploitation des données de la base afin de retrouver l'information pertinente.
Oracle Real Application Clusters	Supporte l'exécution d'Oracle sur un cluster d'ordinateurs.
ASM Tool	Permet de regrouper des disques de fabricants différents dans des groups disponibles pour la grille.
Oracle Globalization Support	Inclut les fichiers pour le support de la globalisation, multi langue, gestion du temps relatif …
Oracle Database Utilities	
Database SQL Scripts	Comprend divers scripts SQL utilisés dans la configuration et l'administration du serveur Oracle.
New Database ID	Utilitaire permettant de modifier ID et/ou le nom d'une base de données quelconque.
Export/Import	Offre des fonctionnalités permettant d'enregistrer les données de base de données Oracle dans un fichier, et de relire ultérieurement celles-ci dans une base de données Oracle.
SQL*Loader	Permet de charger des données dans des tables d'une base de données Oracle depuis des fichiers externes.
Recovery Manager	Utilitaire Oracle permettant de gérer les opérations de sauvegarde et de récupération, notamment la création de copies de sauvegarde des fichiers de données, des fichiers de contrôle et des fichiers de journalisation, et la restauration d'une base de données à partir de copies de sauvegarde.
PL/SQL	Extension du langage procédural SQL d'Oracle.
Advanced Queueing (AQ) API	Offre des fonctionnalités permettant de prendre en charge l'interface de programmation d'applications (API) Advanced Queuing, émettre et recevoir des messages à destination de ou issus de systèmes partenaires.

Character Set Migration Utility	Fournit des fonctions permettant de migrer le jeu de caractères de la base de données Oracle.
PL/SQL Embedded Gateway	Passerelle permettant de convertir des interrogations PL/SQL et de les renvoyer via HTTP pour activer les interfaces d'interrogation côté client en utilisant les navigateurs Web.
SQL*Plus	Offre des fonctionnalités permettant d'exécuter des commandes SQL et des blocs PL/SQL ; permet notamment d'exécuter des transactions, d'interroger des tables et de formater les données extraites.
Database Verify Utility	Utilitaire permettant d'effectuer un contrôle d'intégrité des structures de données physiques de divers fichiers de données, tels que les fichiers de sauvegarde.
Oracle JVM	Offre Java VM, un pilote JDBC intégré et un convertisseur SQLJ Translator.
Database Workspace Manager	Gestionnaire de l'espace de travail de la base de données.
Oracle interMedia Audio	Permet de gérer efficacement les données audionumériques d'une base de données Oracle sous plusieurs formats de fichier (tels que AIFF, AIFF-C, AU, WAV, MIDI et SND).
Oracle interMedia Video	Permet de stocker et d'extraire d'une base de données Oracle les données vidéo sous n'importe quel format (tel que AVI, MOV et MPEG) à partir d'une source locale ou éloignée.
Oracle interMedia Image	Permet de stocker, d'extraire et de traiter les images bitmap statiques à deux dimensions.
SQLJ Runtime	Composant runtime utilisé par la sortie de SQLJ Translator
Oracle10g Documentation	Contient la documentation d'installation et d'administration, ainsi que les notes sur la version propre à la plateforme en format PDF et HTML.
Oracle COM Automation Feature	Permet aux développeurs PL/SQL de manipuler par programme les composants COM. Uniquement pour les plateformes Windows.
Enterprise Edition Options	
Oracle Advanced Security	Améliore la sécurité de votre réseau grâce aux services de chiffrement, d'authentification et de connexion unique. Cette option fait l'objet d'une licence distincte.

Module 7 : L'installation d'Oracle 10g

Oracle Partitioning	Offre des fonctionnalités permettant de gérer une table dans des composants plus petits (partitions), ce qui améliore la gestion, les performances et la disponibilité
Oracle Spatial	Permet aux utilisateurs de stocker et de manipuler des données spatiales, pour utiliser des systèmes GIS (Geographical Information Systems). Cette option fait l'objet d'une licence distincte.
Oracle Label Security	Oracle Label Security, permet de restreindre l'accès à des données en lecture/écriture seulement aux utilisateurs qui ont les privilèges appropriés
Oracle OLAP	Installe l'option Oracle OLAP (OnLine Analytical Processing), gère les informations multidimensionnelles directement dans la base de données.
Data Mining Scoring Engine	Le moteur data mining scoring peut être sélectionné dans l'installation personnalisée EE.
Oracle Net Services	
Oracle Net Listener	Module d'écoute utilisé pour les connexions des clients Oracle.
Oracle Internet Directory Client	Active différents composants d'Oracle Database 10g, comme Net and Advanced Security, pour utiliser Oracle Internet Directory (LDAP annuaire) afin de centraliser le stockage des données d'accès.
Oracle Connection Manager	Offre trois fonctions : le multiplexage ou la concentration, le contrôle de l'accès au réseau (également appelé firewall) et la prise en charge de plusieurs protocoles.
Oracle SNMP Agent	Permet aux produits Oracle, tels qu'Oracle10g Server, d'être localisés, identifiés et surveillés par n'importe quel système de gestion de réseau de type SNMP.
Oracle Net Configuration Assistant	Vous permet de configurer le logiciel Oracle Net localement sur votre client ou votre serveur.
Oracle Enterprise Manager 10g Database Control	
Enterprise Manager Agent	Traite les demandes pour les cibles gérées d'un nœud.
OEM Console DB	La console Oracle Enterprise Manager pour la base de données
Enterprise Manager Repository	Fichiers de schéma référentiel d'Enterprise Manager.

Oracle Development Kit	
Oracle C++ Call Interface	Une interface de programme d'application (API) permettant aux développeurs d'application d'utiliser le langage C++ pour accéder aux serveurs de base de données Oracle et de contrôler toutes les phases d'exécution des instructions SQL et PL/SQL.
Oracle Call Interface (OCI)	Une interface de programme d'application (API) permettant aux développeurs d'application d'utiliser le langage C pour accéder aux serveurs de base de données Oracle et de contrôler toutes les phases d'exécution des instructions SQL et PL/SQL.
Oracle Programmer	Outils de développement et les interfaces faisant l'objet de licences distinctes et permettant de créer des applications qui accèdent à une base de données Oracle.
Oracle XML Developer's Kit	Fournit un ensemble de composants et d'utilitaires Java permettant d'analyser, de transformer et d'afficher des fichiers XML qui peuvent être utilisés pour créer des applications client, des applications de niveau intermédiaire ou des applications de serveur de base de données compatibles XML.
Oracle Windows Interfaces	
Oracle Services For Microsoft Transaction Server	Fournit une méthode complète et intégrée de développement et de déploiement d'applications basées sur COM à l'aide de MTS (Microsoft Transaction Server) avec une base de données Oracle.
Oracle Administration Assistant for Windows	Vous permet d'effectuer diverses fonctions d'administration propres à Windows NT pour la base de données Oracle, notamment la gestion des utilisateurs, des services et des processus.
Oracle Counters for Windows Performance Monitor	Permet aux administrateurs système de contrôler les performances des bases de données Oracle locales et distantes à l'aide de Windows NT Performance Monitor.
Oracle Objects for OLE	Permet d'accéder aux données et aux fonctionnalités Oracle à partir des applications Windows, telles que Microsoft Office, Visual Basic/C++, Internet Information Server et Microsoft Transaction Server.
Oracle ODBC Driver	Oracle ODBC Driver permet à de nombreuses applications compatibles ODBC de fonctionner avec des serveurs de base de données Oracle. Oracle ODBC Driver fonctionne comme un traducteur entre l'interface ODBC utilisée par les applications tierces et l'interface native des bases de données Oracle.

Oracle Provider for OLE DB	Permet à un grand nombre d'applications conformes OLE DB de fonctionner avec les serveurs de base de données Oracle.
Oracle Data Provider for .NET	Offre un accès optimisé aux données de la base de données Oracle à partir d'un environnement .NET.
Oracle Transparent Gateways	
Gateway for Sybase	Passerelle permettant de dialoguer avec d'autres systèmes de base de données.
Gateway for Microsoft SQL Server	
Gateway for Teradata	
Gateway for APPC	
Gateway for IBM DRDA	
iSQL*Plus	
iSQL*Plus	Fournit une interface permettant d'exécuter des interrogations SQL*Plus dans une base de données sur Internet.
Oracle UIX	UIX est un ensemble de technologies qui constitue un cadre pour le développement d'applications Web. Il gère la couche de présentation utilisateur, les événements et le flux de l'application.
Oracle Containers for Java	Ensemble standard d'API Sun Java 2 Plateforme Enterprise Edition permettant aux clients d'accéder aux classes Enterprise Java.

Module 7 : L'installation d'Oracle 10g

Le paramétrage du système

- Contrôle des ressources
- Installation des composants
- Configuration des paramètres du noyau
- Création des répertoires
- L'environnement de l'utilisateur oracle

Dans cette partie de l'installation on effectue la configuration du système d'exploitation.

Les traitements de pré-requis sont spécifiques à chaque système d'exploitation ; nous allons découvrir maintenant les préparations du système d'exploitation pour **SuSE Linux Enterprise Server 9**.

Précédemment vous avez déjà effectué les opérations suivantes :

```
razvan@minerve:~> su
Password:
minerve:/home/razvan # grep oinstall /etc/group
minerve:/home/razvan # grep dba /etc/group
minerve:/home/razvan # /usr/sbin/groupadd oinstall
minerve:/home/razvan # /usr/sbin/groupadd dba
minerve:/home/razvan # grep dba /etc/group
dba:!:1001:
minerve:/home/razvan # grep oinstall /etc/group
oinstall:!:1000:
minerve:/home/razvan # useradd -m -g oinstall -G dba oracle
minerve:/home/razvan # id oracle
uid=1001(oracle) gid=1000(oinstall) groupes=1000(oinstall),1001(dba)
minerve:/home/razvan # passwd oracle
Changing password for oracle.
New password:
Re-enter new password:
Password changed
```

Contrôle des ressources

Pour s'assurer que le système correspond à cette configuration, il faut suivre les étapes suivantes :

1. Contrôlez la taille de la mémoire vive

```
grep MemTotal /proc/meminfo
```

Si la taille de la mémoire physique est inférieure à 512 MB, il est nécessaire d'installer d'avantage de mémoire avant de pouvoir continuer.

2. Contrôlez la taille de la mémoire virtuelle

Pour contrôler la taille de la mémoire virtuelle vous pouvez utiliser la commande suivante :

```
grep SwapTotal /proc/meminfo
```

La mémoire virtuelle doit être supérieure à 1Gb. Généralement elle est deux fois la taille de la mémoire physique. Pour les systèmes de plus de 2Gb de mémoire physique sa taille peut être comprise entre une et deux fois la taille de la mémoire physique.

Si vous avez besoin de plus de mémoire virtuelle, utilisez la commande suivante :

```
su - root
dd if=/dev/zero of=tmpswap bs=1k count=900000
chmod 600 tmpswap
mkswap tmpswap
swapon tmpswap
```

Pour détruire le fichier créé et libérer l'espace, vous pouvez utiliser la démarche suivante :

```
su - root
swapoff tmpswap
rm tmpswap
```

3. Contrôlez l'espace temporaire de disque dans /tmp

```
df -h /tmp
```

Si la taille retournée est inférieure à 400MB vous pouvez créer temporairement un répertoire « **tmp** » dans un autre emplacement.

```
su - root
mkdir /<Nouveau_Emplacement>/tmp
chown root.root /<Nouveau_Emplacement>/tmp
chmod 1777 /<Nouveau_Emplacement>/tmp
export TEMP=/<Nouveau_Emplacement>    #pour Oracle
export TMPDIR=/<Nouveau_Emplacement> #pour Linux
```

4. Contrôlerz l'espace disque disponible

```
df -k
```

Il est nécessaire d'avoir au total 3,7GB d'espace libre. 2,5 GB sont nécessaires à l'installation du logiciel ORACLE et 1,2GB sont nécessaires à l'installation d'une base de données Oracle.

Paramétrage des paquetages

Pour s'assurer que le système est compatible avec les exigences de l'installation et de fonctionnement d'Oracle 10g, il faut exécuter les étapes suivantes :

Module 7 : L'installation d'Oracle 10g

1. Déterminez la version de Linux et du noyau installé :

```
cat /etc/issue
uname -r
```

Vous pouvez contrôler si votre système est certifié à l'adresse suivante :

http://metalink.oracle.com/metalink/certify/certify.welcome

2. Contrôlez l'installation des paquetages nécessaires

```
rpm -q gcc
rpm -q gcc-c++
rpm -q glibc
rpm -q libaio
rpm -q libaio-devel
rpm -q make
rpm -q openmotif
rpm -q openmotif-libs
```

Si un des ces paquetages n'est pas installé, il faut l'installer.

```
#à partir du répertoire « suse » du CD 2:
  rpm -Uvh make-3.80-184.1.i586.rpm

  rpm -Uvh libaio-0.3.98-18.3.i586.rpm

  rpm -Uvh openmotif-libs-2.2.2-519.1.i586.rpm \
        XFree86-libs-4.3.99.902-43.22.i586.rpm \
        freetype2-2.1.7-53.5.i586.rpm \
        fontconfig-2.2.92.20040221-28.13.i586.rpm \
        expat-1.95.7-37.1.i586.rpm

#à partir du répertoire « suse » du CD 3:
  rpm -Uvh gcc-3.3.3-43.24.i586.rpm \
        gcc-c++-3.3.3-43.24.i586.rpm \
        libstdc++-devel-3.3.3-43.24.i586.rpm \
        glibc-devel-2.3.3-98.28.i686.rpm

  rpm -Uvh openmotif-2.2.2-519.1.i586.rpm

  rpm -Uvh libaio-devel-0.3.98-18.3.i586.rpm
```

Configuration des paramètres du noyau

Voici les paramètres du noyau et leurs valeurs minimales requises et les fichiers où sont stockés.

Paramètre	Valeur	Fichier
semmsl	250	/proc/sys/kernel/sem
semmns	32000	/proc/sys/kernel/sem
semopm	100	/proc/sys/kernel/sem
semmni	128	/proc/sys/kernel/sem
shmall	2097152	/proc/sys/kernel/shmall
shmmax	La moitié de la mémoire physique	/proc/sys/kernel/shmmax
shmmni	4096	/proc/sys/kernel/shmmni
file-max	65536	/proc/sys/fs/file-max
ip_local_port_range	1024 65000	/proc/sys/net/ipv4/ip_local_port_range

Pour récupérer les valeurs actuelles vous devez utiliser les commandes suivantes :

```
cat /proc/sys/kernel/shmmax                      #shmmax
cat /proc/sys/kernel/shmall                      #shmall
cat /proc/sys/kernel/shmmni                      #shmmni
cat /proc/sys/kernel/sem | awk '{print $1}'      #semmsl
cat /proc/sys/kernel/sem | awk '{print $2}'      #semmns
cat /proc/sys/kernel/sem | awk '{print $3}'      #semopm
cat /proc/sys/kernel/sem | awk '{print $4}'      #semmni
cat /proc/sys/fs/file-max                        #file-max
cat /proc/sys/net/ipv4/ip_local_port_range       #ip_local_port_range
```

Il ne faut changer aucun paramètre qui a déjà une valeur supérieure. Pour initialiser les variables précédentes qui n'ont pas la bonne valeur, il faut éditer le fichier « **/etc/sysctl.conf** » et saisir les valeurs informations suivantes :

```
net.ipv4.ip_local_port_range=1024 65000
kernel.sem=250 32000 100 128
kernel.shmmax=2147483648
fs.file-max=65536
```

Vous pouvez tout aussi bien utiliser le script suivant :

```
cat >> /etc/sysctl.conf << EOF
kernel.shmmax=2147483648
kernel.sem=250 32000 100 128
fs.file-max=65536
net.ipv4.ip_local_port_range=1024 65000
EOF
```

Attention il est fort possible si que le fichier n'existe pas pour cette version de Linux.

Il faut alors paramétrer le système pour qu'il prenne en compte ces paramètres après un redémarrage de la machine.

```
chkconfig boot.sysctl on
```

Pour prendre en compte les modifications du fichier « **/etc/sysctl.conf** », sans redémarrer la machine :

```
sysctl -p
```

Attention cette commande charge en mémoire les informations du fichier, mais de manière temporaire, les informations étant perdues au redémarrage.

Les limites de l'environnement

Pour pouvoir effectuer l'installation et exécuter correctement les produits, les limites de l'environnement pour l'utilisateur Oracle doivent être modifiées. Ainsi le nombre maximum des fichiers ouverts, « **nofile** » est égal a 65536 et le nombre maximum des processus disponibles, « **noproc** » est égal a 16384.

Pour modifier ces valeurs vous devez effectuer les opérations suivantes :

1. Modifiez le fichier « **/etc/security/limits.conf** » en rajoutant les lignes suivantes :

```
oracle soft nproc 2047
oracle hard nproc 16384
oracle soft nofile 4024
oracle hard nofile 65536
```

2. Ajoutez la ligne suivante, dans le fichier « **/etc/pam.d/login** », si elle n'existe pas.

```
session required /lib/security/pam_limits.so
```

Création des répertoires

Respectant l'architecture **OFA** (**O**ptimal **F**lexible **A**rchitecture), il faut avoir au moins deux points de montage sur des axes distincts.

L'installation a besoin d'un répertoire défini par la variable **$ORACLE_BASE** créée comme suit :

```
mkdir -p /u01/app/oracle
chown -R oracle.oinstall /u01
```

Le répertoire est créé et il est attribué automatiquement à l'utilisateur « **oracle** » et le groupe par défaut est « **oinstall** ».

Le deuxième répertoire pour les fichiers de la base de données conformément à **OFA** (**O**ptimal **F**lexible **A**rchitecture) est :

```
mkdir -p /u02/oradata/dba
chown -R oracle.oinstall /u02
```

Le nom « **dba** » est le nom de la future base de données.

La création du répertoire d'inventaire, précisée la première fois que vous lancez **OUI** (**O**racle **U**niversal **I**nstaller) sur votre serveur :

```
mkdir -p /u01/app/oracle/oraInventory
chown -R oracle.oinstall /u01/app/oracle/oraInventory
```

Module 7 : L'installation d'Oracle 10g

L'environnement de l'utilisateur

Les variables d'environnement nécessaires pour l'installation sont : **ORACLE_BASE** et **ORACLE_SID**. La variable **ORACLE_SID** est le nom de l'instance que l'on va installer.

Pour modifier les variables, il faut modifier le fichier « **.profile** » de l'utilisateur « **oracle** » comme suit :

```
export ORACLE_BASE=/u01/app/oracle
export ORACLE_SID=dba
export DISPLAY=:0.0
```

Contrôlez l'environnement en vous connectant en tant qu'utilisateur « **oracle** » à l'ide de la commande suivante :

```
env
```

Avant de lancer **OUI** (**O**racle **U**niversal **I**nstaller) sur votre serveur, vous devez autoriser la connexion de l'utilisateur qui installe, en occurrence « oracle », au serveur X-Windows.

```
razvan@minerve:~> xhost +
razvan@minerve:~> su
Password:
minerve:/home/razvan # xhost +
minerve:/home/razvan # su - oracle
oracle@minerve:~> xclock
```

Comme vous pouvez le remarquer, on a utilisé la commande « **xhost +** » pour accorder à tous les utilisateurs le droit de se connecter au serveur X-Windows. La commande « **xclock** » contrôle seulement le bon fonctionnement de l'environnement.

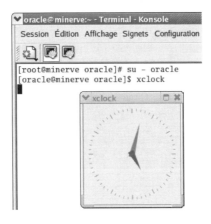

Maintenant la machine est prête pour l'installation

Dans l'environnement Windows le paramétrage du système consiste à vérifier les prérequis nécessaires pour installer Oracle 10g.

— Conseil —

Il est conseillé de créer un utilisateur dédié à l'administration et l'installation du produit base de données Oracle 10g. L'utilisateur doit être membre du groupe « **Administrateurs** » pour pouvoir effectuer l'installation.

© Tsoft/Eyrolles – Oracle 10g Administration 7-27

Rappelez-vous que l'utilisateur qui installe le produit est automatiquement membre du groupe **ORA_DBA** ; ainsi il a tous les privilèges pour administrer l'instance et la base de données.

Pour des raisons de sécurité il est préférable de ne pas effectuer l'installation avec le compte « **Administrateur** » ; en cas contraire le compte « **Administrateur** » devient automatiquement administrateur de l'instance et de la base de données.

L'installation d'Oracle 10g

- Télécharger le produit
- Installation des composants
- Assistants de configurations

Dans cette partie on va se consacrer à l'installation du produit de base de données Oracle 10g. Le système d'exploitation est actuellement configuré et prêt à acquérir l'application.

Télécharger le produit

L'installation peut être effectuée a partir des supports que Oracle vous a fournis suite à l'achat de votre licence. Il est également possible de télécharger les dernières versions sur le site l'Oracle à l'adresse suivante :

http://www.oracle.com/technology/index.html

L'avantage de la deuxième option est d'avoir toujours accès à la dernière version avec tous les correctifs.

Installation des composants

Comme nous l'avons vu précédemment **OUI** (**O**racle **U**niversal **I**nstaller) est une application Java destinée à l'installation des logiciels Oracle.

OUI (**O**racle **U**niversal **I**nstaller) peut répertorier tous les produits installés précédemment à l'aide d'un autre programme d'installation, mais il ne peut pas les désinstaller.

Il est utilisé pour l'installation de tout produit Oracle ; ainsi, à travers ce produit, on peut avoir un tableau de bord des installations effectuées.

Dans l'environnement Unix/Linux, il faut lancer le produit en ligne de commande. Avant d'exécuter **OUI** (**O**racle **U**niversal **I**nstaller) lorsque vous avez téléchargé le produit, il faut effectuer les pas suivants :

```
oracle@minerve:/ora_inst> ls
ship.db.lnx32.cpio.gz
oracle@minerve:/ora_inst> zcat ship.db.lnx32.cpio.gz | cpio -idmv
Disk1/stage/Components/oracle.server/10.1.0.3.0/1
Disk1/stage/Components/oracle.server/10.1.0.3.0
Disk1/stage/Components/oracle.server
Disk1/stage/Components/oracle.tg/10.1.0.3.0/1/DataFiles
Disk1/stage/Components/oracle.tg/10.1.0.3.0/1
...
oracle@minerve:/ora_inst> ls
Disk1
oracle@minerve:/ora_inst> cd Disk1
oracle@minerve:/ora_inst/Disk1> ls
doc     install    response    RPMS    runInstaller    stage   welcome.htm
oracle@minerve:/ora_inst/Disk1> runInstaller
```

La dernière commande « **runInstaller** » lance OUI (**O**racle **U**niversal **I**nstaller).

Dans l'environnement Windows, la fenêtre « Oracle Database 10g – Autorun » apparaît au chargement du CD-Rom d'installation. Autrement vous pouvez lancez l'exécutable setup.exe.

L'installation comporte certains pas de plus dans l'environnement **Unix/Linux**. C'est pour cette raison que les écrans apparaissant par la suite sont présentés dans cet environnement. Cependant les écrans communs sont complètement identiques dans les deux environnements. Les spécificités de l'environnement **Unix/Linux** vont être marquées comme d'habitude.

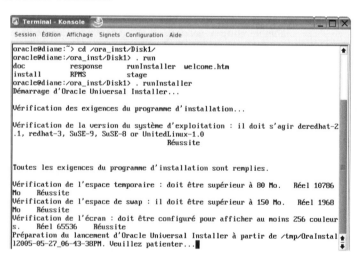

Une fenêtre de lancement d'Oracle Universal Installer s'affiche, vérifie les pré-requis puis lance **OUI** (**O**racle **U**niversal **I**nstaller) si les exigences sont vérifiées.

L'installation démarre par un écran de bienvenue qui vous propose deux options :

– Une installation de base avec le choix des types d'installations, Personal, Standard ou Enterprise Edition et les options d'installation pour une base standard.

– Une installation personnalisée vous permet de choisir l'ensemble des options. C'est le choix qu'on va analyser maintenant.

Module 7 : L'installation d'Oracle 10g

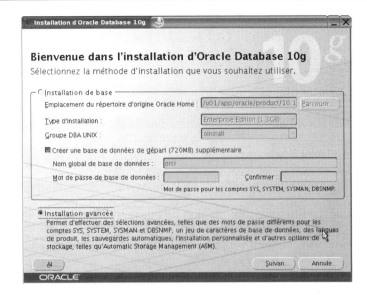

Comme on l'a observé précédemment, lors de la première installation d'Oracle sur votre système, vous devez préciser le répertoire d'inventaire où **OUI** (**O**racle **U**niversal **I**nstaller) stocke toutes les informations nécessaires à l'installation. Ce répertoire est généralement situé dans l'environnement **Unix/Linux** à l'emplacement suivant :

« $ORACLE_BASE/oraInventory »

Dans l'environnement Windows ce répertoire est situe dans l'emplacement suivant :

« C:\Program Files\Oracle\Inventory »

L'inventaire est stocké dans un ensemble de répertoires et de fichiers XML.

Il contient les fichiers journaux d'installations. Ce sont des fichiers XML contenant l'enregistrement de toutes les actions **OUI** (**O**racle **U**niversal **I**nstaller) réalisées lors de l'installation. Ils sont stockés dans le répertoire des journaux « logs » :

$ORACLE_BASE/oraInventory/logs/InstallActionshorodatage.log

C:\Program Files\Oracle\Inventory\logs\InstallActionshorodatage.log

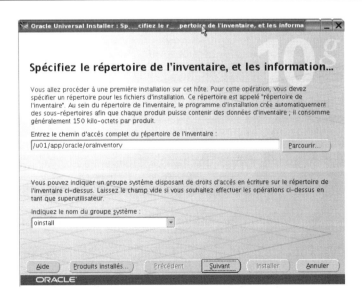

Dans l'environnement **Unix/Linux** lorsque vous exécutez l'installation pour la première fois **OUI** (**O**racle **U**niversal **I**nstaller) vous demande d'exécuter un script avec les privilèges de l'utilisateur « root ». Attention ne quittez pas le programme d'installation pour exécuter ce script.

Le script crée le fichier de pointeurs d'inventaire « `oraInst.loc` » dans l'un des deux répertoires « `/var/opt/oracle` » ou « `/etc` », en fonction de votre plate-forme. Le fichier « `oraInst.loc` » sert aux installations suivantes pour identifier les informations concernant l'emplacement et le propriétaire de l'inventaire.

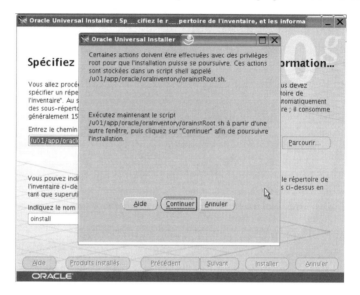

L'étape suivante consiste à renseigner l'emplacement « `ORACLE_HOME` ». Il faut respecter la norme **OFA** (**O**ptimal **F**lexible **A**rchitecture) pour chaque système d'exploitation.

Module 7 : L'installation d'Oracle 10g

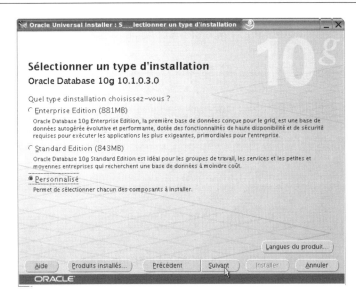

Choisissez ensuite le type d'installation que vous voulez faire suivant le système d'exploitation :

- Enterprise Edition
- Standard Edition
- Personal Edition
- Personnalisé

Le type d'installation choisi pour la suite de la présentation est l'installation Personnalisée.

Le bouton langues de produit vous permet de choisir les langues que vous souhaitez utiliser pour exécuter le produit Oracle. Si vous sélectionnez cette option, vous modifiez la langue dans laquelle les produits installés seront exécutés et non la langue de l'installation elle-même.

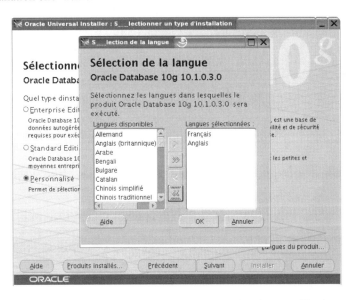

Dans l'environnement **Unix/Linux**, à cette étape, Oracle contrôle les pré-requis d'installation ; il s'agit du deuxième niveau de contrôle des pré-requis.

Module 7 : L'installation d'Oracle 10g

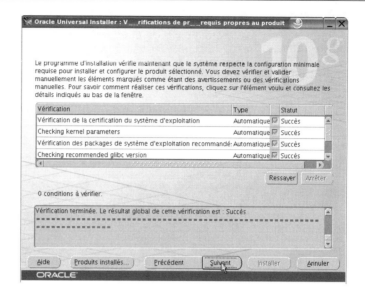

Attention

Une fois la vérification des pré-requis terminée, le vérificateur affiche le récapitulatif des statuts qui indique le nombre de vérifications ayant échoué et le nombre de celles qui doivent être contrôlées.

Vous pouvez prendre la décision de ne pas tenir compte des vérifications et continuer l'installation, mais c'est à vos risques et périls.

L'étape suivante consiste à choisir les options du produit que vous voulez installer.

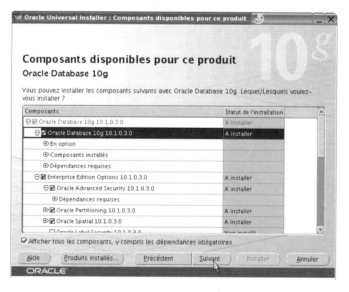

Dans l'environnement **Unix/Linux** à cette étape Oracle vous demande quel est le groupe spécifique du système d'exploitation qui bénéficiera des privilèges **SYSDBA** ou **SYSOPER**. Rappelez vous que l'on a créé le groupe « `dba` » pour ce besoin. Si toutefois vous voulez définir un autre groupe, il faut, avant toute autre opération, que l'utilisateur « oracle » devient membre de ce groupe.

Module 7 : L'installation d'Oracle 10g

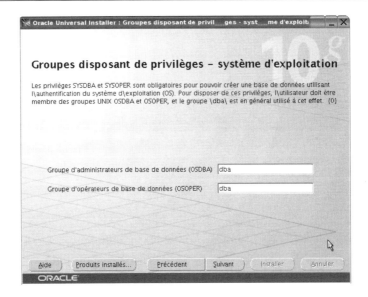

L'étape suivante vous permet de choisir, de créer une base de données pendant l'installation. En effet, à la fin de l'installation, **OUI** (**O**racle **U**niversal **I**nstaller) lance **DBCA** (**D**ata**B**ase **C**onfiguration **A**ssistant) qui vous permet de configurer et créer une base de données (Voir module « Création d'une base de données »).

La dernière étape avant l'installation est la validation des produits que vous avez choisis.

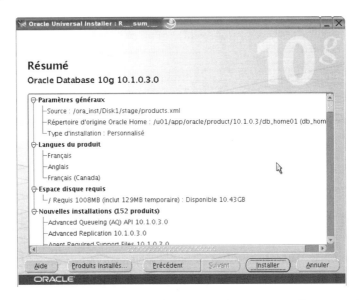

 Pendant cette phase d'installation **OUI** (**O**racle **U**niversal **I**nstaller) vous demande d'exécuter le script « $ORACLE_HOME/root.sh » en tant qu'utilisateur « root ».

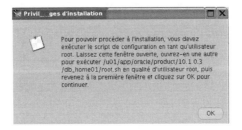

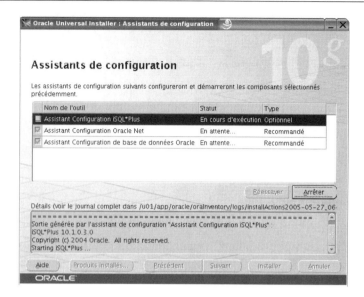

L'installation des composants Oracle10g est maintenant terminée. **OUI** (**O**racle **U**niversal **I**nstaller) lance plusieurs assistants de configuration suivant les composants choisis :

- L'assistant de configuration de iSQL*Plus. Il ne nécessite aucune intervention de votre part.
- L'assistant de configuration d'Oracle Net, que vous avez pu voir dans le module « L'architecture Oracle Net ».
- L'assistant de configuration de base de données, que nous allons voir en détail dans le module « Création d'une base de données ».

L'écran de fin d'installation indique si l'installation a réussi ou échoué, et affiche des informations importantes à retenir à propos des produits installés. Vous retrouvez les informations ainsi affichées dans le fichier « `readme.txt` » qui se trouve dans le répertoire :

« `$ORACLE_HOME/install` » ou « `%ORACLE_HOME%\install` ».

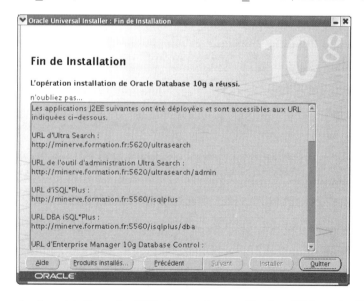

Par exemple, il peut indiquer les URL de certaines applications Web particulières. Si nécessaire, notez ces informations afin de vous en souvenir

Vous pouvez quitter **OUI** (**O**racle **U**niversal **I**nstaller), l'installation du produit est effectuée.

Pour pouvoir utiliser le serveur de base de données ainsi que les outils installés il faut effectuer les étapes de paramétrage post-installation.

Les tâches post-installation

Dans l'environnement Windows, le paramétrage post-installation est minime. Il consiste, dans le cas d'une installation sur un serveur qui comporte plusieurs produits, à définir lequel est le %ORACLE_HOME% par défaut.

La recherche de l'emplacement d'un fichier qu'on veut exécuter, par le système d'exploitation, s'effectue suivant l'ordre des répertoires dans la variable d'environnement %PATH%. Ainsi si plusieurs produits sont installés sur le même serveur, on accède uniquement aux composants du premier trouvé de cette liste des répertoires.

Une première solution est de lancer tous les composants avec le nom complet ; ainsi il est exécuté sans besoin de recherche dans la variable d'environnement %PATH%.

La deuxième méthode consiste à définir le produit par défaut, soit en modifiant la variable d'environnement %PATH% vous-même, soit en utilisant **OUI** (**O**racle **U**niversal **I**nstaller) pour automatiser la démarche.

Vous démarrez le produit **OUI** (**O**racle **U**niversal **I**nstaller) et choisissez le bouton « Produits Installés ».

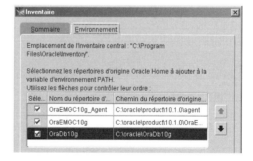

L'installation en environnement Windows configure la base de registres ajoutant une clé dans « `HKEY_LOCAL_MACHINE\SOFTWARE` ».

Module 7 : L'installation d'Oracle 10g

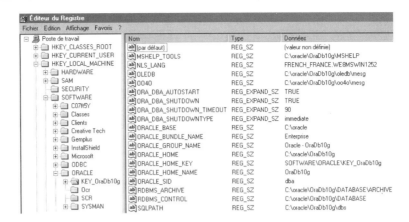

Vous pouvez remarquer les informations de l'installation comme : ORACLE_BASE ou ORACLE_HOME etc.

Vous avez également plusieurs services comme le LISTENER ou **OEM Database Cotrol**

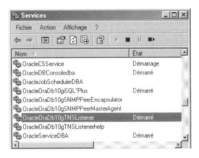

Le paramétrage des services vous assure un démarrage automatique après le redémarrage du serveur.

Dans l'environnement Unix/Linux vous devez paramétrer l'environnement de l'utilisateur « `oracle` » pour qu'il accède et utilise les composants installés.

Vous devez modifier le fichier « `.profile` » pour qu'il parvienne dans sa forme finale :

```
export ORACLE_BASE=/u01/app/oracle
export ORACLE_HOME=$ORACLE_BASE/product/10.1.0.3/db_home01
export ORACLE_SID=dba

export PATH=$ORACLE_HOME/bin:$PATH
export DISPLAY=:0.0
```

Dans l'environnement **Unix/Linux**, **OUI** (**O**racle **U**niversal **I**nstaller) ne configure en démarrage automatique aucun des composants. C'est la responsabilité de l'administrateur que de démarrer l'ensemble des composants.

Maintenant l'installation est complètement terminée.

L'installation échoue

Une installation qui échoue nécessite une attention particulière de la part de l'administrateur surtout si elle est effectué sur un serveur qui comporte d'autres installations. Il est possible de réinstaller en prenant soin de tirer les conclusions des erreurs de la première installation.

Dans le cas d'une installation qui échoue dans l'environnement Unix/Linux, il est plus facile de nettoyer la machine et de réinstaller l'ensemble des produits.

Pour nettoyer la machine il faut accomplir plusieurs pas :

– Arrêter la base de données. Voir le module suivant « La gestion d'une Instance ».
– Arrêter le service LISTNER.
– Arrêter **OEM Database Cotrol**.
– Effacer le répertoire `$ORACLE_HOME`
– Effacer le répertoire `$ORACLE_BASE/oraInventory`
– Effacer les répertoires contenant les fichiers de données
– Effacer les fichiers « `oraInst.loc` » et « `oratab` »
– Supprimez l'utilisateur « `oracle` » et les groupes « `oinstall` » et « `dba` »

Attention

Pour les serveurs qui comportent plusieurs installations, il n'est pas question d'effacer `$ORACLE_BASE/oraInventory`, ainsi que les fichiers « `oraInst.loc` » et « `oratab` ».

Egalement, si l'utilisateur « `oracle` » et les groupes « `oinstall` » et « `dba` » sont les utilisateurs qui ont installé d'autres produits, il faut évidement ne pas les supprimer.

Dans l'environnement Windows, le nettoyage est un peut plus compliqué.

La démarche est identique que celle effectuée dans l'environnement Unix/Linux :

– Arrêter la base de données. Voir le module suivant « La gestion d'une Instance ».
– Arrêter le service LISTNER
– Arrêter **OEM Database Cotrol**
– Effacer le répertoire `%RACLE_HOME%`
– Effacer le répertoire `C:\Program Files\Oracle`
– Effacer les répertoires contenant les fichiers de données
– Nettoyer la base de registre des toutes les occurrences Oracle

Atelier 7

- La préparation de l'installation
- Liste de pré-requis
- Le plan d'installation
- Un utilisateur pour l'installation
- Le paramétrage du système
- L'installation d'Oracle 10g
- Les tâches post-installation

 Durée : 120 minutes

Questions

7-1 Quel est le nom du répertoire dans lequel OUI stocke l'ensemble des fichiers de traces et l'inventaire ? Vous devez donner deux réponse, la première pour l'environnement Windows et la deuxième pour l'environnement Unix/Linux.

7-2 Pour installer Oracle vous avez besoin de quelle taille de mémoire physique minimum disponible ?

   A. 256Mb
   B. 512Mb
   C. 1Gb
   D. 2Gb

7-3 Pour installer Oracle vous avez besoin de quelle taille de mémoire virtuelle minimum disponible ?

   A. 512Mb
   B. 1Gb
   C. 2Gb
   D. 3Gb

Exercice n°1

Installez le serveur de base de données en respectant scrupuleusement la démarche présentée dans le module.

- *L'utilisateur SYS*
- *PFILE et SPFILE*
- *STARTUP*
- *SHUTDOWN*

La gestion d'une instance

Objectifs

A la fin de ce module, vous serez à même d'effectuer les tâches suivantes :
- Décrire la connexion d'un utilisateur à un serveur Oracle.
- Créer et gérer à un fichier de paramètres.
- Décrire les étapes de démarrage et les types d'arrêt d'une base des données.
- Arrêter et démarrer une base de données.
- Interroger les vues dynamiques pendant le démarrage de la base des données.
- Identifier et utiliser les fichiers de trace.

Contenu

La notion d'instance	8-2	Le démarrage et l'arrêt	8-24
Les utilisateurs SYS et SYSTEM	8-3	La commande STARTUP	8-26
Les méthodes d'authentification	8-4	La commande ALTER DATABASE	8-29
L'authentification Windows	8-5	Le démarrage du serveur	8-32
Le fichier de mot de passe	8-8	L'arrêt du serveur	8-35
Le fichier paramètre	8-10	Les vues dynamiques	8-41
SPFILE	8-16	Les fichiers de trace	8-51
Utilisation d'OEM	8-22	Atelier 8	8-54

La notion d'instance

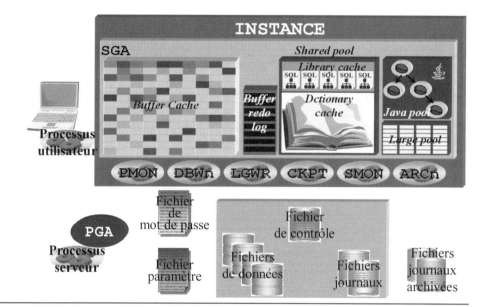

Pour comprendre l'architecture d'Oracle, deux concepts essentiels doivent être maîtrisés : la base de données et l'instance. Les deux modules suivants décrivent ces concepts et leur implémentation.

Dans ce module, nous allons étudier plus en détail le fonctionnement de l'instance. Comme on l'a vu dans le module « L'architecture d'Oracle », une instance est l'ensemble des processus d'arrière-plan et des zones mémoire qui sont alloués pour permettre l'exploitation de la base de données. Vous pouvez remarquer que l'ensemble des ses composants sont stockés essentiellement en mémoire.

Les caractéristiques de l'instance sont contenues dans un fichier de paramètres associé. Une instance correspond à une base de données et une seule. Par contre, une base de données peut utiliser plusieurs instances.

Pour accéder à la base de données, il faut que l'instance soit disponible. Le démarrage et l'arrêt de l'instance sont des tâches dévolues à l'administrateur de la base de données.

L'instance est l'unique moyen de travailler avec la base de données. Pour travailler avec la base de données, l'utilisateur se connecte, à travers l'instance, au prés de la base de données, avec un nom d'utilisateur et un mot de passe. Le mot de passe est contrôlé dans le dictionnaire de données, dictionnaire qui est lui-même stocké dans la base.

Les utilisateurs SYS et SYSTEM

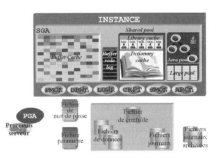

SYS
- Mot de passe : change_on_install
- Propriétaire du dictionnaire de données

SYSTEM
- Mot de passe : manager
- Propriétaire de tables internes supplémentaires utilisées par Oracle

Lorsque vous créez une base de données, plusieurs utilisateurs par défaut sont créés en même temps que la base ; ils peuvent varier selon la version du SGBDR que vous utilisez.

Deux utilisateurs sont automatiquement créés sur toute version de base de données Oracle. Il s'agit des utilisateurs « **SYS** » et « **SYSTEM** ». Ils sont tous les deux des administrateurs de la base de données.

L'utilisateur « **SYS** » est toujours créé avec le mot de passe « **change_on_install** », et l'utilisateur « **SYSTEM** » avec le mot de passe « **manager** ». Ces deux mots de passe sont connus, il est recommandé de les changer dès que possible pour limiter tout risque de brèche dans la sécurité.

A partir de la version Oracle9i, l'assistant **DBCA** (**D**ata**B**ase **C**onfiguration **A**ssistant) vous demande automatiquement de changer les mots de passe pour ces deux utilisateurs pendant la création d'une base de données avec l'assistant. Par contre, tous les scripts générés par l'assistant utilisent toujours les mots de passe par défaut.

La version Oracle10g génère des scripts de créations de base de données prenant en compte le changement de ces deux mots de passe. Pour plus d'informations sur l'assistant **DBCA** (**D**ata**B**ase **C**onfiguration **A**ssistant), voir le module suivant « La création d'une base de données ».

Le compte « **SYS** » est l'utilisateur le plus puissant de la base. Il possède tous les objets internes qui constituent cette dernière.

Le compte « **SYSTEM** » est l'utilisateur qui sert à créer initialement la plupart des objets. Il n'a pas de privilèges pour administrer l'instance de cette base de données.

Rappelez-vous, pour administrer une instance il faut avoir l'un de privilèges suivants :

– **SYSDBA** offrant tous les privilèges sur l'instance mais également sur la base de données.

– **SYSOPER** héritant de tous les privilèges de **SYSDBA** sauf la possibilité de créer une base de données.

Les méthodes d'authentification

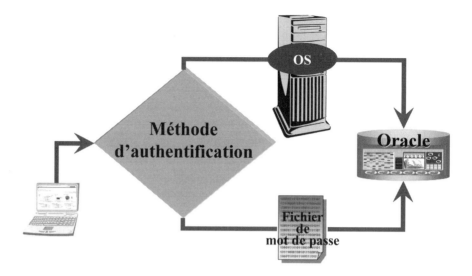

Dans certains cas, l'administrateur de base de données doit faire appel à une méthode d'authentification spéciale parce que la base de données ne peut pas être ouverte, surtout pour des opérations telles que l'arrêt et le démarrage.

Selon que vous souhaitez administrer votre base de données localement sur la machine où réside la base de données ou administrer plusieurs serveurs base de données à partir d'un seul client distant, vous choisirez soit une authentification par système d'exploitation soit par fichier mot de passe pour authentifier les administrateurs de base de données.

La principale utilité d'une telle démarche est de permettre aux utilisateurs de se connecter à une instance qui n'a pas été démarrée. En effet, lorsque l'instance n'est pas démarrée, le processus d'authentification ne peut pas s'appuyer sur le dictionnaire de données; il utilise donc, à la place, l'authentification par le système d'exploitation ou les valeurs contenues dans le fichier de mots de passe.

Pour vous connecter en utilisant les privilèges « **SYSDBA** » et « **SYSOPER** », vous devez initialiser le paramètre :

REMOTE_LOGIN_PASSWORDFILE= [EXCLUSIVE | SHARED | NONE]

EXCLUSIVE (par défaut) indiquant qu'une seule instance peut utiliser le fichier de mots de passe.

SHARED indiquant que plusieurs instances peuvent utiliser le fichier de mots de passe.

NONE. Oracle ignore le fichier de mots de passe, et les utilisateurs privilégiés doivent être authentifiés par le système d'exploitation.

> **Astuce**
>
> Oracle utilise le préfixe « **SYS** » pour toute définition désignant l'instance. Ainsi, par exemple, le terme de « **SYSDBA** » désigne un administrateur(DBA) de l'instance.

L'authentification Windows

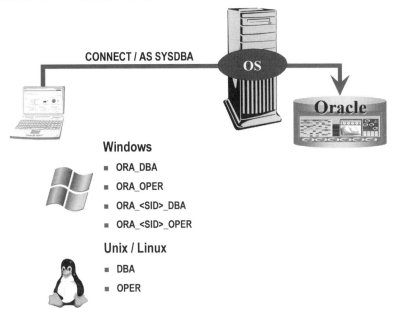

Les utilisateurs Windows

Oracle autorise ou non un utilisateur à se connecter à la base en tant que « SYSDBA » ou « SYSOPER » en fonction de son appartenance à des groupes NT locaux spécifiques. Les privilèges « SYSDBA » et « SYSOPER » permettent à un utilisateur du système d'exploitation d'administrer la base de données sans pour autant y disposer d'un compte ou, même, qu'elle soit démarrée.

_Les groupes recevant les privilèges « SYSDBA » et « SYSOPER » :

- **ORA_DBA** reçoit les privilèges « SYSDBA » pour toutes les instances situées sur l'ordinateur local.

- **ORA_OPER** reçoit les privilèges « SYSOPER » pour toutes les instances situées sur l'ordinateur local.

- **ORA_<SID>_DBA** reçoit les privilèges « SYSDBA » pour une instance spécifique indiquée par <SID>.

- **ORA_<SID>_OPER** reçoit les privilèges « SYSOPER » pour une instance spécifique, indiquée par <SID>.

La syntaxe de connexion à la base de données est :

CONNECT / AS SYSDBA ou CONNECT / AS SYSOPER

Attention

Lorsqu'un utilisateur appartenant à l'un de ces groupes se connecte, il est associé à l'utilisateur de base de données « SYS ».

Le groupe **ORA_DBA** est créé automatiquement lors de l'installation d'Oracle. Ainsi l'utilisateur qui a installé le serveur est automatiquement membre de ce groupe.

Dans la version Oracle10g le groupe **ORA_<SID>_DBA** est également créé lors de l'installation.

Module 8 : La gestion d'une instance

```
C:\>sqlplus /nolog
SQL>connect / as sysdba
Connecté.
SQL> show user
USER est "SYS"
SQL>connect utilisateur_inexistant/password_fictif as sysdba
Connecté.
SQL> show user
USER est "SYS"
```

L'exemple précédent est lancé par un utilisateur qui appartient au groupe « ORA_DBA » ; il peut se connecter et l'utilisateur de la base de données attaché est « SYS ».

La deuxième partie de l'exemple est plus intéressante ; elle montre que tout utilisateur approuvé par le système d'exploitation n'est pas tenu de fournir un nom d'utilisateur et un mot de passe pour ce connecter à la base. En effet, le nom d'utilisateur et le mot passe sont, dans ce cas, totalement ignorés, le caractère « / » signifiant en l'occurrence quelconque utilisateur et mot de passe.

Attention

Dans le cas ou l'utilisateur est authentifié par le système d'exploitation même si

REMOTE_LOGIN_PASSWORDFILE = EXCLUSIVE | SHARED,

il sera connecté automatiquement sans tenir compte du fichier de mot de passe.

Vous pouvez gérer l'authentification, Windows configurant elle-même tous les utilisateurs et les rôles.

Oracle propose un nouvel outil, nommé Oracle Administration Assistant for Windows, qui a été mis à disposition pour simplifier le processus. Il est implémenté sous forme d'une extension à la console MMC (Microsoft Management Console).

Lorsque vous lancez cet outil, le nom de l'ordinateur qui héberge la base que vous administrez doit apparaître sous le nœud Ordinateurs.

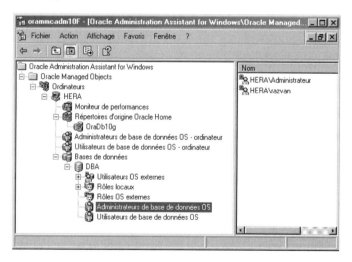

En ajoutant et en supprimant des utilisateurs à partir de « Administrateurs de base de données OS » et « Utilisateurs de base de données OS », vous pouvez déterminer qui bénéficie des privilèges « SYSDBA » et « SYSOPER ».

Le fait d'ajouter un utilisateur au nœud « Administrateurs de base de données OS » place celui-ci dans le groupe « ORA_DBA » sur le serveur ; si vous l'ajoutez au nœud

« Utilisateurs de base de données OS », il devient membre du groupe « `ORA_OPER` ». Pour pouvoir exécuter ces actions, vous devez détenir des privilèges d'administrateur système.

Pour insérer ou supprimer des utilisateurs, cliquez touche droite de la souris et choisissez l'option « Ajouter/supprimer ».

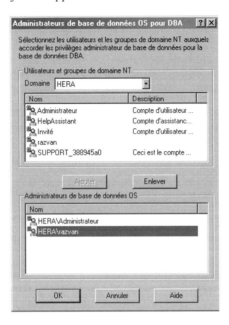

Toutes les instances Oracle sont listée sous le nœud « Bases de données »; au niveau de chaque instance on retrouve, entre autres, les nœuds « Administrateurs de base de données OS » et « Utilisateurs de base de données OS ». Ils ont ici la même fonction, exception faite qu'ils permettent de contrôler l'accès à une instance spécifique plutôt qu'à toutes les instances du serveur à la fois. Les modifications apportées à ces nœuds d'instances affectent les groupes « `ORA_<SID>_DBA` » et « `ORA_<SID>_OPER` ».

Les utilisateurs Unix / Linux

Les noms des deux groupes qui accordent à leurs membres les privilèges « `SYSDBA` » et « `SYSOPER` », ne sont pas prédéfinis ; et il vous appartient de les choisir. Habituellement le nom « `dba` » correspond aux privilèges `SYSDBA` et « `oper` » à « `SYSOPER` ».

La syntaxe de connexion est identique à celle dans l'environnement Windows.

Le fichier de mot de passe

```
orapwd file=$ORACLE_HOME/dbs/orapwdba
        password=mot_de_passe
        entries=3
        force=y
```

Pour authentifier les utilisateurs autorisés à exécuter des tâches d'administration sur une base de données distante, vous pouvez créer un fichier de mots de passe. Vous utiliserez pour cela l'utilitaire « **orapwd** ». Il se trouve dans le répertoire « **$ORACLE_HOME/bin** » ou « **%ORACLE_HOME%\bin** » selon le système d'exploitation. Le nom du fichier et le répertoire d'emplacement est différent selon le système d'exploitation :

Dans l'environnement Unix / Linux, le fichier a le format « **orapw<SID>** » et il est créé dans le répertoire « **$ORACLE_HOME\dbs\orapw<SID>** ».

Dans l'environnement Windows, le fichier a le format « **pwd<SID>.ora** » et il est créé dans le répertoire « **%ORACLE_HOME%/database/pwd<SID>** ».

Attention

Le répertoire dans lequel se trouve le fichier de mot de passe d'exécution par défaut de votre instance contient le fichier de mot de passe mais également le fichier paramètre.

Il faut remarquer qu'il est le seul répertoire de l'arborescence du produit qui n'a pas le même nom selon le système d'exploitation utilisé.

Dans l'environnement Unix /Linux c'est le répertoire :

« **$ORACLE_HOME/dbs** »

Dans l'environnement Windows c'est le répertoire :

« **%ORACLE_HOME%\database** »

Pour créer le fichier de mot de passe, vous devez utiliser l'outil de commande « **ORAPWD** ». La syntaxe d'utilisation est la suivante :

```
orapwd    file=<fname>    password=<password>    entries=<users>
force=<y/n>
```

file   Le nom et l'emplacement complet du fichier.

Module 8 : La gestion d'une instance

`password` Le mot de passe

`entries` C'est un paramètre optionnel qui indique le nombre maximum de comptes « `SYSDBA` » et « `SYSOPER` » autorisés.

`force` Permet de remplacer le fichier de mot passe s'il existe déjà.

Aucun espace ne doit exister de part et d'autre des signes d'égalité.

La syntaxe de connexion à la base de données est :

`CONNECT sys/mot_de_passe AS SYSDBA`

ou

`CONNECT sys/mot_de_passe AS SYSOPER`

— Note —

Lorsque vous vous connectez à la base de données, avec les privilèges « `SYSDBA` » ou « `SYSOPER` » utilisant le fichier de mot de passe ou étant approuvé par le système d'exploitation, vous est associé automatiquement à l'utilisateur « `SYS` ».

L'utilisateur « `SYS` » ne peut pas être utilisé sans les attributs « `AS SYSDBA` » ou « `AS SYSOPER` ».

Pour pouvoir vous connecter en utilisant les « `AS SYSDBA` » ou « `AS SYSOPER` » authentifiés par le fichier de mot de passe, vous devez initialiser le paramètre « `REMOTE_LOGIN_PASSWORDFILE` » afin d'indiquer à Oracle si le fichier doit être employé en mode exclusif (`EXCLUSIVE`) ou partagé (`SHARED`).

Au démarrage de l'instance, si le paramètre « `REMOTE_LOGIN_PASSWORDFILE` » est initialisé à « `EXCLUSIVE` » ou « `SHARED` », le fichier de mot de passe doit exister.

```
SQL> show parameter remote_login_passwordfile

NAME                                 TYPE        VALUE
------------------------------------ ----------- ------------
remote_login_passwordfile            string      EXCLUSIVE
SQL> connect sys/sys as sysdba
Connecté.
SQL> alter user sys identified by password;

Utilisateur modifié.
SQL> connect sys/password as sysdba
Connecté.
```

Dans l'exemple précédent, l'utilisateur est authentifié par le fichier de mot de passe. Pour la première connexion il utilise le mot de passe de ce fichier. En suite on modifie le mot de passe pour l'utilisateur « `sys` », à l'aide de la commande « `ALTER USER...` », détaillée dans le module « La gestion des utilisateurs ». Le mot de passe de l'utilisateur ainsi modifié peut être utilisé pour une nouvelle connexion.

— Attention —

Lorsque le paramètre « `REMOTE_LOGIN_PASSWORDFILE` » possède la valeur « `EXCLUSIVE` » et que le mot de passe de « `SYS` » est modifié, ce changement est reflété dans le fichier de mot de passe.

Au contraire, si le paramètre « `REMOTE_LOGIN_PASSWORDFILE` » possède la valeur « `SHARED` » le changement n'est pas reflété dans le fichier de mot de passe.

Le fichier paramètre

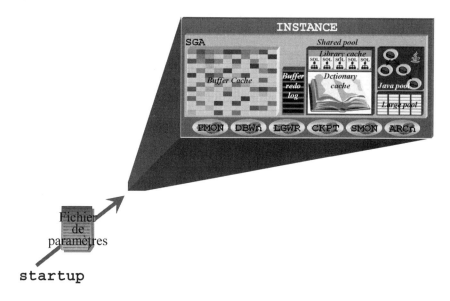

Les caractéristiques du serveur de base de données, telles que la taille de la SGA ou le nombre de processus d'arrière-plan, sont prises en compte lors du démarrage. Ces paramètres sont stockés dans un fichier de paramètres.

Le fichier de paramètre est un fichier texte contenant une liste des paramètres de démarrage de l'instance, ils ne sont lus que lors du démarrage, et les modifications que vous pouvez y apporter n'entrent en vigueur que lors d'un prochain démarrage.

Le nom du fichier de paramètres est **INIT<SID>.ORA** ou **INIT.ORA** et il est recherche par défaut dans le répertoire :

« `$ORACLE_HOME/dbs` »

« `%ORACLE_HOME%\database` »

Dans l'architecture **OFA** (**O**ptimal **F**lexible **A**rchitecture) on a vu que pour chaque base de données on crée un répertoire d'administration. Dans cette arborescence existe un répertoire destine au fichier de paramètres :

« `/u01/app/oracle/admin/dba/pfile/` »

Oracle10g contient plus de 250 paramètres documentés et plus de 1000 non documentés. Les paramètres non documentés se distinguent par leur nom qui commence par le caractère « _ ». Il est fortement déconseillé de modifier ces paramètres non documentés.

Les paramètres documentés sont classifiés par Oracle en deux catégories : de base et avancés. Oracle conseille de modifier les trente paramètres de base pour configurer votre instance et de ne pas modifier les autres paramètres sans besoins spécifiques de vos applications.

Les paramètres contrôlent les performances de la base de données ainsi que la quantité de mémoire utilisée par les différentes composantes de la SGA.

On peut également définir certains attributs physiques de la base de données au moment de sa création telle que la taille des blocs de données.

On trouve également dans ce fichier le nom et le chemin des fichiers de contrôle, des fichiers de log archivés et des fichiers de trace de la base de données.

A ce stade de l'étude de l'administration d'Oracle, nous allons nous restreindre au paramètres de base.

Paramètre	Description
CLUSTER_DATABASE	Active l'option Real Application Clusters.
COMPATIBLE	Permet d'utiliser une nouvelle version tout en garantissant la compatibilité descendante avec une version antérieure.
CONTROL_FILES	Indique le nom des fichiers de contrôle. Oracle recommande d'utiliser plusieurs fichiers sur différentes unités ou de mettre en miroir les fichiers OS.
DB_BLOCK_SIZE	La taille d'un bloc de bases de données Oracle. Cette valeur est définie lors de la création de la base de données et elle ne peut pas être modifiée par la suite.
DB_CREATE_FILE_DEST	Définit le répertoire de création par défaut des fichiers de données, des fichiers de contrôle et des fichiers de journalisation en ligne.
DB_CREATE_ONLINE_LOG_DEST_n	Définit le répertoire de création par défaut des fichiers de contrôle et des fichiers journaux en ligne. Il sera utilisé chaque fois qu'aucun nom de fichier ne sera fourni lors de l'opération (n=1÷5).
DB_DOMAIN	Indique l'extension du nom des bases de données. L'utilisation de ce paramètre est recommandée afin de créer des noms uniques au sein d'un domaine.
DB_NAME	Le nom de la base de données indiqué lors de sa création. Il ne peut pas être modifie par la suite.
DB_RECOVERY_FILE_DEST	Définit la location des fichiers de récupération si l'option « FLASHBACK RECOVERY » est utilisée.
DB_RECOVERY_FILE_DEST_SIZE	Définit la taille disponible pour stocker les fichiers « FLASHBACK RECOVERY ».
INSTANCE_NAME	Paramètre de base de données de cluster qui attribue un nombre unique pour mettre en correspondance l'instance et l'un des groupes de listes des espaces libres d'un objet de base de données créé avec le paramètre de stockage FREELIST GROUPS.
LOG_ARCHIVE_DEST_n	Une destination locale ou distante vers lesquelles les fichiers de journalisation archivés

	peuvent être dupliqués.
LOG_ARCHIVE_DEST_STATE_n	Indique le statut de disponibilité des paramètres de destination des journaux archivés correspondants.
NLS_LANGUAGE	Indique la langue par défaut de la base de données, utilisée pour les messages, les noms de jour et de mois, les abréviations et le mécanisme de tri par défaut. « FRENCH »
NLS_TERRITORY	Indique les conventions d'appellation pour la numérotation des jours et des semaines, le format de date par défaut, le séparateur décimal et le séparateur de groupes par défaut, le symbole ISO par défaut et les symboles monétaires locaux par défaut. « FRANCE »
OPEN_CURSORS	Indique le nombre maximal de curseurs ouverts simultanément dans une session et restreint la taille du cache de curseur PL/SQL utilisée par PL/SQL pour éviter une nouvelle analyse des instructions ré exécutées par un utilisateur. Définissez une valeur suffisamment élevée pour que vos applications ne manquent pas de curseurs ouverts.
PGA_AGGREGATE_TARGET	Indique les mémoires PGA agrégées cible de tous les processus serveur attachés à l'instance.
PROCESSES	Indique le nombre maximal de processus utilisateur du système d'exploitation pouvant se connecter simultanément à un serveur Oracle Server.
REMOTE_LISTENER	Identifie un nom réseau qui contient la liste des adresses des processus « LISTENER » distants.
REMOTE_LOGIN_PASSWORDFILE	Indique si les mots de passe des utilisateurs privilégiés sont vérifiés par le système d'exploitation ou par un fichier de mot de passe.
ROLLBACK_SEGMENTS	Indique les segments d'annulation à acquérir lors du démarrage de l'instance.
SESSIONS	Indique le nombre total de sessions utilisateur et système. Le nombre par défaut est supérieur à la valeur de PROCESSES, afin de permettre les sessions récursives.
SGA_TARGET	Indique la taille maximale de la mémoire SGA.
SHARED_SERVERS	Indique le nombre de processus serveur à créer pour un environnement de serveur partagé lorsqu'une instance est démarrée.
STAR_TRANSFORMATION_ENABLED	Indique à l'optimiseur de requêtes le mode d'interrogations pour prendre en compte les

	modèles en étoile.
UNDO_MANAGEMENT	Indique le mode de gestion de l'espace d'annulation que le système doit utiliser.
UNDO_TABLESPACE	L'instance utilisera l'espace disque logique d'annulation indiqué, pour stocker les informations d'annulation

Le fichier paramètre (suite)

```
compatible=9.2.0.0.0                      # Compatible à la version 9.2
instance_name=dba                         # Nom de l'instance
db_domain="formation.fr"                  # Nom du domaine
db_name=dba                               # Nom de la base de données
control_files=                            # Noms des fichiers de contrôle
        ("C:\oracle\ora92\dba\control01.ctl",
         "D:\oracle\ora92\dba\control02.ctl",
         "E:\oracle\ora92\dba\control03.ctl")
log_archive_dest_1='LOCATION=C:\oracle\oradata\dba\archive'
db_block_size=8192                        # Taille du block Oracle
db_cache_size=25165824                    # Taille du buffer cache
shared_pool_size=50331648                 # Taille du Shared Pool
pga_aggregate_target=25165824             # Taille du PGA
open_cursors=300                          # Nombre maximum des coureurs
processes=150                             # Nombre maximum des processus
undo_management=AUTO                      # Gestion de mode d'annulation
undo_tablespace=UNDOTBS1                  # Nom du tablespace UNDO
remote_login_passwordfile=EXCLUSIVE       # Mode d'authentification
star_transformation_enabled=FALSE         # Optimisation des requêtes
```

La syntaxe et les règles à suivre pour construire un fichier de paramètres sont :

– Le format de saisie est : `paramètre = valeur`

– Il n'y a pas d'ordre de déclaration des paramètres.

– Les commentaires commencent par le caractère « # ».

– Utiliser les doubles guillemets « " » pour inclure les caractères littéraux. Voir le paramètre « **control_files** ».

– Les valeurs multiples sont séparées par des virgules et toute la liste des valeurs dans une parenthèse.

– Il faut respecter les règles de syntaxe pour le nommage des fichiers et répertoires suivant le système d'exploitation.

– Vous pouvez inclure des fichiers supplémentaire à l'aide de la syntaxe : `IFILE=nom_fichier`.

L'exemple de fichier paramètre précédent est utilisé pour une base de données compatible Oracle9.2. Vous pouvez remarquer les tailles des différents zones mémoires, leur taille est exprimée en bytes mais vous pouvez utiliser K, M ou G pour l'exprimer en Kb, Mb ou Gb.

```
db_cache_size=250M                        # Taille du buffer cache
shared_pool_size=200M                     # Taille du Shared Pool
```

Pour obtenir les valeurs des différents paramètres utilisés par Oracle, consulter la vue « **V$PARAMETER** ».

Les champs représentatifs de la vue dynamique « **V$PARAMETER** » sont :

NAME   Le nom du paramètre.

TYPE   Le type du paramètre.

VALUE   La valeur

ISDEFAULT   C'est un champ de type chaîne de caractères qui retourne les valeurs « TRUE » et « FALSE » selon que le paramètre a été initialisé par le fichier de paramètres ou non.

ISxxx_MODIFIABLE   C'est un champ qui indique si le paramètre peut être modifié par session « **ISSES_MODIFIABLE** » ou par instance « **ISSYS_MODIFIABLE** ». Rappelez-vous, le préfixe « **SYS** » désigne l'instance.

```
SQL> select NAME,VALUE,ISDEFAULT from v$parameter
  2  where NAME like 'db_block_size';

NAME              VALUE      ISDEFAULT
---------------   --------   ---------
db_block_size     8192       FALSE
```

Vous pouvez observer la taille du block Oracle de la base de données ; c'est un paramètre qui a été initialisé par le fichier de paramètres.

Dans l'exemple suivant, vous pouvez remarquer le paramètre « **db_cache_size** » qui définit la taille du « Buffer Cache ». Cet un paramètre qui peut être modifié dynamiquement, pendant que l'instance est active.

Tout paramètre qui peut être modifié dynamiquement est identifié à l'aide du champ « **ISSYS_MODIFIABLE** » ou « **ISSES_MODIFIABLE** ».

```
SQL> select VALUE, ISSYS_MODIFIABLE from v$parameter
  2  where NAME like 'db_cache_size' ;

VALUE                ISSYS_MODIFIABLE
------------------   ----------------
25165824             IMMEDIATE

SQL> select NAME, VALUE, ISSES_MODIFIABLE from v$parameter
  2  where NAME in ('nls_language','nls_territory') ;

NAME                 VALUE                    ISSES_MODIFIABLE
------------------   ----------------------   ------------------
nls_language         FRENCH                   TRUE
nls_territory        FRANCE                   TRUE
```

SPFILE

- Fichier binaire
- Géré par le serveur Oracle
- Stocké sur le Serveur
- Inutile de le préciser au démarrage du serveur
- Emplacement :

  $ORACLE_HOME/DBS/SPFILE<nom_instance>.ORA

  %ORACLE_HOME%\DATABASE\SPFILE<nom_instance>.ORA

Depuis Oracle9i, il est possible d'utiliser également un fichier de paramètres de serveur. A partir de maintenant, on va appeler le fichier paramètres classique « PFILE » et le fichier de paramètres serveur « SPFILE ».

Le fichier « SPFILE » est un fichier binaire de paramètres dynamiques qui est géré par le serveur Oracle.

Il est situé sur le serveur dans le répertoire :

« $ORACLE_HOME/dbs/spfile<SID>.ora »

« %ORACLE_HOME%\database\spfile<SID>.ora »

Si le fichier « SPFILE » existe, il est prioritaire par rapport à « PFILE ». L'ordre des recherches effectuées par la base de données est le suivant :

- spfile<sid>.ora
- spfile.ora
- init<sid>.ora

La syntaxe de démarrage du serveur Oracle pour prendre en compte le fichier « PFILE » est la suivante :

startup pfile=$ORACLE_HOME/dbs/spfiledba.ora

Par contre, si on utilise un fichier « SPFILE », il n'est pas besoin de préciser son emplacement, la commande « startup » est suffisante.

Pour chaque démarrage à distance du serveur il faut, si on utilise un fichier « PFILE », avoir une copie du fichier paramètre sur le poste client. En effet, la syntaxe mentionne le fichier paramètre, mais l'environnement SQL*Plus va chercher ce fichier en local sur le poste client. Dans ce contexte, l'utilisation d'un fichier de type « SPFILE » est très intéressante car elle ne nécessite pas de préciser l'emplacement le serveur le connaissant déjà.

Les paramètres « `spfile` » et « `ifile` » déterminent l'emplacement du fichier paramètre et du fichier supplémentaire.

```
SQL> select NAME,VALUE from v$parameter
  2  where NAME in ('spfile','ifile');

NAME                    VALUE
----------------------  ------------------------------------------
spfile                  C:\ORACLE\ORADB10G\DATABASE\SPFILEDBA.ORA
ifile
```

La création d'un fichier SPFILE

Pour utiliser un fichier de paramètres serveur afin de lancer la base de données, il faut le créer à partir d'un fichier de paramètres traditionnel à l'aide de la syntaxe suivante :

```
CREATE SPFILE[='nom_spfile']
       FROM
       PFILE[='nom_pfile'];
```

nom_spfile Nom du fichier de paramètres serveur à créer. Si vous omettez l'argument, Oracle utilisera le nom de fichier de paramètres serveur par défaut. Si le fichier existe déjà sur le serveur, cette instruction remplacera le fichier.

nom_pfile Nom du fichier de paramètres traditionnel utilisé pour créer le fichier de paramètres serveur. Si vous omettez l'argument, Oracle recherchera le nom de fichier de paramètres par défaut.

La création d'un fichier PFILE

Vous pouvez créer un fichier de paramètres au format texte, « **PFILE** », à partir d'un fichier « **SPFILE** » à l'aide de la syntaxe suivante :

```
CREATE PFILE[='nom_pfile']
       FROM
       SPFILE[='nom_spfile'];
```

nom_spfile Nom du fichier de paramètres serveur à créer. Si vous omettez l'argument, Oracle utilisera le nom de fichier de paramètres serveur par défaut. Si le fichier existe déjà sur le serveur, cette instruction remplacera le fichier.

nom_pfile Nom du fichier de paramètres traditionnel utilisé pour créer le fichier de paramètres serveur. Si vous omettez l'argument, Oracle recherchera le nom de fichier de paramètres par défaut.

La création d'un fichier « **PFILE** » représente un moyen pratique d'obtenir une liste des valeurs de configuration courantes utilisées par la base de données. Vous pouvez en outre modifier le fichier facilement dans un éditeur de texte puis le reconvertir en un fichier de paramètres serveur au moyen de l'instruction « **CREATE SPFILE** ».

Dans l'exemple suivant on commence par arrêter le serveur. La syntaxe complète d'arrêt et redémarrage du serveur sera vue plus loin dans ce module.

Dés lors que la base de données est arrêtée, on crée un fichier « **PFILE** » positionné dans le répertoire par défaut. Ensuite on crée un fichier « **SPFILE** » à partir du fichier « **PFILE** » précédemment créé. Vous pouvez remarquer que pour créer ces deux fichiers, il n'est pas besoin que la base de données soit ouverte.

Module 8 : La gestion d'une instance

On démarre la base de données utilisant le fichier « **PFILE** », on interroge la vue « **V$PARAMETER** » pour visualiser l'emplacement du fichier « **SPFILE** ». Il n'y a pas de valeur pour ce paramètre, la base ayant été démarrée avec le fichier « **PFILE** » et non avec le fichier « **SPFILE** ».

Par la suite on affiche les deux fichiers qui sont identiques du point de vue information stockée, mais le fichier « **SPFILE** » ne peut pas être modifié manuellement.

```
SQL> shutdown immediate
Base de données fermée.
Base de données démontée.
Instance ORACLE arrêtée.
SQL> create pfile from spfile;

Fichier créé.

SQL> create spfile from pfile;

Fichier créé.

SQL> startup pfile=C:\oracle\OraDb10g\database\INITdba.ORA
Instance ORACLE lancée.

Total System Global Area   171966464 bytes
Fixed Size                    787988 bytes
Variable Size              145750508 bytes
Database Buffers            25165824 bytes
Redo Buffers                  262144 bytes
Base de données montée.
Base de données ouverte.
SQL> select NAME,VALUE from v$parameter
  2  where NAME = 'spfile';

NAME                 VALUE
---------------      -----------------------------------------
spfile

SQL> host type C:\oracle\OraDb10g\database\INITdba.ORA
*.background_dump_dest='C:\oracle\admin\dba\bdump'
*.compatible='10.1.0.2.0'
*.control_files='C:\ORACLE\ORADATA\DBA\DBA\CONTROLFILE\O1_MF_17YRYXB
P_.CTL'
*.core_dump_dest='C:\oracle\admin\dba\cdump'
*.db_block_size=8192
*.db_cache_size=25165824
*.db_create_file_dest='C:\oracle\oradata\dba'
*.db_domain=''
*.db_file_multiblock_read_count=16
*.db_name='dba'
*.dispatchers='(PROTOCOL=TCP) (SERVICE=dbaXDB)'
*.java_pool_size=50331648
*.job_queue_processes=10
*.large_pool_size=8388608
*.log_archive_format='ARC%S_%R.%T'
*.nls_language='FRENCH'
*.nls_territory='FRANCE'
```

```
*.open_cursors=300
*.pga_aggregate_target=25165824
*.processes=150
*.remote_login_passwordfile='EXCLUSIVE'
*.shared_pool_size=83886080
*.sort_area_size=65536
*.undo_management='AUTO'
*.undo_tablespace='UNDOTBS1'
*.user_dump_dest='C:\oracle\admin\dba\udump'

SQL> host type C:\oracle\OraDb10g\database\spfiledba.ORA
   ♣  ☻                                    ☻  7♥  Üy\!
*.background_dump_dest='C:\oracle\admin\dba\bdump'
*.compatible='10.1.0.2.0'
*.control_files='C:\ORACLE\ORADATA\DBA\DBA\CONTROLFILE\O1_MF_17YRYXB
P_.CTL'
*.core_dump_dest='C:\oracle\admin\dba\cdump'
*.db_block_size=8192
*.db_cache_size=25165824
*.db_create_file_dest='C:\oracle\oradata\dba'
*.db_domain=''
*.db_file_multiblock_read_count=16
*.db_name='dba'
*.dispatchers='(PROTOCOL=TCP) (SERVICE=dbaXDB)'
*.java_pool_size=50331648
*.job_queue_processes=10
*.large_pool_size=8388608
*.log_archive_format='ARC%S_%R.%T'
*.nls_language='FRENCH'
*.nls_territory='FRANCE'
*.open_cursors=300
*.pga_aggregate_target=25165824
*.processes=150
*.remote_login_passwordfile='EXCLUSIVE'
*.shared_pool_size=83886080
*.sort_area_size=65536
*.undo_management='AUTO'
*.undo_tablespace='UNDOTBS1'
*.user_dump_dest='C:\oracle\admin\dba\udump'
```

L'initialisation dynamique des paramètres

Certains paramètres peuvent être modifiés dynamiquement lorsque l'instance est démarrée. Les paramètres sont modifiés suivant leur caractéristiques, indiques par les champs de la vue « **V$PARAMETER** » : « **ISSES_MODIFIABLE** » ou « **ISSYS_MODIFIABLE** ».

La modification des paramètres d'une session est réalisée à l'aide de la commande SQL suivante :

ALTER SESSION SET paramètre=valeur ;

```
SQL> ALTER SESSION SET NLS_LANGUAGE=Italian;

SQL> select to_char(sysdate,'dd month yyyy') from dual;

TO_CHAR(SYSDATE,'
```

Module 8 : La gestion d'une instance

```
-----------------
31 maggio    2005
```

La modification des paramètres pour l'instance est réalisée à l'aide de la commande SQL suivante :

```
ALTER SYSTEM SET paramètre=valeur
                COMMENT='...'
                [SCOPE = MEMORY | SPFILE | BOTH] ;
```

COMMENT	Associe une chaîne de commentaires à ce changement dans la valeur du paramètre. Si vous spécifiez également SPFILE, ce commentaire apparaîtra dans le fichier de paramètres pour indiquer le changement le plus récent apporté à ce paramètre.
SCOPE	Spécifie à quel moment le changement doit prendre effet. La portée du changement dépend de la façon dont vous avez démarré la base de données, à savoir avec un fichier « **PFILE** » ou un fichier « **SPFILE** ».
MEMORY	Indique que le changement est effectué en mémoire, prend effet immédiatement, et dure jusqu'à ce que la base soit arrêtée. Si vous avez démarré la base en utilisant un fichier « **PFILE** », c'est la seule portée que vous pouvez spécifier.
SPFILE	Indique que le changement est effectué dans le fichier « **SPFILE** » et prend effet lors du redémarrage de la base. Cette option doit être utilisée lorsque vous changez la valeur d'un paramètre statique.
BOTH	Indique que le changement est effectué à la fois en mémoire et dans le fichier de paramètres serveur ; prend effet immédiatement et perdure après que la base ait été redémarrée.

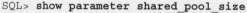

Attention

Si un fichier de paramètres serveur a été utilisé pour démarrer la base de données, « **BOTH** » sera l'option par défaut.

Si un fichier de paramètres a été utilisé, « **MEMORY** » sera non seulement l'option par défaut mais aussi la seule portée que vous pourrez spécifier.

```
SQL> show parameter shared_pool_size

NAME                            TYPE        VALUE
------------------------------- ----------- ------------------------------
shared_pool_size                big integer 72M
SQL> ALTER SYSTEM SET
  2         shared_pool_size=80M
  3         COMMENT='Modification du paramètre le : 10/05/2005';

Système modifié.

SQL> select value, UPDATE_COMMENT from v$parameter
  2  where name like 'shared_pool_size';
```

```
VALUE        UPDATE_COMMENT
-----------  ------------------------------------------------
83886080     Modification du paramètre le : 10/05/2005
```

Utilisation d'OEM

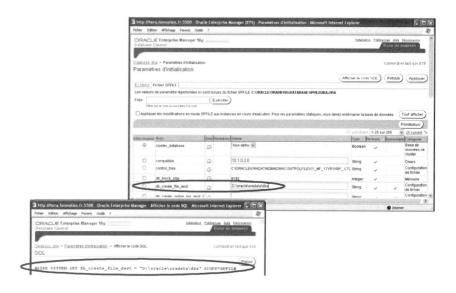

La gestion des paramètres, dans le fichier « **SPFILE** » ou modifiées dynamiquement, peut être effectuée dans la console **OEM** (**O**racle **E**nterprise **M**anager).

Pour accéder, vous devez vous connecter à la console d'administration et sélectionner l'onglet administration.

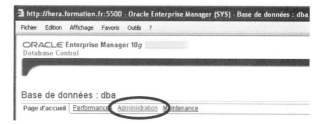

La page Administration vous permet de configurer et de régler les aspects de la base de données pour améliorer les performances et régler les paramètres. Utilisez la page Administration de base de données pour accéder au lien « Tous les paramètres d'initialisation ».

La page Paramètres d'initialisation vous permet de créer ou modifier les paramètres d'initialisation de la base de données en cours. Vous pouvez affecter des valeurs données à ces paramètres pour initialiser la plupart des paramètres de mémoire et de processus d'une instance Oracle.

Vous pouvez filtrer la page Paramètres d'initialisation pour afficher uniquement les paramètres répondant aux critères du filtre entrés dans le champ Filtrer par nom. Vous pouvez également choisir Afficher tout pour afficher tous les paramètres.

Sélectionnez « Fichier SPFILE » pour afficher et modifier les paramètres du fichier de paramètres persistants côté serveur en cours. Pour appliquer les modifications à l'instance en cours d'exécution, cliquez sur « Appliquer » ; les modifications sont effectuées dans le fichier SPFILE et aux instances actives. Pour les paramètres statiques, vous devez redémarrer la base de données.

Utilisez la page « Afficher le code SQL » pour afficher le code SQL généré lorsque vous créez ou modifiez un objet. Le code SQL est généré uniquement lorsque vous modifiez une fenêtre de propriétés.

Le démarrage et l'arrêt

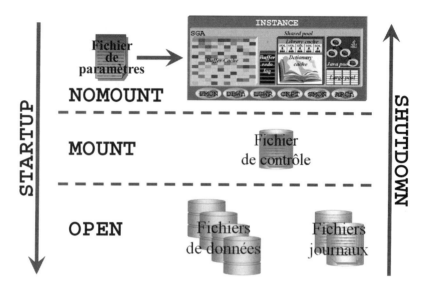

Nous avons vu jusqu'à présent les paramètres nécessaires de démarrage du serveur de base de données mais pas les étapes de démarrage.

Le démarrage et arrêt d'une instance se fait en trois étapes tel que suit :

- Le démarrage de l'instance
- Le montage de la base de données
- L'ouverture de la base de données

Le démarrage de l'instance

Le démarrage de l'instance est la première étape ; on parle de mode « **NOMOUNT** ». On démarre en mode « **NOMOUNT** » lors de la création de la base de données ou la régénération des fichiers de contrôle.

Les tâches suivantes sont réalisées durant cette étape :

- Lecture du fichier de paramètres d'initialisation. Le serveur va essayer de lire les fichiers de paramètres dans l'ordre suivant : « `spfile<SID>.ora` », « `spfile.ora` » ou « `init<SID>.ora` ».
- Allocation de la mémoire pour la SGA
- Démarrage des processus d'arrière plan
- Ouverture des fichiers de trace et d'alerte.

Comme on peut l'observer dans ce mode « **NOMOUNT** », le seul composant actif est l'Instance de la base de données et uniquement l'instance.

Le montage de la base de données

La seconde étape consiste à monter la base de données. C'est le mode « **MOUNT** ».

Les tâches suivantes sont réalisées durant cette étape :

- Associer la base de données à l'instance démarrée
- Rechercher et ouvrir les fichiers de contrôle spécifiés
- Lecture des fichiers de contrôle pour obtenir le nom et le statut des fichiers de données et des fichiers journaux (fichiers redo-log). Aucune vérification de l'existence de ces fichiers n'est réalisée à ce stade.

La base de données n'est pas encore ouverte et donc non accessible aux utilisateurs sauf pour les administrateurs avec les privilèges « **SYSDBA** » ou « **SYSOPER** ».

Le mode « **MOUNT** » est utilisé pour réaliser certaines opérations de maintenance, par exemple :

- Renommer les fichiers de données
- Activer ou désactiver les options de l'archivage des fichiers journaux
- Réaliser une restauration complète de la base de données

L'ouverture de la base de données

La troisième étape de démarrage est l'ouverture de la base de données. On l'appelle également le mode « OPEN » ou mode normal de la base de données. A ce moment, un utilisateur valide de la base de données peut se connecter et accéder aux données.

Lors de cette étape finale, le serveur Oracle vérifie que les fichiers de données et les fichiers journaux (fichiers redo-log) puissent être ouverts. Si l'ouverture de l'un d'entre eux échoue, une erreur est renvoyée et la base de données n'est pas ouverte.

La consistance de la base de données est également vérifiée pour s'assurer que les fichiers de données soient bien synchronisés.

Si nécessaire, le processus d'arrière plan « **SMON** » lance la restauration d'instance ; ainsi les fichiers de données sont reconstruits à partir des fichiers journaux (fichiers redo-log).

La commande STARTUP

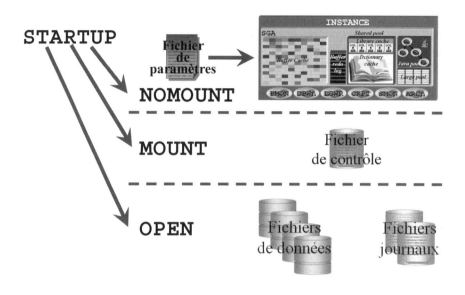

Le démarrage d'une base est effectué à partir de **SQL*Plus** en utilisant la commande suivante :

```
STARTUP [FORCE] [RESTRICT] [PFILE=fichier_pfile]
    [ OPEN [READ {ONLY | WRITE [RECOVER]} | RECOVER]]
    | MOUNT
    | NOMOUNT ]
```

OPEN Lancement complet du serveur de base de données et ouverture de la base de données avec une restauration d'instance « **RECOVER** ». Accès aux utilisateurs. C'est l'option par défaut.

NOMOUNT Lancement du serveur en mode « **NOMOUNT** ». Pas d'accès aux utilisateurs.

MOUNT Lancement du serveur en mode « **MOUNT** » pour réaliser des opérations de maintenance. Pas d'accès aux utilisateurs.

FORCE L'argument « **FORCE** » utilisé dans la syntaxe demande d'abord l'arrêt de l'instance si ouverte, puis le démarrage du serveur selon les options choisies.

RESTRICT Accès limité aux utilisateurs dont le privilège système correspond à restrict session.

READ ONLY Lancement complet du serveur de base de données et ouverture de la base de données en mode lecture seule.

READ WRITE Lancement complet du serveur de base de données et ouverture de la base de données en mode normal.

PFILE Nom du fichier d'initialisation à utiliser au moment du démarrage.

Dans les exemples suivants, nous allons utiliser la commande de démarrage du serveur
« **STARTUP** » mais également la commande d'arrêt avec l'option immédiate
« **SHUTDOWN IMMEDIATE** ». Pour plus d'informations sur la commande d'arrêt
du serveur, voir plus loin dans le module.

```
C:\>sqlplus "/as sysdba"

SQL> shutdown immediate
Base de données fermée.
Base de données démontée.
Instance ORACLE arrêtée.
SQL> startup
Instance ORACLE lancée.

Total System Global Area   171966464 bytes
Fixed Size                    787988 bytes
Variable Size              145750508 bytes
Database Buffers            25165824 bytes
Redo Buffers                  262144 bytes
Base de données montée.
Base de données ouverte.
```

Comme vous pouvez le remarquer dans l'exemple précédent, on commence par l'arrêt
du serveur et ensuite le redémarrage complet. L'argument « **OPEN** » est l'option par
défaut de la commande « **STARTUP** ». Les trois étapes d'arrêt et de démarrage du
serveur sont mentionnées dans les deux cas.

```
SQL> shutdown immediate
Base de données fermée.
Base de données démontée.
Instance ORACLE arrêtée.
SQL> startup nomount
Instance ORACLE lancée.

Total System Global Area   171966464 bytes
Fixed Size                    787988 bytes
Variable Size              145750508 bytes
Database Buffers            25165824 bytes
Redo Buffers                  262144 bytes
SQL> show parameter sga_max_size

NAME                                 TYPE        VALUE
------------------------------------ ----------- -------------
sga_max_size                         big integer 164M
SQL> select * from cat;
select * from cat
              *
ERREUR à la ligne 1 :
ORA-01219: BdD fermee : demandes seulement autorisees sur des
tables/vues fixes
```

Dans le cas ou on démarre le serveur en mode « **NOMOUNT** », c'est uniquement
l'instance qui est lancée ; ainsi on peut travailler avec les seules informations
contenues dans l'instance, par exemple les valeurs des paramètres.

Dans l'exemple suivant on démarre le serveur en mode lecture seule, ce qui empêche
toute opération de mise à jour des informations de la base.

Module 8 : La gestion d'une instance

```
SQL> shutdown immediate
Base de données fermée.
Base de données démontée.
Instance ORACLE arrêtée.
SQL> startup open read only
Instance ORACLE lancée.

Total System Global Area   171966464 bytes
Fixed Size                     787988 bytes
Variable Size              145750508 bytes
Database Buffers            25165824 bytes
Redo Buffers                  262144 bytes
Base de données montée.
Base de données ouverte.
SQL> create table table_test as select * from cat;
create table table_test as select * from cat
                                         *
ERREUR à la ligne 1 :
ORA-00604: une erreur s'est produite au niveau SQL récursif 1
ORA-16000: base de données ouverte pour accès en lecture seule
```

Attention

Dans le processus de démarrage du serveur, du mode « **NOMOUNT** » jusqu'au mode « **OPEN** », vous ne pouvez pas utiliser la commande « **STARTUP** » deux fois.

La commande n'est utilisée que à partir d'un serveur complètement arrêté ou utilisant l'argument « **FORCE** ». L'argument « **FORCE** » est détaillé plus loin dans ce module.

```
SQL> shutdown immediate
Base de données fermée.
Base de données démontée.
Instance ORACLE arrêtée.
SQL> startup nomount
Instance ORACLE lancée.

Total System Global Area   171966464 bytes
Fixed Size                     787988 bytes
Variable Size              145750508 bytes
Database Buffers            25165824 bytes
Redo Buffers                  262144 bytes
SQL> startup mount
ORA-01081: impossible de lancer ORACLE déjà en cours - fermer
d'abord le thread
```

Pour changer l'état de la base de données, vous devez utiliser la commande **SQL** « **ALTER DATABASE** ». Les changements de la base de données s'opèrent du mode « **NOMOUNT** » au mode « **MOUNT** » et ensuite au mode « **OPEN** ».

La commande ALTER DATABASE

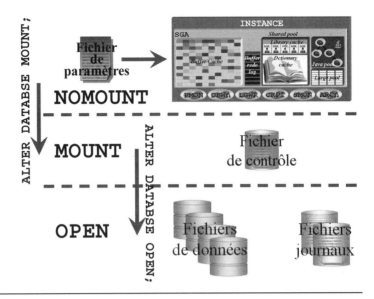

Vous pouvez démarrer un serveur dans l'un des trois modes « NOMOUNT », « MOUNT » ou « OPEN ». On peut passer d'un mode à l'autre en ne modifiant qu'un seul niveau à la fois.

Il est possible de le changer grâce à la commande SQL suivante :

```
ALTER DATABASE [ OPEN [READ {ONLY | WRITE}] | MOUNT ]
```

OPEN Ouvre la base, la rendant disponible pour une utilisation normale. Vous devez monter la base avant de pouvoir l'ouvrir.

MOUNT Monte la base de données.

READ ONLY Limite les utilisateurs à des transactions en lecture seule, les empêchant de générer des entrées dans les fichiers journaux (fichiers redo-log).

READ WRITE Ouvre la base en mode lecture-écriture, autorisant les utilisateurs à générer des entrées dans les fichiers journaux (fichiers redo-log). Il s'agit du mode par défaut.

```
SQL> shutdown immediate
Base de données fermée.
Base de données démontée.
Instance ORACLE arrêtée.
SQL> startup nomount
Instance ORACLE lancée.

Total System Global Area   171966464 bytes
Fixed Size                     787988 bytes
Variable Size               145750508 bytes
Database Buffers             25165824 bytes
Redo Buffers                   262144 bytes
SQL> alter database open;
```

Module 8 : La gestion d'une instance

```
alter database open
*
ERREUR à la ligne 1 :
ORA-01507: base de donnees non montee
SQL> alter database mount;

Base de données modifiée.

SQL> alter database open;

Base de données modifiée.
```

Vous pouvez remarquer l'erreur survenue suite à la tentative d'ouvrir la base de données malgré le fait qu'elle n'ait pas été montée.

```
SQL> show parameter control_files

NAME                                 TYPE         VALUE
------------------------------------ ------------ ------------------------------
control_files                        string       C:\ORACLE\ORADATA\DBA\DBA\CONT
                                                  ROLFILE\O1_MF_17YRYXBP_.CTL
SQL> shutdown immediate
Base de données fermée.
Base de données démontée.
Instance ORACLE arrêtée.
SQL> host
Microsoft Windows XP [version 5.1.2600]
(C) Copyright 1985-2001 Microsoft Corp.

C:\>cd C:\ORACLE\ORADATA\DBA\DBA\CONTROLFILE\

C:\oracle\oradata\dba\DBA\CONTROLFILE>ren *.CTL *.SAV

C:\oracle\oradata\dba\DBA\CONTROLFILE>dir /b
O1_MF_17YRYXBP_.SAV

C:\oracle\oradata\dba\DBA\CONTROLFILE>exit

SQL> startup
Instance ORACLE lancée.

Total System Global Area   171966464 bytes
Fixed Size                    787988 bytes
Variable Size              145750508 bytes
Database Buffers            25165824 bytes
Redo Buffers                  262144 bytes
ORA-00205: erreur lors de l'identification du fichier de controle;
consultez le journal des alertes

SQL> host
Microsoft Windows XP [version 5.1.2600]
(C) Copyright 1985-2001 Microsoft Corp.

C:\>cd C:\ORACLE\ORADATA\DBA\DBA\CONTROLFILE\
```

```
C:\oracle\oradata\dba\DBA\CONTROLFILE>ren *.SAV *.CTL

C:\oracle\oradata\dba\DBA\CONTROLFILE>dir /b
O1_MF_17YRYXBP_.CTL

C:\oracle\oradata\dba\DBA\CONTROLFILE>exit

SQL> alter database mount;

Base de données modifiée.

SQL> alter database open;

Base de données modifiée.
```

Dans l'exemple précédent on simule la perte d'un fichier de contrôle par le changement du nom de ce fichier. Sans fichier de contrôle, le serveur ne peut pas dépasser le stade « **NOMOUNT** ».

En effet, on commence par visualiser le fichier de contrôle. On arrête le serveur et on modifie le nom du fichier de contrôle. Le démarrage complet du serveur à échoué. Il s'est arrêté en mode « **NOMOUNT** ». En modifiant le nom du fichier de contrôle pour qu'il coïncide avec le nom du paramètre « `control_files` », on peut démarrer manuellement le serveur correctement.

Note

Si le serveur ne trouve pas les fichiers nécessaires, il ne peut pas démarrer correctement.

Le démarrage du serveur n'est pas lancé si le fichier de paramètres manque.

Si le fichier de contrôle manque, le démarrage du serveur dans le mode « **NOMOUNT** » est arrêté.

Si un fichier de données ou un fichier de journaux manque, le démarrage du serveur en mode « **MOUNT** » est arrêté.

Ainsi après la récupération des fichiers correspondants et leur reconstruction, vous pouvez continuer le démarrage du serveur jusqu'au mode « **OPEN** » qui est le but de tout démarrage.

Le démarrage du serveur

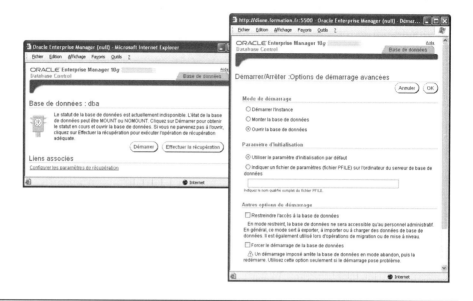

Vous pouvez utiliser Enterprise Manager pour arrêter ou démarrer votre serveur de base de données.

Connectez-vous à l'Entreprise Manager, la page d'accueil est contextuelle selon que le serveur de base de données est démarré ou non. S'il n'est pas démarré, il vous propose de le démarrer ou d'effectuer les opérations de récupération.

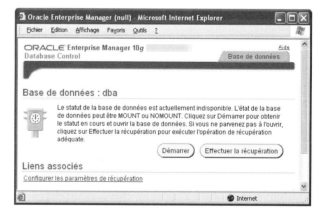

Vous devez renseigner les informations d'identification et de connexion de la base de données et de l'hôte avant de modifier le statut de la base de données. Pour modifier le statut de la base de données, vous devez vous connecter à la base de données en tant que « `SYSDBA` » ou « `SYSOPER` ».

Module 8 : La gestion d'une instance

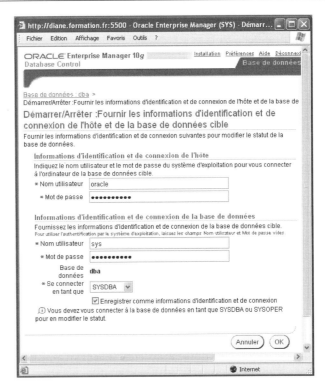

Ensuite vous pouvez confirmer le démarrage complet de la base de données ou utiliser la page « Options avancées » et indiquer d'autres options à utiliser lors du démarrage de la base de données.

Vous retrouvez ici l'ensemble des options de la commande SQL « **STARTUP** ».

Apres le choix de l'option de démarrage, vous pouvez visualiser le code SQL qui sera exécuté pour accomplir la demande.

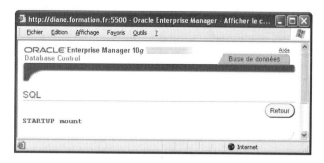

Le démarrage de la base peut comporter toutes les étapes que vous connaissez déjà ; ainsi vous pouvez démarrer uniquement en mode « **MOUNT** » et par la suite effectuer les opérations d'administration de la base de données souhaitées.

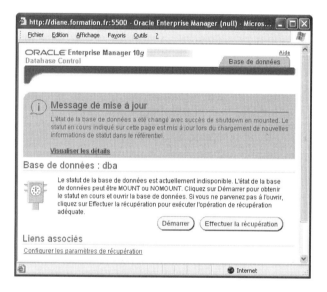

L'arrêt du serveur

Mode d'Arrêt	A	I	T	N
Nouvelles connexions autorisée	✗	✗	✗	✗
Attend la fin des sessions en cours	✗	✗	✗	✓
Attend la fin des transactions en cours	✗	✗	✓	✓
Force un points de contrôle et ferme les fichiers	✗	✓	✓	✓

```
A ABORT
I IMMEDIATE
T TRANSACTIONAL
N NORMAL
```

Comme pour le démarrage, le processus d'arrêt du serveur s'effectue en trois étapes.

La base de données est d'abord fermée ; lors de cette étape, le serveur Oracle effectue les tâches suivantes :

- Ecrit le contenu du buffer cache dans les fichiers de données.
- Ecrit le tampon des journaux de reprise (Buffer redo log) dans les fichiers journaux (fichiers redo-log).
- Ferme les fichiers de données et fichiers journaux (fichiers redo-log).

La base de données devient indisponible pour les utilisateurs mais les fichiers de contrôle restent ouverts.

La base de données est ensuite démontée de son instance, et les fichiers de contrôle sont fermés à leur tour.

L'instance est finalement arrêtée lors de cette étape ; le serveur Oracle effectue les tâches suivantes :

- Ferme les fichiers de trace et d'alerte.
- Libère la zone de mémoire SGA.
- Arrête les processus d'arrière-plan.

L'arrêt d'une base se fait par l'utilisation de la commande suivante :

SHUTDOWN [NORMAL | TRANSACTIONNAL | IMMEDIATE | ABORT]

ABORT   Oracle arrête le serveur. C'est l'équivalent d'une coupure de courant.

IMMEDIATE   Oracle arrête proprement le serveur.

TRANSACTIONNAL   Oracle attend la fin des toutes les transactions en cours pour arrêter proprement le serveur.

Module 8 : La gestion d'une instance

NORMAL — Oracle attend que tous les utilisateurs se déconnectent pour arrêter proprement le serveur. C'est l'argument par défaut.

SHUTDOWN ABORT.

Est mode d'arrêt du serveur le plus brutal. Les tâches suivantes sont effectuées :

- Arrête l'ensemble des transactions en cours ; les instructions ne sont pas exécutées jusqu'à leur terme.
- Déconnecte les utilisateurs immédiatement.
- Les transactions non validées ne sont pas annulées.
- Ferme et démonte la base de données sans tenir compte des informations des zones mémoires. Les fichiers de données et les fichiers journaux ne sont pas synchronisés.
- Le prochain redémarrage nécessite une récupération d'instance.

Attention

Le mode d'arrêt « **SHUTDOWN ABORT** » est à utiliser lorsqu'il y a un blocage d'un autre type d'arrêt du serveur.

La cohérence sera rétablie au prochain démarrage par une restauration d'instance. C'est le moyen le plus rapide pour arrêter une base.

Le mode « **SHUTDOWN ABORT** » d'arrêt du serveur est le plus rapide, mais compte tenu de son fonctionnement ne doit être utilisé qu'en dernier recours. Cela étant dit, le temps que l'on gagne à l'arrêt du serveur est perdu au démarrage pour la synchronisation des fichiers de la base.

SHUTDOWN IMMEDIATE

Mode d'arrêt qui n'empêche pas de perdre des données. Oracle effectue les tâches suivantes :

- Arrête l'ensemble des transactions en cours ; les instructions ne sont pas exécutées jusqu'à leur terme.
- Déconnecte les utilisateurs immédiatement.
- Arrête la base dans un état cohérent puisqu'il y a eu un « **ROLBACK** » des transactions en cours.
- Oracle ferme et démonte la base de données avant d'arrêter l'instance. C'est un arrêt qui écrit l'ensemble des informations des zones mémoires dans les fichiers de la base de données.
- Le prochain redémarrage ne nécessite pas de récupération d'instance pour la synchronisation des fichiers de données.

Conseil

C'est le type d'arrêt minimum que vous devez choisir dans le cas d'un fonctionnement sans erreurs du serveur de base de données.

En réalité, c'est le mode le plus rapide d'arrêt et de redémarrage du serveur. Par rapport au mode « **SHUTDOWN ABORT** » il ne nécessite pas de récupération d'instance.

SHUTDOWN TRANSACTIONNAL

Mode d'arrêt qui évite aux utilisateurs de perdre des données ; il est conseillé pour les environnements de production. Les conditions imposées par ce mode sont :

- Les nouvelles transactions nesont plus autorisées.
- Un client est déconnecté lorsque sa transaction en cours est terminée.
- Oracle attend la fin de toutes les transactions déjà commencées avant d'exécuter un « SHUTDOWN IMMEDIATE ».

SHUTDOWN NORMAL,

Oracle attend que tous les utilisateurs se déconnectent pour arrêter les processus de l'instance et libérer la mémoire.

Les conditions imposées par ce mode :

- Il n'est plus possible pour les utilisateurs de se connecter.
- Oracle attend la déconnexion de tous les utilisateurs avant d'exécuter un « SHUTDOWN IMMEDIATE ».

Attention

C'est le mode le plus sécurisé d'arrêt de la base de données, mais il est le plus long aussi. Il faut faire très attention au fait que Oracle attend la fin de toutes les connexions. Il n'existe pas de limite de temps pour une déconnexion automatique.

En même temps, les utilisateurs qui ont quitté leurs sessions ne peuvent plus se reconnecter.

```
SQL> create table essai_tran as
  2  select user utilisateur,
  3         sysdate date_jour
  4  from dual;

Table créée.

SQL> select count(*) from essai_tran;

  COUNT(*)
----------
         1

SQL> insert into essai_tran select user, sysdate from cat;

3389 ligne(s) créée(s).

SQL> select count(*) from essai_tran;

  COUNT(*)
----------
      3390

SQL> shutdown abort
Instance ORACLE arrêtée.
```

Module 8 : La gestion d'une instance

```
SQL> startup
Instance ORACLE lancée.

Total System Global Area   171966464 bytes
Fixed Size                    787988 bytes
Variable Size              145750508 bytes
Database Buffers            25165824 bytes
Redo Buffers                  262144 bytes
Base de données montée.
Base de données ouverte.
SQL> select count(*) from essai_tran;

  COUNT(*)
----------
         1
```

Dans l'exemple précédent, vous pouvez observer le traitement d'un arrêt de type « **SHUTDOWN ABORT** ». Pour remarquer la gestion des transactions, on a créé une table « **essai_tran** » dans laquelle on insère un certain nombre des enregistrements. L'arrêt de la base de données avec l'option « **SHUTDOWN ABORT** » annule l'ensemble des transactions.

Attention

Dans la syntaxe de démarrage du serveur de base de données, vous pouvez utiliser un argument pour arrêter d'abord le serveur et le démarrer en suite.

STARTUP FORCE

Le mode d'arrêt du serveur quand vous utilisez l'argument « **FORCE** » est « **SHUTDOWN ABORT** ».

L'arrêt du serveur (suite)

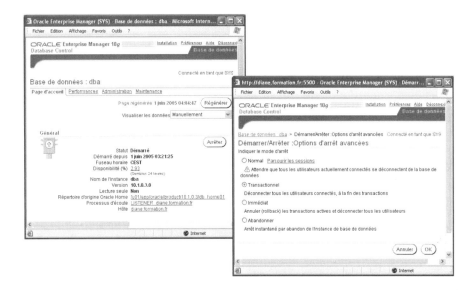

Vous pouvez utiliser Enterprise Manager pour arrêter ou démarrer votre serveur de base de données.

Connectez-vous à l'Entreprise Manager ; la page d'accueil affiche plusieurs sections, dont Général, Alertes, Alertes associées et Liens associés. Vous pouvez utiliser l'option Modifier le statut pour démarrer ou arrêter la base de données.

Vous devez renseigner les informations d'identification et de connexion de la base de données et de l'hôte avant de modifier le statut de la base de données. Pour modifier le statut de la base de données, vous devez vous connecter à la base de données en tant que « SYSDBA » ou « SYSOPER ».

Ensuite vous pouvez confirmer le démarrage ou l'arrêt de la base de données avec les options par défaut, ou utiliser la page « Options avancées » et indiquer d'autres options à utiliser lors du démarrage ou de l'arrêt de la base de données.

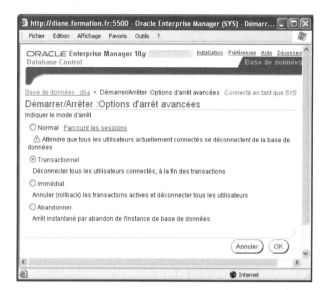

Vous pouvez ensuite visualiser le code SQL de l'opération choisie.

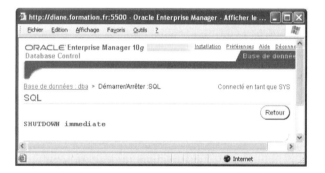

Les vues dynamiques

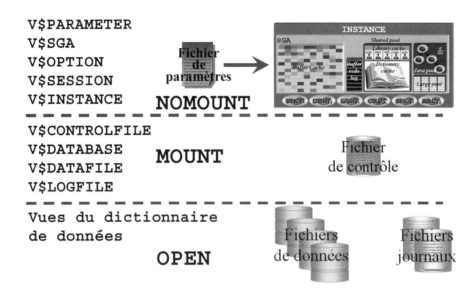

Les vues dynamiques des performances fournissent des informations sur le fonctionnement et les performances de la base en activité. Ces vues utilisent les tables de performances dynamiques mais également les informations contenues dans le noyau Oracle. Comme elles peuvent interroger directement le noyau, elles sont accessible dès que l'instance est lancée, en mode « **NOMOUNT** ».

Le serveur Oracle maintient également un jeu de tables qui enregistre l'activité courante de la base de données. Ces tables sont appelées les tables de performances dynamiques et appartiennent a l'utilisateur « **SYS** ». Elles sont visibles pour les utilisateurs via les vues dynamiques des performances.

Les vues dynamiques des performances sont identifiées avec le préfixe V_$ mais le serveur Oracle crée un synonyme public avec le préfixe V$. Elles sont accessibles uniquement pour l'utilisateur « **SYS** » ou pour tout autre utilisateur qui a le privilège « **SYSDBA** ».

L'ensemble des tables et des vues dynamiques des performances est créé à l'aide du script « **catalog.sql** ». Ce script est exécuté dans les étapes post création d'une base de données ; pour plus d'informations, voir module « Création d'une base de données ».

La liste complète des vues de performances est disponible à partir de la vue « **V$FIXED_TABLE** ».

Ces vues sont utilisées pour fournir des données relatives aux performances telles que des informations sur les fichiers de données et les structures de la mémoire.

Les vues en mode « NOMOUNT »

Lorsqu'une instance est démarrée en mode « **NOMOUNT** », seules les vues lisant des données de la mémoire sont accessibles.

V$PARAMETER

La vue « V$SPPARAMETER » fournit les informations concernant les paramètres d'initialisation avec leur nom, leur nombre, leur valeur et leur type.

```
SQL> desc V$PARAMETER
 Nom                                       NULL ?   Type
 ----------------------------------------- -------- ----------------
 NUM                                                NUMBER
 NAME                                               VARCHAR2(80)
 TYPE                                               NUMBER
 VALUE                                              VARCHAR2(512)
 DISPLAY_VALUE                                      VARCHAR2(512)
 ISDEFAULT                                          VARCHAR2(9)
 ISSES_MODIFIABLE                                   VARCHAR2(5)
 ISSYS_MODIFIABLE                                   VARCHAR2(9)
 ISINSTANCE_MODIFIABLE                              VARCHAR2(5)
 ISMODIFIED                                         VARCHAR2(10)
 ISADJUSTED                                         VARCHAR2(5)
 ISDEPRECATED                                       VARCHAR2(5)
 DESCRIPTION                                        VARCHAR2(255)
 UPDATE_COMMENT                                     VARCHAR2(255)
 HASH                                               NUMBER

SQL> select NAME,ISSYS_MODIFIABLE from V$PARAMETER
  2  where NAME in ('db_block_size','db_cache_size');

NAME                                      ISSYS_MODIFIABLE
----------------------------------------- ----------------
db_block_size                             FALSE
db_cache_size                             IMMEDIATE
```

V$SPPARAMETER

La vue « V$SPPARAMETER » fournit les informations concernant les paramètres initialisés à l'aide du fichier « SPFILE ».

```
SQL> desc V$SPPARAMETER
 Nom                                       NULL ?   Type
 ----------------------------------------- -------- ----------------
 SID                                                VARCHAR2(80)
 NAME                                               VARCHAR2(80)
 VALUE                                              VARCHAR2(255)
 DISPLAY_VALUE                                      VARCHAR2(255)
 ISSPECIFIED                                        VARCHAR2(6)
 ORDINAL                                            NUMBER
 UPDATE_COMMENT                                     VARCHAR2(255)

SQL> select NAME,ISSPECIFIED,VALUE from V$SPPARAMETER
  2  where NAME in ('db_name', 'instance_name') ;

NAME                                      ISSPEC  VALUE
----------------------------------------- ------  -----
instance_name                             FALSE
db_name                                   TRUE    dba
```

L'avantage de cette vue est l'accès immédiat aux paramètres spécifiés dans le fichier
« SPFILE ».

V$SGA

La vue « V$SGA » fournit les informations récapitulatives sur les composants de la zone mémoire SGA.

```
SQL> desc V$SGA
 Nom                              NULL ?    Type
 ------------------------------   -------   -------------
 NAME                                       VARCHAR2(20)
 VALUE                                      NUMBER

SQL> select NAME,VALUE from V$SGA;

NAME                       VALUE
--------------------   ----------
Fixed Size                787988
Variable Size          145750508
Database Buffers        25165824
Redo Buffers              262144
```

V$SGA_DYNAMIC_COMPONENTS

La vue « V$SGA_DYNAMIC_COMPONENTS » fournit les informations récapitulatives sur la distribution de l'espace mémoire dans SGA ainsi quel les informations concernant les optimisations des ces composants.

```
SQL> desc V$SGA_DYNAMIC_COMPONENTS
 Nom                                         NULL ?    Type
 -----------------------------------------   -------   -------------
 COMPONENT                                             VARCHAR2(64)
 CURRENT_SIZE                                          NUMBER
 MIN_SIZE                                              NUMBER
 MAX_SIZE                                              NUMBER
 USER_SPECIFIED_SIZE                                   NUMBER
 OPER_COUNT                                            NUMBER
 LAST_OPER_TYPE                                        VARCHAR2(13)
 LAST_OPER_MODE                                        VARCHAR2(9)
 LAST_OPER_TIME                                        DATE
 GRANULE_SIZE                                          NUMBER

SQL> select COMPONENT, CURRENT_SIZE
  2  from V$SGA_DYNAMIC_COMPONENTS;

COMPONENT                                       CURRENT_SIZE
---------------------------------------------   ------------
shared pool                                         83886080
large pool                                           8388608
java pool                                           50331648
streams pool                                               0
DEFAULT buffer cache                                25165824
KEEP buffer cache                                          0
RECYCLE buffer cache                                       0
DEFAULT 2K buffer cache                                    0
DEFAULT 4K buffer cache                                    0
DEFAULT 8K buffer cache                                    0
```

Module 8 : La gestion d'une instance

```
DEFAULT 16K buffer cache                                          0
DEFAULT 32K buffer cache                                          0
OSM Buffer Cache                                                  0
```

V$OPTION

La vue « **V$OPTION** » fournit les informations concernant les options installées avec le serveur Oracle.

```
SQL> desc V$OPTION
 Nom                                           NULL ?   Type
 --------------------------------------------- -------- -------------
 PARAMETER                                              VARCHAR2(64)
 VALUE                                                  VARCHAR2(64)
SQL> select PARAMETER,VALUE from V$OPTION;

PARAMETER                                              VALUE
------------------------------------------------------ -----
Partitioning                                           TRUE
Objects                                                TRUE
Real Application Clusters                              FALSE
Advanced replication                                   TRUE
Bit-mapped indexes                                     TRUE
Connection multiplexing                                TRUE
Connection pooling                                     TRUE
Database queuing                                       TRUE
Incremental backup and recovery                        TRUE
Instead-of triggers                                    TRUE
...
```

V$PROCESS

La vue « **V$PROCESS** » fournit les informations concernant les processus actifs.

```
SQL> desc V$PROCESS
 Nom                                           NULL ?   Type
 --------------------------------------------- -------- -------------
 ADDR                                                   RAW(4)
 PID                                                    NUMBER
 SPID                                                   VARCHAR2(12)
 USERNAME                                               VARCHAR2(15)
 SERIAL#                                                NUMBER
 TERMINAL                                               VARCHAR2(16)
 PROGRAM                                                VARCHAR2(64)
 TRACEID                                                VARCHAR2(255)
 BACKGROUND                                             VARCHAR2(1)
 LATCHWAIT                                              VARCHAR2(8)
 LATCHSPIN                                              VARCHAR2(8)
 PGA_USED_MEM                                           NUMBER
 PGA_ALLOC_MEM                                          NUMBER
 PGA_FREEABLE_MEM                                       NUMBER
 PGA_MAX_MEM                                            NUMBER

SQL> select USERNAME,PROGRAM,BACKGROUND from V$PROCESS;

USERNAME         PROGRAM                                       BACKGROUND
---------------  --------------------------------------------  ----------
```

```
                        PSEUDO
SYSTEM                  ORACLE.EXE (PMON)                           1
SYSTEM                  ORACLE.EXE (MMAN)                           1
SYSTEM                  ORACLE.EXE (DBW0)                           1
SYSTEM                  ORACLE.EXE (LGWR)                           1
SYSTEM                  ORACLE.EXE (CKPT)                           1
SYSTEM                  ORACLE.EXE (SMON)                           1
SYSTEM                  ORACLE.EXE (RECO)                           1
SYSTEM                  ORACLE.EXE (CJQ0)                           1
SYSTEM                  ORACLE.EXE (D000)
SYSTEM                  ORACLE.EXE (S000)
SYSTEM                  ORACLE.EXE (SHAD)
SYSTEM                  ORACLE.EXE (ARC0)                           1
SYSTEM                  ORACLE.EXE (ARC1)                           1
SYSTEM                  ORACLE.EXE (SHAD)
SYSTEM                  ORACLE.EXE (QMNC)                           1
SYSTEM                  ORACLE.EXE (MMON)                           1
SYSTEM                  ORACLE.EXE (MMNL)                           1
SYSTEM                  ORACLE.EXE (J000)
SYSTEM                  ORACLE.EXE (SHAD)
SYSTEM                  ORACLE.EXE (SHAD)
SYSTEM                  ORACLE.EXE (SHAD)
```

Vous pouvez également, en environnement Unix/Linux, utiliser la commande suivante pour retrouver les processus d'arrière-plan :

```
oracle@diane:~> ps -ef | grep ora_
oracle    18045     1  0 12:37 ?        00:00:18 ora_pmon_dba
oracle    18047     1  0 12:37 ?        00:00:03 ora_mman_dba
oracle    18049     1  0 12:37 ?        00:00:15 ora_dbw0_dba
oracle    18051     1  0 12:37 ?        00:00:27 ora_lgwr_dba
oracle    18053     1  0 12:37 ?        00:00:35 ora_ckpt_dba
oracle    18055     1  0 12:37 ?        00:00:12 ora_smon_dba
oracle    18057     1  0 12:37 ?        00:00:00 ora_reco_dba
oracle    18059     1  0 12:37 ?        00:00:14 ora_cjq0_dba
oracle    18061     1  0 12:37 ?        00:00:00 ora_d000_dba
oracle    18063     1  0 12:37 ?        00:00:00 ora_s000_dba
oracle    21599     1  0 13:14 ?        00:00:00 ora_arc0_dba
oracle    21601     1  0 13:14 ?        00:00:02 ora_arc1_dba
oracle    21690     1  0 13:14 ?        00:00:00 ora_qmnc_dba
oracle    21739     1  0 13:15 ?        00:00:15 ora_mmon_dba
oracle    21741     1  0 13:15 ?        00:00:14 ora_mmnl_dba
oracle    26127     1  0 16:06 ?        00:00:07 ora_j000_dba
oracle    26845     1  0 16:35 ?        00:00:00 ora_q000_dba
```

V$SESSION

La vue « **V$SESSION** » fournit les informations sur les sessions en cours.

```
SQL> desc V$SESSION
 Nom                                       NULL ?   Type
 ----------------------------------------- -------- --------------------
 SADDR                                              RAW(4)
 SID                                                NUMBER
 SERIAL#                                            NUMBER
 AUDSID                                             NUMBER
 PADDR                                              RAW(4)
```

```
USER#                                          NUMBER
USERNAME                                       VARCHAR2(30)
COMMAND                                        NUMBER
OWNERID                                        NUMBER
TADDR                                          VARCHAR2(8)
LOCKWAIT                                       VARCHAR2(8)
STATUS                                         VARCHAR2(8)
SERVER                                         VARCHAR2(9)
SCHEMA#                                        NUMBER
SCHEMANAME                                     VARCHAR2(30)
OSUSER                                         VARCHAR2(30)
PROCESS                                        VARCHAR2(12)
MACHINE                                        VARCHAR2(64)
TERMINAL                                       VARCHAR2(16)
PROGRAM                                        VARCHAR2(64)
TYPE                                           VARCHAR2(10)
...
SQL> select SID,SERIAL#,USERNAME,MACHINE,PROGRAM from V$SESSION

   SID    SERIAL# USERNAME     MACHINE         PROGRAM
------- ---------- ------------ --------------- ------------------
   143     11719               HERA            ORACLE.EXE (q000)
   144        26 SYSMAN         hera            OMS
   145         2 SYSMAN         hera            OMS
   147      2285
   149        12 SYSMAN         hera            OMS
   150        32 SYSMAN         hera            OMS
   152         1               HERA            ORACLE.EXE (MMNL)
   154         1               HERA            ORACLE.EXE (MMON)
   155         2               HERA            ORACLE.EXE (QMNC)
   158         1               HERA            ORACLE.EXE (ARC1)
   160         1               HERA            ORACLE.EXE (ARC0)
   162         7 SYS            FORMATION\HERA  sqlplus.exe
   163         1               HERA            ORACLE.EXE (CJQ0)
   164         1               HERA            ORACLE.EXE (RECO)
   165         1               HERA            ORACLE.EXE (SMON)
   166         1               HERA            ORACLE.EXE (CKPT)
   167         1               HERA            ORACLE.EXE (LGWR)
   168         1               HERA            ORACLE.EXE (DBW0)
   169         1               HERA            ORACLE.EXE (MMAN)
   170         1               HERA            ORACLE.EXE (PMON)
```

La vue que l'on vient de voir est utilisée pour travailler avec les sessions ouvertes dans le système de base des données. Comme vous pouvez le remarquer, les sessions ouvertes appartiennent tant à des utilisateurs qu'au processus d'arrière plan du serveur.

Les champs « **SID** » et « **SERIAL#** » identifient précisément une session ouverte ; à partir de ces deux informations ont peut arrêter cette session. La syntaxe pour arrêter une session est la suivante :

```
ALTER SYSTEM KILL SESSION 'SID, SERIAL#' ;
```

V$VERSION

La vue « **V$VERSION** » fournit le numéro de version et les composants du serveur Oracle.

V$INSTANCE

La vue « V$INSTANCE » fournit les informations sur l'état de l'instance courante.

```
SQL> select INSTANCE_NAME,HOST_NAME,
  2  STARTUP_TIME,STATUS
  3  from V$INSTANCE

INSTANCE_NAME    HOST_NAME                STARTUP_TIME STATUS
---------------  -----------------------  ------------ --------
dba              HERA                     01/06/05     OPEN
```

Les vues en mode « MOUNT »

Lorsque la base de données est en mode « MOUNT », les vues lisant les données des fichiers de contrôle sont alors accessibles.

V$DATABASE

La vue « V$DATABASE » fournit les informations sur la base de données tel que le nom ou la date de création.

```
SQL> select NAME,OPEN_MODE,LOG_MODE from V$DATABASE;

NAME       OPEN_MODE   LOG_MODE
---------  ----------  ------------
DBA        READ WRITE  ARCHIVELOG
```

V$CONTROLFILE

La vue « V$CONTROLFILE » fournit les noms des fichiers de contrôle.

```
SQL> desc V$CONTROLFILE
 Nom                                       NULL ?   Type
 ----------------------------------------- -------- ---------------
 STATUS                                             VARCHAR2(7)
 NAME                                               VARCHAR2(513)
 IS_RECOVERY_DEST_FILE                              VARCHAR2(3)
SQL> select NAME from V$CONTROLFILE;

NAME
--------------------------------------------------------------------------------
C:\ORACLE\ORADATA\DBA\DBA\CONTROLFILE\O1_MF_17YRYXBP_.CTL
```

V$DATAFILE

La vue « V$DATAFILE » fournit les informations sur les fichiers de données tel que leur nom, leur statut et d'autres détails.

```
SQL> desc V$DATAFILE
 Nom                                       NULL ?   Type
 ----------------------------------------- -------- ---------------
 FILE#                                              NUMBER
 CREATION_CHANGE#                                   NUMBER
 CREATION_TIME                                      DATE
 TS#                                                NUMBER
 RFILE#                                             NUMBER
 STATUS                                             VARCHAR2(7)
 ENABLED                                            VARCHAR2(10)
 CHECKPOINT_CHANGE#                                 NUMBER
```

Module 8 : La gestion d'une instance

```
CHECKPOINT_TIME                                    DATE
UNRECOVERABLE_CHANGE#                              NUMBER
UNRECOVERABLE_TIME                                 DATE
LAST_CHANGE#                                       NUMBER
LAST_TIME                                          DATE
OFFLINE_CHANGE#                                    NUMBER
ONLINE_CHANGE#                                     NUMBER
ONLINE_TIME                                        DATE
BYTES                                              NUMBER
BLOCKS                                             NUMBER
CREATE_BYTES                                       NUMBER
BLOCK_SIZE                                         NUMBER
NAME                                               VARCHAR2(513)
PLUGGED_IN                                         NUMBER
BLOCK1_OFFSET                                      NUMBER
AUX_NAME                                           VARCHAR2(513)
SQL> select NAME from V$DATAFILE;

NAME
--------------------------------------------------------------------
C:\ORACLE\ORADATA\DBA\DBA\DATAFILE\O1_MF_SYSTEM_17YRZ6N5_.DBF
C:\ORACLE\ORADATA\DBA\DBA\DATAFILE\O1_MF_UNDOTBS1_17YS0NF5_.DBF
C:\ORACLE\ORADATA\DBA\DBA\DATAFILE\O1_MF_SYSAUX_17YS17N8_.DBF
C:\ORACLE\ORADATA\DBA\DBA\DATAFILE\O1_MF_USERS_17YS20B4_.DBF
```

V$TABLESPACE

La vue « `V$TABLESPACE` » fournit les noms des tablespaces.

```
SQL> select NAME from V$TABLESPACE;

NAME
------------------------------
SYSTEM
UNDOTBS1
SYSAUX
TEMP
USERS

SQL> select V$TABLESPACE.NAME "Tablespace", V$DATAFILE.NAME "Fichier"
  2  from V$TABLESPACE, V$DATAFILE
  3  where V$TABLESPACE.TS# = V$DATAFILE.TS#;

Tablespace        Fichier
-----------       --------------------------------------------------------
SYSTEM            C:\ORACLE\ORADATA\DBA\DBA\DATAFILE\O1_MF_SYSTEM_17YRZ6N5_.DBF
UNDOTBS1          C:\ORACLE\ORADATA\DBA\DBA\DATAFILE\O1_MF_UNDOTBS1_17YS0NF5_.DBF
SYSAUX            C:\ORACLE\ORADATA\DBA\DBA\DATAFILE\O1_MF_SYSAUX_17YS17N8_.DBF
USERS             C:\ORACLE\ORADATA\DBA\DBA\DATAFILE\O1_MF_USERS_17YS20B4_.DBF
```

V$DATAFILE_HEADER

DATAFILE_HEADERLa vue « `V$DATAFILE_HEADER` » fournit des informations sur les en-têtes des fichiers de contrôle.

```
SQL> desc V$DATAFILE_HEADER
 Nom                                       NULL ?   Type
 ----------------------------------------- -------- --------------
```

```
FILE#                                           NUMBER
STATUS                                          VARCHAR2(7)
ERROR                                           VARCHAR2(18)
FORMAT                                          NUMBER
RECOVER                                         VARCHAR2(3)
FUZZY                                           VARCHAR2(3)
CREATION_CHANGE#                                NUMBER
CREATION_TIME                                   DATE
TABLESPACE_NAME                                 VARCHAR2(30)
TS#                                             NUMBER
RFILE#                                          NUMBER
RESETLOGS_CHANGE#                               NUMBER
RESETLOGS_TIME                                  DATE
CHECKPOINT_CHANGE#                              NUMBER
CHECKPOINT_TIME                                 DATE
CHECKPOINT_COUNT                                NUMBER
BYTES                                           NUMBER
BLOCKS                                          NUMBER
NAME                                            VARCHAR2(513)
```

V$LOGFILE

La vue « V$LOGFILE » fournit les informations sur les fichiers journaux en ligne.

```
SQL> desc V V$LOGFILE
Nom                                     NULL ?   Type
--------------------------------------- -------- -----------------
GROUP#                                           NUMBER
STATUS                                           VARCHAR2(7)
TYPE                                             VARCHAR2(7)
MEMBER                                           VARCHAR2(513)
IS_RECOVERY_DEST_FILE                            VARCHAR2(3)

SQL> select MEMBER from V$LOGFILE;

MEMBER
-------------------------------------------------------------------
C:\ORACLE\ORADATA\DBA\DBA\ONLINELOG\O1_MF_1_17YRYYRT_.LOG
C:\ORACLE\ORADATA\DBA\DBA\ONLINELOG\O1_MF_2_17YRZ080_.LOG
C:\ORACLE\ORADATA\DBA\DBA\ONLINELOG\O1_MF_3_17YRZ2G1_.LOG
```

V$THREAD

La vue « V$THREAD » fournit les informations sur les threads des fichiers de contrôle telles que les informations sur les groupes de fichiers journaux.

```
SQL> desc V$THREAD
Nom                                     NULL ?   Type
--------------------------------------- -------- -----------------
THREAD#                                          NUMBER
STATUS                                           VARCHAR2(6)
ENABLED                                          VARCHAR2(8)
GROUPS                                           NUMBER
INSTANCE                                         VARCHAR2(80)
OPEN_TIME                                        DATE
CURRENT_GROUP#                                   NUMBER
SEQUENCE#                                        NUMBER
```

```
CHECKPOINT_CHANGE#                              NUMBER
CHECKPOINT_TIME                                 DATE
ENABLE_CHANGE#                                  NUMBER
ENABLE_TIME                                     DATE
DISABLE_CHANGE#                                 NUMBER
DISABLE_TIME                                    DATE
```

Les vues dynamiques sur les performances sont très intéressantes pour des raisons d'accès ; en effet, elles peuvent être interrogées dans les modes « **NOMOUNT** » et « **MOUNT** », tandis que les vues du dictionnaire de données ne sont pas accessibles à ce moment.

Les vues du dictionnaire de données

Les vues du dictionnaire de données sont accessibles dès que la base de données a été ouverte. Ainsi, en mode « **OPEN** », vous avez la possibilité d'interroger le dictionnaire de données qui contient des informations beaucoup plus détaillées que les tables dynamiques.

Les vues du dictionnaire de données sont détaillées dans le module « Le dictionnaire de données ».

Les fichiers de trace

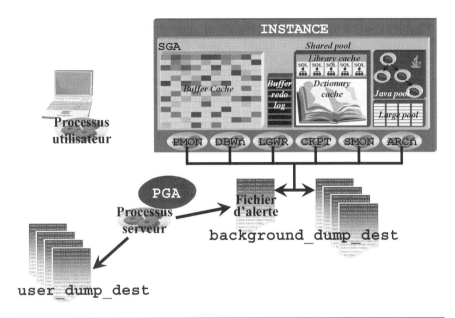

Oracle maintient un ensemble des fichiers qui contient les informations concernant le mode de fonctionnement de la base des données, les erreurs survenues au niveau de l'instance ou les erreurs des utilisateurs.

Le fichier d'alerte

Le fichier d'alerte est le tableau de bord historique ; c'est un fichier séquentiel des opérations effectuées dans la base des données. Au démarrage de l'instance, Oracle créée un fichier d'alerte s'il n'existe pas déjà.

Il consigne les commandes et les résultats des commandes liés aux événements majeurs dans la vie de la base des données.

Chaque fois que la base de données est démarrée, tous les paramètres contenus dans le fichier de paramètres sont stockés dans le fichier d'alerte ainsi que la date et l'heure du démarrage.

Toutes les opérations de récupération automatique ou manuelle sont écrites dans le fichier d'alerte.

Toutes les erreurs survenues au niveau de l'instance, quel que soit leur type, sont écrites dans ce fichier.

La création des tablespaces et de undo segments, ainsi qu'un certain nombre de commandes SQL de modification d'objets « `ALTER ...` ».

Chaque information stockée dans le fichier, contient également la date et l'heure de son écriture.

Attention

Le fichier d'alerte est une source d'informations vitales pour la gestion quotidienne d'une base de données. Un administrateur de la base de données doit consulter le fichier d'alerte chaque jour.

Module 8 : La gestion d'une instance

Les enregistrements de ce fichier vous renseigneront sur les problèmes survenus au cours de l'activité de la base de données, ce qui inclut les erreurs internes **ORA-0600**.

```
Dump file c:\oracle\admin\dba\bdump\alert_dba.log
...
Starting up ORACLE RDBMS Version: 10.1.0.2.0.
System parameters with non-default values:
  processes                = 150
  shared_pool_size         = 83886080
  large_pool_size          = 8388608
  java_pool_size           = 50331648
  nls_language             = FRENCH
  nls_territory            = FRANCE
  db_block_size            = 8192
  db_cache_size            = 25165824
  compatible               = 10.1.0.2.0
  log_archive_format       = ARC%S_%R.%T
  db_file_multiblock_read_count= 16
  db_create_file_dest      = C:\oracle\oradata\dba
  undo_management          = AUTO
  undo_tablespace          = UNDOTBS1
  remote_login_passwordfile= EXCLUSIVE
  db_domain                =
  dispatchers              = (PROTOCOL=TCP) (SERVICE=dbaXDB)
  job_queue_processes      = 10
  background_dump_dest     = C:\ORACLE\ADMIN\DBA\BDUMP
  user_dump_dest           = C:\ORACLE\ADMIN\DBA\UDUMP
  core_dump_dest           = C:\ORACLE\ADMIN\DBA\CDUMP
  sort_area_size           = 65536
  db_name                  = dba
  open_cursors             = 300
  pga_aggregate_target     = 25165824
LGWR started with pid=5, OS id=680
PMON started with pid=2, OS id=216
CKPT started with pid=6, OS id=2024
DBW0 started with pid=4, OS id=1824
MMAN started with pid=3, OS id=208
SMON started with pid=7, OS id=1376
RECO started with pid=8, OS id=1316
CJQ0 started with pid=9, OS id=668
Mon May 09 15:21:30 2005
starting up 1 dispatcher(s) for network address
'(ADDRESS=(PARTIAL=YES)(PROTOCOL=TCP))'...
starting up 1 shared server(s) ...
Mon May 09 15:21:33 2005
...
Created Oracle managed file C:\ORACLE\ORADATA\DBA\DBA\ONLINELOG\O1_MF_1_17YRYYRT_.LOG
Created Oracle managed file C:\ORACLE\ORADATA\DBA\DBA\ONLINELOG\O1_MF_2_17YRZ080_.LOG
Created Oracle managed file C:\ORACLE\ORADATA\DBA\DBA\ONLINELOG\O1_MF_3_17YRZ2G1_.LOG
Mon May 09 15:21:41 2005
...
```

L'exemple précédent montre les informations trouvées dans le fichier d'alerte pour le démarrage d'une base des données.

```
...
ALTER DATABASE   MOUNT
Thu Jun 02 09:08:49 2005
ORA-00202: fichier de controle :
'C:\ORACLE\ORADATA\DBA\DBA\CONTROLFILE\O1_MF_17YRYXBP_.CTL'
ORA-27041: ouverture du fichier impossible
OSD-04002: ouverture impossible du fichier
O/S-Error: (OS 2) Le fichier spécifié est introuvable.

Thu Jun 02 09:08:49 2005
Controlfile identified with block size 0
Thu Jun 02 09:08:50 2005
```

Module 8 : La gestion d'une instance

```
ORA-205 signalled during: ALTER DATABASE    MOUNT...
...
```

Dans l'exemple précédent vous avez pu remarquer que, le fichier de contrôle manquant, il s'est produit une erreur. En effet la base de données s'est arrêtée en mode « **NOMOUNT** » ; c'est le résultat de l'exemple présenté précédemment dans section « La commande ALTER DATABASE ».

Les fichiers de trace

Chaque processus d'arrière plan est associé également à un fichier de trace qui contient tous les événements et les erreurs survenus dans le déroulement de l'instance.

Les fichiers de trace contiennent des informations beaucoup plus détaillées que les fichiers d'alerte. Ils sont surtout utilisés pour découvrir les raisons d'une défaillance importante du serveur Oracle.

```
...
*** 2005-06-02 09:11:03.059
*** SERVICE NAME:() 2005-06-02 09:11:03.049
*** SESSION ID:(168.1) 2005-06-02 09:11:03.049
ORA-01157: impossible d'identifier ou de verrouiller le fichier de donnees 1 - voir
le fichier de trace DBWR
ORA-01110: fichier de donnees 1 :
'C:\ORACLE\ORADATA\DBA\DBA\DATAFILE\O1_MF_SYSTEM_17YRZ6N5_.DBF'
ORA-27041: ouverture du fichier impossible
OSD-04002: ouverture impossible du fichier
O/S-Error: (OS 2) Le fichier spécifié est introuvable.
...
```

L'exemple précédent montre l'erreur d'ouverture d'un fichier de données qui est un fichier de trace du processus « **DBWn** ».

Les fichiers de trace et le fichier d'alerte sont stockés dans le répertoire défini par le paramètre « **BACKGROUND_DUMP_DEST** ».

```
SQL> show parameter background_dump_dest

NAME                         TYPE        VALUE
---------------------------- ----------- --------------------------
background_dump_dest         string      C:\ORACLE\ADMIN\DBA\BDUMP
```

Les processus serveur peuvent être également tracés si le traçage SQL est activé. On peut activer le traçage SQL à l'aide des commandes suivantes :

ALTER SESSION SET sql_trace=TRUE;

ou

ALTER SYSTEM SET sql_trace=TRUE;

Le paramètre d'initialisation « **USER_DUMP_DEST** » spécifie le chemin des fichiers de trace générés par les processus serveur.

```
SQL> show parameter user_dump_dest

NAME                         TYPE        VALUE
---------------------------- ----------- --------------------------
user_dump_dest               string      C:\ORACLE\ADMIN\DBA\UDUMP
```

La taille des fichiers de trace est spécifiée par le paramètre « **MAX_DUMP_FILE_SIZE** ».

Module 8 : La gestion d'une instance

Atelier 8

- Le démarrage et l'arrêt
- La commande STARTUP
- La commande ALTER DATABASE
- Le démarrage du serveur
- L'arrêt du serveur

 Durée : 45 minutes

Questions

8-1 Vous avez besoin d'arrêter la base de données, vous avez demandé à l'ensemble des utilisateurs de la base de données de fermer leur session. Il reste un seul utilisateur qui effectue des manipulations critiques de la base de données.

Quel est le mode d'arrêt de la base de données que vous devez choisir ?

A. SHUTDOWN

B. SHUTDOWN ABORT

C. SHUTDOWN NORMAL

D. SHUTDOWN IMMEDIATE

E. SHUTDOWN TRANSACTIONAL

8-2 Quand la SGA est-elle créée dans l'environnement de la base de données ?

A. À la création de la base de données.

B. Quand l'instance est démarrée.

C. Quand la base de données est montée.

D. Quand le processus utilisateur est démarré.

E. Quand le processus serveur est démarré.

8-3 Vous avez une base de données et l'instance dont les deux paramètres « BD_NAME » et « INSTANCE_NAME » sont identiques et égales à « DBA ». Dans le répertoire, « $ORACLE_HOME/dbs » pour Unix ou « %ORACLE_HOME%\database » pour Windows, se trouvent les quatre fichiers suivants :

– init.ora

- initDBA.ora
- spfile.ora
- spfileDBA.ora

8-4 Dans quelle séquence Oracle va essayer de lire ces fichiers ?

    A. init.ora, initDBA.ora, spfile.ora, spfileDBA.ora

    B. spfile.ora, init.ora, initDBA.ora, spfileDBA.ora

    C. spfileDBA.ora, spfile.ora, initDBA.ora, init.ora

    D. spfile.ora, spfileDBA.ora, initDBA.ora, init.ora

8-5 Quel paramètre vous indique l'emplacement du fichier « alert.log » ?

    A. BACKGROUND_DUMP_DEST

    B. USER_DUMP_DEST

    C. MAX_DUMP_FILE_SIZE

    D. CORE_DUMP_DEST

8-6 Quelles sont les privilèges que vous devez avoir pour pouvoir créer une base de données ?

    A. DBA

    B. SYSDBA

    C. SYSOPER

    D. RESOURCE

8-7 Quel est le mécanisme d'authentification qui vous permet d'être connecté à la base de données comme « SYSDBA » et qui vous donne un niveau de sécurité maximum ?

    A. Authentification à l'aide du fichier de contrôle.

    B. Authentification à l'aide du fichier de mots de passe.

    C. Authentification à l'aide du dictionnaire de données.

    D. Authentification à l'aide du système d'exploitation.

Exercice n°1

Votre base de données fonctionne avec un fichier de paramètres de type « SPFILE ».

Créez un fichier de paramètres à partir du fichier de paramètres système existant.

Éditez le fichier de paramètres crée.

Arrêtez votre base de données est démarré avec le nouveau fichier de paramètre ainsi créé.

Interrogez les paramètres pour vérifier que vous êtes bien connecté avec un fichier de type « PFILE ».

Exercice n°2

Arrêtez votre base de données, créez un fichier de paramètres système « SPFILE » à partir du fichier de paramètres « PFILE » existant.

Démarrez votre instance uniquement et interrogez la vue dynamique sur les performances « **V$PARAMETER** » pour récupérer le nom de l'instance et le nom de la base de données.

Interrogez également la vue dynamique sur les performances « **V$INSTANCE** » pour récupérer, le nom de l'instance, la version, son état et le nom de la machine hôte.

Exercice n°3

Votre base de données se trouve dans le mode « **NOMOUNT** ». Changer l'état de la base de données du mode « **NOMOUNT** » en mode « **MOUNT** ».

Interrogez la vue dynamique sur les performances « **V$DATABASE** » pour récupérer le nom de la base de données et son mode d'ouverture.

Affichez le mode d'authentification des administrateurs de la base de données. Il s'agit de quel type d'authentification : par système d'exploitation ou par fichier mot de passe ?

Affichez les fichiers de données, les fichiers journaux et le fichier de contrôle.

Exercice n°4

Votre base de données se trouve dans le mode « **MOUNT** ». Changer l'état de la base de données du mode « **MOUNT** » au mode « **OPEN** », mais ouvrez la base de données uniquement en lecture seule.

Exécutez la commande suivante :

```
CREATE TABLE TEST AS SELECT * FROM CAT;
```

Interrogez la vue dynamique sur les performances « **V$DATABASE** » pour récupérer le mode d'ouverture de la base de données.

- *Instance et base de données*
- *CREATE DATABASE*
- *DBCA (DataBase Configuration Assistant)*

9

La création d'une base de données

Objectifs

A la fin de ce module, vous serez à même d'effectuer les tâches suivantes :

- Décrire les étapes de création de la base de données.
- Préparer le système d'exploitation pour l'agression de la base de données.
- Créer une base de données manuellement.
- Changer le nom de l'instance d'une base de données.
- Décrire les fichiers nécessaires pour effectuer une sauvegarde.
- Utiliser **DBCA** (**DataBase Configuration Assistant**) pour créer une base de données à l'aide de l'assistant.

Contenu

La base de données	9-2	Emplacements des fichiers	9-24
La création manuelle	9-3	Configuration de la récupération	9-26
La création de la base	9-8	Contenu de la base de données	9-27
Création du dictionnaire de données	9-13	Paramètres de mémoire	9-29
La sauvegarde	9-16	Mode de connexion	9-31
L'assistant DBCA	9-19	Stockage	9-32
Modèles	9-20	Options de création	9-33
Options de gestion	9-21	Atelier 9	9-35
Options de stockage	9-22		

La base de données

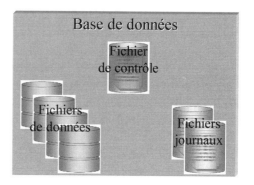

Comme nous avons pu le voir précédemment, la base de données est l'ensemble des trois types de fichiers obligatoires : les fichiers de contrôles, les fichiers de données et les fichiers des journaux.

Les fichiers de la base de données sont des fichiers binaires ne pouvant être lus ou écrits directement.

Les fichiers de données contiennent toutes les informations de votre base dans un format spécifique à Oracle. Il n'est pas possible d'en visualiser le contenu avec un éditeur de texte.

Les fichiers de contrôle sont des fichiers binaires contenant des informations sur tous les autres fichiers constitutifs d'Oracle. Ils décrivent leur nom, leur emplacement et leur taille.

Les fichiers journaux (fichiers redo-log) sont des fichiers conservant toutes les modifications successives de votre base de données. L'activité des sessions qui interagissent avec Oracle est consignée en détail dans les fichiers journaux (fichiers redo-log). Il s'agit en quelque sorte des journaux de transactions de la base, une transaction étant une unité de travail soumise au système pour traitement.

Le fichier des paramètres contient les paramètres de démarrage de la base et d'autres valeurs qui déterminent l'environnement dans lequel la base s'exécute. Lorsqu'elle est démarrée, ce fichier est lu et plusieurs structures mémoire sont allouées telles que définies par son contenu.

Le fichier de mot de passe est utilisé pour établir l'authenticité des utilisateurs privilégiés de la base de données.

Vous pouvez utiliser deux modalités de création de la base de données :

– Manuellement à l'aide de l'instruction SQL « **ALTER DATABASE** ».

– Avec l'assistant de configuration de base des données (DBCA **D**ata**B**ase **C**onfiguration **A**ssistant).

La création manuelle

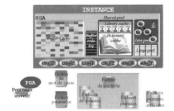

- Choisissez le nom de l'instance.
- Choisissez le nom de la base des données.
- Préparez le système d'exploitation.
- Créer le fichier des paramètres « PFILE ».
- Créer le fichier des paramètres à serveur « SPFILE ».
- Démarrez votre instance.
- Créez la base de données.
- Exécuter les scripts de création du dictionnaire de données.
- Exécuter les scripts de création de votre schéma relationnel.
- Sauvegarder votre base de données.

La création de la base est la première étape dans la gestion et l'organisation d'un système de base de données.

La création d'une base de données est une tâche consistant à préparer plusieurs fichiers du système d'exploitation, qu'il n'est nécessaire d'effectuer qu'une fois, quel que soit le nombre de fichiers de données de la base. Il s'agit d'une tâche très importante, l'administrateur de la base de données devant déterminer des paramètres de la base, tels que le nom de la base ou la taille du bloc, qui ne peuvent plus être modifiés après la création.

Vous pouvez créer une base en utilisant de nouveaux fichiers de données ou en effaçant les informations d'une base existante ayant la même structure physique.

Pour créer une base de données manuellement il faut d'abord préparer et planifier la création de cette base des données.

Le nom de l'instance est le nom de la base de données

Le nom de la base de données est stocké dans le paramètre « `DB_NAME` » ; il ne doit pas dépasser huit caractères.

Le nom de la base de données est également utilisé dans la commande SQL « `CREATE DATABASE` » ; ainsi il est stocké directement dans le fichier des contrôles. Il n'est plus possible de modifier le nom de la base de données après sa création.

Dans le cas où plusieurs bases de données ont le même nom à l'intérieur de votre domaine, vous devez préciser le paramètre « `DB_UNIQUE_NAME` » qui représente le nom unique de la base de données dans votre domaine. Le nom unique de la base de données peut atteindre jusqu'à 30 caractères.

Le nom de l'instance est stocké dans le paramètre « `INSTANCE_NAME` ». Vous devez également initialiser la variable d'environnement « `ORACLE_SID` ».

Il est préférable de choisir un nom d'instance et un nom de base de données identiques.

Préparez le système d'exploitation.

L'arborescence de répertoires

Rappelez-vous, pour chaque base de données vous devez créer une arborescence de répertoires pour les fichiers d'administration et une deuxième arborescence de répertoires pour l'ensemble des fichiers de la base de données.

Le répertoire pour stocker les fichiers d'administration se trouve dans le répertoire suivant :

$ORACLE_BASE/admin/DB_NAME

ou

%ORACLE_BASE%\admin\DB_NAME

La méthode d'authentification

Vous devez choisir la méthode que vous souhaitez utiliser pour l'authentification de l'utilisateur administrateur de votre base de données. Il doit disposer de la totalité des privilèges relatifs au système d'exploitation ou utiliser l'authentification par fichier mot de passe.

La création du service

Dans l'environnement Windows l'instance ne peut fonctionner que s'il existe 'un environnement pour faire tourner les processus d'arrière-plan et partager les hommes mémoires.

L'environnement nécessaire est un service Windows. Oracle fourni un utilitaire pour la gestion des différents services Windows.

L'utilitaire à la syntaxe suivante :

```
ORADIM -{NEW | DELETE | EDIT }
        -SID SID
            [-INTPWD mot-de-passe] [-MAXUSERS nombre]
            [-PFILE fichier]
            [-STARTMODE a|m]
            [-SRVCSTART system | demand]
            [-TIMEOUT secs]
```

NEW	L'argument permet la création d'un service Windows.
DELETE	L'argument permet l'effacement d'un service Windows.
EDIT	L'argument permet la modification des paramètres d'un service Windows, à savoir passer du mode de démarrage du service automatique en mode de démarrage manuel et l'inverse.
SID	L'argument permet de préciser le nom de l'instance.
INTPWD	L'argument permet d'initialiser un mot de passe qui sera stocké dans le fichier de mots de passe. En effet « ORADIM » vous permet des créer également un fichier de mots de passe positionné dans le répertoire par défaut de la base de données.
MAXUSERS	Le nombre maximum d'utilisateurs gérés par le fichier de mots de passe.

Module 9 : La création d'une base de données

STARTMODE	L'argument détermine si au démarrage de services Windows l'instance est démarrée automatiquement ou manuellement. Si vous utilisez l'option manuelle, vous devez démarrer manuellement votre instance à l'aide de la commande SQL*Plus « **STARTUP** ».
SRVCSTART	L'argument vous permet de définir si le service Windows démarre automatiquement ou manuellement après un redémarrage du serveur.
PFILE	Le nom du fichier des paramètres par défaut utilisés pour démarrer par défaut l'instance.
TIMEOUT	Le temps d'attente maximum, en secondes, pour un service Windows avant l'arrêt final.

Nous allons voir maintenant un exemple mettant en œuvre la création d'un service Windows à l'aide de l'utilitaire « **ORADIM** ». Pour pouvoir utiliser l'environnement de l'instance, il faut d'abord initialiser une variable d'environnement déjà rencontrée auparavant qui s'appelle « **ORACLE_SID** ».

```
C:\>set ORACLE_SID=tpdba

C:\>sqlplus /nolog
SQL>connect / as sysdba
ERROR: ORA-12560: TNS : erreur d'adaptateur de protocole

SQL>exit

C:\>oradim -NEW -SID tpdba -INTPWD password -STARTMODE a
Instance créée.

C:\>sqlplus /nolog
SQL>CONNECT / AS SYSDBA
Connecté à une instance inactive.
SQL> host dir %ORACLE_HOME%\database\pwdtpdba.ora

 Répertoire de C:\oracle\OraDb10g\database

02/06/2005  17:34             2 560 PWDtpdba.ORA
```

Après l'initialisation de la variable d'environnement, ont se connecte à SQL*Plus sans définir les informations de connexion à la base de données. La connexion à l'instance par défaut « **tpdba** » définie par la variable d'environnement « **ORACLE_SID** » ne peut pas être effectuée car le service Windows n'a pas encore été défini.

On crée le service Windows pour l'instance appelée « **tpdba** » et en même temps un fichier des mots de passe « **pwdtpdba.ora** » avec le mot de passe « **password** » pour les administrateurs de la base des données. La dernière commande de l'exemple vous permet de visualiser l'emplacement du fichier de mots de passe.

Vous pouvez remarquer que, dès lors que service Windows est créé, il est possible de se connecter normalement.

Attention

Il faut faire la différence entre le service Windows et l'instance de la base de données. Vous pouvez avoir le cas où le service Windows est démarré mais où l'instance n'est pas démarrée pour autant. Dans ce cas vous pouvez démarrer manuellement votre instance.

Module 9 : La création d'une base de données

Toutefois si le service Windows n'est pas démarré vous ne pouvez pas accéder à l'instance.

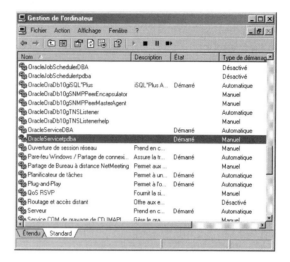

Le service ainsi créé n'est pas démarré automatiquement au démarrage de la machine. Pour que le service démarre automatiquement il faut exécuter la commande suivante :

```
C:\>oradim -EDIT -SID tpdba -SRVCSTART system
```

Dans l'exemple suivant, vous est présentée la commande pour effacer un service Windows. L'argument « DELETE » ne requiert pas d'autres informations que le nom de l'instance.

```
C:\> oradim -DELETE -SID tpdba
Instance supprimée.

C:\>sqlplus /nolog
SQL>connect / as sysdba
ERROR: ORA-12560: TNS : erreur d'adaptateur de protocole
```

Le fichier paramètres

Nous allons créer le fichier paramètres utilisant les différents paramètres nécessaires pour le démarrage et le bon fonctionnement de votre base de données. Voici un exemple de fichier paramètres.

```
####################################################################
## Fichier paramètre pour la base de données tpdba
db_name='tpdba'
db_domain='formation.fr'
compatible='10.1.0.2.0'
nls_language='FRENCH'
nls_territory='FRANCE'
remote_login_passwordfile='EXCLUSIVE'
control_files='C:\ORACLE\ORADATA\tpdba\CONTROL01.CTL'
db_block_size=8192
db_cache_size=25165824
shared_pool_size=83886080
java_pool_size=50331648
large_pool_size=8388608
open_cursors=300
processes=150
```

```
undo_management='AUTO'
undo_tablespace='UNDOTBS1'
db_create_file_dest='C:\oracle\oradata\tpdba'
user_dump_dest='C:\oracle\admin\tpdba\udump'
background_dump_dest='C:\oracle\admin\dba\bdump'
core_dump_dest='C:\oracle\admin\tpdba\cdump'
```

Le fichier paramètres SPFILE

Vous devez vous connecter à l'instance et, à l'aide de la commande SQL, « **CREATE SPFILE** », créer le fichier des paramètres serveur.

```
C:\>set ORACLE_SID=tpdba

C:\>sqlplus "/as sysdba"

Connecté à une instance inactive.

SQL>create spfile from
  2         pfile='C:\oracle\OraDb10g\database\INITtpdba.ora';

Fichier créé.

SQL> startup nomount
Instance ORACLE lancée.

Total System Global Area  171966464 bytes
Fixed Size                   787988 bytes
Variable Size             145750508 bytes
Database Buffers           25165824 bytes
Redo Buffers                 262144 bytes
```

La création de la base

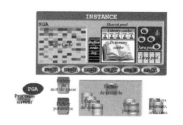

```
CREATE DATABASE "tpdba"
    MAXINSTANCES 8
    MAXLOGHISTORY 1
    MAXLOGFILES 24
    MAXLOGMEMBERS 2
    MAXDATAFILES 1024
DATAFILE SIZE 300M AUTOEXTEND ON NEXT  10240K MAXSIZE UNLIMITED EXTENT MANAGEMENT LOCAL
SYSAUX DATAFILE SIZE 120M AUTOEXTEND ON NEXT  10240K MAXSIZE UNLIMITED
DEFAULT TEMPORARY TABLESPACE TEMP TEMPFILE SIZE 20M AUTOEXTEND ON NEXT  640K MAXSIZE UNLIMITED
UNDO TABLESPACE "UNDOTBS1" DATAFILE SIZE 200M AUTOEXTEND ON NEXT  5120K MAXSIZE UNLIMITED
CHARACTER SET WE8MSWIN1252  NATIONAL CHARACTER SET AL16UTF16
LOGFILE GROUP 1 SIZE 10240K, GROUP 2 SIZE 10240K, GROUP 3 SIZE 10240K
USER SYS IDENTIFIED BY "&&sysPassword" USER SYSTEM IDENTIFIED BY "&&systemPassword";
```

Les fichiers de la base de données sont des fichiers binaires qui ne peuvent pas être lus par d'autres programmes que ceux des processus d'arrière plan de l'instance.

La création de ces fichiers respecte la même règle, à savoir que l'on a besoin de l'instance pour pouvoir travailler avec les fichiers de données.

La création des fichiers de la base de données est effectuée à partir du SQL*Plus utilisant la commande suivante :

```
CREATE DATABASE nom
        MAXLOGFILES val_int
        MAXLOGMEMBERS val_int
        MAXLOGHISTORY val_int
        MAXDATAFILES valr_int
        MAXINSTANCES val_int
        CONTROLFILE REUSE
        LOGFILE GROUP nom_groupe [fichier] [,...]
        { ARCHIVELOG | NOARCHIVELOG }
DATAFILE [fichier
          [AUTOEXTEND
            {
              OFF |
              ON [NEXT val_int [{K|M|G}]]
                 [MAXSIZE{UNLIMITED | val_int [{K|M|G}]}]
            }
          ]
        ] [,...]
SYSAUX DATAFILE
```

```
            [fichier
              [AUTOEXTEND
                {
                  OFF |
                  ON [NEXT val_int [{K|M|G}]]
                      [MAXSIZE{UNLIMITED | val_int [{K|M|G}]}
                }
              ]
            ] [,...]
UNDO TABLESPACE nom_tablespace
      [DATAFILE
        [fichier
          [AUTOEXTEND
            {
              OFF |
              ON [NEXT val_int [{K|M|G}]]
                  [MAXSIZE{UNLIMITED | val_int [{K|M|G}]}
            }
          ]
        ] [,...]
      ]
DEFAULT TEMPORARY TABLESPACE nom_tablespace
      [TEMPFILE
        [fichier
          [EXTENT MANAGEMENT LOCAL]
          [UNIFORM [SIZE val_int [{K|M|G}]]]
        ] [,...]
      ]
CHARACTER SET val_charset
NATIONAL CHARACTER SET val_charset
SET TIME_ZONE = time_zone ;
```

MAXLOGFILES	Spécifie le nombre maximal de groupes de fichiers redo log en ligne qui peuvent être créés dans la base. Oracle utilise cette valeur pour déterminer la quantité d'espace à allouer au nom des fichiers redo log dans le fichier de contrôle.
MAXLOGMEMBERS	Spécifie le nombre maximal de membres, ou de copies identiques, pour un groupe de fichiers redo log. Oracle utilise cette valeur pour déterminer la quantité d'espace à allouer au nom des fichiers redo log dans le fichier de contrôle.
MAXLOGHISTORY	Spécifie le nombre maximal de fichiers redo log archivés pour la récupération de média automatique avec l'option Real Application Clusters.

`MAXDATAFILES`	Spécifie le dimensionnement initial de la section des fichiers de données dans le fichier de contrôle au moment de l'exécution.
`MAXINSTANCES`	Spécifie le nombre maximal d'instances qui peuvent simultanément monter et ouvrir la base de données.
`CONTROLFILE REUSE`	L'argument vous permet de réutiliser les fichiers de contrôle existants identifiés par le paramètre « `CONTROL FILES` ».
`LOGFILE`	Spécifie un ou plusieurs fichiers à utiliser en tant que fichiers redo log.
`GROUP nom_groupe`	Identifie de façon unique un groupe de fichiers redo log. Une base de données doit disposer d'au moins deux groupes de fichiers redo log.
`ARCHIVELOG`	Spécifie que le contenu d'un groupe de fichiers redo log doit être archivé avant d'être réutilisé.
`NOARCHIVELOG`	Spécifie que le contenu d'un groupe de fichiers redo log ne doit pas être archivé avant d'être réutilisé.
`DATAFILE`	Spécifie un ou plusieurs fichiers à utiliser en tant que fichier de données. Tous ces fichiers font partie du tablespace « `SYSTEM` ».
`SYSAUX`	Spécifie un ou plusieurs fichiers à utiliser en tant que fichier de données. Tous ces fichiers font partie du tablespace « `SYSAUX` ».
`AUTOEXTEND`	L'argument active ou désactive l'extension automatique d'un nouveau fichier de données ou d'un fichier temporaire. Si vous omettez cette clause, ces fichiers ne seront pas automatiquement étendus.
`NEXT val_int`	Spécifie la taille, en octets, de l'incrément d'espace disque suivant à allouer automatiquement.
`K`	Valeurs spécifiées pour préciser la taille en kilo-octets.
`M`	Valeurs spécifiées pour préciser la taille en mégaoctets.
`G`	Valeurs spécifiées pour préciser la taille en giga-octets.
`MAXSIZE`	L'argument spécifie l'espace disque maximal autorisé pour l'extension automatique du fichier.
`UNLIMITED`	Définit une allocation d'espace illimitée pour le fichier.
`DEFAULT TEMPORARY`	L'argument définit le tablespace temporaire par défaut pour la base de données. Si vous omettez cette clause, le tablespace « `SYSTEM` » servira de tablespace temporaire par défaut.
`MANAGEMENT LOCAL`	Indique qu'une partie du tablespace est réservée pour un bitmap de gestion des extents.
`UNIFORM`	Tous les extents d'un tablespace temporaire sont de la même taille.
`UNDO TABLESPACE`	L'argument vous permet de définir le tablespace qui servira à stocker les données undo.

CHARACTER SET	Spécifie le jeu de caractères utilisé par la base de données pour stocker les données. Les jeux supportés et la valeur par défaut de ce paramètre dépendent de votre système d'exploitation.
NATIONAL	Spécifie le jeu de caractères national utilisé pour stocker les données dans des colonnes définies spécifiquement avec les types « **NCHAR** », « **NCLOB** » ou « **NVARCHAR2** ».
SET TIME_ZONE	L'argument permet de définir la zone horaire de la base de données.

L'exemple suivant récapitule l'ensemble des commandes SQL et SQL*Plus jusqu'à la création de la base de données.

```
C:\>set ORACLE_SID=tpdba
C:\>sqlplus "/as sysdba"
Connecté à une instance inactive.

SQL> create spfile from
  2  pfile='C:\oracle\OraDb10g\database\INITtpdba.ora';

Fichier créé.

SQL> startup nomount
Instance ORACLE lancée.

Total System Global Area  171966464 bytes
Fixed Size                   787988 bytes
Variable Size             145750508 bytes
Database Buffers           25165824 bytes
Redo Buffers                 262144 bytes
SQL> CREATE DATABASE "tpdba"
  2        MAXINSTANCES 8
  3        MAXLOGHISTORY 1
  4        MAXLOGFILES 24
  5        MAXLOGMEMBERS 2
  6        MAXDATAFILES 1024
  7   DATAFILE SIZE 300M AUTOEXTEND ON
  8          NEXT 10240K
  9          MAXSIZE UNLIMITED
 10          EXTENT MANAGEMENT LOCAL
 11   SYSAUX DATAFILE SIZE 120M AUTOEXTEND ON
 12          NEXT 10240K
 13          MAXSIZE UNLIMITED
 14   DEFAULT TEMPORARY TABLESPACE TEMP TEMPFILE SIZE 20M
 15          AUTOEXTEND ON NEXT 640K MAXSIZE UNLIMITED
 16   UNDO TABLESPACE "UNDOTBS1" DATAFILE SIZE 200M
 17          AUTOEXTEND ON NEXT 5120K MAXSIZE UNLIMITED
 18   CHARACTER SET WE8MSWIN1252
 19   NATIONAL CHARACTER SET AL16UTF16
 20   LOGFILE GROUP 1 SIZE 10240K,
 21        GROUP 2 SIZE 10240K,
 22        GROUP 3 SIZE 10240K
 23   USER SYS IDENTIFIED BY "&&sysPassword"
 24   USER SYSTEM IDENTIFIED BY "&&systemPassword";
```

Module 9 : La création d'une base de données

```
Entrez une valeur pour syspassword : sys
ancien   23 : USER SYS IDENTIFIED BY "&&sysPassword"
nouveau  23 : USER SYS IDENTIFIED BY "sys"
Entrez une valeur pour systempassword : sys
ancien   24 : USER SYSTEM IDENTIFIED BY "&&systemPassword"
nouveau  24 : USER SYSTEM IDENTIFIED BY "sys"

Base de données créée.
SQL> select name, open_mode from v$database;

NAME       OPEN_MODE
---------  ----------
TPDBA      READ WRITE
```

L'ordre SQL de création de la base de données comporte également, comme vous pouvez le voir, les ordres des modifications des mots de passe pour les utilisateurs **SYS** et **SYSTEME**.

Vous pouvez remarquer que l'ordre de création de la base de données a créé la base, mais également ouvert cette base de données.

Nous avons à présent une base de données, mais elle est une coquille vide. Pour pouvoir utiliser cette base de données, il faut, maintenant, passer à l'étape suivante : la création du dictionnaire de données.

La création du dictionnaire de données

Répertoire   ORACLE_HOME/rdbms

Scripts :

- catalog.sql
- catproc.sql
- catclust.sql
- cat*.sql
- dbms*.sql
- ...

Le dictionnaire de données est un élément important d'une base de données Oracle. Le dictionnaire permet de répertorier tous les objets créés dans la base et leur définition.

Le dictionnaire de données est un ensemble de tables et de vues mis à jour par Oracle. Ce dictionnaire contient toutes les informations sur les données de la base, sur les utilisateurs et l'espace physique.

Après la création de la base de données, il faut exécuter les scripts suivants dans le compte SYS.

Nom du script	Description
catalog.sql	Création des vues sur les tables de base du dictionnaire Création des vues de performances dynamiques Création des synonymes
catproc.sql	Ce script permet d'implémenter les fonctionnalités du langage PL/SQL. Plusieurs packages sont créés pour étendre les fonctionnalités du noyau du SGBD Oracle.
catblock.sql	Crée les vues qui affichent dynamiquement les verrous
caths.sql	Installe les packages pour l'administration des services hétérogènes.
catio.sql	Crée les vues du dictionnaire de données pour pouvoir tracer les entrées et les sorties table par table.
caths.sql	Installe les packages pour l'administration des services hétérogènes.

Module 9 : La création d'une base de données

`catqueue.sql`	Crée les vues du dictionnaire de données pour Advanced Queuing.
`catrep.sql`	Crée les outils nécessaires pour la réplication de la base de données.
`catrman.sql`	Crée les vues du dictionnaire de données nécessaires pour l'utilitaire Recovery Manager (RMAN).

Les deux premiers scripts sont les scripts de création du catalogue obligatoire, mais comme vous pouvez remarquer les autres scripts sont également très utiles pour le fonctionnement de la base des données. Dans le tableau précédent on a présenté uniquement une sélection des scripts nécessaires pour la création de la base de données.

Tous les scripts de création du catalogue ainsi que les scripts utilisés pour l'administration étendue se retrouvent dans le répertoire :

$ORACLE_HOME/rdbms

ou

%ORACLE_HOME%\rdbms

Pour gérer une base, il peut être nécessaire au DBA de créer des structures supplémentaires, telles que des tables, des vues et des packages. Les scripts administratifs sont séparés en quatre catégories de fichiers se trouvant dans ce répertoire.

Convention	*Description*
`cat*.sql`	Ils créent des vues du dictionnaire de données et des tables de base du dictionnaire de données.
`utl*.sql`	Ils créent des vues et des tables additionnelles pour les utilitaires de la base de données.
`dbms*.sql`	Ils créent des spécifications de package de base de données.
`prvt*.plb`	Ils créent le corps de package.

```
SQL> connect / as sysdba
Connecté.

SQL> select name, open_mode from v$database;

NAME       OPEN_MODE
---------  ----------
TPDBA      READ WRITE

SQL> spool C:\oracle\admin\tpdba\create\CreateDBCatalog.log
SQL> @%ORACLE_HOME%\rdbms\admin\catalog.sql;

Package créé.


Corps de package créé.
```

Module 9 : La création d'une base de données

```
Autorisation de privilèges (GRANT) acceptée.
...
SQL> @%ORACLE_HOME%\rdbms\admin\ catblock.sql;
...
drop synonym DBA_LOCKS
              *
ERREUR à la ligne 1 :
ORA-01434: le synonyme privé à supprimer n'existe pas
...
SQL> @%ORACLE_HOME%\rdbms\admin\ catproc.sql;
...
SQL> @%ORACLE_HOME%\rdbms\admin\ catoctk.sql;
...
SQL> @%ORACLE_HOME%\rdbms\admin\catalog.sql;
...
SQL> connect SYSTEM/sys
Connecté.

SQL> @%ORACLE_HOME%\sqlplus\admin\pupbld.sql;
...
SQL> spool off
```

Dans l'exemple précédent on commence par la connexion à la base des données, connexion avec les privilèges étendues « SYSDBA ».

Les scripts de création du dictionnaire de données sont relativement longs; il faut par conséquent prendre la précaution que toutes les informations affichées puissent être lues par la suite. C'est pourquoi on ouvre un fichier spool dans le répertoire correspondant à l'architecture OFA. Sans le fichier de spool il n'est pas possible de vérifier l'exécution de ces scripts.

Les scripts peuvent retourner des messages d'erreur due aux effacements des objets qui n'existent pas.

A la fin du script, il ne faut pas oublier de fermer le fichier spool.

Les scripts de votre schéma relationnel

La base de données qui a été créée ne contient que le dictionnaire de données. Pour pouvoir travailler avec vos propres applications il faut créer le schéma relationnel nécessaire pour ces applications.

La sauvegarde

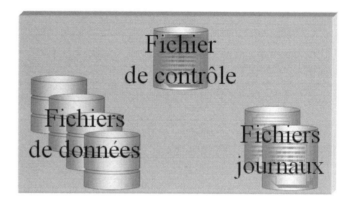

À ce stade, le sujet abordé est de la différence entre l'instance et la base de données.

La base de données est, comme nous venons de le voir, l'ensemble des fichiers de données des fichiers de contrôle et des fichiers journaux, qui sert à la gestion des informations et des données de vos applications. La base de données est identifiée par son nom ; rappelez-vous le paramètre « **DB_NAME** » qui, combiné au nom du domaine « **DB_NAME** », définit un nom unique de la basse des données.

L'instance est l'ensemble des zones mémoires et des processus d'arrière plan capable de lire et écrire les fichiers de la base de données. On a vu que l'instance est identifiée par son nom « **INSTANCE_NAME** ». Celui-ci peut être modifié après la création de cette instance.

En effet, l'instance est en quelque sorte un programme qui peut être changé à mémoire ou déchargé, et qui utilise les fichiers de la base de données.

Dans l'exemple suivant, nous allons détruire l'instance créée précédemment, tout en laissant à leur place les différents fichiers de la base de données. Ensuite nous allons créer une nouvelle instance qui utilise les mêmes fichiers de données.

```
C:\> oradim -DELETE -SID tpdba
Instance supprimée.
C:\> set ORACLE_SID=tpdbanew

C:\> oradim -NEW -SID tpdbanew -INTPWD password -STARTMODE m
Instance créée.


C:\> sqlplus "/as sysdba"
Connecté à une instance inactive.

SQL> create spfile from
  2  pfile='C:\oracle\OraDb10g\database\INITtpdba.ora';

Fichier créé.
```

```
SQL> startup
Instance ORACLE lancée.

Total System Global Area   171966464 bytes
Fixed Size                    787988 bytes
Variable Size              145750508 bytes
Database Buffers            25165824 bytes
Redo Buffers                  262144 bytes
Base de données montée.
Base de données ouverte.

SQL> select INSTANCE_NAME from V$INSTANCE;

INSTANCE_NAME
----------------
tpdbanew

SQL> select NAME,OPEN_MODE from V$DATABASE;

NAME       OPEN_MODE
---------  ----------
TPDBA      READ WRITE
```

L'outil « **ORADIM** » nous permet d'effacer le service « **tpdba** » et de créer un nouveau service « **tpdbanew** ». La création du service comporte également l'argument pour créer le fichier des mots de passe.

On se connecte à l'instance avec l'outil SQL*Plus, authentifiée par le système d'exploitation. Comme vous pouvez le remarquer, l'instance n'a pas été démarrée, et l'ordre des créations du service définit le mode de démarrage manuel de l'instance.

On crée un nouveau fichier de paramètres serveur en utilisant le fichier paramètre de l'instance précédente. En effet le fichier paramètre de l'instance précédente ne contient aucune référence au nom de l'instance.

Le démarrage du serveur de base de données s'est effectué sans encombre. Vous pouvez remarquer que le nom de l'instance a été changé, mais que le nom de la base de données est resté le même.

Il faut avoir à l'esprit que toutes les informations du réseau, Oracle Net, prenant en compte le nom ancien de l'instance « **SID** » sont inutilisables.

— Astuce —

Dans l'exemple précédent on a pu observer l'effacement de l'instance et la création d'une nouvelle instance qui utilise les fichiers de la base de données, ceux-ci ayant pu être lus par la nouvelle instance.

Alors, si on sauvegarde les fichiers de la base de données puis une copie de ces fichiers, on peut les déployer sur un autre serveur et ensuite créer une instance pour cette base de données. Bien sûr, les fichiers doivent être positionnés dans la même arborescence de répertoires.

En effet, pour avoir une sauvegarde d'une base de données Oracle, il faut d'abord arrêter le serveur et copier l'ensemble des fichiers de données des fichiers des contrôles et des fichiers de journaux. Cette sauvegarde vous donne une image du serveur à l'instant où vous avez effectué votre sauvegarde. Pour plus d'informations concernant les sauvegardes et les restaurations, voir les modules correspondants.

Pour retrouver l'emplacement de l'ensemble des fichiers de données des fichiers de contrôle et des fichiers de journaux, vous pouvez interroger les vues dynamiques sur la performance.

Dans l'exemple suivant, nous allons interroger la base de données pour retrouver l'emplacement des fichiers de la base de données.

```
C:\> sqlplus "/as sysdba"

SQL> select NAME
  2  from ( select NAME    from V$DATAFILE
  3         union all
  4         select NAME    from V$CONTROLFILE
  5         union all
  6         select MEMBER from V$LOGFILE) ;

NAME
--------------------------------------------------------------------------------
C:\ORACLE\ORADATA\TPDBA\TPDBA\DATAFILE\O1_MF_SYSTEM_19ZCC8FY_.DBF
C:\ORACLE\ORADATA\TPDBA\TPDBA\DATAFILE\O1_MF_UNDOTBS1_19ZCDC56_.DBF
C:\ORACLE\ORADATA\TPDBA\TPDBA\DATAFILE\O1_MF_SYSAUX_19ZCDTD4_.DBF
C:\ORACLE\ORADATA\TPDBA\CONTROL01.CTL
C:\ORACLE\ORADATA\TPDBA\TPDBA\ONLINELOG\O1_MF_1_19ZCC4Q4_.LOG
C:\ORACLE\ORADATA\TPDBA\TPDBA\ONLINELOG\O1_MF_2_19ZCC5JB_.LOG
C:\ORACLE\ORADATA\TPDBA\TPDBA\ONLINELOG\O1_MF_3_19ZCC6DX_.LOG
```

Les trois premières réponses sont des fichiers de données, la suivante un fichier de contrôle et en suite trois fichiers journaux.

La création manuelle de la base de données vous a permis de voir quelles sont les étapes de création d'une base de données et les différents composants qu'il faut créer.

Dans les exemples utilisés, on a travaillé dans l'environnement Windows parce que la création de la base de données comporte une étape de plus, à savoir la création du service Windows. Dans l'environnement Unix/Linux tous les exemples peuvent être exécutés avec des modifications minimes concernant les noms des fichiers et leur emplacement.

L'assistant DBCA

Une fois le logiciel Oracle installé, vous pouvez utiliser DBCA (**D**ata**B**ase **C**onfiguration **A**ssistant) pour créer et configurer vos bases de données

L'assistant vous guide dans le processus de création d'une nouvelle base de données, de modification de la configuration d'une base de données existante ou de la suppression d'une base de données. La plupart des tâches de création de base de données que vous exécuteriez normalement manuellement sont exécutées automatiquement lorsque vous avez sélectionné vos options de base de données avec **DBCA** (**D**ata**B**ase **C**onfiguration **A**ssistant).

L'assistant de configuration de la base de données vous permet :

- Créer une base de données.
- Configurer les options d'une base de données.
- Supprimer une base de données.
- Gérée et les modèles d'une base de données.

L'assistant est identique dans l'environnement Windows et l'environnement Unix/Linux. A quelques exceptions près, il est identique également dans la version Oracle9i et la version Oracle10g.

Il est conseillé de fermer toutes les autres applications avant de lancer **DBCA** (**D**ata**B**ase **C**onfiguration **A**ssistant).

L'assistant peut avoir besoin d'eux arrêter et redémarrer la base de données ainsi que modifié le dictionnaire de données et les applications déjà installées sur le serveur.

Modèles

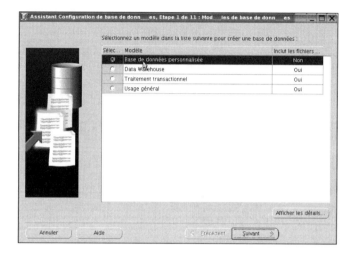

L'option « Créer une base de données » vous guide dans les étapes de création d'une nouvelle base de données ou d'un nouveau modèle.

Lorsque vous sélectionnez un modèle, vous pouvez choisir soit un modèle de base de données personnalisé, soit un modèle avec des fichiers de données. Si vous sélectionnez un modèle de base de données personnalisé (sans fichiers de données), vous pouvez enregistrer les informations de création en tant que script et les utiliser ultérieurement pour créer des bases de données similaires.

Il est conseillé de sélectionner un modèle de base de données personnalisé, car ainsi vous avez la possibilité de paramétrer l'ensemble des informations de la base de données.

Dans l'image suivante vous pouvez observer l'ensemble des modèles de votre serveur. Les modèles sont des fichiers XML avec l'extension « DBT », database template, stockés dans le répertoire :

`$ORACLE_HOME/assistants/dbca/templates`

ou

`%ORACLE_HOME%\assistants\dbca\templates`

Vous pouvez copier le fichier sur un autre serveur pour déployer le modèle, afin de pouvoir créer une base de données avec les mêmes caractéristiques.

Le modèle de base de données personnalisé est le seul modèle qui n'inclut pas les fichiers de données, ce qui vous permet de paramétrer l'ensemble des informations concernant les fichiers de données.

Le pas suivant consiste à choisir le nom de la base de données et le nom de l'instance. L'assistant modifie automatiquement le nom de l'instance pour qu'il soit identique au nom que vous choisissez pour votre base de données. Ce n'est pas pour autant que vous ne pouvez pas modifier le nom de l'instance pour lui attribuer le nom que vous choisissez.

Options de gestion

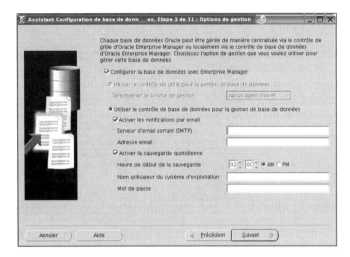

DBCA configure la base de données afin qu'elle puisse être gérée par Oracle Enterprise Manager.

Vous pouvez utiliser le contrôle de grille pour la gestion des bases de données lorsque l'agent de gestion Oracle a été installé sur l'ordinateur hôte. Si l'assistant localise un agent Oracle Management, sélectionnez l'option Contrôle de grille, puis un service de gestion Oracle dans la liste déroulante. Lorsque vous aurez fini d'installer la base de données Oracle, il sera automatiquement disponible sous la forme d'une cible gérée dans le contrôle de grille d'Oracle Enterprise Manager. Pour plus d'informations sur la gestion centrale des bases de données voir le module correspondant.

Si vous ne gérez pas de manière centralisée votre environnement Oracle, vous pouvez cependant utiliser Oracle Enterprise Manager pour gérer votre base de données. Lorsque vous installez une base de données Oracle, vous installez automatiquement le contrôle de base de données Oracle Enterprise Manager qui offre des fonctions Web pour le contrôle et l'administration de l'instance unique ou de la base de données en cluster que vous installez.

Vous pouvez également activer les notifications e-mail en indiquant l'adresse e-mail, ainsi que votre serveur mail (SMTP). Lorsque vous sélectionnez cette option vous configurez Enterprise Manager de façon que l'utilisateur **SYSMAN** (le propriétaire du schéma Management Repository) reçoive une notification par e-mail lorsqu'une valeur métrique d'une condition spécifiée atteint un seuil critique ou d'avertissement.

Vous pouvez configurer Enterprise Manager de manière à sauvegarder votre base de données, en fonction de l'heure de début prévue, que vous entrez sur cette page, dès la fin de l'installation de la base de données Oracle. Enterprise Manager sauvegardera la base de données dans la zone de récupération rapide que vous indiquerez ultérieurement.

L'étape suivante consiste à définir les mots de passe pour chaque utilisateur. Il est préférable de définir des modes passe différentes pour chaque utilisateur.

Options de stockage

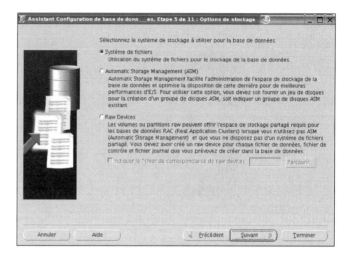

L'étape suivante consiste à choisir le système de stockage que vous souhaitez utiliser pour vos fichiers de base de données. Il s'agit de trois types de stockage.

Système de fichiers

Cette option gère vos fichiers de base de données à instance unique dans un répertoire de votre système de fichiers actuel. Par défaut, DBCA sauvegarde les fichiers de base de données en utilisant l'architecture OFA, dans laquelle les fichiers de base de données et les fichiers administratifs, fichiers d'initialisation compris, respectent la convention standard de choix de nom et d'emplacement.

Vous pouvez modifier les valeurs par défaut plus tard, lors de la configuration de la base de données, via la page Stockage de base de données de DBCA.

Système de fichiers de cluster

L'installation en cours ne prend pas en compte cette option dédiée à Real Application Clusters.

Un système de fichiers de cluster permet à un certain nombre de noeuds d'un cluster d'accéder simultanément à un système de fichiers donné. Chaque noeud voit les mêmes fichiers et les mêmes données. Ce qui facilite la gestion des données devant être partagées entre les noeuds. Si votre plate-forme prend en charge un système de fichiers de cluster, vous pouvez l'utiliser pour stocker des fichiers de données et des fichiers de contrôle Real Applications Cluster.

Automatic Storage Management (ASM)

ASM est une nouvelle fonction d'Oracle 10g qui simplifie l'administration des fichiers de base de données. Au lieu de gérer des fichiers de base de données, vous ne gérez qu'un petit nombre de groupes de disques.

Un groupe de disques est un ensemble d'unités de disques qui sont gérés par ASM comme une seule unité logique. Si vous définissez un groupe de disques particulier comme groupe de disques par défaut pour une base de données, Oracle alloue automatiquement de la mémoire pour les fichiers associés à l'objet de base de données, et crée ou supprime automatiquement ces fichiers. Lorsque vous administrez la base de données, il vous suffit de faire référence aux objets de la base en indiquant leur nom, et non le nom du fichier.

Raw devices

Un « raw device » est un disque ou une partie de disque non gérée par un système de fichiers. Vous ne pouvez cependant utiliser cette option que si votre site a au moins autant de partitions de disque raw que de fichiers de données Oracle.

Pour Oracle10g, Oracle recommande l'utilisation d'ASM (Automatic Storage Management) avec OMF (Oracle Managed Files).

Emplacements des fichiers

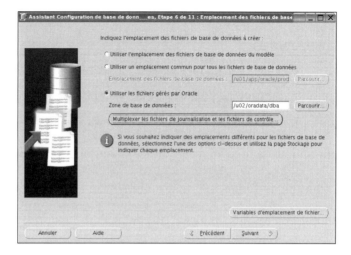

L'étape suivante consiste à choisir la gestion des fichiers de données de la base. Vous avez trois possibilités :

L'emplacement des fichiers du modèle

Cette option vous permet d'utiliser l'emplacement défini par le modèle de base de données que vous avez sélectionné pour cette base. Vous avez la possibilité de revoir et de modifier les noms et les emplacements de fichiers de base de données plus tard dans l'assistant.

Un emplacement commun pour tous les fichiers

Sélectionnez cette option pour spécifier une nouvelle zone commune pour tous vos fichiers de base de données. Vous avez la possibilité de revoir et de modifier les noms et les emplacements de fichiers de base de données plus tard dans l'assistant.

Utiliser les fichiers gérés par Oracle

Oracle Managed Files(OMF) vous permet d'éviter, en tant qu'administrateur de base de données, de gérer directement les fichiers de système d'exploitation qui composent une base de données Oracle. Vous spécifiez les opérations en termes d'objets de base de données, et non de noms de fichiers. Oracle utilise en interne des interfaces de système de fichiers standard pour créer et supprimer des fichiers en fonction des besoins des tablespaces, des fichiers de journalisation et des fichiers de contrôle.

Vous pouvez également multiplexer les fichiers de journalisation et les fichiers de contrôle. Lorsque vous sélectionnez cette option, vous pouvez identifier les emplacements où peuvent être stockés les doubles des fichiers. Le multiplexage offre une plus grande tolérance de panne pour le fichier de journalisation et le fichier de contrôle si l'une des destinations échoue. Pour plus d'informations voir les modules correspondants.

Module 9 : La création d'une base de données

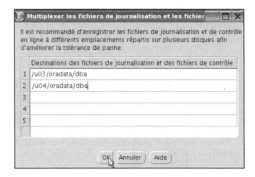

Contrairement aux autres options de la page, celle-ci ne permet pas de modifier ultérieurement les noms des fichiers de base de données dans la page Stockage, disponible après dans l'assistant Configuration de base de données.

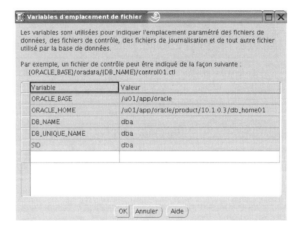

Vous avez la possibilité de vérifier les variables d'environnement et de créer vos propres variables, indiquez leur nom et leur valeur. Les variables vous permettent de centraliser des informations de données et de créer des modèles de base de données avec des paramètres généraux.

Configuration de la récupération

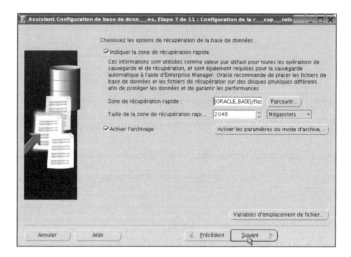

Vous pouvez configurer la base de données de manière à pouvoir récupérer vos données en cas de défaillance du système.

La zone de récupération rapide permet de récupérer des données qui, autrement, auraient été perdues en cas de défaillance du système. Elle est également utilisée par Enterprise Manager si vous avez sélectionné la gestion locale et les sauvegardes quotidiennes dans la page Options de gestion de **DBCA** (**D**ata**B**ase **C**onfiguration **A**ssistant), qui s'est affichée précédemment.

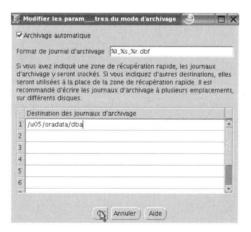

Vous pouvez activer l'archivage, la base de données archive ses fichiers de journalisation. Les fichiers de journalisation archivés peuvent être utilisés pour récupérer une base de données, et mettre à jour une base de données en attente.

Vous devez activer l'archivage pour que la base de données puisse être récupérée en cas de défaillance de disque. Pour plus d'informations sur l'archivage et notamment le format de fichiers archives voir le module « La gestion des fichiers journaux ».

Contenu de la base de données

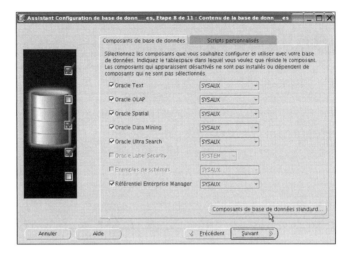

L'assistant de configuration de base de données vous permet de sélectionner les fonctions de base de données que vous voulez utiliser pour votre base Oracle.

Seules les fonctions qui sont installées sont proposées dans la liste. Celles qui ne sont pas installées ne sont pas disponibles et sont grisées.

Oracle Text

Le produit OracleText permet de gérer du contenu multimédia, à la fois pour les applications Internet et pour les applications classiques qui doivent accéder à des informations audio, vidéo, à des images, du texte ou des données d'emplacement.

Oracle OLAP

Les produits OLAP (Online Analytical Processing) offrent des services qui prennent en charge les calculs statistiques, mathématiques et financiers complexes dans un modèle de données multidimensionnel.

Oracle Spatial

Le produit Oracle Spatial est essentiellement utilisé pour les systèmes GIS (Geographical Information Systems). Les applications GIS peuvent comporter des opérations de saisie de données, de modification de données, de création de cartes, de traitement d'images, de classement d'images, de conversion de données, de migration de données, d'interrogation de données, de création de rapports et d'analyse de données.

Oracle Data Mining

Le produit Oracle Data Mining permet une exploration des données de la base à des fins de performance et d'évolutivité.

Oracle Ultra Search

Le produit Oracle Ultra Search est une solution de gestion de texte qui permet à des entreprises d'accéder à des sources d'informations textuelles aussi rapidement et facilement qu'à des données structurées.

Oracle Label Security

Le produit Oracle Label Security repose sur les concepts de labels utilisés par les organisations officielles et de défense pour protéger les informations sensibles et permettre la séparation des données.

Référentiel Enterprise Manager

Le schéma Enterprise Manager Repository est utilisé par Oracle Enterprise Manager pour stocker des données de gestion relatives à votre base de données. Si vous avez choisi de gérer votre base de données localement, ce schéma est obligatoire.

Composants de base de données standard

Oracle JVM

Le produit Oracle JVM (Java Virtual Machine) offre les fonctionnalités clés vous permettant de développer des applications Java avec la base de données Oracle.

Oracle Intermedia

Le produit Oracle InterMedia est une fonction qui permet à Oracle de stocker, de gérer et d'extraire des informations d'emplacements géographiques, des images, des sons, des vidéos ou d'autres données de supports hétérogènes de manière intégrée avec d'autres informations d'entreprise.

Oracle XML DB

Le produit Oracle XML Database (Oracle XML DB) étend le support XML de la base de données native Oracle en rendant les données et les modèles de contenu XML directement accessibles aux applications Oracle.

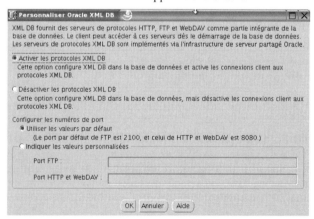

XML DB offre des serveurs de protocole HTTP, FTP et WebDAV dans la base de données. Ces serveurs pourront être utilisés par les clients dès le démarrage de la base de données. Les serveurs de protocoles de base de données XML sont implémentés via l'infrastructure de serveur partagé Oracle.

Paramètres de mémoire

L'assistant de configuration de base de données vous permet de définir les paramètres d'initialisation qui contrôlent la façon dont la base de données gère l'utilisation de sa mémoire.

Pour personnaliser la répartition de la mémoire SGA entre les sous-structures de mémoire SGA, sélectionnez Manuelle et entrez des valeurs spécifiques pour chaque sous-composant SGA.

La somme de l'ensemble des zones mémoires est mentionnée dans la description « Mémoire totale pour Oracle ». Il faut se rappeler le fonctionnement des différentes zones mémoires, elles sont utilisées comme des tampons mémoire pour accélérer la lecture et écriture des informations dans les fichiers de données.

Toutes les données de la base avant d'être récupérées par un utilisateur sont chargées en mémoire. En effet si les zones mémoires correspondantes ne se retrouvent pas dans la mémoire vive de la machine, mais en swap, le serveur va effectuer une lecture et une écriture sur disque à la place d'une lecture et d'une écriture dans la mémoire vive.

Avant de créer la base de données il faut s'assurer qu'on dispose d'un espace mémoire suffisant pour stocker nos zones mémoires.

Pool partagé

Vous devez entrer la taille du paramètre « `SHARED_POOL_SIZE` », en octets, ou acceptez la valeur par défaut. Les valeurs élevées améliorent les performances des systèmes multiutilisateurs. Les valeurs faibles utilisent moins de mémoire.

Cache de tampons

Vous devez entrer la taille du paramètre « `DB_CACHE_SIZE` », en octets. Tous les processus utilisateur conncctés simultanément à l'instance partagent l'accès au cache de tampons de la base de données.

Pool Java

Vous devez entrer la taille du paramètre « `JAVA_POOL_SIZE` ». La zone mémoire est utilisée dans la mémoire du serveur pour tout le code Java propre aux sessions et toutes les données de la JVM.

Large Pool

Vous devez entrer la taille du paramètre « `LARGE_POOL_SIZE` », en octets. La zone mémoire est utilisée par le serveur partagé pour la mémoire de session du serveur partagé, par l'exécution parallèle pour les tampons de messages et par la sauvegarde pour les tampons d'entrées-sorties disque.

> **Attention**
>
> Si « `LARGE_POOL_SIZE` » n'est pas affectée et si le pool doit être utilisé pour une exécution en parallèle, Oracle calculera automatiquement une valeur. Le calcul par défaut peut donner une taille trop importante à affecter ou causer des problèmes de performances.

La boîte de dialogue « Tous les paramètres d'initialisation » vous permet d'afficher et de modifier tous les paramètres de configuration de la base de données.

Vous pouvez choisir les paramètres d'initialisation de base. Ceux sont les paramètres d'initialisation les plus courants qui sont le plus souvent modifiés ou ajustés par les administrateurs de base de données.

Vous pouvez également afficher une fenêtre qui décrit brièvement le paramètre sélectionné.

Mode de connexion

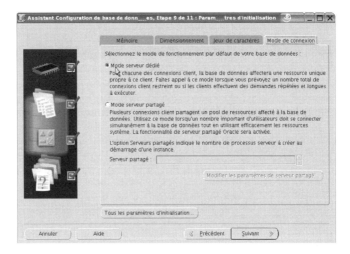

L'assistant de configuration de base de données vous permet de définir le mode de connexion de la base de données.

Mode serveur dédié

Une base de données Oracle en mode serveur dédié demande un processus serveur dédié pour chaque processus utilisateur. Oracle Net renvoie au client l'adresse d'un processus serveur existant. Le client renvoie alors sa demande de connexion à l'adresse de serveur fournie.

Mode serveur partagé

Une base de données en mode serveur partagé est configurée pour qu'un grand nombre de processus utilisateur partage un petit nombre de processus serveur, de façon à démultiplier le nombre d'utilisateurs pris en charge.

En configuration Serveur dédié, de nombreux processus utilisateur se connectent à un répartiteur. Le répartiteur transmet plusieurs demandes de session réseau entrantes à une file d'attente commune. Un processus de serveur partagé inactif dans un pool partagé de processus serveur sélectionne une demande dans la file d'attente. Un petit pool de processus serveur peut donc desservir un grand nombre de clients.

Stockage

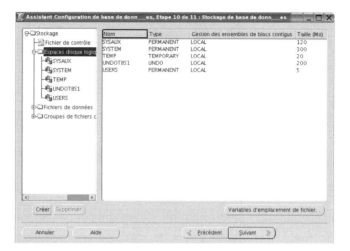

L'assistant de configuration de base de données vous permet de spécifier les paramètres de stockage de la base de données.

Dans cette étape une liste arborescente est une vue récapitulative qui vous permet de modifier et d'afficher les objets suivants :

- Fichiers de contrôle
- Espace de disques logiques
- Fichiers de données
- Segments d'annulation
- Groupes de fichiers de journalisation

L'ensemble de ces éléments fait l'objet d'un ou plusieurs modules suivants.

Options de création

L'assistant de configuration de base de données est maintenant fini, vous pouvez à présent choisir ce que vous voulez faire de l'ensemble des options sélectionnées.

Créer une base de données

Vous devez sélectionner cette option pour créer la base de données, à partir de l'assistant.

Enregistrer en tant que modèle de base de données

Vous devez sélectionner cette option pour enregistrer les paramètres de création de base de données en tant que modèle. Ce modèle est automatiquement ajouté à la liste des modèles de base de données disponibles.

Générer les scripts de création de base de données

Le choix de cette option vous permet de créer les scripts SQL ainsi que les scripts des commandes pour créer cette base de données avec les options que vous avez choisies.

Cette option n'est disponible que lorsque vous choisissez un nouveau modèle de base de données (sans fichier de données).

Vous pouvez utiliser les scripts comme liste de contrôle ou pour créer la base de données sans utiliser l'assistant. Si vous sélectionnez cette option, vous devez configurer manuellement les éléments suivants :

– Le Service de répertoire

– Les fichiers « `LISTENER.ORA` » et « `TNSNAMES.ORA` »

– Les Services pour NT

– Entrées ORATAB pour Solaris

Module 9 : La création d'une base de données

Chaque fois que vous lancez au moins une des ces trois options un écran récapitulatif affiche les détails du modèle de base de données que vous avez sélectionné.

Les détails comprennent les options courantes, les paramètres d'initialisation, les fichiers de données, les fichiers de contrôle et les groupes de fichiers de journalisation. Il s'agit des paramètres qui seront utilisés lorsque **DBCA** (**D**ata**B**ase **C**onfiguration **A**ssistant) crée la nouvelle base de données au moyen de ce modèle.

Conseil

Vous pouvez également enregistrer les détails dans un fichier HTML pour pouvoir les étudier à un stade ultérieur. Ces informations pourront vous être utiles plus tard, pour ajuster votre base de données ou résoudre des problèmes de performances.

Enregistrez toujours les informations récapitulatives, ainsi que les scripts des créations de cette base de données même si vous créez la base de données à travers l'assistant.

Atelier 9

- L'assistant DBCA
- La création de la base

 Durée : 60 minutes

Questions

9-1 Quelles sont les privilèges que vous devez avoir pour pouvoir créer une base de données ?

    A. DBA

    B. SYSDBA

    C. SYSOPER

    D. RESOURCE

9-2 Quelles sont les trois composants qui constituent la base de données ?

    A. Table

    B. Extent

    C. Fichier de donnée

    D. Fichier journaux

    E. Segment

    F. Tablespace

    G. Fichier de contrôle

9-3 Vous voulez créer une nouvelle base de données. Vous ne voulez pas utiliser l'authentification par le système d'exploitation. Quels sont les deux fichiers que vous devez créer avant la création de la base de données ?

    A. Fichier de contrôle

    B. Fichier de mot de passe

    C. Fichier journaux

Module 9 : La création d'une base de données

        D. Fichier d'alerte

        E. Fichier de paramètres

9-4   Quelles les deux variables d'environnement qui doivent être initialisées avant la création de la base de données ?

        A. DB_NAME

        B. ORACLE_SID

        C. ORACLE_HOME

        D. SERVICE_NAME

        E. INSTANCE_NAME

9-5   Quel est le mode de démarrage de l'instance pour pouvoir créer une base de données ?

        A. STARTUP

        B. STARTUP NOMOUNT

        C. STARTUP MOUNT

        D. STARTUP OPEN

Exercice n°1

Utilisez l'assistant de création de base de données pour créer un script de création de base de données. Prenez soin de ne sélectionner aucune option de la base de données, aucun schéma d'exemple de sorte que les scripts créés reflètent uniquement la création de la base de données.

Exercice n°2

Créez une base de données à l'aide de ce script.

Exercice n°3

Interrogez la base de données nouvellement créée pour récupérer l'ensemble des fichiers de la base de données.

- *DICTIONARY*
- *DICT_COLUMNS*
- *DBA_CATALOG*
- *DBA_OBJECTS*

Dictionnaire de données

Objectifs

A la fin de ce module, vous serez à même d'effectuer les tâches suivantes :
- Décrire l'environnement du dictionnaire de données.
- Décrire les vues du dictionnaire de données.
- Interroger les vues du dictionnaire de données.

Contenu

Le dictionnaire de données	10-2	La structure de stockage	10-18
Les vues du dictionnaire de données	10-3	Les utilisateurs et privilèges	10-19
Le guide du dictionnaire	10-5	Les audits	10-21
Les objets utilisateur	10-11	Atelier 10	10-22

Le dictionnaire de données

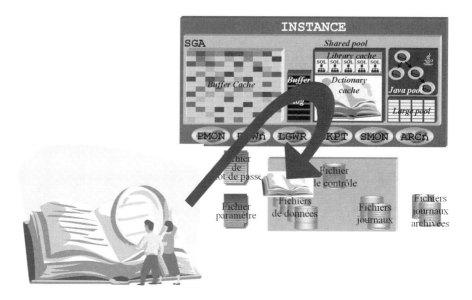

Le dictionnaire est un ensemble de tables et de vues qui contient toutes les informations concernant la structure de stockage et tous les objets de la base. Toute information concernant la base de données se retrouve dans le dictionnaire de données.

Le dictionnaire de données est automatiquement mis à jour par Oracle lorsque la base de données a été modifiée. Le propriétaire du dictionnaire de données est l'utilisateur « SYS ».

Le dictionnaire de données stocke les informations sur :

- La structure logique de la base de données.
- La structure physique de la base de données.
- Les noms et les définitions des objets.
- Les contraintes d'intégrité définies pour les objets d'une base de données.
- Les noms des utilisateurs valides de la base de données et les privilèges attribués à chaque utilisateur de la base de données.
- L'audit sur une base de données.

Le dictionnaire de données Oracle stocke toutes les informations utilisées pour gérer les objets de la base. Ce dictionnaire est généralement exploité par l'administrateur de base de données, mais c'est aussi une source d'information utile pour les développeurs et les utilisateurs.

Les vues du dictionnaire de données

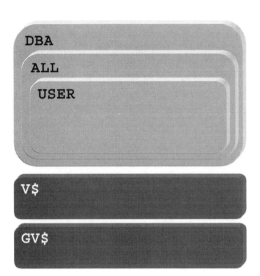

Le dictionnaire est un ensemble de tables et de vues qui contient toutes les informations concernant la structure de stockage et tous les objets de la base. Toute information concernant la base de données se retrouve dans le dictionnaire de données.

Les vues du dictionnaire de données

Les noms des objets dans le dictionnaire de données Oracle débutent par l'un des trois préfixes suivants :

– Les vues DBA contiennent des informations sur les objets de tous les schémas.

– Les vues ALL incluent les enregistrements des vues USER et des informations sur les objets pour lesquels des privilèges ont été octroyés au groupe PUBLIC ou à l'utilisateur courant.

– Les vues USER contiennent des informations sur les objets appartenant au compte qui exécute la requête.

Les vues USER, ALL et DBA sont disponibles pour quasiment tous les objets de base de données.

Les vues dynamiques normales

Les vues dynamiques des performances sont identifiées avec le préfixe V_$, mais le serveur Oracle créé un synonyme public avec le préfixe V$. Elles sont accessibles uniquement pour l'utilisateur « **SYS** » ou pour tout autre utilisateur qui a le privilège « **SYSDBA** ».

La liste complète des vues de performances est disponible à partir de la vue « **V$FIXED_TABLE** ».

Ces vues sont utilisées pour fournir des données relatives aux performances telles que des informations sur les fichiers de données et les structures de la mémoire.

Les vues des bases en cluster

Les informations fournies par ces vues sont uniquement nécessaires dans une configuration de cluster. Pour surveiller les performances d'instances placées sur des serveurs différents, il est important de disposer des vues identiques aux vues dynamiques mais permettant d'identifier l'instance surveillée. Elles sont identifiées avec le préfixe « GV$ ».

Le guide du dictionnaire

- La vue DICTIONARY
- La vue DICT_COLUMNS

Les descriptions des objets sont accessibles via une vue nommée « **DICTIONARY** ». Cette vue, également accessible via le synonyme public « **DICT** », interroge la base de données pour déterminer à quelles vues du dictionnaire vous pouvez accéder. Elle recherche également les synonymes publics définis pour ces vues.

L'exemple suivant sélectionne dans la vue « **DICT** » les noms des vues du dictionnaire de données qui incluent la chaîne « **VIEWS** ». Cette vue contient uniquement deux colonnes, le nom d'objet et les commentaires associés aux objets du dictionnaire.

```
SQL> DESC DICTIONARY
 Nom                                         NULL ?    Type
 ------------------------------------------- --------- ---------------
 TABLE_NAME                                            VARCHAR2(30)
 COMMENTS                                              VARCHAR2(4000)
SQL> select * from dict
  2  where TABLE_NAME like '%BASE%' ;

TABLE_NAME                      COMMENTS
------------------------------  ------------------------------------------
------------------------------  ------------------------------------------
DBA_BASE_TABLE_MVIEWS           All materialized views with log(s) in the
ALL_BASE_TABLE_MVIEWS           All materialized views with log(s) in the
USER_BASE_TABLE_MVIEWS          All materialized views with log(s) owned by
DBA_IAS_OBJECTS_BASE
DBA_CACHEABLE_TABLES_BASE
DBA_CACHEABLE_OBJECTS_BASE
DBA_CAPTURE_PREPARED_DATABASE   Is the local database prepared for
ALL_CAPTURE_PREPARED_DATABASE   Is the local database prepared for
DBA_HIST_DATABASE_INSTANCE      Database Instance Information
```

Module 10 : Le dictionnaire de données

```
DBA_HIST_BASELINE                Baseline Metadata Information
DBA_DIR_DATABASE_ATTRIBUTES      Database attributes for cluster director
DATABASE_COMPATIBLE_LEVEL        Database compatible parameter set via
NLS_DATABASE_PARAMETERS          Permanent NLS parameters of the database
V$FLASHBACK_DATABASE_LOGFILE     Synonym for V_$FLASHBACK_DATABASE_LOGFILE
V$FLASHBACK_DATABASE_LOG         Synonym for V_$FLASHBACK_DATABASE_LOG
V$FLASHBACK_DATABASE_STAT        Synonym for V_$FLASHBACK_DATABASE_STAT
V$DATABASE                       Synonym for V_$DATABASE
V$DATABASE_BLOCK_CORRUPTION      Synonym for V_$DATABASE_BLOCK_CORRUPTION
V$DATABASE_INCARNATION           Synonym for V_$DATABASE_INCARNATION
GV$FLASHBACK_DATABASE_LOGFILE    Synonym for GV_$FLASHBACK_DATABASE_LOGFILE
GV$FLASHBACK_DATABASE_LOG        Synonym for GV_$FLASHBACK_DATABASE_LOG
GV$FLASHBACK_DATABASE_STAT       Synonym for GV_$FLASHBACK_DATABASE_STAT
GV$DATABASE                      Synonym for GV_$DATABASE
GV$DATABASE_BLOCK_CORRUPTION     Synonym for GV_$DATABASE_BLOCK_CORRUPTION
GV$DATABASE_INCARNATION          Synonym for GV_$DATABASE_INCARNATION

25 ligne(s) sélectionnée(s).
```

Vous pouvez interroger les colonnes des vues du dictionnaire via la vue « **DICT_COLUMNS** ». A l'instar de la vue « **DICTIONARY** », cette vue affiche les colonnes pour les vues du dictionnaire de données. Elle possède trois colonnes, le nom d'objet, le nom de la colonne et les commentaires associés aux objets du dictionnaire. L'interrogation de cette vue permet de déterminer les vues du dictionnaire les plus appropriées à vos recherches.

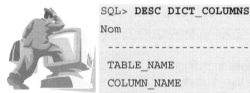

```
SQL> DESC DICT_COLUMNS
Nom                                         NULL ?   Type
-------------------------------------------- -------- ----------------
TABLE_NAME                                            VARCHAR2(30)
COLUMN_NAME                                           VARCHAR2(30)
COMMENTS                                              VARCHAR2(4000)


SQL> SELECT TABLE_NAME FROM DICT_COLUMNS
  2  WHERE  COLUMN_NAME LIKE 'BLOCK' ;

TABLE_NAME
------------------------------
DBA_LMT_USED_EXTENTS
DBA_DMT_USED_EXTENTS
V$_LOCK
V$LOCK
V$ENQUEUE_LOCK
V$TRANSACTION_ENQUEUE
GV$ENQUEUE_LOCK
GV$TRANSACTION_ENQUEUE
GV$_LOCK
GV$LOCK
```

Dans l'exemple précédent, nous avons interrogé la vue « **DICT_COLUMNS** », afin d'obtenir la liste de toutes les vues possédant une colonne appelée « **BLOCS** ».

Module 10 : Le dictionnaire de données

Vous pouvez créer un script interactif qui vous permet de rechercher les vues du dictionnaire de données suivant le nom de la vue ou une colonne bien spécifique.

Pour créer un script interactif, il faut se rappeler que **SQL*Plus** est un environnement de commandes qui vous permet de formater les scripts **SQL**, de les enregistrer sur le disque, et en même temps d'exécuter des fichiers scripts. Ainsi l'on va créer un fichier qui va interroger la base à partir du dictionnaire de données.

Voici un exemple des scripts qui vous permet d'interroger le dictionnaire de données et de créer une liste des différentes vues avec leur description.

```sql
-- ------------------------------------------------------------------------
-- « recherche_dict.sql »
-- Fichier interactif pour trouver les vues du dictionnaire
--                     les plus appropriées à vos besoins.
-- ------------------------------------------------------------------------
SET PAGESIZE 1000
SET SERVEROUTPUT ON SIZE 1000000
SET VERIFY OFF
SET FEEDBACK OFF

PROMPT
PROMPT Vous pouvez saisir le nom en entier ou seulement une partie
PROMPT
ACCEPT var_nom_vue CHAR PROMPT "Le nom de la vue : "
PROMPT
ACCEPT var_nom_col CHAR PROMPT "Le nom de la colonne : "
PROMPT

spool c:\liste_recherche_dict.sql
begin
 DBMS_OUTPUT.PUT_LINE( 'SET LINESIZE 80');

 for var_vues in ( SELECT TABLE_NAME,
                          COMMENTS
                   FROM   DICT
                   WHERE  TABLE_NAME  like '%&var_nom_vue%' AND
                          TABLE_NAME  in ( SELECT TABLE_NAME
                                           FROM   DICT_COLUMNS
                                           WHERE  COLUMN_NAME like '%&var_nom_col%'))
 loop
   DBMS_OUTPUT.PUT_LINE( 'SET PAGESIZE 0');
   DBMS_OUTPUT.PUT_LINE( 'SELECT ''--------------------------------------------'||
                                 '--------------------------------''FROM DUAL;');
   DBMS_OUTPUT.PUT_LINE( 'SELECT '' Vue         : '||
                                 var_vues.TABLE_NAME||''' FROM DUAL;');
   DBMS_OUTPUT.PUT_LINE( 'SELECT '' Description : '||
                                 var_vues.COMMENTS||''' FROM DUAL;');
   DBMS_OUTPUT.PUT_LINE( 'SELECT ''--------------------------------------------'||
                                 '--------------------------------''FROM DUAL;');
   DBMS_OUTPUT.PUT_LINE( 'SET PAGESIZE 500');
   DBMS_OUTPUT.PUT_LINE( 'DESC   '||var_vues.TABLE_NAME);
 end loop ;
end ;
/
spool off

spool c:\liste_recherche_dict.lst
```

Module 10 : Le dictionnaire de données

```
@c:\liste_recherche_dict.sql
spool off
```

Le script précédent interroge la base de données pour obtenir les noms des vues que vous recherchez. Le résultat est formaté et stocké dans le fichier « **c:\liste_recherche_dict.sql** ».

Le fichier ainsi obtenu est exécuté, le résultat obtenu est stocké dans le fichier « **c:\liste_recherche_dict.lst** ».

À l'exécution de ce script, vous devez saisir le nom de la vue et le nom de la colonne que vous recherchez. Les deux noms ne sont pas obligatoires, également vous n'est pas oblige de saisir la description complète de chaque nom. Vous pouvez alors saisir des parties de nom ou ne pas saisir du tout. Voici l'exemple qui génère un fichier script **SQL** et une liste des différentes vues avec leur description.

```
SQL> @C:\recherche_dict.sql

Vous pouvez saisir le nom en entier ou seulement une partie

Le nom de la vue : DBA_TABLE


Le nom de la colonne : BLOCK
```

Vous trouverez ci-après le fichier « **c:\liste_recherche_dict.sql** », le résultat de l'exécution du script précédent pour une saisie de noms de la vue « **DBA_TABLES** » et pour un nom de la colonne.

```
SET LINESIZE 80
SET PAGESIZE 0
SELECT
'-----------------------------------------------------------------------------
'FROM DUAL;
SELECT ' Vue         : DBA_TABLES' FROM DUAL;
SELECT ' Description : Description of all relational tables in the database'
FROM DUAL;
SELECT
'-----------------------------------------------------------------------------
'FROM DUAL;
SET PAGESIZE 500
DESC   DBA_TABLES
SET PAGESIZE 0
SELECT
'-----------------------------------------------------------------------------
'FROM DUAL;
SELECT ' Vue         : DBA_TABLESPACES' FROM DUAL;
SELECT ' Description : Description of all tablespaces' FROM DUAL;
SELECT
'-----------------------------------------------------------------------------
'FROM DUAL;
SET PAGESIZE 500
DESC   DBA_TABLESPACES
```

Le résultat de l'exécution du script « **c:\liste_recherche_dict.sql** », est stocké dans le fichier « **c:\liste_recherche_dict.lst** » que vous pouvez observer dans le cadre suivant.

```
-----------------------------------------------------------------------------
  Vue         : DBA_TABLES
```

```
Description : Description of all relational tables in the database
-----------------------------------------------------------------------
Nom                                NULL ?    Type
-----------------------------------------------------------------------
OWNER                              NOT NULL  VARCHAR2(30)
TABLE_NAME                         NOT NULL  VARCHAR2(30)
TABLESPACE_NAME                              VARCHAR2(30)
CLUSTER_NAME                                 VARCHAR2(30)
IOT_NAME                                     VARCHAR2(30)
PCT_FREE                                     NUMBER
PCT_USED                                     NUMBER
INI_TRANS                                    NUMBER
MAX_TRANS                                    NUMBER
INITIAL_EXTENT                               NUMBER
NEXT_EXTENT                                  NUMBER
MIN_EXTENTS                                  NUMBER
MAX_EXTENTS                                  NUMBER
PCT_INCREASE                                 NUMBER
FREELISTS                                    NUMBER
FREELIST_GROUPS                              NUMBER
LOGGING                                      VARCHAR2(3)
BACKED_UP                                    VARCHAR2(1)
NUM_ROWS                                     NUMBER
BLOCKS                                       NUMBER
EMPTY_BLOCKS                                 NUMBER
AVG_SPACE                                    NUMBER
CHAIN_CNT                                    NUMBER
AVG_ROW_LEN                                  NUMBER
AVG_SPACE_FREELIST_BLOCKS                    NUMBER
NUM_FREELIST_BLOCKS                          NUMBER
DEGREE                                       VARCHAR2(10)
INSTANCES                                    VARCHAR2(10)
CACHE                                        VARCHAR2(5)
TABLE_LOCK                                   VARCHAR2(8)
SAMPLE_SIZE                                  NUMBER
LAST_ANALYZED                                DATE
PARTITIONED                                  VARCHAR2(3)
IOT_TYPE                                     VARCHAR2(12)
TEMPORARY                                    VARCHAR2(1)
SECONDARY                                    VARCHAR2(1)
NESTED                                       VARCHAR2(3)
BUFFER_POOL                                  VARCHAR2(7)
ROW_MOVEMENT                                 VARCHAR2(8)
GLOBAL_STATS                                 VARCHAR2(3)
USER_STATS                                   VARCHAR2(3)
DURATION                                     VARCHAR2(15)
SKIP_CORRUPT                                 VARCHAR2(8)
MONITORING                                   VARCHAR2(3)
CLUSTER_OWNER                                VARCHAR2(30)
DEPENDENCIES                                 VARCHAR2(8)
COMPRESSION                                  VARCHAR2(8)
DROPPED                                      VARCHAR2(3)

-----------------------------------------------------------------------
Vue         : DBA_TABLESPACES
Description : Description of all tablespaces
```

```
Nom                                      NULL ?    Type
---------------------------------------- --------- ----------------------------
TABLESPACE_NAME                          NOT NULL  VARCHAR2(30)
BLOCK_SIZE                               NOT NULL  NUMBER
INITIAL_EXTENT                                     NUMBER
NEXT_EXTENT                                        NUMBER
MIN_EXTENTS                              NOT NULL  NUMBER
MAX_EXTENTS                                        NUMBER
PCT_INCREASE                                       NUMBER
MIN_EXTLEN                                         NUMBER
STATUS                                             VARCHAR2(9)
CONTENTS                                           VARCHAR2(9)
LOGGING                                            VARCHAR2(9)
FORCE_LOGGING                                      VARCHAR2(3)
EXTENT_MANAGEMENT                                  VARCHAR2(10)
ALLOCATION_TYPE                                    VARCHAR2(9)
PLUGGED_IN                                         VARCHAR2(3)
SEGMENT_SPACE_MANAGEMENT                           VARCHAR2(6)
DEF_TAB_COMPRESSION                                VARCHAR2(8)
RETENTION                                          VARCHAR2(11)
BIGFILE                                            VARCHAR2(3)
```

Pour lister tous les noms des vues ainsi que toutes leurs colonnes, vous pouvez lancer le même script sans aucune valeur pour le nom de vues ni pour nom de colonnes.

Lorsque vous ne savez pas où rechercher les informations, interrogez le dictionnaire de données à l'aide du script précédent. Ainsi vous retrouvez les vues, leur description et également l'ensemble des colonnes des ces vues.

Les objets utilisateur

- DBA_CATALOG
- DBA_OBJECTS
- DBA_TABLES
- DBA_TAB_COLUMNS
- DBA_VIEWS
- DBA_SYNONYMS
- DBA_SEQUENCES
- DBA_RECYCLEBIN
- DBA_CONSTRAINTS
- DBA_CONS_COLUMNS

- DBA_INDEXES
- DBA_IND_COLUMNS
- DBA_CLUSTERS
- DBA_CLU_COLUMNS
- DBA_TYPES
- DBA_LOBS
- DBA_DBLINK
- DBA_MVIEWS
- DIMENSIONS

L'ensemble des objets appartenant à un utilisateur est désigné par le terme catalogue ; il en existe un seul par utilisateur. Un catalogue affiche tous les objets dont l'utilisateur peut sélectionner les enregistrements.

Cette section décrit comment extraire des informations relatives aux tables, colonnes, vues, synonymes, séquences et au catalogue d'un utilisateur.

DBA_CATALOG

La vue « CATALOG » liste touts les objets dont l'utilisateur peut sélectionner les enregistrements.

Les colonnes de cette vue sont :

OWNER	Le propriétaire de l'objet.
TABLE_NAME	Le nom de l'objet.
TABLE_TYPE	Le type de l'objet.

```
SQL> DESC DBA_CATALOG
Nom                                       NULL ?   Type
----------------------------------------- -------- ------------
OWNER                                     NOT NULL VARCHAR2(30)
TABLE_NAME                                NOT NULL VARCHAR2(30)
TABLE_TYPE                                         VARCHAR2(11)

SQL> SELECT TABLE_NAME, TABLE_TYPE FROM DBA_CATALOG
  2  WHERE OWNER LIKE 'STAGIAIRE';

TABLE_NAME                               TABLE_TYPE
---------------------------------------- -----------
CATEGORIES                               TABLE
```

Module 10 : Le dictionnaire de données

```
CLIENTS                        TABLE
EMPLOYES                       TABLE
FOURNISSEURS                   TABLE
COMMANDES                      TABLE
PRODUITS                       TABLE
DETAILS_COMMANDES              TABLE
```

La vue « **USER_CATALOG** » donne exactement le même affichage pour l'utilisateur courant car elle ne contient pas la colonne « **OWNER** ». La vue « **USER_CATALOG** » peut aussi être désignée par le synonyme public « **CAT** ».

```
SQL> CONNECT STAGIARE/PWD
Connecté

SQL> SELECT TABLE_NAME, TABLE_TYPE FROM CAT ;

TABLE_NAME                     TABLE_TYPE
------------------------------ -----------
CATEGORIES                     TABLE
CLIENTS                        TABLE
EMPLOYES                       TABLE
FOURNISSEURS                   TABLE
COMMANDES                      TABLE
PRODUITS                       TABLE
DETAILS_COMMANDES              TABLE
```

DBA_OBJECTS

La vue « **DBA_OBJECTS** » liste tous les types d'objets - clusters, liens de base de données, fonctions, index, packages, corps de packages, classes Java, types de données abstraits, plans de ressource, séquences, synonymes, tables, déclencheurs et vues.

Les colonnes de cette vue sont :

OWNER	Le propriétaire de l'objet.
OBJECT_NAME	Le nom de l'objet.
SUBOBJECT_NAME	Le nom d'un composant de l'objet, une partition par exemple.
OBJECT_ID	L'identifiant de l'objet.
DATA_OBJECT_ID	L'identifiant du segment qui contient l'objet.
OBJECT_TYPE	Le type de l'objet, par exemple une table, un index, une table partitionnée.
CREATED	La date et l'heure de création de l'objet.
LAST_DDL_TIME	La date et l'heure de la dernière modification « **DDL** » de l'objet.
TIMESTAMP	La date et l'heure de création de l'objet dans un champ de types de caractère.
STATUS	L'état de l'objet « **VALID** » ou « **INVALID** ».
TEMPORARY	Indicateur signifiant si l'objet est une table temporaire.

GENERATED   Indicateur signifiant si le nom de l'objet a été généré par le système.

SECONDARY   Indicateur signifiant si l'objet est un index secondaire créé par un index de domaine.

La vue « **DBA_OBJECTS** » contient plusieurs informations essentielles qui ne sont pas disponibles via d'autres vues du dictionnaire de données. Cette vue consigne la date de création des objets et la date de leur dernière modification.

L'exemple suivant récupère la date de création et la date de dernière modification des objets de l'utilisateur « **STAGIAIRE** ».

```
SQL> SELECT OBJECT_NAME,OBJECT_TYPE,
  2  CREATED,LAST_DDL_TIME FROM DBA_OBJECTS
  3  WHERE OWNER LIKE 'STAGIAIRE';

OBJECT_NAME                        OBJECT_TYPE         CREATED   LAST_DDL
---------------------------------- ------------------- --------- --------
CATEGORIES                         TABLE               04/06/05  05/06/05
PK_CATEGORIES                      INDEX               04/06/05  04/06/05
CLIENTS                            TABLE               04/06/05  05/06/05
PK_CLIENTS                         INDEX               04/06/05  04/06/05
EMPLOYES                           TABLE               04/06/05  04/06/05
PK_EMPLOYES                        INDEX               04/06/05  04/06/05
EMPLOYES_REND_COMPTE_FK            INDEX               04/06/05  04/06/05
FOURNISSEURS                       TABLE               04/06/05  04/06/05
PK_FOURNISSEURS                    INDEX               04/06/05  04/06/05
COMMANDES                          TABLE               04/06/05  04/06/05
PK_COMMANDES                       INDEX               04/06/05  04/06/05
CLIENTS_COMMANDES_FK               INDEX               04/06/05  04/06/05
EMPLOYES_COMMANDES_FK              INDEX               04/06/05  04/06/05
PRODUITS                           TABLE               04/06/05  04/06/05
PK_PRODUITS                        INDEX               04/06/05  04/06/05
FOURNISEURS_PRODUITS_FK            INDEX               04/06/05  04/06/05
CATEGORIES_PRODUITS_FK             INDEX               04/06/05  04/06/05
DETAILS_COMMANDES                  TABLE               04/06/05  04/06/05
PK_DETAILS_COMMANDES               INDEX               04/06/05  04/06/05
COMMANDES_DETAILS_COMMANDES_FK     INDEX               04/06/05  04/06/05
PRODUITS_DETAILS_COMMANDES_FK      INDEX               04/06/05  04/06/05
```

Dans l'exemple précédent, vous pouvez voir que tous les objets ont été créés le même jour, mais que les deux tables « **CATEGORIES** » et « **CLIENTS** » ont été modifiées ultérieurement.

La vue « **USER_OBJECTS** » donne exactement le même affichage pour l'utilisateur courant car elle ne contient pas la colonne « **OWNER** ». La vue « **USER_OBJECTS** » peut aussi être désignée par le synonyme public « **OBJ** ».

Les vues par type d'objets

La vue « **DBA_OBJECTS** » liste tous les types d'objets d'un utilisateur ; en revanche elle ne fournit pas beaucoup d'information sur leurs attributs. Pour obtenir davantage d'information sur un objet, vous devez examiner la vue spécifique à son type.

DBA_TABLES

À ce stade, l'ensemble des vues ne peut pas être décrit en détail sachant que plusieurs notions n'ont pas encore été vues. Aussi allons-nous présenter un certain nombre de vues qui sont détaillées dans les modules suivants.

DBA_TABLES

La vue « **DBA_TABLES** » affiche toutes les tables de la base de données. La plupart des outils de reporting tiers qui listent les tables disponibles pour les requêtes obtiennent cette liste en interrogeant cette vue.

Les colonnes de la vue « **DBA_TABLES** » peuvent être classées en quatre catégories principales : identification, espace, statistiques et autres.

Identification	*Espace de stockage*	*Statistiques*	*Autres*
OWNER	TABLESPACE_NAME	NUM_ROWS	DEGREE
TABLE_NAME	CLUSTER_NAME	BLOCKS	INSTANCES
IOT_NAME	PCT_FREE	EMPTY_BLOCKS	CACHE
LOGGING	PCT_USED	AVG_SPACE	TABLE_LOCK
BACKED_UP	INI_TRANS	CHAIN_CNT	BUFFER_POOL
PARTITIONED	MAX_TRANS	AVG_ROW_LEN	ROW_MOVEMENT
IOT_TYPE	INITIAL_EXTENT	SAMPLE_SIZE	DURATION
TEMPORARY	NEXT_EXTENT	LAST_ANALYZED	SKIP_CORRUPT
SECONDARY	MIN_EXTENTS	AVG_SPACE_FREELIST_BLOCKS	MONITORING
NESTED	MAX_EXTENTS	NUM_FREELIST_BLOCKS	CLUSTER_OWNER
	PCT_INCREASE	GLOBAL_STATS	DEPENDENCIES
	FREELISTS	USER_STATS	COMPRESSION
	FREELIST_GROUPS		DROPPED

Vous pourrez ainsi récupérer la liste des tables, l'information concernant les espaces des disques logiques dans lesquels sont stockés des informations plus détaillées concernant le type de table, les volumes de stockage ainsi que son mode de gestion à mémoire.

```
SQL> SELECT TABLE_NAME,TABLESPACE_NAME,BLOCKS,
  2  FROM DBA_TABLES
  3  WHERE OWNER like 'STAGIAIRE';

TABLE_NAME                     TABLESPACE_NAME         BLOCKS     CACHE
------------------------------ -------------------- ---------- -----
CATEGORIES                     USERS                         5     N
CLIENTS                        USERS                         5     N
EMPLOYES                       USERS                         5     N
FOURNISSEURS                   USERS                         5     N
COMMANDES                      USERS                         5     N
PRODUITS                       USERS                         5     N
DETAILS_COMMANDES              USERS                        13     N
```

DBA_TAB_COLUMNS

La vue du dictionnaire de données « **DBA_TAB_COLUMNS** » qui affiche des informations sur les colonnes est étroitement liée à la vue « **DBA_TABLES** ».

Les colonnes de la vue « **DBA_TAB_COLUMNS** » peuvent être classées en trois catégories principales :

Identification	Définition	Statistiques
OWNER	DATA_TYPE	NUM_DISTINCT
TABLE_NAME	DATA_TYPE_MOD	LOW_VALUE
COLUMN_NAME	DATA_TYPE_OWNER	HIGH_VALUE
COLUMN_ID	DATA_LENGTH	DENSITY
	DATA_PRECISION	NUM_NULLS
	DATA_SCALE	NUM_BUCKETS
	NULLABLE	LAST_ANALYZED
	DEFAULT_LENGTH	SAMPLE_SIZE
	DATA_DEFAULT	GLOBAL_STATS
	CHARACTER_SET_NAME	USER_STATS
	CHAR_COL_DECL_LENGTH	V80_FMT_IMAGE
	AVG_COL_LEN	DATA_UPGRADED
	CHAR_LENGTH	HISTOGRAM
	CHAR_USED	

Les colonnes « **OWNER** », « **TABLE_NAME** » et « **COLUMN_NAME** » contiennent l'utilisateur propriétaire des tables, les noms des tables et les colonnes. Les colonnes de définition sont décrites dans le module de création des objets de la base.

```
SQL> SELECT COLUMN_NAME,DATA_TYPE,DATA_LENGTH,
  2    DATA_PRECISION,DATA_DEFAULT
  3  FROM DBA_TAB_COLUMNS
  4  WHERE OWNER LIKE 'STAGIAIRE' AND
  5        TABLE_NAME LIKE 'EMPLOYES';

COLUMN_NAME      DATA_TYPE DATA_LENGTH DATA_PRECISION DATA_DEFAULT
---------------- --------- ----------- -------------- ------------
NO_EMPLOYE       NUMBER             22              6
REND_COMPTE      NUMBER             22              6
NOM              VARCHAR2           20
PRENOM           VARCHAR2           10
FONCTION         VARCHAR2           30
TITRE            VARCHAR2            5
DATE_NAISSANCE   DATE                7
DATE_EMBAUCHE    DATE                7                            SYSDATE
SALAIRE          NUMBER             22              8
COMMISSION       NUMBER             22              8
```

La commande SQL*Plus « DESCRIBE » permet également d'obtenir les mêmes informations ; toutefois, elle ne permet pas de connaître les valeurs par défaut des colonnes ni leurs statistiques.

DBA_VIEWS

La vue du dictionnaire de données « DBA_VIEWS » affiche les informations sur les vues traditionnelles.

DBA_SYNONYMS

La vue du dictionnaire de données « DBA_SYNONYMS » vous permet d'afficher les attributs des synonymes.

DBA_SEQUENCES

La vue du dictionnaire de données « DBA_SEQUENCES » vous permet d'afficher les attributs de séquences.

DBA_RECYCLEBIN

La vue du dictionnaire de données « DBA_RECYCLEBIN » vous permet d'afficher les attributs des objets qui peuvent être récupérés à l'aide du package « DBMS_FLASHBACK ». La base de données peut récupérer uniquement les objets qui ont été effacés pas les objets tronqués.

DBA_CONSTRAINTS

La vue du dictionnaire de données « DBA_CONSTRAINTS » vous permet d'afficher les attributs des contraintes. Elles sont très utiles pour modifier des contraintes ou résoudre des problèmes avec les données d'une application.

Il est essentiel de bien connaître les types de contraintes pour obtenir les informations adéquates.

DBA_CONS_COLUMNS

La vue du dictionnaire de données « DBA_CONS_COLUMNS » vous permet d'afficher les attributs des colonnes associées à des contraintes.

DBA_INDEXES

La vue du dictionnaire de données « DBA_INDEXES » vous permet d'afficher tous les index de la base.

DBA_IND_COLUMNS

La vue du dictionnaire de données « DBA_IND_COLUMNS » vous permet de déterminer les colonnes qui font partie d'un index.

DBA_CLUSTERS

La vue du dictionnaire de données « DBA_CLUSTERS » vous permet d'afficher les paramètres de stockage et de statistiques associés aux clusters.

DBA_CLU_COLUMNS

La vue du dictionnaire de données « DBA_CLU_COLUMNS » vous permet de savoir quelles colonnes de tables font partie d'un cluster.

DBA_TYPES

La vue du dictionnaire de données « `DBA_TYPES` » vous permet d'afficher la liste des types de données abstraits.

DBA_LOBS

La vue du dictionnaire de données « `DBA_LOBS` » vous permet d'afficher les informations sur les grands objets, LOB, stockés dans les tables de la base de données.

DBA_DBLINK

La vue du dictionnaire de données « `DBA_DBLINK` » vous permet d'afficher les liens de base de données.

DBA_MVIEWS

La vue du dictionnaire de données « `DBA_MVIEWS` » vous permet d'afficher les informations sur les vues matérialisé.

DIMENSIONS

La vue du dictionnaire de données « `DIMENSIONS` » vous permet d'afficher les dimensions et les hiérarchies de la base de données.

La structure de stockage

- DBA_TABLESPACES
- DBA_DATA_FILES
- DBA_TS_QUOTAS
- DBA_SEGMENTS
- DBA_EXTENTS

Vous pouvez utiliser le dictionnaire de données pour déterminer l'espace disponible et l'espace alloué aux objets de la base de données. Les principales vues qui décrivent comment déterminer les paramètres de stockage par défaut des objets, les quotas d'utilisation de l'espace, l'espace libre disponible et la façon dont les objets sont stockés physiquement sont énumérées dans cette partie. Pour la description complète de ces différentes vues, rapportez-vous au module correspondant au stockage.

DBA_TABLESPACES

La vue du dictionnaire de données « `DBA_TABLESPACES` » vous permet d'afficher les espaces de disques logiques et les paramètres de stockage de chacun d'eux.

DBA_DATA_FILES

La vue du dictionnaire de données « `DBA_DATA_FILES` » vous permet d'afficher les fichiers de données ainsi que les espaces de disques logiques auxquels il appartient.

DBA_TS_QUOTAS

La vue du dictionnaire de données « `DBA_TS_QUOTAS` » vous permet d'afficher les quotas de stockage de tous les espaces de disques logiques ; elle se révèle très efficace pour déterminer l'utilisation de l'espace dans l'ensemble de la base de données.

DBA_SEGMENTS

La vue du dictionnaire de données « `DBA_SEGMENTS` » vous permet d'afficher les paramètres de stockage et l'utilisation d'espace pour les segments dans la base de données.

DBA_EXTENTS

La vue du dictionnaire de données « `DBA_EXTENTS` » vous permet d'afficher les paramètres de stockage et l'utilisation d'espace pour les extents des segments.

Les utilisateurs et privilèges

- DBA_USERS
- DBA_ROLES
- DBA_SYS_PRIVS
- DBA_TAB_PRIVS
- DBA_COL_PRIVS
- DBA_ROLE_PRIVS

Les utilisateurs et leurs privilèges sont enregistrés dans le dictionnaire de données. Les principales vues qui décrivent comment obtenir des informations sur les comptes d'utilisateurs, les limites de ressources et les privilèges des utilisateurs, sont énumérées dans cette partie. Pour la description complète de ses différentes, vues rapportez-vous au module correspondant à la gestion des utilisateurs.

DBA_USERS

La vue du dictionnaire de données « `DBA_USERS` » vous permet d'afficher la liste de tous les comptes utilisateur de la base de données. Elle est utile pour connaître les noms d'utilisateurs disponibles.

DBA_ROLES

La vue du dictionnaire de données « `DBA_ROLES` » vous permet d'afficher les rôles assignés à un utilisateur. Les rôles octroyés au groupe PUBLIC sont également listés dans cette vue.

DBA_SYS_PRIVS

La vue du dictionnaire de données « `DBA_SYS_PRIVS` » vous permet d'afficher les privilèges système octroyés directement à un utilisateur.

DBA_TAB_PRIVS

La vue du dictionnaire de données « `DBA_TAB_PRIVS` » vous permet d'afficher la liste des privilèges d'objet accordés à tous les utilisateurs de la base.

DBA_COL_PRIVS

La vue du dictionnaire de données « `DBA_COL_PRIVS` » vous permet d'afficher tous les privilèges de colonnes octroyés aux utilisateurs de la base.

DBA_ROLE_PRIVS

La vue du dictionnaire de données « `DBA_ROLE_PRIVS` » vous permet d'afficher tous les rôles octroyés aux utilisateurs de la base.

Les audits

- DBA_AUDIT_TRAIL
- DBA_AUDIT_SESSION
- DBA_AUDIT_OBJECT
- DBA_OBJ_AUDIT_OPTS
- DBA_AUDIT_STATEMENT

Dans une base Oracle, on peut activer les fonctionnalités d'audit ; une fois ces fonctionnalités activées, plusieurs vues du dictionnaire de données permettent à tout utilisateur d'accéder au journal d'audit.

DBA_AUDIT_TRAIL

La vue du dictionnaire de données « `DBA_AUDIT_TRAIL` » vous permet d'afficher toutes les entrées de la table de suivi d'audit.

DBA_AUDIT_SESSION

La vue du dictionnaire de données « `DBA_AUDIT_SESSION` » vous permet d'afficher les entrées de la table de suivi d'audit pour les connexions et déconnexions.

DBA_AUDIT_OBJECT

La vue du dictionnaire de données « `DBA_AUDIT_OBJECT` » vous permet d'afficher les entrées de la table de suivi d'audit pour les instructions concernant les objets.

DBA_OBJ_AUDIT_OPTS

La vue du dictionnaire de données « `DBA_OBJ_AUDIT_OPTS` » vous permet d'afficher les entrées de la table de suivi d'audit pour les options d'audit appliquées aux objets.

DBA_AUDIT_STATEMENT

La vue du dictionnaire de données « `DBA_AUDIT_STATEMENT` » vous permet d'afficher les entrées de la table de suivi d'audit pour les commandes « `GRANT` », « `REVOKE` », « `AUDIT` », « `NOAUDIT` » et « `ALTER SYSTEM` » exécutées par un utilisateur.

Module 10 : Le dictionnaire de données

Atelier 10

- Les vues du dictionnaire de données
- Le guide du dictionnaire

 Durée : 5 minutes

Questions

10-1 Quelle est la vue du dictionnaire de données qui vous permet d'afficher la liste de tous les utilisateurs de la base de données et leurs caractéristiques ?

   A. DBA_USERS
   B. USER_USER
   C. ALL_USER
   D. V$SESSION

10-2 Quelle est la vue qui vous permet d'afficher le nom de toutes les vues du dictionnaire de données ?

   A. DBA_NAMES
   B. DBA_TABLES
   C. DBA_DICTIONARY
   D. DICTIONARY

Exercice n°1

Créez une requête qui interroge la vue du dictionnaire de données « DICTIONARY ». Elle doit utiliser une variable de substitution pour récupérer uniquement les enregistrements qui correspondent. Le filtre porte sur le nom ou une partie du nom d'une ou plusieurs vues du dictionnaire de données.

Exercice n°2

Affichez l'ensemble des utilisateurs de la base de données ainsi que la date de création de leurs comptes.

- *ALTER SYSTEM*
- *CONTROL_FILES*
- *Multiplexage du fichier de contrôle*

11

Le fichier de contrôle

Objectifs

A la fin de ce module, vous serez à même d'effectuer les tâches suivantes :
- Décrire le contenu du fichier de contrôle.
- Interroger les vues du dictionnaire de données.
- Multiplexer le fichier de contrôle.

Contenu

La base de données	11-2	L'information du fichier de contrôle	11-7
Le contenu du fichier de contrôle	11-3	Le multiplexage	11-9
La taille du fichier de contrôle	11-4	Atelier 11	11-14

La base de données

Une base de données Oracle se compose de plusieurs fichiers physiques. Ce sont eux qui contiennent toutes les informations relatives à son organisation interne.

Une base de données Oracle est simplement un ensemble de fichiers. Les trois types de fichiers les plus importants sont les fichiers de données, les fichiers du journal de reprise et les fichiers de contrôle.

Fichiers de données

Toutes les informations relatives à une base de données, tous ses objets (tels que les tables, les index, les déclencheurs, les séquences, les programmes PL/SQL, les vues, etc.) se trouvent dans des fichiers de données. Bien que tous ces éléments soient logiquement contenus dans les espaces de disques logiques, ils sont en fait stockés sous forme de fichiers sur disque.

Chaque fichier de données possède un format interne propre à Oracle. En gros, un fichier se compose d'un en-tête et d'une plage de blocs de données. L'en-tête contient un certain nombre de structures comprenant l'identifiant de la base de données, le numéro, le nom, le type, le SCN de création et l'état du fichier. Oracle utilise l'en-tête pour s'assurer de sa cohérence vis-à-vis des autres composants de la base de données.

Fichiers REDO en ligne

Lorsque des opérations sont exécutées dans la base, des entrées de reprise décrivant les modifications apportées aux données sont consignées dans les fichiers journaux après être passées par la zone mémoire du tampon des journaux de reprise.

Fichier de contrôle

Puisqu'une base de données Oracle est un ensemble de fichiers physiques qui collaborent, il faut une méthode pour les synchroniser et les contrôler. Pour cela, il existe un fichier spécial, appelé fichier de contrôle. Chaque base possède un tel fichier qui recense des informations sur tous les autres fichiers essentiels de la base.

Le contenu du fichier de contrôle

- **Le nom de la base**
- **Le nom des fichiers constitutifs de la base**
- **Les noms des espaces de disques logiques**
- **La taille de bloc de données par défaut**
- **L'emplacement des fichiers journaux en ligne**
- **Le numéro de séquence du fichier journal en cours d'utilisation**
- **Des informations sur les points de reprise (checkpoint)**
- **Le numéro de changement système (SCN) actuel**
- **L'emplacement des archives**

N'importe quelle base de données Oracle doit contenir au moins un fichier de contrôle, généré lorsque la base de données est créée. Ce fichier contient des informations sur la structure physique de la base, qui doivent faire l'objet d'une vérification lors de chaque démarrage.

Les principales informations contenues dans le fichier sont les suivantes :

- Le nom de la base.
- L'heure et la date de création de la base de données.
- Le nom des fichiers constitutifs de la base.
- Les noms des espaces de disques logiques
- La taille de bloc de données par défaut.
- L'emplacement des fichiers journaux en ligne.
- Le numéro de séquence du fichier journal en cours d'utilisation.
- Des informations sur les points de contrôle (checkpoint).
- Le numéro de changement système (SCN) actuel.
- L'emplacement des archives.

Le nom de l'adresse donnée est précisé dans le fichier d'initialisation ainsi que dans le fichier de contrôles. C'est pour cette raison que le paramètre « `DB_NAME` » ne peut pas être modifié après la création de la base de données.

Lorsqu'une instance est lancée pour monter la base de données, le fichier de contrôle est ouvert. Il permet ensuite à l'instance de localiser et d'ouvrir les autres fichiers de la base de données.

La taille du fichier de contrôle

- MAXLOGFILE
- MAXLOGMEMBER
- MAXLOGHISTORY
- MAXLOGDATAFILE
- MAXLOGINSTNACE

Le fichier de contrôle est un fichier binaire de petite taille. Chaque fichier de contrôle est spécifique à une base de données. La mise à jour du fichier de contrôle est faite continuellement par Oracle pendant l'utilisation de la base. C'est pourquoi il doit être disponible pour les lectures et écritures durant l'ouverture de la basse.

Les informations du fichier de contrôle ne peuvent pas être modifiées manuellement ; la charge en incombe au seul serveur Oracle.

Pendant la création de la base de données vous avez spécifié les paramètres suivants :

`MAXLOGFILES`   Spécifie le nombre maximal de groupes de fichiers redo log en ligne qui peuvent être créés dans la base. Oracle utilise cette valeur pour déterminer la quantité d'espace à allouer au nom des fichiers redo log dans le fichier de contrôle.

`MAXLOGMEMBERS`   Spécifie le nombre maximal de membres, ou de copies identiques, pour un groupe de fichiers redo log. Oracle utilise cette valeur pour déterminer la quantité d'espace à allouer au nom des fichiers redo log dans le fichier de contrôle.

`MAXLOGHISTORY`   Spécifie le nombre maximal de fichiers redo log archivés pour la récupération de média automatique avec l'option Real Application Clusters.

`MAXDATAFILES`   Spécifie le dimensionnement initial de la section des fichiers de données dans le fichier de contrôle au moment de l'exécution.

`MAXINSTANCES`   Spécifie le nombre maximal d'instances qui peuvent simultanément monter et ouvrir la base de données.

Les paramètres spécifiés lors de la création de la base de données influent sur la taille du fichier de contrôle. Chaque fois que vous voulez augmenter ou diminuer les différentes valeurs de ces paramètres vous devez créer un nouveau fichier de contrôle.

Module 11 : Le fichier de contrôle

> **Attention**

Le fichier de contrôle contient des informations sur la sauvegarde utilisée par RMAN (Recovery Manager). Ces informations sont complètement perdues lors de la création d'un nouveau fichier de contrôle.

Il faut également prendre en compte le fait que les anciennes sauvegardes ne peuvent plus être utilisées ainsi ; chaque fois que vous changez de ficher de contrôle, vous devez effectuer une nouvelle sauvegarde. Pour plus de détails, voir les modules correspondants aux sauvegardes.

Pour la création du fichier de contrôle, vous avez besoin de connaître toutes les informations concernant la structure physique de votre base de données, l'emplacement et le nom complet de tous les fichiers journaux, ainsi que l'emplacement et le nom de tous les fichiers de la base de données.

```
C:\>set ORACLE_SID=dba
C:\>sqlplus "/as sysdba"
SQL> SHUTDOWN IMMEDIATE
Base de données fermée.
Base de données démontée.
Instance ORACLE arrêtée.
SQL> startup nomount
Instance ORACLE lancée.

Total System Global Area   171966464 bytes
Fixed Size                    787988 bytes
Variable Size              145750508 bytes
Database Buffers            25165824 bytes
Redo Buffers                  262144 bytes
SQL> CREATE CONTROLFILE REUSE DATABASE "DBA" NORESETLOGS  ARCHIVELOG
  2      MAXLOGFILES 24
  3      MAXLOGMEMBERS 2
  4      MAXDATAFILES 1024
  5      MAXINSTANCES 8
  6      MAXLOGHISTORY 454
  7  LOGFILE
  8    GROUP 1
  9     'C:\ORACLE\ORADATA\DBA\DBA\ONLINELOG\O1_MF_1_17YRYYRT_.LOG' SIZE 10M,
 10    GROUP 2
 11     'C:\ORACLE\ORADATA\DBA\DBA\ONLINELOG\O1_MF_2_17YRZ080_.LOG' SIZE 10M,
 12    GROUP 3
 13     'C:\ORACLE\ORADATA\DBA\DBA\ONLINELOG\O1_MF_3_17YRZ2G1_.LOG' SIZE 10M
 14  DATAFILE
 15     'C:\ORACLE\ORADATA\DBA\DBA\DATAFILE\O1_MF_SYSTEM_17YRZ6N5_.DBF',
 16     'C:\ORACLE\ORADATA\DBA\DBA\DATAFILE\O1_MF_UNDOTBS1_17YS0NF5_.DBF',
 17     'C:\ORACLE\ORADATA\DBA\DBA\DATAFILE\O1_MF_SYSAUX_17YS17N8_.DBF',
 18     'C:\ORACLE\ORADATA\DBA\DBA\DATAFILE\O1_MF_USERS_17YS20B4_.DBF'
 19  CHARACTER SET WE8MSWIN1252 ;

Fichier de contrôle créé.

SQL> show parameter control_files
```

Module 11 : Le fichier de contrôle

```
NAME                          TYPE          VALUE
---------------------         ----------    -------------------------------
control_files                 string        C:\ORACLE\ORADATA\DBA\DBA\CONT
                                            ROLFILE\O1_MF_1C2D4CHZ_.CTL

SQL> RECOVER DATABASE
ORA-00283: session de recuperation annulee pour cause d'erreurs
ORA-00264: aucune recuperation requise

SQL> ALTER SYSTEM ARCHIVE LOG ALL;

Système modifié.

SQL> ALTER DATABASE OPEN;

Base de données modifiée.
SQL> ALTER TABLESPACE TEMP ADD TEMPFILE
  2    SIZE 22020096 AUTOEXTEND ON NEXT 655360 MAXSIZE 32767M ;

Tablespace modifié.
```

Comme vous pouvez le remarquer dans l'exemple précédent, il faut d'abord arrêter la base de données avant de commencer à créer un fichier de contrôle. On démarre la base de données avec un mode « **NOMOUNT** ». Pour la création du fichier de contrôle, vous devrez renseigner l'ensemble des fichiers de journaux et des fichiers de données.

Le fichier de contrôle ainsi créé, est automatiquement renseigné dans le paramètre « **CONTROL_FILES** ». Cette opération est uniquement valable dans un mode de fonctionnement de la base de gestion automatique des fichiers de données. Pour plus de renseignements sur la gestion automatique des fichiers de données, voir le module correspondant.

Après la création du fichier de contrôle, ont lance la récupération de la base de données dans le cas où la base de données n'a pas été arrêtée proprement. Il est conseillé de lancer la récupération de la base de données dans tous les cas.

Une fois la récupération finie, on archive l'ensemble des fichiers journaux à l'aide de la syntaxe « **ALTER SYSTEM ARCHIVE LOG ALL** ». Pour plus d'informations, voir le module gestion des fichiers journaux.

A présent nous pouvons ouvrir la base de données, mais il convient de prêter attention aux fichiers de l'espace de disque logique temporaire, ceux-ci n'étant pas compris dans les fichiers de données décrits au moment de la création du fichier de contrôle. Pour plus d'informations, voir le module concernant les espaces disque logiques.

Nous avons vu la démarche de création du fichier de contrôle ; pour mettre en œuvre la création d'un fichier de contrôle, vous devez également vous reporter au module se rapportant à la restauration d'une base de données.

L'information du fichier de contrôle

- **V$CONTROLFILE**
- **V$PARAMETER**
- **SHOW PARAMETER CONTROL_FILES**
- **V$CONTROLFILE_RECORD_SECTION**

Le fichier de contrôle est un fichier binaire de petite taille. Pour obtenir les informations concernant l'emplacement, le nombre ou les enregistrements dans les fichiers de contrôle, il faut interroger les vues dynamiques sur les performances.

V$CONTROLFILE

La vue dynamique sur la performance « **V$CONTROLFILE** » affiche l'ensemble des fichiers de contrôle de la base de données.

Les différents champs retournés par cette vue sont :

STATUS   Affiche une valeur « **NULL** » si le ou les fichiers de contrôle sont valides ; sinon, il affiche la valeur « **INVALID** » pour tous fichiers ne pouvant pas être accessibles.

NAME   Le nom du fichier de contrôle.

```
SQL> SELECT NAME FROM V$CONTROLFILE;

NAME
----------------------------------------------------------------
C:\ORACLE\ORADATA\DBA\DBA\CONTROLFILE\O1_MF_1C2D4CHZ_.CTL
```

V$PARAMETER

La vue dynamique sur la performance « **V$ PARAMETER** » nous permet d'afficher la valeur du paramètre « **CONTROL_FILES** ».

```
SQL> SELECT VALUE FROM V$PARAMETER
  2  WHERE NAME LIKE 'control_files';

VALUE
```

```
C:\ORACLE\ORADATA\DBA\DBA\CONTROLFILE\O1_MF_1C2D4CHZ_.CTL
```

Comme on l'a déjà vu auparavant, le paramètre « **CONTROL_FILES** » peut être affiché à l'aide de la commande « **SHOW PARAMETER CONTROL_FILES** ».

```
SQL> SHOW PARAMETER CONTROL_FILES

NAME                                 TYPE         VALUE
------------------------------------ ------------ -------------------------------
control_files                        string       C:\ORACLE\ORADATA\DBA\DBA\CONT
                                                  ROLFILE\O1_MF_1C2D4CHZ_.CTL
```

V$CONTROLFILE_RECORD_SECTION

La vue dynamique sur la performance « **V$CONTROLFILE_RECORD_SECTION** » affiche l'ensemble des informations concernant les enregistrements dans les fichiers de contrôle de la base de données.

Les différents champs retournés par cette vue sont :

TYPE	Affiche le type de l'enregistrement.
RECORD_SIZE	La taille de l'enregistrement en bytes.
RECORDS_TOTAL	Le nombre total d'enregistrements alloués pour la section.
RECORDS_USED	Le nombre d'enregistrements utilisés pour la section.
FIRST_INDEX	La position du premier enregistrement.
LAST_INDEX	La position du dernier enregistrement.
LAST_RECID	L'identifiant du dernier enregistrement modifié.

```
SQL> SELECT TYPE, RECORD_SIZE, RECORDS_TOTAL, RECORDS_USED
  2  FROM V$CONTROLFILE_RECORD_SECTION
  3  WHERE TYPE IN
  4       ('DATAFILE','REDO LOG','TABLESPACE','LOG HISTORY') ;

TYPE                         RECORD_SIZE RECORDS_TOTAL RECORDS_USED
---------------------------- ----------- ------------- ------------
REDO LOG                              72            24            3
DATAFILE                             180          1024            4
TABLESPACE                            68          1024            5
LOG HISTORY                           36           454            2
```

Dans l'exemple précédent, vous pouvez remarquer les valeurs pour le champ « **RECORDS_TOTAL** » qui reprend les valeurs des paramètres :

– « **MAXLOGMEMBERS** »

– « **MAXLOGFILES** »

– « **MAXLOGHISTORY** »

Le multiplexage

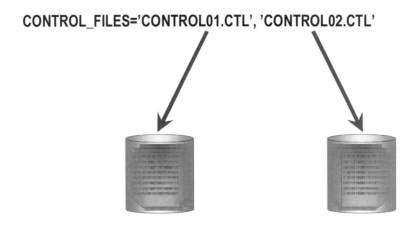

CONTROL_FILES='CONTROL01.CTL', 'CONTROL02.CTL'

Chaque base possède un fichier de contrôle qui recense des informations sur tous les autres fichiers essentiels de la base. En raison de son importance, Oracle permet de multiplexer ce fichier pour en avoir plusieurs copies, afin de parer à toute corruption ou perte du fichier.

Comme indiqué précédemment, il est conseillé de faire fonctionner la base de données avec au moins deux fichiers de contrôle, si possible sur des axes différents.

Le multiplexage des fichiers de contrôle peut être mis en œuvre lors de la création de la base de données, en spécifiant la liste des fichiers de contrôle souhaités dans le paramètre « **CONTROL_FILES** ».

Le multiplexage peut aussi être mis en œuvre ultérieurement.

```
SQL> SHOW PARAMETER CONTROL_FILES

NAME                     TYPE         VALUE
------------------------ ------------ -------------------------------
control_files            string       C:\ORACLE\ORADATA\DBA\DBA\CONT
                                      ROLFILE\CONTROL01.CTL
SQL> ALTER SYSTEM SET CONTROL_FILES=
  2         'C:\ORACLE\ORADATA\DBA\DBA\CONTROLFILE\CONTROL01.CTL',
  3         'D:\ORACLE\ORADATA\DBA\DBA\CONTROLFILE\CONTROL02.CTL'
  4    SCOPE=SPFILE ;

Système modifié.


SQL> SHUTDOWN IMMEDIATE
Base de données fermée.
Base de données démontée.
Instance ORACLE arrêtée.
```

```
SQL> HOST COPY C:\ORACLE\ORADATA\DBA\DBA\CONTROLFILE\CONTROL01.CTL
D:\ORACLE\ORADATA\DBA\DBA\CONTROLFILE\CONTROL02.CTL
        1 fichier(s) copié(s).

SQL> STARTUP
Instance ORACLE lancée.


Total System Global Area   171966464 bytes
Fixed Size                    787988 bytes
Variable Size              145750508 bytes
Database Buffers            25165824 bytes
Redo Buffers                  262144 bytes
Base de données montée.
Base de données ouverte.
SQL> SHOW PARAMETER CONTROL_FILES


NAME                       TYPE        VALUE
-------------------------- ----------- ------------------------------
control_files              string      C:\ORACLE\ORADATA\DBA\DBA\CONT
                                       ROLFILE\CONTROL01.CTL, D:\ORAC
                                       LE\ORADATA\DBA\DBA\CONTROLFILE
                                       \CONTROL02.CTL
```

Dans l'exemple précédent vous pouvez observer la démarche pour multiplexer un fichier de contrôle. Il faut d'abord modifier le paramètre « **CONTROL_FILES** », opération effectuée avec la commande « **ALTER SYSTEM** ».

Il faut arrêter et redémarrer la base de données pour prendre en compte les modifications effectuées auparavant, et s'assurer que les fichiers de contrôle se trouvent bien aux deux emplacements mentionnés pour avoir cette assurance,'on copie le premier fichier à l'emplacement prévu pour le deuxième.

Au démarrage de la base, Oracle contrôle la cohérence des deux fichiers et prend soin de modifier simultanément les deux fichiers de contrôle.

Si un de deux fichiers n'existe pas ou s'il a une version différente, Oracle ne démarre pas la base de données. Votre instance reste en mode « **NOMOUNT** ».

```
SQL> SHOW PARAMETER CONTROL_FILES

NAME                       TYPE        VALUE
-------------------------- ----------- ------------------------------
control_files              string      C:\ORACLE\ORADATA\DBA\DBA\CONT
                                       ROLFILE\CONTROL01.CTL, D:\ORAC
                                       LE\ORADATA\DBA\DBA\CONTROLFILE
                                       \CONTROL02.CTL

SQL> ALTER SYSTEM SET CONTROL_FILES=
  2       'C:\ORACLE\ORADATA\DBA\DBA\CONTROLFILE\CONTROL01.CTL'
  3       SCOPE=SPFILE;

Système modifié.
```

```
SQL> SHUTDOWN IMMEDIATE
Base de données fermée.
Base de données démontée.
Instance ORACLE arrêtée.

SQL> STARTUP
Instance ORACLE lancée.

Total System Global Area   171966464 bytes
Fixed Size                    787988 bytes
Variable Size              145750508 bytes
Database Buffers            25165824 bytes
Redo Buffers                  262144 bytes
Base de données montée.
Base de données ouverte.
SQL> ALTER SYSTEM SET CONTROL_FILES=
  2         'C:\ORACLE\ORADATA\DBA\DBA\CONTROLFILE\CONTROL01.CTL',
  3         'D:\ORACLE\ORADATA\DBA\DBA\CONTROLFILE\CONTROL02.CTL'
  4      SCOPE=SPFILE;

Système modifié.

SQL> SHUTDOWN IMMEDIATE
Base de données fermée.
Base de données démontée.
Instance ORACLE arrêtée.
SQL> STARTUP
Instance ORACLE lancée.

Total System Global Area   171966464 bytes
Fixed Size                    787988 bytes
Variable Size              145750508 bytes
Database Buffers            25165824 bytes
Redo Buffers                  262144 bytes
ORA-00214: incoherence entre fichier de controle
'C:\ORACLE\ORADATA\DBA\DBA\CONTROLFILE\CONTROL01.CTL' version 1625
et fichier
'D:\ORACLE\ORADATA\DBA\DBA\CONTROLFILE\CONTROL02.CTL' version 1620
```

Dans l'exemple précédent, vous pouvez remarquer la modification de la base de données pour qu'elle ne prenne en compte qu'un seul fichier de contrôle. On arrête et on redémarre la base de données pour forcer une désynchronisation entre les deux fichiers de contrôle. En effet, la base de données démarre uniquement avec le premier fichier de contrôle ; les informations contenues dans ce fichier seront différentes des informations du deuxième fichier qui n'a pas été ouvert par la base.

On modifie la base de données pour qu'elle prenne en compte les deux fichiers de contrôle. Au démarrage de la base, vous pouvez remarquer que l'instance a été lancée mais la base de données n'a pas pu être montée à cause de divergences entre les deux fichiers de contrôle. Pour remédier à cela, il suffit d'écraser l'ancien fichier de contrôle, avec le premier fichier de contrôle.

Module 11 : Le fichier de contrôle

Attention

La duplication du fichier de contrôle doit se faire sur un fichier de contrôle cohérent. Il ne faut donc pas dupliquer le fichier de contrôle alors que la base de données est ouverte ou après un arrêt brutal de la base de données.

Si le fichier de contrôle n'est pas cohérent, vous ne pouvez pas ouvrir la base de données. De même, si un des fichiers de contrôle a une version différente des autres fichiers, la base de données reste à mode « **NOMOUNT** » comme on a pu le voir dans l'exemple précédent.

```
SQL> HOST COPY C:\ORACLE\ORADATA\DBA\DBA\CONTROLFILE\CONTROL01.CTL
D:\ORACLE\ORADATA\DBA\DBA\CONTROLFILE\CONTROL02.CTL
        1 fichier(s) copié(s).

SQL> ALTER DATABASE MOUNT;

Base de données modifiée.

SQL> ALTER DATABASE OPEN;

Base de données modifiée.
SQL> SHOW PARAMETER CONTROL_FILES

NAME                         TYPE         VALUE
---------------------------- ------------ ------------------------------
control_files                string       C:\ORACLE\ORADATA\DBA\DBA\CONT
                                          ROLFILE\CONTROL01.CTL, D:\ORAC
                                          LE\ORADATA\DBA\DBA\CONTROLFILE
                                          \CONTROL02.CTL
```

Vous pouvez utiliser la même démarche pour déplacer un fichier de contrôle d'un emplacement à un autre ou renommer ce fichier. Dans l'exemple suivant, on change le nom du deuxième fichier de contrôle.

```
SQL> ALTER SYSTEM SET CONTROL_FILES=
  2        'C:\ORACLE\ORADATA\DBA\DBA\CONTROLFILE\CONTROL01.CTL',
  3        'D:\ORACLE\ORADATA\DBA\DBA\CONTROLFILE\CONTROL01.CTL'
  4        SCOPE=SPFILE;
SQL> SHUTDOWN IMMEDIATE
Base de données fermée.
Base de données démontée.
Instance ORACLE arrêtée.
SQL> HOST MOVE D:\ORACLE\ORADATA\DBA\DBA\CONTROLFILE\CONTROL02.CTL
D:\ORACLE\ORADATA\DBA\DBA\CONTROLFILE\CONTROL01.CTL

SQL> STARTUP
Instance ORACLE lancée.


Total System Global Area     171966464 bytes
Fixed Size                      787988 bytes
Variable Size                145750508 bytes
```

```
Database Buffers            25165824 bytes
Redo Buffers                  262144 bytes
Base de données montée.
Base de données ouverte.

SQL> SHOW PARAMETER CONTROL_FILES

NAME                   TYPE         VALUE
--------------------   -----------  -------------------------------
control_files          string       C:\ORACLE\ORADATA\DBA\DBA\CONT
                                    ROLFILE\CONTROL01.CTL, D:\ORAC
                                    LE\ORADATA\DBA\DBA\CONTROLFILE
                                    \CONTROL01.CTL
```

Atelier 11

- L'information du fichier de contrôle
- Le multiplexage

 Durée : 30 minutes

Questions

11-1 Votre base de données travaille avec un seul fichier de contrôle. Pour des raisons de sécurité vous voulez multiplexer le fichier contrôle. Pour accomplir cette tâche vous modifiez votre fichier de paramètres « SPFILE », vous arrêtez votre base de données et copiez les fichiers dans les emplacements définis auparavant dans le fichier de paramètres. Vous essayez de démarrer la base de données mais une erreur se produit lors de l'identification d'un des fichiers de contrôle. Vous visualisez le fichier d'alertes et vous voyez que l'emplacement est incorrect dans le fichier paramètres « SPFILE ».

11-2 Quelle est la séquence d'étapes que vous devez effectuer pour résoudre ce problème ?

A.

1. Connexion comme SYSDBA
2. SHUTDOWN
3. STARTUP NOMOUNT
4. ALTER SYSTEM SET CONTROL_FILES=…
5. SHUTDOWN
6. STARTUP

B.

1. Connexion comme SYSDBA
2. SHUTDOWN
3. STARTUP MOUNT
4. Déplacer le fichier « SPFILE » à l'aide des commandes OS
5. Créer un nouveau « SPFILE » à partir d'un fichier « PFILE »

6. ALTER SYSTEM SET CONTROL_FILES=...

7. ALTER DATABASE OPEN

C.

1. Connexion comme SYSDBA

2. SHUTDOWN

3. Déplacer on le fichier « SPFILE » à l'aide des commandes OS

4. Créer un nouveau « SPFILE » à partir d'un fichier « PFILE »

5. STARTUP NOMOUNT

6. ALTER SYSTEM SET CONTROL_FILES=...

7. ALTER DATABASE OPEN

11-3 Lesquelles de ces vues vous permettent d'afficher le nom et l'emplacement du fichier de contrôle ?

A. V$PARAMETER

B. V$DATABASE

C. V$CONTROLFILE_RECORD_SECTION

D. V$CONTROLFILE

11-4 Vous voulez définir le multiplexage dans votre base de données. Laquelle des définitions suivantes définit pour Oracle l'emplacement des fichiers de contrôle ?

A. Valeur spécifiée dans « CONTROL_FILE ».

B. Valeur spécifiée dans V$DATABASE

C. Valeur spécifiée dans « BACKGROUND_DUMP_DEST »

D. Aucun choix, Oracle connaît automatiquement l'emplacement de ces fichiers.

Exercice n°1

Votre base de données utilise un seul fichier de contrôle. Multiplexez dans deux autres emplacements distincts le fichier de contrôle.

Exercice n°2

Votre base de données utilise trois fichiers de contrôles. Pour pouvoir simuler un échec de démarrage de la base de données, nous effectuons les opérations suivantes :

- Modifiez le paramètre « `CONTROL_FILES` » pour prendre en compte uniquement le premier fichier de contrôle.

- Arrêtez la base de données.

- Démarrez la base de données, ce qui signifie que le premier fichier de contrôles n'a plus la même version que les deux autres.

- Modifiez à nouveau le paramètre « `CONTROL_FILES` » pour qu'il tienne compte de l'ensemble des trois fichiers des contrôles.

- Arrêtez la base de données.

– Démarrez la base de données. La base de données s'est arrêtée en mode
« NOMOUNT », comme elle n'a pas pu lire l'ensemble des fichiers de contrôles.

Effectuez les opérations nécessaires pour pouvoir démarrer la base de données avec trois fichiers de contrôle.

Exercice n°3

Affichez le nombre maximal de fichiers de données, de fichiers de journaux, de fichiers journaux archivés et de tablespaces pour votre base de données.

- *Multiplexage*
- *ARCHIVELOG*
- *NOARCHIVELOG*
- *ALTER DATABASE*

12

Les fichiers journaux

Objectifs

A la fin de ce module, vous serez à même d'effectuer les tâches suivantes :
- Décrire l'utilisation des fichiers journaux et groupes.
- Récupérer les informations concernant les fichiers journaux et l'archivage.
- Effectuer un basculement de fichier journal.
- Lancer manuellement un point de synchronisation.
- Multiplexer les fichiers journaux.
- Créer les groupes et les fichiers journaux membres.
- Effacer les groupes et les fichiers journaux membres.

Contenu

La validation de la transaction	12-2	La création d'un groupe	12-17
Les fichiers journaux	12-3	La création d'un membre	12-21
Les groupes de fichiers journaux	12-4	La suppression d'un groupe	12-23
Les entrées-sorties disques	12-7	La suppression d'un membre	12-27
NOARCHIVELOG	12-10	Les points de contrôle	12-29
L'archivage	12-11	Atelier 12	12-31
ARCHIVELOG	12-14		

La validation de la transaction

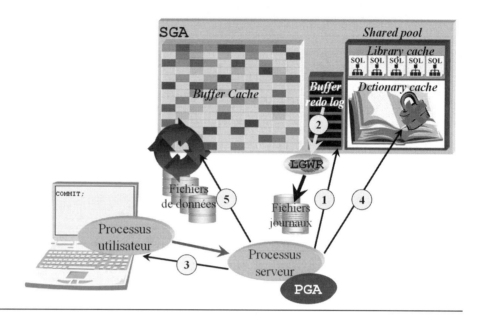

Les fichiers journaux sont des fichiers qui conservent toutes les modifications successives de votre base de données. L'activité des sessions qui interagissent avec Oracle est consignée en détail dans les fichiers journaux. Il s'agit en quelque sorte des journaux de transactions de la base de données.

Ils sont utiles lors d'une restauration à la suite d'un problème. Cette restauration consiste à reconstruire le contenu des fichiers des données à partir de l'information stockée dans les fichiers journaux.

Rappelez-vous, les étapes du traitement des opérations « COMMIT » sont :

Etape 1

Le processus serveur place l'ordre de validation de la transaction dans le tampon des journaux de reprise.

Etape 2

Le processus **LGWR** transcrit immédiatement les données modifiées du tampon des journaux de reprise dans les fichiers journaux, puis il est suivi de l'ordre de validation ou d'annulation. Ainsi, toute modification validée ou annulée est immédiatement écrite sur le disque, puis le tampon des journaux de reprise occupé est libéré.

Etape 3

L'utilisateur est informé de la fin de l'ordre de validation de la transaction.

Etape 4

Le processus serveur supprime les verrous sur les ressources.

Etape 5

Le processus serveur libère l'espace réservé pour cette transaction dans le segment UNDO.

Module 12 : Les fichiers journaux

Les fichiers journaux

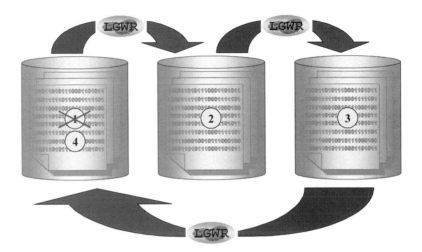

Comme on l'a vu précédemment, lorsque les opérations sont exécutées dans la base, des entrées de reprise décrivant les modifications apportées aux données sont écrites dans les fichiers journaux après être passées par la zone mémoire du tampon des journaux de reprise.

Attention

Toutes les opérations validées ou non validées effectuées sur les données de la base sont écrites d'abord dans les fichiers journaux.

Il s'agit d'un volume de données non négligeable dont il faut tenir compte au moment de l'emplacement des fichiers journaux. Du point de vue des entrées et sorties, l'erreur la plus courante consiste à placer les fichiers journaux sur le même périphérique que les fichiers de la base de données. Un tel placement créé des contentions d'accès aux ressources.

Oracle, par l'intermédiaire du processus « `LGWR` », écrit les informations dans le premier fichier journal. Lorsque le fichier journal courant est saturé, il poursuit avec le fichier journal suivant et ainsi de suite jusqu'au dernier fichier. Quand le dernier fichier journal est plein, le processus « `LGWR` » recommence avec le premier fichier journal et le contenu de celui-ci est écrasé par les nouvelles entrées.

L'utilisation des fichiers journaux est donc circulaire.

Note

Chaque fois que le processus « `LGWR` » commence à écrire dans un nouveau fichier il lui attribue un numéro séquentiel unique ; ainsi le premier fichier n'a plus le numéro « 1 » mais le numéro « 4 ».

Le numéro de séquence est affecté chaque fois que le processus « `LGWR` » commence à écrire dans un fichier journal. Le numéro de séquence est stocké dans le fichier de contrôle ainsi que dans l'entête de tous les fichiers de données. Ce numéro est utilisé lors de la récupération de la base de données.

Les groupes de fichiers journaux

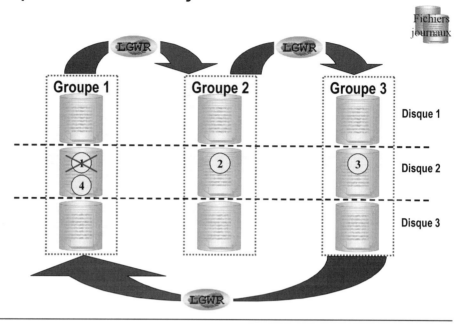

L'organisation des fichiers journaux s'effectue en groupe contenant un ou plusieurs fichiers journaux. Chaque fichier journal appartenant à un groupe est appelé un membre.

Les fichiers journaux sont essentiels pour garantir qu'aucune transaction ne sera perdue. Oracle offre la possibilité de multiplexer l'écriture des entrées de reprise dans plusieurs membres d'un même groupe à la fois, pour éviter qu'un seul dysfonctionnement d'un fichier fasse perdre des informations à la base de données.

Les mêmes informations sur les modifications apportées aux données sont enregistrées dans tous fichiers journaux d'un groupe, mais pas de groupes différents.

Donc tous les fichiers journaux d'un groupe, les membres, possèdent exactement les mêmes informations. Ce travail est effectué pas le processus d'arrière plan « LGWR ».

Pour assurer une protection optimale, la copie du fichier journal doit être créée sur une unité de disque physique séparée. Voir l'image précédente.

Quand un groupe est créé, un numéro lui est attribué pour en faciliter la maintenance.

Comme il a déjà été vu, chaque fichier journal appartenant à un groupe est appelé un membre. Tous les membres présentent des numéros de séquence identiques. Ces numéros sont utilisés pour identifier de façon unique chaque membre.

Le nombre de groupes de fichiers journaux qui peuvent être créés dans la base, sont déterminés par « MAXLOGFILES ».

La valeur du « MAXLOGFILES » est en fait la somme de tous les membres sur l'ensemble des groupes.

Sachant qu'un groupe ne peut pas être créé sans membre, dans le cas où vous n'utilisez pas le multiplexage, « `MAXLOGFILES` » détermine le nombre maximum de groupes que vous pouvez créer dans votre base.

Supposons que « `MAXLOGFILES` » est égal à cinq dans l'exemple suivant vous ne pouvez plus créer un autre membre ou un autre groupe dans la base de données.

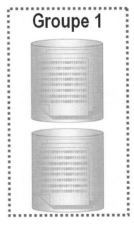
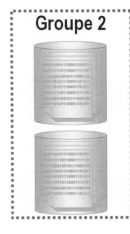

Chaque groupe de fichiers journaux contient au moins un membre, et vous ne pouvez pas créer un groupe sans membre.

Attention

Le nombre maximal de membres ou de copies identique, pour un groupe de fichiers journaux est défini par « `MAXLOGMEMBERS` ».

Vous pouvez définir une valeur plus importante pour « `MAXLOGMEMBERS` » sans utiliser le multiplexage ; par contre vous ne pouvez pas créer plus de membres que vous avez prévus dans « `MAXLOGMEMBERS` ».

Bien que le nombre de membres dans des groupes multiplexés puisse être différent, il est vivement conseillé de mettre en place une configuration symétrique.

Une configuration asymétrique ne peut être utilisée que temporairement dans une situation défaillante telle qu'une défaillance du support.

Le fichier journal dans lequel le processus « `LGWR` » écrit est appelé le fichier journal ou le groupe de fichiers journaux courant.

Vous pouvez récupérer les informations sur les fichiers journaux et les groupes à l'aide de la vue dynamique sur les performances « `V$LOGFILE` ».

Les champs de cette vue sont :

`GROUP#`	Spécifie le groupe du fichier journal.
`STATUS`	Spécifie le statut du fichier. Il peut être : « `INVALID` » - le fichier est inaccessible -, « `STALE` » - le contenu du fichier est incomplet -, « `DELETED` » - le fichier n'est plus utilisé -, ou « `NULL` ».
`TYPE`	Spécifie le type du fichier journal. Il peut être « `ONLINE` » ou « `STANDBY` » pour les bases de secours.
`MEMBER`	Spécifie le nom du fichier journal, membre du groupe.

```
SQL> SELECT GROUP#,MEMBER FROM V$LOGFILE;

   GROUP# MEMBER
---------- --------------------------------------------------------
        1 C:\ORACLE\ORADATA\DBA\DBA\ONLINELOG\O1_MF_1_17YRYYRT_.LOG
        3 C:\ORACLE\ORADATA\DBA\DBA\ONLINELOG\O1_MF_3_17YRZ2G1_.LOG
        2 C:\ORACLE\ORADATA\DBA\DBA\ONLINELOG\O1_MF_2_17YRZ080_.LOG
```

Les informations concernant les fichiers journaux sont stockées dans le fichier de contrôle. Ainsi vous pouvez interroger la vue « **V$LOGFILE** » même si la base de données est en mode « **MOUNT** ».

Les entrées-sorties disques

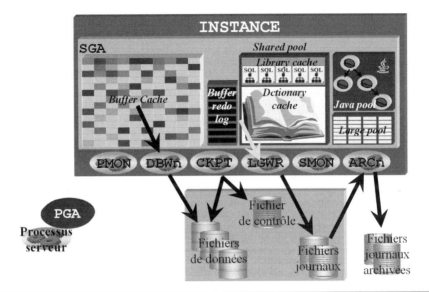

Le tampon des journaux de reprise (Buffer redo log) est généralement utilisé par tous les processus serveur qui modifient les données ou la structure d'une ou plusieurs tables. Ces processus écrivent ainsi dans le tampon des journaux de reprise l'image des enregistrements avant les modifications (les blocs UNDO), l'image qui suit la transaction (les blocs modifiées), ainsi que l'identificateur de transaction « SCN ».

Oracle assigne à chaque transaction un numéro, le SCN (System Change Number).

Le tampon des journaux de reprise est utilisé de manière séquentielle et circulaire; les modifications des différentes transactions sont stockées au fur et à mesure qu'elles arrivent. Ainsi les modifications exécutées par les différents utilisateurs s'empilent séquentiellement suivant l'ordre d'arrivée.

Le processus « LGWR » transcrit le contenu du tampon des journaux de reprise sur disque lorsque survient l'un des événements suivants :

− Toutes les trois secondes.

− Lors d'un commit. N'oubliez pas que l'écriture doit être physiquement terminée avant que le contrôle ne soit rendu au programme qui a généré le « COMMIT ».

− Chaque fois qu'un volume d'information correspondant au tiers de la taille du tampon des journaux de reprise a été écrit dans ce buffer. Cela ne signifie pas que le tampon des journaux de reprise ne sera jamais rempli au-delà du tiers, mais simplement que le processus « LGWR » transcrit son contenu dès lors que le seuil du tiers est atteint.

− Chaque fois qu'un volume d'information correspondant à 1Mb a été écrit dans le tampon des journaux de reprise. Cette disposition permet d'obtenir de meilleures performances lorsque les instances d'Oracle sont configurées avec des tampons des journaux de reprise de grande taille.

− Chaque fois qu'un checkpoint, point de synchronisation, est lancé.

− Lorsqu'il est déclenché par le processus « DBWn ». Il faut garder à l'esprit que les blocs de données modifiées dans la base de données sont toujours transcrits après que les entrées dans le tampon des journaux de reprise correspondant à ces blocs aient été écrites sur disque.

Les checkpoints sont pour Oracle l'occasion de vérifier que tout est bien synchronisé. Ils se produisent naturellement à chaque basculement de fichier journal, ou chaque fois qu'un administrateur exécute la commande « **ALTER SYSTEM CHECKPOINT** ». Les points de contrôle créent et enregistrent des points de synchronisation dans la base de données, de manière à faciliter sa récupération en cas de défaillance d'une instance ou d'un média.

Attention

Il est intéressant de remarquer qu'à chaque basculement d'un fichier journal il y a quatre processus qui se lancent simultanément pour le lire et écrire dans les fichiers de la base de données.

En général, un fichier journal de taille plus importante mettra plus de temps à se remplir, provoquant ainsi un nombre plus faible de checkpoints, et donc une fréquence d'archivage également plus faible. La récupération d'une instance peut prendre potentiellement plus de temps si les fichiers journaux présentent une taille trop importante. En outre, vous pouvez perdre beaucoup d'informations.

A l'opposé, des fichiers plus petits provoquent un plus grand nombre de checkpoints, et donc des variations de performances liées à cette activité, tout en maintenant le processus « **ARCH** » à un niveau d'activité élevé.

Vous devez déterminer ce qui est important pour vous, et éventuellement trouver un compromis entre performances et disponibilité.

Vous pouvez utiliser la commande suivante pour changer de fichier journal courant :

```
ALTER SYSTEM SWITCH LOGFILE ;
```

La vue « **V$LOGFILE** » fournit uniquement des informations sur le nom des fichiers journaux et leur appartenance au groupe. Vous pouvez utiliser la vue dynamique sur les performances « **V$LOG** » pour plus d'informations.

Les champs de cette vue sont :

GROUP#	Spécifie le groupe du fichier journal.
SEQUENCE#	Spécifie la séquence du groupe.
BYTES	Taille en bytes.
MEMBERS	Spécifie le nom du fichier journal, membre du groupe.
ARCHIVED	Spécifie si le groupe est archivé.
STATUS	Spécifie le statut du groupe.
FIRST_CHANGE#	Spécifie le plus petit numéro « **SCN** » écrit dans le groupe.
FIRST_TIME	Spécifie la date et l'heure du plus petit numéro « **SCN** » écrit dans le groupe.

Le statut du groupe peut être :

UNUSED	Un groupe nouvellement créé.
CURRENT	Le groupe courant.

ACTIVE   Le groupe n'est plus le groupe courant mais les informations contenues n'ont pas encore été ecrites. Le checkpoint n'a pas été efectué.

INACTIVE   Le groupe est inutile pour une restauration de l'instance.

```
SQL> SELECT GROUP#, SEQUENCE#, BYTES, MEMBERS, STATUS,
  2         FIRST_CHANGE#, FIRST_TIME
  3  FROM V$LOG;

GROUP# SEQUENCE#     BYTES MEMBERS STATUS     FIRST_CHANGE# FIRST_TI
------ --------- --------- ------- ---------- ------------- --------
     1       382  10485760       1 INACTIVE         1900494 17/06/05
     2       383  10485760       1 INACTIVE         1904211 18/06/05
     3       384  10485760       1 CURRENT          1904816 18/06/05

SQL> ALTER SYSTEM SWITCH LOGFILE;

Système modifié.

SQL> SELECT GROUP#, SEQUENCE#, BYTES, MEMBERS, STATUS,
  2         FIRST_CHANGE#, FIRST_TIME
  3  FROM V$LOG;

GROUP# SEQUENCE#     BYTES MEMBERS STATUS     FIRST_CHANGE# FIRST_TI
------ --------- --------- ------- ---------- ------------- --------
     1       385  10485760       1 CURRENT          1905532 18/06/05
     2       383  10485760       1 INACTIVE         1904211 18/06/05
     3       384  10485760       1 ACTIVE           1904816 18/06/05

SQL> ALTER SYSTEM CHECKPOINT;

Système modifié.

SQL> SELECT GROUP#, SEQUENCE#, BYTES, MEMBERS, STATUS,
  2         FIRST_CHANGE#, FIRST_TIME
  3  FROM V$LOG;

GROUP# SEQUENCE#     BYTES MEMBERS STATUS     FIRST_CHANGE# FIRST_TI
------ --------- --------- ------- ---------- ------------- --------
     1       385  10485760       1 CURRENT          1905532 18/06/05
     2       383  10485760       1 INACTIVE         1904211 18/06/05
     3       384  10485760       1 INACTIVE         1904816 18/06/05
```

Dans l'exemple ci-avant, on commence par interroger l'état actuel de la base pour voir quelles sont les différents groupes des fichiers journaux. Comme vous pouvez le remarquer, il y a trois groupes des fichiers journaux, le groupe courant étant le groupe numéro 3 et son numéro de séquence courante est 384. Le changement du groupe courant modifie le numéro de séquence du groupe 1, qui passe de 382 à 385. Le groupe numéro 3 est toujours actif, et les données n'ont pas été mis à jour dans la base des données. On lance un point de synchronisation, ce qui met à jour les données, et ainsi le fichier journal n'est plus nécessaire pour la récupération de la base de données.

NOARCHIVELOG

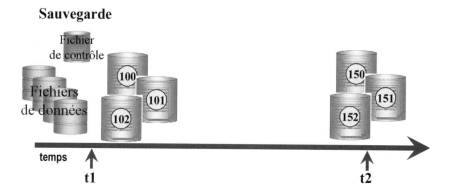

Lorsque la base de données fonctionne dans le mode « **NOARCHIVELOG** », les fichiers journaux seront écrasés régulièrement ce qui réduit les chances de reconstruction des fichiers de données à partir des fichiers journaux.

Dans l'exemple précédent, vous pouvez observer une base de données qui travaille en mode « **NOARCHIVELOG** ». Au moment « t1 » on effectue une sauvegarde complète de la base de données. La sauvegarde est composée de la copie des fichiers de données des fichiers de contrôle et des fichiers journaux.

La base des données continue de travailler ainsi, et au moment « t2 » les fichiers journaux ont été écrasés régulièrement plusieurs fois. Le numéro de séquence du fichier journal courant est passe de 102 à 152.

Dans le mode « **NOARCHIVELOG** » la seule possibilité de restauration de la base de données est la restauration complète de la base de données à l'instant « t1 ». Ainsi toutes les modifications de la base de données effectuées entre « t1 » et « t2 » sont perdues.

Vous pouvez interroger l'état de la base des données par la commande suivante :

ARCHIVE LOG LIST

```
SQL> ARCHIVE LOG LIST
mode Database log                      mode No Archive
Archivage automatique                  Désactivé
Destination de l'archive               C:\oracle\oradata\dba\DBA\ARCHIVE
Séquence de journal en ligne la plus ancienne    383
Séquence de journal courante                     385
```

Dans l'exemple précédent la base de données est en mode « **NOARCHIVELOG** ».

L'archivage

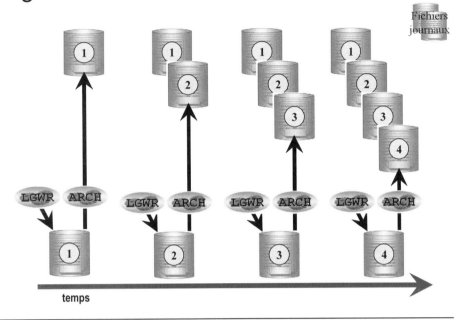

Le processus « LGWR » écrit dans chacun des fichiers journaux à tour de rôle. Lorsque le premier est plein, il écrit dans le deuxième, et ainsi de suite. Une fois le dernier fichier rempli, il écrase le contenu du premier.

Lorsque la base opère dans le mode « ARCHIVELOG », elle réalise une copie de chaque fichier journal lorsqu'il est plein ; ces fichiers archivés sont généralement enregistrés sur le disque.

La fonction d'archivage, c'est-à-dire la copie de chaque fichier journal plein, est assurée par le processus « ARCn ».

Le processus « ARCn » n'est pas un processus obligatoire; il est activé uniquement si la base de données fonctionne dans le mode « ARCHIVELOG ».

Pour changer le mode de fonctionnement de la base de données du mode « NOARCHIVELOG » en mode « ARCHIVELOG » vous devez effectuer les étapes suivantes :

– Définir un emplacement pour le fichier journaux archivés.

– Arrêtez votre base de données.

– Démarrez votre base de données et un mode « MOUNT ».

– Modifier le mode de fonctionnement de la base de données à aide de la syntaxe suivante « ALTER DATABASE ARCHIVELOG ; » ou « ALTER DATABASE NOARCHIVELOG ; ».

– Ouvrir la base de données.

```
SQL> ALTER SYSTEM SET log_archive_dest_1 =
  2       'LOCATION=d:\oracle\oradata\dba\DBA\ARCHIVE' SCOPE=BOTH;
Système modifié.
SQL> SHUTDOWN IMMEDIATE
Base de données fermée.
Base de données démontée.
```

Module 12 : Les fichiers journaux

```
Instance ORACLE arrêtée.
SQL> STARTUP MOUNT
Instance ORACLE lancée.

Total System Global Area   171966464 bytes
Fixed Size                    787988 bytes
Variable Size              145750508 bytes
Database Buffers            25165824 bytes
Redo Buffers                  262144 bytes
Base de données montée.

SQL> ALTER DATABASE ARCHIVELOG;

Base de données modifiée.

SQL> ALTER DATABASE OPEN;

Base de données modifiée.

SQL> ARCHIVE LOG LIST
mode Database log                 mode Archive
Archivage automatique             Activé
Destination de l'archive          d:\oracle\oradata\dba\DBA\ARCHIVE
Séquence de journal en ligne la plus ancienne    383
Séquence de journal suivante à archiver          385
Séquence de journal courante                     385

SQL> ALTER SYSTEM SWITCH LOGFILE;

Système modifié.

SQL> ARCHIVE LOG LIST
mode Database log                 mode Archive
Archivage automatique             Activé
Destination de l'archive          d:\oracle\oradata\dba\DBA\ARCHIVE
Séquence de journal en ligne la plus ancienne    384
Séquence de journal suivante à archiver          386
Séquence de journal courante                     386
SQL> HOST DIR d:\oracle\oradata\dba\DBA\ARCHIVE /B
ARC00385_0557853693.001
```

Le changement du groupe courant copie automatiquement le fichier dans le répertoire spécifié pour la destination des fichiers journaux archivés.

Attention

Dans la version Oracle9i, il faut également initialiser le paramètre « **LOG_ARCHIVE_START** ». Ce paramètre peut avoir deux valeurs « **TRUE** » et « **FALSE** » pour démarrer ou non le processus « **ARCH** ».

Si le processus « ARCH » n'est pas démarré au premier basculement du fichier journal, la base de données attend votre intervention pour la sauvegarde du fichier journal.

Vous pouvez utiliser également les vues dynamiques sur les performances « V$DATABASE » et « V$INSTANCE » pour récupérer les informations concernant le mode de fonctionnement de la base de données.

```
SQL> SELECT GROUP#, SEQUENCE#, BYTES, MEMBERS, STATUS,
  2         FIRST_CHANGE#, FIRST_TIME
  3  FROM V$LOG;

GROUP# SEQUENCE#     BYTES MEMBERS STATUS      FIRST_CHANGE# FIRST_TI
------ --------- --------- ------- ----------- ------------- --------
     1       394  10485760       1 INACTIVE          1954929 18/06/05
     2       395  10485760       1 INACTIVE          1957802 18/06/05
     3       396  10485760       1 CURRENT           1980917 18/06/05

SQL> SELECT NAME, LOG_MODE, ARCHIVELOG_CHANGE#, ARCHIVE_CHANGE#
  2  FROM V$DATABASE;

NAME    LOG_MODE    ARCHIVELOG_CHANGE# ARCHIVE_CHANGE#
------- ----------- ------------------ ---------------
DBA     ARCHIVELOG             1980917         1954929

SQL> SELECT INSTANCE_NAME, STATUS, ARCHIVER, DATABASE_STATUS
  2  FROM V$INSTANCE;

INSTANCE_NAME   STATUS       ARCHIVE DATABASE_STATUS
--------------- ------------ ------- ---------------
dba             OPEN         STARTED ACTIVE
```

La vue « V$DATABASE » fournit les informations concernant la base de données, à savoir si elle travaille en mode « NOARCHIVELOG » ou en mode « ARCHIVELOG », et les informations concernant le point de synchronisation dans les fichiers journaux et le point de synchronisation dans les fichiers journaux archivés.

La vue « V$INSTANCE » fournit les informations concernant le démarrage ou non du processus « ARCH ».

ARCHIVELOG

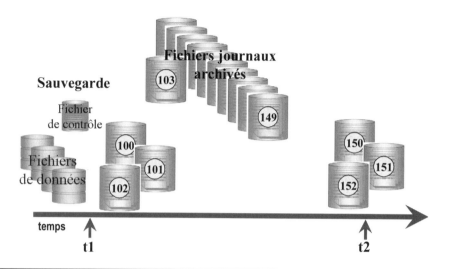

Si la base de données est configurée dans le mode « **ARCHIVELOG** », toutes les modifications faites sur la base de données sont enregistrées dans les fichiers journaux ; l'administrateur peut utiliser la sauvegarde présente sur le disque dur et les fichiers journaux archivés pour restaurer la base de données sans perdre aucune donnée comitée.

En effet, comme l'ensemble des fichiers journaux sont disponibles, on peut récupérer tous les fichiers de données ou seulement une partie selon son besoin. On peut également effectuer des récupérations d'un aux plusieurs fichiers de données pendant que la base de données est ouverte. Pour plus d'informations sur la récupération de la base de données, voir le module concernant les sauvegardes et restaurations.

```
SQL> CREATE TABLESPACE DEMO DATAFILE 'E:\DEMO01.DBF' SIZE 10M;

Tablespace créé.

SQL> CREATE TABLE DEMO_EMP TABLESPACE DEMO AS
  2          SELECT * FROM STAGIAIRE.EMPLOYES;

Table créée.

SQL> SELECT B.TABLE_NAME, A.TABLESPACE_NAME, A.FILE_NAME
  2  FROM DBA_DATA_FILES A, DBA_TABLES B
  3  WHERE A.TABLESPACE_NAME = B.TABLESPACE_NAME AND
  4       A.TABLESPACE_NAME LIKE 'DEMO';

TABLE_NAME              TABLESPACE_NAME              FILE_NAME
----------------------  ---------------------------  ---------------
DEMO_EMP                DEMO                         E:\DEMO01.DBF
```

```
SQL> SELECT COUNT(*) FROM DEMO_EMP;

  COUNT(*)
----------
         9

SQL> ARCHIVE LOG LIST
mode Database log                        mode Archive
Archivage automatique                    Activé
Destination de l'archive
d:\oracle\oradata\dba\DBA\ARCHIVE
Séquence de journal en ligne la plus ancienne    408
Séquence de journal suivante à archiver          410
Séquence de journal courante                     410
SQL> BEGIN
  2     FOR I IN 1..13 LOOP
  3       INSERT INTO DEMO_EMP SELECT * FROM DEMO_EMP;
  4     END LOOP;
  5     COMMIT;
  6  END;
  7  /

Procédure PL/SQL terminée avec succès.

SQL> SELECT COUNT(*) FROM DEMO_EMP;

  COUNT(*)
----------
     73728

SQL> ARCHIVE LOG LIST
mode Database log                        mode Archive
Archivage automatique                    Activé
Destination de l'archive
d:\oracle\oradata\dba\DBA\ARCHIVE
Séquence de journal en ligne la plus ancienne    411
Séquence de journal suivante à archiver          413
Séquence de journal courante                     413
```

Dans l'exemple précédent, on prépare la base de données pour simuler un point d'échec par la perte du fichier de données de l'espace logique de stockage « DEMO ».

L'exemple commence par la création de l'espace logique de stockage ; pour plus d'informations sur la gestion des espaces logiques de stockage voir le module suivant. On crée également une table dans cet espace logique de stockage. La table contient neuf enregistrements et vous pouvez remarquer que la séquence du journal courant est 410. Le bloc PL/SQL utilisé effectue un ensemble d'insertions dans la table créée ; vous pouvez en effet remarquer que la table a actuellement 73728 enregistrements.

La séquence du journal courant a été incrémentée, ainsi de 410 elle est passe a 413. En effet, trois nouveaux fichiers journaux archivés ont été stockés dans le répertoire des archives.

Pour simuler la perte du fichier de données, on arrête la base de données et on efface le fichier correspondant « `E:\DEMO01.DBF` ». Sans le fichier, on va essayer de démarrer la base des données. Bien sûr la base de données ne pourra pas être ouverte « **OPEN** », et elle va s'arrête en mode « **MOUNT** ». Pour récupérer le fichier de données, il suffit de demander à la base de données de recréer le fichier perdu ; les informations correspondantes, la taille et l'emplacement, sont stockées dans le fichier de contrôle. Le fichier a ainsi créé est en fait une coquille vide et il faut reconstruire l'ensemble des données à partir des fichiers journaux et des fichiers archivés.

```
SQL> SHUTDOWN IMMEDIATE
Base de données fermée.
Base de données démontée.
Instance ORACLE arrêtée.
SQL> HOST DEL E:\DEMO01.DBF

SQL> STARTUP
Instance ORACLE lancée.

Total System Global Area   171966464 bytes
Fixed Size                     787988 bytes
Variable Size               145750508 bytes
Database Buffers             25165824 bytes
Redo Buffers                   262144 bytes
Base de données montée.
ORA-01157: impossible d'identifier ou de verrouiller le fichier de
données 5 - voir le fichier de trace DBWR
ORA-01110: fichier de données 5 : 'E:\DEMO01.DBF'

SQL> ALTER DATABASE CREATE DATAFILE 'E:\DEMO01.DBF';

Base de données modifiée.

SQL> RECOVER AUTOMATIC DATABASE
Récupération après défaillance matérielle terminée.

SQL> ALTER DATABASE OPEN;

Base de données modifiée.

SQL> SELECT COUNT(*) FROM DEMO_EMP;

  COUNT(*)
----------
     73728
```

Dans l'exemple précédent, on a utilisé un ensemble de commandes qui seront traitées dans les modules suivants. Le but de cet exemple est de vous montrer la puissance et la flexibilité de travail avec une base de données en mode « **ARCHIVELOG** ».

La création d'un groupe

```
ALTER DATABASE ADD LOGFILE GROUP 4
     ('C:\ORACLE\ORADATA\DBA\REDOLOG04A.RDO',
      'D:\ORACLE\ORADATA\DBA\REDOLOG04B.RDO')
     SIZE 10M;
```

Le fonctionnement d'Oracle exige de pouvoir disposer au minimum de deux groupes, mais il est conseillé d'employer au moins quatre groupes. Pour des raisons de sécurité, on utilisera le multiplexage des fichiers journaux, tenant compte du fait que les membres doivent se trouver sous des axes indépendants. Si votre architecture système ne le permet, pas il est préférable, pour des raisons de performance, de ne pas multiplexer les fichiers journaux.

Vous pouvez gérer l'ensemble des fichiers journaux et leur groupe manuellement au moyen d'une interface graphique, telle que la console **OEM** (**O**racle **E**nterprise **M**anager) ou de **SQL*Plus**.

Les groupes de fichiers journaux peuvent être créés à l'aide de la commande SQL suivante :

```
ALTER DATABASE
     ADD LOGFILE GROUP nom_groupe
          [{ fichier | ( fichier [,...]) }]
          [SIZE val_int [{K|M}]]
          [REUSE] ;
```

GROUP nom_groupe	Valeur numérique qui identifie de façon unique un groupe de fichiers journaux. La valeur du paramètre peut être choisie pour chaque groupe. Si ce paramètre est omis, Oracle lui génère automatiquement une valeur.
fichier	Spécifie le nom d'un ou plusieurs fichiers à utiliser en tant que fichiers journaux.
val_int	Spécifie la taille du fichier journal.
K	Valeurs spécifiées pour préciser la taille en kilo-octets.
M	Valeurs spécifiées pour préciser la taille en mégaoctets.

Module 12 : Les fichiers journaux

REUSE   Argument permettant de définir si on réutilise ou non un fichier déjà existant.

```
SQL> select GROUP#, MEMBER from v$logfile;

   GROUP# MEMBER
---------- ------------------------------------------------------------
        1 C:\ORACLE\ORADATA\DBA\DBA\ONLINELOG\REDOLOG01A.LOG
        3 C:\ORACLE\ORADATA\DBA\DBA\ONLINELOG\REDOLOG03A.LOG
        2 C:\ORACLE\ORADATA\DBA\DBA\ONLINELOG\REDOLOG02A.LOG

SQL> SELECT GROUP#, MEMBERS, STATUS FROM V$LOG;

   GROUP#    MEMBERS STATUS
---------- ---------- ----------------
        1          1 INACTIVE
        2          1 CURRENT
        3          1 INACTIVE

SQL> ALTER DATABASE ADD LOGFILE GROUP 4
  2      ('C:\ORACLE\ORADATA\DBA\DBA\ONLINELOG\REDOLOG04A.LOG',
  3       'D:\ORACLE\ORADATA\DBA\DBA\ONLINELOG\REDOLOG04B.LOG')
  4  SIZE 10M REUSE;

Base de données modifiée.

SQL> select GROUP#, MEMBER from v$logfile;

   GROUP# MEMBER
---------- ------------------------------------------------------------
        1 C:\ORACLE\ORADATA\DBA\DBA\ONLINELOG\REDOLOG01A.LOG
        3 C:\ORACLE\ORADATA\DBA\DBA\ONLINELOG\REDOLOG03A.LOG
        2 C:\ORACLE\ORADATA\DBA\DBA\ONLINELOG\REDOLOG02A.LOG
        4 C:\ORACLE\ORADATA\DBA\DBA\ONLINELOG\REDOLOG04A.LOG
        4 D:\ORACLE\ORADATA\DBA\DBA\ONLINELOG\REDOLOG04B.LOG

SQL> SELECT GROUP#, MEMBERS, STATUS FROM V$LOG;

   GROUP#    MEMBERS STATUS
---------- ---------- ----------------
        1          1 INACTIVE
        2          1 CURRENT
        3          1 INACTIVE
        4          2 UNUSED
```

Dans l'exemple ci-avant, on commence par un état des lieux de la base de données ; ainsi vous pouvez remarquer que la base de données a trois groupes de fichiers journaux. Les trois groupes de fichiers journaux contiennent chacun un seul membre.

On utilise la commande SQL « **ALTER DATABASE** » pour ajouter un nouveau groupe qui a deux membres.

Dans la syntaxe SQL de création d'un groupe vous pouvez voir que le numéro du groupe n'est pas obligatoire ; en effet on peut créer directement un groupe laissant Oracle choisir le numéro correspondant.

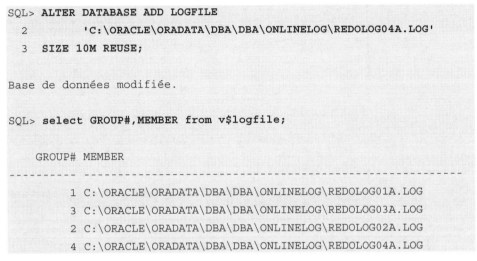

Vous pouvez également utiliser la console **OEM** (**O**racle **E**nterprise **M**anager) pour créer un groupe.

Choisissez l'onglet « **Administration** » sur la page d'accueil, puis sur le lien « **Groupes de fichiers de journalisation** » pour accéder à la page de gestion des fichiers de journalisation.

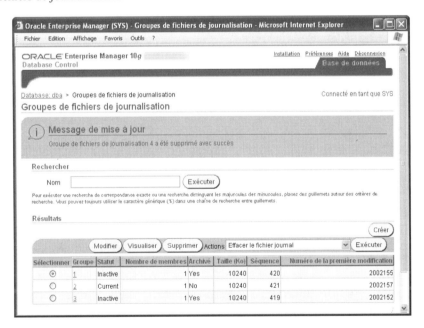

Vous pouvez ainsi créer un groupe ; il est possible de saisir l'ensemble des fichiers journaux ainsi que leur taille.

Module 12 : Les fichiers journaux

Pour toutes les opérations de création d'objets et des composants de la base de données que vous exécutez à travers la console, vous pouvez obtenir le code SQL de l'opération de création.

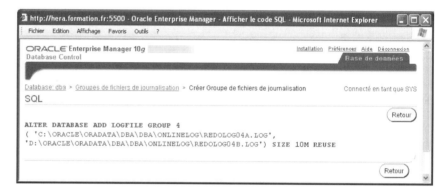

La création d'un membre

```
ALTER DATABASE ADD LOGFILE MEMBER
   'E:\ORACLE\ORADATA\DBA\REDOLOG04C.RDO' TO GROUP 1,
   'E:\ORACLE\ORADATA\DBA\REDOLOG04C.RDO' TO GROUP 2,
   'E:\ORACLE\ORADATA\DBA\REDOLOG04C.RDO' TO GROUP 3,
   'E:\ORACLE\ORADATA\DBA\REDOLOG04C.RDO' TO GROUP 4;
```

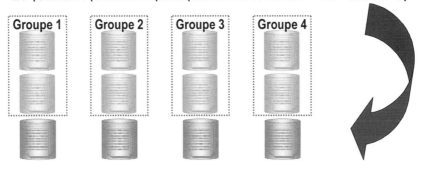

Comme on l'a vu précédemment, les membres peuvent être multiplexes, ajoutés à un groupe afin d'éviter des défaillances

En effet, l'ajout permet de placer les fichiers redo log en miroir.

Des membres redo log peuvent être ajoutés grâce à la commande SQL suivante :

```
ALTER DATABASE
    ADD LOGFILE MEMBER
        fichier [REUSE] [,...] TO GROUP nom_groupe
        [,...] ;
```

GROUP nom_groupe	Valeur numérique qui identifie de façon unique un groupe de fichiers journaux. La valeur du paramètre peut être choisie pour chaque groupe. Si ce paramètre est omis, Oracle lui génère automatiquement une valeur.
fichier	Spécifie le nom d'un ou plusieurs fichiers à utiliser en tant que fichiers journaux.
REUSE	Argument permettant de définir si on reutilise ou non un fichier déjà existant.

```
SQL> select GROUP#, MEMBER from v$logfile;

    GROUP# MEMBER
---------- --------------------------------------------------------
         1 C:\ORACLE\ORADATA\DBA\DBA\ONLINELOG\REDOLOG01A.LOG
         3 C:\ORACLE\ORADATA\DBA\DBA\ONLINELOG\REDOLOG03A.LOG
         2 C:\ORACLE\ORADATA\DBA\DBA\ONLINELOG\REDOLOG02A.LOG

SQL> ALTER DATABASE ADD LOGFILE MEMBER
```

```
  2    'D:\ORACLE\ORADATA\DBA\DBA\ONLINELOG\REDOLOG01B.LOG'
  3                    TO GROUP 1,
  4    'D:\ORACLE\ORADATA\DBA\DBA\ONLINELOG\REDOLOG02B.LOG'
  5                    TO GROUP 2,
  6    'D:\ORACLE\ORADATA\DBA\DBA\ONLINELOG\REDOLOG03B.LOG'
  7                    TO GROUP 3;

Base de données modifiée.

SQL> select GROUP#, MEMBER from v$logfile;

    GROUP# MEMBER
---------- ------------------------------------------------------------
         1 C:\ORACLE\ORADATA\DBA\DBA\ONLINELOG\REDOLOG01A.LOG
         3 C:\ORACLE\ORADATA\DBA\DBA\ONLINELOG\REDOLOG03A.LOG
         2 C:\ORACLE\ORADATA\DBA\DBA\ONLINELOG\REDOLOG02A.LOG
         1 D:\ORACLE\ORADATA\DBA\DBA\ONLINELOG\REDOLOG01B.LOG
         2 D:\ORACLE\ORADATA\DBA\DBA\ONLINELOG\REDOLOG02B.LOG
         3 D:\ORACLE\ORADATA\DBA\DBA\ONLINELOG\REDOLOG03B.LOG
```

La suppression d'un groupe

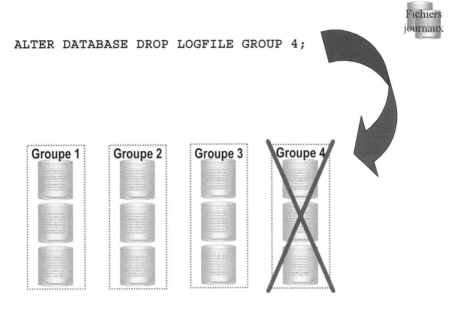

```
ALTER DATABASE DROP LOGFILE GROUP 4;
```

Pour améliorer les performances de la base de données, il peut s'avérer nécessaire d'augmenter ou de diminuer la taille des groupes de fichiers journaux. Pour changer la taille d'un groupe de fichiers journaux, il faut créer un nouveau groupe de fichiers journaux et ensuite supprimer le vieux groupe.

Pour supprimer un groupe de fichiers journaux, il faut utiliser la commande SQL suivante :

```
ALTER DATABASE
    DROP LOGFILE GROUP nom_groupe
      [,...] ;
```

GROUP nom_groupe Valeur numérique qui identifie de façon unique un groupe de fichiers journaux. La valeur du paramètre peut être choisie pour chaque groupe. Si ce paramètre est omis, Oracle lui génère automatiquement une valeur.

Pour pouvoir effacer un groupe, il faut tenir compte d'un certain nombre de restrictions :

− L'instance doit avoir au moins deux groupes de fichiers journaux.

− Un groupe actif ne peut pas être supprimé.

− Si la base de données est en mode « **ARHIVELOG** », un groupe de fichiers journaux non archivé ne peut pas être supprimé.

Quand un groupe est supprimé, les fichiers du système d'exploitation ne sont pas supprimés automatiquement. Il est donc nécessaire de supprimer manuellement les fichiers journaux.

```
SQL> SELECT GROUP#, MEMBERS, STATUS, BYTES FROM V$LOG;

    GROUP#    MEMBERS STATUS              BYTES
```

```
            1          1 CURRENT            10485760
            2          1 INACTIVE           10485760
            3          1 INACTIVE           10485760

SQL> ALTER DATABASE ADD LOGFILE
  2        'C:\ORACLE\ORADATA\DBA\DBA\ONLINELOG\REDOLOG04A.LOG'
  3  SIZE 20M REUSE;

Base de données modifiée.

SQL> ALTER DATABASE ADD LOGFILE
  2        'C:\ORACLE\ORADATA\DBA\DBA\ONLINELOG\REDOLOG05A.LOG'
  3  SIZE 20M REUSE;

Base de données modifiée.

SQL> SELECT GROUP#, MEMBERS, STATUS, BYTES FROM V$LOG;

    GROUP#    MEMBERS STATUS                  BYTES
---------- ---------- ---------------- ----------
         1          1 CURRENT            10485760
         2          1 INACTIVE           10485760
         3          1 INACTIVE           10485760
         4          1 UNUSED             20971520
         5          1 UNUSED             20971520

SQL> ALTER SYSTEM SWITCH LOGFILE;

Système modifié.

SQL> SELECT GROUP#, MEMBERS, STATUS, BYTES FROM V$LOG;

    GROUP#    MEMBERS STATUS                  BYTES
---------- ---------- ---------------- ----------
         1          1 ACTIVE             10485760
         2          1 INACTIVE           10485760
         3          1 INACTIVE           10485760
         4          1 CURRENT            20971520
         5          1 UNUSED             20971520

SQL> ALTER SYSTEM CHECKPOINT;

Système modifié.

SQL> SELECT GROUP#, MEMBERS, STATUS, BYTES FROM V$LOG;

    GROUP#    MEMBERS STATUS                  BYTES
```

```
            1          1 INACTIVE          10485760
            2          1 INACTIVE          10485760
            3          1 INACTIVE          10485760
            4          1 CURRENT           20971520
            5          1 UNUSED            20971520
```

SQL> **ALTER DATABASE DROP LOGFILE GROUP 1, GROUP 2, GROUP 3;**

Base de données modifiée.

SQL> **SELECT GROUP#, MEMBERS, STATUS, BYTES FROM V$LOG;**

```
    GROUP#    MEMBERS STATUS             BYTES
---------- ---------- ---------------- ----------
         4          1 CURRENT           20971520
         5          1 UNUSED            20971520
```

SQL> **ALTER DATABASE ADD LOGFILE**
  2   **'C:\ORACLE\ORADATA\DBA\DBA\ONLINELOG\REDOLOG01A.LOG'**
  3   **SIZE 20M REUSE;**

Base de données modifiée.

SQL> **ALTER DATABASE ADD LOGFILE**
  2   **'C:\ORACLE\ORADATA\DBA\DBA\ONLINELOG\REDOLOG02A.LOG'**
  3   **SIZE 20M REUSE;**

Base de données modifiée.

SQL> **ALTER DATABASE ADD LOGFILE**
  2   **'C:\ORACLE\ORADATA\DBA\DBA\ONLINELOG\REDOLOG03A.LOG'**
  3   **SIZE 20M REUSE;**

Base de données modifiée.

SQL> **ALTER SYSTEM SWITCH LOGFILE;**

Système modifié.

SQL> **ALTER SYSTEM CHECKPOINT;**

Système modifié.

SQL> **SELECT GROUP#, MEMBERS, STATUS, BYTES FROM V$LOG;**

```
    GROUP#    MEMBERS STATUS             BYTES
---------- ---------- ---------------- ----------
```

Module 12 : Les fichiers journaux

```
         1            1 CURRENT              20971520
         2            1 UNUSED               20971520
         3            1 UNUSED               20971520
         4            1 INACTIVE             20971520
         5            1 UNUSED               20971520

SQL> ALTER DATABASE DROP LOGFILE GROUP 4, GROUP 5;

Base de données modifiée.

SQL> SELECT GROUP#, MEMBERS, STATUS, BYTES FROM V$LOG;

    GROUP#    MEMBERS STATUS                BYTES
---------- ---------- ---------------- ----------
         1          1 CURRENT            20971520
         2          1 UNUSED             20971520
         3          1 UNUSED             20971520
```

Dans l'exemple précédent, on a effectué un ensemble d'opérations pour changer la taille des fichiers journaux. Vous pouvez remarquer que pour effacer un groupe, il ne faut pas qu'il soit « **ACTVE** » ou « **CURRENT** ».

Vous devez utiliser la commande de basculement de fichiers journaux et la commande de lancement d'un point de synchronisation.

La suppression d'un membre

```
ALTER DATABASE DROP LOGFILE MEMBER
    'E:\ORACLE\ORADATA\DBA\REDOLOG04C.RDO' TO GROUP 1,
    'E:\ORACLE\ORADATA\DBA\REDOLOG04C.RDO' TO GROUP 2,
    'E:\ORACLE\ORADATA\DBA\REDOLOG04C.RDO' TO GROUP 3,
    'E:\ORACLE\ORADATA\DBA\REDOLOG04C.RDO' TO GROUP 4;
```

Dans le fonctionnement de la base de données, un fichier journal peut devenir invalide à cause d'événements tels qu'une défaillance du support. ce qui rend les fichiers inaccessibles. Si tel est le cas, il faut supprimer ces fichiers journaux.

Pour supprimer un membre d'un ou plusieurs groupes, il faut utiliser la commande SQL suivante :

```
ALTER DATABASE
    DROP LOGFILE MEMBER fichier
    [,...] ;
```

fichier   Spécifie le nom d'un ou plusieurs fichiers à utiliser en tant que fichiers journaux.

Pour pouvoir effacer un membre d'un ou plusieurs groupes, il faut tenir compte d'un certain nombre de restrictions :

- Le dernier membre valide d'un groupe ne peut pas être supprimé.
- Un basculement de fichier journal doit être effectué avant de supprimer un membre actif.
- Si la base de données est en mode « **ARHIVELOG** », un groupe de fichiers journaux non archivé ne peut pas être supprimé.

```
SQL> SELECT GROUP#, MEMBERS, STATUS, BYTES FROM V$LOG;

    GROUP#    MEMBERS STATUS            BYTES
---------- ---------- ---------------- ----------
         1          2 INACTIVE          20971520
         2          2 INACTIVE          20971520
         3          2 INACTIVE          20971520
         4          2 CURRENT           20971520
```

Module 12 : Les fichiers journaux

```
SQL> ALTER DATABASE DROP LOGFILE MEMBER
  2      'D:\ORACLE\ORADATA\DBA\DBA\ONLINELOG\REDOLOG01B.LOG',
  3      'D:\ORACLE\ORADATA\DBA\DBA\ONLINELOG\REDOLOG02B.LOG',
  4      'D:\ORACLE\ORADATA\DBA\DBA\ONLINELOG\REDOLOG03B.LOG';

Base de données modifiée.

SQL> SELECT GROUP#, MEMBERS, STATUS, BYTES FROM V$LOG;

    GROUP#    MEMBERS STATUS                BYTES
---------- ---------- ---------------- ----------
         1          1 INACTIVE           20971520
         2          1 INACTIVE           20971520
         3          1 INACTIVE           20971520
         4          2 CURRENT            20971520
```

Les points de contrôle

- La configuration des paramètres pour gérer les checkpoints
- Le calcul des tailles des fichiers
- L'emplacement des groupes

Les points de contrôle (checkpoints), comme on l'a vu précédemment, sont l'occasion de vérifier que tout est bien synchronisé. Ils se produisent naturellement à chaque basculement du fichier journal, ou chaque fois que vous exécutez la commande « `ALTER SYSTEM CHECKPOINT` ». Les points de contrôle (checkpoints) créent et enregistrent des points de synchronisation dans la base de données, de manière à faciliter sa récupération en cas de défaillance d'une instance ou d'un média. Il arrive qu'il soit utile de les déclencher plus souvent que d'ordinaire.

Pour augmenter la fréquence des checkpoints, vous pouvez utiliser les paramètres d'initialisation « `FAST_START_MTTR_TARGET` ». Le paramètre Mean Time To Recover représente le temps estimatif de restauration de la base de données âpres un arrêt brutal du serveur.

Oracle vous permet de spécifier la cible pour le temps de récupération du serveur directement dans une unité de mesure de temps, en l'occurrence en seconde. L'instance paramètre automatiquement le volume des blocs modifiés « dirty blocks » restés en mémoire pour s'approcher au plus près de la cible définie.

Pour des raisons historiques, dans les versions Oracle8i et Oracle9i, vous pouvez utiliser deux paramètres d'initialisation pour définir la fréquence des points de contrôle :

`LOG_CHECKPOINT_INTERVAL`

`LOG_CHECKPOINT_TIMEOUT`

Le premier paramètre se base sur les entrées-sorties ; il détermine le nombre de blocs qui doivent être écrits dans les fichiers journaux avant qu'un checkpoint ne soit déclenché.

Le second paramètre est temporel et contrôle indirectement la durée maximale de maintien des blocs modifiés « dirty blocks » dans le buffer cache.

Vous pouvez remarquer le calcul des valeurs pour ces deux paramètres est bien plus compliqué que de déterminer un temps de récupération directement en seconde.

En effet, Oracle met à jour automatiquement les deux paramètres présentés auparavant ; ainsi toute initialisation de ces paramètres est inutile une fois initialisée le paramètre « `FAST_START_MTTR_TARGET` ».

Le paramètre est un paramètre dynamique ; vous pouvez le modifier directement à l'aide de la commande SQL suivante :

```
ALTER SYSTEM SET FAST_START_MTTR_TARGET=360 ;
```

Dans la commande précédente le paramètre va être modifié à mémoire et en même temps dans le fichier de paramètres.

Le paramètre « `FAST_START_MTTR_TARGET` » peut être configuré par une valeur élevée ou à 0 (l'effet est le même), de telle sorte que les checkpoints ne se produisent que pendant le basculement des fichiers journaux. Cependant, si ces paramètres sont configurés selon cette méthode, les fichiers journaux doivent être dimensionnés de manière appropriée.

Il est difficile de généraliser la fréquence optimale du basculement des fichiers journaux, dans la mesure où elle dépend d'un grand nombre de facteurs. Cependant il ne devrait pas intervenir plus d'un basculement en moyenne toutes les vingt minutes. Vous éviterez ainsi des goulets d'étranglement ou des variations de performances liés à la trop grande fréquence des checkpoints.

La taille des fichiers journaux dépend des volumes des transactions exécutées dans votre base de données ; vous pouvez utiliser la commande SQL*Plus « `ARCHIVE LOG LIST` » pour déterminer quelle est la séquence du fichier journal courant et ainsi, exécutant cette commande plusieurs fois, vous pouvez déterminer statistiquement le temps de basculement d'un fichier journal. Habituellement on exécute cette commande toutes les quinze minutes pendant une journée, ce qui ne permet d'avoir une vue d'ensemble des volumes de transactions dans la journée.

Oracle génère un message d'avertissement, « checkpoint not complete », dans le fichier d'alerte lorsque le processus de checkpoint rencontre un problème. Ce message est généré lorsque Oracle est prêt à reprendre l'écriture sur un fichier journal, mais que le processus de checkpoint n'est pas encore terminé. La base de données est alors arrêtée jusqu'à ce que ce processus soit fini, et qu'Oracle puisse à nouveau écrire dans le fichier journal. Pour corriger ce problème, il faut laisser plus de temps au processus de checkpoint pour qu'il se termine, en ajoutant des groupes des fichiers journaux, ou en créant des fichiers journaux de plus grande taille.

Atelier 12

- La création d'un groupe
- La création d'un membre
- La suppression d'un groupe
- La suppression d'un membre
- Les points de contrôle

 Durée : 30 minutes

Questions

12-1 Votre base de données travaille en mode « **ARCHIVELOG** ». Quel est le processus qui va lire les fichiers journaux et écrire ces informations dans les fichiers journaux archivés ?

   A. LGWR

   B. CKPT

   C. DBWn

   D. ARCn

12-2 Vous voulez réduire la fréquence des points de contrôle, les checkpoints. Laquelle de ces options vous devez choisir, qui ne modifie pas le fichier de paramètres « SPFILE » ?

   A. FAST_START_MTTR_TARGET

   B. LOG_CHECKPOINT_TIMEOUT

   C. Arrêter le processus « **ARCn** »

   D. Augmenter la taille des fichiers journaux.

12-3 Les fichiers journaux dans votre base de données sont les suivants :

```
SQL> select GROUP#, MEMBER from v$logfile;

   GROUP# MEMBER
---------- ------------------------------------------------------------
        1 C:\ORACLE\ORADATA\DBA\DBA\ONLINELOG\REDOLOG01A.LOG
        1 D:\ORACLE\ORADATA\DBA\DBA\ONLINELOG\REDOLOG01B.LOG
        2 C:\ORACLE\ORADATA\DBA\DBA\ONLINELOG\REDOLOG02A.LOG
```

Module 12 : Les fichiers journaux

```
              2 D:\ORACLE\ORADATA\DBA\DBA\ONLINELOG\REDOLOG02B.LOG
              3 C:\ORACLE\ORADATA\DBA\DBA\ONLINELOG\REDOLOG03A.LOG
              3 D:\ORACLE\ORADATA\DBA\DBA\ONLINELOG\REDOLOG03B.LOG

SQL> SELECT GROUP#, MEMBERS, STATUS FROM V$LOG;

   GROUP#    MEMBERS STATUS
----------   ------- ----------------
        1          2 INACTIVE
        2          2 INACTIVE
        3          2 CURRENT
```

Vous exécutez la commande suivante :

```
SQL> ALTER DATABASE DROP LOGFILE GROUP 3;
```

La commande a échoué, pour quelle raison ?

A. Chaque groupe de fichiers journaux doit avoir au moins deux membres.

B. Vous ne pouvez pas effacer les membres des groupes de fichiers journaux.

C. Vous ne pouvez pas effacer un membre de groupe « **CURRENT** ».

D. Vous devez effacer d'abord le fichier physique avant d'effacer le membre.

12-4 Une des tâches des administrateurs de base de données est d'analyser périodiquement le fichier d'alerte et les fichiers de trace des processus d'arrière-plan. Dans ces fichiers vous retrouvez la mention que le processus « **LGWR** » a dû attendre à cause d'un point de contrôle qui n'a pas été complété ou un groupe des fichiers journaux qui n'a pas été archivé.

Quelle est l'opération que vous devez accomplir pour éliminer ces erreurs ?

A. Augmenter le nombre des groupes des fichiers journaux pour garantir qu'ils sont toujours disponibles au processus « **LGWR** ».

B. Diminuer le nombre des groupes des fichiers journaux pour garantir qu'ils sont toujours disponibles au processus « **LGWR** ».

C. Augmenter la taille du buffer journaux (buffer redo-log).

D. Diminuer la taille du buffer journaux (buffer redo-log).

E. Modifier la valeur du paramètre « **FAST_START_MTTR_TARGET** ».

12-5 Votre base de données travaille en mode « **ARCHIVELOG** ». Quels sont les deux opérations qui sont exécutées avant que le processus « **LGWR** » réutilise le fichier journaux ?

A. Le fichier journal correspondant doit être archivé.

B. Toutes les données de toutes les transactions doivent être sauvegardées.

C. Les modifications enregistrées dans le fichier journal correspondant doivent être écrites sur disque.

D. Toutes les données appartenant au tablespace « **SYSTEM** » doivent être sauvegardées.

Exercice n°1

Affichez les groupes et leurs fichiers membres de votre base de données.

Exercice n°2

Créez un groupe de fichiers journaux de données et faîtes en sorte qu'il devienne le groupe « **CURRENT** ». Exécutez un point de synchronisation et visualisez l'état des groupes.

Exercice n°3

Changez la taille de tous vos fichiers journaux. Vous devez utiliser la commande de basculement de fichiers journaux et la commande de lancement d'un point de synchronisation.

- *CREATE TABLESPACE*
- *DB_Nx_CACHE_SIZE*
- *TEMPORARY*
- *UNDO*

13

Les espaces de disque logiques

Objectifs

A la fin de ce module, vous serez à même d'effectuer les tâches suivantes :
- Créer un espace logique de stockage.
- Agrandir l'espace logique de stockage pour la base de données.
- Mettre un tablespace en ligne ou hors ligne.
- Mettre un tablespace en lecture seule ou en lecture écriture.
- Déplacer les fichiers de données d'un tablespace.
- Effacer un tablespace de la base de données.

Contenu

La structure du stockage	13-2	L'extension d'un fichier	13-28
Le tablespace	13-4	Le tablespace OFFLINE	13-30
Les types de tablespaces	13-6	Le tablespace READ ONLY	13-34
La création d'un tablespace	13-8	Le déplacement d'un tablespace	13-35
Le tablespace BIGFILE	13-15	La suppression d'un tablespace	13-40
La taille du bloc	13-17	Les informations sur les tablespaces	13-42
Le tablespace temporaire	13-19	Les informations sur les fichiers	13-45
Le tablespace undo	13-22	Atelier 13	15-48
L'agrandissement d'un tablespace	13-25		

La structure du stockage

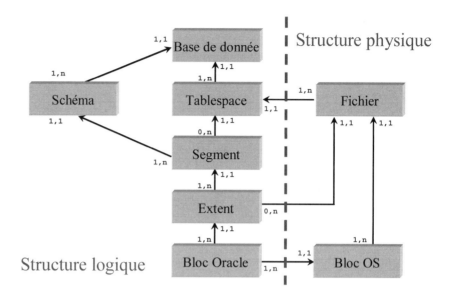

Une base de données Oracle est un ensemble de données permettant de stocker des données dans un format relationnel ou des structures orientées objet telles que des types de données et des méthodes abstraits.

Comme avec la plupart des systèmes de gestion de base de données, Oracle sépare les structures de stockage logiquement et physiquement. Cette opération facilite l'administration et évite de connaître tous les détails pour chaque exécution physique.

Le tablespace (espace de disque logique)

Le tablespace est un concept fondamental du stockage des données dans une base Oracle. Une table ou un index appartiennent obligatoirement à un tablespace. À chaque tablespace sont associés un ou plusieurs fichiers. Tout objet (table, index) est placé dans un tablespace, sans précision du fichier de destination, le tablespace effectuant ce lien.

Lorsqu'un tablespace est créé, des fichiers de données sont également créés pour contenir les données de celui-ci. Ces fichiers allouent immédiatement l'espace spécifié durant leur création. Chacun d'eux ne peut appartenir qu'à un seul tablespace.

Les segments

Les segments de données sont les zones physiques de stockage des données associées aux tables et aux clusters. C'est une zone de stockage logique qui regroupe plusieurs espaces de stockage dans un tablespace.

Les extents

Les extents sont un ensemble de blocs contigus permettant de stocker un certain type d'information. Les extents sont ajoutés lorsque l'objet est créé ou lorsqu'un segment nécessite davantage d'espace.

Le bloc Oracle

Le bloc Oracle est une unité d'échange entre les fichiers, la mémoire et les processus. Sa taille est un multiple de la taille des blocs manipulés par votre système d'exploitation.

La taille d'un bloc Oracle est précisée lors de la création de la base de données. Le paramètre définissant la taille du bloc Oracle est le paramètre « `DB_BLOCK_SIZE` ».

Une fois la base de données créée, la valeur du paramètre « `DB_BLOCK_SIZE` » ne peut plus être modifiée.

A partir de la version Oracle9i, il est possible d'avoir plusieurs tailles de bloc de données de stockage : une taille de bloc de données par défaut spécifiée à l'aide du paramètre « `DB_BLOCK_SIZE` » et au maximum quatre tailles de bloc de données non standard.

Les valeurs du bloc standard ou non standard doivent être choisies parmi la liste suivante : 2Ko, 4Ko, 8Ko, 16Ko et 32Ko.

Module 13 : Les espaces de disque logiques

Le tablespace

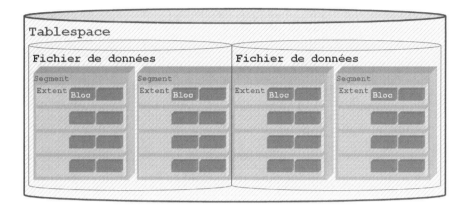

La séparation des structures logique et physique d'une base de données facilite le contrôle poussé de la gestion de l'espace disque. L'administrateur peut configurer les paramètres d'allocation d'espace aux composants physiques et logiques de la base de données.

Pour utiliser efficacement l'espace du disque dur, il est important de connaître les relations entre les composants physiques et logiques de la base de données. Il est important également de savoir comment l'espace est alloué dans la base de données.

Comme on l'a vu précédemment, la base de données est divisée en zones d'espace logiques plus petites, appelées tablespaces.

Note

Un tablespace est constitué d'un ou plusieurs fichiers de données (datafiles) ; par contre un fichier de données ne peut appartenir qu'à un seul tablespace.

Un fichier de données est créé automatiquement par le serveur Oracle chaque fois que vous créez un tablespace. La quantité de disque occupe par le fichier de données est spécifiée par l'administrateur de la base de données.

Après la création d'un tablespace, vous pouvez ajouter d'autres fichiers de données. Un fichier de données peut être modifié par l'administrateur de la base de données après sa création.

Dés lors qu'un fichier de données est créé pour un tablespace, il est attaché à ce tablespace, et il va pouvoir être détaché uniquement de la destruction du tablespace.

Un tablespace est constitué de segments. Un segment est l'espace alloué pour un type spécifique de structure de stockage logique dans un tablespace. Les segments d'index, segments temporaires, undo segments et segments de données représentent quelques exemples de segments. Un segment, tel qu'un segment de données, peut être réparti sur plusieurs fichiers appartenant au même tablespace.

Le niveau suivant de la structure logique d'une base de données est l'extent. Un extent est un ensemble de blocs contigus. Chaque segment est constitué d'un ou plusieurs extents. Un extent ne peut pas être stocké sur plusieurs fichiers de données.

Note

Un segment, peut être stocké sur un ou plusieurs fichiers appartenant au même tablespace.

Par contre un extent ne peut pas être stocké sur plusieurs fichiers de données ; il doit être absolument contenu dans le même fichier de données.

Les blocs de données constituent le dernier niveau de granularité. Les données d'une base de données Oracle sont stockées dans les blocs de données. Un bloc de données correspond à un ou plusieurs blocs de fichiers physiques alloués à partir de fichier de données existant.

Dans ce module, nous allons voir la gestion des tablespaces et des fichiers de données ; la partie stockage est détaillée dans le module « La gestion du stockage ».

Attention

Un tablespace est un container qui n'a pas de concept de propriété d'objet. Il n'y a aucune relation d'appartenance entre un tablespace et un propriétaire de structure (ou un propriétaire de table). Les objets possédés par un utilisateur peuvent résider dans de multiples tablespaces ou dans un même tablespace.

Les types de tablespaces

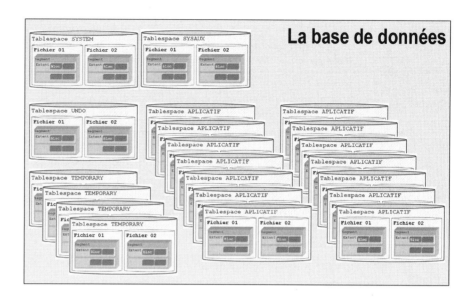

Chaque base de données Oracle créée possède un tablespace « **SYSTEM** ». Il s'agit de l'emplacement où Oracle garde toute l'information du catalogue exigée pour le fonctionnement de la base de données.

À partir de la version Oracle10g, un deuxième tablespace « **SYSAUX** » est créé automatiquement à la création de la base de données. Il contient les objets système complémentaires qui permet ainsi de diminuer le temps d'attente pour les lectures des informations système.

Les deux tablespaces « **SYSTEM** » et « **SYSAUX** » sont utilisés uniquement par Oracle ; il faut prendre soin de ne pas stocker des objets utilisateur dans ces deux tablespaces.

Lors d'importantes opérations de tri (telles que select distinct, union et create index), Oracle à besoin de stocker dans la base de données des informations concernant le tri des enregistrements avant de retourner l'information aux utilisateurs. En raison de leur nature dynamique, ces espaces de tri ne devraient pas être stockés avec d'autres types de segments.

Lorsqu'un tablespace temporaire « **TEMPORARY** » est défini, un segment de tri est aussi créé. Celui-ci est capable de croître si nécessaire afin de pouvoir héberger toutes les opérations de tri de données, et existe jusqu'à ce que la base de données soit fermée puis redémarrée.

Lors de la création de la base de données, vous avez la possibilité de définir un tablespace avec la clause « **DEFAULT TEMPORARY TABLESPACE** » de la commande « **CREATE DATABASE** ».

Certains utilisateurs, d'une base de données Oracle, peuvent avoir besoin des volumes de stockage temporaires beaucoup plus grands que ceux de tous les autres utilisateurs de l'application. Dans ce cas, vous pouvez créer plusieurs tablespaces temporaires « **TEMPORARY** », pour distribuer les espaces de stockages des utilisateurs, ayant des besoins semblables sur les mêmes tablespaces.

Toutes les données d'annulation sont stockées dans un tablespace spécial appelé « UNDO ». Lorsque vous créez un tablespace « UNDO », Oracle gère le stockage, la rétention et l'emploi de l'espace pour les données de rollback par l'intermédiaire de la fonction SMU (System-Managed Undo). Aucun objet permanent n'est placé dans le tablespace undo. Pour avoir plus d'informations à ce sujet, voir le module « Automatic Undo Management ».

Rappelez-vous, la syntaxe SQL de création de la base de données comporte d'abord la création d'un tablespace « SYSTEM » et d'un tablespace « SYSAUX » ainsi que la création d'un tablespace « TEMP » et « UNDO ».

```
SQL> CREATE DATABASE "tpdba"
  2          MAXINSTANCES 8
  3          MAXLOGHISTORY 1
  4          MAXLOGFILES 24
  5          MAXLOGMEMBERS 2
  6          MAXDATAFILES 1024
  7  DATAFILE SIZE 300M AUTOEXTEND ON
  8          NEXT 10240K
  9          MAXSIZE UNLIMITED
 10          EXTENT MANAGEMENT LOCAL
 11  SYSAUX DATAFILE SIZE 120M AUTOEXTEND ON
 12          NEXT 10240K
 13          MAXSIZE UNLIMITED
 14  DEFAULT TEMPORARY TABLESPACE TEMP TEMPFILE SIZE 20M
 15          AUTOEXTEND ON NEXT 640K MAXSIZE UNLIMITED
 16  UNDO TABLESPACE "UNDOTBS1" DATAFILE SIZE 200M
 17          AUTOEXTEND ON NEXT 5120K MAXSIZE UNLIMITED
 18  CHARACTER SET WE8MSWIN1252
 19  NATIONAL CHARACTER SET AL16UTF16
 20  LOGFILE GROUP 1 SIZE 10240K,
 21          GROUP 2 SIZE 10240K,
 22          GROUP 3 SIZE 10240K
 23  USER SYS IDENTIFIED BY "&&sysPassword"
 24  USER SYSTEM IDENTIFIED BY "&&systemPassword";
```

Un tablespace applicatif typique contient tous les objets principaux associés à une application. L'important volume de lectures-écritures dont elles font l'objet, justifie l'isolation de ces tables dans leur propre tablespace, séparant ainsi leurs fichiers de données des autres fichiers de données dans la base. La répartition de ces fichiers sur des disques différents peut de plus améliorer les performances (grâce à une réduction de la contention lors des accès au disque) et simplifier leur gestion.

Les index ne devraient pas être stockés dans le même tablespace que les tables de données sur lesquelles ils ont été définis, car ces deux types de structures font l'objet de nombreuses opérations de lectures-écritures concurrentes lors des manipulations de données et des interrogations.

La création d'un tablespace

```
CREATE TABLESPACE APPLICATION_01 DATAFILE
  'C:\ORACLE\ORADATA\DBA\APP_01_01.DBF'
     SIZE 1G,
  'C:\ORACLE\ORADATA\DBA\APP_01_02.DBF')
     SIZE 1G;
```

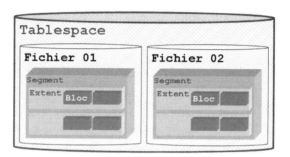

À la création d'un tablespace, vous indiquez le ou les fichiers de données, leurs tailles et des paramètres de stockage par défaut. Ces derniers n'affectent pas la taille du tablespace, mais seulement la taille des objets créés dans le tablespace, quand aucun paramètre de stockage n'est explicitement fourni. Pour plus d'informations sur le stockage des segments et des extents, voir le module « La gestion du stockage ».

L'instruction SQL qui permet de créer un tablespace permanent est :

```
CREATE {BIGFILE|SMALLFILE} TABLESPACE nom_tablespace
    [ DATAFILE
       ['nom_fichier'] [ SIZE integer {K|M|G|T} ]
       [ AUTOEXTEND
          {OFF |
           ON [ NEXT integer {K|M|G|T}]
              [ MAXSIZE {UNLIMITED | integer {K|M|G|T}}
          }
       ] [,...]
    ]
    [BLOCKSIZE integer [ K ]]
    [{LOGGING | NOLOGGING}]
    [FORCE LOGGING]
    [{ONLINE | OFFLINE}]
    [FLASHBACK {ON | OFF}]
;
```

Module 13 : Les espaces de disque logiques

`BIGFILE`	Indique que le tablespace est créé avec un seul fichier pouvant contenir jusqu'à 2^{32} blocks. Pour un tablespace d'un block de 8k, vous pouvez stocker jusqu'à 32TB.
`SMALLFILE`	Indique que le tablespace peut avoir un ou plusieurs fichiers de données. Aucun fichier ne peut contenir plus de 2^{22} blocks. Pour un tablespace d'un block de 8k, chaque fichier peut stocker jusqu'à 32GB.
`nom_fichier`	Le ou les fichiers de données qui constituent le tablespace.
`AUTOEXTEND`	L'argument active ou désactive l'extension automatique d'un nouveau fichier de données ou temporaire. Si vous omettez cette clause, ces fichiers ne seront pas automatiquement étendus.
`integer`	Spécifie une taille, en octets si vous ne précisez pas de suffixe pour définir une valeur en K, M, G, T.
`K`	Valeurs spécifiées pour préciser la taille en kilooctets.
`M`	Valeurs spécifiées pour préciser la taille en mégaoctets.
`G`	Valeurs spécifiées pour préciser la taille en gigaoctets.
`T`	Valeurs spécifiées pour préciser la taille en téraoctets.
`AUTOEXTEND`	Active ou désactive l'extension automatique du fichier de données, d'un nouveau fichier de données, ou d'un fichier temporaire. Si vous ne spécifiez pas cette clause, ces fichiers ne sont pas automatiquement étendus.
`NEXT`	Définit la taille en octets du prochain incrément d'espace disque qui doit être alloué automatiquement au fichier lorsque davantage d'espace de stockage est requis.
`MAXSIZE`	Définit l'espace disque maximal autorisé pour l'extension automatique du fichier de données.
`UNLIMITED`	Définit une allocation d'espace illimitée pour le fichier.
`BLOCKSIZE`	Indique une taille de bloc non standard pour le tablespace.
`LOGGING`	Définit que la base de données effectue les journalisations pour toutes les opérations sur tous les index, tables et partitions contenus dans le tablespace. L'attribut de journalisation de niveau tablespace peut être modifié par les spécifications de journalisation au niveau table, index ou partition.
`NOLOGGING`	Définit que la base de données n'effectue pas de journalisation pour les « `INSERT` » ou les chargements des données à l'aide de SQL*Loader ainsi que les opérations DDL sur tous les index, tables et partitions contenus dans le tablespace.
`FORCE LOGGING`	Force le travail en mode « `LOGGING` », pour toutes les opérations de la base de données, même si l'opération concernée est effectuée dans le mode « `NOLOGGING` ».
`ONLINE`	Permet de créer un tablespace mis à la disposition des utilisateurs qui ont reçu le droit d'y accéder immédiatement après sa création. Il s'agit du choix par défaut.

Module 13 : Les espaces de disque logiques

OFFLINE	Permet de créer un tablespace dans un état indisponible immédiatement après sa création.
FLASHBACK	Indique que le tablespace peut être utilisé dans des opérations de récupération de type « **FLASHBACK** ».

```
SQL> CREATE TABLESPACE GEST_DATA
  2      DATAFILE 'C:\ORACLE\ORADATA\DBA\DBA\DATAFILE\GEST_DATA01.DBF'
  3              SIZE 10M,
  4              'C:\ORACLE\ORADATA\DBA\DBA\DATAFILE\GEST_DATA02.DBF'
  5              SIZE 10M ;

Tablespace créé.

SQL> SELECT TABLESPACE_NAME, FILE_NAME FROM DBA_DATA_FILES
  2  WHERE TABLESPACE_NAME LIKE 'GEST_DATA';

TABLESPACE_NAME     FILE_NAME
----------------    --------------------------------------------------
GEST_DATA           C:\ORACLE\ORADATA\DBA\DBA\DATAFILE\GEST_DATA01.DBF
GEST_DATA           C:\ORACLE\ORADATA\DBA\DBA\DATAFILE\GEST_DATA02.DBF


SQL> HOST DIR C:\ORACLE\ORADATA\DBA\DBA\DATAFILE\GEST_DATA*
 Le volume dans le lecteur C n'a pas de nom.
 Le numéro de série du volume est F4D4-7FA1

 Répertoire de C:\ORACLE\ORADATA\DBA\DBA\DATAFILE

27/06/2005  17:04        10 493 952 GEST_DATA01.DBF
27/06/2005  17:04        10 493 952 GEST_DATA02.DBF
               2 fichier(s)        20 987 904 octets
               0 Rép(s)  9 695 256 576 octets libres
```

Dans l'exemple précédent, vous pouvez remarquer la création d'un tablespace avec deux fichiers de données, chacun d'une taille de 10M. L'espace de stockage défini pour chaque fichier est réservé sous disque.

Attention

A la création du tablespace, il faut veiller à ce que les tailles des fichiers mentionnés ne dépassent pas l'espace libre qui se trouve sur disque.

En effet Oracle réserve automatiquement l'espace précisé pour chaque fichier de données. S'il n'y a pas assez d'espace sur disque, Oracle projette la création du tablespace.

Vous pouvez également définir si le tablespace créé est accessible tout de suite après la création.

```
SQL> CREATE TABLESPACE DATA_ONLINE DATAFILE
  2      'C:\ORACLE\ORADATA\DBA\DBA\DATAFILE\DATA_ONLINE01.DBF'
  3              SIZE 10M ONLINE;

Tablespace créé.
```

```
SQL> CREATE TABLE TABLE_02 TABLESPACE DATA_ONLINE AS
  2        SELECT * FROM SCOTT.EMP;

Table créée.

SQL> CREATE TABLESPACE DATA_OFFLINE DATAFILE
  2        'C:\ORACLE\ORADATA\DBA\DBA\DATAFILE\DATA_OFFLINE01.DBF'
  3             SIZE 10M OFFLINE;

Tablespace créé.

SQL> CREATE TABLE TABLE_02 TABLESPACE DATA_OFFLINE AS
  2        SELECT * FROM SCOTT.EMP;
       SELECT * FROM SCOTT.EMP
                  *
ERREUR à la ligne 2 :
ORA-01542: tablespace 'DATA_OFFLINE' hors ligne ; impossible de lui
affecter de l'espace
```

Le tablespace créé « **OFFLINE** » n'est pas accessible immédiat après sa création ; il faut modifier son état.

Vous pouvez définir le tablespace permanent par default de la base de données à l'aide de la commande SQL suivante :

ALTER DATABASE
    DEFAULT TABLESPACE nom_tablespace ;

```
 SQL> ALTER DATABASE DEFAULT TABLESPACE APP01

Base de données modifiée.

SQL> SELECT PROPERTY_VALUE FROM DATABASE_PROPERTIES
  2  WHERE PROPERTY_NAME LIKE 'DEFAULT_PERMANENT_TABLESPACE';

PROPERTY_VALUE
--------------------------------------------------------------
APP01
```

Le tablespace permanent par défaut peut être défini lors de la création de la base de données, grâce à l'argument « **DEFAULT TABLESPACE** ».

```
SQL> CREATE DATABASE "tpdba"
...
  7   DATAFILE SIZE 300M AUTOEXTEND ON
  8        NEXT 10240K
  9        MAXSIZE UNLIMITED
 10        EXTENT MANAGEMENT LOCAL
 11   SYSAUX DATAFILE SIZE 120M AUTOEXTEND ON
 12        NEXT 10240K
 13        MAXSIZE UNLIMITED
 14   DEFAULT TEMPORARY TABLESPACE TEMP TEMPFILE SIZE 20M
```

Module 13 : Les espaces de disque logiques

```
15              AUTOEXTEND ON NEXT 640K MAXSIZE UNLIMITED
16  UNDO TABLESPACE "UNDOTBS1" DATAFILE SIZE 200M
17              AUTOEXTEND ON NEXT 5120K MAXSIZE UNLIMITED
16  DEFAULT TABLESPACE APP_USERS DATAFILE SIZE 200M
17              AUTOEXTEND ON NEXT 5120K MAXSIZE UNLIMITED
...
```

> **Conseil**
>
> Tous les objets qui ne comportent pas, dans la syntaxe de création, les mentions de stockage, sont stockés automatiquement dans le tablespace permanent par défaut.
>
> Il faut prendre l'habitude de définir un tablespace permanent par défaut qui reçoive l'ensemble des objets créés sans mention de stockage.

Vous pouvez également utiliser la console **OEM** (**O**racle **E**nterprise **M**anager) pour créer un tablespace.

Choisissez l'onglet « **Administration** » sur la page d'accueil puis sur le lien « **Espaces disque logiques** » pour accéder à la page de gestion des tablespaces.

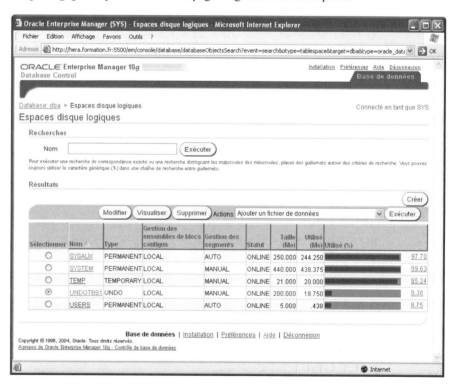

Vous pouvez ainsi créer un tablespace, définir le type et le statut, ainsi que le mode de gestion du tablespace.

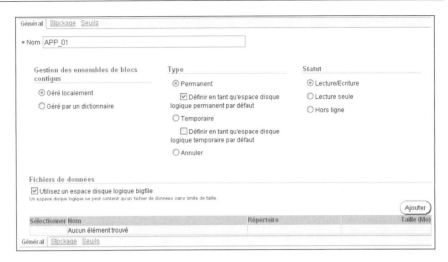

Vous pouvez saisir toutes les informations relatives aux fichiers de données définis pour le tablespace, comme l'emplacement, la taille et la quantité d'espace utilisée dans le fichier de données.

Utilisez l'onglet « **Stockage** » pour définir les informations générales et de stockage du tablespace.

Module 13 : Les espaces de disque logiques

Utilisez l'onglet « **Seuils** » pour définir les seuils d'espace utilisé pour le tablespace en cours.

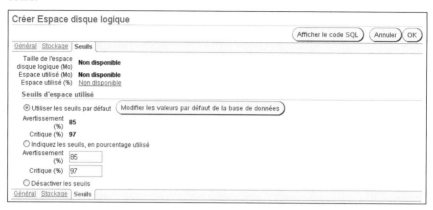

Pour toutes les opérations de création d'objets et des composants de la base de données que vous exécutez à travers la console, vous pouvez obtenir le code SQL de l'opération de création.

Attention

Pour toutes les opérations d'administration que vous effectuez à travers la console, vous devait impérativement sauvegarder le script SQL correspondant.

En effet, plusieurs opérations d'administration de la base de données nécessitent le script SQL pour pouvoir recréer les objets ou tout simplement effectuer des opérations de maintenance.

Le tablespace BIGFILE

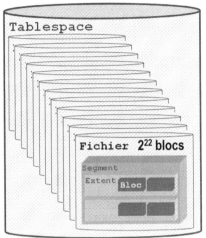
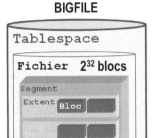

Le tablespace type « **BIGFILE** » est un tablespace avec un seul fichier de données qui peut contenir jusqu'à 2^{32} blocs des données. Ainsi un fichier de données pour un tablespace construit avec des blocs de 8KB peut stocker jusqu'à 32TB.

Pour les très grandes bases de données qui nécessitent plusieurs milliers des fichiers de données, le temps de mises à jour des entêtes des fichiers de données lors d'un point de contrôle (checkpoint), peut être relativement long. Les tablespaces « **BIGFILE** » permet de réduire le nombre de fichiers de données en occurrence le temps de cette opération.

La base de données Oracle10g peut avoir au maximum 65536 fichiers de données.

```
SQL> CREATE BIGFILE TABLESPACE HIST2005
  2     DATAFILE 'C:\ORACLE\ORADATA\DBA\DBA\DATAFILE\HIST2005_01.DBF'
  3     SIZE 25G ;

Tablespace créé.

SQL> SELECT TABLESPACE_NAME, FILE_NAME FROM DBA_DATA_FILES
  2   WHERE TABLESPACE_NAME LIKE 'HIST2005';

TABLESPACE_NAME    FILE_NAME
---------------    ------------------------------------------------
HIST2005           C:\ORACLE\ORADATA\DBA\DBA\DATAFILE\HIST2005_01.DBF
```

Les tablespaces « **BIGFILE** » sont destinés essentiellement aux systèmes qui utilisnet un gestionnaire de volume logique travaillant en RAID 0 et/ou RAID 1.

RAID est un acronyme signifiant « **R**edundant **A**rray of **I**nexpensive (ou Indépendent) **D**isk » ou ensemble redondant de disques indépendants.

Module 13 : Les espaces de disque logiques

En mode RAID 0, la donnée à stocker est répartie sur différents disques synchronisés et aucune information de redondance n'est stockée ; il en résulte une vitesse de transfert importante. Néanmoins, la moindre panne de disque entraîne la perte irrémédiable de données. Le nombre minimum de disques requis, pour ce mode est de deux. Ce niveau de RAID est aussi appelé mode « **STRIPING** ».

En mode RAID 1, la donnée est intégralement dupliquée d'un disque sur un autre. On obtient ainsi une plus grande sécurité des données, car si l'un des disques tombe en panne, les données sont sauvegardées sur l'autre. D'autre part, la lecture peut être beaucoup plus rapide lorsque les deux disques sont en fonctionnement. Ce mode requiert au minimum deux disques et est communément appelé « **MIRRORING** ».

Le tablespace « **SMALLFILE** » est l'option par default ; vous êtes dispensés de le préciser à la création du tablespace.

Vous pouvez ainsi créer des tablespaces avec plusieurs fichiers de données qui pevent chacun contenir jusqu'à 2^{22} blocs des données.

Un tablespace « **SMALLFILE** » peut avoir au maximum 1022 fichiers de données. Pour un tablespace construit avec un block de 8KB, vous pouvez avoir un espace de stockage par fichier de 32GB. La taille maximale de stockage pour un tablespace « **SMALLFILE** » est de 32TB comme pour le tablespace « **BIGFILE** ».

```
SQL> CREATE TABLESPACE HIST2005
  2    DATAFILE 'C:\ORACLE\ORADATA\DBA\DBA\DATAFILE\HIST2005_01.DBF'
  3    SIZE 25G ;

Tablespace créé.

SQL> SELECT TABLESPACE_NAME, FILE_NAME FROM DBA_DATA_FILES
  2  WHERE TABLESPACE_NAME LIKE 'HIST2005';

TABLESPACE_NAME      FILE_NAME
----------------     --------------------------------------------------
HIST2005             C:\ORACLE\ORADATA\DBA\DBA\DATAFILE\HIST2005_01.DBF
```

Dans l'exemple précédent vous pouvez voir la création d'un tablespace « **SMALLFILE** ».

Les tablespaces « **SYSTEM** » et « **SYSAUX** » sont créés automatiquement par Oracle lors de la création de la base de données et ils sont des tablespaces « **SMALLFILES** ».

La taille du bloc

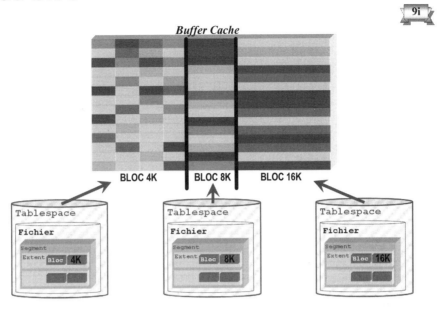

Pour lire ou écrire les données de la base de données, Oracle charge d'abord les blocs correspondants dans le buffer cache (cache de tampon). Ainsi il faut d'abord paramétrer le buffer cache pour pouvoir recevoir les blocs respectifs.

Le paramètre qui vous permet de réserver de l'espace pour les blocs différents des blocs par default est :

DB_nK_CACHE_SIZE

Les valeurs autorisées pour le « n » sont 2, 4, 8, 16 et 32 (certains systèmes d'exploitation ne supportent pas cette valeur). La valeur du bloc par default est « **DB_BLOCK_SIZE** », paramètre défini à la création de la base de données.

```
SQL> SHOW PARAMETER DB_BLOCK_SIZE

NAME                                 TYPE        VALUE
------------------------------------ ----------- ------
db_block_size                        integer     8192
SQL> SHOW PARAMETER K_CACHE_SIZE

NAME                                 TYPE        VALUE
------------------------------------ ----------- ------
db_16k_cache_size                    big integer 0
db_2k_cache_size                     big integer 0
db_32k_cache_size                    big integer 0
db_4k_cache_size                     big integer 0
db_8k_cache_size                     big integer 0

SQL> ALTER SYSTEM SET DB_16K_CACHE_SIZE=8M;

Système modifié.
```

```
SQL> ALTER SYSTEM SET DB_4K_CACHE_SIZE=8M;

Système modifié.

SQL> SHOW PARAMETER K_CACHE_SIZE

NAME                                 TYPE         VALUE
------------------------------------ ------------ ------
db_16k_cache_size                    big integer  8M
db_2k_cache_size                     big integer  0
db_32k_cache_size                    big integer  0
db_4k_cache_size                     big integer  8M
db_8k_cache_size                     big integer  0
```

L'exemple précédant montre le paramétrage de la mémoire pour pouvoir créer des tablespaces qui utilisent une taille de bloc de 4KB et 16KB en plus de la taille par default de 8KB.

```
SQL> CREATE TABLESPACE DATA_4K DATAFILE
  2          'C:\ORACLE\ORADATA\DBA\DBA\DATAFILE\DATA_4K01.DBF'
  3              SIZE 10M
  4          BLOCKSIZE 4K;

Tablespace créé.


SQL> CREATE TABLESPACE DATA_16K DATAFILE
  2          'C:\ORACLE\ORADATA\DBA\DBA\DATAFILE\DATA_16K01.DBF'
  3              SIZE 10M
  4          BLOCKSIZE 16K;

Tablespace créé.


SQL> CREATE TABLESPACE DATA_2K DATAFILE
  2          'C:\ORACLE\ORADATA\DBA\DBA\DATAFILE\DATA_2K01.DBF'
  3              SIZE 10M
  4          BLOCKSIZE 2K;
CREATE TABLESPACE DATA_2K DATAFILE
*
ERREUR à la ligne 1 :
ORA-29339: la taille de bloc de tablespace 2048 ne correspond pas
aux tailles de blocs configurées
```

Les deux premières créations de tablespace sont acceptées par la base de données, et le paramétrage du buffer cache est déjà effectue. Par contre la dernière création est rejette, il faut d'abord paramétrer le buffer cache pour pouvoir recevoir les blocs de 2kb.

Le tablespace temporaire

```
CREATE TEMPORARY TABLESPACE TEMP
TEMPFILE 'C:\ORACLE\ORADATA\DBA\TEMP01.TMP'
      SIZE 2G;
```

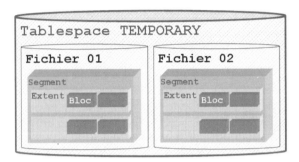

Lors d'importantes opérations de tri (telles que select distinct, union et create index) Oracle a besoin de stocker dans la base de données, des informations concernant le tri des enregistrements, avant de retourner l'information aux utilisateurs. En raison de leur nature dynamique, ces espaces de tris ne devraient pas être stockés avec d'autres types de données.

Lorsqu'un tablespace temporaire « **TEMPORARY** » est défini, un segment de tri est aussi créé. Celui-ci est capable de croître si nécessaire afin de pouvoir héberger toutes les opérations de tri de données, et existe jusqu'à ce que la base de données soit fermée puis redémarrée.

Certains utilisateurs d'une base de données Oracle peuvent avoir besoin de volumes de stockage temporaire beaucoup plus grands que ceux de tous les autres utilisateurs de l'application. Dans ce cas, vous pouvez créer plusieurs tablespaces temporaires « **TEMPORARY** » pour distribuer les espaces de stockages des utilisateurs ayant des besoins semblables sur les mêmes tablespaces.

La syntaxe de création d'un tablespace temporaire est :

```
CREATE {BIGFILE|SMALLFILE} TEMPORARY
      TABLESPACE nom_tablespace
      [ TEMPFILE
        ['nom_fichier'] [ SIZE integer {K|M|G|T} REUSE]
        [ AUTOEXTEND
          {OFF |
           ON [ NEXT integer {K|M|G|T}]
              [ MAXSIZE {UNLIMITED | integer {K|M|G|T}]
          }
        ] [,...]
      ]
      [{ONLINE | OFFLINE}]
;
```

Module 13 : Les espaces de disque logiques

TEMPORARY	Indique que le tablespace est de type temporaire.
TEMPFILE	Indique qu'il s'agit d'un fichier temporaire et pas d'un fichier de données.
REUSE	Définit la réutilisation du fichier temporaire s'il existe déjà.

```
SQL> CREATE BIGFILE TEMPORARY TABLESPACE TEMP01
  2         TEMPFILE 'C:\ORACLE\ORADATA\DBA\DBA\DATAFILE\TEMP01.TMP'
  3         SIZE 100M
  4         AUTOEXTEND ON NEXT 100M MAXSIZE UNLIMITED ;

Tablespace créé.

SQL> SELECT NAME FROM V$TEMPFILE;

NAME
--------------------------------------------------------------------------
C:\ORACLE\ORADATA\DBA\DBA\DATAFILE\O1_MF_TEMP_17YS1NTH_.TMP
C:\ORACLE\ORADATA\DBA\DBA\DATAFILE\TEMP01.TMP
```

Dans l'exemple précédent, vous pouvez observer la création d'un tablespace temporaire de type « BIGFILE ». Le fichier temporaire ainsi créé peut s'agrandir automatiquement par des tranches de 100MB. Vous pouvez également voir l'utilisation de la vue dynamique sur les performances « V$TEMPFILE » pour récupérer les noms de tous les fichiers temporaires.

Vous pouvez définir le tablespace temporaire par défaut de la base à l'aide de la commande SQL suivante :

ALTER DATABASE

        DEFAULT TEMPORARY TABLESPACE nom_tablespace ;

```
SQL> ALTER DATABASE DEFAULT TEMPORARY TABLESPACE TEMP01 ;

Base de données modifiée.

SQL> SELECT PROPERTY_VALUE FROM DATABASE_PROPERTIES
  2  WHERE PROPERTY_NAME LIKE 'DEFAULT_TEMP_TABLESPACE';

PROPERTY_VALUE
--------------------------------------------------------------------------
TEMP01
```

Dans l'exemple précédent, vous pouvez remarquer la définition du tablespace temporaire « TEMP01 » et l'utilisation de la vue « DATABASE_PROPERTIES » pour retrouver la valeur du tablespace temporaire par défaut de la base de données.

```
SQL> CREATE TEMPORARY TABLESPACE TEMP02
  2         TEMPFILE 'C:\ORACLE\ORADATA\DBA\DBA\DATAFILE\TEMP02.TMP'
  3         SIZE 10M;

Tablespace créé.

SQL> DROP TABLESPACE TEMP02;
```

```
Tablespace supprimé.

SQL> CREATE TEMPORARY TABLESPACE TEMP02
  2         TEMPFILE 'C:\ORACLE\ORADATA\DBA\DBA\DATAFILE\TEMP02.TMP'
  3         SIZE 10M;
CREATE TEMPORARY TABLESPACE TEMP02
*
ERREUR à la ligne 1 :
ORA-01119: échec de création du fichier de base de données
'C:\ORACLE\ORADATA\DBA\DBA\DATAFILE\TEMP02.TMP'
ORA-27038: le fichier créé existe déjà
OSD-04010: option <create> indiquée ; le fichier existe déjà

SQL> CREATE TEMPORARY TABLESPACE TEMP02
  2         TEMPFILE 'C:\ORACLE\ORADATA\DBA\DBA\DATAFILE\TEMP02.TMP'
  3         SIZE 20M REUSE;

Tablespace créé.

SQL> HOST DIR C:\ORACLE\ORADATA\DBA\DBA\DATAFILE\TEMP02.TMP
 Le volume dans le lecteur C n'a pas de nom.
 Le numéro de série du volume est F4D4-7FA1

 Répertoire de C:\ORACLE\ORADATA\DBA\DBA\DATAFILE

28/06/2005  09:46          20 979 712 TEMP02.TMP
               1 fichier(s)        20 979 712 octets
               0 Rép(s)      9 507 512 320 octets libres
```

L'exemple précédent commence par la création d'un tablespace « **TEMP02** ». Ensuite on détruit le tablespace sans effacer le fichier temporaire. Vous pouvez remarquer que la création d'un tablespace ne peut pas être effectuée si le fichier correspondant existe déjà, et cela est valable pour tous les tablespaces. Vous pouvez utiliser l'argument « **REUSE** » pour demander à Oracle de réutiliser le fichier existant sur disque. En effet Oracle réutilise le nom du fichier temporaire et il le dimensionne au volume demandé.

Attention

Vous ne pouvez pas créer des tablespaces temporaires avec une taille de bloc différente de la taille du bloc par défaut de la base de données.

Les tablespaces temporaires ainsi que les tablespaces système sont toujours créés avec une taille de bloc égale au bloc par défaut de la base de données.

Le tablespace undo

```
CREATE UNDO TABLESPACE UNDO
DATAFILE 'C:\ORACLE\ORADATA\DBA\UNDO01.DBF'
    SIZE 2G;
```

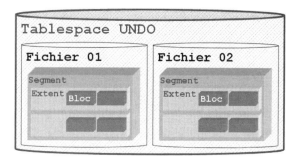

Toutes les données d'annulation sont stockées dans un tablespace spécial appelé « **UNDO** ». Lorsque vous créez un tablespace « **UNDO** », Oracle gère le stockage, la rétention et l'emploi de l'espace pour les données de rollback par l'intermédiaire de la fonction SMU (System-Managed Undo). Aucun objet permanent n'est placé dans le tablespace undo.

Pour pouvoir créer un tablespace undo à la création de la base de données, il faut prendre soin d'initialiser le paramètre

UNDO_MANAGEMENT=AUTO

Pour avoir plus d'informations à ce sujet, voir le module « Automatic Undo Management ».

Rappelez-vous, la syntaxe SQL de création de la base de données comporte d'abord la création d'un tablespace « **SYSTEM** » et d'un tablespace « **SYSAUX** », ainsi que la création d'un tablespace « **TEMP** » et « **UNDO** ».

```
SQL> CREATE DATABASE "tpdba"
  2       MAXINSTANCES 8
  3       MAXLOGHISTORY 1
  4       MAXLOGFILES 24
  5       MAXLOGMEMBERS 2
  6       MAXDATAFILES 1024
  7   DATAFILE SIZE 300M AUTOEXTEND ON
  8       NEXT 10240K
  9       MAXSIZE UNLIMITED
 10       EXTENT MANAGEMENT LOCAL
 11   SYSAUX DATAFILE SIZE 120M AUTOEXTEND ON
 12       NEXT 10240K
 13       MAXSIZE UNLIMITED
 14   DEFAULT TEMPORARY TABLESPACE TEMP TEMPFILE SIZE 20M
```

Module 13 : Les espaces de disque logiques

```
15              AUTOEXTEND ON NEXT 640K MAXSIZE UNLIMITED
16   UNDO TABLESPACE "UNDOTBS1" DATAFILE SIZE 200M
17              AUTOEXTEND ON NEXT 5120K MAXSIZE UNLIMITED
18   CHARACTER SET WE8MSWIN1252
19   NATIONAL CHARACTER SET AL16UTF16
20   LOGFILE GROUP 1 SIZE 10240K,
21           GROUP 2 SIZE 10240K,
22           GROUP 3 SIZE 10240K
23   USER SYS IDENTIFIED BY "&&sysPassword"
24   USER SYSTEM IDENTIFIED BY "&&systemPassword";
```

Attention

À la création de la base de données, si vous ne précisez pas de tablespace undo, Oracle crée un tablespace undo appelé « **SYS_UNDOTS** ».

Le paramètre « **UNDO_TABLESPACE** » doit avoir la valeur « **SYS_UNDOTS** », sinon la base de données ne pourra pas être créée.

Voir le module « La gestion automatique des fichiers ».

La syntaxe de création d'un tablespace undo est :

```
CREATE {BIGFILE|SMALLFILE} UNDO
     TABLESPACE nom_tablespace
     [ DATAFILE
       ['nom_fichier'] [ SIZE integer {K|M|G|T} ]
       [ AUTOEXTEND
         {OFF |
          ON [ NEXT integer {K|M|G|T}]
             [ MAXSIZE {UNLIMITED | integer {K|M|G|T}]
         }
       ] [,...]
     ]
     [{ONLINE | OFFLINE}]
  ;
```

UNDO   Indique que le tablespace est de type undo.

Oracle assigne toujours un tablespace undo lorsque vous démarrez la base de données dans le mode automatique. Si aucun tablespace undo n'a été attribué à l'instance, Oracle utilisera le segment de rollback SYSTEM. Vous pouvez éviter ce comportement en créant un tablespace undo qui est alors implicitement assigné à l'instance si aucun autre tablespace undo ne lui est actuellement associé.

```
SQL> SHOW PARAMETER UNDO_TABLESPACE

NAME                                 TYPE         VALUE
------------------------------------ ------------ ----------------------
undo_tablespace                      string       UNDOTBS1
```

Module 13 : Les espaces de disque logiques

```
SQL> CREATE UNDO TABLESPACE UNDO
  2          DATAFILE 'C:\ORACLE\ORADATA\DBA\UNDO01.DBF'
  3              SIZE 2G;

Tablespace créé.

SQL> ALTER SYSTEM SET UNDO_TABLESPACE =UNDO;

Système modifié.

SQL> SHOW PARAMETER UNDO_TABLESPACE

NAME                                 TYPE        VALUE
------------------------------------ ----------- ----------------------
undo_tablespace                      string      UNDO
```

Attention

Comme pour les tablespaces système et pour les tablespaces temporaires, le tablespace undo doit être créé avec la taille de bloc par défaut.

La base de données Oracle utilise pour ses fichiers de gestion la taille de bloc par défaut définie lors de la création de cette base de données.

L'agrandissement d'un tablespace

```
ALTER TABLESPACE APPLICATION_01 ADD
DATAFILE 'C:\ORACLE\ORADATA\DBA\APP01_03.DBF'
SIZE 1G AUTOEXTEND ON NEXT 1G MAXSIZE 3G;
```

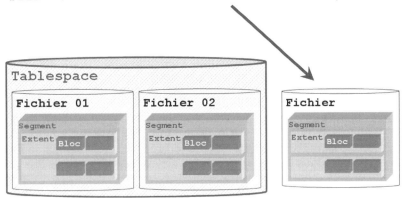

Les tablespaces de type « **SMALLFILE** » peuvent contenir plusieurs fichiers de données ; ainsi, pour agrandir l'espace de stockage dans le tablespace, vous pouvez rajouter un fichier de données.

Vous pouvez augmentez l'espace d'un tablespace existant en ajoutant un autre fichier à l'aide de la commande SQL suivante :

```
ALTER TABLESPACE nom_tablespace
      ADD {DATAFILE | TEMPFILE}
        'nom_fichier'
          [ SIZE integer {K|M|G|T} ]
          [
            AUTOEXTEND
              {OFF |
               ON [ NEXT integer {K|M|G|T}]
                  [ MAXSIZE
                      {UNLIMITED | integer {K|M|G|T}]
              }
          ]
          [,...];
```

DATAFILE TEMPFILE Définit qu'il s'agit d'un tablespace de type permanent ou temporaire.

```
SQL> CREATE TABLESPACE APP_01
  2  DATAFILE 'C:\ORACLE\ORADATA\DBA\APP01_01.DBF'
  3  SIZE 100M;

Tablespace créé.
```

Module 13 : Les espaces de disque logiques

```
SQL> ALTER TABLESPACE APP_01
  2  ADD DATAFILE 'C:\ORACLE\ORADATA\DBA\APP01_02.DBF'
  3  SIZE 100M AUTOEXTEND ON NEXT 100M MAXSIZE 1G;

Tablespace modifié.

SQL> SELECT BYTES, FILE_NAME FROM DBA_DATA_FILES
  2  WHERE TABLESPACE_NAME LIKE 'APP_01';

     BYTES FILE_NAME
---------- -----------------------------------
 104857600 C:\ORACLE\ORADATA\DBA\APP01_01.DBF
 104857600 C:\ORACLE\ORADATA\DBA\APP01_02.DBF
```

Dans l'exemple précédent on commence par la création d'un tablespace de type « **SMALLFILE** » avec un seul fichier de données d'une taille de 100MB. Ensuite on rajoute un deuxième fichier de données de la même taille ; ce fichier peut être agrandi jusqu'au à la taille de 1GB avec des extensions d'une taille de 100MB.

On interroge la vue du dictionnaire de données « **DBA_DATA_FILES** » qui nous permet de visualiser la taille de chaque fichier ainsi que leur nom. La vue « **DBA_DATA_FILES** » ainsi que la vue « **DBA_TABLESPACES** » sont détaillées plus loin dans ce module.

Note

L'unique moyen d'agrandir un tablespace de type « **SMALLFILE** » à l'aide de la commande SQL « **ALTER TABLESPACE** » est de rajouter un nouveau fichier de données.

Un autre moyen de modifier le volume de stockage du tablespace est de modifier la taille les modalités d'extension d'un ou de plusieurs fichiers de données.

Pour la tablespace de type « **BIGFILE** » vous pouvez utiliser la syntaxe suivante :

```
ALTER TABLESPACE nom_tablespace
          {
             RESIZE integer {K|M|G|T}
          |
             AUTOEXTEND
               {OFF |
                ON [ NEXT integer {K|M|G|T}]
                   [ MAXSIZE
                      {UNLIMITED | integer {K|M|G|T}]
               }
          };
```

RESIZE   Définit la nouvelle taille du fichier de données du tablespace permanent ou temporaire.

```
SQL> CREATE BIGFILE TABLESPACE APP_01
  2  DATAFILE 'C:\ORACLE\ORADATA\DBA\APP01_01.DBF'
  3  SIZE 100M;

Tablespace créé.

SQL> ALTER TABLESPACE APP_01
  2  RESIZE 150M;

Tablespace modifié.

SQL> ALTER TABLESPACE APP_01
  2  AUTOEXTEND ON NEXT 100M MAXSIZE 1G;

Tablespace modifié.
```

Dans exemple précédent, vous pouvez voir la création d'un tablespace de type « BIGFILE ». Après sa création, vous pourrez augmenter la taille du fichier correspondant ainsi que modifier les options d'agrandissement du même fichier.

Vous pouvez utiliser la console d'Oracle Enterprise Manager pour gérer les fichiers des données d'un tablespace de la base de données.

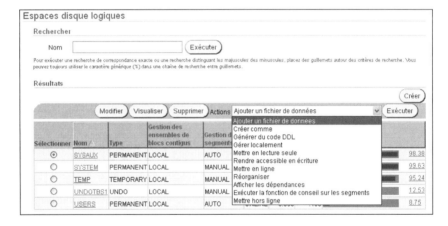

L'extension d'un fichier

```
ALTER DATABASE
DATAFILE 'C:\ORACLE\ORADATA\DBA\APP01_01.DBF'
RESIZE 2G;
```

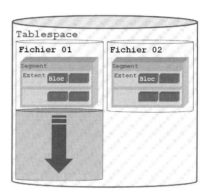

Les tablespaces de type « **SMALLFILE** » peuvent être agrandis par la manipulation du fichier de données.

Vous pouvez augmentez l'espace d'un tablespace existant en ajoutant un autre fichier à l'aide de la commande SQL suivante :

```
ALTER DATABASE [nom_base]
      {DATAFILE | TEMPFILE}
        {'nom_fichier' | no_fichier}
         {
           RESIZE integer {K|M|G|T}
         |
           AUTOEXTEND
             {OFF |
              ON [ NEXT integer {K|M|G|T}]
                 [ MAXSIZE
                     {UNLIMITED | integer {K|M|G|T}]
             }
         }
         [,...];
```

```
SQL> CREATE TABLESPACE APP_01
  2   DATAFILE 'C:\ORACLE\ORADATA\DBA\APP01_01.DBF'
  3   SIZE 100M;

Tablespace créé.
```

Module 13 : Les espaces de disque logiques

```
SQL> ALTER DATABASE DATAFILE 'C:\ORACLE\ORADATA\DBA\APP01_01.DBF'
  2  RESIZE 150M;

Base de données modifiée.

SQL> ALTER DATABASE DATAFILE 'C:\ORACLE\ORADATA\DBA\APP01_01.DBF'
  2  AUTOEXTEND ON NEXT 100M MAXSIZE 1G;

Base de données modifiée.
```

Dans exemple précédent, vous pouvez observer la création d'un tablespace. Après sa création, vous pourrez augmenter la taille du fichier correspondant ainsi que modifier les options d'agrandissement du même fichier à l'aide de la commande SQL « ALTER DATABASE ».

Vous pouvez utiliser la console d'Oracle Enterprise Manager pour gérer les fichiers de données de la base de données. Vous pouvez utiliser la page « Fichier de données » pour créer un fichier de données ou modifier les paramètres d'un fichier de données associé à la base de données en cours.

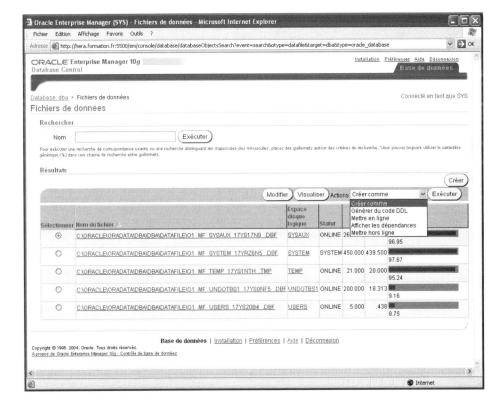

Le tablespace OFFLINE

```
ALTER TABLESPACE APPLICATION_01 OFFLINE;
...
ALTER TABLESPACE APPLICATION_01 ONLINE;
```

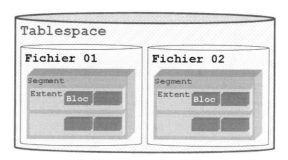

À la création du tablespace, vous pouvez définir s'il va pouvoir être accessible aux utilisateurs ou non. Les utilisateurs ne peuvent accéder au tablespace que s'il est en ligne.

L'administrateur de la base de données peut mettre n'importe quel tablespace hors ligne, à l'exception des tablespaces « **SYSTEM** ».

Vous ne pouvez accéder aux fichiers d'un tablespace que lorsque celui-ci est considéré comme hors ligne. Cela peut être utile quand vous voulez isoler un tablespace simple ou un petit groupe de tablespaces afin d'effectuer des réparations tout en maintenant le reste de votre base de données opérationnel. C'est une des raisons pour lesquelles il vaut mieux séparer vos applications dans leurs propres tablespaces. De cette façon, seule une application est affectée s'il existe un problème avec un tablespace ou ses fichiers de données.

Vous pouvez mettre un tablespace hors ligne à l'aide de la syntaxe SQL suivante :

```
ALTER TABLESPACE nom_tablespace
    {
       ONLINE
     | OFFLINE [{NORMAL|TEMPORARY|IMMEDIATE}]
    };
```

ONLINE   Place le tablespace en ligne.

OFFLINE   Place le tablespace hors ligne et empêche les accès à ses segments. Tous ses fichiers de données sont aussi hors ligne.

NORMAL   Lance l'écriture de tous les blocs modifiés des fichiers de données du tablespace concerné. Vous n'avez pas besoin d'effectuer une récupération de données avant de le replacer en ligne. Il s'agit de l'option par défaut.

Module 13 : Les espaces de disque logiques

TEMPORARY	Demande l'exécution d'un point de contrôle pour tous les fichiers de données en ligne du tablespace, mais ne vérifie pas s'il est possible d'écrire dans tous les fichiers. N'importe quel fichier hors ligne peut nécessiter une récupération de données avant de le replacer en ligne.
IMMEDIATE	Demande une mise hors ligne sans s'assurer de la disponibilité des fichiers du tablespace, et n'applique pas de point de contrôle. Vous devez réaliser une récupération de données avant de le replacer en ligne.

Attention

Les tablespaces « **SYSTEM** » et « **SYSAUX** », ainsi que les tablespaces de type « **UNDO** » ou « **TEMPORARY** » ne peuvent pas être mises hors ligne.

Les utilisateurs qui essayaient de lire les données d'un tablespace hors ligne, soit directement, soit pour vérifier l'intégrité référentielle, reçoivent un message d'erreur.

L'exemple suivant montre la création d'un tablespace avec la mention « **OFFLINE** ». Comme on l'a vu précédemment, ce tablespace n'est pas accessible par les utilisateurs ; ainsi la commande de création d'une table dans ce tablespace échoue. Après la mise en ligne de ce tablespace, on peut créer la table à l'aide de la syntaxe précédente.

```
SQL> CREATE TABLESPACE APP_01
  2  DATAFILE 'C:\ORACLE\ORADATA\DBA\APP01_01.DBF'
  3  SIZE 10M OFFLINE;

Tablespace créé.

SQL> CREATE TABLE APP_EMP TABLESPACE APP_01 AS
  2  SELECT * FROM SCOTT.EMP;
SELECT * FROM SCOTT.EMP
              *
ERREUR à la ligne 2 :
ORA-01542: tablespace 'APP_01' hors ligne ; impossible de lui
affecter de l'espace


SQL> ALTER TABLESPACE APP_01 ONLINE;

Tablespace modifié.

SQL> CREATE TABLE APP_EMP TABLESPACE APP_01 AS
  2  SELECT * FROM SCOTT.EMP;

Table créée.

SQL> SELECT TABLE_NAME,TABLESPACE_NAME
  2  FROM DBA_TABLES
  3  WHERE TABLE_NAME LIKE 'APP_EMP';
```

Module 13 : Les espaces de disque logiques

```
TABLE_NAME                      TABLESPACE_NAME
------------------------------  --------------------
APP_EMP                         APP_01
```

Vous pouvez utiliser la console d'Oracle Enterprise Manager pour mettre hors ligne ou en ligne un tablespace de la base de données.

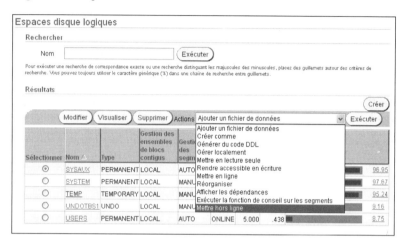

Vous pouvez également mettre hors ligne uniquement un fichier des données du tablespaces. La syntaxe de la commande SQL pour mettre hors ligne un fichier de données est :

```
ALTER DATABASE [nom_base]
      DATAFILE
        {'nom_fichier' | no_fichier}
      { ONLINE |
        OFFLINE [{NORMAL|TEMPORARY|IMMEDIATE}] };
```

```
SQL> CREATE TABLESPACE APP_01
  2    DATAFILE 'C:\ORACLE\ORADATA\DBA\APP01_01.DBF'
  3         SIZE 10M,
  4         'C:\ORACLE\ORADATA\DBA\APP01_02.DBF'
  5         SIZE 10M;

Tablespace créé.


SQL> ALTER DATABASE DATAFILE
  2      'C:\ORACLE\ORADATA\DBA\APP01_01.DBF'
  3      OFFLINE;

Base de données modifiée.


SQL> CREATE TABLE APP_EMP TABLESPACE APP_01 AS
  2    SELECT * FROM SCOTT.EMP;

Table créée.


SQL> SELECT TABLE_NAME,TABLESPACE_NAME
```

```
  2  FROM DBA_TABLES
  3  WHERE TABLE_NAME LIKE 'APP_EMP';

TABLE_NAME                           TABLESPACE_NAME
------------------------------       --------------------
APP_EMP                              APP_01
```

Dans l'exemple précédent vous pouvez voir la création d'un tablespace avec deux fichiers de données. Bien que le premier fichier de données soit mis hors ligne, la création de la table s'effectue sans encombre.

Vous pouvez également utiliser la console d'Oracle Enterprise Manager pour mettre hors ligne ou en ligne un fichier de données de la base de données.

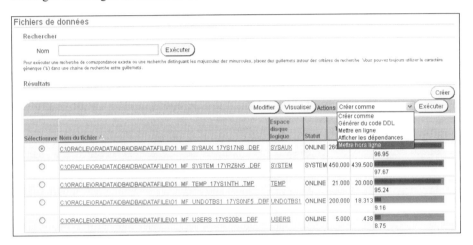

Le tablespace READ ONLY

```
ALTER TABLESPACE APPLICATION_01 READ ONLY;
...
ALTER TABLESPACE APPLICATION_01 READ WRITE;
```

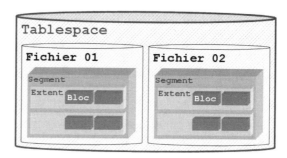

Les tablespaces peuvent être placés en mode lecture,-écriture, ou lecture seule. Si vous possédez de grandes quantités de données qui ne changent pas ou seulement périodiquement (tous les mois), vous pouvez stocker ces données dans un tablespace configuré en lecture seule. L'avantage de ce dispositif est que les données ne changent pas. Ainsi, il n'est pas nécessaire de réaliser des sauvegardes. Le serveur n'effectue pas de points de contrôle, ce qui accélère le traitement de la base de données.

Un tablespace en lecture seule permet également de copier des données vers un média en lecture seule, pour libérer de l'espace disque.

La syntaxe de la commande SQL pour mettre en lecture,-écriture, ou lecture seule, un tablespace est :

```
ALTER TABLESPACE nom_tablespace  READ { ONLY | WRITE };
```

```
SQL> CREATE TABLE APP_EMP TABLESPACE APP_01 AS
  2  SELECT * FROM SCOTT.EMP;
Table créée.


SQL> ALTER TABLESPACE APP_01 READ ONLY;
Tablespace modifié.


SQL> UPDATE APP_EMP SET SAL = SAL * 1.1;
UPDATE APP_EMP SET SAL = SAL * 1.1
       *
ERREUR à la ligne 1 :
ORA-00372: le fichier 6 ne peut pas être modifié en ce moment
ORA-01110: fichier de données 6:'C:\ORACLE\ORADATA\DBA\APP01_02.DBF'
```

Dans l'exemple précédent vous pouvez remarquer que, le tablespace « **APP_01** » une fois mis hors ligne, il n'est plus possible de modifier les objets contenus dans ce tablespace.

Le déplacement d'un tablespace

- **Mettre le tablespace hors ligne**
- **Copier les fichiers de données à l'aide du système d'exploitation**
- **Renommer les fichiers de données**
- **Mettre le tablespace en ligne**

Les fichiers d'un tablespace peuvent être déplacés d'un emplacement de stockage à un autre emplacement. L'opération consiste à renommer un ou plusieurs fichiers de données dans le tablespace. La base de données doit être ouverte et le tablespace être placé hors ligne avant que les fichiers puissent être renommés.

Attention

Cette option associe simplement le tablespace au nouveau fichier à la place de l'ancien. Elle ne modifie pas le nom du fichier, c'est vous qui devez le faire au niveau de votre système d'exploitation.

La condition sine qua non pour que cette opération aboutisse est que le fichier existe dans le nouvel emplacement.

La démarche pour déplacer un fichier de données d'un tablespace est la suivante :

- Mettre le tablespace hors ligne.
- Déplacer le fichier de données à l'aide du système d'exploitation.
- Exécuter la commande de déplacement du fichier de données.
- Mettre le tablespace en line.

La commande SQL qui vous permet de déplacer un fichier de données est la suivante :

```
ALTER TABLESPACE nom_tablespace
     RENAME DATAFILE
               'ancien_fichier' [,...]
               TO
               'nouveau_fichier' [,...];
```

ancien_fichier   L'emplacement et le nom de l'ancien fichier ; c'est le nom absolu du fichier. Oracle ne contrôle pas l'existence de ce fichier.

Module 13 : Les espaces de disque logiques

nouveau_fichier   L'emplacement et le nom du nouveau fichier ; c'est le nom absolu du fichier. Oracle contrôle l'existence et la cohérence de ce fichier.

```
SQL> CREATE TABLESPACE APP_01
  2      DATAFILE 'C:\ORACLE\ORADATA\DBA\APP01_01.DBF'
  3          SIZE 10M,
  4          'C:\ORACLE\ORADATA\DBA\APP01_02.DBF'
  5          SIZE 10M,
  6          'C:\ORACLE\ORADATA\DBA\APP01_03.DBF'
  7          SIZE 10M;

Tablespace créé.

SQL> ALTER TABLESPACE APP_01 OFFLINE;

Tablespace modifié.

SQL> HOST COPY C:\ORACLE\ORADATA\DBA\APP01_0*.* C:\ORACLE
C:\ORACLE\ORADATA\DBA\APP01_01.DBF
C:\ORACLE\ORADATA\DBA\APP01_02.DBF
C:\ORACLE\ORADATA\DBA\APP01_03.DBF
        3 fichier(s) copié(s).

SQL> ALTER TABLESPACE APP_01
  2   RENAME DATAFILE 'C:\ORACLE\ORADATA\DBA\APP01_01.DBF',
  3                   'C:\ORACLE\ORADATA\DBA\APP01_02.DBF',
  4                   'C:\ORACLE\ORADATA\DBA\APP01_03.DBF'
  5             TO
  6                   'C:\ORACLE\APP01_01.DBF',
  7                   'C:\ORACLE\APP01_03.DBF',
  8                   'C:\ORACLE\APP01_02.DBF';

Tablespace modifié.

SQL> ALTER TABLESPACE APP_01 ONLINE;

Tablespace modifié.

SQL> SELECT FILE_NAME FROM DBA_DATA_FILES
  2   WHERE TABLESPACE_NAME LIKE 'APP_01';

FILE_NAME
-----------------------------------------------
C:\ORACLE\APP01_01.DBF
C:\ORACLE\APP01_02.DBF
C:\ORACLE\APP01_03.DBF
```

L'exemple précédent montre le déplacement de l'ensemble des fichiers d'un tablespace d'un répertoire à un autre. Vous pouvez remarquer la copie de ces fichiers à l'aide du système d'exploitation.

En résumé, le déplacement des fichiers de données d'un tablespace s'effectue pendant que la base de données est ouverte. Ce n'est pas un déplacement physique des fichiers, c'est uniquement une description des nouveaux noms de ces fichiers. Cette opération ne peut pas être effectuée si vous ne mettez pas le tablespace hors ligne.

À partir de la version Oracle10g, vous pouvez également changer le nom d'un tablespace à l'aide de la commande SQL « **ALTER TABLESPACE** ».

```
ALTER TABLESPACE ancien_nom
      RENAME TO
                  nouveau_nom ;
```

ancien_nom   L'ancien nom du tablespace.

nouveau_nom   Le nouveau nom du tablespace.

```
SQL> CREATE TABLESPACE APP_01
  2      DATAFILE 'C:\ORACLE\ORADATA\DBA\APP01_01.DBF'
  3           SIZE 10M;

Tablespace créé.

SQL> ALTER TABLESPACE APP_01 RENAME TO APP_02;

Tablespace modifié.

SQL> SELECT FILE_NAME FROM DBA_DATA_FILES
  2  WHERE TABLESPACE_NAME LIKE 'APP_02';

FILE_NAME
----------------------------------------------------------------
C:\ORACLE\ORADATA\DBA\APP01_01.DBF
```

Attention

Le déplacement des fichiers de données ne peut pas être effectué si la base de données n'est pas ouverte.

En effet, l'opération utilise la commande « **ALTER TABLESPACE** » qui n'est pas autorisée si la base de données n'a pas ouvert le dictionnaire de données.

Dans le cas où la base de données n'est pas ouverte, il faut travailler directement au niveau des fichiers.

L'opération peut être effectuée pour changer aussi bien le nom des fichiers de données que le nom des fichiers journaux. En effet la commande porte sur le changement de nom d'un fichier, peu importe le type du fichier.

Le traitement peut être effectué pendant que la base de données est en mode « **MOUNT** », mais aussi quand la base de données est en mode « **OPEN** » ; dans ce cas il faut absolument que le tablespace ou le fichier de données soit mis hors ligne.

Module 13 : Les espaces de disque logiques

La syntaxe vous permettant de déplacer un fichier de données quand la base de données est dans le mode « **MOUNT** » est la suivante :

```
ALTER DATABASE [nom_base]
        RENAME FILE
                'ancien_fichier' [,...]
                TO
                'nouveau_fichier' [,...];
```

ancien_fichier   L'ancien nom du fichier de données ou du fichier journal.

nouveau_nom   Le nouveau nom du fichier de données ou du fichier journal.

```
SQL> CREATE TABLESPACE APP_01
  2      DATAFILE 'C:\ORACLE\ORADATA\DBA\APP01_01.DBF'
  3          SIZE 10M,
  4          'C:\ORACLE\ORADATA\DBA\APP01_02.DBF'
  5          SIZE 10M;

Tablespace créé.

SQL> SHUTDOWN IMMEDIATE
Base de données fermée.
Base de données démontée.
Instance ORACLE arrêtée.

SQL> HOST COPY C:\ORACLE\ORADATA\DBA\APP01_0*.* C:\ORACLE
C:\ORACLE\ORADATA\DBA\APP01_01.DBF
C:\ORACLE\ORADATA\DBA\APP01_02.DBF
        2 fichier(s) copié(s).

SQL> STARTUP MOUNT
Instance ORACLE lancée.

Total System Global Area   167772160 bytes
Fixed Size                     787968 bytes
Variable Size               128973312 bytes
Database Buffers             37748736 bytes
Redo Buffers                   262144 bytes
Base de données montée.

SQL> ALTER DATABASE
  2      RENAME FILE 'C:\ORACLE\ORADATA\DBA\APP01_01.DBF',
  3                  'C:\ORACLE\ORADATA\DBA\APP01_02.DBF'
  4      TO
  5                  'C:\ORACLE\APP01_01.DBF',
  6                  'C:\ORACLE\APP01_02.DBF';

Base de données modifiée.
```

```
SQL> ALTER DATABASE OPEN;

Base de données modifiée.

SQL> SELECT FILE_NAME FROM DBA_DATA_FILES
  2  WHERE TABLESPACE_NAME LIKE 'APP_01';

FILE_NAME
------------------------------------------------------------
C:\ORACLE\APP01_01.DBF
C:\ORACLE\APP01_02.DBF
```

La suppression d'un tablespace

```
DROP TABLESPACE APPLICATION_01;
```

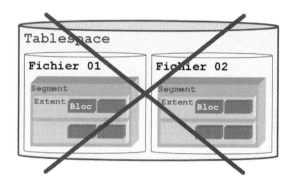

Dans le fonctionnement de la base de données, il se peut que certains tablespaces ne soient plus nécessaires, et leur présence constitue un gaspillage d'espace disque.

Vous pouvez supprimer un tablespace à l'aide de la commande SQL suivante :

```
DROP TABLESPACE nom_tablespace
            [
                INCLUDING CONTENTS
                    [ AND DATAFILES ]
                    [ CASCADE CONSTRAINTS ]
            ] ;
```

INCLUDING CONTENTS	Définit que les objets contenus dans le tablespace sont effacés automatiquement avec le tablespace. Si le tablespace contient des objets il ne peut pas être supprimé sans cette option.
DATAFILES	Définit que tous les fichiers de données du tablespace sont supprimés avec lui.
CASCADE CONSTRAINTS	Définit que toutes les contraintes d'intégrité référentielle des tables hors du tablespace qui font référence à des clés primaires des objets stockés dans le tablespace sont également supprimées.

Conseil

Lorsque le tablespace contient de nombreux objets, l'utilisation de l'option « INCLUDING CONTENTS » peut générer un grand nombre d'annulations de transactions.

Module 13 : Les espaces de disque logiques

Il faut s'assurer que les transactions n'accèdent à aucun des segments du tablespace. Le meilleur moyen de garantir cela consiste à mettre d'abord le tablespace hors ligne « **ALTER TABLESPACE nom OFFLINE IMMEDIATE** ».

```
SQL> CREATE TABLESPACE APP_01
  2      DATAFILE 'C:\ORACLE\ORADATA\DBA\APP01_01.DBF'
  3          SIZE 10M,
  4          'C:\ORACLE\ORADATA\DBA\APP01_02.DBF'
  5          SIZE 10M;

Tablespace créé.

SQL> DROP TABLESPACE APP_01;

Tablespace supprimé.

SQL> HOST DIR C:\ORACLE\ORADATA\DBA\APP01_0*.* /B
APP01_01.DBF
APP01_02.DBF
APP01_03.DBF
```

Attention

Lors de la suppression d'un tablespace, si vous nous n'utilisez pas l'option « **INCLUDING CONTENTS AND DATAFILES** », seuls les pointeurs de fichiers dans le fichier de contrôle de la base de données associée sont supprimés.

Pour récupérer l'espace disque utilisé par le tablespace, il faut supprimer explicitement les fichiers de données au niveau du système d'exploitation.

```
SQL> CREATE TABLESPACE APP_01
  2      DATAFILE 'C:\ORACLE\ORADATA\DBA\APP01_01.DBF'
  3          SIZE 10M,
  4          'C:\ORACLE\ORADATA\DBA\APP01_02.DBF'
  5          SIZE 10M;

Tablespace créé.

SQL> DROP TABLESPACE APP_01 INCLUDING CONTENTS AND DATAFILES;

Tablespace supprimé.

SQL> HOST DIR C:\ORACLE\ORADATA\DBA\APP01_0*.* /B
Fichier introuvable
```

Les informations sur les tablespaces

- **DBA_TABLESPACES**
- **V$TABLESPACE**

La vue « `DBA_TABLESPACES` » affiche les informations sur tous les tablespaces de la base de données. Les paramètres de stockage par défaut d'un tablespace sont utilisés pour chaque objet stocké dans ce tablespace, à moins que les commandes de création ou de modification de l'objet ne spécifient d'autres paramètres. Pour plus d'informations concernant le stockage, voir le module « La gestion du stockage ».

Les colonnes de cette vue sont :

`TABLESPACE_NAME`	Le nom du tablespace.
`BLOCK_SIZE`	La taille du bloc pour le tablespace.
`INITIAL_EXTENT`	Indique la taille de l'extent initial, par défaut, pour les objets du tablespace.
`NEXT_EXTENT`	Indique la taille de l'extent suivant, par défaut, pour les objets du tablespace.
`MIN_EXTENTS`	Indique le nombre minimum d'extents, par défaut, pour les objets du tablespace.
`MAX_EXTENTS`	Indique le nombre maximum d'extents, par défaut, pour les objets du tablespace.
`PCT_INCREASE`	Indique le pourcentage d'augmentation de la taille de l'extent suivant, par défaut pour les objets du tablespace.
`MIN_EXTLEN`	Indique la taille minimale pout les extents du tablespace.
`STATUS`	Indique l'état du tablespace « `ONLINE` », « `OFFLINE` », « `INVALID` », « `READ ONLY` ». La valeur « `INVALID` » signifie que le tablespace a été supprimé.
`CONTENTS`	Indique le type du tablespace « `PERMANENT` », « `UNDO` », ou « `TEMPORARY` ».

`LOGGING`	Indique le mode fonctionnement du tablespace, s'il effectue les journalisations ou non.
`FORCE_LOGGING`	Indique si l'argument « `FORCE LOGGING` » a été utilisé lors de la création ou de la modification du tablespace.
`EXTENT_MANAGEMENT`	Indique le mode de gestion des extents dans le tablespace, gestion locale « `LOCAL` » ou dans le dictionnaire de données « `DICTIONARY` ».
`ALLOCATION_TYPE`	Indique le type d'allocation d'extents gestion automatique « `SYSTEM` », allocation uniforme « `UNIFORM` », ou géré par l'utilisateur « `USER` ».
`SEGMENT_SPACE_MANAGEMENT`	Indique le type de gestion de la liste des blocs libres « `MANUAL` » ou « `AUTO` ».
`DEF_TAB_COMPRESSION`	Indique si les données peuvent être compressées « `ENABLED` », ou non « `DISABLED` ».
`RETENTION`	Indique le type de conservation pour annulation « `UNDO` ». Les valeurs sont « `GUARANTEE` », « `NOGUARANTEE` », ou « `NOT APPLY` ».
`BIGFILE`	Indique si le tablespace est de type « `BIGFILE` » ou « `SMALLFILE` ». Les valeurs sont « `YES` » ou « `NO` ».

```
SQL> SELECT TABLESPACE_NAME, BLOCK_SIZE, STATUS, STATUS
  2         LOGGING, BIGFILE, RETENTION
  3  FROM DBA_TABLESPACES;

TABLESPACE_NAME      BLOCK_SIZE STATUS    LOGGING    BIG RETENTION
-------------------- ---------- --------- ---------- --- -----------
SYSTEM                     8192 ONLINE    ONLINE     NO  NOT APPLY
UNDOTBS1                   8192 ONLINE    ONLINE     NO  NOGUARANTEE
SYSAUX                     8192 ONLINE    ONLINE     NO  NOT APPLY
TEMP                       8192 ONLINE    ONLINE     NO  NOT APPLY
USERS                      8192 ONLINE    ONLINE     NO  NOT APPLY
APP_02                    16384 ONLINE    ONLINE     NO  NOT APPLY
APP_01                     8192 READ ONLY READ ONLY  YES NOT APPLY
APP_03                     4096 OFFLINE   OFFLINE    NO  NOT APPLY
```

La vue dynamique sur les performances « `V$TABLESPACE` » vous permet de visualiser beaucoup moins d'informations, mais elle peut être interrogée quand la base de données est en mode « `MOUNT` ».

Les colonnes de la vue « `V$TABLESPACE` » sont :

`TS#`	L'identifiant du tablespace.
`NAME`	Le nom du tablespace.
`BIGFILE`	Indique si le tablespace est de type « `BIGFILE` » ou « `SMALLFILE` ». Les valeurs sont « `YES` » ou « `NO` ».

Module 13 : Les espaces de disque logiques

```
SQL> SELECT NAME, BIGFILE, FLASHBACK_ON FROM V$TABLESPACE;

NAME                             BIGFILE FLASHBACK_ON
-------------------------------- ------- ------------
SYSTEM                           NO      YES
UNDOTBS1                         NO      YES
SYSAUX                           NO      YES
...
```

Module 13 : Les espaces de disque logiques

Les informations sur les fichiers

- **DBA_DATA_FILES**
- **DBA_TEMP_FILES**
- **V$DATAFILE**
- **V$TEMPFILE**

La vue « `DBA_DATA_FILES` » affiche les informations sur tous les fichiers de données de la base de données.

Les colonnes de cette vue sont :

Colonne	Description
`FILE_NAME`	Le nom du fichier de données.
`FILE_ID`	L'identifiant du fichier de données.
`TABLESPACE_NAME`	Le nom du tablespace auquel appartient le fichier.
`BYTES`	La taille du fichier de données en bytes.
`BLOCKS`	Le nombre des blocs contenu dans le fichier de données.
`STATUS`	Indique l'état du fichier de données « `AVAILABLE` » ou « `INVALID` ». La valeur « `INVALID` » signifie que le tablespace a été supprimé.
`RELATIVE_FNO`	Indique le numéro relatif du fichier de données par rapport au tablespace.
`AUTOEXTENSIBLE`	Indique si le fichier s'agrandit automatiquement.
`MAXBYTES`	La taille maximale du fichier de données en bytes.
`MAXBLOCKS`	Le nombre maximum des blocs du fichier de données.
`INCREMENT_BY`	Indique la taille de l'extension automatique.
`USER_BYTES`	La taille dédiée au stockage de données en bytes.
`USER_BLOCKS`	Le nombre des blocs dédié au stockage de données.

```
SQL> SELECT TABLESPACE_NAME, FILE_NAME
  2  FROM DBA_DATA_FILES;

TABLESPACE_NAME          FILE_NAME
------------------------ ------------------------------------------
```

Module 13 : Les espaces de disque logiques

```
SYSTEM      C:\ORACLE\ORADATA\DBA\DBA\DATAFILE\O1_MF_SYSTEM_17YRZ6N5_.DBF
UNDOTBS1    C:\ORACLE\ORADATA\DBA\DBA\DATAFILE\O1_MF_UNDOTBS1_17YS0NF5_.DBF
SYSAUX      C:\ORACLE\ORADATA\DBA\DBA\DATAFILE\O1_MF_SYSAUX_17YS17N8_.DBF
USERS       C:\ORACLE\ORADATA\DBA\DBA\DATAFILE\O1_MF_USERS_17YS20B4_.DBF
APP_01      C:\ORACLE\ORADATA\DBA\DBA\DATAFILE\APP_01.DBF
UNDO_01     C:\ORACLE\ORADATA\DBA\DBA\DATAFILE\UNDO_01_01.DBF
APP_02      C:\ORACLE\ORADATA\DBA\DBA\DATAFILE\APP_02_01.DBF
APP_03      C:\ORACLE\ORADATA\DBA\DBA\DATAFILE\APP_03_01.DBF
APP_03      C:\ORACLE\ORADATA\DBA\DBA\DATAFILE\APP_03_02.DBF
APP_03      C:\ORACLE\ORADATA\DBA\DBA\DATAFILE\APP_03_03.DBF
APP_04      C:\ORACLE\ORADATA\DBA\DBA\DATAFILE\APP_04_01.DBF
```

Pour retrouver les fichiers des tablespaces temporaires vous devez interroger la vue du dictionnaire des données « **DBA_TEMP_FILES** ». La description de cette vue est identique à celle de la vue « **DBA_DATA_FILES** ».

```
SQL> SELECT TABLESPACE_NAME, FILE_NAME
  2  FROM DBA_TEMP_FILES;

TABLESPACE_NAME             FILE_NAME
--------------------        --------------------------------------------------
TEMP            C:\ORACLE\ORADATA\DBA\DBA\DATAFILE\O1_MF_TEMP_17YS1NTH_.TMP
TEMP_01         C:\ORACLE\ORADATA\DBA\DBA\DATAFILE\TEMP_01_01.TMP
```

Les vues dynamiques sur les performances « **V$DATAFILE** » et « **V$TEMPFILE** » vous permettent de visualiser les informations quand la base de données est en mode « **MOUNT** ».

Les colonnes de la vue « **V$DATAFILE** » sont :

FILE#	L'identifiant du fichier de données.
CREATION_CHANGE#	Indique le numéro **SCN** de la création du fichier de données.
CREATION_TIME	Indique la date et l'heure de la création du fichier de données.
TS#	L'identifiant du tablespace.
RFILE#	Indique le numéro relatif du fichier de données par rapport au tablespace.
STATUS	Indique l'état du fichier de données « **OFFLINE** », « **ONLINE** », « **SYSTEM** », ou « **RECOVER** ».
ENABLED	Indique la disponibilité du fichier « **DISABLED** », « **READ ONLY** », « **READ WRITE** », ou « **UNKNOWN** ».
CHECKPOINT_CHANGE#	Indique le numéro **SCN** du dernier point de contrôle.
CHECKPOINT_TIME	Indique la date et l'heure du dernier point de contrôle.
NAME	Le nom du fichier de données.
BYTES	La taille du fichier de données en bytes.
BLOCKS	Le nombre des blocs contenu dans le fichier de données.
CREATE_BYTES	La taille du fichier de données en bytes à la création.
BLOCK_SIZE	La taille du bloc pour le tablespace.

```
SQL> SELECT TABLESPACE.NAME "Tablespace", FICHIER.NAME "Fichier"
  2  FROM V$TABLESPACE TABLESPACE, V$DATAFILE FICHIER
  3  WHERE TABLESPACE.TS# = FICHIER.TS# ;

Tablespace            Fichier
--------------------  -------------------------------------------------
SYSTEM                C:\ORACLE\ORADATA\DBA\DBA\DATAFILE\O1_MF_SYSTEM_17YRZ6N5_.DBF
UNDOTBS1              C:\ORACLE\ORADATA\DBA\DBA\DATAFILE\O1_MF_UNDOTBS1_17YS0NF5_.DBF
SYSAUX                C:\ORACLE\ORADATA\DBA\DBA\DATAFILE\O1_MF_SYSAUX_17YS17N8_.DBF
USERS                 C:\ORACLE\ORADATA\DBA\DBA\DATAFILE\O1_MF_USERS_17YS20B4_.DBF
APP_01                C:\ORACLE\ORADATA\DBA\DBA\DATAFILE\APP_01.DBF
UNDO_01               C:\ORACLE\ORADATA\DBA\DBA\DATAFILE\UNDO_01_01.DBF
APP_02                C:\ORACLE\ORADATA\DBA\DBA\DATAFILE\APP_02_01.DBF
APP_03                C:\ORACLE\ORADATA\DBA\DBA\DATAFILE\APP_03_01.DBF
APP_03                C:\ORACLE\ORADATA\DBA\DBA\DATAFILE\APP_03_02.DBF
APP_03                C:\ORACLE\ORADATA\DBA\DBA\DATAFILE\APP_03_03.DBF
APP_04                C:\ORACLE\ORADATA\DBA\DBA\DATAFILE\APP_04_01.DBF
```

Dans l'exemple précédent, vous pouvez voir une requête qui récupère le nom des fichiers de données ainsi que le nom du tablespace correspondant.

Atelier 13

- La création d'un tablespace permanent
- L'agrandissement d'un tablespace
- Le tablespace OFFLINE
- Le tablespace READ ONLY
- Le déplacement d'un tablespace
- La suppression d'un tablespace
- Le tablespace temporaire

 Durée : 45 minutes

Questions

13-1 Quelle est la liste complète des composants logiques de la base de données ?

A. Tablespace, segments, extents et fichiers de données.

B. Tablespace, segments, extents et blocs de données.

C. Tablespace, fichiers de données, extents et blocs de données.

D. Tablespace, segments, extents, blocs de données et fichiers de données.

13-2 Examinez la liste des étapes pour déplacer un fichier de données d'un tablespace.

1. Arrêter la base de données.
2. Mettez le tablespace en ligne.
3. Exécutez la commande « `ALTER DATABASE RENAME DATAFILE...` ».
4. Utilisez le système d'opération pour déplacer le fichier.
5. Mettez le tablespace hors ligne.
6. Démarrez votre base de données.

Quel est l'enchaînement correct ?

A. 1, 3, 4, 6, les étapes 2 et 5 ne sont pas nécessaires.

B. 1, 4, 3, 6, les étapes 2 et 5 ne sont pas nécessaires.

C. 2, 3, 4, 6, les étapes 1 et 6 ne sont pas nécessaires.

D. 5, 4, 3, 2, les étapes 1 et 6 ne sont pas nécessaires.

E. 5, 3, 4, 1, 6 et 2.

F. 5, 4, 3, 1, 6 et 2.

Exercice n°1

Créez un tablespace « **TEMP02** » de type « **TEMPORARY** » avec un fichier de 10M.

Effacez le tablespace sans effacer le fichier temporaire.

Essayez de créer de nouveau le tablespace « **TEMP02** » avec le même nom de fichier de données.

Est-ce possible ?

Ressayez avec l'argument « **REUSE** » pour demander à Oracle de réutiliser le fichier existant sur disque.

Exercice n°2

Créez un tablespace « **GEST_DATA** » avec deux fichiers de données, chacun d'une taille de 10M.

Exercice n°3

Ajoutez un troisième fichier de données d'une taille de 100M au tablespace créé « **GEST_DATA** ». Le fichier doit pouvoir être agrandi jusqu'à la taille de 1GB avec des extensions d'une taille de 100MB.

Visualisez la taille de chaque fichier de ce tablespace ainsi que leur nom.

Exercice n°4

Augmentez la taille du premier fichier du tablespace précédent « **GEST_DATA** » à la taille de 150M.

Modifiez les options d'agrandissement du même fichier pour pouvoir s'agrandir jusqu'à la taille de 1Gb avec des extensions d'une taille de 100Mb.

Ajoutez un troisième fichier de données d'une taille de 100Mb au tablespace créé. Le fichier doit pouvoir être agrandi jusqu'à la taille de 1Gb avec des extensions d'une taille de 100Mb.

Exercice n°5

Créez un tablespace nommé « **APP_01** » d'une taille de 10M avec la mention «**OFFLINE**».

Essayez de créez la table à l'aide de la syntaxe suivante :

```
create table APP_CAT tablespace APP_01 as
select * from cat ;
```

Mettez en ligne le tablespace et vous pouvez maintenant créer la table.

Exercice n°6

Déplacez le fichier du tablespace « **APP_01** » du répertoire :

« `C:\ORACLE\ORADATA\DBA` »

dans le répertoire

Module 13 : Les espaces de disque logiques

« C:\ORACLE\ ».

Mettez le tablespace « **APP_01** » en lecture seule.

Effacez la table « APP_CAT » du tablespace « **APP_01** ».

Essayez de créez de nouveau la table à l'aide de la syntaxe suivante :

```
create table APP_CAT tablespace APP_01 as
select * from cat ;
```

Exercice n°7

Supprimez le tablespace « **APP_01** » et ses fichiers.

Supprimez le tablespace « **GEST_DATA** » et ses fichiers.

- *OMF*
- *CREATE TABLESPACE*
- *ALTER DATABASE*
- *CREATE DATABASE*

14

La gestion automatique des fichiers

Objectifs

A la fin de ce module, vous serez à même d'effectuer les tâches suivantes :
- Configurer la base pour gérer automatiquement les fichiers physiques.
- Créer un tablespace avec la gestion **OMF** (**O**racle **M**anaged **F**iles).
- Administrer un tablespace avec la gestion **OMF** (**O**racle **M**anaged **F**iles).
- Créer un groupe de fichiers journaux avec la gestion **OMF** (**O**racle **M**anaged **F**iles).
- Effacer un tablespace de la base de données.
- Créer une base de données gérée avec la gestion **OMF** (**O**racle **M**anaged **F**iles).

Contenu

Les fichiers de la base	14-2	La création d'un groupe	14-14
La configuration de la base	14-4	La suppression d'un groupe	14-16
La gestion des tablespaces	14-6	La création de la base	14-17
L'agrandissement d'un tablespace	14-10	Atelier 14	14-21
La suppression d'un tablespace	14-12		

Les fichiers de la base

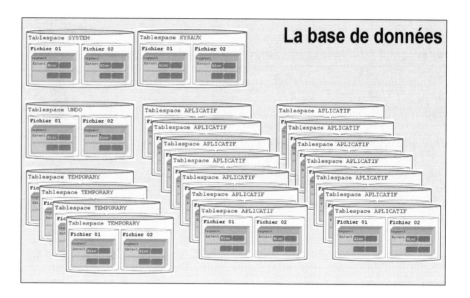

Dans les modules précédents, nous avons vu la gestion de l'ensemble des fichiers de la base de données. Pour chaque fichier de la base de données, que ce soit les fichiers de contrôle, les fichiers journaux ou les fichiers de données, à la création, vous devez préciser l'emplacement et le nom du fichier physique du système d'exploitation.

Une telle description est très dépendante du système d'exploitation ; les scripts de création des fichiers doivent être personnalisés pour chaque système d'exploitation.

Comme on l'a vu précédemment, la destruction d'un tablespace ou d'un groupe de fichiers journaux n'efface pas les fichiers physiques correspondants. Ce mode de fonctionnement peut s'avérer rapidement gourmand en temps d'administration pour effacer les fichiers physiques non utilisés ainsi que pour gérer les fichiers physiques utilisés par la base de données.

A partir de la version Oracle9i, il est possible d'utiliser **OMF** (**O**racle **M**anaged **F**iles) pour disposer de la gestion automatique des fichiers physiques de la base de données.

OMF (**O**racle **M**anaged **F**iles) a pour but de simplifier l'administration d'une base de données prenant en compte la gestion des fichiers physiques. Oracle utilise son interface avec le système de fichiers pour gérer la création, la modification, ou l'effacement des fichiers nécessaires pour les tablespaces, les groupes des fichiers journaux et les fichiers de contrôle.

OMF (**O**racle **M**anaged **F**iles) permet la gestion automatique des fichiers physiques en gardant l'ensemble de fonctionnalités de gestion manuelle des fichiers physiques. Les nouveaux fichiers sont gérés automatiquement et les anciens fichiers sont gérés de la même manière qu'auparavant.

En somme, vous pouvez avoir une base de données qui mélange les modes de gestion des fichiers physiques.

Les seuls fichiers concernés par cette fonctionnalité sont : les fichiers de données, les fichiers journaux et le fichier de contrôle.

La gestion **OMF** (**O**racle **M**anaged **F**iles) présente les avantages suivants :

– Réduit l'espace perdu avec des fichiers obsolètes.
– Simplifie la création de base de données de tests et de développements.
– Réduit les erreurs d'administration des fichiers de données.
– Augmente la portabilité des scripts SQL de création.

Ce module va vous montrer les avantages que l'on peut tirer de ce genre de gestion de fichiers, et comment les mettre en place rapidement et facilement.

Module 14 : La gestion automatique des fichiers

La configuration de la base

- Les fichiers de données

    `DB_CREATE_FILE_DEST`

- Les groupes de fichiers journaux et les fichiers de contrôle :

    `DB_CREATE_ONLINE_LOG_DEST_1`

    `DB_CREATE_ONLINE_LOG_DEST_2`

    ...

    `DB_CREATE_ONLINE_LOG_DEST_5`

Pour pouvoir utiliser la gestion **OMF** (**O**racle **M**anaged **F**iles), vous devez configurer les paramètres d'initialisations suivants :

DB_CREATE_FILE_DEST

DB_CREATE_ONLINE_LOG_DEST_n

La valeur du paramètre « `DB_CREATE_FILE_DEST` » est le nom d'un répertoire existant indiquant à Oracle où créer les fichiers de données et les fichiers temporaires.

La valeur du paramètre « `DB_CREATE_ONLINE_LOG_DEST_n` » est le nom d'un répertoire existant indiquant à Oracle où créer les groupes des fichiers journaux et les fichiers de contrôle. La valeur « n » peut être un numéro entre un et cinq et représente le nombre de membres multiplexes que vous souhaitez avoir. Si vous définissez uniquement « `DB_CREATE_ONLINE_LOG_DEST_1` », vous n'utilisez pas le multiplexage. Par contre si vous utilisez plusieurs destinations, à la création des groupes, Oracle prend soin d'effectuer la création des membres aux destinations correspondantes.

Note

Les paramètres d'initialisation

« `DB_CREATE_FILE_DEST` » et

« `DB_CREATE_ONLINE_LOG_DEST_n` »

sont des paramètres dynamiques, ainsi vous pouvez les modifier pour correspondre aux besoins d'administration de votre base de données.

Le changement d'emplacement des ces paramètres ne modifie en rien les fichiers physiques déjà créés dans d'autres répertoires.

En somme, les deux paramètres sont utiles uniquement à la création des fichiers physiques et non pour leur gestion ultérieure.

Module 14 : La gestion automatique des fichiers

Pour modifier les deux paramètres, vous pouvez utiliser la commande SQL « **ALTER SYSTEM** ».

```
SQL> ALTER SYSTEM SET
  2  DB_CREATE_FILE_DEST='C:\oracle\oradata\dba';

Système modifié.

SQL> ALTER SYSTEM SET
  2  DB_CREATE_ONLINE_LOG_DEST_1='C:\oracle\oradata\dba';

Système modifié.

SQL> ALTER SYSTEM SET
  2  DB_CREATE_ONLINE_LOG_DEST_2='D:\oracle\oradata\dba';

Système modifié.

SQL> SHOW PARAMETER DB_CREATE

NAME                                 TYPE        VALUE
------------------------------------ ----------- ----------------------
db_create_file_dest                  string      C:\oracle\oradata\dba
db_create_online_log_dest_1          string      C:\oracle\oradata\dba
db_create_online_log_dest_2          string      D:\oracle\oradata\dba
db_create_online_log_dest_3          string
db_create_online_log_dest_4          string
db_create_online_log_dest_5          string
```

```
SQL> ALTER SYSTEM SET
  2  DB_CREATE_FILE_DEST='/u02/oradata/dba';
Système modifié.

SQL> ALTER SYSTEM SET
  2  DB_CREATE_ONLINE_LOG_DEST_1='/u02/oradata/dba';
Système modifié.

SQL> ALTER SYSTEM SET
  2  DB_CREATE_ONLINE_LOG_DEST_2='/u03/oradata/dba';
Système modifié.

SQL> SHOW PARAMETER DB_CREATE
NAME                                 TYPE        VALUE
------------------------------------ ----------- ----------------------
db_create_file_dest                  string      /u02/oradata/dba
db_create_online_log_dest_1          string      /u02/oradata/dba
db_create_online_log_dest_2          string      /u03/oradata/dba
db_create_online_log_dest_3          string
db_create_online_log_dest_4          string
db_create_online_log_dest_5          string
```

La gestion des tablespaces

```
CREATE TABLESPACE APPLICATION_01
DATAFILE SIZE 1G, SIZE 1G;
```

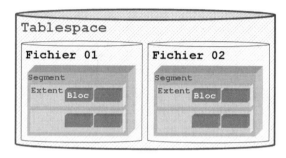

Une fois le paramétrage effectué, la gestion **OMF** (**O**racle **M**anaged **F**iles) est effective et vous pouvez créer les fichiers physiques.

L'instruction SQL qui permet de créer un tablespace permanent est :

```
CREATE {BIGFILE|SMALLFILE} TABLESPACE nom_tablespace
      [ DATAFILE [ SIZE integer {K|M|G|T} ]]
         [ AUTOEXTEND
            {OFF |
             ON [ NEXT integer {K|M|G|T}]
                [ MAXSIZE {UNLIMITED | integer {K|M|G|T}]
            }
         ] [,...]
      ]
      [BLOCKSIZE integer [ K ]]
      [{LOGGING | NOLOGGING}]
      [FORCE LOGGING]
      [{ONLINE | OFFLINE}]
      [FLASHBACK {ON | OFF}]
   ;
```

integer   Spécifie une taille, en octets si vous ne précisez pas de suffixe pour définir une valeur en K, M, G, T. La valeur par défaut est de 100MB.

Le nom du fichier de données est formaté comme suit :

`o1_mf_%t_%u_.dbf`

Module 14 : La gestion automatique des fichiers

`%u`	Spécifie une chaine de caractères d'une longueur de huit caractères qui sert d'identifiant unique pour le fichier.
`%t`	Spécifie le nom du tablespace. Attention, il prend en compte uniquement les huit premiers caractères.

Dans la première release de Oracle 9i, le format du nom du fichier est le suivant : « **ora_%t_%u_.dbf** ».

Dans la version Oracle9i, l'emplacement du fichier de données est effectué directement dans le répertoire indiqué dans le paramètre « **DB_CREATE_FILE_DEST** ».

Dans la version Oracle10g, la structure de l'emplacement du fichier de données est la suivante :

DB_CREATE_FILE_DEST/DB_UNIQUE_NAME/DATAFILE/nom_fichier

Les deux valeurs « **DB_CREATE_FILE_DEST** » et « **DB_UNIQUE_NAME** » sont les paramètres d'initialisation.

Le répertoire « **DATAFILE** » est crée automatiquement s'il n'existe pas auparavant.

```
SQL> ALTER SYSTEM SET DB_CREATE_FILE_DEST='C:\ORACLE\ORADATA';

Système modifié.

SQL> SHOW PARAMETER DB_CREATE_FILE_DEST

NAME                                 TYPE        VALUE
------------------------------------ ----------- --------------------
db_create_file_dest                  string      C:\ORACLE\ORADATA

SQL> CREATE TABLESPACE APP01;

Tablespace créé.

SQL> SELECT FILE_NAME
  2  FROM DBA_DATA_FILES
  3  WHERE TABLESPACE_NAME LIKE 'APP01';

FILE_NAME
--------------------------------------------------------------
C:\ORACLE\ORADATA\DBA\DATAFILE\O1_MF_APP01_1DF7Z75Q_.DBF

SQL> SELECT AUTOEXTENSIBLE, BYTES, MAXBYTES
  2  FROM DBA_DATA_FILES
  3  WHERE TABLESPACE_NAME LIKE 'APP01';

AUT     BYTES     MAXBYTES
---  ----------  ----------
```

Module 14 : La gestion automatique des fichiers

```
          YES   104857600 3,4360E+10
```

Dans l'exemple précédent, vous pouvez observer l'initialisation du paramètre « **DB_CREATE_FILE_DEST** », et la création du tablespace « **APP01** » avec toutes les options par défaut, à savoir la taille de 100Mb ; le fichier est en extension automatique avec une taille illimitée.

```
SQL> ALTER SYSTEM SET DB_CREATE_FILE_DEST='/u02/oradata';

Système modifié.

SQL> SHOW PARAMETER DB_CREATE_FILE_DEST
```

```
NAME                                 TYPE        VALUE
------------------------------------ ----------- --------------------
db_create_file_dest                  string      /u02/oradata

SQL> CREATE TABLESPACE APP01;

Tablespace créé.

SQL> SELECT FILE_NAME
  2  FROM DBA_DATA_FILES
  3  WHERE TABLESPACE_NAME LIKE 'APP01';

FILE_NAME
-------------------------------------------------------------
/U02/ORADATA/DBA/DATAFILE/O1_MF_APP01_1DF5NVFN_.DBF
```

Dans l'exemple précédent, le même exemple mais cette fois ci dans un environnement **UNIX/LINUX**, l'initialisation du paramètre « **DB_CREATE_FILE_DEST** » est spécifique au système d'exploitation ; en revanche, la création du tablespace utilise exactement la même syntaxe.

Vous pouvez créer un tablespace avec plusieurs fichiers de données ainsi que personnaliser la taille de chacun des fichiers.

```
SQL> CREATE TABLESPACE APP02
  2  DATAFILE SIZE 1G, SIZE 1G
  3  AUTOEXTEND OFF;

Système modifié.

SQL> SELECT FILE_NAME
  2  FROM DBA_DATA_FILES
  3  WHERE TABLESPACE_NAME LIKE 'APP02';

FILE_NAME
-------------------------------------------------------------
C:\ORACLE\ORADATA\DBA\DATAFILE\O1_MF_APP02_1DFBL0BM_.DBF
C:\ORACLE\ORADATA\DBA\DATAFILE\O1_MF_APP02_1DFBL0JV_.DBF
```

> **Note**
>
> Le format du ficher temporaire comporte une extension « **tmp** » différente de l'extension « **dbf** » des fichiers de données. Ainsi vous pouvez plus facilement identifier les fichiers de données et les fichiers temporaires

```
SQL> SELECT FILE_NAME FROM DBA_TEMP_FILES ;

FILE_NAME
---------------------------------------------------------------
C:\ORACLE\ORADATA\DBA\DBA\DATAFILE\O1_MF_TEMP_17YS1NTH_.TMP
```

L'agrandissement d'un tablespace

```
ALTER TABLESPACE APPLICATION_01 ADD
DATAFILE SIZE 1G AUTOEXTEND ON NEXT 1G MAXSIZE 3G;
```

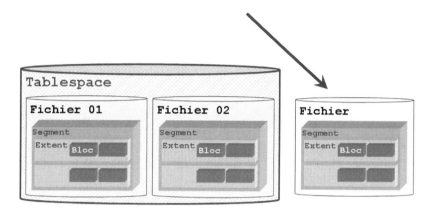

Vous pouvez augmentez l'espace d'un tablespace existant en ajoutant un autre fichier à l'aide de la commande SQL suivante :

```
ALTER TABLESPACE nom_tablespace
        ADD {DATAFILE | TEMPFILE}
            [ SIZE integer {K|M|G|T} ]
            [
              AUTOEXTEND
               {OFF |
                ON [ NEXT integer {K|M|G|T}]
                   [ MAXSIZE
                       {UNLIMITED | integer {K|M|G|T}]
               }
            ]
            [,...];
```

```
SQL> SELECT BYTES,FILE_NAME
  2  FROM DBA_DATA_FILES
  3  WHERE TABLESPACE_NAME LIKE 'APP01';

    BYTES FILE_NAME
--------- --------------------------------------------------------
104857600 C:\ORACLE\ORADATA\DBA\DATAFILE\O1_MF_APP01_1DFCPO7D_.DBF

SQL> ALTER TABLESPACE APP01 ADD DATAFILE;

Tablespace modifié.
```

```
SQL> SELECT BYTES,FILE_NAME
  2  FROM DBA_DATA_FILES
  3  WHERE TABLESPACE_NAME LIKE 'APP01';


     BYTES FILE_NAME
---------- ------------------------------------------------------------
 104857600 C:\ORACLE\ORADATA\DBA\DATAFILE\O1_MF_APP01_1DFCPO7D_.DBF
 104857600 C:\ORACLE\ORADATA\DBA\DATAFILE\O1_MF_APP01_1DFCS45N_.DBF
```

Dans l'exemple précédent, vous pouvez remarquer l'ajout d'un fichier de données au tablespace « **APP01** » ; il garde les valeurs par défaut des fichiers de données.

Comme on l'a vu précédemment, les fichiers gérés par **OMF** (**O**racle **M**anaged **F**iles) et les fichiers gérés manuellement peuvent coexister.

```
SQL> SELECT BYTES,FILE_NAME
  2  FROM DBA_DATA_FILES
  3  WHERE TABLESPACE_NAME LIKE 'APP01';


     BYTES FILE_NAME
---------- ------------------------------------------------------------
 104857600 C:\ORACLE\ORADATA\DBA\DATAFILE\O1_MF_APP01_1DFCPO7D_.DBF
 104857600 C:\ORACLE\ORADATA\DBA\DATAFILE\O1_MF_APP01_1DFCS45N_.DBF


SQL> ALTER TABLESPACE APP01 ADD
  2      DATAFILE 'C:\ORACLE\ORADATA\DBA\DATAFILE\APP01_01.DBF'
  3      SIZE 100M;

Tablespace modifié.

SQL> SELECT BYTES,FILE_NAME
  2  FROM DBA_DATA_FILES
  3  WHERE TABLESPACE_NAME LIKE 'APP01';


     BYTES FILE_NAME
---------- ------------------------------------------------------------
 104857600 C:\ORACLE\ORADATA\DBA\DATAFILE\O1_MF_APP01_1DFCPO7D_.DBF
 104857600 C:\ORACLE\ORADATA\DBA\DATAFILE\O1_MF_APP01_1DFCS45N_.DBF
 104857600 C:\ORACLE\ORADATA\DBA\DATAFILE\APP01_01.DBF
```

La suppression d'un tablespace

```
DROP TABLESPACE APPLICATION_01;
```

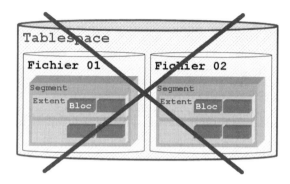

Dans le fonctionnement de la base de données, il se peut que certains tablespaces ne soient plus nécessaires, leur présence constituant un gaspillage d'espace disque.

Vous pouvez supprimer un tablespace à l'aide de la commande SQL suivante :

```
DROP TABLESPACE nom_tablespace
              [
                INCLUDING CONTENTS
                  [ AND DATAFILES ]
                  [ CASCADE CONSTRAINTS ]
              ] ;
```

DATAFILES Il faut utiliser cet argument uniquement si le tablespace fait appel à des fichiers de données gérés par **OMF** (**O**racle **M**anaged **F**iles) et des fichiers gérés manuellement. Sinon les fichiers de données gérés par **OMF** (**O**racle **M**anaged **F**iles) sont effacés automatiquement.

```
SQL> SELECT BYTES,FILE_NAME
  2  FROM DBA_DATA_FILES
  3  WHERE TABLESPACE_NAME LIKE 'APP01';

    BYTES FILE_NAME
---------- ---------------------------------------------------------------
 104857600 C:\ORACLE\ORADATA\DBA\DATAFILE\O1_MF_APP01_1DFFGN0S_.DBF
 104857600 C:\ORACLE\ORADATA\DBA\DATAFILE\O1_MF_APP01_1DFFGYT7_.DBF
 104857600 C:\ORACLE\ORADATA\DBA\DATAFILE\APP01_01.DBF

SQL> HOST DIR C:\ORACLE\ORADATA\DBA\DATAFILE\*APP01* /B
APP01_01.DBF
```

```
O1_MF_APP01_1DFFGN0S_.DBF
O1_MF_APP01_1DFFGYT7_.DBF

SQL> DROP TABLESPACE APP01;

Tablespace supprimé.

SQL> HOST DIR C:\ORACLE\ORADATA\DBA\DATAFILE\*APP01* /B
APP01_01.DBF
```

Dans l'exemple précèdent, vous pouvez voir le tablespace créé auparavant avec deux fichiers de données gérés par **OMF** (**O**racle **M**anaged **F**iles) et un fichier « `APP01_01.DBF` » géré manuellement. Après l'exécution de la commande SQL « `DROP TABLESPACE` », vous pouvez voir que le seul fichier qui n'a pas été effacé est le fichier « `APP01_01.DBF` ».

Attention

Les arguments « `INCLUDING CONTENTS` » et « `CASCADE CONSTRAINTS` » doivent toujours être utilisés si vous avez des objets stockés dans le tablespace correspondant.

La création d'un groupe

```
ALTER DATABASE ADD LOGFILE GROUP 4
      SIZE 10M;
```

Les groupes de fichiers journaux peuvent être créés à l'aide de la commande SQL suivante :

```
ALTER DATABASE
    ADD LOGFILE GROUP nom_groupe
        [SIZE val_int [{K|M}]];
```

Le nom du membre d'un groupe de fichiers journaux est formaté comme suit :

`o1_mf_%g_%u_.log`

%u Spécifie une chaine de caractères d'une longueur de huit caractères qui sert d'identifiant unique pour le fichier.

%g Spécifie le numéro du groupe des fichiers journaux.

Attention, dans la première release de Oracle 9i le format du nom du fichier est le suivant « **ora_%g_%u_.log** ».

― **Attention** ―

Dans la version Oracle9i, l'emplacement des membres du groupe de fichiers journaux s'effectue directement dans le ou les répertoires indiqués dans le ou les paramètres « **DB_CREATE_ONLINE_LOG_DEST_n** ».

Dans la version Oracle10g, la structure de l'emplacement des membres du groupe de fichiers journaux est la suivante :

```
DB_CREATE_ONLINE_LOG_DEST_n/DB_UNIQUE_NAME/ONLINELOG/
nom_fichier
```

Le répertoire « **ONLINELOG** » est créé automatiquement s'il n'existait pas auparavant.

Le multiplexage des membres au moment de la création du groupe des fichiers de données est effectué automatiquement par Oracle sans avoir besoin d'autre information.

```
SQL> SELECT GROUP#, MEMBER FROM V$LOGFILE;

    GROUP# MEMBER
---------- ------------------------------------------------------------
         1 C:\ORACLE\ORADATA\DBA\ONLINELOG\O1_MF_1_17YRYYRT_.LOG
         2 C:\ORACLE\ORADATA\DBA\ONLINELOG\O1_MF_2_17YRZ080_.LOG
         3 C:\ORACLE\ORADATA\DBA\ONLINELOG\O1_MF_3_17YRZ2G1_.LOG

SQL> SHOW PARAMETER DB_CREATE_ONLINE_LOG

NAME                                 TYPE         VALUE
------------------------------------ ------------ -------------------
db_create_online_log_dest_1          string       C:\ORACLE\ORADATA
db_create_online_log_dest_2          string       D:\ORACLE\ORADATA
db_create_online_log_dest_3          string
db_create_online_log_dest_4          string
db_create_online_log_dest_5          string

SQL> ALTER DATABASE ADD LOGFILE GROUP 4
  2  SIZE 10M REUSE;

Base de données modifiée.

SQL> SELECT GROUP#, MEMBER FROM V$LOGFILE;

    GROUP# MEMBER
---------- ------------------------------------------------------------
         1 C:\ORACLE\ORADATA\DBA\ONLINELOG\O1_MF_1_17YRYYRT_.LOG
         2 C:\ORACLE\ORADATA\DBA\ONLINELOG\O1_MF_2_17YRZ080_.LOG
         3 C:\ORACLE\ORADATA\DBA\ONLINELOG\O1_MF_3_17YRZ2G1_.LOG
         4 C:\ORACLE\ORADATA\DBA\ONLINELOG\O1_MF_4_1DFLZPJQ_.LOG
         4 D:\ORACLE\ORADATA\DBA\ONLINELOG\O1_MF_4_1DFLZQ1Q_.LOG
```

Dans l'exemple précédent, on commence par un état des lieux de la base de données ; ainsi vous pouvez remarquer que la base de données a trois groupes des fichiers journaux. Les trois groupes de fichiers journaux contiennent chacun un seul membre. On utilise la commande SQL « **ALTER DATABASE** » pour ajouter un nouveau groupe ayant deux membres.

La suppression d'un groupe

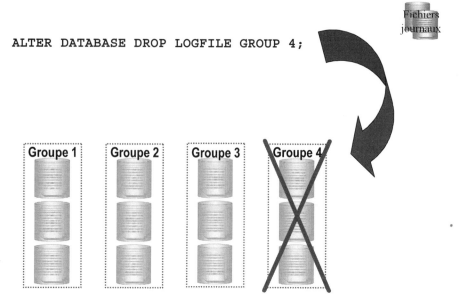

Pour supprimer un groupe de fichiers journaux, il faut utiliser la commande SQL suivante :

ALTER DATABASE

    DROP LOGFILE GROUP nom_groupe

        [,...] ;

Quand un groupe est supprimé, les fichiers du système d'exploitation sont supprimés automatiquement si les membres du groupe de fichiers journaux sont gérés par **OMF** (**O**racle **M**anaged **F**iles).

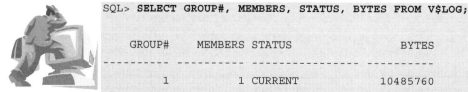

```
SQL> SELECT GROUP#, MEMBERS, STATUS, BYTES FROM V$LOG;

    GROUP#    MEMBERS STATUS                BYTES
---------- ---------- ---------------- ----------
         1          1 CURRENT            10485760
         2          1 INACTIVE           10485760
         3          1 INACTIVE           10485760
         4          2 UNUSED             10485760

SQL> HOST DIR C:\ORACLE\ORADATA\DBA\ONLINELOG /B
O1_MF_4_1DFLZPJQ_.LOG

SQL> ALTER DATABASE DROP LOGFILE GROUP 4;

Base de données modifiée.

SQL> HOST DIR C:\ORACLE\ORADATA\DBA\ONLINELOG /B
```

La création de la base

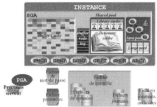

```
CREATE DATABASE tpdba
USER SYS IDENTIFIED BY "&&sysPassword"
USER SYSTEM IDENTIFIED BY "&&systemPassword";
```

Proposons-nous de créer le fichier paramètres utilisant les différents paramètres nécessaires pour le démarrage le bon fonctionnement de la base de données.

Pour pouvoir créer une base de données avec une gestion complète des fichiers physiques par **OMF** (**O**racle **M**anaged **F**iles), vous devez initialiser plusieurs paramètres :

DB_CREATE_FILE_DEST

DB_CREATE_ONLINE_LOG_DEST_n

UNDO_TABLESPACE

Rappelez-vous que le nom du tablespace « **UNDO** » par défaut est « **SYS_UNDOTS** » et qu'il faut initialiser le paramètre « **UNDO_TABLESPACE** » avec cette valeur.

Pour la création de la base de données, le fichier paramètre ne doit pas contenir le nom du fichier de contrôle. Le fichier de contrôle, comme les fichiers de données et les fichiers journaux, est créé automatiquement avec le nom des fichiers gérés par **OMF** (**O**racle **M**anaged **F**iles).

Après la création de la base de données, Oracle renseigne automatiquement le paramètre « **CONTROL_FILES** » avec les noms des fichiers de contrôle créés, dans le fichier « **SPFILE** ».

Le nom du fichier de contrôle est formaté comme suit :

o1_mf_%u_.ctl

%u   Spécifie une chaine de caractères d'une longueur de huit caractères qui sert d'identifiant unique pour le fichier.

Module 14 : La gestion automatique des fichiers

Voici l'exemple d'un fichier paramètres.

```
################################################################
## Fichier paramètre pour la base de données tpdba
db_name='tpdba'
db_domain='formation.fr'
compatible='10.1.0.2.0'
nls_language='FRENCH'
nls_territory='FRANCE'
remote_login_passwordfile='NONE'
db_block_size=8192
db_cache_size=25165824
shared_pool_size=83886080
java_pool_size=50331648
large_pool_size=8388608
open_cursors=300
processes=150
undo_management='AUTO'
undo_tablespace='SYS_UNDOTS'
db_create_file_dest='C:\oracle\oradata'
db_create_online_log_dest_1='C:\oracle\oradata'
db_create_online_log_dest_2='D:\oracle\oradata'
user_dump_dest='C:\oracle\admin\tpdba\udump'
background_dump_dest='C:\oracle\admin\dba\bdump'
core_dump_dest='C:\oracle\admin\tpdba\cdump'
```

La création des fichiers de la base de données est effectuée à partir du SQL*Plus utilisant la commande suivante :

```
CREATE DATABASE nom ;
```

Dans l'exemple ci-après vous pouvez voir le récapitulatif de l'ensemble des commandes SQL et SQL*Plus jusqu'à la création de la base de données.

```
C:\>set ORACLE_SID=tpdba
C:\>sqlplus "/as sysdba"
Connecté à une instance inactive.

SQL> create spfile from
  2  pfile='C:\oracle\OraDb10g\database\INITtpdba.ora';

Fichier créé.

SQL> startup nomount
Instance ORACLE lancée.

Total System Global Area   171966464 bytes
Fixed Size                     787988 bytes
Variable Size              145750508 bytes
Database Buffers            25165824 bytes
Redo Buffers                  262144 bytes
SQL> CREATE DATABASE tpdba
```

```
  2  USER SYS IDENTIFIED BY "&&sysPassword"
  3  USER SYSTEM IDENTIFIED BY "&&systemPassword";
Entrez une valeur pour syspassword : sys
Entrez une valeur pour systempassword : sys


Base de données créée.
SQL> select name, open_mode from v$database;

NAME       OPEN_MODE
---------  ----------
TPDBA      READ WRITE


SQL> SELECT NAME FROM
  2  ( SELECT NAME FROM V$CONTROLFILE
  3    UNION ALL
  4    SELECT NAME FROM V$DATAFILE
  5    UNION ALL
  6    SELECT MEMBER FROM V$LOGFILE);

NAME
--------------------------------------------------------------------
C:\ORACLE\ORADATA\TPDBA\CONTROLFILE\O1_MF_1DFP4HNX_.CTL
D:\ORACLE\ORADATA\TPDBA\CONTROLFILE\O1_MF_1DFP4HYB_.CTL
C:\ORACLE\ORADATA\TPDBA\DATAFILE\O1_MF_SYSTEM_1DFP51NS_.DBF
C:\ORACLE\ORADATA\TPDBA\DATAFILE\O1_MF_SYS_UNDO_1DFP64DC_.DBF
C:\ORACLE\ORADATA\TPDBA\DATAFILE\O1_MF_SYSAUX_1DFP6615_.DBF
C:\ORACLE\ORADATA\TPDBA\ONLINELOG\O1_MF_1_1DFP4JMP_.LOG
D:\ORACLE\ORADATA\TPDBA\ONLINELOG\O1_MF_1_1DFP4OMB_.LOG
C:\ORACLE\ORADATA\TPDBA\ONLINELOG\O1_MF_2_1DFP4S8K_.LOG
D:\ORACLE\ORADATA\TPDBA\ONLINELOG\O1_MF_2_1DFP4X8F_.LOG


SQL> SELECT TBS.NAME, BYTES
  2  FROM V$DATAFILE FICHIER, V$TABLESPACE TBS
  3  WHERE TBS.TS# = FICHIER.TS#;

NAME                                BYTES
------------------------------      ----------
SYSTEM                              104857600
SYS_UNDOTS                           10485760
SYSAUX                              104857600


SQL> SELECT GROUP#, BYTES, MEMBERS
  2  FROM V$LOG;

    GROUP#      BYTES    MEMBERS
  ----------  ----------  ----------
         1   104857600          2
         2   104857600          2
```

Module 14 : La gestion automatique des fichiers

```
SQL> SHOW PARAMETER CONTROL_FILES

NAME                 TYPE    VALUE
-------------------- ------- ------------------------------------
control_files        string  C:\ORACLE\ORADATA\TPDBA\CONTROLFILE\O1_MF_1DFP
                             4HNX_.CTL, D:\ORACLE\ORADATA\TPDBA\CONTROLFILE
                             \O1_MF_1DFP4HYB_.CTL
```

La base de données contient deux fichiers de contrôle, deux groupes de fichiers journaux chacun avec deux membres, et les tablespaces « **SYSTEM** », « **SYSAUX** », et « **SYS_UNDOTS** ».

Atelier 14

- La création d'un tablespace permanent
- L'agrandissement d'un tablespace
- Le tablespace OFFLINE
- Le tablespace READ ONLY
- Le déplacement d'un tablespace
- La suppression d'un tablespace
- Le tablespace temporaire

 Durée : 45 minutes

Questions

14-1 Quel est le nom du tablespace UNDO par défaut ?

14-2 Quels sont les paramètres que vous devez initialiser pour pouvoir créer une base de données avec une gestion complète des fichiers physiques par **OMF** (**O**racle **M**anaged **F**iles) ?

14-3 Pour pouvoir créer une base de données avec une gestion complète des fichiers physiques par **OMF** (**O**racle **M**anaged **F**iles), le fichier paramètre doit-il contenir le nom du fichier de contrôle dans « `CONTROL_FILES` » ?

Exercice n°1

Affichez le répertoire de destination pour les fichiers des données et pour les fichiers journaux.

Créez un tablespace « `GEST_DATA` » avec deux fichiers de données, chacun d'une taille de 10M.

Exercice n°2

Ajoutez un troisième fichier de données d'une taille de 100M au tablespace créé « `GEST_DATA` ». Le fichier doit pouvoir être agrandi jusqu'à la taille de 1GB avec des extensions d'une taille de 100MB.

Visualisez la taille de chaque fichier de ce tablespace ainsi que leur nom.

Module 14 : La gestion automatique des fichiers

Exercice n°3

Augmentez la taille du premier fichier du tablespace précédent « `GEST_DATA` » à la taille de 150M.

Modifiez les options d'agrandissement du même fichier pour pouvoir s'agrandir jusqu'à la taille de 1Gb avec des extensions d'une taille de 100Mb.

Ajoutez un troisième fichier de données d'une taille de 100Mb au tablespace créé. Le fichier doit pouvoir être agrandi jusqu'à la taille de 1Gb avec des extensions d'une taille de 100Mb.

Exercice n°4

Créez un tablespace nommé « `APP_01` » d'une taille de 10M.

Déplacez le fichier du tablespace « `APP_01` » du répertoire :

« `DB_CREATE_FILE_DEST` »

dans le répertoire

« `C:\ORACLE\` ».

Mettez le tablespace « `APP_01` » en lecture seule.

Exercice n°5

Supprimez le du tablespace « `APP_01` » et ces fichiers.

Supprimez le tablespace « `GEST_DATA` » et ces fichiers.

Exercice n°6

Créez un groupe de fichiers journaux de données et faîtes en sorte qu'il devienne le groupe « `CURRENT` ». Exécutez un point de synchronisation et visualisez l'état des groupes.

- *Segment*
- *Extent*
- *Bloc de données*
- *PCTFREE*

15

La gestion du stockage

Objectifs

A la fin de ce module, vous serez à même d'effectuer les tâches suivantes :
- Décrire la structure de stockage d'Oracle.
- Paramétrer le stockage lors de la création d'un tablespace.
- Interroger le dictionnaire de données pour retrouver les informations de stockage.
- Créer des tablespaces gérés localement ou dans le dictionnaire de données.
- Décrire l'allocation et la libération des extents.
- Identifier les paramètres de gestion de blocs de données.

Contenu

La structure du stockage	15-2	L'allocation ou libération d'extents	15-17
Les types de segments	15-3	Le bloc de données	15-18
Les paramètres de stockage	15-5	La configuration des freelists	15-20
Les informations sur le stockage	15-6	La gestion automatique de l'espace	15-22
Gestion dictionnaire de données	15-9	La gestion automatique des blocs	15-23
La gestion locale	15-13	Atelier 15	15-24

La structure du stockage

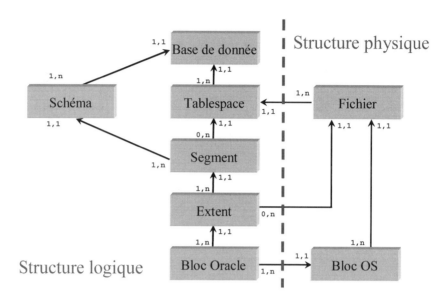

Les modules précédents ont donné lieu à une présentation de la gestion de l'ensemble des fichiers de la base de données. La base de données, premier composant dans la hiérarchie de stockage, est divisée logiquement en tablespaces.

Le tablespace permet de regrouper des structures logiques liées.

Un segment correspond à l'espace utilisé par une structure logique. Lors de sa création, un segment contient au moins un extent.

L'extent est un ensemble de blocs contigus permettant de stocker un certain type d'information. Des extents sont ajoutés lorsqu'un segment nécessite davantage d'espace.

Le bloc Oracle est la plus petite unité d'entrée/sortie. Lorsque des données doivent être extraites du disque, le serveur Oracle utilise un ou plusieurs blocs Oracle. La taille d'un bloc Oracle doit être un multiple de la taille d'un bloc du système d'exploitation.

Un bloc de données correspond à un nombre spécifique d'octets d'espace de base de données physique sur le disque. Lors de la création de chaque base de données Oracle, une taille de bloc de données est définie pour le tablespace système, undo et temporaire. Pour les autres tablespaces applicatifs, vous pouvez utiliser plusieurs tailles de block parmi les valeurs : 2K, 4K, 8K, 16K et 32K.

Ce module est consacré à la gestion des segments, ainsi qu'à l'organisation de extents et à la gestion des paramètres de consommation d'espaces dans les blocks de données.

Les types de segments

- **Table**
- **Partition de table**
- **Cluster**
- **Index**
- **Table organisée en index**
- **Partition d'index**

- **Segment undo**
- **Segment temporaire**
- **Segment LOB**
- **Table imbriquée**
- **Segment de démarrage**

Dans cette partie, nous allons voir les différant types de segments de la base de données.

Le segment de table

Le segment de table, également appelé segment de donnée, stocke les enregistrements de données associées aux tables ou clusters. Dans chaque segment, il existe un bloc d'en-tête qui contient le répertoire de ses extents.

Le segment de partition de table

Les données d'une table volumineuse peuvent être réparties entre plusieurs tablespaces dans des unités logiques appelées partitions.

Une table partitionnée stocke chacune des partitions dans un segment distinct. Les paramètres de stockage peuvent être définis de façon à contrôler chaque partition de table séparément. Cela permet d'accroître l'évolutivité, la disponibilité des données et permet une administration plus flexible des segments.

Le segment de cluster

Un cluster est un stockage commun d'une ou plusieurs tables destiné à faciliter les interrogations et les mises à jour. Toutes les tables d'un cluster sont stockées dans un seul segment et partagent les mêmes caractéristiques de stockage.

Le segment d'index

Chaque index d'une base de données Oracle est stocké dans son propre segment. Ce segment contient toutes les entrées de l'index. Un index permet d'extraire l'emplacement des lignes d'une table pour un ensemble de valeurs de clé donné. Pour limiter la contention, les index devraient être stockés dans un tablespace séparé de leurs tables associées.

Le segment de table organisée en index

Une table organisée en index stocke les données dans l'index en fonction de leur valeur clé. Toutes les données d'une table organisée en index peuvent être extraites directement de l'arborescence de l'index. La totalité de la table organisée en index est stockée dans un seul segment.

Le segment de partition d'index

Un index, comme une table, peut être partitionné et réparti entre plusieurs tablespaces. Chaque partition de l'index correspond à un segment et elle ne peut pas être stockée dans plusieurs tablespaces. Une partition d'index permet de réduire la contention en répartissant les entrées/sorties sur l'index.

Le segment undo

Comme on l'a vu précédemment, un segment undo est utilisé par une transaction pour changer une base de données. Avant de changer les blocs de données ou d'index, l'ancienne valeur est stockée dans le segment undo. Ainsi l'utilisateur peut annuler les changements effectués.

Le segment temporaire

Lorsqu'un utilisateur exécute une commande qui nécessite un tri et que le serveur Oracle ne peut pas effectuer ce tri dans la mémoire, il alloue à l'utilisateur un segment temporaire dans un tablespace. Ce segment temporaire sert à stocker les résultats intermédiaires lors de l'exécution de la commande.

Le segment LOB

Une ou plusieurs colonnes d'une table peuvent servir au stockage des objets volumineux LOB (**L**arge **O**bjects), tels que les images, les films, ou simplement des chaînes de caractères d'une très grande taille. Ces objets peuvent stocker jusqu'à 4Gb de données par enregistrement ; il est impératif de séparer le stockage des ces types de données. Les segments distincts de stockage de ces objets sont positionnés dans des tablespaces indépendants avec une taille de block plus conséquente. L'emplacement des données LOB est indiqué par un pointeur dans la table.

Le segment table imbriquée

Dans Oracle, il est possible de créer une table contenant une colonne dont le type de données est une autre table. On parle alors de table imbriquée. Une table imbriquée est toujours stockée en tant que segment distinct.

Le segment de démarrage

Un segment de démarrage, également appelé segment en mémoire cache, est créé par le script « `SQL.BSQ` » lors de la création de la base de données. Ce segment permet d'initialiser le cache du dictionnaire de données lorsque la base de données est ouverte par une instance Oracle.

Le segment de démarrage ne peut pas être interrogé ni mis à jour. Il ne nécessite aucune maintenance de la part de l'administrateur de base de données.

Les paramètres de stockage

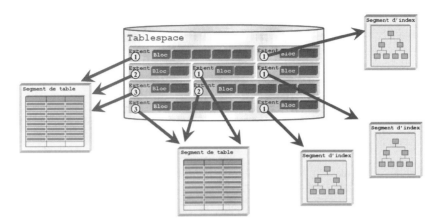

L'unité de base du stockage est le bloc de données. Cependant Oracle utilise les extents, un ensemble des blocks contigus, pour affecter de l'espace de stockage à un segment. Un extent est un ou plusieurs blocs contigus de données, alors qu'un segment n'est qu'un ou plusieurs de ces extents regroupés.

Dans l'image précédente, vous pouvez observer deux segments de table, chacun avec trois extents et trois segments d'index avec un seul extent chacun. La création des extents avec leur emplacement dans le tablespace se fait au fur et à mesure des créations ou des besoins croissants en espace pour les segments existants.

 Astuce

Les extents sont aux segments ce que les fichiers de données sont aux tablespaces.

En effet, quand vous souhaitez augmenter l'espace de stockage pour un tablespace, vous augmentez la taille d'un des fichiers de données ou vous ajoutez un nouveau fichier de données. De même pour les segments, si vous avez besoin de plus d'espace pour le stockage des données, Oracle affecte des extents supplémentaires de sorte que la taille totale du segment augmente.

Les tablespaces et les segments sont des espaces de stockage logiques tandis que les fichiers de données et les extents sont leurs composantes physiques.

Les extents pour un segment sont affectés lorsque le segment est créé. Lorsque les extents se remplissent de données, Oracle affecte des extents supplémentaires en augmentant la taille totale du segment.

À la création de chaque segment, vous indiquez une clause de stockage qui spécifie la taille des extents qu'Oracle devrait affecter. La quantité d'espace utilisé par un segment est déterminée à l'aide de ses paramètres de stockage. Ceux-ci sont définis au moment de la création du segment et peuvent être modifiés ultérieurement.

Il existe deux méthodes disponibles pour gérer les extents des tablespaces dans le dictionnaire de données ou localement.

Module 15 : La gestion du stockage

Les informations sur le stockage

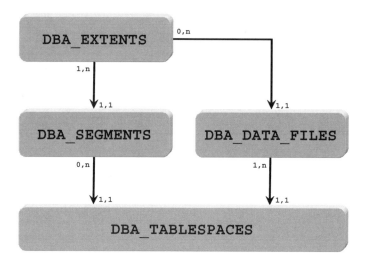

Les vues « DBA_TABLESPACES » et « DBA_TABLESPACES » ont été décrites dans le module « Les espaces de disque logiques ». Dans ce chapitre, nous allons détailler les vues « DBA_SEGMENTS » et « DBA_ECTENTS ».

DBA_SEGMENTS

La vue du dictionnaire de données « DBA_SEGMENTS » vous permet d'afficher les paramètres de stockage et l'utilisation d'espace pour les segments dans la base de données.

Les colonnes de cette vue sont :

OWNER	Le propriétaire du segment.
SEGMENT_NAME	Indique le nom du segment.
PARTITION_NAME	Indique le nom de la partition du segment.
SEGMENT_TYPE	Indique le type du segment. Les valeurs possibles sont : INDEX PARTITION, TABLE PARTITION, TABLE, CLUSTER, INDEX, ROLLBACK, DEFERRED ROLLBACK, TEMPORARY, CACHE, LOBSEGMENT, ou LOBINDEX
TABLESPACE_NAME	Le nom du tablespace.
HEADER_FILE	Indique l'identifiant du fichier de données qui contient l'entête du segment.
HEADER_BLOCK	Indique l'identifiant du block qui contient l'entête du segment.
BYTES	La taille du segment en bytes.
BLOCKS	Le nombre des blocs contenu dans le segment.
EXTENTS	Indique le nombre d'extents dans le segment.

Module 15 : La gestion du stockage

`INITIAL_EXTENT`	Indique la taille de l'extent initial.
`NEXT_EXTENT`	Indique la taille de l'extent suivant.
`MIN_EXTENTS`	Indique le nombre minimum d'extents.
`MAX_EXTENTS`	Indique le nombre maximum d'extents.
`PCT_INCREASE`	Indique le pourcentage d'augmentation de la taille de l'extent suivant.
`FREELISTS`	Indique le nombre de listes d'espace libre ou freelists allouées au segment.
`FREELIST_GROUPS`	Indique le nombre de groupes de listes d'espace libre ou freelists allouées au segment.
`RELATIVE_FNO`	Indique le numéro relatif du fichier de données qui continent l'entête du segment par rapport au tablespace.
`BUFFER_POOL`	Indique la partie du buffer cache dans lequel les données du segment sont lues ; les valeurs pour ce paramètre sont : « **DEFAULT** », « **KEEP** », ou « **RECYCLE** ».

```
SQL> SELECT SEGMENT_NAME, TABLESPACE_NAME, BLOCKS, EXTENTS
  2  FROM DBA_SEGMENTS
  3  WHERE OWNER LIKE 'SCOTT';

SEGMENT_NAME  TABLESPACE_NAME  BLOCKS  EXTENTS
------------  ---------------  ------  -------
DEPT          USERS                 8        1
EMP           USERS                 8        1
BONUS         USERS                 8        1
SALGRADE      USERS                 8        1
PK_DEPT       USERS                 8        1
PK_EMP        USERS                 8        1
```

DBA_EXTENTS

La vue du dictionnaire de données « **DBA_EXTENTS** » vous permet d'afficher les paramètres de stockage et l'utilisation d'espace pour les extents des segments.

Les colonnes de cette vue sont :

`OWNER`	Le propriétaire du segment associé avec l'extent.
`SEGMENT_NAME`	Indique le nom du segment associé avec l'extent.
`PARTITION_NAME`	Indique le nom de la partition du segment.
`SEGMENT_TYPE`	Indique le type du segment. Les valeurs possibles sont : **INDEX PARTITION, TABLE PARTITION, TABLE, CLUSTER, INDEX, ROLLBACK, DEFERRED ROLLBACK, TEMPORARY, CACHE, LOBSEGMENT,** ou **LOBINDEX**
`TABLESPACE_NAME`	Le nom du tablespace.
`EXTENT_ID`	Le numéro de l'extent dans le segment.
`FILE_ID`	Indique l'identifiant du fichier de données qui contient l'extent.
`BLOCK_ID`	Indique l'identifiant du block qui commence l'extent.

BYTES		La taille de l'extent en bytes.
BLOCKS		Le nombre des blocs contenus dans l'extent.
EXTENTS		Indique le nombre d'extents dans le segment.
RELATIVE_FNO		Indique le numéro relatif du fichier de données qui contient l'extent.

```
SQL> SELECT SEGMENT_NAME, SEGMENT_TYPE,
  2  TABLESPACE_NAME, BYTES, BLOCKS
  3  FROM DBA_EXTENTS
  4  WHERE OWNER LIKE 'SCOTT';

SEGMENT_NAME  SEGMENT_TYPE  TABLESPACE_NAME  BYTES   BLOCKS
------------  ------------  ---------------  -----   ------
DEPT          TABLE         USERS            65536        8
PK_DEPT       INDEX         USERS            65536        8
EMP           TABLE         USERS            65536        8
PK_EMP        INDEX         USERS            65536        8
BONUS         TABLE         USERS            65536        8
SALGRADE      TABLE         USERS            65536        8
```

La gestion dans le dictionnaire de données

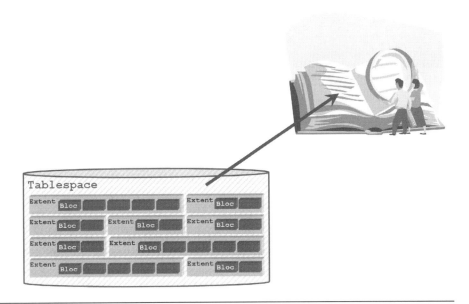

Ces tablespaces utilisent un ensemble de tables stockées dans le dictionnaire de données pour gérer le stockage des données. Dans un tablespace de ce type, chaque fois qu'un extent est alloué ou libéré pour être réutilisé, une entrée appropriée est mise à jour dans le dictionnaire de données.

Chaque type de segment peut avoir un type différent de stockage ; la gestion des segments et des extents est beaucoup plus flexible.

Il y a un inconvénient qui réside dans le fait que l'administration des ce type de tablespaces est plus fastidieuse et que le nombre des utilisateurs est plus restreint que pour les tablespaces gérés localement.

Attention

La gestion des tablespaces dans le dictionnaire de données ne peut pas être effectuée uniquement si vous avez créé le tablespace « **SYSTEM** » géré dans le dictionnaire de données à la création de la base de données.

Une fois créé un tablespace, vous ne pouvez plus modifier le type de gestion de stockage.

La syntaxe de création d'un tablespace permet de définir les paramètres par défaut pour le stockage :

```
CREATE {BIGFILE|SMALLFILE} TABLESPACE nom_tablespace
...
       [ DEFAULT STORAGE
         (
         [INITIAL     integer [{K|M}]      ]
         [NEXT        integer [{K|M}]      ]
         [PCTINCREASE integer              ]
         [MINEXTENTS  integer              ]
```

Module 15 : La gestion du stockage

```
                    [MAXEXTENTS   {integer | UNLIMITED}]
            )
        ]
        [ EXTENT MANAGEMENT DICTIONARY];
```

`...`	Une partie de la syntaxe de création d'un tablespace vue précédemment.
`DICTIONARY`	Définit que la gestion des extents du tablespace relève du dictionnaire de données.
`DEFAULT`	Spécifie les paramètres de stockage par défaut pour tous les objets créés dans le tablespace. Il est possible de définir d'autres paramètres de stockage à la création des objets.
`INITIAL`	Définit la taille du premier extent créé lors de la création d'un segment. Chaque fois que vous créez un segment, l'extent « `INITIAL` » est automatiquement créé.
`NEXT`	Définit la taille du prochain extent qui va être alloué automatiquement lorsque davantage d'extents sont requis.
`PCTINCREASE`	Définit le pourcentage d'augmentation de la taille du prochain extent. Attention, lorsque la taille du segment augmente, chaque extent croît de « `n%` » par rapport à la taille de l'extent précédent.
`MINEXTENTS`	Définit le nombre minimum d'extents pouvant être affectés à un segment. Si vous initialisez une valeur supérieure à un, Oracle affecte le nombre d'extents dont la taille est régie par les paramètres « `INITIAL` » et « `NEXT` ».
`MAXEXTENTS`	Définit le nombre maximum d'extents pouvant être affectés à un segment.
`integer`	Spécifie une taille, en octets si vous ne précisez pas de suffixe pour définir une valeur en K, M.
`K`	Valeurs spécifiées pour préciser la taille en kilooctets.
`M`	Valeurs spécifiées pour préciser la taille en mégaoctets.
`UNLIMITED`	Définit un nombre d'extents illimité pour le segment.

Vous pouvez utiliser la vue du dictionnaire de données « `DBA_TABLESPACES` » pour récupérer les informations concernant les paramètres de stockage par défaut.

```
SQL> CREATE TABLESPACE GEST_DATA
  2  DATAFILE 'C:\ORACLE\ORADATA\DICTDBA\GEST_DATA01.DBF'
  3  SIZE 100M
  4      DEFAULT
  5      STORAGE (
  6              INITIAL      2M
  7              NEXT         5M
  8              MINEXTENTS   3
  9              MAXEXTENTS   100
 10              PCTINCREASE  10
 11             )
 12  EXTENT MANAGEMENT DICTIONARY;
```

```
Tablespace créé.

SQL> SELECT INITIAL_EXTENT, NEXT_EXTENT, MIN_EXTENTS,
  2         MAX_EXTENTS, PCT_INCREASE
  3  FROM DBA_TABLESPACES
  4  WHERE TABLESPACE_NAME like 'GEST_DATA';

INITIAL_EXTENT NEXT_EXTENT MIN_EXTENTS MAX_EXTENTS PCT_INCREASE
-------------- ----------- ----------- ----------- ------------
       2097152     5242880           3         100           10
```

Dans l'exemple précédent, vous remarquerez l'utilisation des paramètres de stockage pour un tablespace.

Le calcul de la taille d'un segment créé dans ce tablespace est le suivant :

$$\text{taille} = \text{INITIAL} + \sum_{\text{MINEXTENT}}^{n=2} \text{NEXT} \times \left(1 + \frac{\text{PCTINCREASE}}{100}\right)^{n-2}$$

Attention

La formule de calcul est uniquement valable si la valeur du paramètre de stockage « **NEXT** » n'est pas modifié manuellement.

En effet le paramètre de stockage « **NEXT** » peut être modifié à n'importe quel moment par un administrateur. Toute allocation d'un extent prend en compte la valeur du paramètre de stockage « **NEXT** » au moment où la demande à été effectuée.

Une augmentation de la taille du paramètre de stockage « **NEXT** » est effectuée chaque fois que vous allouez un nouveau extent, lorsque le paramètre de stockage « **PCTINCREASE** » est initialisé.

$\text{taille} = \text{INITIAL} + \sum$

```
SQL> CREATE TABLE EMP TABLESPACE GEST_DATA AS
  2  SELECT * FROM SCOTT.EMP;

Table créée.

SQL> SELECT INITIAL_EXTENT, NEXT_EXTENT,
  2         MIN_EXTENTS, MAX_EXTENTS,
  3         PCT_INCREASE
  4  FROM DBA_SEGMENTS
  5  WHERE TABLESPACE_NAME LIKE 'GEST_DATA';

INITIAL_EXTENT NEXT_EXTENT MIN_EXTENTS MAX_EXTENTS PCT_INCREASE
-------------- ----------- ----------- ----------- ------------
       2097152     6348800           3         100           10

SQL> SELECT BYTES FROM DBA_SEGMENTS
  2  WHERE TABLESPACE_NAME LIKE 'GEST_DATA';

     BYTES
```

```
13148160
```

Dans l'exemple précédent, vous pouvez voir la création d'une table sans options de stockage dans le tablespace « `GEST_DATA` ». Le segment ainsi créé respecte les options de stockage du tablespace correspondant. La taille du segment est donnée par les trois extents, et chaque segment possède au moins la taille de l'extent « `INITIAL` ». Si vous avez besoin de plus d'extents, Oracle ajoute un extent d'une taille égale à l'extent « `NEXT` ». Chaque fois qu'il utilise la valeur du paramètre « `NEXT` » pour créer un extent, Oracle augmente la taille du paramètre « `NEXT` » d'un pourcentage égal au paramètre « `PCTINCREASE` ».

Le calcul pour les trois extents précisés dans le paramètre « `MINEXTENTS` » est :

$$\text{taille} = \text{INITIAL} + \sum_{3}^{n=2} \text{NEXT} \times \left(1 + \frac{\text{PCTINCREASE}}{100}\right)^{n-2}$$

$$\text{taille} = \text{INITIAL} + \text{NEXT} + \text{NEXT} \times \left(1 + \frac{\text{PCTINCREASE}}{100}\right)$$

$$\text{taille} = 2097152 + 5242880 + 5242880 \times \left(1 + \frac{10}{100}\right)$$

```
taille = 13107200
```

Conseil

La gestion des tablespaces dans le dictionnaire de données est fortement déconseillée ; elle est conservée par Oracle pour des raisons de compatibilité ascendante.

À partir de la version Oracle9i, il est fortement conseillé de créer les bases de données avec tous les tablespaces gérés localement pour pouvoir tirer pleinement parti des nouvelles fonctionnalités.

Les seuls types de tablespace présentés par la suite sont les tablespaces gérés localement.

La gestion locale

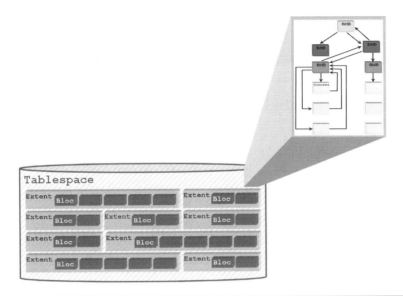

La gestion des tablespaces localement est apparue avec Oracle8i et consiste à gérer les extents au sein même des tablespaces.

La gestion locale stocke tous les aspects d'allocation de segments à l'intérieur de chaque tablespace. Les informations sont codées au format bitmap dans l'en-tête de chaque tablespace. Cela élimine le besoin de mettre à jour le dictionnaire des données et réduit au minimum le nombre de mises à jour du catalogue.

La syntaxe de création d'un tablespace permet de définir le mode de gestion des extents ainsi que les paramètres par défaut pour le stockage :

```
CREATE {BIGFILE|SMALLFILE} TABLESPACE nom_tablespace
...
        [
            EXTENT MANAGEMENT
              { DICTIONARY
                |
                LOCAL
                  [{
                        AUTOALLOCATE
                        |
                        UNIFORM [ SIZE integer [{K|M}] ]
                  }]
        ] ;
```

...	Une partie de la syntaxe de création d'un tablespace vue précédemment.
LOCAL	Définit que la gestion des extents du tablespace est effectuée localement.

`DEFAULT STORAGE`		Vous ne pouvez pas définir les paramètres de stockage pour un tablespace géré localement.
`AUTOALLOCATE`		Définit que la taille des extents est calculée automatiquement par Oracle. Les utilisateurs ne peuvent pas indiquer une taille d'extent.
`UNIFORM`		Définit que le tablespace est géré avec des extents de taille uniforme « `integer` ». La valeur par défaut est de 1 Mb.
`integer`		Spécifie une taille, en octets si vous ne précisez pas de suffixe pour définir une valeur en K, M.
`K`		Valeurs spécifiées pour préciser la taille en kilooctets.
`M`		Valeurs spécifiées pour préciser la taille en mégaoctets.

Vous pouvez utiliser la vue du dictionnaire de données « `DBA_TABLESPACES` » pour récupérer les informations concernant les tablespaces.

```
SQL> CREATE TABLESPACE GEST_DATA;

Tablespace créé.

SQL> SELECT EXTENT_MANAGEMENT, ALLOCATION_TYPE
  2  FROM   DBA_TABLESPACES
  3  WHERE  TABLESPACE_NAME LIKE 'GEST_DATA';

EXTENT_MANAGEMENT ALLOCATION_TYPE
----------------- ---------------
LOCAL             SYSTEM

SQL> CREATE TABLE EMP TABLESPACE GEST_DATA AS
  2  SELECT * FROM SCOTT.EMP;

Table créée.

SQL> SELECT INITIAL_EXTENT, NEXT_EXTENT,
  2         MIN_EXTENTS, MAX_EXTENTS,
  3         PCT_INCREASE
  4  FROM DBA_SEGMENTS
  5  WHERE TABLESPACE_NAME LIKE 'GEST_DATA';

INITIAL_EXTENT NEXT_EXTENT MIN_EXTENTS MAX_EXTENTS PCT_INCREASE
-------------- ----------- ----------- ----------- ------------
         65536                       1  2147483645
```

Dans l'exemple précédent, vous pouvez observer la création d'un tablespace avec les options par défaut, à savoir : géré localement et avec une allocation des extents automatique. La table est créée dans le tablespace « `GEST_DATA` » avec les options de stockage par défaut d'Oracle.

Vous pouvez remarquer les paramètres de stockage « `PCT_INCREASE` » et « `NEXT_EXTENT` » qui ne comportent aucune valeur.

Un tablespace géré localement ne peut pas avoir les paramètres de stockage par défaut initialisés. Mais à chaque création d'objet vous pouvez définir les paramètres de stockage pour le segment respectif.

Dans l'exemple suivant, nous allons créer une table avec les paramètres de stockage initialisés pour comprendre comment Oracle interprète ces paramètres en mode gestion locale.

```
SQL> CREATE TABLE EMP TABLESPACE GEST_DATA
  2          STORAGE (
  3                  INITIAL     2M
  4                  NEXT        5M
  5                  MINEXTENTS  3
  6                  MAXEXTENTS  100
  7                  PCTINCREASE 10
  8                  )
  9  AS SELECT * FROM SCOTT.EMP;

Table créée.

SQL> SELECT INITIAL_EXTENT, NEXT_EXTENT,
  2         MIN_EXTENTS, MAX_EXTENTS,
  3         PCT_INCREASE
  4  FROM DBA_SEGMENTS
  5  WHERE TABLESPACE_NAME LIKE 'GEST_DATA';

INITIAL_EXTENT NEXT_EXTENT MIN_EXTENTS MAX_EXTENTS PCT_INCREASE
-------------- ----------- ----------- ----------- ------------
      13107200                       1  2147483645

SQL> SELECT SEGMENT_NAME, TABLESPACE_NAME, BLOCKS, EXTENTS
  2  FROM DBA_SEGMENTS
  3  WHERE TABLESPACE_NAME LIKE 'GEST_DATA';

SEGMENT_NAME TABLESPACE_NAME BLOCKS EXTENTS
------------ --------------- ------ -------
EMP          GEST_DATA         1664      13

SQL> SELECT EXTENT_ID, BYTES, BLOCKS
  2  FROM DBA_EXTENTS
  3  WHERE TABLESPACE_NAME LIKE 'GEST_DATA';

 EXTENT_ID      BYTES     BLOCKS
---------- ---------- ----------
         0    1048576        128
         1    1048576        128
         2    1048576        128
         3    1048576        128
         4    1048576        128
         5    1048576        128
```

6	1048576	128
7	1048576	128
8	1048576	128
9	1048576	128
10	1048576	128
11	1048576	128
12	1048576	128

La table a été créée avec un ensemble de treize extents de 1Mb chacun ; pourtant, dans les paramètres de stockage on a précisé que l'on veut uniquement trois extents.

En effet, comme il s'agit d'un tablespace géré localement, Oracle ne tient pas compte de la taille des extents demandés, et alloue une taille automatiquement ou uniforme selon le type de tablespace.

En revanche, le volume du segment est calculé suivant la règle précisée auparavant :

$$\text{taille} = \text{INITIAL} + \sum_{3}^{n=2} \text{NEXT} \times \left(1 + \frac{\text{PCTINCREASE}}{100}\right)^{n-2}$$

$$\text{taille} = 2097152 + 5242880 + 5242880 \times \left(1 + \frac{10}{100}\right)$$

```
taille = 13107200
```

Le champ « **INITIAL_EXTENT** » de la vue du dictionnaire de données « **DBA_EXTENTS** » indique le volume total demandé lors de la création du segment.

Conseil

Pour les tablespaces gérés localement, les paramètres de stockage « **NEXT** », « **MINEXTENTS** », et « **PCTINCREASE** », sont complètement superflus.

Ils contribuent uniquement à la création d'un segment pour déterminer le volume total nécessaire pour le segment.

Avantages de la gestion locale des tablespaces :

– La gestion locale facilite les opérations lors du déplacement de tablespaces de base à base.

– Les accès au dictionnaire de données sont limités.

– Le travail de l'administrateur Oracle est facilité, les fastidieuses opérations d'allocation d'espace ne sont plus nécessaires.

– La gestion centralisée dans le dictionnaire imposait des écritures dans les tables correspondantes lors de chaque allocation ou libération d'espace. L'écriture de données bitmap est plus rapide et évite ce goulot d'étranglement, et il n'est pas de besoin de blocks undo pour les transactions. Oracle peut supporter encore plus d'utilisateurs.

– Lors de la libération d'espace, le stockage dans les tables du dictionnaire ne permettait pas à Oracle de détecter que deux espaces libres contigus pouvaient être agrégés. La gestion locale automatise cette opération.

L'allocation et la libération d'extents

- **Un extent est alloué lorsque le segment est :**
  - Créé
  - Etendu
  - Modifié
- **Un extent est libéré lorsque le segment est :**
  - Supprimé
  - Modifié
  - Vidé
  - Redimensionné automatiquement

Un extent est une unité logique permettant d'allouer de l'espace à une base de données. Il est constitué d'un ensemble de blocs de données contigus. Un segment comporte un ou plusieurs extents.

Des extents sont alloués à un segment, ou au contraire libérés, sous certaines conditions.

Un segment se voit attribuer des extents :

– Lors de sa création.
– Lorsqu'un segment a besoin d'espace de stockage supplémentaire pour ajouter des enregistrements ou pour la modification des enregistrements existants

Un segment est libéré d'extents :

– Lorsqu'il est supprimé.
– Lorsqu'il est modifié.
– Lorsqu'il est vidé.
– Lorsque les segments undo effectuent un redimensionnement automatique.

Le bloc de données

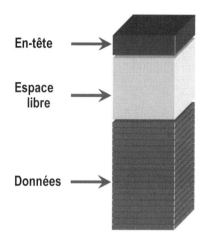

- INITRANS
- MAXTRANS
- PCTFREE
- PCTUSED

Le bloc Oracle est la plus petite unité d'entrée/sortie. Lorsque des données doivent être extraites du disque, le serveur Oracle utilise un ou plusieurs blocs Oracle. La taille d'un bloc Oracle doit être un multiple de la taille d'un bloc du système d'exploitation.

Un bloc de données correspond à un nombre spécifique d'octets d'espace de base de données physique sur le disque. Lors de la création de chaque base de données Oracle, une taille de bloc de données est définie pour le tablespace système, undo et temporaire. Pour les autres tablespaces applicatifs vous pouvez utiliser plusieurs tailles de bloc parmi les valeurs : 2K, 4K, 8K, 16K et 32K.

Un bloc de données est composé de trois éléments :

- l'en-tête du bloc,
- l'espace libre
- l'espace des données.

L'en-tête du bloc

Chaque bloc de données Oracle possède une zone d'en-tête qui est utilisée pour stocker (entre autres) un annuaire de tables, un annuaire des enregistrements et des fiches (slots) de transactions. Les slots sont utilisées par les transactions pour leur permettre de s'identifier à l'intérieur du bloc avant d'essayer de modifier un ou plusieurs enregistrements. Tous jouent un rôle majeur dans la méthodologie Oracle mise en œuvre pour assurer un verrouillage au niveau des enregistrements et garantir la cohérence en lecture des vues des données.

L'espace libre

C'est une partie du bloc qui sert de zone de débordement pour les mises à jour des enregistrements ou pour les insertions des enregistrements..

Au début, l'espace libre est contigu, mais les suppressions et les mises à jour peuvent entraîner une fragmentation de l'espace libre dans le bloc.

Module 15 : La gestion du stockage

L'espace de données

Les enregistrements sont rangés dans cet espace du bas vers le haut. Il peut s'agir de tables de données ou d'index de données.

Les paramètres d'utilisation de l'espace dans un bloc

Les paramètres d'utilisation de l'espace dans un bloc contrôlent la façon dont l'espace est utilisé dans les segments de données et d'index. Il existe deux types de paramètres :

– les paramètres qui contrôlent la concurrence,

– les paramètres qui contrôlent l'utilisation de l'espace des données.

Les paramètres qui contrôlent la concurrence sont :

INITRANS et MAXTRANS.

Le paramètre « **INITRANS** » indique le nombre initial d'entrées de transaction créées dans un bloc d'index ou un bloc de données. Les entrées de transaction permettent de stocker des informations sur les transactions qui ont modifié le bloc. Le paramètre « **INITRANS** », dont la valeur par défaut est « **1** » pour un segment de données et « **2** » pour un segment d'index, garantit un niveau minimal de concurrence.

Le paramètre « **MAXTRANS** » indique le nombre maximal d'entrées de transaction qui peuvent être créées dans un bloc d'index ou un bloc de données. La valeur par défaut du paramètre « **MAXTRANS** » est « **255** ».

Les paramètres « **PCTFREE** » et « **PCTUSED** » contrôlent l'utilisation de l'espace dans un bloc.

Le paramètre « **PCTFREE** » indique, pour chaque bloc de données, le pourcentage d'espace réservé à l'extension due à la mise à jour des lignes dans le bloc.

Le paramètre « **PCTUSED** » indique le pourcentage minimal d'espace utilisé que le serveur Oracle tente de conserver pour chaque bloc de données de la table.

Note

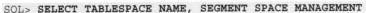

La gestion de l'espace de stockage à l'intérieur du segment peut être effectuée automatiquement ou manuellement selon le type de tablespace dans lequel il est positionné.

Dans le cas de gestion manuelle « **SEGMENT SPACE MANAGEMENT MANUAL** », la gestion des blocs libres, disponibles pour les insertions, est effectuée par les freelists.

Dans le cas de gestion automatique « **SEGMENT SPACE MANAGEMENT AUTO** », la gestion est effectuée grâce un bitmap qui décrit l'état de chaque bloc du segment pour retrouver les blocs libres et le taux de remplissage de chaque bloc.

Vous pouvez trouver l'information à l'aide de la vue du dictionnaire de données « **DBA_TABLESPACES** ».

```
SQL> SELECT TABLESPACE_NAME, SEGMENT_SPACE_MANAGEMENT
  2  FROM DBA_TABLESPACES
  3  WHERE TABLESPACE_NAME IN ('USERS','GEST_DATA');

TABLESPACE_NAME                SEGMEN
------------------------------ ------
GEST_DATA                      MANUAL
USERS                          AUTO
```

La configuration des freelists

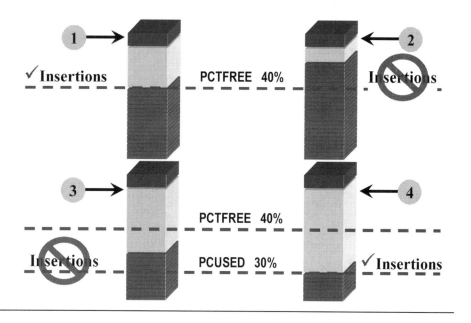

Une freelist est une liste de blocs libres dans un segment, dans lesquels des données peuvent être insérées. Un bloc libre n'est pas nécessairement vide. Il indique qu'il reste de la place dans ce bloc et que celle-ci est disponible pour des opérations d'insertion.

Les étapes suivantes décrivent la manière dont l'espace est utilisé dans un bloc :

Étape 1

Lorsque vous avez besoin d'insérer des données dans le segment, Oracle choisit l'un des blocs libres du segment se trouvant dans le buffer cache. Si aucun bloc de ce segment ne se trouve dans le buffer cache, il va en charger un à partir du fichier de données.

Lorsqu'un bloc est plein, c'est-à-dire qu'il contient des données jusqu'au niveau « PCTFREE », il est retiré de la freelist. Ainsi le bloc ne peut pas supporter des inserts, mais toutes les enregistrements peuvent être modifiés ou effacés si besoin il est.

Étape 2

Le bloc à été retiré de la freelist, mais comme vous pouvez le voir dans l'image précédente, le volume des enregistrements a augmenté. Les données du bloc peuvent être modifiées, par exemple une colonne au départ « NULL » est mise à jour, augmentant ainsi la taille de l'enregistrement.

Étape 3

Des opérations ultérieures de suppression sur le même bloc peuvent faire passer le niveau d'utilisation de ce bloc au dessous de la valeur « PCTFREE » ; le bloc n'est cependant pas pour autant affecté à la freelist.

Étape 4

Des opérations ultérieures de suppression sur le même bloc peuvent faire passer le niveau d'utilisation de ce bloc au-dessous de la valeur « `PCTUSED` », et donc ramener le bloc au début de la freelist.

Comme vous pouvez le remarquer, « `PCTFREE` » représente le pourcentage qui doit rester libre dans le bloc ; par contre « `PCTUSED` » représente le pourcentage de remplissage du bloc.

> **Note**

À la création d'une table, vous pouvez préciser le nombre de freelists pour cette table, la valeur par défaut étant 1. Cela peut provoquer un goulet d'étranglement pour les tables qui ont besoin de réaliser des opérations d'insertion simultanées pour plusieurs transactions. Toutes les transactions doivent avoir accès au premier bloc de la freelist pour insérer des données dans ce bloc.

Lorsque plusieurs freelists sont configurées, les blocs libres de la freelist sont répartis entre les différentes listes configurées. Cette méthode facilite l'accès aux premiers blocs des différentes listes pour des transactions multiples. En configurant plusieurs freelists, vous assurez-vous qu'aucun bloc ne devienne un point de contention pour plusieurs opérations d'insertion simultanées.

A la création d'une table, ses blocs sont vides. Au fur et à mesure qu'on y insère des enregistrements, l'espace se remplit progressivement. L'insertion se fait séquentiellement dans le bloc du bas vers le haut.

> **Attention**

Dans le cas de l'augmentation de la taille d'un enregistrement, Oracle pousse les enregistrements suivants pour mettre les octets en plus. Les enregistrements poussés peuvent éventuellement déborder sur la zone de débordement.

Lorsque celle-ci est pleine et qu'Oracle a besoin de place pour une modification, il alloue un bloc chaîné le plus souvent non contigu.

Un enregistrement peut alors être fragmenté sur plusieurs blocs ce qui est dommageable pour les performances.

La gestion des blocs libres à l'aide de freelists est uniquement valable pour les tablespaces gérés dans le dictionnaire de données ou gérés localement avec une gestion de l'espace manuelle « `SPACE MANAGEMENT MANUAL` ».

La gestion automatique de l'espace

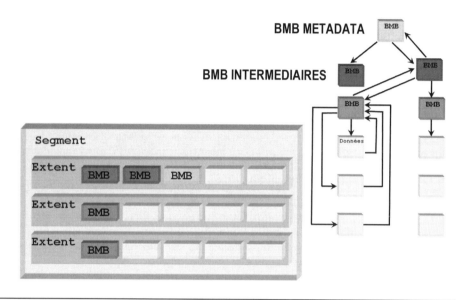

La gestion automatique gère l'espace au sein d'un segment de façon plus simple et efficace qu'avec le système de freelists.

La gestion automatique gère l'espace à travers un ensemble des blocs spécifiques du segment appelés **BMB** (**B**it**M**ap **B**locks). Pour chaque bloc, il existe un ensemble de bits qui fournit l'information sur l'espace disponible dans ce bloc.

Les **BMB** sont organisés en arbre avec trois niveaux maximum de profondeur. Il existe un **BMB** Metadata destiné à alléger l'utilisation de l'arbre de **BMB** pour tout ce qui concerne la seule détection des blocs libres et occupés.

Pendant une opération d'insert, en partant de la racine de la hiérarchie, Oracle choisit le Segment Header contenant un **BMB** intermédiaire afin de trouver un bitmap bloc utilisable qui pointera sur des blocs contenant de l'espace libre

Les avantages de la gestion automatique de l'espace :

– Amélioration de l'utilisation de l'espace, notamment pour les objets dont les tailles de lignes sont très variables.

– Permettre à Oracle un meilleur ajustement en temps réel aux variations en accès concurrent.

– L'utilisation des arguments « PCTUSED », « FREELISTS » et « FREELIST GROUPS » n'est plus requise.

La gestion automatique des blocs

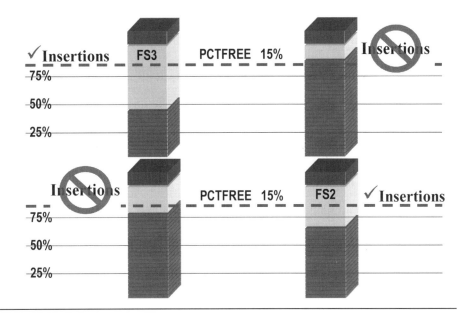

La gestion automatique gére l'espace au sein d'un segment de façon plus simple et efficace qu'avec le système de freelists. L'option « PCTUSED » n'est plus utilisée, et chaque bloc est divisé en quatre sections appelées « FS1 », « FS2 », « FS3 » et « FS4 ». En effet, à la place d'une valeur pour « PCTUSED », vous bénéficiez de trois valeurs « 25% », « 50% » et « 75% » avec les mêmes caractéristiques.

Chaque fois que le volume des enregistrements dans le bloc se trouve au-dessous d'une des valeurs « 25% », « 50% » et « 75% », le bloc est marqué comme étant libre.

L'option de stockage « PCTFREE » garde ces mêmes caractéristiques.

Rappelez-vous, les **BMB** contiennent des informations sur l'état du bloc, libre ou complet, mais également sur le taux de remplissage du bloc.

Il y a quatre types de blocs comme on l'a vu précédemment :

FS1   Les blocs contenant de 0 à 25% d'espace libre.

FS2   Les blocs contenant de 25 à 50% d'espace libre.

FS3   Les blocs contenant de 50 à 75% d'espace libre.

FS4   Les blocs contenant de 75 à 100% d'espace libre.

Dans l'image précédente, vous pouvez voir le bloc de type « FS3 » considéré complet une fois dépassée la limite « PCTFREE ». Il n'est plus disponible pour les inserts jusqu'au moment où le volume des enregistrements est inferieur à « 75% ».

Atelier 15

- La structure du stockage
- Les types de segments
- Les paramètres de stockage
- Les informations sur le stockage
- L'allocation ou libération d'extents

 Durée : 15 minutes

Questions

15-1 Vous voulez limiter le nombre de transactions simultanées qui peuvent changer les données dans un bloc. Quel est le paramètre que vous devez initialiser ?

   A. INITTRANS
   B. MAXTRANS
   C. PCTUSED
   D. PCTFREE

15-2 Qu'est-ce qui détermine la taille initiale d'un tablespace ?

   A. L'argument « `INITIAL` » de la commande « `CREATE TABLESPACE…` ».
   B. L'argument « `MINEXTENTS` » de la commande « `CREATE TABLESPACE…` ».
   C. La somme des arguments « `INITIAL` » et « `NEXT` » de la commande « `CREATE TABLESPACE…` ».
   D. La somme des tailles des fichiers des données de la commande « `CREATE TABLESPACE…` ».

Exercice n°1

Créez un tablespace « `GEST_DATA` » avec les options par défaut, sans définir le fichier de données, sa taille ou les informations de stockage.

Créez une table dans ce tablespace avec la syntaxe suivante :

```
CREATE TABLE APP_CAT TABLESPACE GEST_DATA AS
SELECT * FROM CAT;
```

Interrogez la vue du dictionnaire de données « **DBA_TABLESPACES** » pour récupérer le mode de gestion des extents dans le tablespace et le type d'allocation d'extents.

Interrogez la vue du dictionnaire de données « **DBA_SEGMENTS** » pour récupérer les informations concernant le stockage.

Exercice n°2

Interrogez la vue du dictionnaire de données « **DBA_SEGMENTS** » pour récupérer le nombre d'extents et de blocs pour la table créée.

Exercice n°3

Interrogez la vue du dictionnaire de données « **DBA_EXTENTS** » pour récupérer le nombre de blocs et son volume en bytes par extent.

Exercice n°4

Exécutez le code suivant :

```
begin
    for i in 1..5 loop
        insert into APP_CAT select * from APP_CAT ;
    end loop ;
end ;
/
```

Interrogez de nouveau la vue du dictionnaire de données « **DBA_SEGMENTS** » pour récupérer le nombre d'extents et de blocs pour la table créée.

Exercice n°5

Effacez tous les enregistrements, validez et interrogez de nouveau la vue du dictionnaire de données « **DBA_SEGMENTS** » pour récupérer le nombre d'extents et de blocs pour la table créée.

Exercice n°6

Exécutez la commande SQL « **TRUNCATE TABLE** » et interrogez de nouveau la vue du dictionnaire de données « **DBA_SEGMENTS** » pour récupérer le nombre d'extents et de blocs pour la table créée.

- *La lecture cohérente*
- *Tablespace UNDO*
- *UNDO_RETENTION*
- *FLASHBACK*

16

Les segments UNDO

Objectifs

A la fin de ce module, vous serez à même d'effectuer les tâches suivantes :

- Décrire l'utilisation des segments UNDO.
- Définir un tablespace UNDO pour la base de données.
- .Créer un tablespaces et définir le mode de conservation des blocs UNDO.
- Supprimer un tablespace UNDO.
- Interroger les données de la base en mode FLASHBACK.
- Interroger les versions des enregistrements modifiés en mode FLASHBACK.

Contenu

Le segment UNDO	16-2	Flashback	16-12
L'utilisation des segments UNDO	16-3	DBMS_FLASHBACK	16-13
La lecture cohérente	16-4	Fonctions de conversion	16-16
L'annulation d'une transaction	16-5	Interrogation FLASHBACK	16-17
La gestion du tablespace UNDO	16-6	Interrogation des versions	16-19
Suppression d'un tablespace UNDO	16-10	Atelier 16	16-23
L'annulation d'une transaction	16-11		

Le segment UNDO

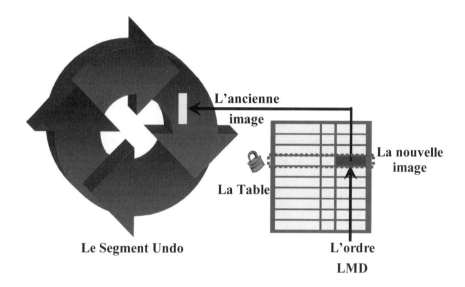

L'ancienne image

La nouvelle image

La Table

Le Segment Undo

L'ordre LMD

Chaque base de données abrite un ou plusieurs segments UNDO qui contient ou contiennent les anciennes valeurs des enregistrements en cours de modification dans les transactions, qui sont utilisées pour assurer une lecture consistante des données, pour annuler des transactions et en cas de restauration.

Attention

Ni les utilisateurs, ni l'administrateur ne peuvent accéder au contenu d'un segment d'annulation ou le lire; seul le logiciel Oracle peut l'atteindre.

Les segments d'annulation sont des zones de stockage gérées automatiquement par Oracle. Ils sont stockés dans un tablespace de type « UNDO ».

Pour lire et écrire dans les segments d'annulations, le processus serveur utilise l'unité d'échange entre les fichiers, la mémoire et les processus, à savoir le bloc Oracle.

Ainsi, chaque fois qu'ont lit ou modifie l'information dans les blocs du segment d'annulation, ils sont chargés dans le buffer cache (cache de tampon) pour effectuer les traitements, comme tous les autres blocs.

Pour gérer à la fois les lectures et les mises à jour, Oracle conserve les deux informations :

- Les données mises à jour sont écrites dans les segments de données de la base.
- Les anciennes valeurs sont consignées dans les segments « UNDO ».

Ainsi, l'utilisateur de la transaction qui modifie les valeurs lira les données modifiées, et tous les autres liront les données non modifiées.

Chaque fois qu'une instruction « INSERT », « UPDATE » ou « DELETE » met à jour une ou plusieurs lignes dans la table, un verrou LMD ROW EXCLUSIVE est placé. Il permet à des transactions multiples de mettre à jour la table aussi longtemps qu'elles ne mettent pas à jour les mêmes lignes.

L'utilisation des segments UNDO

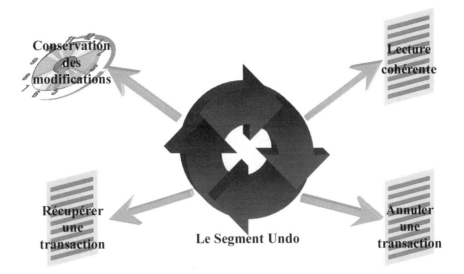

Toutes les données d'annulation sont stockées dans un tablespace spécial appelé « UNDO ». Lorsque vous créez un tablespace « UNDO », Oracle gère le stockage, la rétention et l'emploi de l'espace pour les données de rollback par l'intermédiaire de la fonction SMU (System-Managed Undo). Aucun objet permanent n'est placé dans le tablespace undo.

Les undo segments sont utilisés aux fins de gérer :

– La lecture cohérente des données de la base.

– L'annulation d'une transaction.

– La récupération des transactions après un arrêt brutal du serveur. La restauration des transactions est possible car toutes les modifications apportées aux segments « UNDO » sont également protégées par des fichiers journaux.

– La conservation des blocs UNDO après la fin des transactions pour pouvoir d'interroger les données dans l'état où elles étaient plusieurs heures auparavant.

La lecture cohérente

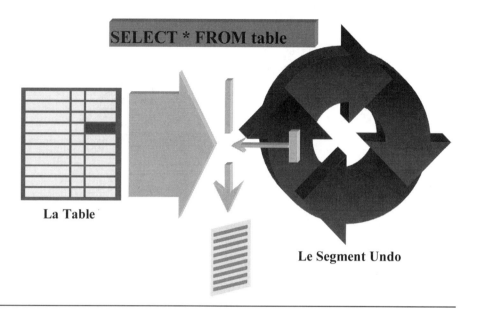

Une des caractéristiques d'Oracle est sa capacité à gérer l'accès concurrent aux données, c'est-à-dire l'accès simultané de plusieurs utilisateurs à la même donnée.

La lecture consistante, telle qu'elle est prévue par Oracle assure que :

- Les données interrogées ou manipulées, dans un ordre **SQL**, ne changeront pas de valeur entre le début et la fin.

- Les lectures ne seront pas bloquées par des utilisateurs effectuant des modifications sur les mêmes données.

- Les modifications ne seront pas bloquées par des utilisateurs effectuant des lectures sur ces données.

- Un utilisateur ne peut lire les données modifiées par un autre, si elles n'ont pas été validées.

- Il faut attendre la fin des modifications en cours dans une autre transaction afin de pouvoir modifier les mêmes données.

L'annulation d'une transaction

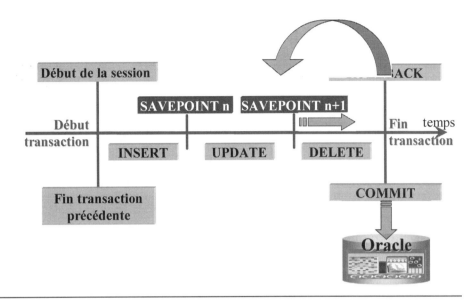

Une transaction commence à la fin de la précédente transaction. La toute première transaction débute au lancement du programme. Il n'existe pas d'ordre implicite de début de transaction.

La fin d'une transaction peut être définie explicitement par l'un des ordres « COMMIT » ou « ROLLBACK » :

- « COMMIT » termine une transaction par la validation des données. Il rend définitives et accessibles aux autres utilisateurs toutes les modifications effectuées pendant la transaction en les sauvegardant dans la base de données, et annule tous les verrous positionnés pendant la transaction (voir Mécanismes de verrouillage);

- « ROLLBACK » termine une transaction en annulant toutes les modifications de données effectuées et annule tous les verrous positionnés pendant la transaction.

Il est possible de subdiviser une transaction en plusieurs étapes en sauvegardant les informations modifiées à la fin de chaque étape, tout en gardant la possibilité soit de valider l'ensemble des mises à jour, soit d'annuler tout ou partie des mises à jour à la fin de la transaction.

Le découpage de la transaction en plusieurs parties se fait en insérant des points de repère, ou « SAVEPOINT ».

Les points de repère « SAVEPOINT » sont des points de contrôle utilisés dans les transactions pour annuler partiellement l'une d'elles. Dans ce cas, un point de repère est défini par un identifiant et peut être référencé dans la clause « ROLLBACK ».

La gestion du tablespace UNDO

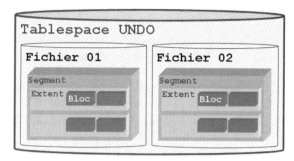

**CREATE UNDO TABLESPACES UNDOTBS01
RETENTION GUARANTEE;**

ALTER SYSTEM SET UNDO_RETENTION=3600;

Les segments undo sont gérés en utilisant un undo tablespace. Il faut assigner un undo tablespace par instance avec assez d'espace pour la charge de travail de l'instance.

Le serveur Oracle met automatiquement les undo data dans l'undo tablespace.

Rappelez-vous, la syntaxe SQL de création de la base de données comporte la création d'un tablespace « **UNDO** ». Le nom du tablespace précisé dans l'ordre de création de la base de données est le tablespace par défaut initialisé par le paramètre « **UNDO_TABLESPACE** ».

```
SQL> CREATE DATABASE "tpdba"
...
16  UNDO TABLESPACE "UNDOTBS1" DATAFILE SIZE 200M
17         AUTOEXTEND ON NEXT 5120K MAXSIZE UNLIMITED
...
```

Le paramètre d'initialisation « **UNDO_RETENTION** » permet de définir en secondes le temps de conservation des informations dans les segments UNDO. En effet les blocs UNDO ne sont pas libérés par les validations des transactions « **COMMIT** » comme habituellement, mais sont gardés afin de pouvoir être interrogés.

L'objectif est de permettre à chaque utilisateur de revenir dans le passé, et récupérer les données telles qu'elles étaient à un moment donné dans le passé.

La syntaxe de création d'un tablespace undo est :

```
CREATE {BIGFILE|SMALLFILE} UNDO TABLESPACE nom_tablespace
    [ DATAFILE
       ['nom_fichier'] [ SIZE integer {K|M|G|T} ]
       [ AUTOEXTEND
          {OFF |
           ON [ NEXT integer {K|M|G|T}]
```

Module 16 : Les segments UNDO

```
                    [ MAXSIZE {UNLIMITED | integer {K|M|G|T}]
                 }
           ] [,...]
        ]
        [{ONLINE | OFFLINE}]
        [ RETENTION {GUARANTEE | NOGUARANTEE}]
    ;
```

GUARANTEE Indique que le tablespace effectue la conservation des blocs undo. Attention, dans ce cas la conservation est prioritaire par rapport aux transactions ; s'il n'y a plus d'espace libre pour les nouveaux blocs UNDO, les transactions sont rejetées.

NOGUARANTEE Indique que le tablespace effectue la conservation des blocs undo. La conservation n'est pas prioritaire par rapport aux transactions ; s'il n'y a plus d'espace libre pour les nouveaux blocs UNDO, les transactions utilisent les blocs UNDO déjà valides par les transactions.

```
SQL> CREATE UNDO TABLESPACE UNDOTBS1
  2         DATAFILE SIZE 500M
  3         AUTOEXTEND ON NEXT 100M
  4         RETENTION NOGUARANTEE;

Tablespace créé.

SQL> ALTER SYSTEM SET UNDO_TABLESPACE=UNDOTBS1;

Système modifié.

SQL> ALTER SYSTEM SET UNDO_RETENTION=3600;

Système modifié.

SQL> SHOW PARAMETER UNDO

NAME                                 TYPE         VALUE
------------------------------------ ------------ -------------
undo_management                      string       AUTO
undo_retention                       integer      3600
undo_tablespace                      string       UNDOTBS1
```

Le paramètre d'initialisation « **UNDO_RETENTION** » est exprimé en secondes, et il peut avoir une valeur entre 0 et 2^{32}.

Attention

Vous travaillez avec un seul tablespace qui doit supporter l'ensemble des espaces de stockage pour les segments UNDO.

S'il n'y a pas d'espace de stockage suffisant, toutes les transactions qui demandent de stocker des blocs UNDO sont rejetés.

Module 16 : Les segments UNDO

De même, s'il y a plusieurs utilisateurs demandent de stocker les blocs UNDO en même temps et si l'espace est insuffisant, Oracle écrase les blocs anciens avec les nouveaux, ce qui conduit à une erreur de lecture cohérente.

```
SQL> CREATE UNDO TABLESPACE UNDOTBS
  2          DATAFILE SIZE 1M ;

Tablespace créé.

SQL> ALTER SYSTEM SET UNDO_TABLESPACE=UNDOTBS;

Système modifié.

SQL> CREATE TABLE T( ID INT, TEXT VARCHAR2(2000));

Table créée.

SQL>
SQL> BEGIN
  2      FOR I IN 1..10 LOOP
  3          INSERT INTO T VALUES( I, RPAD('chaine',2000));
  4      END LOOP;
  5      COMMIT;
  6  END;
  7  /

Procédure PL/SQL terminée avec succès.

SQL> BEGIN
  2      FOR I IN 1..1000 LOOP
  3          UPDATE T SET ID = ID + 1, TEXT = RPAD('T',2000);
  4      END LOOP;
  5      COMMIT;
  6  END;
  7  /
BEGIN
*
ERREUR à la ligne 1 :
ORA-30036: impossible d'étendre le segment par 8 dans le tablespace
d'annulation 'UNDOTBS'
ORA-06512: à ligne 3

SQL> BEGIN
  2      FOR I IN 1..1000 LOOP
  3          UPDATE T SET ID = ID + 1, TEXT = RPAD('T',2000);
  4      COMMIT;
  5      END LOOP;
```

```
  6      END;
  7   /
```

Procédure PL/SQL terminée avec succès.

Dans l'exemple précédent, vous pouvez voir la création d'un tablespace de type UNDO avec une taille de 1Mb. La taille de ce tablespace est volontairement très limitée afin de pouvoir rencontrer une erreur de manque d'espace.

Une table est créée pour être utilisée dans les mises à jours suivantes. Le premier bloc PL/SQL sert à insérer dix lignes dans la table, et il s'exécute sans encombre.

Le deuxième bloc PL/SQL est rejeté suite à un manque d'espace dans le tablespace UNDOTBS. En effet, la validation de la transaction est effectuée après que la boucle « **FOR** » ait modifié les dix enregistrements mille fois.

Le troisième bloc PL/SQL est identique au deuxième du point de vue volume de données à traiter. Mais la validation de la transaction s'effectue après chaque ordre « **UPDATE** », ce qui signifie que les blocs UNDO peuvent être réutilisés.

Dans l'exemple suivant, vous pouvez observer l'exécution d'un bloc PL/SQL dans une deuxième session. Il est exécuté en parallèle avec le troisième bloc PL/SQL de l'exemple précédent.

```
SQL> DECLARE
  2      CURSOR CT IS    SELECT * FROM T;
  3      RCT CT%ROWTYPE;
  4   BEGIN
  5      OPEN CT;
  6      LOOP
  7          FETCH CT INTO RCT;
  8          DBMS_LOCK.SLEEP(4);
  9          EXIT WHEN CT%NOTFOUND;
 10      END LOOP;
 11      CLOSE CT;
 12   END;
 13  /
DECLARE
*
ERREUR à la ligne 1 :
ORA-01555: clichés trop vieux : rollback segment no 13, nommé
"_SYSSMU13$",
trop petit
ORA-06512: à ligne 7
```

L'erreur Oracle « **ORA-01555: clichés trop vieux** » se produit lorsque les blocs UNDO ont été écrasés par une autre transaction.

La suppression d'un tablespace UNDO

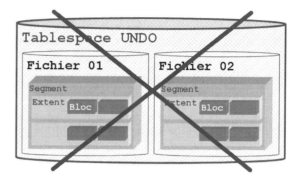

Pour pouvoir supprimer un tablespace UNDO, il faut s'assurer qu'il n'est pas en cours d'utilisation.

Il faut d'abord l'échanger avec un nouveau tablespace UNDO actif et le supprimer après l'exécution complète de toutes les transactions en cours.

Vous pouvez changer de tablespace UNDO dans une instance par la syntaxe suivante :

ALTER SYSTEM SET UNDO_TABLESPACE=nom_tablespace ;

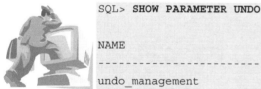

```
SQL> SHOW PARAMETER UNDO

NAME                                 TYPE        VALUE
------------------------------------ ----------- ---------
undo_management                      string      AUTO
undo_retention                       integer     3600
undo_tablespace                      string      UNDOTBS
SQL> ALTER SYSTEM SET UNDO_tablespace=UNDOTBS1;
Système modifié.


SQL> DROP TABLESPACE UNDOTBS;
Tablespace supprimé.


SQL> SHOW PARAMETER UNDO

NAME                                 TYPE        VALUE
------------------------------------ ----------- ---------
undo_management                      string      AUTO
undo_retention                       integer     3600
undo_tablespace                      string      UNDOTBS1
```

La conservation des blocs

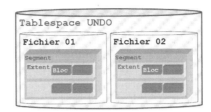

RETENTION GUARANTEE   RETENTION NOGUARANTEE

Pour un tablespace UNDO, il existe un paramètre « **RETENTION** » qui détermine la priorité de gestion pour les blocs UNDO dans les segments. Le paramètre peut être défini à la création du tablespace, mais il peut être modifié par la suite à l'aide de la commande SQL « **ALTER TABLESPACE** ».

RETENTION GUARANTEE

Les blocs UNDO sont conservés dans le tablespace, pour tous les segments, même si les transactions qui utilisent ces segments n'aboutissent pas. En effet, un tablespace paramètre de manière à donner priorité à la conservation des modifications plutôt qu'aux transactions.

Il faut prendre soin d'avoir l'espace de stockage nécessaire pour l'ensemble des données d'annulation pour la période de conservation précise dans le paramètre d'initialisation « **UNDO_RETENTION** ».

RETENTION NOGUARANTEE

Les blocs UNDO sont conservés dans le tablespace, pour tous les segments, uniquement si les transactions qui utilisent ces segments n'ont pas besoin de cette espace.

```
SQL> SELECT RETENTION FROM DBA_TABLESPACES
  2  WHERE TABLESPACE_NAME LIKE 'UNDOTBS1';

RETENTION
----------
GUARANTEE

SQL> ALTER TABLESPACE UNDOTBS1 RETENTION NOGUARANTEE;
Tablespace modifié
```

Module 16 : Les segments UNDO

Flashback

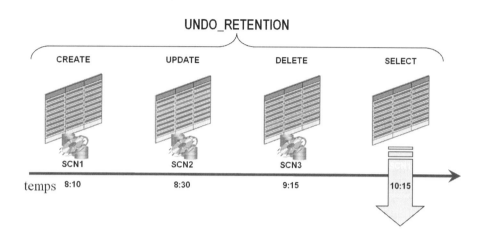

Le concept « **FLASHBACK** » à été introduit dans la version Oracle9i, il permet de visualiser les données dans l'état ou elles étaient plusieurs heures auparavant. Comme on a vue précédemment cette fonctionnalité utilise les segments stockes dans le tablespace UNDO pour retrouver l'information.

Il convient de faire attention au fait que seules les transactions validées sont visibles.

En effet, c'est un état stable de la base qui est interrogé, et il est impossible d'interroger les environnements de chaque transaction en cours d'exécution, non validée, et pouvant s'exécuter en parallèle avec plusieurs d'autres.

L'interrogation s'effectue en utilisant comme base de recherche le numéro de changement système (SCN). Vous pouvez également utiliser les informations temporelles, mais toute date et heure est convertie en un numéro de changement système (SCN).

Dans la version Oracle9i, vous utilisez un package fourni « **DBMS_FLASHBACK** » pour ouvrir un état en lecture afin de pouvoir interroger les données.

Dans la version Oracle10g, l'utilisation du « FLASHBACK » est simplifiée et introduite directement dans la syntaxe d'une requête d'interrogation SQL.

Il existe deux types d'interrogations pour récupérer les données dans leur état antérieur :

– L'interrogation des données dans leur état à un instant donné.

– La visualisation des modifications apportées aux enregistrements dans un intervalle de temps.

DBMS_FLASHBACK

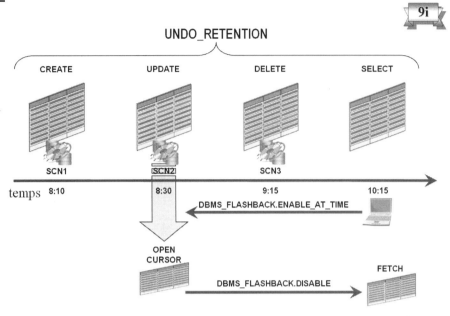

Le package « **DBMS_FLASHBACK** » à été introduit dans la version Oracle9i ; il permet de modifier la session pour que chaque utilisateur puisse revenir dans le passé, récupérer les données telles qu'elles étaient à un moment donné dans le passé.

Ce service est rendu possible par la garantie de conservation des images avant, pendant une période définie avec le paramètre « **UNDO_RETENTION** ».

Le package « **DBMS_FLASHBACK** » contient plusieurs procédures et fonctions qui permettent de mettre en œuvre le mode « **FLASHBACK** ».

GET_SYSTEM_CHANGE_NUMBER

Une fonction qui retourne le numéro du changement système (SCN) au moment de l'exécution. Vous avez besoin de cette valeur pour pouvoir ouvrir un état de visualisation à ce moment.

```
SQL> SELECT DBMS_FLASHBACK.GET_SYSTEM_CHANGE_NUMBER
  2  FROM DUAL;

GET_SYSTEM_CHANGE_NUMBER
------------------------
                 2147582
```

ENABLE_AT_SYSTEM_CHANGE_NUMBER

Une procédure qui ouvre un état de visualisation des données dans leur version au numéro du changement système (SCN) donné.

ENABLE_AT_TIME

Une procédure qui ouvre un état de visualisation des données dans leur version un moment donné. Attention, l'ouverture de l'état de visualisation est toujours effectuée à partir d'un numéro du changement système (SCN) ; ainsi Oracle convertit la date et l'heure en SCN. La conversion s'effectue avec une précision très faible, le numéro du changement système (SCN) se retrouve dans un laps de temps de cinq minutes avant ; pour une meilleure précision utiliser le numéro du changement système (SCN).

DISABLE

Une procédure qui arrête l'état de visualisation.

La mise œuvre comporte les étapes suivantes :

- L'ouverture du mode « **FLASHBACK** » à l'aide de la procédure « **ENABLE_AT_SYSTEM_CHANGE_NUMBER** » ou « **ENABLE_AT_TIME** ».
- Interrogations de données dans leur version au numéro du changement système (SCN).
- Arrêter le mode « **FLASHBACK** ».

> **Attention**

Le mode « **FLASHBACK** » permet uniquement la visualisation des données ; vous n'avez pas le droit de modifier les données.

Il est toutefois possible d'ouvrir un curseur, ce qui implique l'accomplissement de la phase EXECUTE (l'exécution) de la requête SQL. Dans cette phase, les blocs qui contiennent les enregistrements de la ou des tables composant la requête sont chargés dans le buffer cache (cache de tampon) et mis en forme.

Les données demandées sont préparées au niveau du serveur sans être récupérées.

Après l'arrêt du mode « **FLASHBACK** », vous pouvez récupérer les enregistrements sélectionnées et mis en forme.

L'ouverture du mode « **FLASHBACK** » ne peut se faire qu'au niveau de la session ; ainsi vous ne devez pas vous connecter en tant qu'utilisateur « **SYS** ».

```
SQL> CONNECT SYSTEM/SYS
Connecté.
SQL> CREATE TABLE T ( ID INT, NOM VARCHAR2(20));
Table créée.

SQL> INSERT INTO T VALUES ( 1, 'BIZOI');
1 ligne créée.

SQL> INSERT INTO T VALUES ( 2, 'FABER');
1 ligne créée.

SQL> INSERT INTO T VALUES ( 3, 'DULUC');
1 ligne créée.

SQL> COMMIT;
Validation effectuée.

SQL> SELECT TO_CHAR(SYSDATE,'DD/MM/YYYY:HH24:MI:SS') FROM DUAL;

TO_CHAR(SYSDATE,'DD
-------------------
08/07/2005:14:27:12

SQL> SELECT DBMS_FLASHBACK.GET_SYSTEM_CHANGE_NUMBER
  2  FROM DUAL;
```

```
GET_SYSTEM_CHANGE_NUMBER
-----------------------
              2154548


SQL> DELETE T WHERE ID > 1;
2 ligne(s) supprimée(s).

SQL> COMMIT;
Validation effectuée.

SQL> SELECT * FROM T;

        ID NOM
---------- --------------------
         1 BIZOI


SQL> DECLARE
  2      CURSOR C_T IS SELECT * FROM T
  3      WHERE ID > 1;
  4      R_T     T%ROWTYPE;
  5  BEGIN
  6      DBMS_FLASHBACK.ENABLE_AT_SYSTEM_CHANGE_NUMBER(2154548);
  7      OPEN C_T;
  8      DBMS_FLASHBACK.DISABLE;
  9      LOOP
 10          FETCH C_T INTO R_T;
 11          EXIT WHEN C_T%NOTFOUND;
 12          INSERT INTO T VALUES( R_T.ID, R_T.NOM);
 13      END LOOP;
 14      COMMIT;
 15  END;
 16  /
Procédure PL/SQL terminée avec succès.

SQL> SELECT * FROM T;

        ID NOM
---------- --------------------
         2 FABER
         3 DULUC
         1 BIZOI
```

Dans l'exemple précédent vous pouvez voir la création d'une table « **T** » et l'insertion des trois enregistrements. On récupère le numéro du changement système (SCN) à l'aide la fonction « **GET_SYSTEM_CHANGE_NUMBER** ».

Dans le bloc PL/SQL, on initialise le mode « **FLASHBACK** », on ouvre le curseur « **C_T** », et ensuite on arrête le mode « **FLASHBACK** » ; vous pouvez par la suite récupérer les enregistrements et les insérer dans la même table ou dans une autre.

Fonctions de conversion

SCN_TO_TIMESTAMP

TIMESTAMP_TO_SCN

À partir de la version Oracle10g, il est possible d'obtenir un numéro du changement système (SCN) à partir d'une date et heure. Dans la version Oracle9i, la conversion est effectuée automatiquement sans pouvoir consulter le numéro du changement système (SCN).

La fonction « `SCN_TO_TIMESTAMP` » permet de convertir le numéro du changement système (SCN), en une valeur de type « `TIMESTAMP` ».

```
SQL> SELECT SCN_TO_TIMESTAMP(CURRENT_SCN)
  2  FROM V$DATABASE;

SCN_TO_TIMESTAMP(CURRENT_SCN)
---------------------------------------------
08/07/05 15:45:18,000000000
```

La fonction « `TIMESTAMP_TO_SCN` » permet de convertir une valeur de type « `TIMESTAMP` », une date et heure, en numéro du changement système (SCN).

```
SQL>   SELECT TIMESTAMP_TO_SCN(TO_TIMESTAMP(
  2           '07/07/2005 15:45:18','DD/MM/YYYY HH24:MI:SS')) SCN
  3  FROM DUAL;
     SCN
----------
   1870761

SQL> SELECT SCN_TO_TIMESTAMP(1870761)
  2  FROM DUAL;
SCN_TO_TIMESTAMP(1870761)
-------------------------------------
07/07/05 15:45:16,000000000
```

Interrogation FLASHBACK

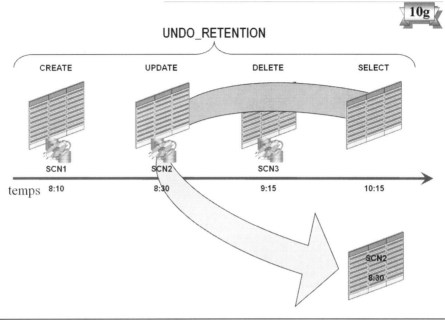

Le mode « **FLASHBACK** », à partir de la version Oracle10g, vous permet d'interroger directement les données telles qu'elles étaient à un moment donné dans le passé.

La syntaxe de l'instruction SELECT :

```
SELECT [ALL | DISTINCT]
       {* | [EXPRESSION1 [AS] ALIAS1[,...]}
FROM NOM_TABLE
       [ AS OF { SCN | TIMESTAMP } valeur]
...
```

    valeur   Indique le numéro du changement système (SCN) si l'argument « **SCN** » a été choisi. Sinon il indique une valeur de type « **TIMESTAMP** ».

```
SQL> CONNECT / AS SYSDBA
Connecté.
SQL> SELECT SCN_TO_TIMESTAMP(CURRENT_SCN)
  2  FROM V$DATABASE;


SCN_TO_TIMESTAMP(CURRENT_SCN)
---------------------------------------------------------
08/07/05 16:22:50,000000000


SQL> SELECT COUNT(*) FROM SCOTT.EMP;

  COUNT(*)
----------
        12
```

```
SQL> DELETE SCOTT.EMP WHERE ROWNUM < 10;

9 ligne(s) supprimée(s).

SQL> COMMIT;

Validation effectuée.

SQL> SELECT TIMESTAMP_TO_SCN(TO_TIMESTAMP(
  2          '08/07/05 16:22:50','DD/MM/YY HH24:MI:SS')) SCN
  3  FROM DUAL;

       SCN
----------
   2161734

SQL> SELECT COUNT(*) FROM SCOTT.EMP
  2  AS OF SCN 2161734;

  COUNT(*)
----------
        12

SQL> SELECT COUNT(*) FROM SCOTT.EMP;

  COUNT(*)
----------
         3
```

Dans l'exemple précèdent, vous pouvez remarquer la facilité d'emploi du mode « **FLASHBACK** » dans cette version. Il suffit de connaitre soit le numéro du changement système (SCN), soit la date et l'heure de la modification que vous souhaitez récupérer.

Interrogation des versions

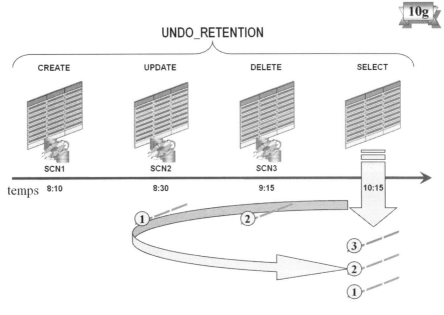

Le mode « **FLASHBACK** », à partir de la version Oracle10g, vous permet également d'interroger les versions de données modifiées.

La syntaxe de l'instruction SELECT :

```
SELECT [ALL | DISTINCT]
       {* | [EXPRESSION1 [AS] ALIAS1[,...]]}
FROM NOM_TABLE
    [
        VERSIONS BETWEEN
            { SCN | TIMESTAMP }
                { valeur | MINVALUE } AND
                { valeur | MAXVALUE }
    ]
...
```

valeur   Indique le numéro du changement système (SCN) si l'argument « **SCN** » a été choisit Sinon il indique une valeur de type « **TIMESTAMP** ».

MINVALUE   Indique la valeur minimale du numéro du changement système (SCN) pour afficher les versions.

MAXVALUE   Indique la valeur maximale du numéro du changement système (SCN) pour afficher les versions.

Il existe plusieurs pseudo-colonnes que vous pouvez interroger en même temps que les versions des enregistrements modifiées :

VERSIONS_STARTTIME Retourne une valeur de type « **TIMESTAMP** » qui indique la date et l'heure de la première version des enregistrements de la requête.

	VERSIONS_STARTSCN	Retourne la valeur numéro du changement système (SCN) pour la première version des enregistrements de la requête.
	VERSIONS_ENDTIME	Retourne une valeur de type « **TIMESTAMP** » qui indique la date et l'heure de la dernière version des enregistrements de la requête.
	VERSIONS_ENDSCN	Retourne la valeur numéro du changement système (SCN) pour la dernière version des enregistrements de la requête.
	VERSIONS_XID	Retourne l'identifiant de la transaction qui a créé la version pour chaque enregistrement de la requête.
	VERSIONS_OPERATION	Retourne un caractère qui indique le type de l'opération SQL qui a créé la version. Les valeurs sont « **I** » pour « **INSERT** », « **U** » pour « **UPDATE** » et « **D** » pour « **DELETE** ».

```
SQL> CONNECT / AS SYSDBA
Connecté.
SQL> CREATE TABLE T ( ID INT, NOM VARCHAR2(20));

Table créée.

SQL> INSERT INTO T VALUES ( 1, 'BIZOI');

1 ligne créée.

SQL> COMMIT;

Validation effectuée.

SQL> SELECT * FROM T ;

        ID NOM
---------- --------------------
         1 BIZOI

SQL> SELECT TIMESTAMP_TO_SCN(SYSDATE) FROM DUAL;

TIMESTAMP_TO_SCN(SYSDATE)
-------------------------
                  2166870

SQL> UPDATE T SET NOM = 'Razvan BIZOI';

1 ligne mise à jour.

SQL> COMMIT;

Validation effectuée.

SQL> SELECT TIMESTAMP_TO_SCN(SYSDATE) FROM DUAL;
```

```
TIMESTAMP_TO_SCN(SYSDATE)
-------------------------
                  2166918


SQL> UPDATE T SET NOM = 'Radu Razvan BIZOI';

1 ligne mise à jour.

SQL> COMMIT;

Validation effectuée.

SQL> SELECT TIMESTAMP_TO_SCN(SYSDATE) FROM DUAL;

TIMESTAMP_TO_SCN(SYSDATE)
-------------------------
                  2166938

SQL> SELECT * FROM T;

        ID NOM
---------- --------------------
         1 Radu Razvan BIZOI

SQL> DELETE T;

1 ligne supprimée.

SQL> COMMIT;

Validation effectuée.

SQL> SELECT VERSIONS_OPERATION,
  2         VERSIONS_STARTTIME,
  3         VERSIONS_ENDTIME,
  4         NOM
  5  FROM T VERSIONS
  6         BETWEEN SCN MINVALUE AND MAXVALUE;

V VERSIONS_STARTTIME    VERSIONS_ENDTIME     NOM
- -------------------   -------------------  --------------------
D 08/07/05 17:55:21                          Radu Razvan BIZOI
U 08/07/05 17:54:54    08/07/05 17:55:21     Radu Razvan BIZOI
U 08/07/05 17:54:11    08/07/05 17:54:54     Razvan BIZOI
I 08/07/05 17:52:45    08/07/05 17:54:11     BIZOI

SQL> SELECT VERSIONS_OPERATION,
```

Module 16 : Les segments UNDO

```
    2          VERSIONS_STARTTIME,
    3          VERSIONS_ENDTIME,
    4          NOM
    5  FROM T VERSIONS
    6          BETWEEN SCN 2166918 AND 2166938;


V VERSIONS_STARTTIME    VERSIONS_ENDTIME   NOM
- -------------------   ----------------   --------------------
U 08/07/05 17:54:54     08/07/05 17:55:21  Radu Razvan BIZOI
                        08/07/05 17:54:54  Razvan BIZOI
```

Vous pouvez également utiliser l'option « **VERSIONS** » dans une sous-requête dans les ordres SQL de type « **LMD** » ou « **LDD** ».

```
SQL> SELECT *
  2  FROM T VERSIONS
  3          BETWEEN SCN 2166918 AND 2166938;


        ID NOM
---------- --------------------
         1 Radu Razvan BIZOI
         1 Razvan BIZOI


SQL> CREATE TABLE T_SAV
  2  AS
  3  SELECT *
  4  FROM T VERSIONS
  5          BETWEEN SCN 2166918 AND 2166938;

Table créée.


SQL> SELECT * FROM T_SAV;

        ID NOM
---------- --------------------
         1 Radu Razvan BIZOI
         1 Razvan BIZOI
```

Atelier 16

- La gestion du tablespace UNDO

 Durée : 5 minutes

Questions

16-1 Oracle garantie la lecture cohérente pour les requêtes. Quels composants assurent la lecture cohérente ?

   A. Les fichiers journaux

   B. Les fichiers de contrôles

   C. Les segments UNDO

   D. Le dictionnaire de données

16-2 Quel est le paramètre qui vous permet de configurer la gestion automatique des segments UNDO ?

   A. UNDO_MANAGEMENT

   B. UNDO_TABLESPACE

   C. UNDO_RETENTION

   D. UNDO_SUPPRESS_ERRORS

Exercice n°1

Créez un tablespace « **UNDO_NOUVEAU** » avec une taille de 25Mb.

Interrogez la vue du dictionnaire de données « **DBA_ROLLBACK_SEGS** » pour récupérer le nom des segments UNDO créés dans le tablespace.

Exercice n°2

Définissez le tablespace « **UNDO_NOUVEAU** » comme tablespace par défaut.

Modifier la période de rétention à une heure.

Afficher les informations concernant le nom du tablespace UNDO par défaut, la période de rétention ainsi que le mode de gestion des segments UNDO.

- *CHAR VARCHAR2*
- *NUMBER*
- *ROWID*
- *TYPE OBJECT*

17

Les types de données

Objectifs

A la fin de ce module, vous serez à même d'effectuer les tâches suivantes :
- Décrire les objets de la base de données.
- Décrire les types de données de la base de données.
- .Déterminer la taille des colonnes des tables.
- Interroger les tables pour retrouver l'emplacement des enregistrements.
- Décrire la syntaxe de création des types d'objets.

Contenu

Objets de la base de données	17-2	Types date	17-13
Définition de données	17-7	Types ROWID	17-17
Types de données	17-8	Grands objets	17-19
Types chaîne de caractères	17-9	Types de données composées	17-20
Types numériques	17-11	Méthodes des types d'objets	17-24
		Atelier 17	17-27

Objets de la base de données

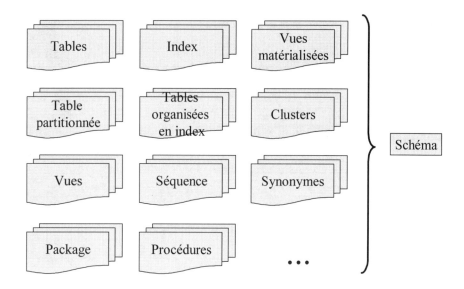

Les modules précédents ont traité des éléments relatifs à la structure logique et physique de la base de données tout en ignorant les questions d'implémentation du modèle relationnel dans une base de données.

Une base de données Oracle est un ensemble de données permettant de stocker des données dans un format relationnel ou des structures orientées objet telles que des types de données et des méthodes abstraits.

L'ensemble des objets qui appartiennent à un compte utilisateur est désigné par le terme schéma. Une base de données peut supporter plusieurs utilisateurs, chacun d'eux possédant un schéma, qui se réfèrent à des structures de données physiques stockées dans des tablespaces.

Une fois que la base de données est conçue, vous pouvez créer la ou les schémas pour supporter les applications. Voici les éléments qui constituent un schéma :

- les tables, colonnes, contraintes et types de données (dont les types abstraits)
- les tables temporaires
- les tables organisées en index
- les tables partitionnées
- les clusters
- les index
- les vues
- les vues d'objets
- les vues matérialisées
- les séquences
- les procédures
- les fonctions

- les packages
- les déclencheurs
- les synonymes
- les liens de base de données

Les Tables

Les tables représentent le mécanisme de stockage des données dans une base Oracle. Elles contiennent un ensemble fixe de colonnes, chaque colonne possède un nom ainsi que des caractéristiques spécifiques.

Les tables sont mises en relation via les colonnes qu'elles ont en commun. Vous pouvez faire en sorte que la base de données applique ces relations au moyen de l'intégrité référentielle.

Depuis Oracle8i, vous avez la possibilité de définir vos propres types de données, pour standardiser le traitement des données dans vos applications. Vous pouvez employer vos propres types de données pour standardiser le traitement des données dans vos applications. Lorsque vous créez un type de données abstrait, Oracle crée automatiquement un constructeur pour supporter les opérations LMD affectant les colonnes définies avec ce type. Vous pouvez utiliser les types abstraits pour les définitions de colonnes.

Une table d'objets est une table dont toutes les lignes sont des types de données abstraits possédant chacun un identifiant d'objet (OID, Object ID).

Les tables temporaires

Une table temporaire constitue un mécanisme de stockage de données dans une base de données Oracle. A l'instar d'une table traditionnelle, elle compte également des colonnes qui se voient assigner chacune un type de données et une longueur. Par contre, même si la définition d'une table temporaire est maintenue de façon permanente dans la base de données, les données qui y sont insérées sont conservées seulement le temps d'une session ou d'une transaction.

Les tables organisées en index

Les tables organisées en index sont des tables qui ordonnent les données en fonctions de la clé primaire. Tandis qu'un index stocke seulement les colonnes indexées, la table organisée en index stocke toutes les données des colonnes dans un index.

Les tables partitionnées

Une table partitionnée est une table qui a été découpé en plusieurs sous-ensembles, appelées partitions, qui peuvent être gérés et consultés séparément. Une partition est en effet un segment qui peut être et doit être stocké dans un autre tablespace.

Oracle traite une table partitionnée à l'image d'une grande table, mais vous autorise à gérer ses partitions en tant qu'objets séparés. Depuis Oracle8i, il est possible de partitionner des partitions pour créer des sous-partitions.

Les clusters

Les clusters sont plusieurs tables stockées physiquement ensemble, l'objectif étant de limiter les opérations de lectures-écritures afin d'améliorer les performances. Les tables qui font l'objet d'accès simultanés sont éligibles pour faire partie d'un cluster.

Les colonnes communes aux tables faisant partie d'un cluster sont désignées par le terme clé de cluster.

Les index

L'index est une structure de base de données utilisée par le serveur pour localiser rapidement une ligne dans une table.

Il en existe trois types principaux :

- L'index de cluster stocke les valeurs de clé d'un cluster de tables.
- L'index de table stocke les valeurs des lignes d'une table, pour la colonne, ou l'ensemble des colonnes, sur laquelle il a été défini, ainsi que les identifiants d'enregistrements correspondants.
- L'index bitmap est un type particulier d'index conçu pour supporter des requêtes sur des tables volumineuses dont les colonnes contiennent peu de valeurs distinctes.

La vue

La vue, ou table virtuelle, n'a pas d'existence propre; aucune donnée ne lui est associée. Seule sa description est stockée, sous la forme d'une requête faisant intervenir des tables de la base ou d'autres vues.

Au niveau conceptuel, vous pouvez vous représenter une vue comme étant un masque qui recouvre une ou plusieurs tables de base et en extrait ou modifié les données demandées.

Lorsque vous interrogez une vue, celle-ci extrait de la table sous-jacente les valeurs demandées, puis les retourne dans le format et l'ordre spécifiés dans sa définition. Etant donné qu'aucune donnée physique n'est directement associée aux vues, ces dernières ne peuvent pas être indexées.

Les vues sont souvent employées pour assurer la sécurité des données au niveau lignes et colonnes.

Les vues d'objets

Les vues d'objets représentent un moyen d'accès simplifié aux types de données abstraits. Vous pouvez employer ces vues pour obtenir une représentation relationnelle objet de vos données relationnelles. Les tables sous-jacentes demeurent inchangées ; ce sont les vues qui supportent les définitions de types de données abstraits.

Les vues matérialisées

Une vue matérialisée est un objet générique utilisé pour synthétiser, précalculer, répliquer ou distribuer des données. Vous pouvez utiliser des vues matérialisées pour fournir des copies locales de données distantes à vos utilisateurs ou pour stocker des données dupliquées dans la même base de données.

Vous pouvez implémenter des vues matérialisées de façon qu'elles soient en lecture seule ou qu'elles puissent être mises à jour.

Les utilisateurs peuvent interroger une vue matérialisée, ou bien l'optimiseur peut dynamiquement rediriger des requêtes vers une vue matérialisée si elle permet d'accéder plus rapidement aux données qu'en interrogeant directement la source.

Contrairement aux vues traditionnelles, les vues matérialisées stockent des données et occupent de l'espace dans la base de données.

Les séquences

Les séquences sont utilisées pour simplifier les tâches de programmation ; elles fournissent une liste séquentielle de numéros uniques. Les définitions de séquences sont stockées dans le dictionnaire de données.

Chaque requête consécutive sur la séquence retourne une valeur incrémentée, telle qu'elle est spécifiée dans la définition de la séquence. Les numéros d'une séquence peuvent être employés en boucle ou bien incrémentés jusqu'à atteindre un seuil prédéfini.

Les procédures

La procédure est un bloc d'instructions PL/SQL stocké dans le dictionnaire de données et appelé par des applications. Vous pouvez utiliser des procédures pour stocker dans la base des logiques d'application fréquemment employées. Lorsqu'une procédure est exécutée, ses instructions sont traitées comme une unité. Une procédure ne retourne pas de valeur au programme appelant.

Les fonctions

La fonction est un bloc d'instructions PL/SQL stocké dans le dictionnaire de données et appelé par des applications. A l'instar des procédures, les fonctions sont capables de retourner des valeurs au programme appelant. Vous pouvez créer vos propres fonctions et les appeler dans des instructions SQL de la même manière que vous exécutez celles qui sont fournies par Oracle.

Les packages

Les packages sont employés pour regrouper de façon logique des procédures et des fonctions. Ils sont très utiles dans les tâches d'administration relatives à la gestion de ces sous-programmes. La spécification et le corps d'un package sont stockés dans le dictionnaire de données.

Les déclencheurs

Les déclencheurs « TRIGGER » sont des procédures qui sont exécutées lorsqu'un événement de base de données spécifique survient. Ils peuvent servir à renforcer l'intégrité référentielle, fournir une sécurité supplémentaire ou améliorer les options d'audit disponibles.

Les synonymes

Les synonymes sont des objets qui cachent la complexité de la base de données. Ils peuvent servir de pointeurs vers des tables, des vues, des procédures, des fonctions, des packages et des séquences. Ils peuvent pointer vers des objets dans la base locale ou bien dans des bases distantes, ce qui requiert l'utilisation de liens de base de données.

L'utilisateur a donc uniquement besoin de connaître le nom du synonyme. Les synonymes publics sont partagés par tous les utilisateurs d'une base, tandis que les synonymes privés appartiennent à des comptes individuels.

Liens de base de données

Une base de données Oracle peut se référer à des données qui ne sont pas stockées localement, à condition de spécifier le nom complet de l'objet distant.

Pour spécifier un chemin d'accès vers un objet situé dans une base distante, il faut créer un lien de base de données. Lorsque vous créez un lien de base de données, vous devez indiquer le nom du compte auquel se connecter, le mot de passe de ce compte et le nom de service associé à la base distante. En l'absence d'un nom de compte, Oracle utilise le nom et le mot de passe du compte local pour la connexion à la base distante.

Définition de données

- Scalaires
- Grand objets
- Composés
- Références

Les tables représentent le mécanisme de stockage des données dans une base Oracle. Une table contient un ensemble fixe de colonnes, chaque colonne possède un nom ainsi que des caractéristiques spécifiques.

Les données des enregistrements sont stockées dans des blocs de base de données sous forme d'enregistrements de longueur variable. Les colonnes d'un enregistrement sont généralement enregistrées selon l'ordre dans lequel elles sont définies, et toutes les colonnes de fin NULL ne sont pas enregistrées.

Une colonne se voit attribuer un type de données et une longueur. Le type de données définit le format de stockage, les restrictions d'utilisation de la variable, et les valeurs qu'elle peut prendre.

Les types de données structurées en quatre catégories :

`Scalaires`	Un type scalaire est atomique; il n'est pas composé d'autres types de données, c'est un des types de colonne des tables.
`Grands objets`	Un type de données qui spécifient la localisation des grands objets.
`Composés`	Un type composé comprend plus d'un élément ou composant, un groupe d'éléments, pour chacun une valeur propre est allouée.
`Références`	Un types de données référence servent de pointeurs dans la base de données.

Types de données

- Chaîne de caractères
- Numériques
- Date
- ROWID et UROWID

Une table contient un ensemble fixe de colonnes, chaque colonne possède un nom ainsi que des caractéristiques spécifiques.

Le système impose certaines limitations ; la dénomination des objets doit respecter les règles suivantes :

- Chaque objet d'un schéma même pour des types d'objets différents doit être unique.
- La longueur du nom ne peut excéder 30 caractères.
- Il doit commencer par un caractère alphabétique ou par _ ou $ ou #.
- Ne doit pas être un mot réservé SQL.
- Il peut comporter des caractères minuscules ou majuscules. Oracle ne tient pas compte de la casse tant que les noms de tables ou de colonnes ne sont pas indiqués entre guillemets. Si les noms d'objets sont entre guillemets Oracle utilise la casse donnée entre guillemets pour référencer l'objet. Chaque fois que l'objet est appelé il faut utiliser les guillemets, autrement Oracle opère automatiquement une conversion en majuscules. Il est déconseillé d'utiliser cette possibilité, du fait de la lourdeur d'écriture et des risques d'erreur de syntaxe qu'elle engendre.

Les types de données disponibles sont :

- Caractères
- Numériques
- Date
- LOB
- ROW et LONG ROW
- ROWID et UROWID

Types chaîne de caractères

- CHAR
- VARCHAR2 et VARCHAR
- NCHAR
- NVARCHAR2

À la création de la base de données vous spécifiez quel est le jeu de caractères utilisé par la base de données pour stocker les données. Vous spécifiez également le jeu de caractères national utilisé pour stocker les données dans des colonnes définies spécifiquement avec les types « **NCHAR** », « **NCLOB** » ou « **NVARCHAR2** ». En dernier lieu vous déterminez la zone horaire de la base de données.

CREATE DATABASE nom

...

CHARACTER SET val_charset

NATIONAL CHARACTER SET val_charset

SET TIME_ZONE = time_zone ;

En l'absence de la clause « **NATIONAL CHARACTER SET** », c'est « **AL16UTF16** » qui sera utilisé pour les colonnes de type « **NCHAR** » et « **NVARCHAR2** ».

La structure de nommage d'un jeu de caractères est :

<région> <nombre de bits> <standard ISO du jeu de caractères>

Nom	Région	Nombre de bits par caractère	Standard ISO
US7ASCII	US	7	ASCII
WE8ISO8859P1	WE(Western Europe)	8	ISO8859 Part 1
JA16SJIS	JA	16	ISO8859 Part 1
AL16UTF16	Unicode 16 bits	16	UTF16

À partir de la version Oracle9i il est possible d'utiliser dans la déclaration d'une colonne de type chaîne de caractères l'argument « **BYTE** » ou l'argument « **CHAR** ». Pour des jeux de caractères ou le codage d'un caractère correspond à un byte il n'y a aucune différence. En revanche pour des jeux de caractères ou le codage est supérieur à un byte il faut utiliser l'argument « **CHAR** ». Il vous permet de définir le nombre de caractères que vous voulez stocker et Oracle ajuste automatiquement la taille suivant le jeu de caractères national.

L'argument « **BYTE** » est utilisé uniquement dans le cas où vous utilisez un jeu de caractères classiques et pour la compatibilité. Par contre c'est l'argument par défaut.

Les types de données chaîne de caractères disponibles sont :

VARCHAR2(L [CHAR | BYTE])

Chaîne de caractères de longueur variable comprenant au maximum 4000 bytes. L représente la longueur maximale de la variable. CHAR ou BYTE spécifie respectivement si L est mesuré en caractères ou en bytes.

CHAR(L [CHAR | BYTE])

Chaîne de caractères de longueur fixe avec L comprenant au maximum 2000 bytes. Si aucune taille maximale n'est précisée alors la valeur utilisée par défaut est 1. L'option « **BYTE** » est identique à celle de « **VARCHAR2** ».

NCHAR(L [CHAR | BYTE])

Chaîne de caractères de longueur fixe pour des jeux de caractères multi octets pouvant atteindre 4000 bytes selon le jeu de caractères national.

NVARCHAR2(L [CHAR | BYTE])

Chaîne de caractères de longueur variable pour des jeux de caractères multi octets pouvant atteindre 4000 bytes selon le jeu de caractères national.

Types numériques

- CHAR
- VARCHAR2 et VARCHAR
- NCHAR
- NVARCHAR2

`NUMBER (P,S)`

Champ de longueur variable acceptant la valeur zéro ainsi que des nombres négatifs et positifs. La précision maximum de « `NUMBER` », est de 38 chiffres de $10^{-130} \div 10^{126}$. Lors de la déclaration, il est possible de définir la précision P chiffres significatifs stockés et un arrondi à droite de la marque décimale à S chiffres entre -84 ÷ 127.

Chaque colonne de type « `NUMBER` » nécessite de 1 à 22 bytes pour le stockage.

Valeur d'affectation	Déclaration	Valeur stocke dans la table
7456123.89	NUMBER	7456123.89
7456123.89	NUMBER(9)	7456124
7456123.89	NUMBER(9,2)	7456123.89
7456123.89	NUMBER(9,1)	7456123.9
7456123.89	NUMBER(6)	précision trop élevée
7456123.89	NUMBER(7,-2)	7456100
7456123.89	NUMBER(7,2)	précision trop élevée
.01234	NUMBER(4,5)	.01234
.00012	NUMBER(4,5)	.00012
.000127	NUMBER(4,5)	.00013

Module 17 : Les types de données

.0000012	NUMBER(2,7)	.0000012
.00000123	NUMBER(2,7)	.0000012

BINARY_FLOAT

Nombre réel à virgule flottante encodé sur 32 bits.

Chaque colonne de type « **BINARY_FLOAT** » nécessite 5 bytes pour le stockage.

BINARY_DOUBLE

Nombre réel à virgule flottante encodé sur 64 bits.

Chaque colonne de type « **BINARY_DOUBLE** » nécessite 9 bytes pour le stockage.

	BINARY_FLOAT	*BINARY_DOUBLE*
L'entier maximum	1.79e308	3.4e38
L'entier minimum	-1.79e308	-3.4e38
La plus petite valeur positive	2.3e-308	1.2e-38
La plus petite valeur négative	-2.3e-308	-1.2e-38

Pour traiter les valeurs numériques à virgule flottante, Oracle fournit un ensemble de constantes.

Constante	*Description*
BINARY_FLOAT_NAN	Pas un numérique
BINARY_FLOAT_INFINITY	Infini
BINARY_FLOAT_MAX_NORMAL	3.40282347e+38
BINARY_FLOAT_MIN_NORMAL	1.17549435e-038
BINARY_FLOAT_MAX_SUBNORMAL	1.17549421e-038
BINARY_FLOAT_MIN_SUBNORMAL	1.40129846e-045
BINARY_DOUBLE_NAN	Pas un numérique
BINARY_DOUBLE_INFINITY	Infini
BINARY_DOUBLE_MAX_NORMAL	1.7976931348623157E+308
BINARY_DOUBLE_MIN_NORMAL	2.2250738585072014E-308
BINARY_DOUBLE_MAX_SUBNORMAL	2.2250738585072009E-308
BINARY_DOUBLE_MIN_SUBNORMAL	4.9406564584124654E-324

Types date

- DATE
- TIMESTAMP
- TIMESTAMP WITH TIME ZONE
- TIMESTAMP WITH LOCAL TIME ZONE
- INTERVAL DAY TO SECOND
- INTERVAL YEAR TO MONTH

DATE
Champ de longueur fixe de **7** octets utilisé pour stocker n'importe quelle date, incluant l'heure. La valeur d'une date est comprise entre 01/01/4712 avant JC et 31/12/9999 après JC.

TIMESTAMP[(P)]
Champ de type date, incluant des fractions de seconde, et se fondant sur la valeur d'horloge du système d'exploitation. Une valeur de précision **P** un entier de 0 à 9 (6 étant la précision par défaut) - permet de choisir le nombre de chiffres voulus dans la partie décimale des secondes.

TIMESTAMP [(P)] WITH TIME ZONE
Champ de type « **TIMESTAMP** » avec un paramètre de zone horaire associé. La zone horaire peut être exprimée sous la forme d'un décalage par rapport à l'heure universelle **UTC** (**U**niversal **C**oordinated **T**ime) sous la forme « {+|-}HH :MI », tel que "-5:0", ou d'un nom de zone, tel que "US/Pacific".

TIMESTAMP [(P)] WITH LOCAL TIME ZONE
Champ de type « **TIMESTAMP WITH TIME ZONE** » sauf que la date est ajustée par rapport à la zone horaire de la base de données lorsqu'elle est stockée, puis adaptée à celle du client lorsqu'elle est extraite.

```
SQL> CREATE TABLE TYPES_DATES (
  2      CT                      TIMESTAMP,
  3      CT_WITH_TIME_ZONE       TIMESTAMP WITH TIME ZONE,
  4      CT_WITH_LOCAL_TIME_ZONE TIMESTAMP WITH LOCAL TIME ZONE,
  5      CDATE                   DATE );

Table créée.

SQL> INSERT INTO TYPES_DATES VALUES (
  2      SYSDATE,
```

```
       3          SYSDATE,
       4          SYSDATE,
       5          SYSDATE);

1 ligne créée.

SQL> SELECT * FROM TYPES_DATES;

CT
-------------------------------------------
CT_WITH_TIME_ZONE
-------------------------------------------
CT_WITH_LOCAL_TIME_ZONE
-------------------------------------------
CDATE
--------
11/07/05 04:04:47,000000
11/07/05 04:04:47,000000 +02:00
11/07/05 04:04:47,000000
11/07/05

SQL> ALTER SESSION SET TIME_ZONE='America/Los_Angeles';

Session modifiée.

SQL> INSERT INTO TYPES_DATES VALUES (
       2          SYSDATE,
       3          SYSDATE,
       4          SYSDATE,
       5          SYSDATE);

1 ligne créée.

SQL> SELECT * FROM TYPES_DATES;

CT
-------------------------------------------
CT_WITH_TIME_ZONE
-------------------------------------------
CT_WITH_LOCAL_TIME_ZONE
-------------------------------------------
CDATE
--------
11/07/05 04:04:47,000000
11/07/05 04:04:47,000000 +02:00
10/07/05 19:04:47,000000
11/07/05
```

```
CT
--------------------------------------------------
CT_WITH_TIME_ZONE
--------------------------------------------------
CT_WITH_LOCAL_TIME_ZONE
--------------------------------------------------
CDATE
--------
11/07/05 04:08:19,000000
11/07/05 04:08:19,000000 AMERICA/LOS_ANGELES
11/07/05 04:08:19,000000
11/07/05
```

Dans l'exemple précédent vous pouvez voir la création d'une table avec les quatre types date. Par la suite on crée un enregistrement avec la même information, la pseudo-colonne « **SYSDATE** ». Vous pouvez remarquer que les trois types « **TIMESTAMP** » ont la même valeur et la colonne de type « **TIMESTAMP WITH TIME ZONE** » fournit la zone horaire du client qui l'a saisie. Après le changement de la zone horaire du client par la commande SQL « **ALTER SESSION** » et la création d'un nouvel enregistrement vous pouvez voir les valeurs insérées dans la table.

Le premier enregistrement est identique à première interrogation sauf pour la colonne de type « **TIMESTAMP WITH LOCAL TIME ZONE** » qui convertit l'heure suivant la zone horaire du client.

Le deuxième enregistrement consigne, pour la colonne de type « **TIMESTAMP WITH TIME ZONE** », la zone horaire du client.

INTERVAL YEAR [(P)] TO MONTH

Il représente un intervalle de temps exprimé en années et en mois. C'est une valeur relative qui peut être utilisée pour incrémenter ou décrémenter une valeur absolue d'un type date.

« P » est un littéral entier entre 0 et 9 doit être utilisé pour spécifier le nombre de chiffres acceptés pour représenter les années (2 étant la valeur par défaut).

INTERVAL DAY [(P)] TO SECOND [(P)]

Il représente un intervalle de temps exprimé en jours, heures, minutes et secondes. C'est une valeur relative qui peut être utilisée pour incrémenter ou décrémenter une valeur absolue d'un type date.

« P » est un littéral entier entre 0 et 9 doit être utilisé pour spécifier le nombre de chiffres acceptés pour représenter les jours et les fractions de secondes (2 et 6 étant respectivement les valeurs par défaut).

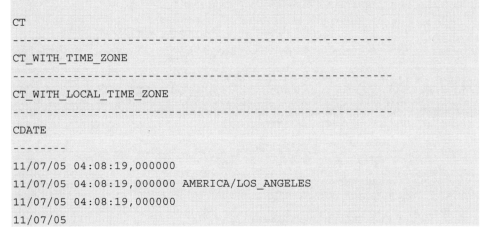

```
SQL> CREATE TABLE TYPES_DATES (
  2        CI_YEAR_MONTH    INTERVAL YEAR(3) TO MONTH);

Table créée.


SQL> INSERT INTO TYPES_DATES VALUES (INTERVAL '8' MONTH);

1 ligne créée.
```

Module 17 : Les types de données

```
SQL> INSERT INTO TYPES_DATES VALUES (INTERVAL '200' YEAR(3));

1 ligne créée.

SQL> INSERT INTO TYPES_DATES VALUES ('100-10');

1 ligne créée.

SQL> SELECT CI_YEAR_MONTH,
  2    SYSDATE + CI_YEAR_MONTH,
  3    SYSDATE - CI_YEAR_MONTH FROM TYPES_DATES;

CI_YEAR_MONTH  SYSDATE+CI_YEAR_MONTH  SYSDATE-CI_YEAR_MONTH
-------------  ---------------------  ---------------------
+000-08        11/03/2006 10:23:14    11/11/2004 10:23:14
+200-00        11/07/2205 10:23:14    11/07/1805 10:23:14
+100-10        11/05/2106 10:23:14    11/09/1904 10:23:14
```

L'exemple ci-dessus vous montre la création d'une table avec une seule colonne de type « **INTERVAL YEAR TO MONTH** », puis les trois types de syntaxe utilisés pour l'insertion des enregistrements et leur valeur stockée dans la table. Vous pouvez voir également l'utilisation des valeurs de la colonne « **CI_YEAR_MONTH** » pour incrémenter et décrémenter la date du jour.

```
SQL> CREATE TABLE TYPES_DATES (
  2    CI_DAY_SECOND     INTERVAL DAY (2) TO SECOND);
Table créée.

SQL> INSERT INTO TYPES_DATES VALUES ('80 00:30:00');
1 ligne créée.

SQL> INSERT INTO TYPES_DATES VALUES (
  2         INTERVAL '6 01:00:00' DAY TO SECOND);
1 ligne créée.

SQL> SELECT CI_DAY_SECOND,
  2         SYSDATE + CI_DAY_SECOND,
  3         SYSDATE - CI_DAY_SECOND
  4   FROM TYPES_DATES;

CI_DAY_SECOND          SYSDATE+CI_DAY_SECOND  SYSDATE-CI_DAY_SECOND
---------------------  ---------------------  ---------------------
+80 00:30:00.000000    29/09/2005 11:22:31    22/04/2005 10:22:31
+06 01:00:00.000000    17/07/2005 11:52:31    05/07/2005 09:52:31
```

Dans l'exemple précédent vous pouvez remarquer la création d'une table avec une seule colonne de type « **INTERVAL DAY TO SECOND** ». Par la suite vous pouvez voir les trois types de syntaxe utilisés pour l'insertion des enregistrements et leur valeur stockée dans la table. Vous pouvez voir également l'utilisation des valeurs de la colonne « **CI_DAY_SECOND** » pour incrémenter et décrémenter la date du jour.

Types ROWID

- ROWID
- UROWID

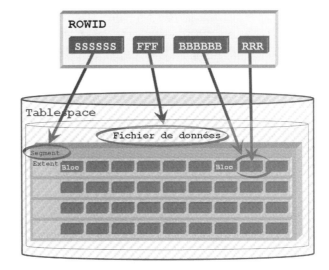

ROWID

Le type « **ROWID** » est une chaîne de caractères encodés en base 64 généralement utilisé pour représenter un identifiant de ligne. Le « **ROWID** » désigne également une pseudo-colonne qui contient l'adresse physique de chaque enregistrement.

Les données de type « **ROWID** » s'affichent en utilisant un schéma d'encodage en base 64 qui utilise comme dans l'image précédente :

SSSSSS	Indique les six positions pour le numéro du segment.
FFF	Indique les trois positions pour le numéro de fichier relatif du tablespace.
BBBBBB	Indique les six positions pour le numéro de bloc dans le fichier de données. Le numéro du bloc est relatif au fichier de données et pas au tablespace.
RRR	Indique le déplacement dans le bloc sur trois positions.

Ce schéma utilise les caractères « **A÷Z** », « **a÷z** », « **0÷9** », « **+** » et « **/** », soit un total de 64 caractères.

```
SQL> SELECT ROWID ,
  2         SUBSTR(ROWID,1,6)  "Segment",
  3         SUBSTR(ROWID,7,3)  "Fichier",
  4         SUBSTR(ROWID,10,6) "Bloc",
  5         SUBSTR(ROWID,16,3) "Enregistrement"
  6  FROM SCOTT.DEPT;

ROWID              Segment  Fichier  Bloc    Enregistrement
-----------------  -------  -------  ------  --------------
AAAMKAAAEAAAAAMAAA AAAMKA   AAE      AAAAAM  AAA
AAAMKAAAEAAAAAMAAB AAAMKA   AAE      AAAAAM  AAB
```

AAAMKAAAEAAAAAMAAC	AAAMKA	AAE	AAAAAM AAC
AAAMKAAAEAAAAAMAAD	AAAMKA	AAE	AAAAAM AAD

UROWID [(P)]

Le type Universal Rowids « **UROWID** » est une chaîne de caractères encodés en base 64 pouvant atteindre 4000 bytes, utilisée pour adresser des données. Il supporte des « **ROWID** » logiques et physiques, ainsi que des « **ROWID** » de tables étrangères accessibles via une passerelle. Il est également utilisé pour les tables organisées en index

Grand objets

- BLOB
- CLOB
- NCLOB
- BFILE
- LONG
- LONG RAW

BLOB
Binary Large Object (grand objet binaire), données binaires non structurées avec avec une longueur maximale d'enregistrement pouvant atteindre (4Gb – 1) * (la taille du block du tablespace).

CLOB
Character Large Object (grand objet caractère), chaîne de caractères avec une longueur maximale d'enregistrement pouvant atteindre (4Gb – 1) * (la taille du block du tablespace).

NCLOB
Type de donnée « CLOB » pour des jeux de caractères multioctet avec une longueur maximale d'enregistrement pouvant atteindre (4Gb – 1) * (la taille du block du tablespace).

BFILE
Fichier binaire externe dont la taille maximale d'un enregistrement peut atteindre 4Gb. Il est stocké dans des fichiers extérieurs à la base de données.

LONG
Champ de longueur variable pouvant atteindre 2 Gb.

LONG RAW
Champ de longueur variable utilisé pour stocker des données binaires et pouvant atteindre 2 Gb.

Attention

Les types de données « LONG » et « LONG RAW » étaient utilisés auparavant pour les données non structurées, telles que les images binaires, les documents ou les informations géographiques, et sont principalement fournis à des fins de compatibilité descendante. Ces types de données sont remplacés par les types de données « LOB ». Les données de type « LOB » sont différentes des données de type « LONG ». Un objet de type « LOB » c'est un des grands objets binaires : « BLOB », « CLOB » ou « NCLOB ».

Types de données composés

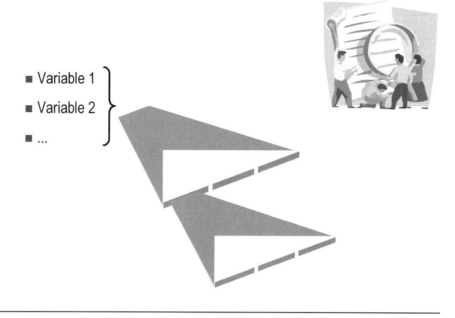

L'extension à l'objet du modèle relationnel prend en charge les types abstraits de données qui sont définis à partir d'une structure de données et d'un ensemble d'opérations. Dans un contexte de bases de données, un type abstrait de données peut être perçu comme

- Une nouvelle gamme de colonnes définie par l'utilisateur qui enrichit celle existante. Les types peuvent se combiner entre eux pour en construire d'autres.
- Une structure de données partagée qui permet qu'un type puisse être utilisé par une ou plusieurs tables.

Un type abstrait de données peut être stocké dans une table de deux manières :

- Les objets colonne qui sont stockés en tant que colonne structurée dans une table relationnelle.
- Les objets enregistrements qui sont stockés en tant que ligne d'une table objet. À ce titre, ils possèdent un identificateur unique appelé **OID** (**O**bject **ID**entifier). Ces objets peuvent être indexés et partitionnés.

La syntaxe de création d'un type d'objet comporte la déclaration de la structure de données, ses méthodes et la partie qui positionne le type dans une hiérarchie d'héritage.

```
CREATE [OR REPLACE] TYPE
            [SCHEMA.]NOM_TYPE
    {
        { IS | AS } OBJECT
    |
         UNDER [SCHEMA.]SUPERTYPE
    }
    AS OBJECT
```

```
                (
                    NOM_ATTRIBUT TYPE [,...]
                    {
                        { MEMBER | STATIC }
                        {
                            PROCEDURE name (NOM_ARGUMENT TYPE [,...])
                            |
                            FUNCTION  name (NOM_ARGUMENT TYPE [,...])
                                        RETURN datatype
                        }
                    |
                        CONSTRUCTOR FUNCTION NOM_TYPE
                         [(
                            [ SELF IN OUT NOM_TYPE]
                            [,NOM_ARGUMENT datatype[,...]]
                          )]
                            RETURN SELF AS RESULT
                    }
                )
            [ [ NOT ] FINAL ];
```

CREATE OR REPLACE	Cette option permet d'effectuer en une seule opération la suppression du type d'objet s'il existe, puis sa recréation.
SCHEMA	Propriétaire du type d'objet.
NOM_TYPE	Le nom du type d'objet.
IS | AS	Les deux mots clés sont équivalents ; ils déterminent le début de la section des déclarations.
UNDER SUPERTYPE	Indique le type de l'objet ancêtre.
NOM_ATTRIBUT	Définit les types des données persistantes (appelées attributs) incluses dans une instance de cet objet.
TYPE	Les attributs peuvent être définis à l'aide d'un type d'attribut prédéfini ou un type d'attribut défini par l'utilisateur.
MEMBER	Les méthodes membres sont invoquées explicitement par une instance du type d'objet.
STATIC	Les méthodes statiques sont invoquées par le type d'objet et non par une instance du type d'objet.
PROCEDURE	Le prototype d'une procédure membre ou statique.
FONCTION	Le prototype d'une fonction membre ou statique.
SELF	C'est un argument implicite pour le « **CONSTRUCTOR** » qui désigne le type de l'objet. Il est également accessible dans les autres méthodes.

CONSTRUCTOR   Une fonction qui s'applique automatiquement à tout objet lors de l'instanciation. Le type de retour est le type de l'objet construit.

FINAL   Le type d'objet ne peut plus être utilisé comme ancêtre pour un autre type d'objet.

Le nom du type d'objet de ces attributs ainsi que ces méthodes doivent respecter les conditions suivantes :

- La longueur ne doit pas dépasser 30 caractères.
- Il est composé des lettres A÷Z et a÷z, chiffres 0÷9, $, _ ou #.
- Il doit commencer par une lettre, mais peut être suivi par un des caractères autorisés.
- Il n'est pas un mot réservé.

```
SQL> CREATE OR REPLACE TYPE type_personne
  2  IS OBJECT
  3  (
  4      NOM                 VARCHAR2(20),
  5      PRENOM              VARCHAR2(10),
  6      DATE_NAISSANCE      DATE)
  7  /

Type créé.

SQL> CREATE OR REPLACE TYPE type_adresse
  2  IS OBJECT
  3  (
  4      NORUE               VARCHAR2(60),
  5      VILLE               VARCHAR2(15),
  6      CODE_POSTAL         VARCHAR2(10),
  7      PAYS                VARCHAR2(15))
  8  /

Type créé.

SQL> CREATE OR REPLACE TYPE type_employe
  2  IS OBJECT
  3  (
  4      NO_EMPLOYE          NUMBER(6),
  5      DATE_EMBAUCHE       DATE,
  6      SALAIRE             NUMBER(8, 2),
  7      COMMISSION          NUMBER(8, 2),
  8      personne            type_personne,
  9      adresse             type_adresse)
 10  /

Type créé.
```

```
SQL> DESC TYPE_EMPLOYE
Nom                                              NULL ?    Type
------------------------------------------------ -------- ---------------
NO_EMPLOYE                                                 NUMBER(6)
DATE_EMBAUCHE                                              DATE
SALAIRE                                                    NUMBER(8,2)
COMMISSION                                                 NUMBER(8,2)
PERSONNE                                                   TYPE_PERSONNE
ADRESSE                                                    TYPE_ADRESSE


SQL> DESC TYPE_PERSONNE
Nom                                              NULL ?    Type
------------------------------------------------ -------- ---------------
NOM                                                        VARCHAR2(20)
PRENOM                                                     VARCHAR2(10)
DATE_NAISSANCE                                             DATE


SQL> DESC TYPE_ADRESSE
Nom                                              NULL ?    Type
------------------------------------------------ -------- ---------------
NORUE                                                      VARCHAR2(60)
VILLE                                                      VARCHAR2(15)
CODE_POSTAL                                                VARCHAR2(10)
PAYS                                                       VARCHAR2(15)


SQL> CREATE TABLE EMPLOYES ( emp TYPE_EMPLOYE);

Table créée.

SQL> INSERT INTO EMPLOYES  VALUES (
  2         TYPE_EMPLOYE( 1, sysdate, 2000, 20,
  3             TYPE_PERSONNE('BIZOÏ','Razvan','03/12/1965'),
  4                 TYPE_ADRESSE('44,rue Mélanie',
  5                              'STRASBOURG',
  6                              '67000',
  7                              'FRANCE')));

1 ligne créée.

SQL> select * from EMPLOYES;

EMP(NO_EMPLOYE, DATE_EMBAUCHE, SALAIRE, COMMISSION, PERSONNE(NOM, PR
--------------------------------------------------------------------
TYPE_EMPLOYE(1, '12/07/05', 2000, 20, TYPE_PERSONNE('BIZOÏ', 'Razvan
', '03/12/65'), TYPE_ADRESSE('44,rue Mélanie', 'STRASBOURG', '67000'
, 'FRANCE'))
```

Dans l'exemple ci-dessus vous pouvez voir la création de trois types d'objets. Les deux premiers types « **TYPE_PERSONNE** » et « **TYPE_ADRESSE** » sont complètement indépendants et le troisième « **TYPE_EMPLOYE** » utilise les autres comme types pour ces attributs. Par la suite on créée une table avec un seul champ de type « **TYPE_EMPLOYE** ». La syntaxe de création d'une table avec des types d'objets est traitée dans le module suivant : « Le tables ».

Pour pouvoir insérer les objets vous devez instancier les types d'objets soit avec le « **CONSTRUCTOR** » par défaut soit avec votre « **CONSTRUCTOR** » personnalisé.

Méthodes des types d'objets

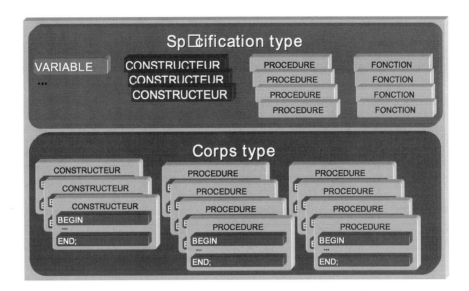

Le corps du type d'objet est optionnel. Lorsque vous déclarez le type d'objet vous ne déclarez aucune procédure ni fonction. Le corps peut être omis.

La syntaxe de création d'un corps du type d'objet est la suivante :

```
CREATE [OR REPLACE] TYPE BODY NOM_TYPE
{IS | AS}
   [Spécifications et corps des modules]
END [NOM_TYPE];
```

```
SQL> CREATE OR REPLACE TYPE type_personne
  2  AS OBJECT
  3  (
  4      NOM                 VARCHAR2(20),
  5      PRENOM              VARCHAR2(10),
  6      DATE_NAISSANCE      DATE,
  7  CONSTRUCTOR FUNCTION type_personne ( NOM  IN VARCHAR2,
  8                                       DATE_NAISSANCE IN DATE)
  9      RETURN SELF AS RESULT,
 10  CONSTRUCTOR FUNCTION type_personne ( NOM  IN VARCHAR2)
 11      RETURN SELF AS RESULT,
 12  MEMBER FUNCTION age_pers RETURN NUMBER)
 13  /

Type créé.

SQL> CREATE OR REPLACE TYPE BODY type_personne
  2  AS
```

```
  3      CONSTRUCTOR FUNCTION type_personne ( NOM   IN VARCHAR2,
  4                                           DATE_NAISSANCE IN DATE)
  5    RETURN SELF AS RESULT IS
  6    BEGIN
  7        SELF.NOM := NOM;
  8        SELF.DATE_NAISSANCE := DATE_NAISSANCE;
  9        RETURN;
 10    END;
 11    CONSTRUCTOR FUNCTION type_personne ( NOM  IN VARCHAR2)
 12        RETURN SELF AS RESULT IS
 13    BEGIN
 14        SELF.NOM := NOM;    RETURN;
 15    END;
 16    MEMBER FUNCTION age_pers RETURN NUMBER IS
 17        age NUMBER(3);
 18    BEGIN
 19        age := trunc( ( sysdate - SELF.DATE_NAISSANCE) / 365);
 20        RETURN age;
 21    END age_pers;
 22  END;
 23  /
Corps de type créé.

SQL> CREATE TABLE PERS OF type_personne;
Table créée.

SQL> DESC PERS
Nom                                    NULL ?    Type
-------------------------------------- --------  ----------------------
NOM                                              VARCHAR2(20)
PRENOM                                           VARCHAR2(10)
DATE_NAISSANCE                                   DATE

SQL> INSERT INTO PERS VALUES
  2     (type_personne('BIZOÏ',TO_DATE('01/01/1965','DD/MM/YYYY')));
1 ligne créée.

SQL> SELECT NOM, DATE_NAISSANCE, p.age_pers() from PERS p;

NOM                      DATE_NAI  P.AGE_PERS()
------------------------ --------  ------------
BIZOÏ                    01/01/65            40
```

Dans l'exemple précédent vous pouvez voir la création d'un type d'objet avec deux constructeurs personnalisés et une fonction qui calcule l'âge d'une personne. Ensuite on crée une table de type objet et on insère une personne. Le type est instancié avec le premier constructeur qui n'a que deux arguments. Vous pouvez également remarquer l'interrogation et l'utilisation de la fonction « **AGE_PERS** ».

Module 17 : Les types de données

Atelier 17

- **Types de données**

 Durée : 5 minutes

Questions

17-1 Quel est le type de données qui peut stocker jusqu'à 2000 bytes des données de type caractère à longueur fixe ?

17-2 Pouvez-vous interroger le ROWID d'un enregistrement comme vous interrogez n'importe quelle autre colonne ?

17-3 Lequel de ces types des données n'est pas reconnu par Oracle ?

    A. TIMESTAMP WHITH TIME ZONE

    B. BINARY

    C. BLOB

    D. UROWID

    E. INTERVAL YEAR TO MONTH

17-4 Lequel de ces types des données numériques peut représenter l'infini ?

    A. DOUBLE

    B. FLOAT

    C. BINARY_FLOAT

    D. BINARY_DOUBLE

    E. Vous ne pouvez pas représenter l'infini dans la base de données.

17-5 Lequel de ces types de caractères n'est pas reconnu par Oracle ?

    A. CHAR

    B. VARCHAR

    C. STRING

Module 17 : Les types de données

    D. NVARCHAR2

    E. NCHAR

Exercice n°1

Dans le tablespace « **GEST_DATA** » créé auparavant, créez la table « **APP_CAT** » à l'aide de la syntaxe suivante :

```
create table APP_CAT tablespace GEST_DATA as
select * from cat ;
```

Affichez les cinq premiers enregistrements avec leur ROWID correspondant.

- *CREATE TABLE*
- *Table objet*
- *GLOBAL TEMPORARY*
- *ORGANIZATION INDEX*

18

La création des tables

Objectifs

A la fin de ce module, vous serez à même d'effectuer les tâches suivantes :

- Décrire la syntaxe de la commande SQL « **CREATE TABLE** ».
- Créer une table et personnaliser le stockage du segment correspondant.
- Créer une table qui contient des objets de type « **LOB** ».
- Créer une table qui stocke des types d'objets.
- Créer une table organisée en index.
- Créer une table à partir d'une requête.
- Créer une table temporaire.

Contenu

Création d'une table	18-2	Table organisée en index	18-19
Stockage des données LOB	18-7	Table temporaire	18-21
Stockage d'un type objet	18-11	Création d'une table comme ...	18-23
Table objet	18-16	Atelier 18	18-25

Création d'une table

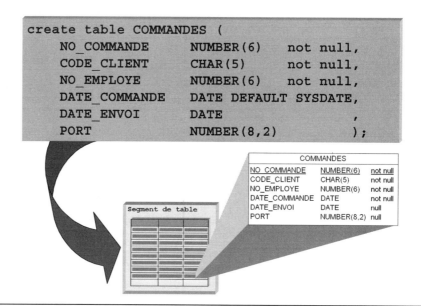

En raison de ses nombreuses options et clauses, l'instruction SQL « CREATE TABLE » peut être relativement complexe. Par conséquent, au lieu d'examiner la syntaxe complète de cette instruction, nous allons commencer par découvrir la syntaxe au fur et à mesure de son utilisation.

```
CREATE TABLE [SCHEMA.]NOM_TABLE
( NOM_COLONNE TYPE [DEFAULT EXPRESSION][NOT NULL]
  [,...] )
    [PCTFREE integer]
    [PCTUSED integer]
    [INITRANS integer]
    [TABLESPACE tablespace]
    [STORAGE
      (
        [INITIAL integer [ K | M ]]
        [NEXT integer [ K | M ]]
        [MINEXTENTS integer]
        [MAXEXTENTS { integer | UNLIMITED }]
        [PCTINCREASE integer]
        [FREELISTS integer]
        [FREELIST GROUPS integer]
        [BUFFER_POOL { KEEP | RECYCLE | DEFAULT }]
      )]
    [{ LOGGING | NOLOGGING }];
```

Module 18 : La création des tables

`SCHEMA`	Propriétaire de la table ; par défaut, c'est l'utilisateur qui crée la table.
`NOM_TABLE`	Nom de la table, il doit être unique pour le schéma.
`NOM_COLONNE`	Nom de chaque colonne ; plusieurs tables peuvent avoir des noms de colonne identiques.
`TYPE`	Type de colonne ; peut être un type implicite Oracle, un type implicite ANSI ou un type explicite.
`NOT NULL`	La colonne correspondante est obligatoire.
`DEFAULT EXPRESSION`	Permet de définir une valeur par défaut pour la colonne, qui sera prise en compte si aucune valeur n'est spécifiée dans une commande « INSERT ». Ce peut être une constante, une pseudocolonne USER, SYSDATE ou tout simplement une expression.
`PCTFREE`	Indique, pour chaque bloc de données, le pourcentage d'espace réservé à l'extension due à la mise à jour des lignes dans le bloc.
`PCTUSED`	Indique, pour chaque bloc de données, le pourcentage d'espace réservé à l'extension due à la mise à jour des lignes dans le bloc.
`INITRANS`	Indique le nombre initial d'entrées de transaction créées dans un bloc d'index ou un bloc de données. Les entrées de transaction permettent de stocker des informations sur les transactions qui ont modifié le bloc.
`INITIAL`	Définit la taille du premier extent créé lors de la création d'un segment. Chaque fois que vous créez un segment, l'extent « `INITIAL` » est automatiquement créé.
`NEXT`	Définit la taille du prochain extent qui va être alloué automatiquement lorsque davantage d'extents sont requis.
`PCTINCREASE`	Définit le pourcentage d'augmentation de la taille du prochain extent. Attention, lorsque la taille du segment augmente, chaque extent croît de « `n%` » par rapport à la taille de l'extent précédent.
`MINEXTENTS`	Définit le nombre minimum d'extents pouvant être affectés à un segment. Si vous initialisez une valeur supérieure à un, Oracle affecte le nombre d'extents dont la taille est régie par les paramètres « `INITIAL` » et « `NEXT` ».
`MAXEXTENTS`	Définit le nombre maximum d'extents pouvant être affectés à un segment.
`integer`	Spécifie une taille, en octets si vous ne précisez pas de suffixe pour définir une valeur en K, M.
`K`	Valeurs spécifiées pour préciser la taille en kilooctets.
`M`	Valeurs spécifiées pour préciser la taille en mégaoctets.
`UNLIMITED`	Définit un nombre d'extents illimité pour le segment.
`FREELISTS`	Indique le nombre de listes d'espace libre ou freelists allouées au segment.
`FREELIST_GROUPS`	Indique le nombre de groupes de listes d'espace libre ou freelists allouées au segment.

Module 18 : La création des tables

BUFFER_POOL	Indique la partie du buffer cache dans lequel les données du segment sont lues ; les valeurs pour ce paramètre sont : « **DEFAULT** », « **KEEP** », ou « **RECYCLE** ».
TABLESPACE	Définit le nom du tablespace pour stocker le segment.
LOGGING	Indique que la création de la table, de tous les index requis en raison des contraintes, de la partition ou des caractéristiques de stockage LOB sera journalise dans le fichier journal.
NOLOGGING	Indique que la création de la table, de tous les index requis en raison des contraintes, de la partition ou des caractéristiques de stockage LOB ne sera pas journalisée dans le fichier journal.

```
SQL> CREATE TABLE UTILISATEURS (
  2     NO_UTILISATEUR  NUMBER(6)                         NOT NULL,
  3     NOM_PRENOM      VARCHAR2(20)                      NOT NULL,
  4     DATE_CREATION   DATE          DEFAULT SYSDATE     NOT NULL,
  5     UTILISATEUR     VARCHAR2(20)  DEFAULT USER        NOT NULL,
  6     DESCRIPTION     VARCHAR2(100)                                )
  8  TABLESPACE GEST_DATA
  9           STORAGE (
 10                      INITIAL     5M
 11                      MAXEXTENTS  100
 12                    );
Table créée.
SQL> DESC UTILISATEURS
 Nom                                       NULL ?   Type
 ----------------------------------------- -------- ----------------
 NO_UTILISATEUR                            NOT NULL NUMBER(6)
 NOM_PRENOM                                NOT NULL VARCHAR2(20)
 DATE_CREATION                             NOT NULL DATE
 UTILISATEUR                               NOT NULL VARCHAR2(20)
 DESCRIPTION                                        VARCHAR2(100)
SQL> SELECT INITIAL_EXTENT, NEXT_EXTENT,
  2         MIN_EXTENTS, MAX_EXTENTS,
  3         PCT_INCREASE
  4    FROM DBA_SEGMENTS
  5   WHERE TABLESPACE_NAME LIKE 'GEST_DATA'       AND
  6         SEGMENT_NAME    LIKE 'UTILISATEURS';
INITIAL_EXTENT NEXT_EXTENT MIN_EXTENTS MAX_EXTENTS PCT_INCREASE
-------------- ----------- ----------- ----------- ------------
       5242880                       1  2147483645
SQL> SELECT EXTENT_ID, BYTES, BLOCKS
  2    FROM DBA_EXTENTS
  3   WHERE TABLESPACE_NAME LIKE 'GEST_DATA'       AND
  4         SEGMENT_NAME    LIKE 'UTILISATEURS';
 EXTENT_ID      BYTES      BLOCKS
---------- ---------- ----------
         0    1048576         128
```

```
                    1    1048576         128
                    2    1048576         128
                    3    1048576         128
                    4    1048576         128
SQL> INSERT INTO UTILISATEURS(
  2              NO_UTILISATEUR, NOM_PRENOM, DATE_CREATION)
  3              VALUES ( 1, 'Razvan BIZOÏ', DEFAULT);
1 ligne créée.
SQL> COMMIT;
Validation effectuée.
SQL> SELECT NO_UTILISATEUR, NOM_PRENOM, DATE_CREATION,
  2         UTILISATEUR, DESCRIPTION
  3  FROM   UTILISATEURS;
NO_UTILISATEUR NOM_PRENOM    DATE_CRE UTILISATEUR   DESCRIPTION
-------------- ------------- -------- ------------- -----------
             1 Razvan BIZOÏ  01/03/03 STAGIAIRE
```

Tout d'abord, la table ainsi que ses colonnes se voient assigner un nom. Chaque colonne possède un type et une longueur spécifiques. La colonne « `NO_EMPLOYE` » est définie avec le type « `NUMBER` », sans étendue, ce qui équivaut à un entier. La colonne « `NOM_PRENOM` » est définie avec le type « `VARCHAR2(20)` » ; il s'agit donc d'une colonne de longueur variable, qui accepte un maximum de 20 caractères.

Une colonne peut aussi avoir une contrainte « `DEFAULT` ». Cette contrainte génère une valeur lorsqu'une ligne qui est insérée dans la table ne contient pas de valeur pour cette colonne.

Une colonne peut être définie comme étant « `NOT NULL` », ce qui signifie que chaque ligne stockée dans la table doit contenir une valeur pour cette colonne.

Choix de la largeur pour les types CHAR et VARCHAR2

Une colonne de type caractère dont la largeur est insuffisante pour y stocker vos données peut provoquer l'échec d'opérations « `INSERT` ».

```
SQL> CREATE TABLE DEPARTEMENT
  2  ( DEPARTEMENT_ID  NUMBER(2)    NOT NULL,
  3    DEPARTEMENT     VARCHAR2(5) NOT NULL);
Table créée.

SQL> INSERT INTO DEPARTEMENT
  2    (DEPARTEMENT_ID, DEPARTEMENT) VALUES ( 1, 'Recherche');
  (DEPARTEMENT_ID, DEPARTEMENT) VALUES ( 1, 'Recherche')
                                              *
ERREUR à la ligne 2 :
ORA-12899: valeur trop grande pour la colonne
"SYS"."DEPARTEMENT"."DEPARTEMENT" (réelle : 9, maximum : 5)
```

Soyez prévoyant lorsque vous définissez la largeur pour une colonne de type « `CHAR` » et « `VARCHAR2` ». Dans l'exemple qui précède une largeur « `VARCHAR2(5)` » pour un nom du département pose des problèmes. Vous devrez soit modifier la table soit tronquer ou changer le nom de certains départements.

Choix de la précision pour le type NUMBER

Une colonne de type « **NUMBER** » avec une précision inappropriée provoque soit l'échec d'opérations « **INSERT** » soit une diminution de la précision des données insérées. Les instructions suivantes tentent d'insérer quatre lignes dans la table « **PERSONNE** ».

```
SQL> CREATE TABLE PERSONNE(
  2      NOM           VARCHAR2(10)  ,
  3      PRENOM        VARCHAR2(15)  ,
  4      COMM          NUMBER(3,1)   );
Table créée.
SQL> INSERT INTO PERSONNE ( NOM, PRENOM, COMM)
  2   VALUES ( 'JANET'  , 'Jean-Baptiste', 25.98);
1 ligne créée.
SQL> INSERT INTO PERSONNE ( NOM, PRENOM, COMM)
  2   VALUES ( 'POIDATZ', 'Guy', 52.35);
1 ligne créée.
SQL> INSERT INTO PERSONNE ( NOM, PRENOM, COMM)
  2   VALUES ( 'ROESSEL', 'Marcel', 99.156);
1 ligne créée.
SQL> INSERT INTO PERSONNE ( NOM, PRENOM, COMM)
  2   VALUES ( 'STEIB'  , 'Suzanne', 102.35);
VALUES ( 'STEIB'  , 'Suzanne', 102.35)
                                *
ERREUR à la ligne 2 :
ORA-01438: valeur incohérente avec la précision indiquée pour cette
colonne
SQL> SELECT NOM, PRENOM, COMM FROM PERSONNE;
NOM        PRENOM                COMM
---------- --------------- ----------
JANET      Jean-Baptiste           26
POIDATZ    Guy                   52,4
ROESSEL    Marcel                99,2
```

Stockage des données LOB

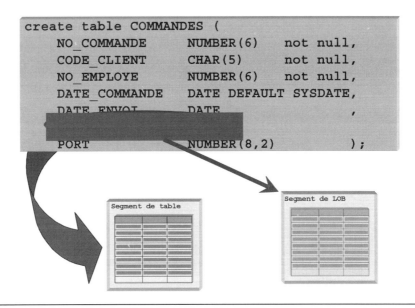

Toutes les colonnes de type « **LOB** » doivent être stockées dans des segments indépendants situés dans des tablespaces séparés.

La syntaxe de la commande SQL « **CREATE TABLE** » est la suivante :

```
CREATE TABLE [SCHEMA.]NOM_TABLE
( NOM_LOB TYPE_LOB [DEFAULT EXPRESSION][NOT NULL]
  [,...] )
...
    [LOB
       ( NOM_LOB [,...])
       STORE AS
         [LOB_segment]
         [(
             [ { ENABLE | DISABLE } STORAGE IN ROW
             [ TABLESPACE tablespace]
             [STORAGE
               (
                  [INITIAL integer [ K | M ]]
                  [NEXT integer [ K | M ]]
                  [MINEXTENTS integer]
                  [MAXEXTENTS { integer | UNLIMITED }]
                  [PCTINCREASE integer]
                  [FREELISTS integer]
                  [FREELIST GROUPS integer]
               )]
```

```
                        [CHUNK integer]
                    [{ CACHE
                        |
                        { NOCACHE | CACHE READS }
                        { LOGGING | NOLOGGING }
                    }] ;
```

NOM_LOB	Le nom de la colonne de type « **LOB** » ou attribut d'objet « **LOB** » pour lequel vous définissez explicitement le tablespace et les caractéristiques de stockage. Oracle crée automatiquement un index géré par le système pour chaque élément « **NOM_LOB** » que vous créez.
LOB_segment	Définit le nom du segment de données « **LOB** ». Vous ne pouvez pas indiquer de nom de segment avec cette clause si vous indiquez plusieurs éléments « **NOM_LOB** ».
ENABLE STORAGE IN ROW	Définit que la valeur « **LOB** » est stockée dans l'enregistrement si sa longueur est inférieure à 4000 bytes. Il s'agit du choix par défaut.
CHUNK	Définit le nombre des bytes à allouer à la manipulation de données « **LOB** ». La valeur du « **CHUNK** » doit être inférieure ou égale a la valeur du « **NEXT** ».
CACHE	Définit que les blocs extraits pour cette table lors d'un balayage complet soient placés dans l'extrémité des blocs lus le plus récemment de la liste « **LRU** ». Cet attribut est utile pour les petites tables de recherche.
NOCACHE	Définit que les blocs lors d'un balayage complet ne soit pas mise en cache. Cette dernière option représente le comportement par défaut pour le stockage de données « **LOB** ».

```
SQL> CREATE TABLE UTILISATEURS (
  2      NO_UTILISATEUR  NUMBER(6)                       NOT NULL,
  3      NOM_PRENOM      VARCHAR2(20)                    NOT NULL,
  4      DATE_CREATION   DATE         DEFAULT SYSDATE    NOT NULL,
  5      UTILISATEUR     VARCHAR2(20) DEFAULT USER       NOT NULL,
  6      DESCRIPTION     CLOB,
  7      PHOTO           BLOB                                    )
  8      TABLESPACE GEST_DATA
  9              STORAGE ( INITIAL     5M
 10                        MAXEXTENTS  100 )
 11      LOB ( DESCRIPTION)
 12          STORE AS DESCRIPTION
 13              (TABLESPACE GEST_DATA_DESC
 14                  STORAGE (INITIAL 6M )
 15                  CHUNK 4000
 16                  NOCACHE NOLOGGING)
 17      LOB ( PHOTO)
 18          STORE AS PHOTO
 19              (TABLESPACE GEST_DATA_PHOTO
 20                  STORAGE (INITIAL 6M )
```

```
 21                  CHUNK 4000
 22                  NOCACHE NOLOGGING);
Table créée.
SQL> SELECT TABLESPACE_NAME,
  2         SEGMENT_NAME, INITIAL_EXTENT
  3    FROM DBA_SEGMENTS
  4   WHERE TABLESPACE_NAME LIKE 'GEST_DATA%';


TABLESPACE_NAME  SEGMENT_NAME                  INITIAL_EXTENT
---------------  ------------------------      --------------
GEST_DATA_PHOTO  PHOTO                                6291456
GEST_DATA_DESC   DESCRIPTION                          6291456
GEST_DATA_PHOTO  SYS_IL0000050655C00006$$              311296
GEST_DATA_DESC   SYS_IL0000050655C00005$$              311296
GEST_DATA        UTILISATEURS                         5242880
```

Dans cet exemple vous pouvez voir la création d'une table qui contient deux colonnes de type « LOB », une pour la description de l'utilisateur et l'autre pour sa photo. Comme ce sont deux informations distinctes on les distribue sur deux tablespaces indépendants. Vous pouvez remarquer la création des cinq segments trois pour le stockage des données et deux créés automatiquement par Oracle.

Vous pouvez stocker les deux colonnes de type « LOB » en utilisant une seule déclaration de stockage mais il n'est plus possible de nommer les segments de stockage.

```
SQL> CREATE TABLE UTILISATEURS (
  2       NO_UTILISATEUR  NUMBER(6)                       NOT NULL,
  3       NOM_PRENOM      VARCHAR2(20)                    NOT NULL,
  4       DATE_CREATION   DATE          DEFAULT SYSDATE   NOT NULL,
  5       UTILISATEUR     VARCHAR2(20)  DEFAULT USER      NOT NULL,
  6       DESCRIPTION     CLOB,
  7       PHOTO           BLOB                            )
  8    TABLESPACE GEST_DATA
  9            STORAGE (
 10                    INITIAL     5M
 11                    MAXEXTENTS  100
 12                    )
 13    LOB ( DESCRIPTION, PHOTO) STORE AS
 14         (TABLESPACE GEST_DATA_DESC
 15      STORAGE (INITIAL 6M )
 16      CHUNK 4000
 17      NOCACHE NOLOGGING);

Table créée.


SQL> SELECT TABLESPACE_NAME,
  2         SEGMENT_NAME, INITIAL_EXTENT
  3    FROM DBA_SEGMENTS
  4   WHERE TABLESPACE_NAME LIKE 'GEST_DATA%';
```

```
TABLESPACE_NAME  SEGMENT_NAME                  INITIAL_EXTENT
---------------  ----------------------------  --------------
GEST_DATA_DESC   SYS_LOB0000050650C00006$$            6291456
GEST_DATA_DESC   SYS_LOB0000050650C00005$$            6291456
GEST_DATA_DESC   SYS_IL0000050650C00006$$              311296
GEST_DATA_DESC   SYS_IL0000050650C00005$$              311296
GEST_DATA        UTILISATEURS                         5242880
```

Stockage d'un type objet

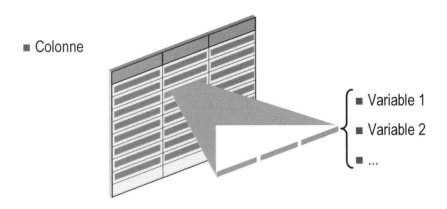

Vous pouvez créer une table relationnelle et stocker des types objets utilisateur dans une des ces colonnes.

La syntaxe de création d'une table relationnelle est la suivante :

```
CREATE TABLE [SCHEMA.]NOM_TABLE
( NOM TYPE_PERSO [DEFAULT EXPRESSION]
  [,...] )
...
```

```
SQL> CREATE OR REPLACE TYPE type_adresse
  2  IS OBJECT (
  3      NORUE               VARCHAR2(60),
  4      VILLE               VARCHAR2(15),
  5      CODE_POSTAL         VARCHAR2(10),
  6      PAYS                VARCHAR2(15))
  7  /

Type créé.

SQL> CREATE OR REPLACE TYPE type_personne
  2  IS OBJECT
  3  (
  4      NOM                 VARCHAR2(20),
  5      PRENOM              VARCHAR2(10),
  6      DATE_NAISSANCE      DATE,
  9      adresse             type_adresse)
  7  /

Type créé.
```

```
SQL> CREATE TABLE EMPLOYES(
  2      NO_EMPLOYE          NUMBER(6)      ,
  3      EMPLOYE             type_personne,
  4      FONCTION            VARCHAR2(30)   ,
  5      DATE_EMBAUCHE       DATE           ,
  6      SALAIRE             NUMBER(8, 2) )
  7  /

Table créée.

SQL> INSERT INTO EMPLOYES
  2    VALUES ( 1, TYPE_PERSONNE( 'BIZOÏ','Razvan','10/12/1964',
  3               TYPE_ADRESSE('44,rue Mélanie','STRASBOURG',
  4                            '67000','FRANCE')),
  5           'Consultant Oracle',
  6           SYSDATE, 2000);

1 ligne créée.
```

Vous pouvez interroger la vue du dictionnaire de données « **DBA_TYPES** » pour récupérer les informations sur les types d'objets de votre base.

```
SQL>  DESC DBA_TYPES
Nom                                      NULL ?    Type
---------------------------------------- --------- ---------------
OWNER                                              VARCHAR2(30)
TYPE_NAME                                NOT NULL  VARCHAR2(30)
TYPE_OID                                 NOT NULL  RAW(16)
TYPECODE                                           VARCHAR2(30)
ATTRIBUTES                                         NUMBER
METHODS                                            NUMBER
PREDEFINED                                         VARCHAR2(3)
INCOMPLETE                                         VARCHAR2(3)
FINAL                                              VARCHAR2(3)
INSTANTIABLE                                       VARCHAR2(3)
SUPERTYPE_OWNER                                    VARCHAR2(30)
SUPERTYPE_NAME                                     VARCHAR2(30)
LOCAL_ATTRIBUTES                                   NUMBER
LOCAL_METHODS                                      NUMBER
TYPEID                                             RAW(16)


SQL> SELECT TYPE_NAME, ATTRIBUTES FROM DBA_TYPES
  2  WHERE TYPE_NAME LIKE 'TYPE%';

TYPE_NAME                      ATTRIBUTES
------------------------------ ----------
TYPE_ADRESSE                            4
TYPE_PERSONNE                           4
```

```
SQL> DESC TYPE_ADRESSE
Nom                                          NULL ?   Type
 -------------------------------------------  -------  ---------------
 NORUE                                                 VARCHAR2(60)
 VILLE                                                 VARCHAR2(15)
 CODE_POSTAL                                           VARCHAR2(10)
 PAYS                                                  VARCHAR2(15)

SQL> DESC TYPE_PERSONNE
Nom                                          NULL ?   Type
 -------------------------------------------  -------  ---------------
 NOM                                                   VARCHAR2(20)
 PRENOM                                                VARCHAR2(10)
 DATE_NAISSANCE                                        DATE
 ADRESSE                                               TYPE_ADRESSE
```

Vous pouvez définir pour chaque colonnes de type objet utilisateur une valeur par défaut.

```
SQL> CREATE OR REPLACE TYPE type_personne
  2  AS OBJECT
  3  (
  4      NOM                VARCHAR2(20),
  5      PRENOM             VARCHAR2(10),
  6      DATE_NAISSANCE     DATE,
  7  CONSTRUCTOR FUNCTION type_personne ( NOM  IN VARCHAR2,
  8                                       DATE_NAISSANCE IN DATE)
  9     RETURN SELF AS RESULT,
 10  CONSTRUCTOR FUNCTION type_personne ( NOM  IN VARCHAR2)
 11     RETURN SELF AS RESULT,
 12  MEMBER FUNCTION age_pers RETURN NUMBER)
 13  /

Type créé.

SQL> CREATE OR REPLACE TYPE BODY type_personne
  2  AS
  3     CONSTRUCTOR FUNCTION type_personne ( NOM  IN VARCHAR2,
  4                                          DATE_NAISSANCE IN DATE)
  5     RETURN SELF AS RESULT IS
  6     BEGIN
  7        SELF.NOM := NOM;
  8        SELF.DATE_NAISSANCE := DATE_NAISSANCE;
  9        RETURN;
 10     END;
 11     CONSTRUCTOR FUNCTION type_personne ( NOM  IN VARCHAR2)
 12        RETURN SELF AS RESULT IS
 13     BEGIN
```

```
14        SELF.NOM := NOM;    RETURN;
15    END;
16    MEMBER FUNCTION age_pers RETURN NUMBER IS
17        age NUMBER(3);
18    BEGIN
19        age := trunc( ( sysdate - SELF.DATE_NAISSANCE) / 365);
20        RETURN age;
21    END age_pers;
22  END;
23  /

Corps de type créé.


SQL> CREATE TABLE EMPLOYES(
  2      NO_EMPLOYE          NUMBER(6)       ,
  3      EMPLOYE             type_personne
  4          DEFAULT TYPE_PERSONNE( 'BIZOÏ','Razvan','10/12/1964'),
  5      FONCTION            VARCHAR2(30)    ,
  6      DATE_EMBAUCHE       DATE            ,
  7      SALAIRE             NUMBER(8, 2) )
  8  /

Table créée.

SQL> INSERT INTO EMPLOYES
  2     ( NO_EMPLOYE, FONCTION, DATE_EMBAUCHE, SALAIRE)
  3     VALUES ( 1,'Consultant Oracle',SYSDATE, 2000);

1 ligne créée.

SQL> DESC TYPE_PERSONNE
 Nom                                     NULL ?   Type
 --------------------------------------- -------- -----------------------
 NOM                                              VARCHAR2(20)
 PRENOM                                           VARCHAR2(10)
 DATE_NAISSANCE                                   DATE

METHOD
------
 FINAL CONSTRUCTOR FUNCTION TYPE_PERSONNE RETURNS SELF AS RESULT
 Nom d'argument               Type                       E/S par défaut ?
 ---------------------------- -------------------------- ------ ---------
 NOM                          VARCHAR2                   IN
 DATE_NAISSANCE               DATE                       IN

METHOD
------
```

```
FINAL CONSTRUCTOR FUNCTION TYPE_PERSONNE RETURNS SELF AS RESULT
Nom d'argument                  Type                    E/S par défaut ?
------------------------------  ----------------------  ------ --------
NOM                             VARCHAR2                IN


METHOD
------
MEMBER FUNCTION AGE_PERS RETURNS NUMBER
```

Table objet

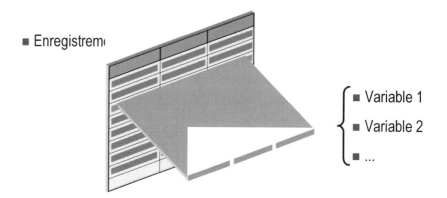

La méthode la plus simple de stocker des types objets est de créer une table qui reprend la description d'un objet ainsi chaque enregistrement est un objet de type respectif.

La syntaxe simplifiée de création d'une table relationnelle est la suivante :
```
CREATE TABLE [SCHEMA.]NOM_TABLE
   OF [SCHEMA.]NOM_TYPE
( NOM TYPE_PERSO [DEFAULT EXPRESSION]
   [,...] )
[OBJECT IDENTIFIER IS { SYSTEM GENERATED | PRIMARY KEY}]
...
```

OBJECT IDENTIFIER   Indique la méthode de génération d'identifiant unique **OID** (**O**bject **ID**entifier).

SYSTEM GENERATED   Oracle prend en charge automatiquement la création d'un **OID** (**O**bject **ID**entifier) codé sur 16 bytes. C'est l'option par défaut.

PRIMARY KEY   Indique que l'identifiant unique **OID** (**O**bject **ID**entifier) est basé sur la clé primaire.

```
SQL> CREATE OR REPLACE TYPE type_personne
  2   AS OBJECT (
  3      NO_EMP            NUMBER(2),
  4      NOM               VARCHAR2(20),
  5      PRENOM            VARCHAR2(10),
  6      DATE_NAISSANCE    DATE,
  7   CONSTRUCTOR FUNCTION type_personne ( NO_EMP   NUMBER,
  8                                        NOM      IN VARCHAR2,
  9                                        DATE_NAISSANCE IN DATE)
 10      RETURN SELF AS RESULT,
```

```
 11    MEMBER FUNCTION age_pers RETURN NUMBER)
 12  /

Type créé.

SQL> CREATE OR REPLACE TYPE BODY type_personne
  2  AS
  3    CONSTRUCTOR FUNCTION type_personne ( NO_EMP  NUMBER,
  4                                         NOM     IN VARCHAR2,
  5                                         DATE_NAISSANCE IN DATE)
  6    RETURN SELF AS RESULT IS
  7    BEGIN
  8       SELF.NOM := NOM;
  9       SELF.DATE_NAISSANCE := DATE_NAISSANCE;
 10       RETURN;
 11    END;
 12    MEMBER FUNCTION age_pers RETURN NUMBER IS
 13       age NUMBER(3);
 14    BEGIN
 15       age := trunc( ( sysdate - SELF.DATE_NAISSANCE) / 365);
 16       RETURN age;
 17    END age_pers;
 18  END;
 19  /
Corps de type créé.

SQL> CREATE TABLE EMPLOYES OF type_personne ;
Table créée.

SQL> DESC EMPLOYES
Nom                                         NULL ?    Type
------------------------------------------- -------- ----------------
NO_EMP                                                NUMBER(2)
NOM                                                   VARCHAR2(20)
PRENOM                                                VARCHAR2(10)
DATE_NAISSANCE                                        DATE

SQL> SELECT OBJECT_ID_TYPE, TABLE_TYPE_OWNER, TABLE_TYPE
  2  FROM DBA_OBJECT_TABLES
  3  WHERE TABLE_NAME LIKE 'EMPLOYES';

OBJECT_ID_TYPE      TABLE_TYPE_OWNER                TABLE_TYPE
------------------- ------------------------------- ----------------
SYSTEM GENERATED    STAGIAIRE                       TYPE_PERSONNE
```

Vous pouvez interroger la vue du dictionnaire de données « **DBA_OBJECT_TABLES** » pour récupérer les informations sur les tables objets.

Il est possible de définir une clé primaire pour gérer les enregistrements de la table. Pour plus de détails sur la syntaxe voir plus loin dans le module.

Module 18 : La création des tables

```
SQL> CREATE TABLE EMPLOYES OF type_personne
  2  (CONSTRAINT PK_EMPLOYE PRIMARY KEY (NO_EMP))
  3  OBJECT IDENTIFIER IS PRIMARY KEY;
Table créée.

SQL> SELECT OBJECT_ID_TYPE, TABLE_TYPE_OWNER, TABLE_TYPE
  2  FROM DBA_OBJECT_TABLES
  3  WHERE TABLE_NAME LIKE 'EMPLOYES';

OBJECT_ID_TYPE    TABLE_TYPE_OWNER                TABLE_TYPE
----------------  ------------------------------  ---------------
USER-DEFINED      STAGIAIRE                       TYPE_PERSONNE


SQL> INSERT INTO EMPLOYES
  2  VALUES ( 1,'BIZOÏ','Razvan','10/12/1965');
1 ligne créée.
SQL> INSERT INTO EMPLOYES
  2  VALUES ( 1,'BIZOÏ','Razvan','10/12/1965');
INSERT INTO EMPLOYES
*
ERREUR à la ligne 1 :
ORA-00001: violation de contrainte unique (SYS.PK_EMPLOYE)
SQL> INSERT INTO EMPLOYES
  2  VALUES ( 2,'DULUC','Isabelle','10/12/1965');
1 ligne créée.
```

Vous pouvez utiliser la directive « REF » pour récupérer la référence de chaque objet stocké dans la table. Rappelez-vous que chaque enregistrement est une instance du type d'objet utilisé pour la création de la table. La référence d'un objet peut être utilisée pour des jointures entre les tables au même titre que les contraintes d'intégrités référentielles.

```
SQL> SELECT REF(E), NOM, PRENOM FROM EMPLOYES E;
REF(E)
--------------------------------------------------------------------
NOM                    PRENOM
--------------------   ----------

00004A038A00464CEA626050D442A68927EC4D85124135000000014260100010001 00
290000000000090602002A00078401FE0000000A02C102000000000000000000000 0
000000000000000000
BIZOÏ                  Razvan

00004A038A00464CEA626050D442A68927EC4D85124135000000014260100010001 00
290000000000090602002A00078401FE0000000A02C103000000000000000000000 0
000000000000000000
DUPONT                 Isabelle
```

Table organisée en index

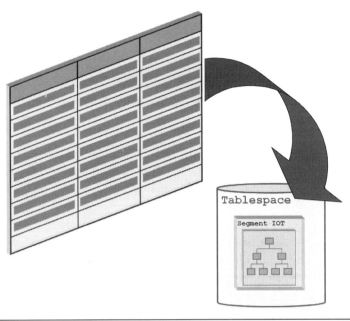

Une table organisée en index maintient les lignes de la table, à la fois pour les valeurs de colonnes de clé primaire et celles hors clé, dans un index construit sur la clé primaire. Une table organisée en index convient mieux, par conséquent, pour les accès et les manipulations via des valeurs de clé primaire.

La syntaxe de la commande SQL « **CREATE TABLE** » est la suivante :

```
CREATE TABLE [SCHEMA.]NOM_TABLE
( NOM TYPE [DEFAULT EXPRESSION][NOT NULL]
   [,...] )
     ORGANIZATION{HEAP|INDEX}
          [
             [PCTFREE integer]
             [PCTUSED integer]
             [INITRANS integer]
             [TABLESPACE tablespace]
             [STORAGE
               (
                 [INITIAL integer [ K | M ]]
                 [NEXT integer [ K | M ]]
                 [MINEXTENTS integer]
                 [MAXEXTENTS { integer | UNLIMITED }]
                 [PCTINCREASE integer]
                 [FREELISTS integer]
                 [FREELIST GROUPS integer]
                 [BUFFER_POOL { KEEP | RECYCLE | DEFAULT }]
               )]
```

```
                    [{ LOGGING | NOLOGGING }]
             ]
             [{ COMPRESS | NOCOMPRESS }]
             [PCTTHRESHOLD integer]
      ...
      ;
```

ORGANIZATION HEAP Définit que les enregistrements de données de la table sont stockés sans ordre particulier. Il s'agit de l'option par défaut.

ORGANIZATION INDEX Définit que les enregistrements de données de la table sont stockés dans un index défini sur la clé primaire de la table.

COMPRESS Définit l'activation de la compression de clé, ce qui élimine les occurrences répétées de valeurs de colonne de clé primaire dans la table organisée en index.

NOCOMPRESS Désactive la compression de clé pour la table organisée en index. Il s'agit du choix par défaut.

PCTTHRESHOLD Définit le pourcentage d'espace réservé dans le bloc d'index pour une ligne de table organisée en index. Il doit être suffisamment grand pour contenir la clé primaire.

```
SQL> CREATE TABLE FOURNISSEURS
  2   (
  3       NO_FOURNISSEUR    NUMBER(6)         NOT NULL,
  4       SOCIETE           VARCHAR2(40)      NOT NULL,
  5       ADRESSE           VARCHAR2(60)      NOT NULL,
  6       VILLE             VARCHAR2(20)      NOT NULL,
  7       CODE_POSTAL       VARCHAR2(10)      NOT NULL,
  8       PAYS              VARCHAR2(15)      NOT NULL,
  9       TELEPHONE         VARCHAR2(24)      NOT NULL,
 10       FAX               VARCHAR2(24)      NULL    ,
 11       CONSTRAINT PK_FOURNISSEURS PRIMARY KEY (NO_FOURNISSEUR)
 12   )
 13   ORGANIZATION INDEX
 14   TABLESPACE GEST_DATA;

Table créée.
```

Table temporaire

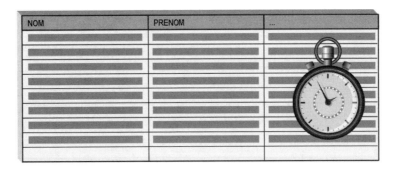

Les tables temporaires ont été introduites dans **Oracle8i** et représentent un moyen de mettre en tampon des résultats ou un ensemble de résultats lorsque vos applications doivent exécuter plusieurs instructions LMD au cours d'une transaction ou d'une session.

A l'instar d'une table traditionnelle, une table temporaire constitue un mécanisme de stockage de données dans une base Oracle. Elle compte également des colonnes qui se voient assigner chacune un type de données et une longueur. Par contre, même si la définition d'une table temporaire est maintenue de façon permanente dans la base de données, les données qui y sont insérées sont conservées seulement le temps d'une session ou d'une transaction. Le fait de créer une table temporaire en tant que table temporaire globale permet à toutes les sessions qui se connectent à la base d'accéder à cette table et de l'utiliser.

Plusieurs sessions peuvent y insérer des lignes de données, mais chaque ligne sera visible uniquement par la session qui l'a insérée.

La syntaxe de la commande CREATE GLOBAL TEMPORARY TABLE est :

```
CREATE [GLOBAL] TEMPORARY TABLE [SCHEMA.]NOM_TABLE
(
    NOM_COLONNE TYPE [DEFAULT EXPRESSION][NOT NULL][,...]
)
[ON COMMIT { DELETE | PRESERVE } ROWS];
```

GLOBAL TEMPORARY   Signale qu'il s'agit d'une table temporaire et que sa définition est visible par toutes les sessions. Les données ne sont visibles que par la session qui les insère dans la table.

ON COMMIT   Cette clause ne s'applique que si vous créez une table temporaire. Elle indique si les données dans la table temporaire existent pour la durée d'une transaction ou d'une session.

DELETE — Pour une table temporaire spécifique à une transaction (choix par défaut), cette clause demande au système de vider la table, `TRUNCATE`, après chaque instruction `COMMIT`.

PRESERVE — Pour une table temporaire spécifique à une session, cette clause demande au système de vider la table, `TRUNCATE`, lorsque la session se termine.

Attention

Vous ne pouvez pas spécifier, pour les tables temporaires, de contraintes d'intégrité référentielle (clé étrangère).

Elles ne peuvent pas être partitionnées, organisées en index ou placées dans un cluster.

```
SQL> CREATE GLOBAL TEMPORARY TABLE UTILISATEURS (
  2      NO_UTILISATEUR    NUMBER(6)                        NOT NULL,
  3      NOM_PRENOM        VARCHAR2(20)                     NOT NULL,
  4      DATE_CREATION     DATE          DEFAULT SYSDATE    NOT NULL,
  5      UTILISATEUR       VARCHAR2(20)  DEFAULT USER       NOT NULL,
  6      DESCRIPTION       VARCHAR2(100)                             )
  7  ON COMMIT DELETE ROWS;

Table créée.

SQL> INSERT INTO UTILISATEURS( NO_UTILISATEUR, NOM_PRENOM)
  2  VALUES ( 1, 'Razvan BIZOÏ');

1 ligne créée.

SQL> SELECT NO_UTILISATEUR, NOM_PRENOM, DATE_CREATION
  2  FROM   UTILISATEURS;

NO_UTILISATEUR NOM_PRENOM            DATE_CRE
-------------- --------------------  --------
             1 Razvan BIZOÏ          05/03/05

SQL> COMMIT;

Validation effectuée.

SQL> SELECT NO_UTILISATEUR, NOM_PRENOM, DATE_CREATION
  2  FROM   UTILISATEURS;

aucune ligne sélectionnée
```

La table temporaire ainsi créée accepte l'insertion du premier enregistrement, les données sont gardées seulement dans la transaction en cours.

Création d'une table comme ...

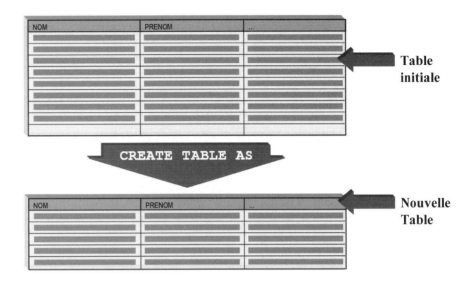

Table initiale

Nouvelle Table

Depuis **Oracle8i**, avez la possibilité de créer une table à partir d'une table existante. Cette fonctionnalité peut notamment être exploitée pour obtenir rapidement une copie d'une table tout entière ou d'une partie seulement. Elle peut se révéler très utile pour créer un environnement de test.

La syntaxe pour la création d'une table à partir d'une requête est :

CREATE TABLE [SCHEMA.]NOM_TYPE AS SOUS_REQUETE;

Lorsque la nouvelle table est décrite, on constate qu'elle a hérité des définitions de colonnes sélectionnées dans la table « **PRODUITS** ». Les valeurs retournées par la sous requête sont insérées dans la table « **PRODUITS_DESERTS** ».

```
SQL> SELECT COUNT(*) FROM PRODUITS WHERE CODE_CATEGORIE = 3;


  COUNT(*)
----------
        13


SQL> CREATE TABLE PRODUITS_DESSERTS AS
  2      SELECT NOM_PRODUIT, CODE_CATEGORIE FROM PRODUITS
  3      WHERE CODE_CATEGORIE = 3;

Table créée.

SQL> DESC PRODUITS_DESSERTS
 Nom                                       NULL ?   Type
 ----------------------------------------- -------- -------------
 NOM_PRODUIT                               NOT NULL VARCHAR2(40)
 CODE_CATEGORIE                            NOT NULL NUMBER(6)
```

Module 18 : La création des tables

```
SQL> SELECT COUNT(*) FROM PRODUITS_DESSERTS;

  COUNT(*)
----------
        13
```

Attention

La commande SQL « `CREATE TABLE AS` » vous permet de créer une table à partir du résultat d'une requête et non à partir de la structure d'une table.

En effet cette commande ne vous permet pas de créer la clé primaire, les contraintes et les contraintes d'intégrité référentielle. De plus toutes les options de stockage ne sont pas recoupées.

Atelier 18

- Création d'une table
- Stockage des données LOB

 Durée : 25 minutes

Questions

18-1 Quels sont les noms de table valides ?

    A. TEST_DE_NOM_DE_TABLE

    B. P#_$TEST_TABLE

    C. 7_NOM_TABLE

    D. SELECT

18-2 Quelles sont les erreurs de syntaxe ou de nom dans la requête suivante ?

```
CREATE TABLE NOUVELLE_TABLE (
    ID NUMBER,
    CHAMP_1 char(40),
    CHAMP_2 char(80),
    ID char(40);
```

18-3 Quelles sont les instructions d'insertion non valides dans la table suivante ?

```
SQL> DESC UTILISATEURS
Nom                                      NULL ?   Type
---------------------------------------- -------- ---------------
NO_UTILISATEUR                           NOT NULL NUMBER(6)
NOM_PRENOM                               NOT NULL VARCHAR2(20)
DATE_CREATION                            NOT NULL DATE
UTILISATEUR                              NOT NULL VARCHAR2(20)


SQL> INSERT INTO UTILISATEURS( NO_UTILISATEUR, NOM_PRENOM)
  2                  VALUES ( 1, 'Razvan BIZOÏ');
```

Module 18 : La création des tables

```
SQL> INSERT INTO UTILISATEURS( NO_UTILISATEUR, NOM_PRENOM,
  2            UTILISATEUR) VALUES ( 2, 'Razvan BIZOÏ', 'razvan');


SQL> INSERT INTO UTILISATEURS( NO_UTILISATEUR, NOM_PRENOM,
  2                     DATE_CREATION, UTILISATEUR)
  3 VALUES ( 3, 'Razvan BIZOÏ', 'razvan');


SQL> INSERT INTO UTILISATEURS( NO_UTILISATEUR, DATE_CREATION,
  2              UTILISATEUR)   VALUES ( 4, SYSDATE, 'razvan');


SQL> INSERT INTO UTILISATEURS( NO_UTILISATEUR, NOM_PRENOM,
  2 UTILISATEUR)VALUES ( 5, 'BERNHARD Marie-Thérèse', 'razvan');


SQL> INSERT INTO UTILISATEURS
  2 VALUES ( 5, 'BERNHARD Marie-Thérèse', 'razvan', sysdate);
```

18-4 Est-ce que la syntaxe de création de table suivante est valide ?

```
SQL> CREATE TABLE "Employés"(
  2 "N° employé" NUMBER(6)    NOT NULL,
  3 "Nom"        VARCHAR2(20) NOT NULL,
  4 "Prénom"     VARCHAR2(20) NOT NULL);
```

18-5 Quelle est la syntaxe correcte pour visualiser les enregistrements de l'exercice précédent ?

```
SQL> SELECT Nom, Prénom FROM Employés;
SQL> SELECT Nom, Prénom FROM "Employés";
SQL> SELECT Nom, Prénom FROM Employés;
SQL> SELECT "Nom", "Prénom"  FROM "Employés";
```

Exercice n°1

Écrivez les requêtes permettant de créer les tables suivantes. Pour la colonne « DATE_CREATION » de la table « PRODUITS », initialisez une valeur par défaut égale à la date et l'heure de l'insertion.

Les deux tables doivent être stockées dans le tablespace « GEST_DATA » créé précédemment. La table « PRODUITS » doit avoir un extent « INITIAL » de 5Mb et la table « CATEGORIES » seulement de 512Kb.

PRODUITS		
REF_PRODUIT	NUMBER(6)	not null
NOM_PRODUIT	VARCHAR2(40)	not null
PRIX_UNITAIRE	NUMBER(8,2)	null
UNITES_STOCK	NUMBER(5)	null
DATE_CREATION	DATE	not null

CATEGORIES		
CODE_CATEGORIE	NUMBER(6)	not null
NOM_CATEGORIE	VARCHAR2(25)	not null

Exercice n°2

Créez un tablespace « `GEST_DATA_CLOB` » et « `GEST_DATA_BLOB` », les deux avec une taille de 50Mb.

Créez la table « `EMPLOYES` » avec la description suivante :

EMPLOYES		
NO_EMPLOYE	NUMBER(6)	not null
REND_COMPTE	NUMBER(6)	null
NOM	VARCHAR2(20)	not null
PRENOM	VARCHAR2(10)	not null
PHOTO	BLOB	null
DESCRIPTION	CLOB	null

Stockez les enregistrements de la colonne « `PHOTO` » dans le tablespace « `GEST_DATA_BLOB` » et les enregistrements de la colonne « `DESCRIPTION` » dans le tablespace « `GEST_DATA_CLOB` ».

- *PRIMARY KEY*
- *REFERENCES*
- *ALTER TABLE*
- *TRUNCATE*

19

La gestion des tables

Objectifs

A la fin de ce module, vous serez à même d'effectuer les tâches suivantes :

- Décrire les types de contraintes.
- Créer une contrainte de clé primaire et de clé unique ainsi que paramétrer le stockage des segments d'index.
- .Créer une contrainte d'intégrité référentielle.
- Ajouter, modifier et supprimer une colonne d'une table.
- Modifier les options de stockage et l'emplacement du segment de table.
- Supprimer une table et le segment correspondant.
- Supprimer les enregistrements de la table et les extents du segment.

Contenu

Définition de contraintes	19-2	Modification d'une colonne	19-25
NOT NULL	19-5	Supprimer une colonne	19-27
CHECK	19-7	Modification d'une table	19-32
PRIMARY KEY	19-9	Modification d'une contrainte	19-35
UNIQUE	19-13	Suppression d'une table	19-40
REFERENCES	19-15	Suppression des lignes	19-41
Ajouter une nouvelle colonne	19-23	Atelier 19	19-43

Définition de contraintes

- Contraintes de colonne
- Contraintes de table

Vous pouvez créer des contraintes sur les colonnes d'une table. Lorsqu'une contrainte est appliquée à une table, chacune de ses lignes doit satisfaire les conditions spécifiées dans la définition de la contrainte.

Plusieurs types de contraintes peuvent être définis dans une instruction « **CREATE TABLE** ». Une clause « **CONSTRAINT** » peut être appliquée à une ou plusieurs colonnes dans une table. L'intérêt d'employer des contraintes est qu'Oracle assure en grande partie l'intégrité des données. Par conséquent, plus vous ajoutez de contraintes à une définition de table, moins vous aurez de travail pour la maintenance des données. D'un autre côté, plus une table possède de contraintes, plus la mise à jour des données nécessite de temps.

Dénomination des contraintes

Les contraintes peuvent être nommées afin d'être plus facilement manipulées ultérieurement. Dans le cas où aucun nom n'est affecté explicitement à une contrainte, Oracle génère automatiquement un nom de la forme « **SYS_CXXXXXX** » (XXXXXX est un nombre entier unique). De tels noms ne sont pas parlants, aussi est-il préférable que vous les fournissiez vous-même.

L'emploi d'une stratégie pour affecter des noms permet de mieux les identifier et les gérer. Lors de l'affectation explicite d'un nom à une contrainte, il est pratique d'utiliser la convention de dénomination suivante :

`TABLE COLONNE TYPEDECONTRAINTE`

`TABLE`	Nom de la table sur laquelle est définie la contrainte.
`COLONNE`	Nom de la ou des colonnes sur laquelle est définie la contrainte.

TYPEDECONTRAINTE   Abréviation mnémotechnique associé au type de contrainte :
  NN   NOT NULL
  CK   CHECK
  UQ   UNIQUE
  PK   PRIMARY KEY
  FK   FOREIGN KEY
  RF   REFERENCES

Il existe deux façons de spécifier des contraintes :

Contrainte de colonne

Permet de définir une contrainte particulière sur une colonne, spécifiée dans la définition de la colonne.

```
COLONNE [CONSTRAINT CONSTRAINT_NAME]
        {
          [ NOT ] NULL
        | UNIQUE
        | PRIMARY KEY
        | CHECK (condition)
        }
        ,
```

Contraintes de table (portant sur plusieurs colonnes)

Permet de définir une contrainte particulière sur une ou plusieurs colonnes, spécifiée à la fin d'une instruction « **CREATE TABLE** ».

```
..., [CONSTRAINT CONSTRAINT_NAME]
        {
        | UNIQUE       (COLONNE[,...])
        | PRIMARY KEY (COLONNE[,...])
        | FOREIGN KEY (COLONNE[,...])
        | CHECK        (condition)
        }
        ,...
```

DBA_CONSTRAINTS

Les informations de contraintes sont accessibles via la vue « **DBA_CONSTRAINTS** ». Elles sont très utiles pour modifier des contraintes ou résoudre des problèmes avec les données d'une application.

Les contraintes « **FOREIGN KEY** » possèdent toujours une valeur pour les colonnes « **R_OWNER** » et « **R_CONSTRAINT_NAME** ». Ces deux colonnes indiquent à quelle contrainte se réfère une contrainte « **FOREIGN KEY** » ; une contrainte « **FOREIGN KEY** » ne se réfère jamais à une autre colonne. Les contraintes « **NOT NULL** » sur des colonnes sont stockées en tant que contraintes « **CHECK** » ; leur valeur pour la colonne « **CONSTRAINT_TYPE** » est donc « **C** ».

Module 19 : La gestion des tables

Les colonnes de cette vue sont :

`OWNER`	Indique le propriétaire de la contrainte.
`CONSTRAINT_NAME`	Indique le nom de la contrainte.
`CONSTRAINT_TYPE`	Indique le type de la contrainte : C – « `CHECK` », inclut des colonnes « `NOT NULL` » P – « `PRIMARY KEY` » R – « `FOREIGN KEY` » U – « `UNIQUE` » V – « `WITH CHECK OPTION` », pour les vues O – « `WITH READ ONLY` », pour les vues
`TABLE_NAME`	Indique le nom de la table associée à la contrainte.
`SEARCH_CONDITION`	Indique la condition de recherche utilisée.
`R_OWNER`	Propriétaire de la table désignée par une contrainte « `FOREIGN KEY` ».
`R_CONSTRAINT_NAME`	Indique le nom de la contrainte désignée par une contrainte « `FOREIGN KEY` ».
`DELETE_RULE`	Indique l'action à exécuter sur les tables filles lorsqu'un enregistrement de la table maître est supprimé, « `CASCADE` » ou « `NO ACTION` ».
`STATUS`	Indique l'état de la contrainte « `ENABLED` » ou « `DISABLED` ».
`DEFERRABLE`	Indique si la contrainte peut être différée.
`DEFERRED`	Indique si la contrainte a été initialement différée.
`VALIDATED`	Indique si la contrainte doit contrôler automatiquement que tous les enregistrements de la table sont conformes à la contrainte pendant la création ou modification de la contrainte.
`GENERATED`	Indique si le nom de la contrainte a été généré par la base.
`BAD`	Indique si une date a été utilisée sans valeur de siècle lors de la création de la contrainte; s'applique uniquement aux contraintes dans les bases de données mises à jour à partir de versions précédentes d'Oracle.
`LAST_CHANGE`	Indique la date de dernière activation ou désactivation de la contrainte.
`INDEX_OWNER`	Indique le propriétaire de l'index associée à la contrainte.
`INDEX_NAME`	Indique le nom de l'index associée à la contrainte.
`INVALID`	Indique si la contrainte est valide ou non.
`VIEW_RELATED`	Indique si la contrainte depend d'une vue.

NOT NULL

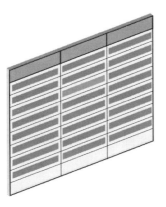

La contrainte « **NOT NULL** » rend la saisie d'une colonne obligatoire. Il est impossible dans ce cas de laisser une colonne vide.

La contrainte « **NULL** » autorise qu'une colonne soit vide, c'est le choix par défaut.

```
SQL> CREATE TABLE UTILISATEURS (
  2      NOM_PRENOM VARCHAR2(20) CONSTRAINT
  3                 UTILISATEURS_NOM_PRENOM_NN NOT NULL,
  4      DATE_CREATION   DATE   DEFAULT SYSDATE NOT NULL,
  5      DESCRIPTION     VARCHAR2(100));

Table créée.

SQL> DESC UTILISATEURS
Nom                                       NULL ?    Type
----------------------------------------- --------- ---------------
NOM_PRENOM                                NOT NULL  VARCHAR2(20)
DATE_CREATION                             NOT NULL  DATE
DESCRIPTION                                         VARCHAR2(100)

SQL> SELECT CONSTRAINT_NAME, SEARCH_CONDITION
  2  FROM DBA_CONSTRAINTS
  3  WHERE TABLE_NAME LIKE 'UTILISATEURS';

CONSTRAINT_NAME                 SEARCH_CONDITION
------------------------------  ------------------------------
SYS_C005560                     "DATE_CREATION" IS NOT NULL
UTILISATEURS_NOM_PRENOM_NN      "NOM_PRENOM" IS NOT NULL
```

Dans cet exemple, la création de la table « **UTILISATEURS** » est effectuée en utilisant une syntaxe de type contrainte de colonnes. Le nom de la contrainte pour la colonne « **DATE_CREATION** » n'a pas été spécifié explicitement ; alors Oracle génère automatiquement un nom ; pour la contrainte « **NOT NULL** » de la colonne « **NOM_PRENOM** », un nom a été spécifié.

Pendant les transactions effectuées sur la table, il faut que l'ensemble des contraintes soit respecté.

```
SQL>  INSERT INTO UTILISATEURS (DESCRIPTION)
  2   VALUES ( 'Insert n''est pas effectue');
INSERT INTO UTILISATEURS (DESCRIPTION)
*
ERREUR à la ligne 1 :
ORA-01400: impossible d'insérer NULL dans
("SYS"."UTILISATEURS"."NOM_PRENOM")
```

CHECK

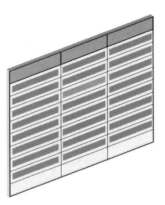

La contrainte « CHECK » vous permet de restreindre les valeurs acceptables pour une ou plusieurs colonnes en appliquant une condition. La condition doit être vraie pour chaque enregistrement de la table.

Attention

Une contrainte « CHECK » de niveau colonne ne peut pas se référer à d'autres colonnes et ne peut pas utiliser les pseudo-colonnes « SYSDATE », « USER » ou « ROWNUM ».

Vous pouvez utiliser une contrainte de table pour vous référer à plusieurs colonnes dans une contrainte « CHECK ».

```
SQL>   CREATE TABLE UTILISATEURS (
  2       NOM_PRENOM        VARCHAR2(20)
  3           CONSTRAINT UTILISATEURS_NOM_PRENOM_NN NOT NULL,
  4       DATE_CREATION     DATE
  5           DEFAULT SYSDATE NOT NULL,
  6       DATE_MISEAJOUR    DATE
  7           DEFAULT SYSDATE NOT NULL,
  8       CONNECTIONS       NUMBER(6)
  9           CHECK ( CONNECTIONS BETWEEN 1 AND 10),
 10       CONSTRAINT UTILISATEURS_DATE_MISEAJOUR_CK
 11           CHECK ( DATE_CREATION <= DATE_MISEAJOUR) );

Table créée.
```

Module 19 : La gestion des tables

```
SQL> SELECT CONSTRAINT_NAME, SEARCH_CONDITION
  2  FROM DBA_CONSTRAINTS
  3  WHERE TABLE_NAME LIKE 'UTILISATEURS';

CONSTRAINT_NAME                  SEARCH_CONDITION
-------------------------------  ----------------------------------
UTILISATEURS_DATE_MISEAJOUR_CK   DATE_CREATION <= DATE_MISEAJOUR
SYS_C005564                      CONNECTIONS BETWEEN 1 AND 10
SYS_C005563                      "DATE_MISEAJOUR" IS NOT NULL
SYS_C005562                      "DATE_CREATION" IS NOT NULL
UTILISATEURS_NOM_PRENOM_NN       "NOM_PRENOM" IS NOT NULL
```

Dans cet exemple, la colonne « **CONNECTIONS** » doit contenir une valeur supérieure ou égale à 1 et inférieure ou égale à 10. Pour contrôler la colonne « **DATE_MISEAJOUR** » par rapport à la colonne « **DATE_CREATION** » il a fallu créer une contrainte « **CHECK** » de type table.

PRIMARY KEY

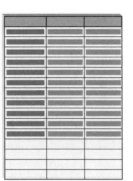

La contrainte « **PRIMARY KEY** » est une clé primaire définie sur une ou plusieurs colonnes, elle spécifie que chaque enregistrement de la table peut être identifiée de façon unique par les valeurs de cette clé. Une table peut contenir une seule clé primaire, et une clé primaire ne peut pas contenir de valeurs « **NULL** ».

```
SQL> CREATE TABLE PERSONNE(
  2      PERSONNE    NUMBER(3) PRIMARY KEY,
  3      NOM         VARCHAR2(10) ,
  4      PRENOM      VARCHAR2(15) )
  5  TABLESPACE GEST_DATA;
Table créée.

SQL> DESC PERSONNE
 Nom                                      NULL ?   Type
 ---------------------------------------- -------- ----------------
 PERSONNE                                 NOT NULL NUMBER(3)
 NOM                                               VARCHAR2(10)
 PRENOM                                            VARCHAR2(15)

SQL> INSERT INTO PERSONNE VALUES ( 1,'CLEMENT','Marcelle');

1 ligne créée.

SQL> INSERT INTO PERSONNE VALUES ( 1,'LABRUNE','Gilbert');
INSERT INTO PERSONNE VALUES ( 1,'LABRUNE','Gilbert')
*
ERREUR à la ligne 1 :
ORA-00001: violation de contrainte unique (SYS.SYS_C005567)
```

Le nom d'une contrainte est défini lors de sa création. Si vous n'en spécifiez pas, Oracle en génère un. Comme vous pouvez le remarquer dans l'exemple précédent, de tels noms ne sont pas parlants ; aussi est-il préférable que vous les fournissiez vous-même.

Pour la colonne « **PERSONNE** », il n'est pas nécessaire de préciser explicitement la contrainte « **NOT NULL** » ; la contrainte « **PRIMARY KEY** » crée automatiquement cette contrainte.

Dans le cas où vous vous trouvez devant une base de données déjà créée et vous rencontrez la même erreur, vous pouvez interroger la vue du dictionnaire de données « **DBA_CONSTRAINTS** » pour plus d'informations.

```
SQL> SELECT CONSTRAINT_NAME,
  2         CONSTRAINT_TYPE,
  3         INDEX_NAME
  4  FROM DBA_CONSTRAINTS
  5  WHERE TABLE_NAME LIKE 'PERSONNE';

CONSTRAINT_NAME                  CONSTRAINT_TYPE INDEX_NAME
-------------------------------- --------------- -----------
SYS_C005567                      P               SYS_C005567

SQL> SELECT SEGMENT_NAME,SEGMENT_TYPE,TABLESPACE_NAME
  2  FROM DBA_SEGMENTS
  3  WHERE SEGMENT_NAME LIKE 'SYS_C005567';

SEGMENT_NAME   SEGMENT_TYPE       TABLESPACE_NAME
-------------- ------------------ --------------------------
SYS_C005567    INDEX              GEST_DATA
```

Attention

Toute contrainte de type « **PRIMARY KEY** » et de type « **UNIQUE** » crée automatiquement un index qui utilise les mêmes options de stockage que la table.

En effet vous pouvez voir dans la requête précédente le nom de la contrainte de type « **P** » comme « **PRIMARY KEY** » et l'index crée dans le tablespace « **GEST_DATA** » qui héberge également le segment de la table.

Rappelez-vous que les segments d'index et les segments de données doivent être créés dans des tablespaces différents.

La syntaxe SQL qui vous permet de décrire les options de stockage pour une contrainte de type « **PRIMARY KEY** » et de type « **UNIQUE** » est :

```
,...
COLONNE [CONSTRAINT CONSTRAINT_NAME]
         { UNIQUE | PRIMARY KEY}
           [USING INDEX]
            [PCTFREE integer]
             [PCTUSED integer]
              [INITRANS integer]
```

```
            [TABLESPACE tablespace]
            [STORAGE
            (
              [INITIAL integer [ K | M ]]
              [NEXT integer [ K | M ]]
              [MINEXTENTS integer]
              [MAXEXTENTS { integer | UNLIMITED }]
              [PCTINCREASE integer]
              [FREELISTS integer]
              [FREELIST GROUPS integer]
            )]
            ,...
```

Dans la requête suivante une contrainte « **PRIMARY KEY** » est définie sur la colonne « **PERSONNE** » ; la syntaxe spécifie explicitement le nom de la contrainte ainsi que les options de stockage. Vous pouvez utiliser ce nom par la suite pour désactiver ou activer la contrainte.

```
SQL> CREATE TABLE PERSONNE(
  2      PERSONNE    NUMBER(3)
  3         CONSTRAINT PERSONNE_PK PRIMARY KEY
  4         USING INDEX
  5             PCTFREE 60
  6             TABLESPACE GEST_IDX
  7             STORAGE (
  8                     INITIAL      5M
  9                     MAXEXTENTS  100
 10                     ),
 11      NOM        VARCHAR2(10) ,
 12      PRENOM     VARCHAR2(15) )
 13  TABLESPACE GEST_DATA;

Table créée.

SQL> SELECT SEGMENT_NAME,SEGMENT_TYPE,TABLESPACE_NAME
  2  FROM DBA_SEGMENTS
  3  WHERE SEGMENT_NAME IN ( SELECT INDEX_NAME
  4                          FROM DBA_CONSTRAINTS
  5                          WHERE TABLE_NAME LIKE 'PERSONNE');

SEGMENT_NAME    SEGMENT_TYPE       TABLESPACE_NAME
--------------  -----------------  -------------------------------
PERSONNE_PK     INDEX              GEST_IDX
```

Lorsqu'une clé primaire s'applique à plusieurs colonnes, vous pouvez définir à la place d'une contrainte de colonne, une contrainte de table.

```
SQL> CREATE TABLE EMPLOYE(
  2     NOM                VARCHAR2(20)                ,
  3     PRENOM             VARCHAR2(10)                ,
  4     FONCTION           VARCHAR2(30)        not null,
  5     DATE_NAISSANCE     DATE                not null,
  6     DATE_EMBAUCHE      DATE                not null,
  7     CONSTRAINT EMPLOYE_PK
  8         PRIMARY KEY ( NOM, PRENOM, DATE_NAISSANCE)
  9         USING INDEX
 10             PCTFREE 80
 11             TABLESPACE GEST_IDX
 12             STORAGE ( INITIAL 5M )
 13  )TABLESPACE GEST_DATA;

Table créée.
```

UNIQUE

Une clé « **UNIQUE** », définie sur une ou plusieurs colonnes autorise uniquement des valeurs uniques dans chacune d'elles. Elle désigne la colonne ou l'ensemble des colonnes comme clé secondaire de la table.

Des colonnes de clé « **UNIQUE** » font souvent partie de la clé primaire d'une table, mais cette contrainte est également utile lorsque certaines colonnes sont essentielles pour la signification des lignes de données.

Dans le cas de contrainte « **UNIQUE** » portant sur une seule colonne, l'attribut peut prendre la valeur « **NULL** ». Cette contrainte peut apparaître plusieurs fois dans l'instruction.

La requête suivante illustre la définition d'une contrainte « **UNIQUE** » sur la table « **EMPLOYE** ». Une clé « **UNIQUE** » est ici définie sur les colonnes « **NOM** », « **PRENOM** » et « **DATE_NAISSANCE** ».

Notez qu'elles sont aussi déclarées comme étant « **NOT NULL** », signifiant que les enregistrements insérés dans la table doivent contenir des valeurs pour ces colonnes. En effet, à quoi serviraient des informations se rapportant aux employés sans indiquer leur « **NOM** », « **PRENOM** » et « **DATE_NAISSANCE** » ?

```
SQL>   CREATE TABLE EMPLOYE(
  2        EMPLOYE            NUMBER(3)
  3                           CONSTRAINT EMPLOYE_PK PRIMARY KEY,
  4        NOM                VARCHAR2(20)    NOT NULL,
  5        PRENOM             VARCHAR2(10)    NOT NULL,
  6        FONCTION           VARCHAR2(30)    ,
  7        DATE_NAISSANCE     DATE            NOT NULL,
  8        CONSTRAINT EMPLOYE_UQ UNIQUE (NOM,PRENOM,DATE_NAISSANCE))
  9        TABLESPACE GEST_DATA;

Table créée.
```

Module 19 : La gestion des tables

```
SQL> SELECT SEGMENT_NAME,SEGMENT_TYPE,TABLESPACE_NAME
  2  FROM DBA_SEGMENTS
  3  WHERE SEGMENT_NAME IN ( SELECT INDEX_NAME
  4                          FROM DBA_CONSTRAINTS
  5                          WHERE TABLE_NAME LIKE 'EMPLOYE');

SEGMENT_NAME    SEGMENT_TYPE         TABLESPACE_NAME
--------------  -------------------  --------------------------------
EMPLOYE_PK      INDEX                GEST_DATA
EMPLOYE_UQ      INDEX                GEST_DATA

SQL> INSERT INTO EMPLOYE VALUES
  2        ( 1,'CLEMENT','Marcelle', 'Manager', '01/01/1950');

1 ligne créée.

SQL> INSERT INTO EMPLOYE VALUES
  2        ( 2,'CLEMENT','Marcelle', 'Manager', '01/01/1950');
INSERT INTO EMPLOYE VALUES
*
ERREUR à la ligne 1 :
ORA-00001: violation de contrainte unique (STAGIAIRE.EMPLOYE_UQ)

SQL> INSERT INTO EMPLOYE VALUES
  2        ( 2,'CLEMENT','Marcelle', 'Manager', '01/01/1951');

1 ligne créée.
```

Vous pouvez remarquer que la deuxième instruction « **INSERT** » se solde par un échec ; le trinôme qui forme la clé unique « **NOM** », « **PRENOM** » et « **DATE_NAISSANCE** » est identique au premier enregistrement inséré. La troisième instruction « **INSERT** » est valide, la « **DATE_NAISSANCE** » étant différente (trinôme unique).

Les deux types de contraintes « **PRIMARY KEY** » et « **UNIQUE** » produisent automatiquement un index lors de leur création.

REFERENCES

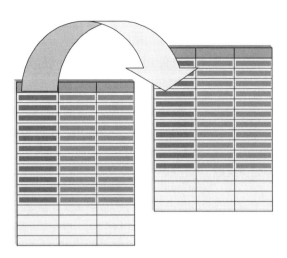

Une clé étrangère, « **REFERENCES** », définie sur une ou plusieurs colonnes d'une table garantit que les valeurs de cette clé sont identiques aux valeurs de « **PRIMARY KEY** » ou « **UNIQUE** » d'une autre table. Les valeurs admises, pour la colonne ou les colonnes contrôlées par cette contrainte, doivent exister dans l'ensemble des valeurs de la colonne ou les colonnes correspondantes dans la table maître. Une contrainte « **FOREIGN KEY** » est également appelée contrainte d'intégrité référentielle.

Vous pouvez vous référer à une « **PRIMARY KEY** » ou « **UNIQUE** » au sein d'une même table. Pensez à utiliser une contrainte de table et non de colonne pour définir une clé étrangère sur plusieurs colonnes.

La syntaxe d'une contrainte d'intégrité référentielle comporte deux formes selon qu'elle est de type colonne ou de type table.

Lorsque vous initialisez la contrainte d'intégrité référentielle comme contrainte de type colonne, la syntaxe est la suivante :

```
...,
        COLONNE CONSTRAINT CONSTRAINT_NAME
            REFERENCES [SCHEMA.]NOM_TABLE
        (COLONNE[,...])
,...
```

Dans le cas d'une contrainte de type colonne le type de la contrainte « **FOREIGN KEY** » ne figure pas dans la syntaxe.

Le nom de la colonne de référence de la table maître est facultatif s'il s'agit de la clé primaire de la table maître ; sinon il est impératif de le renseigner.

Pour une meilleure lisibilité du code SQL vous pouvez prendre l'habitude de le renseigner tout le temps.

Par exemple, les valeurs de la colonne « **MANAGER** » de la table « **UTILISATEUR** » se réfèrent aux valeurs de la colonne « **UTILISATEUR** » de la même table.

La valeur pour la colonne « **MANAGER** » est soit une des valeurs de la colonne « **UTILISATEUR** » ou bien la valeur « **NULL** » étant donné que la contrainte « **NOT NULL** » n'a pas été définie pour cette colonne.

```
SQL> CREATE TABLE UTILISATEURS (
  2     UTILISATEUR     NUMBER(2)     PRIMARY KEY,
  3     MANAGER         NUMBER(2)
  4        CONSTRAINT UTILISATEURS_UTILISATEURS_FK
  5              REFERENCES UTILISATEURS(UTILISATEUR),
  6     NOM_PRENOM      VARCHAR2(20)  NOT NULL )
  7  TABLESPACE GEST_DATA;

Table créée.

SQL> INSERT INTO UTILISATEURS( UTILISATEUR,MANAGER,NOM_PRENOM)
  2  VALUES ( 1,NULL,'LABRUNE Gilbert');

1 ligne créée.

SQL> INSERT INTO UTILISATEURS( UTILISATEUR,MANAGER,NOM_PRENOM)
  2  VALUES ( 2,    0,'CHATELAIN Nicole');
INSERT INTO UTILISATEURS( UTILISATEUR,MANAGER,NOM_PRENOM)
*
ERREUR à la ligne 1 :
ORA-02291: violation de contrainte
(STAGIAIRE.UTILISATEURS_UTILISATEURS_FK) d'intégrité - touche parent
introuvable

SQL> INSERT INTO UTILISATEURS( UTILISATEUR,MANAGER,NOM_PRENOM)
  2  VALUES ( 2,    1,'CHATELAIN Nicole');

1 ligne créée.
```

Lorsque vous avez besoin de référencer plusieurs colonnes où vous voulez initialiser une contrainte « **FOREIGN KEY** » de type table il faut utiliser la syntaxe suivante :

```
...,
     CONSTRAINT CONSTRAINT_NAME FOREIGN KEY (COLONNE,...)
          REFERENCES TABLE [(COLONNE,...)]
,...
```

Lorsque le mot clé « **REFERENCES** » est utilisé dans une contrainte de table, il doit être précédé de « **FOREIGN KEY** ». Une contrainte de table peut se référer à plusieurs colonnes de clé étrangère.

Le nom de la colonne ou des colonnes de référence de la table maître est facultatif s'il s'agit de la clé primaire de la table maître, sinon il est impératif de le renseigner.

L'exemple suivant illustre les modalités de création d'une contrainte d'intégrité référentielle. Les valeurs de la colonne « **MANGER** » de la table « **EMPLOYE** » se réfèrent aux valeurs de la colonne « **EMPLOYE** » de la même table. Dans la deuxième instruction, les valeurs du « **NOM** » et « **PRENOM** » de la table « **UTILISATEUR** » se réfèrent au « **NOM** » et « **PRENOM** » de la table « **EMPLOYE** ». La table « **EMPLOYE** » contenant les colonnes « **NOM** » et « **PRENOM** » doivent exister pour que le référencement soit possible.

```
SQL> CREATE TABLE EMPLOYE (
  2      EMPLOYE         NUMBER(3)
  3                      CONSTRAINT EMPLOYE_PK PRIMARY KEY,
  4      NOM             VARCHAR2(20)   NOT NULL,
  5      PRENOM          VARCHAR2(10)   NOT NULL,
  6      MANAGER         NUMBER(2)      ,
  7      CONSTRAINT EMPLOYE_NOM_PRENOM_UQ UNIQUE (NOM,PRENOM) ,
  8      CONSTRAINT EMPLOYE_EMPLOYE_FK
  9           FOREIGN KEY (MANAGER) REFERENCES EMPLOYE );

Table créée.

SQL> CREATE TABLE UTILISATEUR (
  2      UTILISATEUR     NUMBER(2)      PRIMARY KEY,
  3      NOM             VARCHAR2(20)   NOT NULL,
  4      PRENOM          VARCHAR2(10)   NOT NULL,
  5      CONSTRAINT UTILISATEUR_EMPLOYE_FK
  6           FOREIGN KEY (NOM,PRENOM)
  7           REFERENCES EMPLOYE(NOM,PRENOM));

Table créée.
```

Lorsque vous supprimez des enregistrements auxquelles se réfèrent d'autres enregistrements, il faut définir une stratégie a suivre. Le type d'opération de suppression, modification à appliquer à une valeur de clé étrangère, doit être déclaré dans la définition de la table associée.

Trois stratégies sont possibles. Elles seront illustrées par rapport à la syntaxe d'une contrainte « **REFERENCES** » de type table suivante :

```
...,
        CONSTRAINT CONSTRAINT_NAME FOREIGN KEY
            REFERENCES [SCHEMA.]NOM_TABLE
            (COLONNE[,...])
            [ON DELETE {CASCADE | SET NULL}]
,...
```

Interdiction

Suppression interdite d'une ligne dans la table maître s'il existe au moins une ligne dans la table fille. C'est l'option par défaut.

Module 19 : La gestion des tables

```
SQL> CREATE TABLE CATEGORIE (
  2      CODE_CATEGORIE          NUMBER(6)       PRIMARY KEY,
  3      NOM_CATEGORIE           VARCHAR2(25)    NOT NULL);

Table créée.

SQL> CREATE TABLE PRODUIT (
  2      REF_PRODUIT             NUMBER(6)       PRIMARY KEY,
  3      NOM_PRODUIT             VARCHAR2(40)    NOT NULL,
  4      CODE_CATEGORIE          NUMBER(6)       NOT NULL,
  5      CONSTRAINT PRODUITS_CATEGORIES_FK
  6              FOREIGN KEY (CODE_CATEGORIE)
  7              REFERENCES CATEGORIE (CODE_CATEGORIE));

Table créée.

SQL> INSERT INTO CATEGORIE VALUES (1,'Desserts');

1 ligne créée.

SQL> INSERT INTO PRODUIT VALUES (1,'Teatime Chocolate Biscuits',1);

1 ligne créée.

SQL> DELETE CATEGORIE;
DELETE CATEGORIE
*
ERREUR à la ligne 1 :
ORA-02292: violation de contrainte
(FORMATEUR.PRODUITS_CATEGORIES_FK) d'intégrité - enregistrement fils
existant
```

Suppression interdite d'une ligne dans la table « **CATEGORIE** » s'il existe au moins une ligne dans la table « **PRODUIT** » pour cette catégorie.

ON DELETE CASCADE

Demande la suppression des lignes dépendantes dans la table en cours de définition, si la ligne contenant la clé primaire correspondante dans la table maître est supprimée.

```
SQL> CREATE TABLE CATEGORIE (
  2      CODE_CATEGORIE          NUMBER(6)       PRIMARY KEY,
  3      NOM_CATEGORIE           VARCHAR2(25)    NOT NULL);

Table créée.

SQL> CREATE TABLE PRODUIT (
  2      REF_PRODUIT             NUMBER(6)       PRIMARY KEY,
  3      NOM_PRODUIT             VARCHAR2(40)    NOT NULL,
  4      CODE_CATEGORIE          NUMBER(6)       NOT NULL
  5              CONSTRAINT PRODUITS_CATEGORIES_FK
```

```
         6                         REFERENCES CATEGORIE ON DELETE CASCADE);

Table créée.

SQL> INSERT INTO CATEGORIE VALUES (1,'Desserts');

1 ligne créée.

SQL> INSERT INTO PRODUIT VALUES (2,'Tarte au sucre',1);

1 ligne créée.

SQL> SELECT REF_PRODUIT, NOM_PRODUIT, CODE_CATEGORIE
  2  FROM PRODUIT;

REF_PRODUIT NOM_PRODUIT                              CODE_CATEGORIE
----------- ---------------------------------------- --------------
          2 Tarte au sucre                                        1

SQL> DELETE CATEGORIE;

1 ligne supprimée.

SQL> SELECT REF_PRODUIT, NOM_PRODUIT, CODE_CATEGORIE
  2  FROM PRODUIT;

aucune ligne sélectionnée
```

Suppression d'une ligne dans la table « **CATEGORIE** » indique à Oracle de supprimer les lignes dépendantes dans la table « **PRODUIT** ». L'intégrité référentielle est ainsi automatiquement maintenue.

ON DELETE SET NULL

Demande la mise à « **NULL** » des colonnes constituant la clé étrangère qui font référence à la ligne supprimée. Cette stratégie impose que les clés étrangères ne soient pas déclarées en « **NOT NULL** ».

Dans l'exemple suivant, les valeurs de la colonne « **MANAGER** » de la table « **UTILISATEUR** » se réfèrent aux valeurs de la colonne « **UTILISATEUR** » de la même table. La valeur pour la colonne « **MANAGER** » est soit une des valeurs de la colonne « **UTILISATEUR** » ou bien la valeur « **NULL** », étant donné que la contrainte « **NOT NULL** » n'a pas été définie pour cette colonne.

La suppression du premier enregistrement entraîne la mise à « **NULL** » de la colonne clé étrangère « **MANAGER** » pour l'enregistrement dépendant.

```
SQL>  CREATE TABLE UTILISATEUR (
  2       UTILISATEUR    NUMBER(2)     PRIMARY KEY,
  3       MANAGER        NUMBER(2)
  4            CONSTRAINT UTILISATEURS_UTILISATEURS_FK
  5                REFERENCES UTILISATEUR
  6                ON DELETE SET NULL,
```

```
       7      NOM_PRENOM      VARCHAR2(20)   NOT NULL );

Table créée.

SQL> INSERT INTO UTILISATEUR( UTILISATEUR,MANAGER,NOM_PRENOM)
  2  VALUES ( 1,NULL,'LABRUNE Gilbert');

1 ligne créée.

SQL> INSERT INTO UTILISATEUR( UTILISATEUR,MANAGER,NOM_PRENOM)
  2  VALUES ( 2,   1,'CHATELAIN Nicole');

1 ligne créée.

SQL> SELECT UTILISATEUR, MANAGER, NOM_PRENOM FROM UTILISATEUR;

UTILISATEUR    MANAGER NOM_PRENOM
-----------  --------- --------------------
          1            LABRUNE Gilbert
          2          1 CHATELAIN Nicole

SQL> DELETE UTILISATEUR WHERE UTILISATEUR = 1;

1 ligne supprimée.

SQL> SELECT UTILISATEUR, MANAGER, NOM_PRENOM FROM UTILISATEUR;

UTILISATEUR    MANAGER NOM_PRENOM
-----------  --------- --------------------
          2            CHATELAIN Nicole
```

L'ordre « **CREATE TABLE** » permet de définir, comme cela a déjà été mentionné auparavant, la structure logique de la table sous forme d'un ensemble de colonnes et de contraintes. La syntaxe de l'instruction « **CREATE TABLE** » est :

```
CREATE TABLE [SCHEMA.]NOM_TABLE
( NOM_COLONNE TYPE [DEFAULT EXPRESSION]
        [CONSTRAINT CONSTRAINT_NAME
           { [ NOT ] NULL
             | UNIQUE
             | PRIMARY KEY
             | CHECK (condition)
           }
             [USING INDEX]
             [PCTFREE integer]
             [PCTUSED integer]
             [INITRANS integer]
```

```
                    [TABLESPACE tablespace]
                    [STORAGE
                    (
                      [INITIAL integer [ K | M ]]
                      [NEXT integer [ K | M ]]
                      [MINEXTENTS integer]
                      [MAXEXTENTS { integer | UNLIMITED }]
                      [PCTINCREASE integer]
                      [FREELISTS integer]
                      [FREELIST GROUPS integer]
                    )]
                    [[NOT]DEFERRABLE]
                    [{ENABLE|DISABLE}{VALIDATE|NOVALIDATE}]
           ]
    [,...]
           [, CONSTRAINT CONSTRAINT_NAME
               {
                 | UNIQUE      (COLONNE[,...])
                 | PRIMARY KEY (COLONNE[,...])
                 | CHECK       (condition)
                 | FOREIGN KEY
                     REFERENCES [SCHEMA.]NOM_TABLE
                         (COLONNE[,...])
                             [ON DELETE {CASCADE | SET NULL}]
               }
                 [USING INDEX]
                 ...
           ]
    [,...]]
  )
      ORGANIZATION{HEAP|INDEX}
        [PCTFREE integer]
        [PCTUSED integer]
        [INITRANS integer]
        [TABLESPACE tablespace]
        [STORAGE
          (
             [INITIAL integer [ K | M ]]
             [NEXT integer [ K | M ]]
             [MINEXTENTS integer]
```

```
                    [MAXEXTENTS { integer | UNLIMITED }]
                    [PCTINCREASE integer]
                    [FREELISTS integer]
                    [FREELIST GROUPS integer]
                    [BUFFER_POOL { KEEP | RECYCLE | DEFAULT }]
              )]
         [{LOGGING|NOLOGGING}]
         [{ COMPRESS | NOCOMPRESS }]
         [PCTTHRESHOLD integer]
```

DEFERRABLE	Définit que le contrôle s'effectue au moment de la validation de la transaction, uniquement pour les contraintes de type « **CHECK** ». C'est une option très intéressante pour les transactions complexes.
ENABLE	Vérifie que les mises à jour futures sont conformes à la contrainte.
DISABLE	Invalide la vérification pour les mises à jour.
VALIDATE	Contrôle automatiquement que tous les enregistrements actuels de la table sont conformes à la contrainte. C'est valable uniquement à la création ou modification de la contrainte.
DISABLE	Ignore les enregistrements actuels de la table. Comme pour « **VALIDATE** » c'est valable uniquement à la création ou modification de la contrainte.

Ajouter une nouvelle colonne

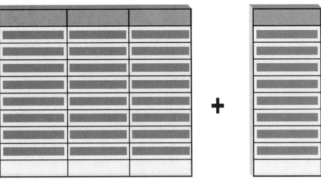

Lorsque le contexte d'une application change, il faut modifier la structure existante sans remettre en cause le contenu.

Il est possible de modifier dynamiquement la structure d'une table par l'ordre « **ALTER TABLE** » Plusieurs modifications peuvent être combinées dans une même exécution de l'ordre

Pour ajouter une colonne dans une table existante on utilise la syntaxe suivante :10,5 ?

```
ALTER TABLE [SCHEMA.]NOM_TABLE ADD
  ( NOM_COLONNE TYPE [DEFAULT EXPRESSION]
        [CONSTRAINT CONSTRAINT_NAME
          { [ NOT ] NULL
          | UNIQUE
          | PRIMARY KEY
          | CHECK (condition)
          }
  [,...] );
```

La valeur initiale des colonnes créées pour chaque ligne de la table est « **NULL** ». Il n'est possible d'ajouter une colonne possédant la contrainte « **NOT NULL** » que si la table est vide.

```
SQL> DESC CATEGORIE
Nom                                          NULL ?   Type
-------------------------------------------- -------- ----------
CODE_CATEGORIE                               NOT NULL NUMBER(6)
NOM_CATEGORIE                                NOT NULL VARCHAR2(25)

SQL> ALTER TABLE CATEGORIE ADD ( DESCRIPTION VARCHAR2(100));
```

Module 19 : La gestion des tables

```
Table modifiée.

SQL> SELECT CODE_CATEGORIE, NOM_CATEGORIE,
  2         NVL( DESCRIPTION, 'colonne vide')
  3  FROM CATEGORIE;

CODE_CATEGORIE NOM_CATEGORIE   DESCRIPTION
-------------- --------------- ------------------------------------
             1 Desserts        colonne vide
```

Dans l'exemple précèdent la table « **CATEGORIE** » est modifie par l'ajout d'une colonne « **DESCRIPTION** » ; vous pouvez remarquer que la valeur pour cette colonne dans l'enregistrement courant est « **NULL** ».

Modification d'une colonne

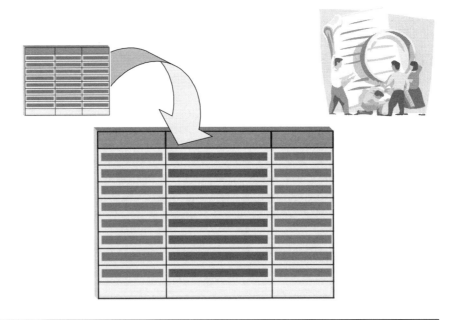

Pour chaque colonne, il est possible de modifier la taille, le type, l'option « **NULL | NOT NULL** » ou l'expression « **DEFAULT** » par la syntaxe :

```
ALTER TABLE [SCHEMA.]NOM_TABLE MODIFY
  ( NOM_COLONNE TYPE [DEFAULT EXPRESSION]
        [CONSTRAINT CONSTRAINT_NAME
           { [ NOT ] NULL
           | UNIQUE
           | PRIMARY KEY
           | CHECK (condition)
           }
  [,...] );
```

Il n'est possible de changer le type ou de diminuer la taille d'une colonne que si elle ne contient pas de valeur pour l'ensemble des lignes de la table.

Il n'est possible de changer l'option « **NULL** » en « **NOT NULL** » pour une colonne que si la colonne possède une valeur pour toutes les lignes.

La modification de l'expression « **DEFAULT** » pour une colonne n'affecte que les insertions futures.

```
SQL> DESC CATEGORIE
 Nom                                       NULL ?   Type
 ----------------------------------------- -------- -------------
 CODE_CATEGORIE                            NOT NULL NUMBER(6)
 NOM_CATEGORIE                             NOT NULL VARCHAR2(50)
 DESCRIPTION                                        VARCHAR2(100)
```

Module 19 : La gestion des tables

```
SQL> ALTER TABLE CATEGORIE MODIFY
  2                ( NOM_CATEGORIE VARCHAR2(50) NULL);

Table modifiée.

SQL> DESC CATEGORIE
 Nom                                             NULL ?   Type
 ----------------------------------------------- -------- -------------
 CODE_CATEGORIE                                  NOT NULL NUMBER(6)
 NOM_CATEGORIE                                            VARCHAR2(50)
 DESCRIPTION                                              VARCHAR2(100)
```

Dans l'exemple précédent, la colonne « **NOM_CATEGORIE** » de la table « **CATEGORIE** » est modifiée, passant de « **VARCHAR2(25)** » à « **VARCHAR2(50)** » ; vous pouvez remarquer également que la contrainte « **NOT NULL** » a été enlevée.

Supprimer une colonne

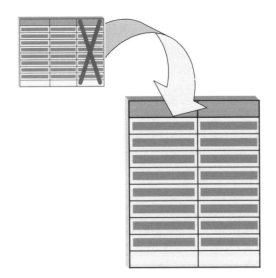

Vous pouvez supprimer une colonne de table ; cette opération est plus complexe que l'ajout ou la modification d'une colonne, en raison du travail de maintenance interne supplémentaire.

Vous avez le choix entre supprimer une colonne pendant le fonctionnement de la base ou bien la marquer comme étant "inutilisée" afin qu'elle soit supprimée ultérieurement. Si elle est supprimée immédiatement, les performances peuvent s'en ressentir. Si elle est marquée comme étant inutilisée, cela n'a aucun effet sur les performances, et elle peut ainsi être supprimée lorsque la charge de la base est moins forte.

Pour supprimer une colonne immédiatement, la syntaxe est :

```
ALTER TABLE [SCHEMA.]NOM_TABLE
    DROP
        {COLUMN NOM_COLONNE | (NOM_COLONNE1,...)};
```

Note

Lors de la suppression de plusieurs colonnes, le mot clé « **COLUMN** » ne devrait pas être utilisé dans la commande « **ALTER TABLE** ». Il provoque une erreur de syntaxe.

La liste des noms de colonnes doivent être placés entre parenthèses.

Dans l'exemple suivant, la colonne « **REND_COMPTE** » est supprimée immédiatement de la table « **EMPLOYE** », à l'aide de la syntaxe pour une seule colonne qui contient le mot clé « **COLUMN** ».

Module 19 : La gestion des tables

Vous pouvez aussi supprimer plusieurs colonnes à l'aide d'une seule commande, comme dans l'exemple suivant où l'on supprime immédiatement les colonnes « `TITRE_COURTOISIE` » et « `DATE_EMBAUCHE` ».

```
SQL> DESC EMPLOYE
Nom                                        NULL ?    Type
------------------------------------------ --------- ---------------
NO_EMPLOYE                                 NOT NULL  NUMBER(6)
REND_COMPTE                                          NUMBER(6)
NOM                                        NOT NULL  VARCHAR2(20)
PRENOM                                     NOT NULL  VARCHAR2(10)
FONCTION                                   NOT NULL  VARCHAR2(30)
TITRE_COURTOISIE                           NOT NULL  VARCHAR2(5)
DATE_NAISSANCE                             NOT NULL  DATE
DATE_EMBAUCHE                              NOT NULL  DATE

SQL> ALTER TABLE EMPLOYE DROP COLUMN REND_COMPTE;

Table modifiée.

SQL> DESC EMPLOYE
Nom                                        NULL ?    Type
------------------------------------------ --------- ---------------
NO_EMPLOYE                                 NOT NULL  NUMBER(6)
NOM                                        NOT NULL  VARCHAR2(20)
PRENOM                                     NOT NULL  VARCHAR2(10)
FONCTION                                   NOT NULL  VARCHAR2(30)
TITRE_COURTOISIE                           NOT NULL  VARCHAR2(5)
DATE_NAISSANCE                             NOT NULL  DATE
DATE_EMBAUCHE                              NOT NULL  DATE

SQL> ALTER TABLE EMPLOYE DROP (TITRE_COURTOISIE, DATE_EMBAUCHE );

Table modifiée.

SQL> DESC EMPLOYE
Nom                                        NULL ?    Type
------------------------------------------ --------- ---------------
NO_EMPLOYE                                 NOT NULL  NUMBER(6)
NOM                                        NOT NULL  VARCHAR2(20)
PRENOM                                     NOT NULL  VARCHAR2(10)
FONCTION                                   NOT NULL  VARCHAR2(30)
DATE_NAISSANCE                             NOT NULL  DATE
```

Vous pouvez aussi marquer une colonne comme étant inutilisée. Marquer une colonne comme étant inutilisée ne libère pas l'espace qu'elle occupait tant que vous ne la supprimez pas. Lorsqu'une colonne est marquée comme étant inutilisée, elle n'est plus accessible.

Pour marquer une colonne comme étant inutilisée, la syntaxe est :

```
ALTER TABLE [SCHEMA.]NOM_TABLE
     SET UNUSED
{COLUMN NOM_COLONNE | (NOM_COLONNE1,...)};

ALTER TABLE [SCHEMA.]NOM_TABLE
     DROP UNUSED COLUMNS;
```

Dans l'exemple suivant, « **REND_COMPTE** », « **TITRE_COURTOISIE** » et « **DATE_EMBAUCHE** » sont marquées comme étant inutilisées ; elles ne sont plus accessibles comme vous pouvez le remarquer dans la description de la table. Par la suite, elles peuvent ainsi être supprimées lorsque la charge de la base est moins forte.

```
SQL> DESC EMPLOYE
Nom                                    NULL ?    Type
-------------------------------------- --------- ------------
NO_EMPLOYE                             NOT NULL  NUMBER(6)
REND_COMPTE                                      NUMBER(6)
NOM                                    NOT NULL  VARCHAR2(20)
PRENOM                                 NOT NULL  VARCHAR2(10)
FONCTION                               NOT NULL  VARCHAR2(30)
TITRE_COURTOISIE                       NOT NULL  VARCHAR2(5)
DATE_NAISSANCE                         NOT NULL  DATE
DATE_EMBAUCHE                          NOT NULL  DATE

SQL> ALTER TABLE EMPLOYE SET UNUSED
  2        (REND_COMPTE, TITRE_COURTOISIE, DATE_EMBAUCHE );

Table modifiée.

SQL> DESC EMPLOYE
Nom                                    NULL ?    Type
-------------------------------------- --------- ------------
NO_EMPLOYE                             NOT NULL  NUMBER(6)
NOM                                    NOT NULL  VARCHAR2(20)
PRENOM                                 NOT NULL  VARCHAR2(10)
FONCTION                               NOT NULL  VARCHAR2(30)
DATE_NAISSANCE                         NOT NULL  DATE

SQL> ALTER TABLE EMPLOYE DROP UNUSED COLUMNS;

Table modifiée.
```

Module 19 : La gestion des tables

> **Attention**
>
> Les colonnes supprimées ou marquées comme inutilisées ne sont pas récupérables.
>
> C'est un procédé utilisé sur les bases de données en production pour changer rapidement la structure de la table sans pouvoir faire les opérations d'administration, concernant le stockage. Les données de la colonne sont toujours en place dans le segment respectif mais elles ne peuvent plus être accessibles.
>
> Par conséquent, prenez le temps de la réflexion avant de supprimer une colonne.

Pour supprimer une colonne qui fait partie d'une contrainte de clé primaire ou d'unicité, et en même temps d'une intégrité référentielle, vous devez ajouter la clause « **CASCADE CONSTRAINTS** » dans la commande « **ALTER TABLE** ».

```
SQL>  CREATE TABLE CATEGORIES(
  2       CODE_CATEGORIE      NUMBER(6)         NOT NULL,
  3       NOM_CATEGORIE       VARCHAR2(25)      NOT NULL,
  4       DESCRIPTION         VARCHAR2(100)     NOT NULL,
  5       CONSTRAINT PK_CATEGORIES PRIMARY KEY (CODE_CATEGORIE)
  6               USING INDEX TABLESPACE GEST_IDX
  7  ) TABLESPACE GEST_DATA;

Table créée.

SQL> SELECT CONSTRAINT_NAME,
  2         CONSTRAINT_TYPE,
  3         SEARCH_CONDITION,
  4         INDEX_NAME
  5  FROM DBA_CONSTRAINTS
  6  WHERE TABLE_NAME LIKE 'CATEGORIES';

CONSTRAINT_NAME  C SEARCH_CONDITION                      INDEX_NAME
---------------  - -----------------------------------   --------------
SYS_C005608      C "DESCRIPTION" IS NOT NULL
SYS_C005607      C "NOM_CATEGORIE" IS NOT NULL
SYS_C005606      C "CODE_CATEGORIE" IS NOT NULL
PK_CATEGORIES    P                                       PK_CATEGORIES

SQL> ALTER TABLE CATEGORIES DROP COLUMN CODE_CATEGORIE;
ALTER TABLE CATEGORIE DROP COLUMN CODE_CATEGORIE
                                  *
ERREUR à la ligne 1 :
ORA-12992: impossible de supprimer la colonne clé parent

SQL> ALTER TABLE CATEGORIE DROP COLUMN CODE_CATEGORIE
  2  CASCADE CONSTRAINTS;

Table modifiée.

SQL> SELECT CONSTRAINT_NAME,
  2         CONSTRAINT_TYPE,
```

```
  3           SEARCH_CONDITION,
  4           INDEX_NAME
  5  FROM DBA_CONSTRAINTS
  6  WHERE TABLE_NAME LIKE 'CATEGORIES';


CONSTRAINT_NAME  C SEARCH_CONDITION                        INDEX_NAME
---------------  - --------------------------------------  --------------
SYS_C005608      C "DESCRIPTION" IS NOT NULL
SYS_C005607      C "NOM_CATEGORIE" IS NOT NULL
```

A partir de la version Oracle10g la clause « **CASCADE CONSTRAINTS** » n'est plus obligatoire mais c'est l'option par défaut, ce qui implique un effacement automatique de toutes les contraintes et des index associés.

Modification d'une table

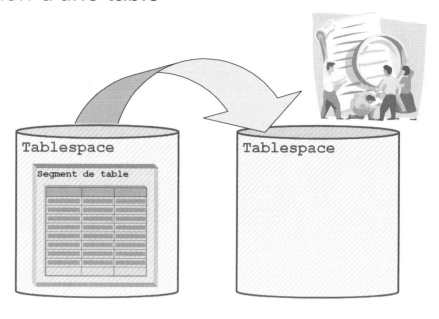

Changement de nom d'une table

Depuis Oracle9i, vous avez la possibilité de renommer une table mais également les vues, les séquences et les synonymes privés à l'aide de l'instruction « **RENAME** ».

La syntaxe est la suivante :

RENAME [SCHEMA.]ANCIEN_NOM_TABLE TO
      [SCHEMA.]NOUVEAU_NOM_TABLE;

Ou

ALTER TABLE [SCHEMA.]ANCIEN_NOM_TABLE
      RENAME TO
      [SCHEMA.]NOUVEAU_NOM_TABLE;

Dans l'exemple suivant la table « **EMPLOYES** » est renommée en table « **PERSONNES** ».

```
SQL>  CREATE TABLE EMPLOYES(
  2       NO_EMPLOYE        NUMBER(6)           NOT NULL,
  3       REND_COMPTE       NUMBER(6)           NULL    ,
  4       NOM               VARCHAR2(20)        NOT NULL,
  5       PRENOM            VARCHAR2(10)        NOT NULL,
  6       FONCTION          VARCHAR2(30)        NOT NULL,
  7       TITRE             VARCHAR2(5)         NOT NULL,
  8       DATE_NAISSANCE    DATE                NOT NULL,
  9       DATE_EMBAUCHE     DATE                NOT NULL,
 10       SALAIRE           NUMBER(8, 2)        NOT NULL,
 11       COMMISSION        NUMBER(8, 2)        NULL,
```

```
 12        CONSTRAINT PK_EMPLOYES PRIMARY KEY (NO_EMPLOYE)
 13    )TABLESPACE GEST_DATA;

Table créée.

SQL> SELECT TABLE_NAME, TABLESPACE_NAME
  2  FROM DBA_TABLES
  3  WHERE TABLE_NAME LIKE 'EMPLOYES';

TABLE_NAME                      TABLESPACE_NAME
------------------------------  ----------------
EMPLOYES                        GEST_DATA


SQL> ALTER TABLE EMPLOYES RENAME TO PERSONNES;

Table modifiée.

SQL> SELECT TABLE_NAME, TABLESPACE_NAME
  2  FROM DBA_TABLES
  3  WHERE TABLE_NAME LIKE 'EMPLOYES' OR
  4        TABLE_NAME LIKE 'PERSONNES';

TABLE_NAME                      TABLESPACE_NAME
------------------------------  ----------------
PERSONNES                       GEST_DATA
```

Comme vous pouvez le voir la table « **EMPLOYES** » n'existe plus, elle a été renommée en « **PERSONNES** ».

Déplacement d'une table

Depuis la version Oracle10g vous pouvez déplacer le segment d'une table d'un tablespace vers un autre tout en modifiant toutes les options de stockage.

Le déplacement de la table d'un tablespace à un autre s'effectue indépendamment de type de gestion du tablespace. Ainsi si vous voulez changer le mode de gestion d'un tablespace il suffit d'en créer un nouveau et de déplacer les objets de l'ancien tablespace vers le nouveau.

L'intérêt de la démarche est qu'elle peut être effectuée en ligne.

La syntaxe de déplacement d'une table d'un tablespace à un autre est :

```
ALTER TABLE [SCHEMA.]NOM_TABLE
      MOVE [ ONLINE ]
     [PCTFREE integer]
     [PCTUSED integer]
     [INITRANS integer]
     [TABLESPACE tablespace]
     [STORAGE
```

Module 19 : La gestion des tables

```
              (
                [INITIAL integer [ K | M ]]
                [NEXT integer [ K | M ]]
                [MINEXTENTS integer]
                [MAXEXTENTS { integer | UNLIMITED }]
                [PCTINCREASE integer]
                [FREELISTS integer]
                [FREELIST GROUPS integer]
                [BUFFER_POOL { KEEP | RECYCLE | DEFAULT }]
              )]
              [{ LOGGING | NOLOGGING }];
```

```
SQL> CREATE TABLE CATEGORIES (
  2      CODE_CATEGORIE      NUMBER(6)               NOT NULL,
  3      NOM_CATEGORIE       VARCHAR2(25)            NOT NULL,
  4      DESCRIPTION         VARCHAR2(100)           NOT NULL,
  5      CONSTRAINT PK_CATEGORIES PRIMARY KEY (CODE_CATEGORIE)
  6              USING INDEX TABLESPACE GEST_IDX
  7  ) TABLESPACE GEST_DATA;

Table créée.

SQL> SELECT SEGMENT_NAME,SEGMENT_TYPE,TABLESPACE_NAME
  2  FROM DBA_SEGMENTS
  3  WHERE SEGMENT_NAME LIKE 'CATEGORIES';

SEGMENT_NAME      SEGMENT_TYPE        TABLESPACE_NAME
---------------   ------------------  ----------------
CATEGORIES        TABLE               GEST_DATA

SQL> ALTER TABLE CATEGORIES MOVE
  2              TABLESPACE USERS;

Table modifiée.

SQL> SELECT SEGMENT_NAME,SEGMENT_TYPE,TABLESPACE_NAME
  2  FROM DBA_SEGMENTS
  3  WHERE SEGMENT_NAME LIKE 'CATEGORIES';

SEGMENT_NAME      SEGMENT_TYPE        TABLESPACE_NAME
---------------   ------------------  ----------------
CATEGORIES        TABLE               USERS
```

Le segment de table « **CATEGORIES** » à été déplace du tablespace « **GEST_DATA** » au tablespace « **USERS** ».

Modification d'une contrainte

- Ajouter une contrainte
- Supprimer une contrainte
- Activer et Désactiver une contrainte d'intégrité

Il est possible de modifier dynamiquement la structure des contraintes de table par l'ordre « **ALTER TABLE** ». Plusieurs modifications peuvent être combinées dans une même exécution de l'ordre.

Ajouter une contrainte

Lorsque l'administrateur de la base utilise les contraintes d'intégrité référentielle, il doit ordonnancer les ordres de création des tables en commençant par les tables maîtres.

Dans certains cas, il est impossible d'ordonnancer les ordres de création des tables (contrainte référentielle mutuelle).

L'administrateur peut créer toutes les tables relationnelles sans utiliser les contraintes référentielles dans l'ordre de création de table.

Après la création de toutes les tables, on modifie les tables en rajoutant les contraintes référentielles par la syntaxe suivante :

```
ALTER TABLE [SCHEMA.]NOM_TABLE ADD
( CONSTRAINT CONSTRAINT_NAME
    {
    | UNIQUE      (COLONNE[,...])
    | PRIMARY KEY (COLONNE[,...])
    | CHECK       (condition)
    | FOREIGN KEY
        REFERENCES [SCHEMA.]NOM_TABLE
            (COLONNE[,...])
            [ON DELETE {CASCADE | SET NULL}]
    }
```

Module 19 : La gestion des tables

```
                        [USING INDEX]
                        [PCTFREE integer]
                        [PCTUSED integer]
                        [INITRANS integer]
                        [TABLESPACE tablespace]
                        [STORAGE
                        (
                          [INITIAL integer [ K | M ]]
                          [NEXT integer [ K | M ]]
                          [MINEXTENTS integer]
                          [MAXEXTENTS { integer | UNLIMITED }]
                          [PCTINCREASE integer]
                          [FREELISTS integer]
                          [FREELIST GROUPS integer]
                        )]
                        [[NOT]DEFERRABLE]
                        [{ENABLE|DISABLE}{VALIDATE|NOVALIDATE}]
            [,...]) ;
```

```
SQL> CREATE TABLE PRODUITS (
  2      REF_PRODUIT         NUMBER(6)            NOT NULL,
  3      NOM_PRODUIT         VARCHAR2(40)         NOT NULL,
  4      NO_FOURNISSEUR      NUMBER(6)            NOT NULL,
  5      CODE_CATEGORIE      NUMBER(6)            NOT NULL,
  6      QUANTITE            VARCHAR2(30)             NULL,
  7      PRIX_UNITAIRE       NUMBER(8,2)          NOT NULL,
  8      UNITES_STOCK        NUMBER(5)                NULL,
  9      UNITES_COMMANDEES   NUMBER(5)                NULL,
 10      INDISPONIBLE        NUMBER(1)                NULL
 11  ) TABLESPACE GEST_DATA;

Table créée.

SQL> CREATE TABLE CATEGORIES (
  2      CODE_CATEGORIE      NUMBER(6)            NOT NULL,
  3      NOM_CATEGORIE       VARCHAR2(25)         NOT NULL,
  4      DESCRIPTION         VARCHAR2(100)        NOT NULL,
  5      CONSTRAINT PK_CATEGORIES PRIMARY KEY (CODE_CATEGORIE)
  6              USING INDEX TABLESPACE GEST_IDX
  7  ) TABLESPACE GEST_DATA;

Table créé

SQL> ALTER TABLE PRODUITS ADD (
```

```
  2         CONSTRAINT PRODUITS_REF_PRODUIT_PK
  3                   PRIMARY KEY (REF_PRODUIT)
  4         USING INDEX TABLESPACE GEST_IDX,
  5         CONSTRAINT PRODUITS_NOM_PRODUIT_UQ
  6                   UNIQUE (NOM_PRODUIT)
  7         USING INDEX TABLESPACE GEST_IDX,
  8                   FOREIGN KEY (CODE_CATEGORIE)
  9                   REFERENCES CATEGORIES );

Table modifié.

SQL> SELECT SEGMENT_NAME,SEGMENT_TYPE,TABLESPACE_NAME
  2  FROM DBA_SEGMENTS
  3  WHERE SEGMENT_NAME LIKE 'PRODUITS%';

SEGMENT_NAME                SEGMENT_TYPE        TABLESPACE_NAME
-------------------------   ----------------    ---------------
PRODUITS                    TABLE               GEST_DATA
PRODUITS_NOM_PRODUIT_UQ     INDEX               GEST_IDX
PRODUITS_REF_PRODUIT_PK     INDEX               GEST_IDX
```

Vous pouvez voir dans l'exemple précédent la création de deux tables ainsi que la modification de la table fille. Le rajout d'une clé primaire, une clé unique ainsi que la contrainte d'intégrité référentielle.

Supprimer une contrainte

Vous pouvez supprimer une contrainte de table en utilisant l'option « **DROP** » de l'instruction « **ALTER TABLE** », à l'aide de la syntaxe suivante :

```
ALTER TABLE [SCHEMA.]NOM_TABLE DROP
    {   PRIMARY KEY
      | UNIQUE (COLUMN NOM_COLONNE[,...])
      | CONSTRAINT CONSTRAINT_NAME
    } [ CASCADE ] [ { KEEP | DROP } INDEX ]] ;
```

KEEP Indique que les index ne doivent pas être détruits en cascade.

DROP Indique que les index sont détruits en cascade. Il s'agit de l'option par défaut.

```
SQL> CREATE TABLE CATEGORIES(
  2      CODE_CATEGORIE      NUMBER(6)            NOT NULL,
  3      NOM_CATEGORIE       VARCHAR2(25)         NOT NULL,
  4      DESCRIPTION         VARCHAR2(100)        NOT NULL,
  5      CONSTRAINT PK_CATEGORIES PRIMARY KEY (CODE_CATEGORIE)
  6              USING INDEX TABLESPACE GEST_IDX
  7  ) TABLESPACE GEST_DATA;

Table créée.

SQL> SELECT CONSTRAINT_NAME,
```

```
   2          CONSTRAINT_TYPE,
   3          SEARCH_CONDITION,
   4          INDEX_NAME
   5  FROM DBA_CONSTRAINTS
   6  WHERE TABLE_NAME LIKE 'CATEGORIES';


CONSTRAINT_NAME  C SEARCH_CONDITION                      INDEX_NAME
---------------- - ------------------------------------- -------------
SYS_C005612      C "DESCRIPTION" IS NOT NULL
SYS_C005611      C "NOM_CATEGORIE" IS NOT NULL
SYS_C005610      C "CODE_CATEGORIE" IS NOT NULL
PK_CATEGORIES    P                                       PK_CATEGORIES


SQL> ALTER TABLE CATEGORIES DROP PRIMARY KEY;

Table modifiée.

SQL> SELECT CONSTRAINT_NAME,
   2          CONSTRAINT_TYPE,
   3          SEARCH_CONDITION,
   4          INDEX_NAME
   5  FROM DBA_CONSTRAINTS
   6  WHERE TABLE_NAME LIKE 'CATEGORIES';


CONSTRAINT_NAME  C SEARCH_CONDITION                      INDEX_NAME
---------------- - ------------------------------------- -------------
SYS_C005612      C "DESCRIPTION" IS NOT NULL
SYS_C005611      C "NOM_CATEGORIE" IS NOT NULL
SYS_C005610      C "CODE_CATEGORIE" IS NOT NULL
```

Dans l'exemple précédent, la suppression de la contrainte clé primaire est effectuée avec la syntaxe unique pour les clés primaires comportant le mot clé « **PRIMARY KEY** ».

> **Attention**

Pour supprimer une contrainte de clé primaire ou d'unicité qui fait partie d'une intégrité référentielle, vous devez ajouter la clause « **CASCADE** » dans la commande « **ALTER TABLE** ».

Option nécessaire uniquement si vous êtes dans une version antérieure à Oracle10g.

Activer et Désactiver une contrainte d'intégrité

La commande « **ALTER TABLE** » permet également d'activer et de désactiver les contraintes d'intégrité. Cette opération peut être intéressante lors d'un import massif de données afin, par exemple, de limiter le temps nécessaire à cette importation.

La désactivation est particulièrement recommandée lors de chargement de clés étrangères d'auto référencement.

La syntaxe utilisée pour la commande « **ALTER TABLE** » est la suivante :

```
ALTER TABLE [SCHEMA.]NOM_TABLE {ENABLE | DISABLE}
```

```
CONSTRAINT CONSTRAINT_NAME [CASCADE];
```

Pour désactiver une clé primaire ou unique utilisée dans une contrainte référentielle, il faut désactiver les clés étrangères en utilisant l'option « **CASCADE** ». Cette option efface effectivement les index correspondants.

```
SQL> CREATE TABLE CATEGORIES(
  2      CODE_CATEGORIE      NUMBER(6)           NOT NULL,
  3      NOM_CATEGORIE       VARCHAR2(25)        NOT NULL,
  4      CONSTRAINT PK_CATEGORIES PRIMARY KEY (CODE_CATEGORIE)
  5              USING INDEX TABLESPACE GEST_IDX
  6  ) TABLESPACE GEST_DATA;

Table créée.

SQL> INSERT INTO CATEGORIES VALUES (1,'Desserts');

1 ligne créée.

SQL> ALTER TABLE CATEGORIES DISABLE PRIMARY KEY CASCADE;

Table modifiée.

SQL> INSERT INTO CATEGORIES VALUES (1,'Produits laitiers');

1 ligne créée.

SQL> ALTER TABLE CATEGORIES ENABLE PRIMARY KEY;
ALTER TABLE CATEGORIES ENABLE PRIMARY KEY
*
ERREUR à la ligne 1 :
ORA-02437: impossible de valider (FORMATEUR.PK_CATEGORIES) -
violation de la clé primaire
```

Pour la désactivation de la contrainte « **PRIMARY KEY** » de la table « **CATEGORIES** » il faut utiliser la clause « **CASCADE** » pour pouvoir désactiver également la contrainte de clé étrangère de la table « **PRODUIT** ». Par la suite on effectue une insertion d'un enregistrement avec une valeur incompatible avec la contrainte désactivée. La réactivation de la contrainte est une tentative infructueuse.

Attention

L'activation de la contrainte dans la table maître n'active pas les contraintes d'intégrité référentielle désactivées ; il faut activer chaque contrainte à part.

De même, si vous désactivez une contrainte de type « **PRIMARY KEY** » ou « **UNIQUE** » vous supprimez automatiquement l'index attaché.

Suppression d'une table

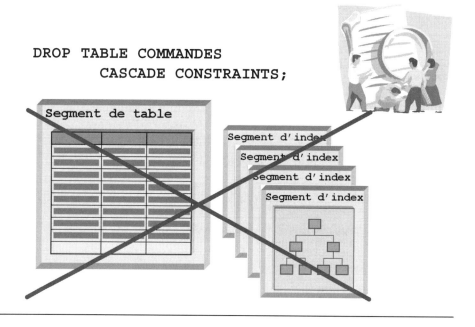

```
DROP TABLE COMMANDES
     CASCADE CONSTRAINTS;
```

La suppression d'une table supprime sa définition et toutes ses données, ainsi que les spécifications d'autorisation sur cette table. Supprimer une table est une opération très simple. L'instruction « **DROP TABLE** » est simplement employée avec le nom de la table à supprimer, l'aide de la syntaxe suivante :

```
DROP TABLE [SCHEMA.]NOM_TABLE [CASCADE CONSTRAINTS];
```

```
SQL> SELECT SEGMENT_NAME,SEGMENT_TYPE,TABLESPACE_NAME
  2  FROM DBA_SEGMENTS
  3  WHERE SEGMENT_NAME IN ( SELECT INDEX_NAME FROM DBA_INDEXES
  4                          WHERE TABLE_NAME LIKE 'PRODUITS') OR
  5      SEGMENT_NAME LIKE 'PRODUITS%';

SEGMENT_NAME                  SEGMENT_TYPE         TABLESPACE_NAME
----------------------------  -------------------  -------------------
PRODUITS_REF_PRODUIT_PK       INDEX                GEST_IDX
PRODUITS_NOM_PRODUIT_UQ       INDEX                GEST_IDX
PRODUITS                      TABLE                GEST_DATA

SQL> DROP TABLE PRODUITS;

Table supprimée.
```

La table « **PRODUITS** » utilise pour sa gestion de données et pour ses contraintes trois segments, un segment de type table et deux de type index. Après la suppression de la table les trois segments sont supprimés.

Suppression des lignes

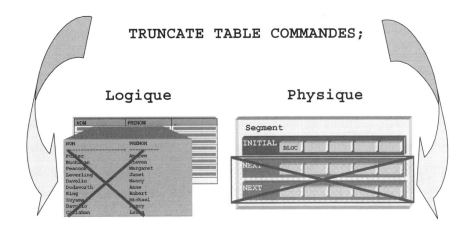

Dans Oracle, la commande « **TRUNCATE** » permet de supprimer tous les enregistrements d'une table et de récupérer l'espace qu'elles occupaient sans éliminer la définition de la table dans la base, à l'aide de la syntaxe suivante :

TRUNCATE TABLE [SCHEMA.]NOM_TABLE;

Attention

La commande « **TRUNCATE** » est un ordre « **LDD** », langage de définition de données ; donc pas de transaction et de « **ROLLBACK** » ; ainsi cette opération est irréversible.

Lorsqu'il existe des déclencheurs pour supprimer les lignes qui dépendent de celles éliminées de la table, ils ne sont pas exécutés.

Cette commande SQL supprime tous les enregistrements mais également tous les extents autres que l'extent « **INITIAL** ».

```
SQL> SELECT SEGMENT_NAME, SEGMENT_TYPE, EXTENTS
  2  FROM DBA_SEGMENTS
  3  WHERE SEGMENT_NAME LIKE 'CATEGORIES';

SEGMENT_NAME              SEGMENT_TYPE          EXTENTS
------------------------  ------------------    ----------
CATEGORIES                TABLE                       5

SQL> SELECT COUNT(*) FROM CATEGORIES;

COUNT(*)
```

```
----------
     10000

SQL> TRUNCATE TABLE CATEGORIES;

Table tronquée.


SQL> ROLLBACK;

Annulation (rollback) effectuée.

SQL> SELECT SEGMENT_NAME, SEGMENT_TYPE, EXTENTS
  2  FROM DBA_SEGMENTS
  3  WHERE SEGMENT_NAME LIKE 'CATEGORIES';

SEGMENT_NAME                SEGMENT_TYPE          EXTENTS
------------------------    ------------------    ----------
CATEGORIES                  TABLE                       1

SQL> SELECT COUNT(*) FROM CATEGORIES;

  COUNT(*)
----------
         0
```

Dans l'exemple précédent, la table a 10000 enregistrements stockés dans cinq extents. Une fois que la commande « **TRUNCATE** » est exécutée même si vous demandez une annulation de la transaction les enregistrements et les extents autre que l'extent « **INITIAL** » sont supprimés.

Conseil

La commande « **TRUNCATE** » est beaucoup plus rapide que la commande SQL de type « **LMD** », langage de manipulation de données, « **DELETE** ».

Par contre elle ne peut pas être annulée. De plus, comme c'est une commande SQL de type « **LDD** » elle valide toute transaction en cours pour la session qui l'exécute.

En somme la commande « **TRUNCATE** » est une commande d'administration très utile mais dangereuse.

Atelier 19

- NOT NULL
- CHECK
- PRIMARY KEY
- UNIQUE
- REFERENCES
- Suppression d'une table
- Suppression des lignes

 Durée : 45 minutes

Questions

19-1 Voici différents types de contrainte de la table « **EMPLOYEES** » de l'utilisateur « **HR** ».

```
SQL> SELECT CONSTRAINT_NAME, CONSTRAINT_TYPE, DEFERRABLE,
  2         DEFERRED, VALIDATED
  3  FROM DBA_CONSTRAINTS
  4  WHERE OWNER = 'HR' AND TABLE_NAME='EMPLOYEES';

CONSTRAINT_NAME                 C DEFERRABLE     DEFERRED  VALIDATED
------------------------------- - -------------- --------- ----------
EMP_LAST_NAME_NN                C NOT DEFERRABLE IMMEDIATE VALIDATED
EMP_EMAIL_NN                    C NOT DEFERRABLE IMMEDIATE VALIDATED
EMP_HIRE_DATE_NN                C NOT DEFERRABLE IMMEDIATE VALIDATED
EMP_JOB_NN                      C NOT DEFERRABLE IMMEDIATE VALIDATED
EMP_SALARY_MIN                  C NOT DEFERRABLE IMMEDIATE VALIDATED
EMP_EMAIL_UK                    U NOT DEFERRABLE IMMEDIATE VALIDATED
EMP_EMP_ID_PK                   P NOT DEFERRABLE IMMEDIATE VALIDATED
EMP_DEPT_FK                     R NOT DEFERRABLE IMMEDIATE VALIDATED
EMP_JOB_FK                      R NOT DEFERRABLE IMMEDIATE VALIDATED
EMP_MANAGER_FK                  R NOT DEFERRABLE IMMEDIATE VALIDATED
```

De quel type est la contrainte « **EMP_EMAIL_NN** » ?

19-2 Vous avez besoin pour une colonne de vérifier qu'il n'existe pas deux fois la même valeur dans la table en même temps, la colonne ne doit pas contenir des valeurs nulles. Quel est le type de contraintes que vous devez utiliser pour satisfaire les deux conditions ?

Module 19 : La gestion des tables

   A. CHECK
   B. UNIQUE
   C. NOT NULL
   D. PRIMARY KEY
   E. FOREIGN KEY

19-3 Quel est l'avantage de déclarer une contrainte « `CHECK` » ?

19-4 Quelle est la différence entre une contrainte « `CHECK` » de colonne et une contrainte « `CHECK` » de table ?

19-5 Argumentez pourquoi la syntaxe suivante, de création d'une clé étrangère, est incorrecte ?

```
SQL> CREATE TABLE CATEGORIE (
  2      CODE_CATEGORIE       NUMBER(6)     PRIMARY KEY,
  3      NOM_CATEGORIE        VARCHAR2(25)  NOT NULL);

Table créée.

SQL> CREATE TABLE PRODUIT (
  2      REF_PRODUIT          NUMBER(6)     PRIMARY KEY,
  3      NOM_PRODUIT          VARCHAR2(40)  NOT NULL,
  4      CODE_CATEGORIE       NUMBER(6)     NOT NULL
  5                  CONSTRAINT PRODUITS_CATEGORIES_FK
  6                  FOREIGN KEY
  7                  REFERENCES CATEGORIE);
```

19-6 Quelles est (sont) la (les) requête(s) qui crée(nt) une table comme la suivante ?

```
SQL> DESC PRODUIT
Nom                                        NULL ?    Type
------------------------------------------ --------- -------------
REF_PRODUIT                                NOT NULL  NUMBER(6)
NOM_PRODUIT                                NOT NULL  VARCHAR2(40)
CODE_CATEGORIE                             NOT NULL  NUMBER(6)
```

   A.
```
SQL> CREATE TABLE PRODUIT (
  2      REF_PRODUIT          NUMBER(6)     PRIMARY KEY,
  3      NOM_PRODUIT          VARCHAR2(40)  NOT NULL,
  4      CODE_CATEGORIE       NUMBER(6)     NOT NULL
  5            REFERENCES CATEGORIE ON DELETE SET NULL);
```
   B.
```
SQL> CREATE TABLE PRODUIT (
  2      REF_PRODUIT          NUMBER(6)     PRIMARY KEY,
  3      NOM_PRODUIT          VARCHAR2(40)  NOT NULL,
  4      CODE_CATEGORIE       NUMBER(6)
  5            REFERENCES CATEGORIE ON DELETE SET NULL);
```

C.
```
SQL> CREATE TABLE PRODUIT (
  2       REF_PRODUIT           NUMBER(6)       NOT NULL,
  3       NOM_PRODUIT           VARCHAR2(40)    NOT NULL,
  4       CODE_CATEGORIE        NUMBER(6)       NOT NULL
  5            REFERENCES CATEGORIE ON DELETE SET NULL);
```

19-7 Est-ce que la commande « `DROP TABLE TABLE_NAME` » est équivalente à la commande « `DELETE FROM TABLE_NAME` » ?

19-8 Est-ce que les colonnes supprimées sont récupérables ?

19-9 Est-ce que l'activation de la contrainte de la table maître active les contraintes d'intégrité référentielle désactivées avec cette contrainte par la clause « `CASCADE` » ?

19-10 Argumentez pourquoi la syntaxe suivante, de suppression de plusieurs colonnes, est incorrecte ?

```
SQL> ALTER TABLE CLIENTS DROP COLUMNS (TELEPHONE ,FAX );
```

19-11 Décrivez une instruction SQL qui pourrait entraîner le message d'erreur suivant :

```
ERREUR à la ligne 1 : ORA-00955: Ce nom d'objet existe déjà
```

19-12 Décrivez une instruction SQL qui pourrait entraîner le message d'erreur suivant :

```
ERREUR à la ligne 1 :
ORA-02273: cette clé unique/primaire est référencée par des clés
étrangères
```

Exercice n° 1

Effacez la table « `EMPLOYES` » précédemment créée.

Créez un tablespace « `GEST_DATA_BIS` » avec une taille de 25Mb.

Créez un tablespace « `GEST_INDX` » avec une taille de 25Mb.

Écrivez les requêtes permettant de créer les tables avec les contraintes suivantes. Pour la table « `EMPLOYES` », créez une contrainte « `CHECK` » qui contrôle l'antériorité de la « `DATE_NAISSANCE` » à la « `DATE_EMBAUCHE` ».

Module 19 : La gestion des tables

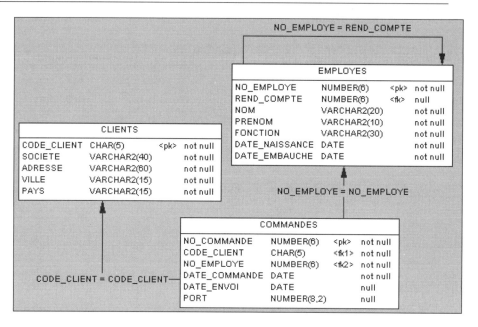

Pour toutes les contraintes de type « **PRIMARY KEY** » précisez les informations de stockage de sorte que les index ainsi créés soit stockés dans le tablespace « **GEST_INX** ».

Vous devez stocker les tables « **CLIENTS** » et « **COMMANDES** » dans le tablespace « **GEST_DATA** » et la table « **EMPLOYES** » dans le tablespace « **GEST_DATA_BIS** ».

Exercice n°2

Déplacez la table « **CAT_PRODUITS** » dans le tablespace « GEST_DATA_BIS ».

Renommez la table « **EMPLOYES** » en « **PERSONNES** ».

- *Index B-tree*
- *Index bitmap*
- *CREATE INDEX*
- *DROP INDEX*

20

Les index

Objectifs

A la fin de ce module, vous serez à même d'effectuer les tâches suivantes :

- Décrire les types d'index.
- Décrire le fonctionnement d'un index B-tree.
- Décrire le fonctionnement d'un index bitmap.
- Interroger les vues du dictionnaire de données pour retrouver les informations sur les index.
- Décrire les avantages et les inconvenants des index B-tree et bitmap.
- Supprimer un index et son segment.

Contenu

Les types d'index	20-2	Index Bitmap	20-19
Création d'un index	20-3	Suppression d'index	20-21
Index B-tree	20-11	Atelier 20	20-23
Avantages et inconvénients	20-15		

Les types d'index

- Index B-tree
- Index bitmap

Un index est une structure de base de données utilisée par le serveur pour localiser rapidement un enregistrement dans une table.

Pour permettre à Oracle de localiser les données d'une table, chaque enregistrement se voit assigner un identifiant d'enregistrement, appelé « ROWID », qui indique à la base son emplacement. Oracle stocke ces entrées dans des index de type arbre binaire, ce qui garantit un chemin d'accès rapide aux valeurs de clé. Lorsqu'un index est utilisé pour répondre à une requête, les entrées qui correspondent aux critères spécifiés sont recherchées. Le « ROWID » associé aux entrées trouvées indique à Oracle l'emplacement physique des enregistrements recherchés, ce qui réduit la charge d'E/S nécessaire à la localisation des données.

Il existe plusieurs types d'index. Il est possible de classifier les index du point de vue applicatif comme suit :

- L'index peut être basé sur une ou plusieurs colonnes. Les colonnes d'un index concaténé ne doivent pas nécessairement être dans le même ordre que les colonnes de la table. En outre, ces colonnes ne sont pas forcément adjacentes. Un index concaténé peut contenir au maximum 32 colonnes.

- L'index peut être unique permettant de s'assurer que deux enregistrements d'une table n'ont pas la même valeur dans la colonne qui définit l'index. Par conséquent, une clé d'index d'un index unique ne peut pointer que vers un seul enregistrement d'une table.

- L'index peut être basé sur des fonctions ou des expressions qui appellent une ou plusieurs colonnes dans la table indexée.

Il est également possible de classifier les index suivant leur structure physique de stockage comme suit :

- L'index B-tree est une arborescence ordonnée composée de nœuds d'index. Il contient une entrée par enregistrement.

- L'index bitmap est un index physique contenant une entrée par groupe d'enregistrements.

Création d'un index

```
CREATE [{UNIQUE | BITMAP}] INDEX
[SCHEMA.]NOM_INDEX ON [SCHEMA.]NOM_TABLE
    ( EXPRESSION [ASC | DESC].[,...])
    ...
    [ONLINE]
    [TABLESPACE { tablespace | DEFAULT }]
    [{SORT | NOSORT}]
    [REVERSE]
    [{COMPRESS [ integer ] | NOCOMPRESS}];
```

Il existe des index créés automatiquement pendant la création d'une contrainte de type « **PRIMARY KEY** » ou « **UNIQUE** ». En effet ce sont des index uniques, l'unicité est géré par Oracle à travers des index.

Avant de détailler les types d'index, voyons plus en détail la syntaxe de création d'un index :

```
CREATE [{UNIQUE | BITMAP}] INDEX [SCHEMA.]NOM_INDEX
ON [SCHEMA.]NOM_TABLE
    ( EXPRESSION [ASC | DESC].[,...])
    [PCTFREE integer]
    [PCTUSED integer]
    [INITRANS integer]
    [STORAGE
      (
        [INITIAL integer [ K | M ]]
        [NEXT integer [ K | M ]]
        [MINEXTENTS integer]
        [MAXEXTENTS { integer | UNLIMITED }]
        [PCTINCREASE integer]
        [FREELISTS integer]
        [FREELIST GROUPS integer]
        [BUFFER_POOL { KEEP | RECYCLE | DEFAULT }]
      )]
    [{ LOGGING | NOLOGGING }]
```

```
            [ONLINE]
            [TABLESPACE { tablespace | DEFAULT }]
            [{SORT | NOSORT}]
            [REVERSE]
            [{COMPRESS [ integer ] | NOCOMPRESS}]
    ;
```

SCHEMA	Propriétaire de l'index ; par défaut, c'est l'utilisateur qui crée l'index ou la table.
NOM_INDEX	Nom de l'index ; il doit être unique pour le schéma.
NOM_TABLE	Nom de la table.
UNIQUE	Indique que la valeur de la colonne (ou des colonnes) sur laquelle l'index se base doit être unique.
BITMAP	Spécifie que l'index doit être créé avec un bitmap pour chaque valeur distincte plutôt que d'indexer chaque enregistrement séparément. Les index bitmap stockent les ROWID associés à une valeur de clé sous la forme d'un bitmap. Chaque bit dans le bitmap correspond à un ROWID possible. Si le bit est activé, cela signifie que l'enregistrement avec le « ROWID » correspondant contient la valeur de clé.
EXPRESSION	Nom d'une colonne de la table : un index bitmap peut contenir au maximum 30 colonnes, les autres peuvent comprendre jusqu'à 32 colonnes ; il peut être une expression.
ASC | DESC	Spécifié si l'index devait être créé dans un ordre croissant ou décroissant.
PCTFREE	Indique, pour chaque bloc de données, le pourcentage d'espace réservé à l'extension due à la mise à jour des enregistrements dans le bloc.
PCTUSED	Indique, pour chaque bloc de données, le pourcentage d'espace réservé à l'extension due à la mise à jour des enregistrements dans le bloc.
INITRANS	Indique le nombre initial d'entrées de transaction créées dans un bloc d'index ou un bloc de données. Les entrées de transaction permettent de stocker des informations sur les transactions qui ont modifié le bloc.
INITIAL	Définit la taille du premier extent créé lors de la création d'un segment. Chaque fois que vous créez un segment, l'extent « **INITIAL** » est automatiquement créé.
NEXT	Définit la taille du prochain extent qui va être alloué automatiquement lorsque davantage d'extents sont requis.
PCTINCREASE	Définit le pourcentage d'augmentation de la taille du prochain extent. Attention, lorsque la taille du segment augmente, chaque extent croît de « **n%** » par rapport à la taille de l'extent précédent.
MINEXTENTS	Définit le nombre minimum d'extents pouvant être affectés à un segment. Si vous initialisez une valeur supérieure à

Module 20 : Les index

	un, Oracle affecte le nombre d'extents dont la taille est régie par les paramètres « `INITIAL` » et « `NEXT` ».
`MAXEXTENTS`	Définit le nombre maximum d'extents pouvant être affectés à un segment.
`integer`	Spécifie une taille, en octets si vous ne précisez pas de suffixe pour définir une valeur en K, M.
`K`	Valeurs spécifiées pour préciser la taille en kilooctets.
`M`	Valeurs spécifiées pour préciser la taille en mégaoctets.
`BUFFER_POOL`	Indique la partie du buffer cache dans lequel les données du segment sont lues ; les valeurs pour ce paramètre sont : « `DEFAULT` », « `KEEP` », ou « `RECYCLE` ».
`LOGGING`	Indique que la création de la table, de tous les index requis en raison des contraintes, de la partition ou des caractéristiques de stockage « `LOB` » sera journalisée dans le fichier journal.
`NOLOGGING`	Indique que la création de la table, de tous les index requis en raison des contraintes, de la partition ou des caractéristiques de stockage « `LOB` » ne sera pas journalisée dans le fichier journal.
`ONLINE`	Indique que toutes les opérations de type « LMD » peuvent continuer sur la table pendant la construction de l'index.
`TABLESPACE`	Indique le nom du tablespace pour stocker le segment.
`SORT`	Pendant la création de l'index, Oracle trie les enregistrements suivant les expressions décrites dans l'index.
`NOSORT`	Indique que les enregistrements de la table sont déjà triés cependant si les enregistrements ne sont pas triés Oracle ignore cet argument.
`REVERSE`	Un index à clé inversée inverse les octets de chaque colonne indexée.
`COMPRESS`	Définit l'activation de la compression de clé, ce qui élimine les occurrences répétées de valeurs de colonne de clé primaire dans la table organisée en index.
`NOCOMPRESS`	Désactive la compression de clé pour la table organisée en index. Il s'agit du choix par défaut.

Pour comprendre l'utilisation des types d'index, créons plusieurs tables, insérons plusieurs enregistrements comme suit :

```
SQL> CREATE BIGFILE TABLESPACE INDX_TP
  2         DATAFILE SIZE 1G
  3  AUTOEXTEND ON NEXT 500M MAXSIZE 3G
  4  SEGMENT SPACE MANAGEMENT AUTO;

Tablespace créé.

SQL> CREATE TABLE EMPLOYES (
  2      NO_EMPLOYE          NUMBER(6)              NOT NULL,
  3      NOM                 VARCHAR2(20)           NOT NULL,
```

```
  4        CONSTRAINT PK_EMPLOYES PRIMARY KEY (NO_EMPLOYE)
  5                 USING INDEX TABLESPACE INDX_TP
  6  ) TABLESPACE DATA_TP ;

Table créée.

SQL> CREATE TABLE COMMANDES(
  2        NO_COMMANDE          NUMBER(12)            NOT NULL,
  3        CODE_CLIENT          NUMBER(3)             NOT NULL,
  4        NO_EMPLOYE           NUMBER(6)             NOT NULL,
  5        REF_PRODUIT          CHAR(1)               NOT NULL,
  6        CONSTRAINT PK_COMMANDES PRIMARY KEY (NO_COMMANDE)
  7                 USING INDEX TABLESPACE INDX_TP
  8  ) TABLESPACE DATA_TP ;

Table créée.

SQL> CREATE TABLE PRODUITS (
  2        REF_PRODUIT          CHAR(1)               NOT NULL,
  3        NOM_PRODUIT          VARCHAR2(40)          NOT NULL,
  4        CONSTRAINT PK_PRODUITS PRIMARY KEY (REF_PRODUIT)
  5                 USING INDEX TABLESPACE INDX_TP
  6  ) TABLESPACE DATA_TP ;

Table créée.

SQL> ALTER TABLE COMMANDES
  2       ADD CONSTRAINT FK_COMMANDE_EMPLOYES
  3                FOREIGN KEY  (NO_EMPLOYE)
  4       REFERENCES EMPLOYES (NO_EMPLOYE) ;

Table modifiée.

SQL> ALTER TABLE COMMANDES
  2       ADD CONSTRAINT FK_COMMANDES_PRODUITS
  3                FOREIGN KEY  (REF_PRODUIT)
  4       REFERENCES PRODUITS (REF_PRODUIT) ;

Table modifiée.

SQL> BEGIN
  2      for i in 1..4 loop
  3        if i <> 4 then
  4          INSERT INTO EMPLOYES
  5             VALUES( i, DBMS_RANDOM.STRING('A',20));
  6        end if;
  7        INSERT INTO PRODUITS
  8             VALUES( CHR(64+i),
```

```
  9                           DBMS_RANDOM.STRING('A',20));
 10         COMMIT;
 11      end loop;
 12   END;
 13   /

Procédure PL/SQL terminée avec succès.

SQL> BEGIN
  2      for i in 1..1000000 loop
  3          INSERT INTO COMMANDES
  4          VALUES( i, ROUND( DBMS_RANDOM.VALUE(1,3)),
  5                    CHR( ROUND( DBMS_RANDOM.VALUE(65,68))));
  6          if mod( i, 10000) = 0 then
  7              COMMIT;
  8          end if;
  9      end loop;
 10   END;
 11   /

Procédure PL/SQL terminée avec succès.

SQL> CREATE TABLE SINDX_COMMANDES
  2   TABLESPACE DATA_TP AS
  3   SELECT * FROM COMMANDES;

Table créée.
```

Dans le script précédent on a créé quatre tables. Les trois premières le sont avec une clé primaire ainsi qu'un index unique pour chaque clé primaire. On insère trois enregistrements dans la table « **EMPLOYES** », quatre enregistrements dans la table « **PRODUITS** » et 1 000 000 d'enregistrements dans la table « **COMMANDES** ».

La quatrième table : « **SINDX_COMMANDES** » est créée à partir d'une interrogation de la table « **COMMANDES** » en conséquence elle contient elle aussi 1 000 000 d'enregistrements.

```
SQL> SELECT SEGMENT_NAME,SEGMENT_TYPE,TABLESPACE_NAME,
  2         BYTES,EXTENTS,BLOCKS
  3  FROM DBA_SEGMENTS
  4  WHERE SEGMENT_NAME IN ( SELECT INDEX_NAME FROM DBA_INDEXES
  5                          WHERE TABLE_NAME = 'EMPLOYES' OR
  6                                TABLE_NAME = 'PRODUITS' OR
  7                                TABLE_NAME = 'COMMANDES' OR
  8                                TABLE_NAME = 'SINDX_COMMANDES') OR
  9         SEGMENT_NAME = 'EMPLOYES' OR
 10         SEGMENT_NAME = 'PRODUITS' OR
 11         SEGMENT_NAME = 'COMMANDES'OR
 12         SEGMENT_NAME = 'SINDX_COMMANDES';

SEGMENT_NAME         SEGMENT  TABLESPACE     BYTES    EXTENTS   BLOCKS
```

```
--------------------  -------  ----------  -----------  --------  -------
EMPLOYES              TABLE    DATA_TP         65536          1        8
PK_EMPLOYES           INDEX    INDX_TP         65536          1        8
COMMANDES             TABLE    DATA_TP      17825792         32     2176
PK_COMMANDES          INDEX    INDX_TP      15728640         30     1920
PRODUITS              TABLE    DATA_TP         65536          1        8
PK_PRODUITS           INDEX    INDX_TP         65536          1        8
SINDX_COMMANDES       TABLE    DATA_TP      17825792         32     2176

7 ligne(s) sélectionnée(s).
```

Dans la requête précédente vous pouvez voir l'état de lieu des stockages des segments pour l'ensemble de quatre tables et leurs trois index uniques.

Le seul objectif d'un index est de réduire les entrées-sorties. L'utilisation d'un index pour une requête doit être déterminée par le nombre de blocs qui doivent être lus pour renvoyer les données. Si le nombre de blocs qui doivent être consultés pour un index est plus faible que celui d'un balayage complet de la table, l'index sera utile. Le cas contraire - un balayage complet de la table - procurera des performances nettement supérieures.

La construction d'un index optimal n'est pas une opération simple, car elle dépend totalement du profil de requête des données de l'application. Le problème se simplifie si vous connaissez bien votre application.

Les besoins de chaque application sont uniques, et la gestion des performances doit être adaptée à ces besoins.

Pour déterminer le volume de blocs de données vous pouvez utiliser la fonction « **AUTOTRACE** » du SQL*Plus.

« **AUTOTRACE** » fournit un grand nombre d'informations : le nombre d'appels récursifs, le nombre total d'entrées-sorties logiques pour l'instruction SQL, les entrées-sorties physiques, le volume de journaux générés, les informations concernant le trafic de SQL*Net, les statistiques de tri et le nombre de lignes renvoyées.

La syntaxe de « **AUTOTRACE** » est :

SET AUTOT[RACE]
    {OFF | ON | TRACE[ONLY]} [EXP[LAIN]] [STAT[ISTICS]]

TRACE[ONLY]	Indique d'afficher uniquement les informations concernant le plan d'exécution et les statistiques de la requête. La requête est exécutée mais les résultats ne sont pas envoyés au client.
EXP[LAIN]	La requête est exécutée, les résultats sont affichés ainsi que les informations concernant le plan d'exécution.
STAT[ISTICS	La requête est exécutée, les résultats sont affichés ainsi que les informations concernant les statistiques.
ON	La requête est exécutée, les résultats sont affichés ainsi que les informations concernant le plan d'exécution et les statistiques.
OFF	Arrête les traces des requêtes dans l'environnement SQL*Plus.

```
SQL> SET AUTOTRACE ON
SQL> SELECT * FROM EMPLOYES;
```

```
NO_EMPLOYE NOM
---------- --------------------
         1 XPguJScgGUQGUnqMbKZU
         2 WuJHvuKpWJVuqrcgrUau
         3 kwJleKTZotgqrreSJrjg

Plan d'exécution
----------------------------------------------------------
   0      SELECT STATEMENT Optimizer=ALL_ROWS (Cost=3 Card=3 Bytes=72)
   1    0  TABLE ACCESS (FULL) OF 'EMPLOYES' (TABLE) (Cost=3 Card=3 B
          ytes=72)

Statistiques
----------------------------------------------------------
          0  recursive calls
          0  db block gets
          8  consistent gets
          6  physical reads
          0  redo size
        569  bytes sent via SQL*Net to client
        508  bytes received via SQL*Net from client
          2  SQL*Net roundtrips to/from client
          0  sorts (memory)
          0  sorts (disk)
          3  rows processed
```

Il y a deux choses qui nous intéressent concernant les informations du plan d'exécution et des statistiques :

- L'utilisation dans le plan d'exécution du ou des index que vous voulez analyser.
- Le volume de blocs de données lus pendant l'exécution. Le volume est donné par la somme entre « **db block gets** » et « **consistent gets** ».

Dans l'exemple précédent vous pouvez voir dans la section plan d'exécution « **TABLE ACCESS (FULL) OF 'EMPLOYES'** » ce qui signifie que l'ensemble des blocs de la table est lu pour retrouver l'information.

La section statistique vous permet de calculer le nombre des blocs lus égal à huit qui est le nombre total des blocs de la table « **EMPLOYES** ».

```
SQL> SET AUTOTRACE TRACEONLY
SQL> SELECT * FROM EMPLOYES;
  2  WHERE NO_EMPLOYE=3;

...
    1    0  TABLE ACCESS (BY INDEX ROWID) OF 'EMPLOYES' (TABLE) (Cost=
    2    1    INDEX (UNIQUE SCAN) OF 'PK_EMPLOYES' (INDEX (UNIQUE)) (C
...
          0  db block gets
          2  consistent gets
...
```

On recherche un enregistrement utilisant cette fois-ci la colonne « `NO_EMPLOYE` », la clé primaire de la table, le nombre de blocs lus est uniquement de deux. Vous pouvez également remarquer que le plan d'exécution prend en compte l'index.

Attention

Comme vous pouvez remarquer dans les deux exemples précédents l'index n'est pas pris en compte pour chaque requête qui interroge la table.

La construction d'un index optimal n'est pas une opération simple, car elle dépend totalement du profil de requête des données de l'application. Le problème se simplifie si vous connaissez bien votre application.

Vous devez passer en revue la liste des colonnes qui sont utilisées le plus souvent, et décider du nombre d'index, des combinaisons de colonnes et du type d'index à construire.

Chaque application et chaque base de données possède ses propres particularités ; il faut donc éviter toute généralisation de sélectivité des lignes et de pertinence des index dans le cas d'applications ne se comportant pas de la même manière. Les besoins de chaque application sont uniques, et la gestion des performances doit être adaptée à ces besoins.

Index B-tree

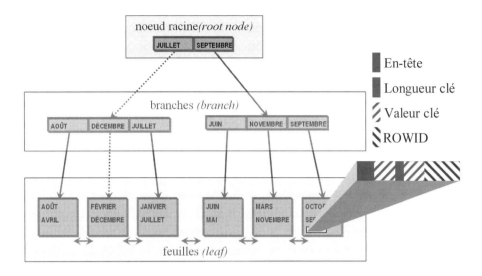

L'index B-tree est le type d'index le plus courant, et celui utilisé par défaut.

Un index B-tree stocke la valeur de clé et le « ROWID » de chaque enregistrement de la table.

La structure d'un index B-tree comprend trois types de niveaux :

- Le bloc racine est le point de départ et il contient les entrées qui pointent vers le niveau suivant dans l'index.
- Les blocs branches contiennent l'information pour diriger la recherche vers les blocs du niveau suivant de l'index.
- Les blocs feuilles contiennent les entrées d'index qui pointent vers les enregistrements d'une table. Une liste doublement chaînée gère l'ensemble des blocs feuilles pour que vous puissiez facilement parcourir l'index dans l'ordre croissant ou décroissant des valeurs de clé.

Un enregistrement dans un bloc feuille possède la structure suivante :

- L'en-tête qui contient le nombre de colonnes et les informations de verrouillage.
- Pour chaque colonne qui compose l'index, la taille de la colonne clé et la valeur de cette colonne.
- Le « ROWID » de l'enregistrement correspondant.

La recherche des données est effectuée avec les pas suivants :

1. La recherche démarre avec le bloc racine.

2. Rechercher dans un bloc branche l'enregistrement qui a une valeur de clé « CLE » plus grande ou égale à la valeur recherche « VALEUR ».

    CLE ≥ VALEUR

3. Si la valeur clé retrouve est supérieure à la valeur recherche suivre l'enregistrement précédent dans le bloc branche vers le niveau inférieur.

    CLE > VALEUR

4. Si la valeur de clé retrouvée est égale à la valeur recherche suivre le lien vers le niveau inférieur.

    CLE = VALEUR

5. Si la valeur de clé retrouvée est inférieure à la valeur recherche alors suivre le lien de l'enregistrement suivant vers le niveau inférieur.

    CLE < VALEUR

6. Si le bloc du niveau inférieur est un bloc de type branche, répétez les opérations à partir de l'étape 2.

7. Recherche dans le bloc feuille la valeur clé égale à la valeur recherche.

8. Si la valeur est retrouvée alors il retourne « ROWID ».

    CLE = VALEUR

    return ROWID

8. Si la valeur n'est pas retrouvée alors l'enregistrement n'existe pas.

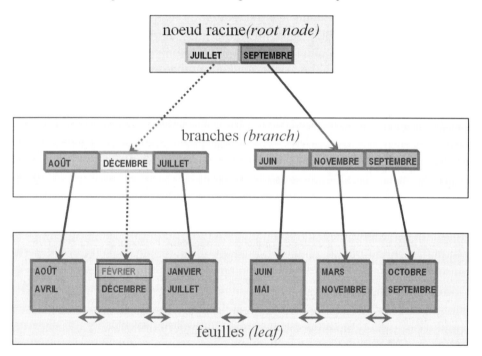

Les étapes de recherche du mois de « FÉVRIER » dans l'index précédent sont :

– Dans le bloc racine qui est un bloc de type branche on recherche « CLE ≥ VALEUR ».

    JUILLET > FÉVRIER

– La clé retrouvée « JUILLET » est supérieure à la valeur recherche « FÉVRIER ». Suivez l'enregistrement précédent dans le bloc branche vers le niveau inférieur. Le bloc du niveau inférieur contient les enregistrements « AOÛT », « DÉCEMBRE » et « JUILLET ».

– La recherche recommence à partir de l'étape « 2 ». Dans le bloc branche on recherche « CLE ≥ VALEUR ».

    JUILLET > FÉVRIER

– La clé retrouvée « JUILLET » est supérieure à la valeur recherche « FÉVRIER ». Suivre l'enregistrement précédent dans le bloc branche vers le niveau inférieur. L'enregistrement précédent est « **DÉCEMBRE** » et il conduit à un bloc feuille.

– La valeur recherche « **FÉVRIER** » est retrouvée alors elle retourne « **ROWID** » correspondant.

```
SQL> SELECT * FROM COMMANDES
  2  WHERE NO_COMMANDE = 100000 OR
  3        NO_COMMANDE = 200000 OR
  4        NO_COMMANDE = 300000 OR
  5        NO_COMMANDE = 400000 ;
...
         0  db block gets
        17  consistent gets
...
SQL> SELECT * FROM SINDX_COMMANDES
  2  WHERE NO_COMMANDE = 100000 OR
  3        NO_COMMANDE = 200000 OR
  4        NO_COMMANDE = 300000 OR
  5        NO_COMMANDE = 400000 ;
...
         0  db block gets
      2081  consistent gets
...
```

Dans la première requête portée dans la table « **COMMANDES** » possédant un index sur la colonne « **NO_COMMNDE** », le nombre de blocs lus est de 17. Par contre la deuxième requête dans la table « **SINDX_COMMANDES** » va lire l'ensemble des blocs de la table.

```
SQL> CREATE UNIQUE INDEX SINDX_COMMANDES_UK ON
  2         SINDX_COMMANDES (NO_COMMANDE ASC)
  3         TABLESPACE INDX_TP;

Index créé.


SQL> CREATE INDEX SINDX_COMM_PROD ON
  2         SINDX_COMMANDES ( REF_PRODUIT )
  3         TABLESPACE INDX_TP;

Index créé.

SQL> SELECT SEGMENT_NAME,SEGMENT_TYPE,TABLESPACE_NAME,
  2         BYTES/1024/1024 "Taille en Mb", EXTENTS,BLOCKS
  3  FROM DBA_SEGMENTS
  4  WHERE SEGMENT_NAME IN ( SELECT INDEX_NAME FROM DBA_INDEXES
  5                          WHERE TABLE_NAME = 'SINDX_COMMANDES') OR
  6         SEGMENT_NAME = 'SINDX_COMMANDES';

SEGMENT_NAME        SEGMENT  TABLESPACE  Taille en Mb  EXTENTS  BLOCKS
-----------------   -------  ----------  ------------  -------  ------
```

```
SINDX_COMMANDES_UK    INDEX    INDX_TP           17    32    2176
SINDX_COMMANDES       TABLE    DATA_TP           17    32    2176
SINDX_COMM_PROD       INDEX    INDX_TP           15    30    1920
```

L'exemple ci-dessus vous détaille la création des deux index pour la table « **SINDX_COMMANDES** ». Le premier est un index de type « **UNIQUE** » stocké dans le tablespace « **INDX_TP** ».

Attention

Il est possible de créer un index de ce type uniquement si les valeurs de la ou les colonnes qui composent l'index sont uniques sur l'ensemble des valeurs de la table.

En effet si au moins une des ces valeurs ne valide pas cette condition l'index n'est pas créé et la commande SQL retourne une exception.

```
SQL> CREATE UNIQUE INDEX SINDX_COMM_EMPLOYE_UK ON
  2          SINDX_COMMANDES (NO_EMPLOYE)
  3          TABLESPACE INDX_TP;
        SINDX_COMMANDES (NO_EMPLOYE)
        *
ERREUR à la ligne 2 :
ORA-01452: CREATE UNIQUE INDEX impossible ; il existe des doublons
```

Avantages et inconvénients

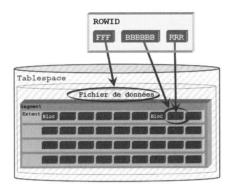

Les index sont surtout utiles sur de grandes tables et sur des colonnes susceptibles d'apparaître dans des clauses « **WHERE** » avec une condition d'égalité.

Les données sont extraites plus rapidement à partir de colonnes indexées lorsqu'elles sont mentionnées dans des clauses « **WHERE** », sauf lorsque les opérateurs « **IS NOT NULL** » et « **IS NULL** » sont spécifiés. En l'absence de clause « **WHERE** », aucun index n'est utilisé.

Dans un index, toutes les lignes appartiennent au même segment. Par conséquent, un « **ROWID** » réduit est utilisé pour pointer vers les enregistrements de la table sans la description du segment.

Un des avantages de l'index B-tree est qu'un bloc de type feuille est toujours à la même profondeur dans l'arbre. Les requêtes effectuées pour retrouver un enregistrement, qui peut se trouver dans n'importe quel bloc de type feuille, dure le même temps.

Les index B-tree sont la solution idéale quand on indexe des groupes de colonnes d'une grande cardinalité. Pour un index unique, l'index B-tree est la meilleure solution.

La taille des index B-tree est considérable parce que l'on stocke dans la structure de l'index les valeurs des colonnes indexées.

Un désavantage est le fait que l'index B-tree n'est pas symétrique. Un index sur (colonne1, colonne2) n'est pas identique à l'index (colonne2, colonne1).

Vous pouvez interroger la vue du dictionnaire de données « **USER_INDEXES** » pour récupérer les informations sur la structure d'un index B-tree.

Module 20 : Les index

```
SQL> SELECT TABLE_NAME,INDEX_NAME, NUM_ROWS,
  2         BLEVEL, LEAF_BLOCKS
  3  FROM USER_INDEXES
  4  WHERE TABLE_NAME IN ('EMPLOYES','PRODUITS',
  5                      'COMMANDES','SINDX_COMMANDES');

TABLE_NAME        INDEX_NAME            NUM_ROWS    BLEVEL LEAF_BLOCKS
----------------  -------------------  ---------- ---------- -----------
SINDX_COMMANDES   SINDX_COMM_PROD       1000000         2        1812
SINDX_COMMANDES   SINDX_COMMANDES_UK    1000000         2        2087
PRODUITS          PK_PRODUITS                 4         0           1
EMPLOYES          PK_EMPLOYES                 3         0           1
COMMANDES         PK_COMMANDES          1000000         2        1875
```

Les index pour les tables « **EMPLOYES** » et « **PRODUITS** » contiennent uniquement un seul bloc feuille étant donné qu'ils stockent trois et respectivement quatre enregistrements. Par contre les enregistrements de la table « **COMMANDES** » et « **SINDX_COMMANDES** » nécessitent deux niveaux de branches et plusieurs blocs feuilles.

```
SQL> CREATE INDEX COMM_REF_PROD_BTR
  2  ON COMMANDES (REF_PRODUIT);

Index créé.

SQL> SELECT SEGMENT_NAME,SEGMENT_TYPE,
  2         BYTES/1024/1024 "Taille en Mb", EXTENTS,BLOCKS
  3  FROM DBA_SEGMENTS
  4  WHERE SEGMENT_NAME IN ( SELECT INDEX_NAME FROM DBA_INDEXES
  5                          WHERE TABLE_NAME = 'COMMANDES') OR
  6  SEGMENT_NAME = 'COMMANDES';

SEGMENT_NAME         SEGMENT  Taille en Mb    EXTENTS      BLOCKS
-------------------  -------  ------------  ----------  ----------
COMMANDES            TABLE         17           32         2176
PK_COMMANDES         INDEX         15           30         1920
COMM_REF_PROD_BTR    INDEX         15           30         1920

SQL> SET AUTOTRACE TRACEONLY
SQL> SELECT * FROM COMMANDES
  2  WHERE REF_PRODUIT = 'B' OR
  3        REF_PRODUIT = 'D';
...
   1    0 TABLE ACCESS (FULL) OF 'COMMANDES' (TABLE) (Cost=496 Card=
...
        0  db block gets
    35320  consistent gets
     2023  physical reads
...
```

Cet exemple commence par la création d'un index pour la table « COMMANDES » qui utilise la colonne « REF_PRODUIT ». Cette colonne stocke uniquement quatre valeurs distinctes pour le million d'enregistrements de la table « COMMANDES ». L'index ainsi créé occupe beaucoup d'espace, comme vous pouvez le constater environ 15Mb.

La requête de test montre que l'optimiseur ne tient pas compte de l'index et le volume des blocs lus est considérable.

Vous pouvez indiquer à l'optimiseur d'Oracle que vous voulez utiliser l'index pour la même requête. Cette possibilité s'appelle un « HINT » et il ressemble beaucoup à un commentaire placé dans l'ordre SQL. La syntaxe pour un « HINT » qui indique l'index est la suivante :

SELECT /*+INDEX (NOM_TABLE NOM_INDEX)*/ ...

« HINT » est en moyen de suggérer à Oracle un mode de fonctionnement de l'optimiseur SQL, si la syntaxe n'est pas correcte l'optimiseur ne tient pas compte de cette information.

```
SQL> SELECT /*+INDEX(COMMANDES COMM_REF_PROD_BTR)*/ * FROM COMMANDES
  2  WHERE REF_PRODUIT = 'B' OR
  3        REF_PRODUIT = 'D';
...
     2    1    TABLE ACCESS (BY INDEX ROWID) OF 'COMMANDES' (TABLE) (Co
...
          0   db block gets
      71366   consistent gets
       4951   physical reads
...
```

Comme vous pouvez le constater les performances dans ce cas sont encore diminuées ; le nombre total des blocs lus est passé de 35320 à 71366 ainsi que les blocs directement lus dans les fichiers sont passés de 2023 à 4951. La diminution des performances est due à la lecture de l'index qui induit plus d'entrées-sorties, c'est la raison pour laquelle l'optimiseur ne tient pas compte de l'index.

Attention

Les index B-tree doivent être définis sur des colonnes contenant des valeurs variées. Dans l'exemple précédent la colonne « REF_PRODUIT » dont les valeurs sont « A », « B », « C » et « D » ne représente pas un bon choix pour un index traditionnel ; un tel index ralentit les requêtes.

De plus les index B-tree occupent beaucoup d'espace comme vous l'avez vu dans l'exemple précédent.

```
SQL> DROP INDEX COMM_REF_PROD_BTR;

Index supprimé.

SQL> SET AUTOTRACE TRACEONLY
SQL> SELECT * FROM COMMANDES
  2  WHERE REF_PRODUIT = 'B' OR
  3        REF_PRODUIT = 'D';
...
```

```
       1        0 TABLE ACCESS (FULL) OF 'COMMANDES' (TABLE) (Cost=496 Card=
...
              0  db block gets
          35377  consistent gets
           2061  physical reads
...
```

Comme vous pouvez le constater, après la destruction de l'index l'interrogation est aussi performante du point de vue des blocs lus.

Conseils pour définir vos index :

- Ne pas créer d'index pour des tables de petite taille. Le gain de vitesse de recherche n'est pas supérieur au temps d'ouverture et de recherche dans l'index.
- Ne pas créer d'index sur des colonnes avec peu de valeurs différentes.
- Ne pas créer d'index si la plupart de vos requêtes ramènent plus de 5% des enregistrements.
- Ne pas créer d'index sur une table fréquemment mise à jour.
- En cas de sélections fréquentes effectuées sur une colonne avec une condition unique, créer un index sur cette colonne.
- En cas de jointures fréquentes effectuées entre deux colonnes de deux tables, créer un index sur cette colonne.

Cependant il est recommandé de ne pas abuser des index car :

- Les index utilisent de l'espace disque supplémentaire ; ceci est très important lors des sélections sur plusieurs tables avec des index importants car la mémoire centrale nécessaire sera également accrue.
- La modification des colonnes indexées dans la table entraîne une éventuelle mise à jour de l'index. De ce fait, les index alourdissent le processus de mise à jour des valeurs d'une table relationnelle.

Les index d'arbre binaire sont les plus couramment utilisés.

Index Bitmap

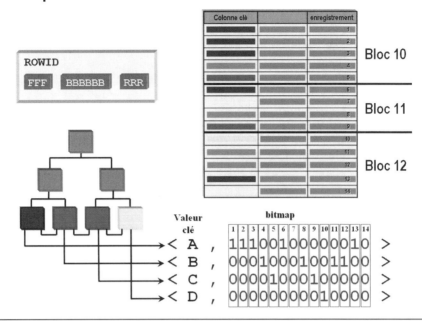

Pour optimiser les requêtes qui se fondent sur des colonnes contenant des valeurs peu sélectives, vous pouvez utiliser des index bitmap. Ces index conviennent uniquement pour des données qui ne sont pas souvent mises à jour, car ils représentent une charge supplémentaire lors de la de manipulation des données qu'ils indexent.

La représentation interne des bitmaps convient le mieux pour les applications qui supportent un faible nombre de transactions concurrentes, telles que les « DATAWAREHOUSE ».

Un index bitmap est un index B-tree mais au lieu de stocker des « ROWID » dans les feuilles de l'arbre on stocke un bitmap. Un bitmap pour une valeur de la clé est une suite de bits dans laquelle chaque bit correspond à un enregistrement de la table. Ce bit est égal à 1 si la valeur de la clé est égale à la valeur de la colonne dans l'enregistrement et 0 dans le cas contraire.

Les principaux avantages des index bitmap sont :

- Pour des colonnes contenant des valeurs peu sélectives, les index bitmap occupent peu d'espace et sont très efficaces pour récupérer les lignes correspondantes.
- Les index bitmaps jouissent de la propriété de localité spatiale, l'ordre du bitmap correspond à l'ordre du stockage physique.
- Toutes les dimensions sont traitées d'une manière symétrique.

Les principaux désavantages des index bitmap sont :

- Ou-logique pour récupérer le bitmap d'un intervalle peut être coûteux. Si plusieurs critères de sélection sont de type intervalle de valeurs, la colonne contenant des valeurs des opérations ou-logique doit être cumulé.
- L'espace utilisé pour des colonnes contenant des valeurs bien distinctes.
- Les mises à jour sont coûteuses compte tenu du fait que l'on doit mettre à jour tous les bitmaps pour l'insertion ou la mise à jour d'un seul enregistrement.

Si vous envisagez d'utiliser des index bitmap, vous devez comparer auparavant le gain en performances qui sera réalisé lors de l'exécution de requêtes avec la charge supplémentaire qu'ils induisent lors des commandes de manipulation des données. Les performances des transactions diminuent avec l'augmentation du nombre d'index bitmap sur une table.

```
SQL> CREATE BITMAP INDEX COMM_REF_PROD_BMP
  2    ON COMMANDES (REF_PRODUIT);

Index créé.

SQL> SELECT SEGMENT_NAME,SEGMENT_TYPE,TABLESPACE_NAME,
  2         BYTES/1024/1024 "Taille en Mb", EXTENTS,BLOCKS
  3  FROM DBA_SEGMENTS
  4  WHERE SEGMENT_NAME IN ( SELECT INDEX_NAME FROM DBA_INDEXES
  5                          WHERE TABLE_NAME = 'COMMANDES') OR
  6  SEGMENT_NAME = 'COMMANDES';

SEGMENT_NAME         SEGMENT TABLESPACE Taille en Mb  EXTENTS    BLOCKS
-------------------- ------- ---------- ------------- -------- ---------
COMMANDES            TABLE   DATA_TP              17       32      2176
PK_COMMANDES         INDEX   INDX_TP              15       30      1920
COMM_REF_PROD_BMP    INDEX   SYSTEM             ,625       10        80
```

Comme vous pouvez voire le segment de l'index occupe uniquement 0,625 Mb contre 15 Mb pour un index B-tree.

Suppression d'index

```
DROP INDEX [SCHEMA.]NOM_INDEX ;

TRUNCATE TABLE NOM_TABLE;
```

Pour supprimer un index, utilisez la syntaxe suivante :
`DROP INDEX [SCHEMA.]NOM_INDEX ;`

```
SQL>   SELECT SEGMENT_NAME,SEGMENT_TYPE,TABLESPACE_NAME,
  2           BYTES/1024/1024 "Taille en Mb", EXTENTS,BLOCKS
  3    FROM DBA_SEGMENTS
  4    WHERE SEGMENT_NAME IN ( SELECT INDEX_NAME FROM DBA_INDEXES
  5                            WHERE TABLE_NAME = 'COMMANDES') OR
  6    SEGMENT_NAME = 'COMMANDES';

SEGMENT_NAME         SEGMENT TABLESPACE Taille en Mb   EXTENTS     BLOCKS
------------------   ------- ---------- ------------   -------   --------
COMMANDES            TABLE   DATA_TP              17        32       2176
PK_COMMANDES         INDEX   INDX_TP              15        30       1920
COMM_REF_PROD_BMP    INDEX   SYSTEM             ,625        10         80

SQL> TRUNCATE TABLE COMMANDES;

Table tronquée.
```

```
SQL>   SELECT SEGMENT_NAME,SEGMENT_TYPE,TABLESPACE_NAME,
  2           BYTES/1024/1024 "Taille en Mb", EXTENTS,BLOCKS
  3    FROM DBA_SEGMENTS
  4    WHERE SEGMENT_NAME IN ( SELECT INDEX_NAME FROM DBA_INDEXES
  5                            WHERE TABLE_NAME = 'COMMANDES') OR
  6    SEGMENT_NAME = 'COMMANDES';
```

Module 20 : Les index

```
SEGMENT_NAME        SEGMENT  TABLESPACE  Taille en Mb    EXTENTS      BLOCKS
------------------  -------  ----------  ------------    -------    --------
COMMANDES           TABLE    DATA_TP            ,0625          1           8
PK_COMMANDES        INDEX    INDX_TP            ,0625          1           8
COMM_REF_PROD_BMP   INDEX    SYSTEM             ,0625          1           8

SQL> DROP INDEX COMM_REF_PROD_BMP;
```

Dans l'exemple précédent vous pouvez remarquer la suppression des enregistrements de la table à l'aide de la commande SQL « **TRUNCATE** ». La commande SQL « **TRUNCATE** » efface les enregistrements et les extents. Notez que la table garde uniquement l'extent « **INITIAL** ».

Atelier 20

- Création d'un index
- Index B-tree
- Index Bitmap

 Durée : 5 minutes

Questions

20-1 Dans le module précédent vous avez utilisé la syntaxe suivante :

```
SQL> CREATE TABLE COMMANDES(
  2      NO_COMMANDE         NUMBER(6)
  3              CONSTRAINT COMMANDES_PK PRIMARY KEY
  4                  USING INDEX
  5                  PCTFREE 60
  6                  TABLESPACE GEST_INDX
  7                  STORAGE ( INITIAL 1M ),
...
```

Quel est le type d'index que vous avez créé ?

20-2 Vous avez besoin de créer un index pour une table qui contient plus de dix millions d'enregistrements. La colonne choisie pour définir l'index est utilisée dans des multiples conditions de la clause « WHERE » combinées avec l'opérateur logique « OR ». Pour les dix millions d'enregistrements la colonne ne contient que trois valeurs distinctes. Quel est le type d'index le plus approprié pour cette colonne ?

20-3 Quelle est la vue du dictionnaire de données qui vous permet d'afficher la location des tables et des index qui appartient à n'importe quel utilisateur de la base de données ?

A. DBA_TABLES

B. DBA_INDEXES

C. DBA_SEGMENTS

D. DBA_TABLESPACES

Exercice n°1

Créez un index bitmap pour la table « **COMMANDES** » avec la colonne « **NO_EMPLOYE** ». Stockez l'index dans le tablespace « **GEST_INDX** ».

- *Vues*
- *Séquences*
- *Synonymes*
- *Lien de base de données*

21

Les vues et autres objets

Objectifs

A la fin de ce module, vous serez à même d'effectuer les tâches suivantes :
- Décrire le fonctionnement d'une vue.
- Créer une vue et gérer les contraintes de mise à jour.
- Créer une séquence et l'utiliser dans les opérations insertions dans les tables.
- Créer des synonymes et des synonymes publics.
- Décrire l'architecture d'un lien de base de données.
- Créer un lien de base de données et l'utiliser dans une requête
- Créer un synonyme de lien de base de données.

Contenu

Création d'une vue	21-2	Les séquences	21-9
Mise à jour dans une vue	21-4	Création d'un synonyme	21-11
Contrôle d'intégrité dans une vue	21-6	Liens de base de données	21-12
Gestion d'une vue	21-8		

Création d'une vue

Dans une base de données relationnelle, la table est le seul objet qui reçoit les données de l'utilisateur et du SGBDR lui-même. Autour de cet objet central, des objets complémentaires fournissent des mécanismes qui facilitent ou optimisent la gestion des données.

L'objet vue, étudié dans ce chapitre, introduit une vision logique des données contenues dans une ou plusieurs tables.

La vue, ou table virtuelle, n'a pas d'existence propre; aucune donnée ne lui est associée. Seule sa description est stockée, sous la forme d'une requête faisant intervenir des tables de la base ou d'autres vues. Les vues peuvent être utilisées pour :

- répondre à des besoins de confidentialité ;
- maîtriser les mises à jour en assurant des contrôles de cohérence ;
- offrir plus de commodité aux utilisateurs dans la manipulation des données, en ne leur présentant de façon simplifiée que le sous-ensemble de données qu'ils ont à manipuler ;
- sauvegarder des requêtes dans le dictionnaire de données.

La syntaxe pour la commande SQL « **CREATE VIEW** » créer une vue est :

```
CREATE [OR REPLACE] [FORCE | NOFORCE]
VIEW [SCHEMA.]NOM_VUE [(NOM_ALIAS,...)]
AS SOUS_REQUETE [WITH
  {CHECK OPTION [CONSTRAINT NOM_CONTRAINTE] | READ ONLY}];
```

SCHEMA   Propriétaire de la vue ; par défaut, c'est l'utilisateur qui crée la vue.

NOM_VUE   Nom de la vue qui doit être unique pour le schéma.

NOM_ALIAS	Nom de chaque colonne de la vue, alias qui permet d'identifier les colonnes de la vue.
FORCE	La clause permet la création de la vue même en présence d'une erreur, par exemple si la table n'existe pas ou si l'utilisateur n'a pas les droits correspondants.
NOFORCE	La clause ne permet pas la création de la vue en présence d'une erreur. C'est l'option par défaut.
SOUS_REQUETE	L'expression de la requête définissant une vue peut contenir toutes les clauses d'un ordre SELECT, à l'exception des clauses ORDER BY.
CHECK OPTION	La clause permet de vérifier que les mises à jour ou les insertions ne produisent que des lignes qui feront partie de la sélection de la vue.
READ ONLY	La clause interdit toute modification de données en utilisant le nom de la vue dans un ordre INSERT, UPDATE ou DELETE.

Dans l'exemple suivant la vue « V_CLIENTS_FRANCAIS » constitue une restriction de la table « CLIENTS » aux clients français.

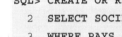

```
SQL> CREATE OR REPLACE VIEW V_CLIENTS_FRANCAIS AS
  2   SELECT SOCIETE, ADRESSE, VILLE FROM CLIENTS
  3   WHERE PAYS = 'France' ;

Vue créée.

SQL> SELECT SOCIETE, ADRESSE, VILLE FROM V_CLIENTS_FRANCAIS;

SOCIETE                       ADRESSE                           VILLE
----------------------------  --------------------------------  ----------
France restauration           54, rue Royale                    Nantes
Vins et alcools Chevalier     59 rue de l'Abbaye                Reims
La corne d'abondance          67, avenue de l'Europe            Versailles
Du monde entier               67, rue des Cinquante Otages      Nantes
La maison d'Asie              1 rue Alsace-Lorraine             Toulouse
Bon app'                      12, rue des Bouchers              Marseille
Folies gourmandes             184, chaussée de Tournai          Lille
Victuailles en stock          2, rue du Commerce                Lyon
Blondel père et fils          104, rue Mélanie                  Strasbourg
Spécialités du monde          25, rue Lauriston                 Paris
Paris spécialités             265, boulevard Charonne           Paris

11 ligne(s) sélectionnée(s).
```

Interrogation

Une vue peut être référencée dans un ordre « SELECT » en lieu et place d'une table. Ainsi, lors de l'exécution de la requête « SELECT * FROM VUE_NOM », tout se passe comme s'il existait une table « VUE_NOM ». En réalité, cette table est virtuelle et est recomposée à chaque appel de la vue « VUE_NOM » par une exécution de l'ordre « SELECT » constituant la définition de la vue.

Mise à jour dans une vue

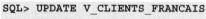
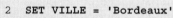

Il est possible d'effectuer des modifications de données par « **INSERT** », « **DELETE** » et « **UPDATE** » dans une vue, en tenant compte des restrictions suivantes :

- la vue doit être construite sur une seule table ;
- l'ordre « **SELECT** » utilisé pour définir la vue ne doit comporter ni jointure, ni clause « **GROUP BY** », « **CONNECT BY** » ou « **START WITH** » ;
- les colonnes résultats de l'ordre « **SELECT** » doivent être des colonnes réelles d'une table de base et non des expressions ;
- la vue contient toutes les colonnes ayant l'option « **NOT NULL** » de la table de base.

Dans l'exemple suivant, on utilise la vue « **V_CLIENTS_FRANCAIS** » créée auparavant, pour modifier le client habitant Toulouse qui a déménagé à Bordeaux ; par conséquent, il faut changer la ville de résidence du client.

```
SQL> UPDATE V_CLIENTS_FRANCAIS
  2  SET VILLE = 'Bordeaux'
  3  WHERE VILLE = 'Toulouse';

1 ligne mise à jour.

SQL> SELECT SOCIETE, ADRESSE, VILLE FROM V_CLIENTS_FRANCAIS;

SOCIETE                        ADRESSE                          VILLE
------------------------       ------------------------------   ----------
France restauration            54, rue Royale                   Nantes
Vins et alcools Chevalier      59 rue de l'Abbaye               Reims
La corne d'abondance           67, avenue de l'Europe           Versailles
```

```
Du monde entier            67, rue des Cinquante Otages    Nantes
La maison d'Asie           1 rue Alsace-Lorraine           Bordeaux
Bon app'                   12, rue des Bouchers            Marseille
Folies gourmandes          184, chaussée de Tournai        Lille
Victuailles en stock       2, rue du Commerce              Lyon
Blondel père et fils       104, rue Mélanie                Strasbourg
Spécialités du monde       25, rue Lauriston               Paris
Paris spécialités          265, boulevard Charonne         Paris

11 ligne(s) sélectionnée(s).
```

Contrôle d'intégrité dans une vue

Une vue peut être utilisée pour contrôler l'intégrité des données, grâce à la clause « CHECK OPTION », qui interdit :

- d'insérer des lignes qui ne seraient pas affichées par l'utilisation de la vue dans la clause « FROM » d'un ordre « SELECT » ;
- de modifier une ligne de telle sorte qu'avec les nouvelles valeurs, elle ne soit plus sélectionnée par la requête de définition de la vue.

```
SQL> CREATE OR REPLACE VIEW V_EMPLOYES_CHEF_VENTES AS
  2  SELECT NO_EMPLOYE, REND_COMPTE, NOM, PRENOM, FONCTION,
  3         TITRE, DATE_NAISSANCE, DATE_EMBAUCHE
  4  FROM EMPLOYES WHERE REND_COMPTE = 5 WITH CHECK OPTION;
Vue créée.

SQL> INSERT INTO  V_EMPLOYES_CHEF_VENTES VALUES
  2  ( 10, 2,'Thibaut','SCHMITT','Représentant(e)','M.',
  3         TO_DATE('02/07/1963'), TO_DATE('01/01/2003'));
INSERT INTO  V_EMPLOYES_CHEF_VENTES VALUES
             *
ERREUR à la ligne 1 :
ORA-01402: vue WITH CHECK OPTION - violation de clause WHERE

SQL> UPDATE V_EMPLOYES_CHEF_VENTES SET REND_COMPTE=2
  2  WHERE NO_EMPLOYE = 7;
UPDATE V_EMPLOYES_CHEF_VENTES SET REND_COMPTE=2
       *
ERREUR à la ligne 1 :
ORA-01402: vue WITH CHECK OPTION - violation de clause WHERE
```

Dans l'exemple précèdent la vue « **V_EMPLOYES_CHEF_VENTES** » représente les employés qui sont gérés par le chef de ventes.

Lors de l'insertion ou de la modification d'un employé dans la table « **EMPLOYES** » à travers la vue « **V_EMPLOYES_CHEF_VENTES** », on veut s'assurer que ce sont uniquement ces employés qui sont traités.

```
SQL> CREATE OR REPLACE VIEW V_CATEGORIES AS
  2   SELECT * FROM CATEGORIES WITH READ ONLY;

Vue créée.

SQL> UPDATE V_CATEGORIES SET NOM_CATEGORIE='';
UPDATE V_CATEGORIES SET NOM_CATEGORIE=''
                        *
ERREUR à la ligne 1 :
ORA-01733: les colonnes virtuelles ne sont pas autorisées ici
```

La modification d'une vue en lecture seule est interdite.

Module 21 : Les vues et autres objets

Gestion d'une vue

```
EMPLOYES
NOM              PRENOM         COMMISSION     ...

NOM                 PRENOM
------------------- ----------
Fuller              Andrew
Buchanan            Steven
Callahan            Laura
```

Affichage de la structure d'une vue :

A partir de SQL*Plus, vous pouvez afficher les noms de colonnes ainsi que le type de données associé.

```
DESCRIBE [SCHEMA.]NOM_VUE;
```

```
SQL> DESC V_EMPLOYES_CHEF_VENTES
Nom                                       NULL ?   Type
----------------------------------------- -------- ------------
NO_EMPLOYE                                NOT NULL NUMBER(6)
REND_COMPTE                                        NUMBER(6)
NOM                                       NOT NULL VARCHAR2(20)
PRENOM                                    NOT NULL VARCHAR2(10)
FONCTION                                  NOT NULL VARCHAR2(30)
TITRE                                     NOT NULL VARCHAR2(5)
DATE_NAISSANCE                            NOT NULL DATE
DATE_EMBAUCHE                             NOT NULL DATE
```

Suppression d'une vue

Une vue peut être détruite par la commande suivante :

```
DROP VIEW [SCHEMA.]NOM_VUE;
```

Renommer une vue

On peut renommer une vue par la commande suivante :

```
RENAME [SCHEMA.]ANCIEN_NOM TO [SCHEMA.]NOUVEAU_NOM;
```

Les séquences

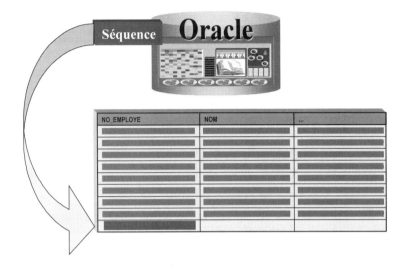

Les séquences représentent un moyen très efficace de générer des séries de numéros séquentiels uniques pouvant servir notamment de valeurs de clé primaire. Elles ne dépendent d'aucune table et sont placées en mémoire dans l'attente de requêtes.

Pour créer une séquence, il faut respecter la syntaxe suivante :

```
CREATE SEQUENCE [SCHEMA.]NOM_SEQUENCE
    [INCREMENT BY VALEUR]
    [START WITH   VALEUR]
    [{MAXVALUE VALEUR | NOMAXVALUE}]
    [{MINVALUE VALEUR | NOMINVALUE}]
    [{CYCLE | NOCYCLE}]
    [{CACHE VALEUR | NOCACHE}] ;
```

NOM_SEQUENCE	Nom de séquence ; il doit être unique pour le schéma.
INCREMENT	Pas d'incrémentation du numéro de séquence. Peut être positif ou négatif.
START WITH	Valeur de départ du numéro de séquence. Elle est par défaut égale à « **MINVALUE** » pour une séquence ascendante et à « **MAXVALUE** » pour une séquence descendante.
CYCLE	Lorsque le numéro de séquence atteint la valeur « **MAXVALUE** », respectivement « **MINVALUE** » compte tenu du sens ascendant ou descendant de la génération, il repart à « **MINVALUE** », respectivement « **MAXVALUE** ».
NOCYCLE	Pas de reprise après « **MAXVALUE** » ou après « **MINVALUE** ».
MAXVALUE	Valeur limite haute.

Module 21 : Les vues et autres objets

`MINVALUE`	Valeur limite basse.
`CACHE`	Force l'anticipation de la génération des valeurs suivantes de la séquence en mémoire.

Modification

Il est possible de modifier certains paramètres d'un générateur de numéros de séquence par la syntaxe :

```
ALTER SEQUENCE [SCHEMA.]NOM_SEQUENCE
     [INCREMENT BY VALEUR]
     [START WITH    VALEUR]
     [{MAXVALUE VALEUR | NOMAXVALUE}]
     [{MINVALUE VALEUR | NOMINVALUE}]
     [{CYCLE | NOCYCLE}]
     [{CACHE VALEUR| NOCACHE}] ;
```

Les nouvelles valeurs sont prises en compte pour la génération de la première valeur qui suit l'exécution de l'ordre « **ALTER** ».

Suppression

Il est possible de supprimer une génération de numéros de séquence par l'ordre :

```
DROP SEQUENCE [SCHEMA.]NOM_SEQUENCE ;
```

UTILISATION

Une séquence peut être appelée dans un ordre « **SELECT** », « **INSERT** » ou « **UPDATE** » en tant que pseudo colonne, par :

```
NOM_SEQUENCE.CURRVAL ;
```

Donne la valeur actuelle de la séquence. Cette pseudo colonne n'est pas valorisée par la création de la séquence ni lors de l'ouverture d'une nouvelle session.

```
NOM_SEQUENCE.NEXTVAL ;
```

Incrémente la séquence et retourne la nouvelle valeur de la séquence. Cette pseudo colonne doit être la première référencée après la création de la séquence.

La même séquence peut être utilisée simultanément par plusieurs utilisateurs. Les numéros de séquence générés étant uniques, il est alors possible que la suite des valeurs acquises par chaque utilisateur présente des "trous".

```
SQL> CREATE SEQUENCE S_EMPLOYES START WITH 10;
Séquence créée.
SQL> INSERT INTO  EMPLOYES VALUES
  2       ( S_EMPLOYES.NEXTVAL, 2,'Thibaut','SCHMITT',
  3        'Représentant(e)','M.', TO_DATE('02/07/1963'),
  4         TO_DATE('01/01/2003'), 2000, 100);
1 ligne créée.
SQL> SELECT NO_EMPLOYE, NOM, PRENOM
  2 FROM EMPLOYES WHERE NOM = 'Thibaut';

NO_EMPLOYE NOM          PRENOM
---------- ------------ ----------
        11 Thibaut      SCHMITT)
```

Création d'un synonyme

```
CREATE SYNONYM SYN_EMP FOR SCOTT.EMP;
```

Un synonyme est tout simplement un autre nom pour une table, une vue, une séquence ou une unité de programme. On emploie généralement des synonymes dans les situations suivantes :

- Pour dissimuler le nom du propriétaire d'un objet de base de données ;
- Pour masquer l'emplacement d'un objet de base de données dans un environnement distribué ;
- Pour pouvoir se référer à un objet en utilisant un nom plus simple.

Un synonyme peut être privé ou bien public. Lorsqu'il est privé, il est accessible uniquement à son propriétaire ainsi qu'aux utilisateurs auxquels ce dernier a accordé une permission. Lorsqu'il est public, il est disponible pour tous les utilisateurs de la base.

Pour créer un synonyme, il faut respecter la syntaxe suivante :

CREATE [PUBLIC] SYNONYM [SCHEMA.]NOM_SYNONYM
    FOR [SCHEMA.]NOM_OBJET ;

```
SQL> CREATE SYNONYM EMP FOR EMPLOYES;
Synonyme créé.
SQL> SELECT NO_EMPLOYE, NOM, PRENOM
  2  FROM EMP;

NO_EMPLOYE NOM                  PRENOM
---------- -------------------- --------
         2 Fuller               Andrew
         5 Buchanan             Steven
         4 Peacock              Margaret
...
```

Liens de base de données

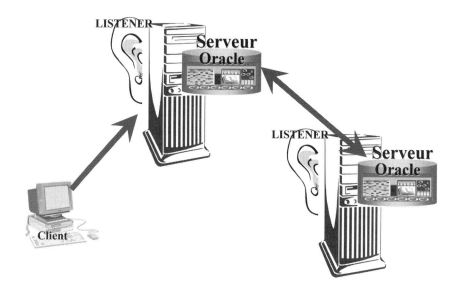

Un lien de base de données permet de se connecter à une base et d'accéder à partir de là à des objets situés dans une autre base de façon transparente, c'est-à-dire comme s'ils se trouvaient dans la base à laquelle vous êtes directement connecté. Par exemple, vous pouvez au moyen d'une seule requête joindre deux tables situées dans des bases différentes.

Le LISTENER est utilisé pour réaliser la connexion serveur-serveur en transmettant votre requête à l'autre base de données via le lien.

La syntaxe de l'instruction « **CREATE DATABASE LINK** » est :

```
CREATE [ SHARED ] [ PUBLIC ] DATABASE LINK dblink
    [{
       CONNECT TO
         {
            CURRENT_USER
          | utilisateur IDENTIFIED BY mot_de_passe
             [AUTHENTICATED BY
                 utilisateur IDENTIFIED BY mot_de_passe]
         }
       |
         [AUTHENTICATED BY
             utilisateur IDENTIFIED BY mot_de_passe ]
    }]
    [ USING 'connect_string' ] ;
```

SHARED   Utilise une seule connexion de réseau pour créer un lien public qui peut être partagé par plusieurs utilisateurs. Cette

Module 21 : Les vues et autres objets

	clause est disponible uniquement dans une configuration de serveur multithread.
`PUBLIC`	Crée un lien public accessible à tous les utilisateurs de la base. Si vous omettez cette clause, le lien sera privé et utilisable uniquement par son propriétaire.
`dblink`	Le nom complet ou partiel du lien.
`CURRENT_USER`	Indique l'utilisateur courant. L'utilisateur courant doit être global et authentifié dans les deux bases de donées impliquées.
`Utilisateur` `IDENTIFIED BY` `mot_de_passe`	Spécifie le nom d'utilisateur et le mot de passe utilisés pour se connecter à la base distante. Si vous omettez cette clause, le lien s'appuiera sur le nom et le mot de passe de l'utilisateur qui est connecté à la base.
`'connect_string'`	Spécifie le nom de service de la base distante.

```
SQL> CONNECT SYSTEM/SYS@DBA_LINUX
Connecté.
SQL> SELECT NAME, PLATFORM_NAME FROM V$DATABASE;

NAME       PLATFORM_NAME
---------  --------------------------------------------------
DBA1       Linux IA (32-bit)

SQL> CONNECT SYSTEM/SYS
Connecté.
SQL> SELECT NAME, PLATFORM_NAME FROM V$DATABASE;

NAME       PLATFORM_NAME
---------  ------------------------------------
DBA        Microsoft Windows IA (32-bit)

SQL> CREATE DATABASE LINK LIEN_DBA_LINUX
  2  CONNECT TO SYSTEM IDENTIFIED BY SYS
  3  USING 'DBA_LINUX';

Lien de base de données créé.

SQL> SELECT PLATFORM_NAME FROM V$DATABASE@LIEN_DBA_LINUX;

NAME       PLATFORM_NAME
---------  --------------------------------------------------
DBA1       Linux IA (32-bit)
```

Dans l'exemple, un lien privé est créé pour permettre au schéma « `SYSTEM` » de la base « `DBA` » de se connecter au même schéma dans la base « `DBA1` ».

```
SQL> CONNECT SYSTEM/SYS
Connecté.
SQL> CREATE PUBLIC DATABASE LINK PUBLIC_DBA
  2  CONNECT TO SYSTEM IDENTIFIED BY SYS
  3  USING 'DBA_LINUX';

Lien de base de données créé.

SQL> CREATE PUBLIC SYNONYM DEPT FOR SCOTT.DEPT@PUBLIC_DBA;

Synonyme créé.

SQL> CONNECT STAGIAIRE/PWD
Connecté.
SQL> SELECT * FROM DEPT;

    DEPTNO DNAME          LOC
---------- -------------- -------------
        10 ACCOUNTING     NEW YORK
        20 RESEARCH       DALLAS
        30 SALES          CHICAGO
        40 OPERATIONS     BOSTON
```

- *Gestion du mot de passe*
- *Limiter les ressources*
- *CREATE PROFILE*
- *ALTER PROFILE*

22

Les profils

Objectifs

A la fin de ce module, vous serez à même d'effectuer les tâches suivantes :
- Décrire les paramètres pour la gestion des mots de passe.
- Décrire les paramètres pour limiter les ressources système.
- Décrire les paramètres pour limiter les ressources de base de données.
- Créer un profil utilisateur.
- Gérer un profil utilisateur.

Contenu

Gestion des mots de passe	22-2	Gestion des ressources	22-11
Paramètres de mots de passe	22-3	Création d'un profil	22-13
Composition et complexité	22-5	Atelier 21	22-17
Création d'un profil	22-9		

Module 22 : Les profils

Gestion des mots de passe

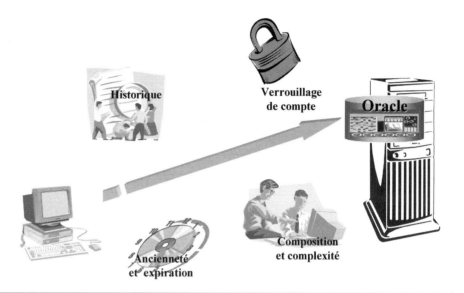

Depuis Oracle8 les administrateurs de bases de données disposent de différentes fonctionnalités qui sont essentielles pour assurer la sécurité des mots de passe.

Pour améliorer le contrôle de la sécurité de la base de données, la gestion de mot de passe d'Oracle est contrôlée par des administrateurs de base de données avec des profils.

Les fonctionnalités de gestion des mots de passe sont :

- **Composition et complexité.** Permet de définir la longueur des mots de passe ainsi que les caractères, chiffres et signes de ponctuation qui doivent entrer dans leur composition.

- **Ancienneté et expiration.** Permet de déterminer la durée de vie des mots de passe

- **Historique.** Permet de garder trace pendant une certaine période des mots de passe qui ont déjà été utilisés pour éviter qu'ils ne soient réutilisés trop souvent.

- **Verrouillage de compte.** Permet de définir quand et si un compte doit être verrouillé ou déverrouillé automatiquement ou manuellement.

Lorsque vous créez une base de données, un profil nommé « DEFAULT » est créé automatiquement. Il contient des paramètres de ressources concernant à la fois le système et les mots de passe, et ne peut être supprimé. Si vous créez un utilisateur sans spécifier de profil, celui par défaut lui sera assigné. Si vous créez un autre profil et définissez un de ses paramètres avec la valeur « DEFAULT », c'est la valeur qui a été définie pour le profil « DEFAULT » qui sera utilisée.

Le profil d'un utilisateur limite l'utilisation de la base de données et les ressources d'instance conformément à sa définition. Vous pouvez affecter un profil à chaque utilisateur et un profil par défaut à tous les utilisateurs ne disposant pas d'un profil spécifique.

Paramètres de mots de passe

- FAILED_LOGIN_ATTEMPTS
- PASSWORD_LIFE_TIME
- PASSWORD_REUSE_TIME
- PASSWORD_REUSE_MAX
- PASSWORD_LOCK_TIME
- PASSWORD_GRACE_TIME
- PASSWORD_VERIFY_FUNCTION

Toutes les fonctionnalités que nous allons examiner ici sont configurées à l'aide des instructions « CREATE PROFILE » ou « ALTER PROFILE ».

Les paramètres contenus dans un profil de mots de passe d'un profil :

FAILED_LOGIN_ATTEMPTS

Nombre d'échecs de tentatives d'accès au compte avant qu'il ne soit verrouillé.

PASSWORD_LIFE_TIME

Nombre de jours pendant lesquels un même mot de passe peut être utilisé pour l'authentification. Si le mot de passe n'a pas été modifié avant la fin de cette période, il expire, à moins qu'une période de grâce n'ait été spécifiée. Après l'expiration du mot de passe, les tentatives de connexion suivantes sont rejetées.

PASSWORD_REUSE_TIME

Nombre de jours pendant lesquels un mot de passe ne peut pas être réutilisé. Lorsque ce paramètre possède une valeur spécifique, le paramètre « PASSWORD_REUSE_MAX » doit être défini avec la valeur « UNLIMITED ».

PASSWORD_REUSE_MAX

Nombre de changements de mots de passe requis avant qu'un mot de passe ne puisse être réutilisé. Lorsque ce paramètre possède une valeur spécifique, le paramètre « PASSWORD_REUSE_TIME » devrait être défini avec la valeur « UNLIMITED ».

PASSWORD_LOCK_TIME

Nombre de jours pendant lesquels un compte demeure verrouillé après que le nombre spécifié d'échecs de tentatives d'accès ait été atteint.

PASSWORD_GRACE_TIME

Nombre de jours de la "période de grâce". Durant ce laps de temps, un avertissement est émis ct la connexion est autorisée. Si le mot de passe n'a toujours pas été changé à l'issue de cette période, il expire et le compte est verrouillé.

PASSWORD_VERIFY_FUNCTION

C'est une fonction de vérification de la complexité des mots de passe. Le fichier « `UTLPWDMG.SQL` » contient une fonction par défaut, « `VERIFY_FUNCTION` », mais vous pouvez écrire votre propre routine ou bien employer un outil tiers.

Le fichier se trouve dans le répertoire :

`$ORACLE_HOME/rdbms/admin/utlpwdmg.sql`

ou

`%ORACLE_HOME%\rdbms\admin\utlpwdmg.sql`

Composition et complexité

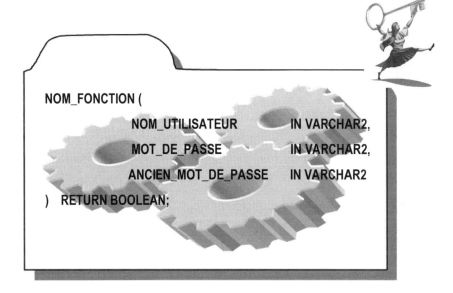

```
NOM_FONCTION (
        NOM_UTILISATEUR        IN VARCHAR2,
        MOT_DE_PASSE           IN VARCHAR2,
        ANCIEN_MOT_DE_PASSE    IN VARCHAR2
) RETURN BOOLEAN;
```

Oracle dispose d'un mécanisme de vérification de la complexité des mots de passe qui permet de contrôler s'ils sont suffisamment forts pour résister à d'éventuelles tentatives de découverte. Vous pouvez spécifier les règles auxquelles un mot de passe doit se conformer et complexité des mots de passe.

Étant donné que cette vérification est réalisée au moyen d'une fonction PL/SQL, vous pouvez personnaliser la complexité en écrivant vos propres routines. Pour qu'elle puisse s'exécuter normalement, la fonction doit appartenir à l'utilisateur « SYS ».

Le profil « DEFAULT » contrôle les règles auxquelles un mot de passe doit se conformer, à l'aide de la fonction « VERIFY_FUNCTION » stipulé dans le paramètre « PASSWORD_VERIFY_FUNCTION ».

La fonction « VERIFY_FUNCTION » impose une longueur minimale pour les mots de passe et l'emploi d'un ou plusieurs caractères alphabétiques, numériques et signes de ponctuation.

Voici les règles qui sont appliquées par défaut aux mots de passe :

- Ils doivent contenir au minimum quatre caractères.
- Ils ne doivent pas être identiques au nom de leur utilisateur.
- Ils doivent comprendre au minimum un caractère alphabétique, un caractère numérique et un signe de ponctuation.
- Au minimum trois caractères doivent différer par rapport au mot de passe précédent.

Voici le code de la fonction par défaut du fichier « UTLPWDMG.SQL » :

```
CREATE OR REPLACE FUNCTION verify_function
( username varchar2,
  password varchar2,
  old_password varchar2)
RETURN boolean IS
      n boolean;
```

Module 22 : Les profils

```
         m integer;
         differ integer;
         isdigit boolean;
         ischar  boolean;
         ispunct boolean;
         digitarray varchar2(20);
         punctarray varchar2(25);
         chararray varchar2(52);

BEGIN
   digitarray:= '0123456789';
   chararray:= 'abcdefghijklmnopqrstuvwxyzABCDEFGHIJKLMNOPQRSTUVWXYZ';
   punctarray:='!"#$%&()``*+,-/:;<=>?_';

   -- Check if the password is same as the username
   IF NLS_LOWER(password) = NLS_LOWER(username) THEN
      raise_application_error(-20001, 'Password same as or similar to user');
   END IF;

   -- Check for the minimum length of the password
   IF length(password) < 4 THEN
      raise_application_error(-20002, 'Password length less than 4');
   END IF;

   -- Check if the password is too simple. A dictionary of words may be
   -- maintained and a check may be made so as not to allow the words
   -- that are too simple for the password.
   IF NLS_LOWER(password) IN ('welcome', 'database', 'account', 'user',
                              'password', 'oracle', 'computer', 'abcd') THEN
      raise_application_error(-20002, 'Password too simple');
   END IF;

   -- Check if the password contains at least one letter, one digit and one
   -- punctuation mark.
   -- 1. Check for the digit
   isdigit:=FALSE;
   m := length(password);
   FOR i IN 1..10 LOOP
      FOR j IN 1..m LOOP
         IF substr(password,j,1) = substr(digitarray,i,1) THEN
            isdigit:=TRUE;
             GOTO findchar;
         END IF;
      END LOOP;
   END LOOP;
   IF isdigit = FALSE THEN
      raise_application_error(-20003,
          'Password should contain at least one digit, one character and
           one punctuation');
   END IF;
   -- 2. Check for the character
   <<findchar>>
```

```
ischar:=FALSE;
FOR i IN 1..length(chararray) LOOP
   FOR j IN 1..m LOOP
      IF substr(password,j,1) = substr(chararray,i,1) THEN
         ischar:=TRUE;
          GOTO findpunct;
      END IF;
   END LOOP;
END LOOP;
IF ischar = FALSE THEN
  raise_application_error(-20003, 'Password should contain at least one \
          digit, one character and one punctuation');
END IF;
-- 3. Check for the punctuation
<<findpunct>>
ispunct:=FALSE;
FOR i IN 1..length(punctarray) LOOP
   FOR j IN 1..m LOOP
      IF substr(password,j,1) = substr(punctarray,i,1) THEN
         ispunct:=TRUE;
          GOTO endsearch;
      END IF;
   END LOOP;
END LOOP;
IF ispunct = FALSE THEN
  raise_application_error(-20003, 'Password should contain at least one \
          digit, one character and one punctuation');
END IF;

<<endsearch>>
-- Check if the password differs from the previous password by at least
-- 3 letters
IF old_password IS NOT NULL THEN
  differ := length(old_password) - length(password);

  IF abs(differ) < 3 THEN
    IF length(password) < length(old_password) THEN
      m := length(password);
    ELSE
      m := length(old_password);
    END IF;

    differ := abs(differ);
    FOR i IN 1..m LOOP
      IF substr(password,i,1) != substr(old_password,i,1) THEN
         differ := differ + 1;
      END IF;
    END LOOP;

    IF differ < 3 THEN
      raise_application_error(-20004, 'Password should differ by at \
      least 3 characters');
```

```
        END IF;
      END IF;
    END IF;
    -- Everything is fine; return TRUE ;
    RETURN(TRUE);
END;
/
```

Vous pouvez écrire votre propre fonction à l'aide de la syntaxe suivante :

```
NOM_FONCTION (
           NOM_UTILISATEUR           IN VARCHAR2,
           MOT_DE_PASSE              IN VARCHAR2,
           ANCIEN_MOT_DE_PASSE       IN VARCHAR2
)      RETURN BOOLEAN;
```

Une fois que la fonction a été créée, vous devez l'associer à un profil d'utilisateur spécifique ou bien à celui par défaut du système.

Vous pouvez appliquer la fonction à un utilisateur spécifique en l'assignant d'abord à un profil puis en associant le profil à l'utilisateur. Ayez à l'esprit les remarques suivantes lorsque vous créez votre routine :

- Au cas où la routine produirait une exception, il faut prévoir un message d'erreur indiquant à l'utilisateur ce qui s'est passé et comment corriger le problème.

- La routine doit appartenir à l'utilisateur « **SYS** » et s'exécuter dans le contexte système.

- Si l'utilisateur spécifie un mot de passe au format incorrect, vous devez prévoir un message d'erreur descriptif pouvant être retourné par la routine.

Création d'un profil

```
CREATE PROFILE NOM_PROFIL LIMIT
    SESSIONS_PER_USER            UNLIMITED
    CPU_PER_CALL                 3000
    CONNECT_TIME                 45
    LOGICAL_READS_PER_SESSION    DEFAULT
    LOGICAL_READS_PER_CALL       1000
    PRIVATE_SGA                  DEFAULT
    COMPOSITE_LIMIT              5000000;
;
```

Maintenant que vous en savez un peu plus sur les paramètres de mots de passe, examinons la syntaxe de la commande SQL « **CREATE PROFILE** » :

```
CREATE PROFILE NOM_PROFIL LIMIT
    [FAILED_LOGIN_ATTEMPTS   {integer | UNLIMITED | DEFAULT}]
    [PASSWORD_LIFE_TIME      {integer | UNLIMITED | DEFAULT}]
    [PASSWORD_REUSE_TIME     {integer | UNLIMITED | DEFAULT}]
    [PASSWORD_REUSE_MAX      {integer | UNLIMITED | DEFAULT}]
    [PASSWORD_LOCK_TIME      {integer | UNLIMITED | DEFAULT}]
    [PASSWORD_GRACE_TIME     {integer | UNLIMITED | DEFAULT}]
    [PASSWORD_VERIFY_FUNCTION
                             {NOM_FONCTION | NULL | DEFAULT}
;
```

```
SQL> DESC MA_FONCTION_VERIF
FUNCTION MA_FONCTION_VERIF RETURNS BOOLEAN
 Nom d'argument                 Type                   E/S par défaut ?
 ------------------------------ ---------------------- ------ --------
 USERNAME                       VARCHAR2               IN
 PASSWORD                       VARCHAR2               IN
 OLD_PASSWORD                   VARCHAR2               IN

SQL> CREATE PROFILE MON_PROFIL
  2    LIMIT
  3      FAILED_LOGIN_ATTEMPTS      5
  4      PASSWORD_LIFE_TIME         90
  5      PASSWORD_REUSE_TIME        60
```

Module 22 : Les profils

```
     6    PASSWORD_REUSE_MAX            UNLIMITED
     7    PASSWORD_LOCK_TIME            5
     8    PASSWORD_GRACE_TIME           15
     9    PASSWORD_VERIFY_FUNCTION      MA_FONCTION_VERIF;

Profil créé.
```

Dans l'exemple, le profil créé spécifie que tous les comptes seront verrouillés après cinq échecs de tentatives d'accès. Il sera automatiquement déverrouillé après cinq jours. Le mot de passe expirera au bout de quatre-vingt-dix jours mais l'utilisateur bénéficiera d'une période de grâce de quinze jours. L'utilisateur devra attendre soixante jours avant de pouvoir réutiliser un mot de passe. La complexité des mots de passe est définie au moyen de la fonction « `MA_FONCTION_VERIF` ».

Il faut noter que la valeur assignée au paramètre « `PASSWORD_RÉUSE_MAX` » est « `UNLIMITED` ». Si une valeur spécifique avait été utilisée, il aurait fallu définir le paramètre « `PASSWORD_REUSE_TIME` » à « `UNLIMITED` ».

Gestion des ressources

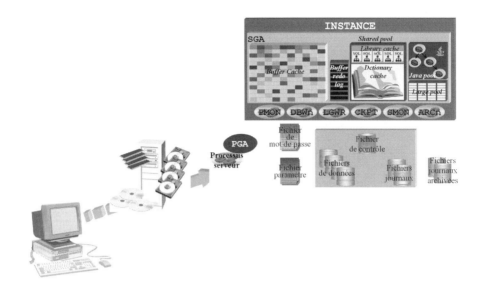

De la même manière que vous gérez les mots de passe, vous pouvez, à travers le profil, limiter les ressources système et de base de données disponibles pour un utilisateur. Comme indiqué précédemment le profil « DEFAULT » prend en compte la gestion des ressources, cependant ce profil ne spécifie aucune restriction, il donne le droit à une utilisation illimitée des ressources.

Les ressources dont l'utilisation peut être limitée au moyen de profils sont :

SESSIONS_PER_USER

Le nombre de sessions concurrentes d'un utilisateur dans une instance.

CPU_PER_SESSION

Détermine le temps processeur d'une session (en centièmes de secondes).

CPU_PER_CALL

Détermine le temps processeur des appels : Parse (l'analyse), Execute (l'exécution) et Fetch (en centièmes de secondes).

CONNECT_TIME

Détermine le temps de connexion autorisé pour une session ouverte (en minutes).

IDLE_TIME

Limite la durée des périodes d'inactivité pour une session, exprimée en minutes. La limite est calculée uniquement pour le processus serveur. Ne prend pas en compte l'application activée. Les requêtes d'exécution longues et d'autres opérations longues ne sont pas affectées par cette limite.

LOGICAL_READS_PER_SESSION

Le nombre total des blocs de données, lecture physique ou logique. C'est la limitation sur le nombre total de lectures mémoire ou disque. Ceci pourrait être fait pour s'assurer qu'aucun ordre intensif d'entrée-sortie ne peut jouer sur les performances.

Nombre de blocs de base de données qui peuvent être lus lors des appels : Parse (l'analyse), Execute (l'exécution) et Fetch (en centièmes de secondes).

PRIVATE_SGA

Quantité d'espace privé qu'une session peut allouer dans le pool partagé de la zone « SGA » (pour un serveur partagé).

COMPOSITE LIMIT

Une limite composée des limites précédentes.

Limite le coût total de ressource pour une session exprimer en unité de service. Oracle calcule le coût des ressources avec la somme des paramètres suivants :

- CPU_PER_SESSION
- CONNECT_TIME
- LOGICAL_READS_PER_SESSION
- PRIVATE_SGA

Attention

Le nombre de ressources peut être limité. Toutefois, toutes ces restrictions sont réactives, c'est-à-dire qu'aucune action n'est entreprise tant que l'utilisateur n'a pas dépassé la limite des ressources.

Ainsi les profils ne permettent pas d'éviter que des requêtes exploitent d'importantes quantités de ressources jusqu'à atteindre leur limite définie.

C'est seulement une fois la limite atteinte que l'instruction SQL est arrêtée.

Création d'un profil

```
CREATE PROFILE NOM_PROFIL LIMIT
    SESSIONS_PER_USER              UNLIMITED
    CPU_PER_CALL                   3000
    CONNECT_TIME                   45
    LOGICAL_READS_PER_SESSION      DEFAULT
    LOGICAL_READS_PER_CALL         1000
    PRIVATE_SGA                    DEFAULT
    COMPOSITE_LIMIT                5000000;
;
```

Les profils sont créés au moyen de l'instruction « CREATE PROFILE » avec la syntaxe suivante :

```
CREATE PROFILE NOM_PROFIL LIMIT
...
    [SESSIONS_PER_USER         {integer | UNLIMITED | DEFAULT}]
    [CPU_PER_SESSION           {integer | UNLIMITED | DEFAULT}]
    [CPU_PER_CALL              {integer | UNLIMITED | DEFAULT}]
    [CONNECT_TIME              {integer | UNLIMITED | DEFAULT}]
    [IDLE_TIME                 {integer | UNLIMITED | DEFAULT}]
    [LOGICAL_READS_PER_SESSION
                               {integer | UNLIMITED | DEFAULT}]
    [LOGICAL_READS_PER_CALL{integer | UNLIMITED | DEFAULT}]
    [COMPOSITE_LIMIT           {integer | UNLIMITED | DEFAULT}]
    [PRIVATE_SGA     { integer[K | M] | UNLIMITED | DEFAULT]
;
```

```
SQL> CREATE PROFILE MON_PROFIL
  2  LIMIT
  3      FAILED_LOGIN_ATTEMPTS       5
  4      PASSWORD_LIFE_TIME          90
  5      PASSWORD_REUSE_TIME         60
  6      PASSWORD_REUSE_MAX          UNLIMITED
  7      PASSWORD_LOCK_TIME          5
  8      PASSWORD_GRACE_TIME         15
  9      PASSWORD_VERIFY_FUNCTION    MA_FONCTION_VERIF
```

```
   10       SESSIONS_PER_USER            UNLIMITED
   11       CPU_PER_CALL                 3000
   12       CONNECT_TIME                 45
   13       LOGICAL_READS_PER_SESSION    DEFAULT
   14       LOGICAL_READS_PER_CALL       1000
   15       PRIVATE_SGA                  DEFAULT
   16       COMPOSITE_LIMIT              5000000;

Profil créé.
```

Modifier un profil

La commande « **ALTER PROFIL** » est utilisée pour changer un profil. Les changements n'affectent pas les sessions courantes, ils ne sont employés que sur les prochaines sessions.

La syntaxe de la commande SQL est la suivante :

```
CREATE PROFILE NOM_PROFIL LIMIT
    [FAILED_LOGIN_ATTEMPTS   {integer | UNLIMITED | DEFAULT}]
    [PASSWORD_LIFE_TIME      {integer | UNLIMITED | DEFAULT}]
    [PASSWORD_REUSE_TIME     {integer | UNLIMITED | DEFAULT}]
    [PASSWORD_REUSE_MAX      {integer | UNLIMITED | DEFAULT}]
    [PASSWORD_LOCK_TIME      {integer | UNLIMITED | DEFAULT}]
    [PASSWORD_GRACE_TIME     {integer | UNLIMITED | DEFAULT}]
    [PASSWORD_VERIFY_FUNCTION
                             {NOM_FONCTION | NULL | DEFAULT}
    [SESSIONS_PER_USER       {integer | UNLIMITED | DEFAULT}]
    [CPU_PER_SESSION         {integer | UNLIMITED | DEFAULT}]
    [CPU_PER_CALL            {integer | UNLIMITED | DEFAULT}]
    [CONNECT_TIME            {integer | UNLIMITED | DEFAULT}]
    [IDLE_TIME               {integer | UNLIMITED | DEFAULT}]
    [LOGICAL_READS_PER_SESSION
                             {integer | UNLIMITED | DEFAULT}]
    [LOGICAL_READS_PER_CALL{integer | UNLIMITED | DEFAULT}]
    [COMPOSITE_LIMIT         {integer | UNLIMITED | DEFAULT}]
    [PRIVATE_SGA      { integer[K | M] | UNLIMITED | DEFAULT]
;
```

Supprimer un profil

Pour supprimer un profil vous pouvez utiliser la commande SQL « **DROP PROFIL** ». Le profil par défaut ne peut pas être supprimé.

Lors de la suppression d'un profil, ce changement ne s'applique qu'aux nouvelles sessions créées et non aux sessions actuelles.

La syntaxe de la commande SQL est la suivante :

```
DROP PROFILE NOM_PROFIL ;
```

La console OEM

Vous pouvez également utiliser la console **OEM** (**O**racle **E**nterprise **M**anager) pour créer et gérer les profils.

Choisissez l'onglet « **Administration** » sur la page d'accueil puis sur le lien « **Profils** » pour accéder à la page de gestion des profils.

Vous pouvez ainsi créer un profil et limiter les ressources système et de base de données disponibles pour un utilisateur.

Vous pouvez également définir la gestion des mots de passe.

Module 22 : Les profils

Vous pouvez également visualiser un profil déjà existent.

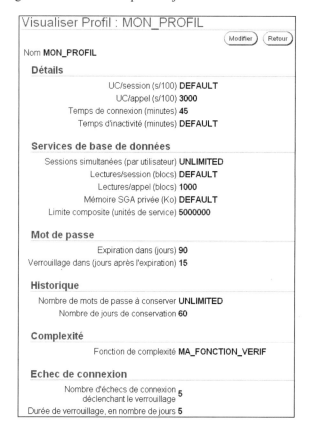

Atelier 21

- Paramètres de mots de passe
- Gestion des Ressources
- Création d'un profil

 Durée : 10 minutes

Questions

21-1 L'utilisateur est verrouillé après cinq échecs de connexion.

```
SQL> ALTER PROFILE DEFAULT
  2  LIMIT
  3      FAILED_LOGIN_ATTEMPTS      5
  4      PASSWORD_LIFE_TIME         60
  5      PASSWORD_REUSE_TIME        1800
  6      PASSWORD_REUSE_MAX         UNLIMITED
  7      PASSWORD_LOCK_TIME         1/1440
  8      PASSWORD_GRACE_TIME        10
  9      PASSWORD_VERIFY_FUNCTION   DEFAULT ;
```

Combien de temps doit-on attendre avant pouvoir se reconnecter de nouveau ?

A. 1 minute

B. 10 minutes

C. 14 minutes

D. 18 minutes

E. 60 minutes

Exercice n°1

Créez un profil « **APP_PROF** » qui verrouille l'utilisateur après trois échecs de connexion et le maintient ainsi indéfiniment. Un changement de mot de passe est demandé tous les soixante jours. Un ancien mot de passe ne peut pas être réutilisé avant cent vingt jours.

Le profil doit limiter le nombre de sessions par utilisateur à deux.

- *CREATE USER*
- *DEFAUL TABLESPACE*
- *ALTER USER*
- *DBA_USERS*

23

Les utilisateurs

Objectifs

A la fin de ce module, vous serez à même d'effectuer les tâches suivantes :

- Décrire les types d'utilisateurs.
- Décrire les paramètres de création d'un utilisateur.
- Créer un utilisateur.
- Gérer un utilisateur.
- Interroger les vues du dictionnaire de données pour retrouver les informations concernant les utilisateurs.

Contenu

Les utilisateurs	23-2	Suppression d'un utilisateur	23-11
Création d'un utilisateur	23-3	Les informations sur les utilisateurs	23-12
Gestion d'un utilisateur	23-8	Atelier 22	23-15

© Tsoft/Eyrolles – Oracle 10g Administration 23-1

Les utilisateurs

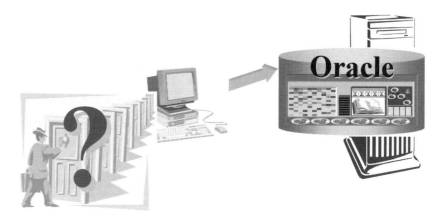

Lorsqu'on parle d'utilisateurs de base de données, il est généralement question de trois types d'entités :

Les utilisateurs finaux

Les utilisateurs finaux sont des utilisateurs qui se connectent à la base Oracle pour interagir avec les données qui y sont stockées et les maintenir. Ils doivent être autorisés à créer des sessions pour pouvoir se connecter à la base et aussi disposer de privilèges de niveau objet sur les données qu'ils ont besoin de visualiser et de modifier. Ils ne reçoivent habituellement aucun privilège système général, de sorte qu'ils ne peuvent accéder à l'ensemble de la base. Leur accès est donc strictement limité aux zones qui leur sont nécessaires pour pouvoir accomplir leur travail.

Les applications

Il ne s'agit pas véritablement d'utilisateurs mais des applications qui sont écrites pour aider les utilisateurs finaux à exécuter plus facilement et plus rapidement leurs tâches. Les fabricants tiers et les développeurs créent souvent des applications sans déterminer les privilèges spécifiques qu'elles requièrent en s'arrangeant pour obtenir un rôle « `DBA` ».

Les administrateurs

Les administrateurs de bases de données surveillent et maintiennent la base elle-même ; ils ont donc besoin du plus haut niveau de privilèges. Ils sont notamment chargés de créer des bases de données et des rôles, et d'octroyer des privilèges d'accès aux utilisateurs finaux.

Création d'un utilisateur

Lors de la création d'un utilisateur de base de données, l'objectif est de définir un compte utile et sécurisé qui détient les privilèges adéquats et les paramètres par défaut appropriés.

Comme nous l'avons vu dans le module « Les types de données », un schéma est une collection nommée d'objets comme des tables, vues, clusters, procédures et des packages associés à un utilisateur particulier.

Lorsqu'un utilisateur de base de données est créé, un schéma correspondant, avec le même nom, est créé pour cet utilisateur. Il ne peut avoir qu'un schéma par utilisateur, ainsi le nom d'utilisateur et le nom du schéma sont souvent interchangeables.

La syntaxe de création d'un nouvel utilisateur est :

```
CREATE USER user
        IDENTIFIED {  BY password
                    | EXTERNALLY
                    | GLOBALLY AS 'external_name'
                   }
        [ DEFAULT TABLESPACE tablespace]
        [ TEMPORARY TABLESPACE]
        [ QUOTA { integer [ K | M ] | UNLIMITED }
                ON tablespace [...]]
        [ PROFILE profile]
        [ PASSWORD EXPIRE]
        [ ACCOUNT { LOCK | UNLOCK } ] ;
```

IDENTIFIED   Indique le moyen d'authentification de l'utilisateur.

`BY password`	Indique que l'utilisateur doit fournir un mot de passe pour se connecter à la base de données. « password » est le mot de passe de l'utilisateur.
`EXTERNALLY`	Indique que l'authentification des utilisateurs se fait par le système d'exploitation.
`GLOBALLY AS`	Indique que l'utilisateur doit s'authentifier globalement.
`'external_name'`	L'authentification est effectuée par un « LDAP » d'entreprise l'argument est la chaîne de connexion. Par exemple : « `'CN=Razvan BIZOÏ, OU=formation, O=Etelia, C=FR'` ».
`DEFAULT TABLESPACE`	Indique le tablespace par défaut de l'utilisateur. Chaque objet créé par l'utilisateur, pour lequel il n'y a pas de tablespace explicitement précisé, est stocké dans le tablespace par défaut.
`TEMPORARY`	Indique le tablespace temporaire par défaut de l'utilisateur. Chaque fois qu'Oracle a besoin d'espace temporaire pour gérer les requêtes de l'utilisateur, pour les ordres de tris ou autre, il stocke l'information dans ce tablespace.
`QUOTA...ON`	Indique l'espace de stockage maximum que les objets de l'utilisateur peuvent occuper.
`integer`	Spécifie une taille, en octets si vous ne précisez pas de suffixe pour définir une valeur en K, M.
`K`	Valeurs spécifiées pour préciser la taille en kilooctets.
`M`	Valeurs spécifiées pour préciser la taille en mégaoctets.
`UNLIMITED`	Définit une taille illimitée pour le stockage dans le tablespace. Par défaut l'utilisateur n'a pas de quota sur les tablespaces.
`PROFILE`	Indique le profil de l'utilisateur.
`PASSWORD EXPIRE`	Force l'utilisateur à redéfinir son mot de passe lors de sa prochaine connexion à la base. Cette option n'est valable que si l'utilisateur est authentifié par la base de données « `BY password` ».
`ACCOUNT LOCK`	Indique que l'utilisateur est verrouillé. Il ne peut pas se connecter à la base.
`ACCOUNT UNLOCK`	Indique que l'utilisateur n'est pas verrouillé. L'argument par défaut est « `UNLOCK` ».

```
SQL> CREATE PROFILE APP_USER
  2  LIMIT
  3     FAILED_LOGIN_ATTEMPTS       5
  4     PASSWORD_LIFE_TIME          90
  5     PASSWORD_REUSE_TIME         60
  6     PASSWORD_REUSE_MAX          UNLIMITED
  7     PASSWORD_LOCK_TIME          5
  8     PASSWORD_GRACE_TIME         15
  9     PASSWORD_VERIFY_FUNCTION    MA_FONCTION_VERIF
```

```
  10       SESSIONS_PER_USER           UNLIMITED
  11       CPU_PER_CALL                3000
  12       CONNECT_TIME                45
  13       LOGICAL_READS_PER_SESSION   DEFAULT
  14       LOGICAL_READS_PER_CALL      1000
  15       PRIVATE_SGA                 DEFAULT
  16       COMPOSITE_LIMIT             5000000;

Profil créé.


SQL> CREATE TABLESPACE EXEMPLE DATAFILE SIZE 1G;

Tablespace créé.

SQL> CREATE USER RAZVAN
  2        IDENTIFIED BY OBSOLETTE_PASSWORD1
  3        DEFAULT TABLESPACE EXEMPLE
  4        QUOTA 10M ON EXEMPLE
  5        TEMPORARY TABLESPACE TEMP
  6        QUOTA 5M ON SYSTEM
  7        PROFILE APP_USER
  8        PASSWORD EXPIRE;

Utilisateur créé.


SQL> CONNECT RAZVAN/OBSOLETTE_PASSWORD1
ERROR:
ORA-28001: le mot de passe est expiré

Modification de mot de passe pour RAZVAN
Nouveau mot de passe :
Ressaisir le nouveau mot de passe :
ERROR:
ORA-01045: l'utilisateur RAZVAN n'a pas le privilège CREATE SESSION
; connexion refusée

Mot de passe non modifié
```

L'exemple ci-dessus montre la création d'un profil et d'un tablespace qui serviront à la création de l'utilisateur.

L'utilisateur est créé avec le tablespace « **EXEMPLE** » comme tablespace par défaut et le tablespace « **TEMP** » comme tablespace temporaire par défaut. Il peut stocker jusqu'à 10Mb dans le tablespace « **EXEMPLE** » et 5Mb dans le tablespace « **SYSTEM** ». La limitation des ressources et la gestion du mot de passe sont définies par le profil « **APP_USER** ». Le mot de passe « **OBSOLETTE_PASSWORD1** » est déjà expiré « **PASSWORD EXPIRE** ». Comme vous pouvez le voir, à la connexion, Oracle demande le changement de mot de passe, même si l'utilisateur n'est pas autorisé à se connecter.

Module 23 : Les utilisateurs

> **Attention**
>
> Une fois créé, le compte ne possède aucun droit, et son propriétaire ne peut même pas se connecter tant que ce privilège n'a pas été accordé.
>
> Pour pouvoir se connecter à Oracle, il faut avoir les privilèges de création d'une session, « **CREATE SESSION** ».

Pour pouvoir se connecter et explorer les fonctionnalités de l'utilisateur créé, il faut utiliser l'attribution des privilèges de se connecter à la base et de pouvoir créer des objets. Nous utilisons pour cela le rôle « **CONNECT** ». Un rôle est un ensemble de privilèges qui peuvent être attribués à un utilisateur. Pour plus des détails sur les rôles et les privilèges accordés aux utilisateurs, voir les modules correspondants.

La syntaxe pour accorder les privilèges du rôle « **CONNECT** » à un utilisateur est :

GRANT CONNECT TO NOM_UTILISATEUR ;

```
SQL> GRANT CONNECT TO RAZVAN ;

Autorisation de privilèges (GRANT) acceptée.

SQL> CONNECT RAZVAN/PASSWORD_1
Connecté.
SQL> CREATE TABLE T1(C1 CHAR(1));

Table créée.

SQL> SELECT TABLE_NAME, TABLESPACE_NAME
  2  FROM USER_TABLES
  3  WHERE TABLE_NAME = 'T1';

TABLE_NAME                     TABLESPACE_NAME
------------------------------ --------------------
T1                             EXEMPLE
```

Vous pouvez remarquer qu'une fois accordé le rôle, nous pouvons nous connecter. La création de la table est effectuée sans mention explicite d'emplacement dans un tablespace, ce qui entraine le stockage dans le tablespace par défaut.

```
SQL> CREATE TABLE T2(C1 CHAR(1)) TABLESPACE USERS;
CREATE TABLE T2(C1 CHAR(1)) TABLESPACE USERS
*
ERREUR à la ligne 1 :
ORA-01950: pas de privilèges sur le tablespace 'USERS'


SQL> CREATE TABLE T2(C1 CHAR(1)) TABLESPACE SYSTEM;

Table créée.

SQL> SELECT TABLE_NAME, TABLESPACE_NAME
  2  FROM USER_TABLES
  3  WHERE TABLE_NAME LIKE 'T%';
```

```
TABLE_NAME                      TABLESPACE_NAME
------------------------------  ----------------------
T1                              EXEMPLE
T2                              SYSTEM
```

L'utilisateur « **RAZVAN** » peut stocker jusqu'à 10Mb dans le tablespace « **EXEMPLE** » et 5Mb dans le tablespace « **SYSTEM** ». Il n'a pas les privilèges nécessaires pour créer la table « **T2** » dans le tablespace « **USERS** ».

Les utilisateurs n'ont pas besoin des quotas « **QUOTA** » sur le tablespace temporaire par défaut de la base de données. Les quotas sont nécessaires pour l'allocation de l'espace de stockage dans les tablespaces pour les segments.

```
_L> CREATE USER STAGIAIRE
 2       IDENTIFIED BY PWD
 3       DEFAULT TABLESPACE EXEMPLE
 4       QUOTA 10M ON EXEMPLE
 5       TEMPORARY TABLESPACE TEMP
 6       QUOTA 5M ON SYSTEM
 7       ACCOUNT LOCK
 8       PASSWORD EXPIRE;

Utilisateur créé.

SQL> CONNECT STAGIAIRE/PWD
ERROR:
ORA-28000: compte verrouillé

Avertissement : vous n'êtes plus connecté à ORACLE.
```

Remarquez ici que l'utilisateur « **STAGIAIRE** » a été créé avec l'argument « **ACCOUNT LOCK** ». Par la suite, il n'est pas possible de se connecter avec cet utilisateur. Son compte est verrouillé grâce à l'argument « **PASSWORD EXPIRE** ». Une fois déverrouillé, le compte utilisateur, il faut changer de mot de passe à la prochaine connexion.

Gestion d'un utilisateur

Lors de la création d'un utilisateur de base de données, vous paramétrez les privilèges adéquats et les paramètres par défaut appropriés. Par la suite si vous avez besoin de gérer un ou plusieurs paramètres, vous pouvez utiliser la commande SQL « **ALTER USER** ».

A l'aide de la commande SQL « **ALTER USER** » vous pouvez modifier tous les paramètres définis dans l'instruction « **CREATE USER** » à l'exception du nom de l'utilisateur. La syntaxe de commande SQL est la suivante :

```
ALTER USER user
         IDENTIFIED {  BY password
                    | EXTERNALLY
                    | GLOBALLY AS 'external_name'
                    }
         [ DEFAULT TABLESPACE tablespace]
         [ TEMPORARY TABLESPACE]
         [ QUOTA { integer [ K | M ] | UNLIMITED }
                 ON tablespace [...]]
         [ PROFILE profile]
         [ PASSWORD EXPIRE]
         [ ACCOUNT { LOCK | UNLOCK } ] ;
```

```
SQL> ALTER USER STAGIAIRE ACCOUNT UNLOCK ;

Utilisateur modifié.

SQL> CONNECT STAGIAIRE/PWD
```

```
ERROR:
ORA-28001: le mot de passe est expiré

Modification de mot de passe pour STAGIAIRE
Nouveau mot de passe :
Ressaisir le nouveau mot de passe :
ERROR:
ORA-01045: l'utilisateur STAGIAIRE n'a pas le privilège CREATE
SESSION ;
connexion refusée

Mot de passe non modifié
Avertissement : vous n'êtes plus connecté à ORACLE.


SQL> CONNECT SYSTEM/SYS
Connecté.
SQL> GRANT CONNECT TO STAGIAIRE;

Autorisation de privilèges (GRANT) acceptée.

SQL> CONNECT STAGIAIRE/PWD
Connecté.
```

Une fois déverrouillé le compte utilisateur, il faut changer de mot de passe à la prochaine connexion. On ne peut pas pour autant se connecter à la base de données si on ne possède pas les privilèges nécessaires.

```
SQL> CREATE TABLE T1(C1 CHAR(1));

Table créée.

SQL> SELECT TABLE_NAME, TABLESPACE_NAME
  2  FROM USER_TABLES
  3  WHERE TABLE_NAME = 'T1';

TABLE_NAME                     TABLESPACE_NAME
------------------------------ --------------------
T1                             EXEMPLE

SQL> CONNECT SYSTEM/SYS
Connecté.
SQL> ALTER USER STAGIAIRE DEFAULT
  2         TABLESPACE USERS
  3         QUOTA 5M ON USERS;

Utilisateur modifié.

SQL> CONNECT STAGIAIRE/PWD
Connecté.
SQL> CREATE TABLE T2(C1 CHAR(1));
```

```
SQL> SELECT TABLE_NAME, TABLESPACE_NAME
  2  FROM USER_TABLES
  3  WHERE TABLE_NAME = 'T%';

TABLE_NAME                     TABLESPACE_NAME
------------------------------ --------------------
T1                             EXEMPLE
T2                             USERS
```

La table « **T1** » est créée et stockée dans le tablespace par défaut de l'utilisateur « **EXEMPLE** ». On modifie le tablespace de stockage par défaut de l'utilisateur du « **EXEMPLE** » à « **USERS** ». La table « **T2** » est créée dans le nouveau tablespace par défaut.

―― Attention ――

Définir un tablespace par défaut pour un utilisateur ne lui donne pas le droit de créer des extents pour les segments de son schéma.

Il faut avoir attribué un quota de stockage que les objets de l'utilisateur peuvent occuper. Le paramètre « **QUOTA ... ON** » vous permet de définir le volume maximal de stockage.

```
SQL> ALTER USER STAGIAIRE PASSWORD EXPIRE;

Utilisateur modifié.

SQL> CONNECT STAGIAIRE/PWD
ERROR:
ORA-28001: le mot de passe est expiré


Modification de mot de passe pour STAGIAIRE
Nouveau mot de passe :
Ressaisir le nouveau mot de passe :
Mot de passe modifié
Connecté.
```

Comme vous pouvez le voir dans cet exemple, après la modification de l'utilisateur avec l'option « **PASSWORD EXPIRE** », l'utilisateur doit changer de mot de passe.

―― Astuce ――

Le paramètre « **PASSWORD EXPIRE** » vous permet d'imposer la modification du mot de passe pour un utilisateur.

C'est une option fréquemment utilisé dans le cas de perte de mot de passe d'un des utilisateurs de la base de données.

Suppression d'un utilisateur

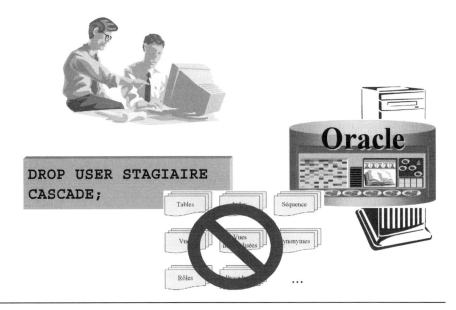

Vous pouvez supprimer un utilisateur à l'aide de la commande « DROP USER ». Cette instruction supprime l'utilisateur, pour supprimer le schéma avec l'ensemble des objets qui appartient à l'utilisateur, il faut utiliser le paramètre **« CASCADE »**.

La syntaxe de suppression d'un utilisateur est la suivante :

```
DROP USER NOM_UTILISATEUR [CASCADE] ;
```

Rappelez-vous le paramètre « CASCADE », utilisé également dans la suppression d'une table pour effacer les contraintes.

```
SQL> DROP USER STAGIAIRE;

SQL> DROP USER STAGIAIRE;
DROP USER STAGIAIRE
*
ERREUR à la ligne 1 :
ORA-01922: CASCADE à indiquer pour supprimer 'STAGIAIRE'


SQL> DROP USER STAGIAIRE CASCADE;

Utilisateur supprimé.

SQL> CONNECT STAGIAIRE/PWD
ERROR:
ORA-01017: nom utilisateur/mot de passe non valide ; connexion
refusée


Avertissement : vous n'êtes plus connecté à ORACLE.
```

Informations sur les utilisateurs

- **DBA_USERS**
- **DBA_PROFILES**

Vous pouvez interroger les vues du dictionnaire de données pour récupérer les informations sur les utilisateurs, les profils ainsi que les quotas de stockage dans les tablespaces.

DBA_USERS

La vue « `DBA_USERS` » fournit des informations sur le compte courant.

Les colonnes de cette vue sont :

`USERNAME`	Le nom d'utilisateur.
`USER_ID`	L'identifiant assigné par la base.
`PASSWORD`	Le mot de passe crypté pour le compte.
`ACCOUNT_STATUS`	Indique l'état du compte, à savoir s'il est verrouillé « `LOCKED` », déverrouillé « `OPEN` », ou s'il a expiré « `EXPIRED` ».
`LOCK_DATE`	Indique la date du verrouillage.
`EXPIRY_DATE`	Indique la date d'expiration.
`DEFAULT_TABLESPACE`	Le tablespace par défaut.
`TEMPORARY_TABLESPACE`	Le tablespace temporaire par défaut.
`CREATED`	La date de création.
`PROFILE`	Le profil de ressources du compte
`INITIAL_RSRC_CONSUMER_GROUP`	`Indique` les groupes de consommateurs de ressources.
`EXTERNAL_NAME`	Le nom de l'utilisateur externe.

Il existe deux autres vues du dictionnaire de données :

- « **USER_USERS** » qui fournit les informations pour l'utilisateur courant.
- « **ALL_USERS** » **qui** contient seulement les colonnes « **USERNAME** », « **USER_ID** » et « **CREATED** », mais liste ces informations pour tous les comptes accessibles à l'utilisateur courant.

```
SQL> SELECT USERNAME, ACCOUNT_STATUS, DEFAULT_TABLESPACE
  2  FROM DBA_USERS ;

USERNAME             ACCOUNT_STATUS      DEFAULT_TABLESPACE
-------------------- ------------------- -------------------
SYSTEM               OPEN                SYSTEM
SYS                  OPEN                SYSTEM
OLAPSYS              EXPIRED & LOCKED    SYSAUX
SI_INFORMTN_SCHEMA   EXPIRED & LOCKED    SYSAUX
MGMT_VIEW            OPEN                SYSAUX
SIDNEY               EXPIRED             EXAMPLE
ORDPLUGINS           EXPIRED & LOCKED    SYSAUX
WKPROXY              EXPIRED & LOCKED    SYSAUX
XDB                  EXPIRED & LOCKED    SYSAUX
SYSMAN               OPEN                SYSAUX
HR                   OPEN                EXAMPLE
OE                   OPEN                EXAMPLE
DIP                  EXPIRED & LOCKED    USERS
OUTLN                EXPIRED & LOCKED    SYSTEM
SH                   OPEN                EXAMPLE
ANONYMOUS            EXPIRED & LOCKED    SYSAUX
CTXSYS               EXPIRED & LOCKED    SYSAUX
IX                   OPEN                EXAMPLE
MDDATA               EXPIRED & LOCKED    USERS
WK_TEST              EXPIRED & LOCKED    SYSAUX
PM                   OPEN                EXAMPLE
WKSYS                EXPIRED & LOCKED    SYSAUX
BI                   OPEN                EXAMPLE
WMSYS                EXPIRED & LOCKED    SYSAUX
SCOTT                OPEN                USERS
DBSNMP               OPEN                SYSAUX
DMSYS                EXPIRED & LOCKED    SYSAUX
EXFSYS               EXPIRED & LOCKED    SYSAUX
ORDSYS               EXPIRED & LOCKED    SYSAUX
MDSYS                EXPIRED & LOCKED    SYSAUX
```

DBA_PROFILES

La vue « **DBA_PROFILES** » fournit des informations sur les profils.

Les colonnes de cette vue sont :

PROFILE   Le profil de ressources du compte.

Module 23 : Les utilisateurs

RESOURCE_NAME	Le nom d'utilisateur.
RESOURCE_TYPE	Indique le type de ressource. Les valeurs possibles « **KERNEL** », pour les limitations des ressources et « **PASSWORD** » pour la gestion de mot de passe.
LIMIT	La valeur limite pour la ressource de l'enregistrement.

```
SQL> SELECT * FROM DBA_PROFILES
  2  ORDER BY PROFILE,RESOURCE_TYPE,
  3          RESOURCE_TYPE;

PROFILE   RESOURCE_NAME                 RESOURCE  LIMIT
--------  ----------------------------  --------  ------------------
APP_USER  COMPOSITE_LIMIT               KERNEL    5000000
APP_USER  SESSIONS_PER_USER             KERNEL    UNLIMITED
APP_USER  CPU_PER_CALL                  KERNEL    3000
APP_USER  LOGICAL_READS_PER_CALL        KERNEL    1000
APP_USER  CONNECT_TIME                  KERNEL    45
APP_USER  PRIVATE_SGA                   KERNEL    DEFAULT
APP_USER  IDLE_TIME                     KERNEL    DEFAULT
APP_USER  LOGICAL_READS_PER_SESSION     KERNEL    DEFAULT
APP_USER  CPU_PER_SESSION               KERNEL    DEFAULT
APP_USER  FAILED_LOGIN_ATTEMPTS         PASSWORD  5
APP_USER  PASSWORD_REUSE_MAX            PASSWORD  UNLIMITED
APP_USER  PASSWORD_VERIFY_FUNCTION      PASSWORD  MA_FONCTION_VERIF
APP_USER  PASSWORD_GRACE_TIME           PASSWORD  15
APP_USER  PASSWORD_LOCK_TIME            PASSWORD  5
APP_USER  PASSWORD_LIFE_TIME            PASSWORD  90
APP_USER  PASSWORD_REUSE_TIME           PASSWORD  60
DEFAULT   COMPOSITE_LIMIT               KERNEL    UNLIMITED
DEFAULT   PRIVATE_SGA                   KERNEL    UNLIMITED
DEFAULT   SESSIONS_PER_USER             KERNEL    UNLIMITED
DEFAULT   CPU_PER_CALL                  KERNEL    UNLIMITED
DEFAULT   LOGICAL_READS_PER_CALL        KERNEL    UNLIMITED
DEFAULT   CONNECT_TIME                  KERNEL    UNLIMITED
DEFAULT   IDLE_TIME                     KERNEL    UNLIMITED
DEFAULT   LOGICAL_READS_PER_SESSION     KERNEL    UNLIMITED
DEFAULT   CPU_PER_SESSION               KERNEL    UNLIMITED
DEFAULT   FAILED_LOGIN_ATTEMPTS         PASSWORD  UNLIMITED
DEFAULT   PASSWORD_REUSE_MAX            PASSWORD  UNLIMITED
DEFAULT   PASSWORD_VERIFY_FUNCTION      PASSWORD  NULL
DEFAULT   PASSWORD_GRACE_TIME           PASSWORD  UNLIMITED
DEFAULT   PASSWORD_LOCK_TIME            PASSWORD  UNLIMITED
DEFAULT   PASSWORD_LIFE_TIME            PASSWORD  UNLIMITED
DEFAULT   PASSWORD_REUSE_TIME           PASSWORD  UNLIMITED
```

Atelier 22

- Création d'un utilisateur
- Gestion d'un utilisateur

 Durée : 10 minutes

Exercice n°1

Créez un utilisateur « `APP_USER` » avec le tablespace par défaut « `GEST_DATA` » et le tablespace temporaire par défaut « `TEMP` ».

Forcez l'utilisateur à redéfinir son mot de passe lors de sa prochaine connexion à la base.

Utilisez le profil précédemment créé « `APP_PROF` ».

Accordez-lui le droit de stocker jusqu'à 10 Mb dans le tablespace « `GEST_DATA` » ainsi que dans le tablespace « `GEST_INDX` ».

Exercice n°2

Essayez de vous connecter à la base de données. Pourquoi ne pouvez-vous pas vous connecter ?

Exercice n°3

Accordez le rôle « `CONNECT` » à un utilisateur précédemment créé.

Créez une table à partir du catalogue de l'utilisateur à l'aide de la syntaxe suivante :

CREATE TABLE T AS SELECT * FROM CAT ;

Affichez l'emplacement de la table.

Exercice n°4

Verrouillez le compte « `APP_USER` » ainsi créé.

Essayez de vous connecter.

Connectez-vous avec un compte système et déverrouillez le compte « `APP_USER` ».

- *GRANT*
- *REVOKE*
- *ADMIN OPTION*
- *GRANT OPTION*

24

Les privilèges

Objectifs

A la fin de ce module, vous serez à même d'effectuer les tâches suivantes :
- Décrire les privilèges de niveau système.
- Décrire les privilèges de niveau objet.
- Octroyer des privilèges de niveau système.
- Octroyer des privilèges de niveau objet.
- Révoquer des privilèges de niveau système et de niveau objet
- Récupérer les informations concernant les privilèges système et objet d'un utilisateur.

Contenu

Les privilèges	24-2	Les informations sur les privilèges	24-21
Privilèges de niveau système	24-4	Création d'un rôle	24-24
SYSDBA et SYSOPER privilèges	24-6	Les rôles par défaut	24-28
Les privilèges	24-7	Activation d'un rôle	24-30
Octroyer des privilèges système	24-9	Les rôles standard	24-31
Octroyer des privilèges objet	24-13	Les informations sur les rôles	24-33
Révoquer des privilèges objet	24-19	Atelier 23	24-35

Les privilèges

- **Privilèges de niveau objet**
- **Privilèges de niveau système**

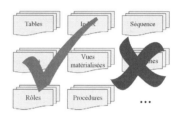

En tant qu'administrateur de bases de données, vous êtes chargé d'octroyer et de révoquer des privilèges d'accès aux utilisateurs de la base. Vous pouvez employer des rôles pour faciliter l'administration de privilèges, et des vues pour limiter l'accès des utilisateurs à certaines données.

Ce module décrit comment utiliser et gérer les privilèges de niveaux système et objet, les rôles et les vues afin d'assurer la sécurité des données de la base et garantir leur intégrité.

Une base de données peut supporter plusieurs utilisateurs, chacun d'eux possédant un schéma. Voici les éléments qui constituent un schéma :

- les tables, colonnes, contraintes et types de données (dont les types abstraits)
- les tables temporaires
- les tables organisées en index
- les tables partitionnées
- les clusters
- les index
- les vues
- les vues d'objets
- les vues matérialisées
- les séquences
- les procédures
- les fonctions
- les packages
- les déclencheurs
- les synonymes

- les liens de base de données

Vous avez la possibilité d'octroyer ou de révoquer deux types de privilèges aux utilisateurs d'une base de données pour qu'ils puissent accéder à ces objets :

- Les privilèges de niveau système.
- Les privilèges de niveau objet.

Le privilège système permet à un utilisateur d'exécuter une opération de base de données particulière ou une classe d'opération de base de données. Par exemple, le privilège de créer un tablespace et celui de créer une session sont des privilèges systèmes.

Le privilège objet permet à l'utilisateur d'exécuter une action particulière sur un objet spécifique, tel qu'une table, une vue, une séquence, une procédure, une fonction ou un package.

Privilèges de niveau système

- **CREATE TABLE**
- **CREATE ANY TABLE**
- **CREATE SESSION**

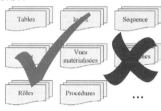

Bon nombre des privilèges de niveau système possèdent une forme spécifique et une forme générique correspondante.

Les privilèges spécifiques permettent aux utilisateurs d'exécuter des actions sur des objets qui leur appartiennent, y compris de créer des objets dans leur propre compte ou schéma.

Pour pouvoir visualiser tous les privilèges système qui peuvent être octroyés, vous pouvez interroger la vue du dictionnaire de donnés « **SESSION_PRIVS** ».

```
SQL> SELECT * FROM SESSION_PRIVS
  2  WHERE PRIVILEGE LIKE '%TABLE';
PRIVILEGE
----------------------------------------
CREATE TABLE
CREATE ANY TABLE
ALTER ANY TABLE
BACKUP ANY TABLE
DROP ANY TABLE
LOCK ANY TABLE
COMMENT ANY TABLE
SELECT ANY TABLE
INSERT ANY TABLE
UPDATE ANY TABLE
DELETE ANY TABLE
UNDER ANY TABLE
FLASHBACK ANY TABLE
```

Comme vous pouvez le voir, un utilisateur peut disposer du privilège « **CREATE TABLE** » lui permettant de créer des tables dans son schéma. Il existe également une forme plus générique et plus puissante de ces privilèges de niveau système qui autorise les utilisateurs à manipuler des objets situés dans d'autres schémas. Par exemple, un utilisateur qui possède le privilège « CREATE ANY TABLE » peut créer une table dans le schéma de n'importe quel utilisateur.

```
SQL> SELECT * FROM SESSION_PRIVS
  2  WHERE PRIVILEGE LIKE '%VIEW';

PRIVILEGE
----------------------------------------
CREATE VIEW
CREATE ANY VIEW
DROP ANY VIEW
CREATE MATERIALIZED VIEW
CREATE ANY MATERIALIZED VIEW
ALTER ANY MATERIALIZED VIEW
DROP ANY MATERIALIZED VIEW
UNDER ANY VIEW
```

De la même manière, s'il bénéficie du privilège « CREATE ANY VIEW » il pourra créer une vue sur n'importe quelle table de la base pour laquelle il détient le privilège « SELECT », tandis qu'un utilisateur bénéficiant du privilège « CREATE VIEW » pourra seulement créer des vues sur les tables dont il est propriétaire. Pour le privilège « SELECT » voir les privilèges de niveau objet plus loin dans le chapitre.

```
SQL> SELECT * FROM SESSION_PRIVS
  2  WHERE PRIVILEGE LIKE '%SESSION';
PRIVILEGE
----------------------------------------
CREATE SESSION
ALTER SESSION
RESTRICTED SESSION
DEBUG CONNECT SESSION
```

D'autres privilèges de niveau système, tels que « CREATE SESSION » et « CREATE TABLESPACE », ne s'appliquent à aucun schéma en particulier mais au système dans son ensemble.

```
SQL> SELECT * FROM SESSION_PRIVS
  2  WHERE PRIVILEGE LIKE '%TABLESPACE';
PRIVILEGE
----------------------------------------
CREATE TABLESPACE
ALTER TABLESPACE
MANAGE TABLESPACE
DROP TABLESPACE
UNLIMITED TABLESPACE
```

> **Attention**

Un utilisateur qui dispose de privilèges génériques, comme ceux qui incluent le mot « ANY », détient un contrôle considérable sur la base de données. Ces privilèges doivent donc être octroyés avec prudence et parcimonie. Evitez aussi d'accorder des privilèges de niveau système au groupe « PUBLIC » à moins que cela ne soit absolument nécessaire.

SYSDBA et SYSOPER privilèges

SYSOPER
- ALTER DATABASE ARCHIVELOG
- RECOVER DATABASE
- ALTER DATABASE BACKUP CONTROLFILE TO
- ALTER DATABASE OPEN | MOUNT
- SHUTDOWN
- STARTUP

SYSDBA
- SYSOPER PRIVILEGES WITH ADMIN OPTION
- CREATE DATABASE
- ALTER DATABASE BEGIN/END BACKUP
- RESTRICTED SESSION
- RECOVER DATABASE UNTIL

Les privilèges « `SYSDBA` » et « `SYSOPER` » permettent à un utilisateur du système d'exploitation d'administrer la base de données sans pour autant y disposer d'un compte ou, même, qu'elle soit démarrée.

Rappelez-vous que pour administrer une instance il faut avoir l'un de privilèges suivants :

- **SYSDBA** offrant tous les privilèges sur l'instance mais également sur la base de données.

- **SYSOPER** héritant de tous les privilèges de **SYSDBA** sauf la possibilité de créer une base de données.

Les privilèges

- ALTER
- DELETE
- EXECUTE
- INDEX
- INSERT
- READ
- REFERENCES
- SELECT
- UPDATE

Les privilèges de niveau objet permettent à un utilisateur de manipuler les données d'une table ou d'une vue particulière ou d'exécuter un package, une procédure ou une fonction spécifique. Ces privilèges supportent les actions suivantes :

`SELECT`	Le privilège de visualiser des données dans une table ou une vue.
`INSERT`	Le privilège d'insérer des lignes dans une table ou une vue.
`UPDATE`	Le privilège de modifier une ou plusieurs colonnes dans une table ou une vue.
`DELETE`	Le privilège de supprimer une ou plusieurs lignes dans une table ou une vue.
`ALTER`	Le privilège de modifier la définition d'un objet.
`EXECUTE`	Le privilège de compiler, exécuter ou accéder à une procédure ou une fonction utilisée par un programme.
`READ`	Le privilège de lire des fichiers dans un répertoire.
`REFERENCE`	Le privilège de créer une contrainte qui se réfère à une table.
`INDEX`	Le privilège de créer un index sur une table.

Module 24 : Les privilèges

Paramètre	Table	Vue	Séquence	Procédure Fonction Package	Vue Matérialisée	Répertoire	Bibliothèque	Type abstrait
SELECT	✓	✓	✓		✓			
INSERT	✓	✓			✓			
UPDATE	✓	✓			✓			
DELETE	✓	✓			✓			
ALTER	✓		✓					
EXECUTE				✓			✓	✓
READ						✓		
REFERENCE	✓	✓						
INDEX	✓							

Octroyer des privilèges système

GRANT CREATE TABLE TO RAZVAN;

Nous avons examiné jusqu'ici les types de privilèges disponibles dans une base Oracle, mais pas la façon dont ils sont octroyés. Pour accorder à un utilisateur ou à un rôle un ou plusieurs privilèges de niveaux objet ou système, vous utilisez l'instruction « GRANT ». Cette instruction possède deux formes différentes selon que vous assignez un privilège de niveau objet ou un privilège de niveau système.

La syntaxe de la commande pour octroyer des privilèges de niveau système est :

```
GRANT {
        privilège_système | rôle | ALL PRIVILEGES
     }[,...]
TO { utilisateur | rôle | PUBLIC }[,...]
[ IDENTIFIED BY mot_de_passe ]
[ WITH ADMIN OPTION ]
```

`privilège_système`	Le privilège système à octroyer.
`rôle`	Le rôle. Un rôle est une agrégation de droits d'accès aux données et de privilèges système qui renforcent la sécurité et réduit la difficulté d'administration.
`ALL PRIVILEGES`	Un raccourci pour octroyer tous les privilèges système.
`utilisateur`	Le nom de l'utilisateur.
`PUBLIC`	Cette option permet d'affecter le privilège ou le rôle à tous les utilisateurs de la base.
`IDENTIFIED BY`	Cette option permet d'identifier spécifiquement un utilisateur existant au moyen d'un mot de passe ou de créer un utilisateur.
`WITH ADMIN OPTION`	Cette option autorise celui qui a reçu le privilège ou le rôle à le transmettre à un autre utilisateur ou rôle.

Module 24 : Les privilèges

```
SQL> SELECT USERNAME FROM DBA_USERS
  2  WHERE USERNAME LIKE 'STAGIAIRE';

aucune ligne sélectionnée

SQL> GRANT CREATE SESSION TO STAGIAIRE
  2      IDENTIFIED BY PWD;

Autorisation de privilèges (GRANT) acceptée.

SQL> SELECT USERNAME FROM DBA_USERS
  2  WHERE USERNAME LIKE 'STAGIAIRE';

USERNAME
-------------------------------
STAGIAIRE
```

Comme vous pouvez voir l'utilisateur « **STAGIAIRE** » n'existe pas. La commande « **GRANT** » avec l'option « **IDENTIFIED BY** » crée l'utilisateur s'il n'existe pas.

```
SQL> CONNECT STAGIAIRE/PWD
Connecté.

SQL> CREATE TABLESPACE TBS_STAGIAIRE;
CREATE TABLESPACE TBS_STAGIAIRE
*
ERREUR ó la ligne 1 :
ORA-01031: privilèges insuffisants
SQL> CONNECT / AS SYSDBA
Connecté.
SQL> GRANT CREATE TABLESPACE TO PUBLIC;

Autorisation de privilèges (GRANT) acceptée.

SQL> CONNECT STAGIAIRE/PWD
Connecté.
SQL> CREATE TABLESPACE TBS_STAGIAIRE;

Tablespace créé.
```

L'utilisateur précédemment créé « **STAGIAIRE** » n'a pas le droit de créer un tablespace si vous octroyez le privilège « **CREATE TABLESPACE** » au « **PUBLIC** ». Tout utilisateur qui a le privilège « **CREATE SESSION** » bénéficie également du privilège « **CREATE TABLESPACE** ».

--- **Attention** ---

Le groupe « **PUBLIC** » est un alias pour désigner l'ensemble des utilisateurs qui peuvent se connecter à la base de données.

Par conséquent quand vous octroyez des privilèges au groupe « **PUBLIC** », vous octroyez des privilèges à tous les utilisateurs de la base de données.

C'est très dangereux d'octroyer des privilèges système à tous les utilisateurs de la base de données, sachant que les privilèges système ne sont généralement octroyés qu'aux utilisateurs qualifiés.

```
SQL> CONNECT / AS SYSDBA
Connecté.
SQL> GRANT ALL PRIVILEGES TO STAGIAIRE;

Autorisation de privilèges (GRANT) acceptée.

SQL> CONNECT STAGIAIRE/PWD
Connecté.
SQL> ALTER SYSTEM SET REMOTE_LOGIN_PASSWORDFILE=NONE SCOPE=SPFILE;

Système modifié.
```

L'utilisateur « **STAGIAIRE** » est actuellement un administrateur de la base de données, il a tous les privilèges au même terme que « **SYSTEM** ».

Attention

Si vous utiliser l'argument « **ALL PRIVILEGES** » vous octroyez automatiquement d'un coup tous les privilèges système.

Par conséquent quand vous octroyez le privilège « **ALL PRIVILEGES** », vous transformez l'utilisateur en administrateur du système.

Comme vous pouvez le voir dans l'exemple, l'utilisateur ainsi modifié peut modifier les paramètres système ce qui peut conduire à des graves problèmes de sécurité et d'administration de la base de données.

WITH ADMIN OPTION

Les privilèges de niveau système permettent de se connecter à la base, de manipuler des structures de données telles que des tablespaces, et de créer des objets tels que des tables, des vues, des index et des procédures stockées. En général, les privilèges de niveau objet autorisent à manipuler les données d'une base ; ceux de niveau système permettent de créer et de manipuler les objets eux-mêmes. Les privilèges de niveau système peuvent également être octroyés avec la possibilité pour leur bénéficiaire de les transmettre à d'autres utilisateurs.

```
SQL> GRANT CREATE SESSION TO RAZVAN IDENTIFIED BY PWD;

Autorisation de privilèges (GRANT) acceptée.

SQL> GRANT CREATE SESSION TO PIERRE IDENTIFIED BY PWD;

Autorisation de privilèges (GRANT) acceptée.

SQL> GRANT CREATE SESSION TO ISABELLE IDENTIFIED BY PWD;

Autorisation de privilèges (GRANT) acceptée.
```

```
SQL> GRANT CREATE TABLESPACE TO RAZVAN WITH ADMIN OPTION;

Autorisation de privilèges (GRANT) acceptée.

SQL> CONNECT RAZVAN/PWD
Connecté.
SQL> GRANT CREATE TABLESPACE TO PIERRE WITH ADMIN OPTION;

Autorisation de privilèges (GRANT) acceptée.

SQL> CONNECT SYSTEM/SYS
Connecté.
SQL> DROP USER RAZVAN;

Utilisateur supprimé.

SQL> CONNECT PIERRE/PWD
Connecté.
SQL> GRANT CREATE TABLESPACE TO ISABELLE WITH ADMIN OPTION;

Autorisation de privilèges (GRANT) acceptée.

SQL> CREATE TABLESPACE TEST DATAFILE SIZE 1M;

Tablespace créé.
```

Si vous accordez un privilège en utilisant cette clause puis le révoquiez, quiconque aura reçu entre-temps le privilège par l'intermédiaire de cette clause le conservera.

Comme dans l'exemple, l'utilisateur « RAZVAN » octroie le privilège « CREATE TABLESPACE » avec la clause « WITH ADMIN OPTION » à « PIERRE ».

Bien que l'utilisateur « RAZVAN » soit supprimé l'utilisateur « PIERRE » peut octroyer le privilège « CREATE TABLESPACE » avec la clause « WITH ADMIN OPTION » à « ISABELLE ». Il peut également créer lui-même un tablespace.

Attention

Vous devez être très prudent dans l'attribution de privilèges de ce niveau, notamment lorsque vous incluez la clause « WITH ADMIN OPTION ».

Vous constatez qu'il vaut mieux éviter de changer d'avis après avoir attribué des privilèges de niveau système avec cette clause, puisque il y a un effet de cascade des privilèges de niveau système.

Octroyer des privilèges objet

GRANT SELECT ON SCOTT.EMP TO RAZVAN;

Pour accorder à un utilisateur ou à un rôle un ou plusieurs privilèges de niveaux objet, vous utilisez également l'instruction « GRANT ».

La syntaxe de cette instruction est :

```
GRANT {
        privilège_objet | ALL [ PRIVILEGES ]
      }
      [ (colonne [,...]) ]
      [,...]
ON [SCHEMA.]OBJET
TO { utilisateur | rôle | PUBLIC }[,...]
[ IDENTIFIED BY mot_de_passe ]
[ WITH GRANT OPTION ]
```

colonne Une colonne de l'objet. L'argument peut être utilisé uniquement pour les privilèges suivants : « INSERT », « REFERENCES », or « UPDATE »

```
SQL> GRANT CREATE SESSION TO RAZVAN IDENTIFIED BY PWD;

Autorisation de privilèges (GRANT) acceptée.

SQL> SELECT TABLE_NAME FROM DBA_TABLES
  2  WHERE OWNER LIKE 'HR';

TABLE_NAME
------------------------------
EMPLOYEES
```

Module 24 : Les privilèges

```
JOB_HISTORY
REGIONS
COUNTRIES
LOCATIONS
DEPARTMENTS
JOBS

7 ligne(s) sélectionnée(s).

SQL> CONNECT RAZVAN/PWD
Connecté.
SQL> SELECT COUNT(*) FROM HR.EMPLOYEES;
SELECT COUNT(*) FROM HR.EMPLOYEES;
                      *
ERREUR à la ligne 1 :
ORA-00942: Table ou vue inexistante


SQL> CONNECT SYSTEM/SYS
Connecté.
SQL> GRANT SELECT ON HR.EMPLOYEES TO RAZVAN;

Autorisation de privilèges (GRANT) acceptée.

SQL> CONNECT RAZVAN/PWD
Connecté.

SQL> SELECT COUNT(*) FROM HR.EMPLOYEES;

  COUNT(*)
----------
       107

SQL> DESC HR.EMPLOYEES
 Nom                                       NULL ?   Type
 ----------------------------------------- -------- -----------------
 EMPLOYEE_ID                               NOT NULL NUMBER(6)
 FIRST_NAME                                         VARCHAR2(20)
 LAST_NAME                                 NOT NULL VARCHAR2(25)
 EMAIL                                     NOT NULL VARCHAR2(25)
 PHONE_NUMBER                                       VARCHAR2(20)
 HIRE_DATE                                 NOT NULL DATE
 JOB_ID                                    NOT NULL VARCHAR2(10)
 SALARY                                             NUMBER(8,2)
 COMMISSION_PCT                                     NUMBER(2,2)
 MANAGER_ID                                         NUMBER(6)
 DEPARTMENT_ID                                      NUMBER(4)

SQL> UPDATE HR.EMPLOYEES SET
```

```
  2         SALARY = SALARY*1.1;
UPDATE HR.EMPLOYEES SET
            *
ERREUR à la ligne 1 :
ORA-01031: privilèges insuffisants
```

Ainsi, sans le privilège « SELECT » vous ne pouvez pas visualiser les enregistrements de la table, elle est comme inexistante pour l'utilisateur.

Vous pouvez également remarquer que ce n'est pas parque vous avez le droit de visualiser les données que vous pouvez les modifier. Il faut avoir les privilèges pour chaque opération distincte que vous voulez effectuer.

```
SQL> CONNECT / AS SYSDBA
Connecté.
SQL> DESC HR.JOBS
 Nom                                       NULL ?   Type
 ----------------------------------------- -------- --------------
 JOB_ID                                    NOT NULL VARCHAR2(10)
 JOB_TITLE                                 NOT NULL VARCHAR2(35)
 MIN_SALARY                                         NUMBER(6)
 MAX_SALARY                                         NUMBER(6)

SQL> GRANT INSERT ON HR.JOBS TO STAGIAIRE;

Autorisation de privilèges (GRANT) acceptée.


SQL> CONNECT STAGIAIRE/PWD
Connecté.
SQL> INSERT INTO HR.JOBS(JOB_ID,JOB_TITLE)
  2  VALUES (1000,'Nouvelle fonction');

1 ligne créée.


SQL> SELECT * FROM HR.JOBS ;
SELECT * FROM HR.JOBS
              *
ERREUR à la ligne 1 :
ORA-01031: privilèges insuffisants
```

Remarquez qu'il est possible d'avoir le privilège « INSERT » sans avoir le privilège « SELECT ».

```
SQL> CONNECT / AS SYSDBA
Connecté.
SQL> GRANT UPDATE(SALARY) ON HR.EMPLOYEES
  2       TO RAZVAN;

Autorisation de privilèges (GRANT) acceptée.

SQL> CONNECT RAZVAN/PWD
Connecté.
```

Module 24 : Les privilèges

```
SQL> UPDATE HR.EMPLOYEES SET
  2          SALARY = SALARY*1.1;

107 ligne(s) mise(s) à jour.

SQL> UPDATE HR.EMPLOYEES SET
  2          COMMISSION_PCT = SALARY*1.1;
UPDATE HR.EMPLOYEES SET
       *
ERREUR à la ligne 1 :
ORA-01031: privilèges insuffisants
```

Vous pouvez donner uniquement le privilège de modifier la colonne « **SALARY** » les autres colonnes ne sont toujours pas modifiables.

```
SQL> CONNECT / AS SYSDBA
Connecté.
SQL> GRANT CREATE TABLE,
  2        UNLIMITED TABLESPACE TO RAZVAN;

Autorisation de privilèges (GRANT) acceptée.

SQL> CONNECT RAZVAN/PWD
Connecté.
SQL> CREATE TABLE UTILISATEUR(
  2             UTILISATEUR_ID NUMBER(2)      PRIMARY KEY,
  3             NOM            VARCHAR2(20)   NOT NULL,
  4             EMPLOYEE_ID    NUMBER(6),
  5             FOREIGN KEY (EMPLOYEE_ID)
  6             REFERENCES HR.EMPLOYEES(EMPLOYEE_ID));
            REFERENCES HR.EMPLOYEES(EMPLOYEE_ID))
                       *
ERREUR à la ligne 6 :
ORA-01031: privilèges insuffisants

SQL> CONNECT SYSTEM/SYS
Connecté.
SQL> GRANT REFERENCES ON HR.EMPLOYEES TO RAZVAN;

Autorisation de privilèges (GRANT) acceptée.

SQL> CONNECT RAZVAN/PWD
Connecté.
SQL> CREATE TABLE UTILISATEUR(
  2             UTILISATEUR_ID NUMBER(2)      PRIMARY KEY,
  3             NOM            VARCHAR2(20)   NOT NULL,
  4             EMPLOYEE_ID    NUMBER(6),
  5             FOREIGN KEY (EMPLOYEE_ID)
  6             REFERENCES HR.EMPLOYEES(EMPLOYEE_ID));
```

```
Table créée.
```

L'utilisateur « `RAZVAN` » possède les privilèges de « `CREATE TABLE` » et « `UNILMITED TABLESPACE` » qui lui permettent de créer une table dans n'importe que tablespace. Mais il n'a pas les privilèges de référencer la table « `HR.EMPLOYEES` » même s'il a déjà le privilège « `SELECT` ».

WITH GRANT OPTION

Lorsque vous octroyez des privilèges de niveau objet, vous pouvez permettre à leur bénéficiaire de les transmettre à un autre utilisateur grâce à la clause « `WITH GRANT OPTION` ».

```
SQL> CONNECT SYSTEM/SYS
Connecté.
SQL> GRANT CREATE SESSION TO RAZVAN IDENTIFIED BY PWD;

Autorisation de privilèges (GRANT) acceptée.

SQL> GRANT CREATE SESSION TO PIERRE IDENTIFIED BY PWD;

Autorisation de privilèges (GRANT) acceptée.

SQL> GRANT CREATE SESSION TO ISABELLE IDENTIFIED BY PWD;

Autorisation de privilèges (GRANT) acceptée.

SQL> GRANT SELECT ON HR.DEPARTMENTS TO RAZVAN
  2  WITH GRANT OPTION;

Autorisation de privilèges (GRANT) acceptée.

SQL> CONNECT RAZVAN/PWD
Connecté.
SQL> GRANT SELECT ON HR.DEPARTMENTS TO PIERRE
  2  WITH GRANT OPTION;

Autorisation de privilèges (GRANT) acceptée.

SQL> CONNECT PIERRE/PWD
Connecté.
SQL> GRANT SELECT ON HR.DEPARTMENTS TO ISABELLE
  2  WITH GRANT OPTION;

Autorisation de privilèges (GRANT) acceptée.

SQL> CONNECT SYSTEM/SYS
Connecté.
SQL> DROP USER RAZVAN CASCADE;
```

```
Utilisateur supprimé.

SQL> CONNECT PIERRE/PWD
Connecté.
SQL> SELECT * FROM HR.DEPARTMENTS;
SELECT * FROM HR.DEPARTMENTS
              *
ERREUR à la ligne 1 :
ORA-00942: Table ou vue inexistante
```

Comme vous pouvez le voir dans l'exemple, l'utilisateur « `RAZVAN` » octroie à l'utilisateur « `PIERRE` » le privilège « `SELECT` » sur la table « `HR.DEPARTMENTS` » avec la clause « `WITH GRANT OPTION` » et que « `PIERRE` » le transmette ensuite à l'utilisateur « `ISABELLE` ». « `PIERRE` » et « `ISABELLE` » disposent ainsi tous les deux d'un droit de sélection sur la table « `HR.DEPARTMENTS` ». Lorsque l'utilisateur « `RAZVAN` » est supprimé, les utilisateurs « `PIERRE` » et « `ISABELLE` » perdent automatiquement le droit d'accéder à la table « `HR.DEPARTMENTS` », c'est également le cas si à la pace de supprimer l'utilisateur « `RAZVAN` » on lui révoque le privilège « `SELECT` ».

Lorsque le propriétaire d'un objet révoque un privilège octroyé avec la clause « `WITH GRANT OPTION` », l'utilisateur perdra automatiquement le privilège, de même que tous les utilisateurs auxquels ce dernier avait octroyé le privilège.

Ne perdez donc pas de vue les implications liées à la révocation de privilèges lorsqu'ils ont été octroyés avec la clause « `WITH GRANT OPTION` ».

Révoquer des privilèges objet

REVOKE SELECT ON SCOTT.EMP FROM RAZVAN;
REVOKE CREATE TABLE TO RAZVAN;

Tout droit accordé peut être supprimé par l'ordre « REVOKE », selon la syntaxe :

```
REVOKE {
        {privilège_système | rôle | ALL PRIVILEGES}[,...]
        |
        {privilège_objet | ALL [ PRIVILEGES ]}
       }
ON [SCHEMA.]OBJET
FROM  { utilisateur | rôle | PUBLIC }[,...]
     [CASCADE CONSTRAINTS] ;
```

L'option « CASCADE CONSTRAINTS » n'est utilisable qu'avec le privilège « REFERENCES » et supprime les possibilités de contraintes référentielles accordées.

```
SQL> CONNECT SYSTEM/SYS
Connecté.
SQL> GRANT CREATE SESSION TO RAZVAN IDENTIFIED BY PWD;

Autorisation de privilèges (GRANT) acceptée.

SQL> GRANT CREATE SESSION TO PIERRE IDENTIFIED BY PWD;

Autorisation de privilèges (GRANT) acceptée.

SQL> GRANT SELECT ON HR.EMPLOYEES TO RAZVAN
  2  WITH GRANT OPTION;
```

Module 24 : Les privilèges

```
Autorisation de privilèges (GRANT) acceptée.

SQL> CONNECT RAZVAN/PWD
Connecté.
SQL> GRANT SELECT ON HR.EMPLOYEES TO PIERRE
  2  WITH GRANT OPTION;

Autorisation de privilèges (GRANT) acceptée.

SQL> CONNECT HR/HR
Connecté.
SQL> REVOKE SELECT ON HR.EMPLOYEES FROM RAZVAN;

Suppression de privilèges (REVOKE) acceptée.

SQL> CONNECT RAZVAN/PWD
Connecté.
SQL> SELECT COUNT(*) FROM HR.EMPLOYEES;
SELECT COUNT(*) FROM HR.EMPLOYEES
                     *
ERREUR à la ligne 1 :
ORA-00942: Table ou vue inexistante


SQL> CONNECT PIERRE/PWD
Connecté.
SQL> SELECT COUNT(*) FROM HR.EMPLOYEES;
SELECT COUNT(*) FROM HR.EMPLOYEES
                     *
ERREUR à la ligne 1 :
ORA-00942: Table ou vue inexistante
```

L'utilisateur « RAZVAN » octroie à l'utilisateur « PIERRE » le privilège « SELECT » sur la table « HR.DEPARTMENTS ». Lorsque l'utilisateur « HR » révoquera le privilège « SELECT » de « RAZVAN », « PIERRE » perdra automatiquement le droit d'accéder à la table, de même que tous les utilisateurs auxquels ce dernier avait octroyé le privilège.

Les informations sur les privilèges

- SESSION_PRIVS
- DBA_SYS_PRIVS
- DBA_TAB_PRIVS
- DBA_COL_PRIVS

Pour récupérer les informations concernant les privilèges des utilisateurs au niveau système ou au niveau objets, vous pouvez interroger les vues du dictionnaire de données.

SESSION_PRIVS

La vue « `SESSION_PRIVS` » liste les privilèges dont les utilisateurs disposent actuellement.

```
SQL> CONNECT RAZVAN/PWD
Connecté.
SQL> GRANT CREATE SESSION TO STAGIAIRE IDENTIFIED BY PWD;

Autorisation de privilèges (GRANT) acceptée.

SQL> CONNECT STAGIAIRE/PWD
Connecté.
SQL> SELECT * FROM SESSION_PRIVS;

PRIVILEGE
----------------------------------------
CREATE SESSION
CREATE TABLESPACE
```

DBA_SYS_PRIVS

La vue « `DBA_SYS_PRIVS` » liste les privilèges système octroyés à tous les utilisateurs de la base.

Les colonnes de cette vue sont :

GRANTEE   L'utilisateur auquel on a octroyé les privilèges système.

PRIVILEGE   Le privilège système octroyé.

ADMIN_OPTION   Indique si le privilège a été attribué avec l'option « WITH ADMIN OPTION ».

```
SQL> CONNECT / AS SYSDBA
Connecté.
SQL> GRANT CREATE ANY TABLE,
  2         ALTER ANY TABLE,
  3         ALTER SESSION
  4  TO STAGIAIRE
  5  WITH ADMIN OPTION;

Autorisation de privilèges (GRANT) acceptée.

SQL> SELECT PRIVILEGE, ADMIN_OPTION FROM DBA_SYS_PRIVS
  2  WHERE GRANTEE LIKE 'STAGIAIRE';

PRIVILEGE                                ADM
---------------------------------------- ---
ALTER SESSION                            YES
CREATE SESSION                           NO
ALTER ANY TABLE                          YES
CREATE ANY TABLE                         YES
```

DBA_TAB_PRIVS

La vue « DBA_SYS_PRIVS » liste les privilèges d'objet accordés à tous les utilisateurs de la base.

Les colonnes de cette vue sont :

GRANTEE   L'utilisateur auquel on a octroyé les privilèges d'objet.

OWNER   Le propriétaire de l'objet.

TABLE_NAME   Le nom de la table.

GRANTOR   L'utilisateur qui octroie les privilèges.

PRIVILEGE   Le privilège octroyé.

GRANTABLE   Indique si le privilège a été attribué avec l'option « WITH GRANT OPTION ».

```
SQL> CONNECT / AS SYSDBA
Connecté.
SQL> SELECT GRANTEE, GRANTOR, PRIVILEGE, GRANTABLE
  2  FROM DBA_TAB_PRIVS
  3  WHERE TABLE_NAME LIKE 'EMPLOYEES' AND
  4        OWNER      LIKE 'HR';

GRANTEE    GRANTOR PRIVILEGE  GRANTABLE
---------  ------- ---------- ---------
OE         HR      SELECT     NO
```

OE	HR	REFERENCES	NO
RAZVAN	HR	SELECT	YES
STAGIAIRE	HR	SELECT	NO

DBA_COL_PRIVS

La vue « `DBA_SYS_PRIVS` » liste les privilèges de colonnes accordés à tous les utilisateurs de la base.

Les colonnes de cette vue sont :

`GRANTEE`	L'utilisateur auquel on a octroyé les privilèges d'objet.
`OWNER`	Le propriétaire de l'objet.
`TABLE_NAME`	Le nom de la table.
`COLUMN_NAME`	Le nom de la colonne.
`GRANTOR`	L'utilisateur qui a octroyé les privilèges.
`PRIVILEGE`	Le privilège octroyé.
`GRANTABLE`	Indique si le privilège a été attribué avec l'option « `WITH GRANT OPTION` ».

```
SQL> CONNECT / AS SYSDBA
Connecté.
SQL> GRANT UPDATE(SALARY) ON HR.EMPLOYEES
  2    TO RAZVAN;

Autorisation de privilèges (GRANT) acceptée.

SQL> SELECT GRANTEE, GRANTOR, PRIVILEGE, GRANTABLE
  2    FROM DBA_TAB_PRIVS
  3    WHERE TABLE_NAME LIKE 'EMPLOYEES' AND
  4          OWNER      LIKE 'HR';

GRANTEE    GRANTOR PRIVILEGE  GRANTABLE
---------- ------- ---------- ---------
OE         HR      SELECT     NO
OE         HR      REFERENCES NO
RAZVAN     HR      SELECT     YES
STAGIAIRE  HR      SELECT     NO

SQL> SELECT GRANTEE, GRANTOR, PRIVILEGE, GRANTABLE
  2    FROM DBA_COL_PRIVS
  3    WHERE TABLE_NAME LIKE 'EMPLOYEES' AND
  4          OWNER      LIKE 'HR';

GRANTEE    GRANTOR PRIVILEGE  GRANTABLE
---------- ------- ---------- ---------
RAZVAN     HR      UPDATE     NO
```

Création d'un rôle

Pour simplifier la gestion des utilisateurs, il est possible de regrouper un ensemble d'utilisateurs ayant des besoins identiques vis-à-vis du système. Pour cela, on crée un rôle auquel sont affectés des privilèges objets et systèmes.

Un rôle est une agrégation de droits d'accès aux données et de privilèges système qui renforcent la sécurité et réduit la difficulté d'administration. Cet ensemble de privilèges est donné soit à des utilisateurs soit à d'autres rôles.

Les utilisateurs sont affectés à un ou plusieurs rôles. Les privilèges effectifs d'un utilisateur sont alors la réunion des privilèges qui lui ont été directement affectés et de ceux obtenus à partir des rôles dont il est membre.

La gestion des privilèges à travers un rôle permet :

- de réduire l'administration des privilèges,
- de gérer de façon dynamique les privilèges,
- d'augmenter la sécurité des applications.

Avant de recevoir des privilèges, un rôle doit être créé par l'ordre « **CREATE ROLE** », de syntaxe : :

```
CREATE ROLE NOM_ROLE
         [IDENTIFIED {  BY mot_de_passe
                     | USING [ schema. ] package
                     | EXTERNALLY
                     | GLOBALLY AS 'external_name'
                     }];
```

IDENTIFIED   Indique le moyen d'authentification de l'utilisateur.

`BY mot_de_passe`	Indique que l'instruction « `SET ROLE` » doit être utilisée pour activer le rôle et y accéder, et qu'un mot de passe est requis.
`USING package`	Indique que le rôle est active par des applications en utilisant un package autorisé.
`EXTERNALLY`	Indique que l'authentification par le système d'exploitation doit être utilisée pour pouvoir activer le rôle et y accéder. Cette clause crée un utilisateur qui peut accéder à la base via une identification externe.
`GLOBALLY AS`	Indique que l'utilisateur doit s'authentifier globalement
`'external_name'`	l'authentification est effectuée par un « `LDAP` » d'entreprise l'argument est la chaîne de connexion.

```
SQL> CREATE ROLE FORMATION;

Rôle créé.

SQL> GRANT CREATE SESSION, CREATE ANY TABLE TO FORMATION;

Autorisation de privilèges (GRANT) acceptée.

SQL> GRANT SELECT ON HR.EMPLOYEES TO FORMATION;

Autorisation de privilèges (GRANT) acceptée.

SQL> CREATE USER STAGIAIRE IDENTIFIED BY PWD;

Utilisateur créé.

SQL> CONNECT STAGIAIRE/PWD
ERROR:
ORA-01045: l'utilisateur STAGIAIRE n'a pas le privilège CREATE
SESSION ;
connexion refusée


Avertissement : vous n'êtes plus connecté à ORACLE.
SQL> CONNECT / AS SYSDBA
Connecté.
SQL> GRANT FORMATION TO STAGIAIRE;

Autorisation de privilèges (GRANT) acceptée.


SQL> CONNECT STAGIAIRE/PWD
Connecté.


SQL> SELECT * FROM SESSION_PRIVS;

PRIVILEGE
```

Module 24 : Les privilèges

```
------------------------------------------
CREATE SESSION
CREATE TABLESPACE
CREATE ANY TABLE

SQL> SELECT COUNT(*) FROM HR.EMPLOYEES;

  COUNT(*)
----------
       107
```

Tous les privilèges octroyés au rôle « **FORMATION** » sont automatiquement octroyés à l'utilisateur « **STAGIAIRE** ».

Gestion d'un rôle

Modification

La modification d'un rôle ne concerne que son mot de passe :

```
ALTER ROLE  NOM_ROLE
        [IDENTIFIED {   BY mot_de_passe
                      | USING [ schema. ] package
                      | EXTERNALLY
                      | GLOBALLY AS 'external_name'
                    }];
```

```
SQL> ALTER ROLE FORMATION IDENTIFIED BY PWD;

Rôle modifié.
```

Suppression

La suppression d'un rôle s'effectue par :

```
DROP ROLE NOM_ROLE
```

Lorsque vous supprimez un rôle, tous les utilisateurs qui l'avaient reçu perdent les privilèges dont ils bénéficiaient par son intermédiaire. Par conséquent, avant de supprimer un rôle, ayez conscience de toutes les implications liées à cette opération.

```
SQL> DROP ROLE FORMATION;

Rôle supprimé.
```

Les rôles par défaut

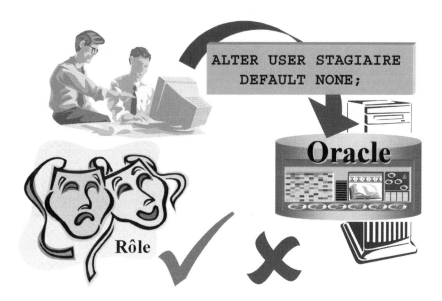

Il existe deux types de rôles : ceux qui sont automatiquement activés et accessibles lorsqu'un utilisateur se connecte à la base et ceux qui doivent être activés au moyen de l'instruction « SET ROLE » pour devenir accessibles.

Quand un utilisateur ouvre une session sur la base de données, tous les rôles par défaut qui lui ont été assignés sont automatiquement activés.

Lorsqu'un rôle est défini comme rôle par défaut pour un utilisateur et est protégé par mot de passe, les privilèges associés sont rendus automatiquement disponibles, même si aucun mot de passe n'est spécifié.

Normalement, lorsque vous octroyez des rôles à un utilisateur, ceux-ci sont assignés en tant que rôles par défaut.

```
SQL> CREATE ROLE FORMATION IDENTIFIED BY PWD;
Rôle créé.

SQL> GRANT SELECT ON HR.EMPLOYEES TO FORMATION;
Autorisation de privilèges (GRANT) acceptée.

SQL> GRANT FORMATION TO STAGIAIRE;
Autorisation de privilèges (GRANT) acceptée.

SQL> CONNECT STAGIAIRE/PWD
Connecté.

SQL> SELECT COUNT(*) FROM HR.EMPLOYEES;

  COUNT(*)
----------
       107
```

Ce comportement peut être déroutant, surtout lorsque vous voulez obliger un utilisateur à fournir un mot de passe pour pouvoir bénéficier des privilèges d'un rôle.

Deux clauses, « **ALL** » et « **ALL EXCEPT** », facilitent l'administration des rôles mais doivent néanmoins être utilisées avec prudence.

Voici la syntaxe utilisée :

```
ALTER USER nom_utilisateur
    DEFAULT ROLE { rôle [,...]
                | ALL [ EXCEPT
                        rôle [,...]]
                | NONE
                } ;
```

Si vous spécifiez la clause « **ALL** » lorsque vous établissez la liste des rôles par défaut d'un utilisateur, tous ses rôles présents et futurs seront automatiquement activés chaque fois qu'il ouvrira une session.

```
SQL> CREATE ROLE FORMATION IDENTIFIED BY PWD;
Rôle créé.

SQL> GRANT SELECT ON HR.EMPLOYEES TO FORMATION;
Autorisation de privilèges (GRANT) acceptée.

SQL> GRANT FORMATION TO STAGIAIRE;
Autorisation de privilèges (GRANT) acceptée.

SQL> ALTER USER STAGIAIRE DEFAULT ROLE NONE;
Utilisateur modifié.

SQL> SELECT GRANTOR, PRIVILEGE, GRANTABLE
  2  FROM DBA_TAB_PRIVS
  3  WHERE TABLE_NAME LIKE 'EMPLOYEES' AND
  4        OWNER      LIKE 'HR'        AND
  5        GRANTEE    LIKE 'FORMATION';

GRANTOR PRIVILEGE                                GRA
------- ---------------------------------------- ---
HR      SELECT                                   NO

SQL> CONNECT STAGIAIRE/PWD
Connecté.
SQL> SELECT COUNT(*) FROM HR.EMPLOYEES;
SELECT COUNT(*) FROM HR.EMPLOYEES
                     *
ERREUR à la ligne 1 :
ORA-00942: Table ou vue inexistante
```

Ainsi, lorsque vous révoquez un rôle à un utilisateur, celui-ci est automatiquement éliminé de la liste par défaut.

Activation d'un rôle

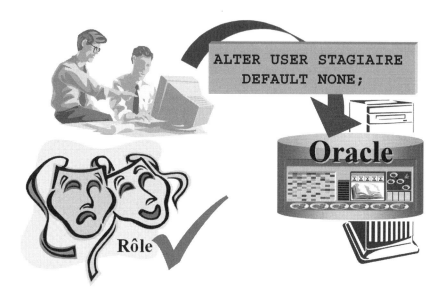

La commande SQL« **SET ROLE** » est généralement exécutée par une application pour le compte de l'utilisateur et s'accompagne habituellement d'un mot de passe.

Au cours de la session, l'utilisateur ou une application peut exécuter des instructions « **SET ROLE** » pour changer les rôles activés pour la session. Vous devez avoir reçu les rôles que vous spécifiez dans une instruction « **SET ROLE** ».

```
SET ROLE
    { NOM_ROLE [IDENTIFIED BY MOT_DE_PASSE] [,...] |
      ALL [EXCEPT NOM_ROLE [,...]] |
      NONE
    } ;
```

```
SQL> CONNECT STAGIAIRE/PWD
Connecté.
SQL> SELECT COUNT(*) FROM HR.EMPLOYEES;
SELECT COUNT(*) FROM HR.EMPLOYEES
                     *
ERREUR à la ligne 1 :
ORA-00942: Table ou vue inexistante

SQL> SET ROLE FORMATION IDENTIFIED BY PWD;
Rôle défini.

SQL> SELECT COUNT(*) FROM HR.EMPLOYEES;
  COUNT(*)
----------
       107
```

Après la réactivation du rôle « **FORMATION** » de l'utilisateur « **STAGIAIRE** », la requête aboutit sans problème.

Les rôles standard

- **CONNECT**
- **RESOURCE**
- **DBA**

Oracle prévoit trois rôles standard par souci de compatibilité avec les versions précédentes « CONNECT », « RESOURCE » et « DBA ».

CONNECT

Le rôle « CONNECT » représente simplement le droit d'utiliser Oracle ; il permet de créer des tables, des vues, des séquences, des synonymes, des sessions etc... Mais, pour qu'il soit réellement utile, les utilisateurs qui disposent de ce rôle doivent pouvoir accéder à des tables appartenant à d'autres utilisateurs, et sélectionner, insérer, mettre à jour et supprimer des lignes dans ces tables.

Normalement, les utilisateurs occasionnels, en particulier ceux qui n'ont pas besoin de créer de tables, reçoivent uniquement le rôle « CONNECT ».

RESOURCE

Le rôle « RESOURCE » accorde des droits supplémentaires pour la création de tables, de séquences, de procédures, de déclencheurs, d'index et de clusters.

Les utilisateurs réguliers et plus avancés, spécialement les développeurs qui ont besoin de créer des objets dans la base de donnée, peuvent recevoir le rôle « RESOURCE ».

DBA

Le rôle « DBA » regroupe tous **les privilèges de niveau système**. Il inclut des quotas d'espace illimités et la possibilité d'accorder n'importe quel privilège à un autre utilisateur. Le compte « SYSTEM » est employé par un utilisateur disposant du rôle « DBA ». Certains des droits qui sont réservés à l'administrateur de base de données ne sont jamais accordés à d'autres utilisateurs ; les droits dont peuvent aussi bénéficier les autres utilisateurs sont abordés un peu plus loin.

Inconvénients

Étant donné que les rôles ne peuvent pas posséder d'objets, ils ne peuvent donc pas être propriétaires de synonymes. Cela signifie que vous devez soit coder en dur le propriétaire de l'objet chaque fois que vous vous y référez, soit créer un synonyme public, c'est-à-dire un synonyme accessible à tous. Mais l'inconvénient avec ce type de synonyme est que si vous maintenez dans votre base de données deux applications qui utilisent un même nom de table pour désigner des tables contenant des données différentes, vous ne pouvez pas utiliser le même nom de synonyme public pour chaque table.

Le second problème est qu'il n'est pas possible d'autoriser un utilisateur à créer des procédures stockées, des packages et des fonctions par le biais d'un rôle ; l'utilisateur doit avoir reçu directement des privilèges de niveau objet pour pouvoir le faire. C'est là un point très important. En raison de cette limitation, il est généralement préférable dans un environnement de production qu'un seul utilisateur possède tous les objets ainsi que les procédures qui y accèdent. De cette façon, vous êtes certain que l'application dispose des privilèges nécessaires pour fonctionner correctement.

Module 24 : Les privilèges

Les informations sur les rôles

- DBA_ROLES
- SESSION_ROLES
- DBA_ROLE_PRIVS

Pour récupérer les informations concernant les rôles vous pouvez interroger les vues du dictionnaire de données.

DBA ROLES

La vue DBA_ROLES vous pouvez connaître les rôles qui ont été créés dans la base de données.

```
SQL> SELECT * FROM DBA_ROLES;

ROLE                              PASSWORD
------------------------------    --------
CONNECT                           NO
RESOURCE                          NO
DBA                               NO
SELECT_CATALOG_ROLE               NO
EXECUTE_CATALOG_ROLE              NO
DELETE_CATALOG_ROLE               NO
EXP_FULL_DATABASE                 NO
...
```

SESSION_ROLES

La vue « SESSION_ROLES » liste les rôles activés pour votre session.

```
SQL> CONNECT STAGIAIRE/PWD
Connecté.
SQL> SELECT * FROM SESSION_ROLES;

aucune ligne sélectionnée
```

Module 24 : Les privilèges

```
SQL> SET ROLE FORMATION IDENTIFIED BY PWD;

Rôle défini.


SQL> SELECT * FROM SESSION_ROLES;

ROLE
-------------------------------
FORMATION
```

DBA_ROLE_PRIVS

La vue « `DBA_ROLE_PRIVS` » liste les rôles et les privilèges octroyé à tous les rôles de la base de données.

Les colonnes de cette vue sont :

GRANTEE	Le nom de l'utilisateur.
GRANTED_ROLE	Le nom du rôle octroyé à l'utilisateur.
ADMIN_OPTION	Indique si le rôle a été attribué avec l'option « `WITH ADMIN OPTION` ».
DEFAULT_ROLE	Indique si le rôle est celui par défaut de l'utilisateur.

```
SQL> SELECT GRANTED_ROLE,ADMIN_OPTION, DEFAULT_ROLE
  2  FROM DBA_ROLE_PRIVS
  3  WHERE GRANTEE   LIKE 'STAGIAIRE';

GRANTED_ROLE                    ADM DEF
------------------------------- --- ---
FORMATION                       NO  NO


SQL> SELECT GRANTED_ROLE,ADMIN_OPTION, DEFAULT_ROLE
  2  FROM DBA_ROLE_PRIVS
  3  WHERE GRANTEE   LIKE 'SYSTEM';

GRANTED_ROLE                    ADM DEF
------------------------------- --- ---
DBA                             YES YES
MGMT_USER                       NO  YES
AQ_ADMINISTRATOR_ROLE           YES YES
```

Atelier 23

- Octroyer des privilèges système
- Octroyer des privilèges objet
- Révoquer des privilèges objet
- Les informations sur les privilèges

 Durée : 30 minutes

Exercice n°1

Affichez l'utilisateur « `STAGIAIRE` » s'il existe dans votre base de données.

Créez l'utilisateur en lui octroyant le privilège « `CREATE SESSION` ». Rappelez vous que la commande « `GRANT` » avec l'option « `IDENTIFIED BY` » crée l'utilisateur s'il n'existe pas.

Exercice n°2

Créez trois utilisateurs « `APP1` », « `APP2` » et « `APP3` » à l'aide de la commande « `GRANT` » et octroyez leur le privilège « `CREATE SESSION` ».

Octroyez à l'utilisateur « `APP1` » le privilège « `CREATE TABLESPACE` » avec la clause « `WITH ADMIN OPTION` ».

Connectez-vous avec l'utilisateur « `APP1` » et octroyez à l'utilisateur « `APP2` » le privilège « `CREATE TABLESPACE` » avec la clause « `WITH ADMIN OPTION` ».

Connectez-vous avec le compte « `SYSTEM` » et supprimez l'utilisateur « `APP1` ».

Connectez-vous avec l'utilisateur « `APP2` » et octroyez à l'utilisateur « `APP3` » le privilège « `CREATE TABLESPACE` » avec la clause « `WITH ADMIN OPTION` ».

La commande aboutit-elle ?

Exercice n°3

Octroyez à l'utilisateur « `APP2` » le privilège « `SELECT` » sur la table « `HR.DEPARTMENTS` » avec la clause « `WITH GRANT OPTION` ».

Connectez-vous avec l'utilisateur « `APP2` » et octroyez à l'utilisateur « `APP3` » le privilège « `SELECT` » sur la table « `HR.DEPARTMENTS` ».

Module 24 : Les privilèges

Connectez-vous avec le compte « `SYSTEM` » et retirez le privilège « SELECT » sur la table « `HR.DEPARTMENTS` », à l'utilisateur « `APP2` ».

Connectez-vous avec l'utilisateur « `APP3` » et interrogez la table « `HR.DEPARTMENTS` ».

La commande aboutit-elle ?

Index

A

ACCEPT 4-23
ALL 24-30
ALTER
   PROFIL 22-14
   ROLE 24-27
   SEQUENCE 21-10
   TABLE 19-23, 19-25, 19-27, 19-35
   TABLE DISABLE CONSTRAINT 19-38
   TABLE DROP CONSTRAINT 19-37
   TABLE DROP UNUSED 19-29
   TABLE MOVE 19-33
   TABLE RENAME 19-32
   TABLE SET UNUSED 19-29
   TABLESPACE 13-25, 13-26, 13-30,
      13-34, 13-35, 13-37, 14-10
   USER 23-8
ALTER DATABASE
   ADD LOGFILE 12-17, 12-21, 14-14
   ARCHIVELOG 12-11
   DATAFILE OFFLINE 13-32
   DATAFILE ONLINE 13-32
   DATAFILE RESIZE 13-28
   DEFAULT TABLESPACE 13-11
   DROP LOGFILE 12-23, 12-27, 14-16
   MOUNT 8-29
   NOARCHIVELOG 12-11
   OPEN 8-29
   READ ONLY 8-29
   READ WRITE 8-29
   RENAME FILE 13-38
ALTER SESSION
   SET ISOLATION_LEVEL 2-13
ALTER SYSTEM
   ARCHIVE LOG ALL 11-6
   CHECKPOINT 12-8, 12-29
   KILL SESSION 8-46
   SET 8-20
ARCHIVE LOG LIST 12-30
AS 17-21, 17-25
ASC 20-4
AUTOT[RACE] 20-8

B

BITMAP 20-4
BMB (BitMap Blocks) 15-22

C

CACHE 21-10
CASCADE CONSTRAINTS 19-30, 19-31,
   19-40, 24-19
CHECK 19-3, 19-7
CHECK OPTION 21-3, 21-6
COMMIT 4-12
COMPOSITE LIMIT 22-12
CONNECT 4-10, 24-31
CONNECT
   AS SYSDBA 8-5
CONNECT
   AS SYSOPER .... AS SYSDBA
CONNECT
   AS SYSDBA 8-9
CONNECT BY 21-4
CONNECT_DATA 5-28
CONNECT_TIME 22-11
Connexion 4-7
CONSTRAINT 19-2
CPU_PER_CALL 22-11
CPU_PER_SESSION 22-11
CREATE
   CREATE ROLE 24-24
   DATABASE 9-8, 14-18
   DATABASE LINK 21-12
   INDEX 20-3
   PROFILE 22-9, 22-13
   SEQUENCE 21-9
   SPFILE 9-7
   SYNONYM 21-11
   TABLE 18-2, 18-7, 18-11, 18-19, 19-20
   TABLE AS 18-23
   TABLE OF 18-16
   TABLESPACE 13-8, 13-19, 13-23,
      14-6, 15-9, 15-13

D

TEMPORARY TABLE 18-21
TYPE 17-20
TYPE BODY 17-25
UNDO TABLESPACE 16-6
USER 23-3
VIEW 21-2
CREATE SESSION 23-6
CURRVAL 21-10
CYCLE 21-9

D

dba 7-9
DBA 24-31
DBMS_FLASHBACK 16-13
DEFAULT 18-3, 19-25
DEFINE 4-23
DELETE 18-22, 21-4
DESC 20-4
DESCRIBE 4-17, 21-8
DISABLE 19-38
DISCONNECT 4-11
DROP
    CONSTRAINT 19-37
    DROP COLUMN 19-27
    INDEX 20-21
    PROFIL 22-14
    ROLE 24-27
    SEQUENCE 21-10
    TABLE 19-40
    TABLESPACE 13-40, 14-12
    USER 23-11
DROP VIEW 21-8

E

ECHO 4-20
EDIT 4-13
ENABLE 19-38
Espace de disque logique 1-9
EXCEPT 24-30
EXECUTE 1-19, 2-19
EXIT 4-12

F

FAILED_LOGIN_ATTEMPTS 22-3
FEEDBACK 4-20
FETCH 1-19, 2-19
Fichier d'alerte 8-51
Fichier de mot de passe 1-7
Fichier de paramètres 1-7, 3-3, 8-16, 8-22, 8-24, 9-6, 14-17
Fichier de trace 8-53
Fichiers de contrôle 1-6, 8-24
Fichiers de données 1-6, 8-25
Fichiers journaux 1-7, 1-24, 8-25
Fichiers journaux archivés 1-7

Fichiers redo-log .... voir Fichiers journaux
FORCE 21-3
FOREIGN KEY 19-3
FREELIST GROUPS 15-22
FREELISTS 15-22

G

GET 4-13
GLOBAL 18-21
GRANT 23-6, 24-9, 24-13
GROUP BY 21-4

H

HEADING 4-20
HIDE 4-23
HINT 20-17
HOST 4-16

I

IDENTIFIED BY 24-9, 24-30
IDLE_TIME 22-11
IIOP (Internet Inter-ORB) 5-10
INCREMENT 21-9
Index bitmap 20-19
Index B-tree 20-11
INITRANS 15-19
INSERT 18-3, 21-4
Installation
    Personal Edition 7-15
    Personnalisé 7-16
    Standard Edition 7-15
Installation Enterprise Edition 7-15
IS 17-21, 17-25
iSQL*Plus 4-27

J

JDBC thick 5-8
JDBC thin 5-9

L

LINESIZE 4-19
LISTENER 5-11, 21-12
listener.ora 5-14, 5-16, 5-17, 9-33
LOCK TABLE 2-15
LOGICAL_READS_PER_CALL 22-12
LOGICAL_READS_PER_SESSION 22-12
LSNRCTL 5-23

M

MAXDATAFILES 9-10, 11-4
MAXINSTANCES 9-10, 11-4
MAXLOGFILES 9-9, 11-4, 11-8, 12-4
MAXLOGHISTORY 9-9, 11-4, 11-8

MAXLOGMEMBERS............... 9-9, 11-4, 11-8, 12-5
MAXTRANS 15-19
MAXVALUE 21-9
MINVALUE 21-10
Mode d'archivage
    ARCHIVELOG 3-6, 12-11
    NOARCHIVELOG 3-6, 12-10
Mode de démarrage
    MOUNT 8-24, 8-26, 8-29, 12-11, 13-37
    NOMOUNT 8-24, 8-26, 8-29, 11-12
    OPEN 8-24, 8-26, 8-29, 13-37

N

NATIONAL CHARACTER 17-9
netca 5-32
netmgr 5-36
NEXTVAL 21-10
NOCYCLE 21-9
NOFORCE 21-3
NOT NULL 18-3, 19-3, 19-5, 19-25, 21-4
NULL 19-5, 19-25

O

OCI (Oracle Call Interface) 5-6
OFA (Optimal Flexible Architecture) 7-10
oinstall 7-9
OMF (Oracle Managed Files) 14-2
ON COMMIT 18-21
ON DELETE CASCADE 19-18
ON DELETE SET NULL 19-19
ORA_<SID>_DBA 8-5
ORA_<SID>_OPER 8-5
ORA_DBA 7-8, 8-3, 8-4, 8-5
ORA_OPER .... 8-5, ORA_DBA
ORACLE_BASE 7-10, 7-39
ORACLE_HOME 5-17, 5-29, 7-11,
    7-39, 8-8, 9-14, 22-4
ORACLE_SID 7-39, 9-5
ORADIM 9-4
ORAPWD 8-8
ORDER BY 21-3

P

PAGESIZE 4-19
Paramètre
    BACKGROUND_DUMP_DEST 8-53
    CLUSTER_DATABASE 8-11
    COMPATIBLE 8-11
    CONTROL_FILES 8-11, 11-6, 11-9, 14-17
    DB_BLOCK_BUFFERS 1-17
    DB_BLOCK_SIZE ... 1-10, 1-17, 8-11, 13-3, 13-17
    DB_CACHE_SIZE 1-17, 9-30
    DB_CREATE_FILE_DEST 8-11, 14-4, 14-7, 14-17
    DB_CREATE_ONLINE_LOG_DEST_n 8-11,
    14-4, 14-14, 14-17
    DB_DOMAIN 8-11
    DB_IO_SLAVES 3-2
    DB_KEEP_CACHE_SIZE 1-17
    DB_NAME 1-8, 8-11, 9-3, 11-3
    DB_nK_CACHE_SIZE 13-17
    DB_RECOVERY_FILE_DEST 8-11
    DB_RECOVERY_FILE_DEST_SIZE 8-11
    DB_RECYCLE_CACHE_SIZE 1-17
    DB_UNIQUE_NAME 9-3, 14-7
    DB_WRITER_PROCESSES 3-2
    FAST_START_MTTR_TARGET 12-29
    INSTANCE_NAME 1-11, 5-12, 8-11, 9-3
    JAVA_POOL_SIZE 1-25, 9-30
    LARGE_POOL_SIZE 1-25, 9-30
    LOG_ARCHIVE_DEST_n 8-11
    LOG_ARCHIVE_DEST_STATE_n 8-12
    LOG_ARCHIVE_START 12-12
    LOG_BUFFER 1-24
    LOG_CHECKPOINT_INTERVAL 12-29
    LOG_CHECKPOINT_TIMEOUT 12-29
    MAX_DUMP_FILE_SIZE 8-53
    NLS_LANGUAGE 8-12
    NLS_TERRITORY 8-12
    OPEN_CURSORS 8-12
    ORACLE_BASE 9-4
    ORACLE_SID 9-3
    PGA_AGGREGATE_TARGET 8-12
    PROCESSES 8-12
    REMOTE_LISTENER 8-12
    REMOTE_LOGIN_PASSWORDFILE 8-4, 8-12
    ROLLBACK_SEGMENTS 8-12
    SESSIONS 8-12
    SGA_MAX_SIZE 1-11, 1-13
    SGA_TARGET 8-12
    SHARED_POOL_SIZE 1-13, 9-29
    SHARED_SERVERS 8-12
    STAR_TRANSFORMATION_ENABLED 8-12
    STREAMS_POOL_SIZE 1-25
    UNDO_MANAGEMENT 8-13, 13-22
    UNDO_RETENTION 16-11
    UNDO_TABLESPACE 8-13, 14-17, 16-10
    USER_DUMP_DEST 8-53
    V$LOG 12-8
    V$LOGFILE 12-5
PARSE 1-19, 2-19
PASSWORD_GRACE_TIME 22-4
PASSWORD_LIFE_TIME 22-3
PASSWORD_LOCK_TIME 22-3
PASSWORD_REUSE_MAX 22-3
PASSWORD_REUSE_TIME 22-3
PASSWORD_VERIFY_FUNCTION 22-4
PCTFREE 15-19, 15-20
PCTUSED 15-19, 15-21
PFILE .... voir Fichier de paramètres
PL/SQL 4-5
PRESERVE 18-22
PRIMARY KEY 19-3, 19-9, 19-15, 19-38
PRIVATE_SGA 22-12

Privilège objet
  ALTER 24-7
  DELETE 24-7
  EXECUTE 24-7
  INSERT 24-7
  READ 24-7
  REFERENCE 24-7
  SELECT 24-7
  UPDATE 24-7
Processus
  ARCH 3-6, 12-8, 12-11
  CKPT 3-5
  DBWn 3-2
  DBWn 12-7
  LGWR 3-3, 3-6, 12-3, 12-7
  PMON 3-8
  SMON 3-7
Processus serveur 1-5, 1-16, 1-19, 1-22
Processus utilisateur 1-4, 1-12, 1-22
PROMPT 4-23
Pseudocolonne 21-10
PUBLIC 21-11

Q

QUIT 4-12

R

READ ONLY 21-3
REFERENCES 19-3, 19-15, 19-17, 24-19
REMARK 4-17
RENAME 19-32, 21-8
REPLACE 17-25
RESSOURCE 24-31
REVOKE 24-19
ROWID 20-2, 20-4, 20-15
RUN 4-12
runinstaller 7-30

S

SAVE 4-13
SCN (System Change Number) 1-24, 12-8
SCN_TO_TIMESTAMP 16-16
SELECT 21-3
SELECT
  SCN | TIMESTAMP 16-17
  VERSIONS BETWEEN 16-19
SERVICES_NAMES 5-12
SESSIONS_PER_USER 22-11
SET ROLE 24-30
SHUTDOWN
  ABORT 8-35, 8-36
  IMMEDIATE 8-35, 8-36
  NORMAL 8-35, 8-37
  TRANSACTIONNAL 8-35, 8-37
SID_DESC 5-28

SID_LIST_LISTENER 5-20, 5-21
SPFILE .... Fichier de paramètres
SPOOL 4-14
SQL 4-5
SQL*Plus 4-5, 4-7
SQL*Plus Worksheet 4-25
SQLPLUS 4-9
START 4-13
START WITH 21-4, 21-9
STARTUP
  FORCE 8-26
  MOUNT 8-26
  OPEN 8-26
  READ ONLY 8-26
  READ WRITE 8-26
  RESTRICT 8-26
SYSDBA 7-8, 8-3, 8-4, 8-5, 24-6
SYSMAN 9-21
SYSOPER .... SYSDBA

T

Tablespace
  ALTER 13-26, 13-30, 13-34, 13-35, 13-37
  BIGFILE 13-9, 13-15, 14-6
  DEFAULT TEMPORARY 9-10, 13-6, 13-20
  DROP 13-40
  EXTENT MANAGEMENT 15-13
  MANAGEMENT LOCAL 9-10
  OFFLINE 13-10, 13-30
  ONLINE 13-9, 13-30
  READ ONLY 13-34
  SEGMENT MANAGEMENT 15-19
  SMALLFILE 13-9, 13-25, 13-28
  SYS_UNDOTS 13-23, 14-20
  SYSAUX 9-10, 13-6, 14-20
  SYSTEM 9-10, 13-6, 14-20
  TEMPORARY 13-19
  UNDO 13-7, 13-23
Tablespaces 1-9, 7-13, 8-51
TERMOUT 4-20
tnslsnr 5-26
tnsnames.ora 5-14, 5-29, 9-33
TNSPING 5-30
Transaction
  COMMIT 2-4
  ROLLBACK 2-4
  SAVEPOINT 2-5
TRIMSPOOL 4-20
TRUNCATE 19-41
Type de donnée
  BFILE 17-19
  BINARY_DOUBLE 17-12
  BINARY_FLOAT 17-12
  BLOB 17-19
  CHAR 17-10, 18-5
  CLOB 17-19
  DATE 17-13

INTERVAL DAY TO SECOND 17-15
INTERVAL YEAR TO MONTH 17-15
LOB 17-19, 18-7
LONG 17-19
LONG RAW 17-19
NCHAR 17-10
NCLOB 17-19
NUMBER 17-11, 18-6
NVARCHAR2 17-10
ROWID 17-17
TIMESTAMP 17-13
TIMESTAMP WITH LOCAL TIME ZONE .17-13
TIMESTAMP WITH TIME ZONE 17-13
UROWID 17-18
VARCHAR2 .... 17-10, 18-5

U

UNDEFINE 4-23
UNIQUE 19-3, 19-13, 19-15, 20-4
UPDATE 21-4
USER 4-18

V

Variable de substitution 4-21
VERIFY 4-22
Vue du dictionnaire
   ALL_ 10-3
   CATALOG 10-11
   DBA_ 10-3
   DBA_AUDIT_OBJECT 10-21
   DBA_AUDIT_SESSION 10-21
   DBA_AUDIT_STATEMENT 10-21
   DBA_AUDIT_TRAIL 10-21
   DBA_CATALOG 10-11
   DBA_CLU_COLUMNS 10-16
   DBA_CLUSTERS 10-16
   DBA_COL_PRIVS 10-19
   DBA_CONS_COLUMNS 10-16
   DBA_CONSTRAINTS 10-16, 19-3
   DBA_DATA_FILES 10-18, 13-45
   DBA_DBLINK 10-17
   DBA_EXTENTS 15-7
   DBA_EXTENTS 10-18
   DBA_IND_COLUMNS 10-16
   DBA_INDEXES 10-16
   DBA_LOBS 10-17
   DBA_MVIEWS 10-17
   DBA_OBJ_AUDIT_OPTS 10-21

   DBA_OBJECTS 10-12
   DBA_PROFILES 23-13
   DBA_RECYCLEBIN 10-16
   DBA_ROLE_PRIVS 10-20
   DBA_ROLES 10-19
   DBA_SEGMENTS 10-18, 15-6
   DBA_SEQUENCES 10-16
   DBA_SYNONYMS 10-16
   DBA_SYS_PRIVS 10-19
   DBA_TAB_COLUMNS 10-15
   DBA_TAB_PRIVS 10-19
   DBA_TABLES 10-14
   DBA_TABLESPACES 10-18, 13-42
   DBA_TEMP_FILES 13-46
   DBA_TS_QUOTAS 10-18
   DBA_TYPES 10-17
   DBA_USERS 10-19, 23-12
   DBA_VIEWS 10-16
   DICT_COLUMNS 10-6
   DICTIONARY 10-5
   DIMENSIONS 10-17
   SESSION_PRIVS 24-4
   USER_ 10-3
Vue dynamique
   V$CONTROLFILE 8-47, 11-7
   V$CONTROLFILE_RECORD_SECTION 11-8
   V$DATABASE 8-47, 12-13
   V$DATAFILE 8-47, 13-46
   V$DATAFILE_HEADER 8-48
   V$FIXED_TABLE 10-3
   V$INSTANCE 8-47, 12-13
   V$LOGFILE 8-49
   V$OPTION 8-44
   V$PARAMETER 8-14, 11-7
   V$PROCESS 8-44
   V$SESSION 8-45
   V$SGA 8-43
   V$SGA_DYNAMIC_COMPONENTS 8-43
   V$SPPARAMETER 8-42
   V$TABLESPACE 8-48, 13-43
   V$TEMPFILE 13-46
   V$THREAD 8-49
   V$VERSION 8-46

W

WITH ADMIN OPTION 24-9, 24-11
WITH GRANT OPTION 24-17

Dépôt légal : novembre 2005
N° d'éditeur : 7315
N°d'imprimeur : 384132W
Achevé d'imprimer : Jouve, Paris

Imprimé en France